光电子学

（第 2 版）

刘　旭　葛剑虹　李海峰　沈永行　何建军　编著
Bahaa E. A. Saleh　Malvin Carl Teich

ZHEJIANG UNIVERSITY PRESS
浙江大学出版社
·杭州·

图书在版编目(CIP)数据

光电子学 / 刘旭等编著. —2 版. —杭州:浙江
大学出版社,2023.8
ISBN 978-7-308-24126-7

Ⅰ.①光… Ⅱ.①刘… Ⅲ.①光电子学－高等学校－
教材 Ⅳ.①TN201

中国国家版本馆 CIP 数据核字(2023)第 158162 号
浙江省版权局著作权合同登记图字:11-2023-342 号

光电子学(第 2 版)

刘　旭　葛剑虹　李海峰　沈永行　何建军
Bahaa E. A. Saleh　Malvin Carl Teich　　　　编著

责任编辑	陈静毅(chenjingyi66@zju.edu.cn)
责任校对	李　琰
封面设计	续设计
出版发行	浙江大学出版社
	(杭州市天目山路 148 号　邮政编码 310007)
	(网址:http://www.zjupress.com)
排　版	浙江大千时代文化传媒有限公司
印　刷	杭州宏雅印刷有限公司
开　本	787mm×1092mm　1/16
印　张	23.25
字　数	580 千
版 印 次	2023 年 8 月第 2 版　2023 年 8 月第 1 次印刷
书　号	ISBN 978-7-308-24126-7
定　价	69.00 元

序

　　现代社会科技进步、经济发展的重要推动力之一是信息科学与技术学科的发展。光学工程学科是依托光与电磁波基本理论和光电技术，面向信息科学基本问题与工程应用的一门学科，是信息科学与技术一个重要的分支学科。自 1952 年浙江大学建立国内高校第一个光学仪器专业以来，我国光学工程学科的本科人才培养已经历了 70 多年的发展，本科专业体系逐渐完善。为顺应光学工程学科和光电信息产业的不断发展，国内许多高校设立了光学工程本科相关专业，并在教育部教学指导委员会的重视和指导下，专业人才培养质量稳步提高。

　　但是目前光学工程本科专业建设还存在专业特色不突出、学生光学工程能力培养欠缺、优秀教材系列化程度不足等问题。为此，浙江大学光电系和浙江大学出版社发起并联合多所高校、企业编著了一套"高等院校光电类专业系列规划教材"。该套教材既包括光学工程教育体系的主要内容，又整合了光电技术领域的专业技能，突出实践环节，充分体现光学工程学科的数理特征、行业特征以及国内外光学工程研究与产业发展的最新成果和动态，增强了学科发展与社会需求的协同性。

　　"高等院校光电类专业系列规划教材"不仅得到了教育部高等院校光电信息科学与工程专业教学指导分委员会、中国光学学会、浙江大学、长春理工大学、西安工业大学等单位的大力支持，邀请了知名专业学者、优秀工程技术专家参与，由教指委专家审定，同时还吸取了多届校友和在校学生的宝贵意见和建议，是结合国际教学前沿、国内精品教学成果、企业实践应用的高水平教材，不仅有助于系统学习与掌握光学工程的理论知识，也与时俱进地顺应了光电信息产业对光学工程学科的人才培养要求，必将对培养适应产业技术进步的高素质人才起到积极的推动作用，为我国高校光学工程教育的发展和学科建设注入新的活力。

中国工程院院士

前　　言

　　光电子学是物理学的一个分支学科,主要研究光与电之间的相互作用与转换。光或电子通过与物质的相互作用,形成光能与电能之间的相互作用与相互变换。光电子学涉及光与物质的相互作用规律、光与电之间的相互作用、光与电信号的转换、光电作用的各种器件工作原理、器件设计、系统应用等,是一门研究光电信息的产生、传输、探测、获取、显示、存储与处理的基础学科,也是一门在现代信息技术中具有极为重要作用的基础学科。光电子学的内容包括激光的产生与激光理论、半导体光器件、光电探测器、光的调制技术与器件、光通信器件、光显示与存储、非线性光学技术等。光电子学随着信息技术的发展而发展,是现代信息技术的基础理论知识之一。

　　随着人类社会进入信息时代,光与电子一道成为信息的基本载体,光电子学在现代信息技术中发挥越来越重要的作用,以光电子技术为基础的光电子产品极大地扩大了光学工程技术在人类生活中的作用,构成了现代光学产业的重要组成部分,极大地推进了人类信息社会的发展。"光电子学"与"应用光学""物理光学"一道成为光学工程类学科的专业基础核心课程。

　　由于光电子技术起步于激光的出现,所以不少学校简单地采用"激光物理"与"激光技术"作为"光电子学"的主要课程。光通信技术出现后,由于光通信中采用了大量光电子技术与器件,所以有的学校将光纤通信与器件作为"光电子学"课程的主要内容。总之,"光电子学"在我国的高校光电信息类专业教学中一直存在课程内容不统一、以偏概全的现象。

　　随着国内设立光学工程专业的学校的增多,编撰一本内容规范的《光电子学》教材十分必要。结合浙江大学光电系光电信息工程专业多年的教学经验和科研成果,我们以国际著名的光电子学教材——Saleh 教授编著的 *Fundamentals of Photonics*(2nd ed.)为蓝本,并邀请 Saleh 教授一起编撰这本《光电子学》。本书既是一本独立的教材,又可以与 *Fundamentals of Photonics*(2nd ed.)构成双语教材。

　　在 *Fundamentals of Photonics*(2nd ed.)相关章节的基础上,我们按照光电子学的定义,以光与电之间相互作用与相互转换为主线,将光波传输基本原理、激光原理与技术、半导体发光与光电器件、光信息的调制以及非线性光学几个部分编撰整合出较完整的光电子学的课程内容。本书既保持了 *Fundamentals of Photonics* (2nd ed.)论述条理清晰、语言简朴易懂、理论推导逻辑性强的特点,又结合了近年来光电子学的最新进展,增加了每章的扩充阅读内容,充分体现时代特征。

本书在编撰过程中得到了浙江大学光电系很多研究生的帮助,他们不仅帮助绘制了大量的图片与公式,还帮助整理了文稿,衷心感谢所有参与编写的老师与同学! 也感谢浙江大学出版社的编辑为本书出版所做的工作,没有他们的工作,就没有本书的出版。我们还要感谢 Saleh 教授,感谢他同意并支持我们在 *Fundamentals of Photonics* (2nd ed.)的基础上编撰《光电子学》,从而把国际先进教学理念引进中国,使中国的学生获益。

本书以党的二十大精神和习近平新时代中国特色社会主义思想为指导,坚持以立德树人为根本任务,以服务师生为宗旨,将时代要求与师生需求相结合,引导学生树立正确的世界观、人生观和价值观。本书在编写、审核、出版、修订的每一个环节,都把社会效益放在首位,强化责任意识,把提高质量作为核心任务,在教材精编细选、精益求精、科学严谨上下真功夫,切实把"培根铸魂、启智增慧"落实到位。由于本书在编写过程中时间有限,其中错误不可避免,敬请读者多多指正!

《光电子学》教材编写组
2023 年春节于西子湖畔

目　　录

第 1 章
引 言

　　随着激光、通信与计算机技术的发展,人类进入了信息时代,光与电子一起成为信息的基本载体。光的科学理论成为信息社会的关键知识之一,因为它是认识信息载体行为、制备各种信息器件以及构造信息系统、实现信息应用的基础。传统的光学理论(主要指应用光学与物理光学)以光波与光线成像理论为基本研究对象,在处理光波传播与经典成像领域具有极为重要的应用。但是,在信息领域,人们研究的更多的是光与物质的相互作用,以及携带信息的高品质光源——激光光源,涉及光信号的产生、光电信息的传输、光电信号之间的转换与探测等一系列理论与技术。因此,经典的波动光学与应用光学已经不能满足在信息技术中与信息的产生、传输、获取、显示及处理相对应的光电信息领域的理论和技术需求。随着高品质光源技术与光探测器技术的发展,特别是激光技术的发展,研究光电相互转换与光电之间相互作用的科学——"光电子学"孕育而生。光电子学是随着信息技术的发展自然形成的一门学科,是现代光学理论的基本组成部分,也是信息科学与技术领域的基础课程之一。

1.1　光电子学的研究内容

　　光电子学是物理学的一个分支学科,主要研究光与电之间的相互作用与转换。它通过光或电子与物质的相互作用,形成光能与电能之间的相互变换与相互作用,涉及光与物质的相互作用规律、光与电之间的相互作用、光与电信号的转换、光电作用的各种器件工作原理、器件设计、系统应用等,是一门研究光电信息的产生、传输、探测、获取、显示、存储与处理的基础学科,也是一门在现代信息技术中具有极为重要作用的基础学科。光电子学的内容包括激光的产生与激光理论、半导体光器件、光电探测器、光的调制技术与器件、光通信器件、光显示与存储、非线性光学技术等部分。

　　信息技术的基础就是信号的产生与传输,将信息加载在光波上进行可方便操控的远距离传输要求光波必须有极高的信息学性能与光学性能。从图 1-1-1 可以看到不同物质的发光光谱的区域分布。可见,要获得好的相干光源,不但涉及光学,而且涉及材料科学、半导体科学与技术、电子科学与技术等相关学科。因此,光电子学不仅仅属于物理学的范畴,实际上与材料科学、电子科学与技术也有很大的关系,从某种程度上说,光电子学是一门交叉性学科。

能量E/eV

| 0.04 | 0.12 | 0.4 | 1.24 | 4.1 | 12.4 | 41 | 124 |

半导体激光 准分子激光

远红外激光   染料激光   软X射线激光

XeCl

Nd^{3+}:YAG N_2

CO_2 HF   红宝石 Ar^+ KrF

CO   He-Ne He-Cd

$Ti:Al_2O_3$ ArF

远红外区 中红外区 近红外区 可见区 紫外区 软X射线区

| 30μm | 10μm | 3μm | 1μm | 300nm | 100nm | 30nm | 10nm |

← 波长 λ →

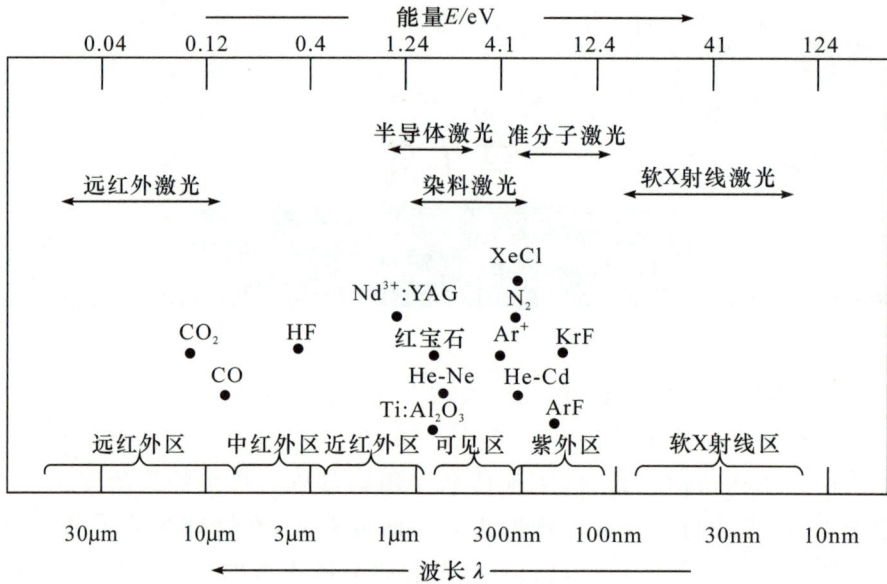

图 1-1-1　常见物质的发光光谱的区域分布

1.2　光电子学的发展简史

光电子学的形成历史可以追溯到 19 世纪后半叶,人们在建立电磁场理论的同时也逐步发现光与电之间的相互作用与转换。比较著名的要数 1875 年英国科学家克尔(J. Kerr)发现的被后人称为克尔电光效应的电感应双折射变化现象,即晶体的电感应双折射折射率与电场二次方成正比的现象。这个现象随后在 1893 年被普克尔(F. C. A. Pockels)研究发展为普克尔电光效应(Pockels electro-optic effect)。该技术奠定了光信号的产生——电光调制技术的基础。

1887 年,赫兹(M. Hertz)在做证实麦克斯韦的电磁理论的火花放电实验时,发现紫外光对锌质小球的照射使放电变得容易,首先发现了光到电的转换现象——光电效应。1905 年,爱因斯坦在《关于光的产生和转化的一个启发性观点》一文中,用光量子理论对光电效应进行了全面的解释。这是人类第一次完整地认识光电效应,使光、电之间的转换有了坚实的理论依据。

1917 年,爱因斯坦提出了"受激辐射"的概念,以及产生"受激辐射"的可能性,这为后来激光器的发明奠定了基础,因为激光就是受激放大辐射产生的光。受激辐射也是光电子学中最基本的原理之一,它的出现推动人类进入激光时代。

1951 年,汤斯(C. H. Townes)提出了受激放大辐射微波的概念,即激光的原型概念——微波激射器(microwave amplification by stimulated emission of radiation,maser)。

1954 年,汤斯和其研究生高登(J. P. Gordon)以及翟葛(H. J. Zeiger)制备出第一台微波激射器。

与此同时,苏联科学家巴索夫(N. Basov)和普罗霍洛夫(A. Prokhorov)也独立开展了量子振荡研究并利用多能级系统解决了连续输出的问题,制备出了微波激射器。1955 年,普罗霍洛夫和巴索夫建议采用光泵多能级系统以得到粒子数反转,这也成为后来激光泵浦的基本条件。

1958 年,肖洛(A. L. Schawlow)和汤斯从理论上论证了在光学与红外波段实现激光的可能性,他们在 1958 年的《物理评述》期刊上发表了题为《红外和光学激射器》的论文,完整地提出了激光的概念。1960 年,他们获得了激光的发明专利。

"为了表彰他们在量子电子基础研究方面的突出贡献,这些贡献奠定了微波激射器与激光振荡放大辐射的工作原理。"汤斯、巴索夫和普罗霍洛夫三人共同获得了 1964 年的诺贝尔物理学奖。

哥伦比亚大学的研究生古尔德(G. Gould)在 1959 年的国际会议上发表的文章中首次提出的 laser 一词就是 "light amplification by stimulated emission of radiation" 的缩写。他试图将 "-aser" 作为一个后缀,以便加上不同的前缀构成不同谱段激发的激射的称谓(比如:X-射线激射称为 xaser,远紫外光激射称为 uvaser)。虽然后来这些命名没有被真正采纳,但表明了当时在受激放大辐射方向上的研究热度。

1960 年,世界上第一台工作的激光器——红宝石激光器是由休斯实验室的梅曼(T. H. Maiman)研制的。随后不久,伊朗的科学家亚翁(A. Javan)研制出世界上首台氦氖激光器,并在 1993 年获得爱因斯坦奖(Albert Einstein award)。半导体激光二极管的概念是巴索夫和亚翁提出的,第一个激光二极管是 1962 年由霍尔(R. N. Hall)发明的,该激光二极管器件由 GaAs 制备而得,可发射 850nm 近红外的激光。二氧化碳激光器是帕特尔(K. Patel)在 1964 年发明的。1964 年,休斯实验室的布里奇斯(W. Bridges)发明了氩离子激光器。1964 年,戈伊斯科(J. E. Geusic)发明了第一台 Nd^{3+}:YAG 激光器。1966 年,斯弗瓦斯特(W. T. Silfvast)发明了第一台金属蒸气激光器——He-Cd 激光器。第一台准分子激光器是由莫斯科列别捷夫物理研究所(Lebedev physical institute)的巴索夫、达宁里切夫(V. A. Danilychev)和波波夫(Y. M. Popov)在 1970 年发明的。20 世纪 60 年代是激光器发展较快的年代,人类终于有了人造的高品质光源(具有极高的相干性与方向性),这些激光器的出现为信息技术的发展奠定了坚实的技术与器件基础。

20 世纪 60 年代另外一个重要技术的出现极大地推动了光电子技术与器件的发展乃至信息革命的到来,这就是光纤技术。光波导的概念在 20 世纪 60 年代初就已经被提出来了,但是当时光波导的光传输损耗很大,根本无法长距离传播光束。1964 年,高锟提出在电话网络中以光代替电流、以玻璃纤维(光纤)代替导线的想法。1966 年,高锟和他的同事发表了一篇题为《光频率介质纤维表面波导》的论文,开创性地提出光导纤维在通信上应用的基本原理,描述了长程及高信息量光通信所需玻璃纤维的结构和材料特性。他指出,只要解决好玻璃纯度和成分等问题,就能够利用玻璃制作光学纤维,当光学纤维的光传输损耗小于 20dB/km 时,就可以实现高效的信息传输。这一设想为 20 世纪 90 年代全球光纤通信网络——信息高速公路的建设、互联网与现代通信的实现提供了完备的理论基础。此后,石英玻璃制成的光纤性能不断提高,光的传输损耗越来越小,应用越来越广泛,全世界掀起了一场光纤通信的革命。高锟"光纤之父"的美誉传遍世界,并在 2009 年获得诺贝尔物理学奖。

光电子学的另一个重要组成部分是半导体发光器件与探测器件,这是光与电之间相互转换的核心。信息科学与技术的发展依赖于半导体技术尤其是微电子技术的快速发展,由于光与电子均为信息的基本载体,半导体技术从20世纪50年代开始研究起就与光电子技术紧密相连,并直接推动光电子器件的发展,成为近代各种固态光源与光电探测器的主要技术。基于半导体特性的光源与光电传感器、探测器也成为当今信息技术中基本的信息生成与探测的器件。关于这些技术与器件的基础理论也成为光电子学的基本内容。图1-2-1给出了各种半导体发光器件的发光效率提高的发展历程,展现了光电子学的发展速度与活力。无机红光发光二级管(light-emitting diode,LED)在1962年由美国通用电气公司的霍洛尼亚克(N. Holonyak Jr.)提出,通过在20世纪70年代对发光性能的不断改进与提升,发展到20世纪90年代的半导体激光器,并被大量应用于光通信系统。到2003年以后,大功率LED照明发展迅速,其发光效率快速提升。而20世纪90年代中期由柯达公司的邓青云(C. W. Tang)提出的聚合物LED器件发展更为迅速,其发光效率已经接近当今无机LED的水平,成为未来柔性发光与信息产生的重要技术之一。半导体固态光源技术不仅在信息领域提供了信息源,而且将在未来的新能源技术中发挥更大的作用,是未来绿色能源的重要组成部分。

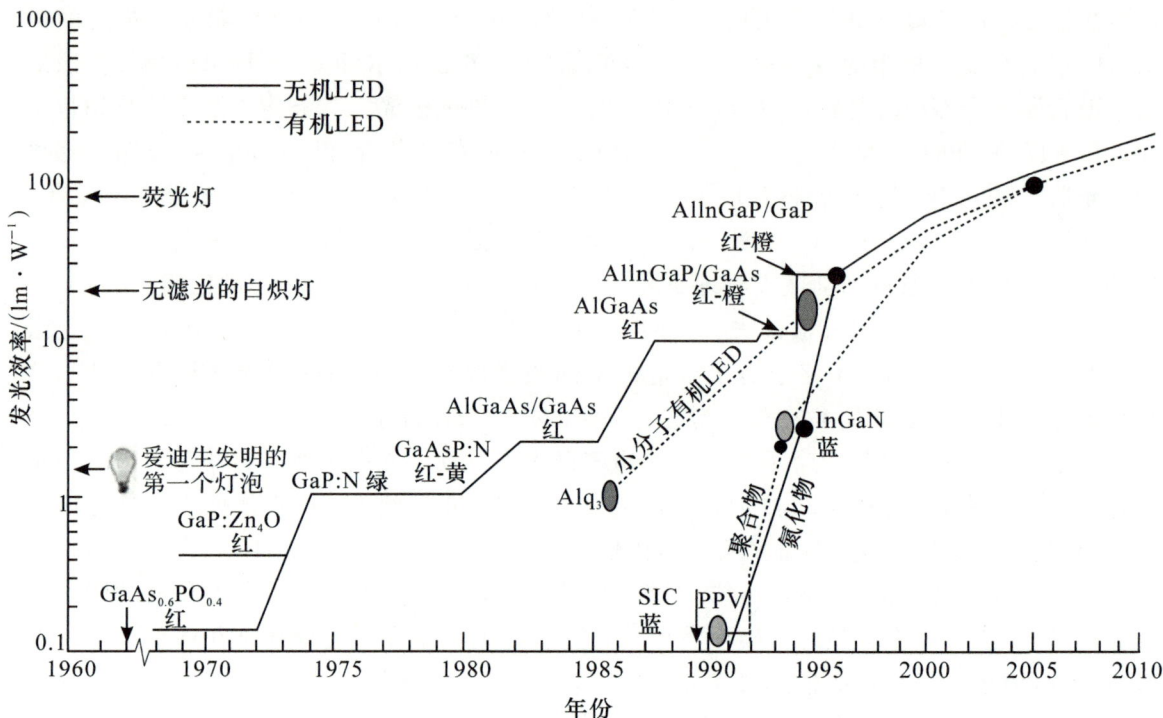

图 1-2-1　发光二极管的发光效率发展历程

在光电探测器方面,光照射到某些物质上,引起物质的电性质发生变化,也就是光能转换成电能。这类光致电变的现象被人们统称为光电效应(photoelectric effect)。赫兹于1887年发现光电效应。1905年,爱因斯坦在《关于光的产生和转化的一个启发性观点》一文中,用光量子理论对光电效应进行了全面的解释。金属表面在光辐照的作用下发射电子,发射出来的电子叫作光电子。光波长小于某一临界值时方能发射电子,即极限波长,对应的光频率叫作极限频率。光电效应分为光电子发射、光电导效应和光生伏特效应。前一种现象发生在物体表面,称为外光电效应。基于外光电效应,人类研制出了光电倍增管。后两种现象发生在物体内部,称为内光电效应。基于内光电效应,人类研究了各类光电阵列传感器与太阳能电池。电荷耦合器件(CCD)的发明者博伊尔(W. S. Boyle)和史密斯(G. E. Smith),在 1969 年应用爱因斯坦的光电效应理论,即光照射到某些物质上能够引起物质的电性质发生变化,极富创意地发明了一种阵列化的半导体光电探测器件,从而可以把光学影像转化为数字信号式图像。这一器件就是 CCD 图像传感器。这种阵列光电传感器的出现改变了成像方式,使成像电子化、数字化成为可能。数字图像信息的出现,使信息社会真正实现了"天涯若比邻"。为此,他们获得了 2009 年诺贝尔物理学奖。他们在光学成像方面所取得的开创性成就创建了今日网络世界的技术基础,为今日的日常生活创造了许多革新,也为科学的开拓提供了工具。

信号的产生与信息的显示也是电与光相互作用的形式。在电信号的作用下,光也产生相应的变化,从而实现电信号到光信号的转化,这就是电光调制的一种典型表现。电光调制不仅广泛应用于各种光信号的产生,而且也是信息显示的基本原理。显示技术已经从经典的电子阴极射线管(CRT)显示器,向平板显示器发展,以电光调制型的液晶平板显示器为代表的平板显示器正成为当前主流的家用电视的显示器。

在激光出现之后,人们很快就发现了在强光下的光学非线性效应。1961 年,弗兰肯(P. A. Franken)等人发现了二次谐波效应。1962 年,特休恩(R. W. Terhune)等人发现了三次谐波效应。1965 年,乔德曼(J. Giordmaine)和米勒(B. Miller)实现了光参量振荡。1976 年,吉布斯(H. M. Gibbs)等人提出并实现了光学双稳态。这些发现奠定了非线性光学的基础。非线性光学主要研究强光下介质光学特性的非线性光学现象。我们知道光学介质产生的极化强度决定于入射光的电场强度,其作用可用多项式展开成多阶形式。在通常的弱光条件下,高阶项因为系数很小而可以忽略,确定介质光学性质的折射率或极化率是与光强无关的常量,介质的极化强度与光波的电场强度成正比,可近似看成一种线性关系,即光波叠加时遵守线性叠加原理,此时的光学问题称为线性光学问题。但是在强激光场作用下,例如当光波的电场强度可与原子内部的库仑场相比拟时,介质极化强度的高阶项强度不可被忽略,介质的物理特性(如极化强度等)不仅与场强的一次方相关,还决定于场强的更高幂次项,即出现非线性作用,从而可以实现光和光之间的相互作用。非线性光学包括光学倍频、混频、参量振荡等现象。而光参量振荡(OPO)是目前产生大范围连续可调波长(波长从红外光到可见光甚至紫外光)激光的唯一方法。

1.3　本书的总体结构

现代信息技术充分展示出对光与电之间的相互作用和相互转换的需求,在信息的传输、显示、存储与处理中大量使用各种光电子技术。这正是"光电子学"课程的基本内容。本书是在浙江大学光电系开设多年的"激光物理""激光技术""光电子学"的基础上,结合浙大光电系本科、硕士、博士光学教学体系的系统性、完整性与现代性,为满足光电子学双语教学的需要而编撰的一本体现光电子学的核心理论基础、展示光电子学重大发展的教材。本书突出了光电子学领域半导体光电子的重要地位以及非线性光学基础在现代光学技术中的重要作用,借鉴国际著名的光电子学教材 *Fundamentals of Photonics*（2nd ed.）中大量精辟的观点与论述方式,凸显现代光电子学在显示、存储以及信息处理、传输中的核心作用与工作机理,努力体现基础性与前沿性的结合。本书克服以往"光电子学"课程倾向于激光原理或光通信技术的状况,突出光电子学的核心内容,力争通过合理的课程安排,将激光原理、半导体基础与器件、光波导基础、非线性光学以及电光调制等关键内容有机结合,按照原理、器件与技术的原则构成完整的光电子学教程体系。

本书共分 9 章。

第 1 章　引言

第 2 章　光学谐振腔与高斯光束（参见 Chapter 3 Beam Optics 与 Chapter 10 Resonator Optics）

第 3 章　导波光学（参见 Chapter 9 Fiber Optics 与 Chapter 24 Optical Fiber Communications）

第 4 章　光子光学（参见 Chapter 12 Photon Optics 与 Chapter 13 Photons and Atoms）

第 5 章　激光器机理（参见 Chapter 14 Laser Amplifiers、Chapter 15 Lasers 与 Chapter 22 Ultrafast Optics）

第 6 章　半导体的光电特性（参见 Chapter 16 Semiconductor Optics）

第 7 章　半导体光电子器件（参见 Chapter 17 Semiconductor Photon Sources 与 Chapter 18 Semiconductor Photon Detectors）

第 8 章　光的调制（参见 Chapter 19 Acousto-optics 与 Chapter 20 Electro-optics）

第 9 章　非线性光学（参见 Chapter 21 Nonlinear Optics）

括号中的章节为 *Fundamentals of Photonics*（2nd ed.）中的对应章节,在内容上本书有一定的删减或增添。

1.4　本章小结

光电子学在当今信息社会正发挥越来越大的作用,新的光电子技术还在不断涌现。特别是新材料、新器件的出现,不断推进光电子器件的发展。此外,光电子应用技术也在不断发展,新技术层出不穷,并在日常生活的各个角落发挥重要的作用。可以说,今天的生活离不开光电子技术。

"光电子学"是信息工程类专业的本科专业基础课程,其内容与知识点是该类专业本科阶段必须掌握的。为了使同学们在掌握"光电子学"扎实基础知识的同时能有效地进行双语学习,我们选择 *Fundamentals of Photonics*（2nd ed.）作为本课程的英语比对教材,邀请 Saleh 教授共同编撰本书。衷心希望本书能为信息工程类或电子科学类本科专业的"光电子学"课程的双语教学做出贡献。

第 2 章
光学谐振腔与高斯光束

光学谐振腔可以看成一个具有闭合光路的光束传播系统,光在其中不断地往复传播而没有能量损失,光波在这样的系统中稳定循环传播的必然结果是光波以特定的频率在其中往复振荡,形成谐振。所以,使光束在其中往返传播振荡的光学系统就称为光学谐振腔。由于振荡的频率是特定的而且振荡时光束被限制在腔内,因此谐振腔也可以看作特定频率的能量存储器。

最简单的谐振腔,就是由两个相互平行的平面反射镜以一定间隔相对放置构成的光学系统。当然还有各种各样的光学谐振腔系统,比如三角形分布的反射镜腔、光纤构成的谐振腔。典型的谐振腔如图 2-0-1 所示。

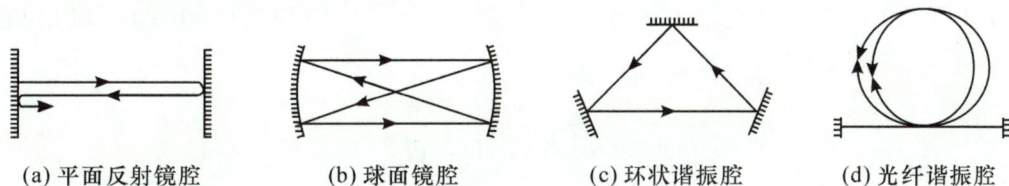

| (a) 平面反射镜腔 | (b) 球面镜腔 | (c) 环状谐振腔 | (d) 光纤谐振腔 |

图 2-0-1　光学谐振腔的几种类型

只有特定波长的光才能在谐振腔中谐振,因此谐振腔也可以用作光学滤波器或光谱分析仪。本书主要讨论其在激光形成中的谐振作用。激光正是由于谐振腔中放置了增益媒介,光束在往复传播时形成放大谐振才产生的。激光谐振腔决定了激光的频率与光束的空间分布。同时,谐振腔的储能功能又为获得脉冲激光提供了可能。

光束在谐振腔中多次往复地振荡,使得光束的光场分布必须满足一定的特性,这就是光束光学的内容。本章将在论述谐振腔理论的基础上,进一步论述激光光场的光束理论,介绍高斯光束的传播特点与变换关系。为了更好地分析光学谐振腔对光束的约束与控制,本章首先论述光束传播的矩阵分析法,然后介绍谐振腔理论,最后论述高斯光束的特性与传播规律。

2.1　矩阵光学简述

光学系统总是由一系列的光学元件组成,假设光沿 z 轴方向传播,整个系统有两个垂直的平面分别对应系统的入射平面与出射平面(如图 2-1-1 中的 z_1 与 z_2 两个平面)。可以将此光学系统看成一个暗箱,仅仅考虑入射平面与出射平面上的光束特点,如在光轴与入

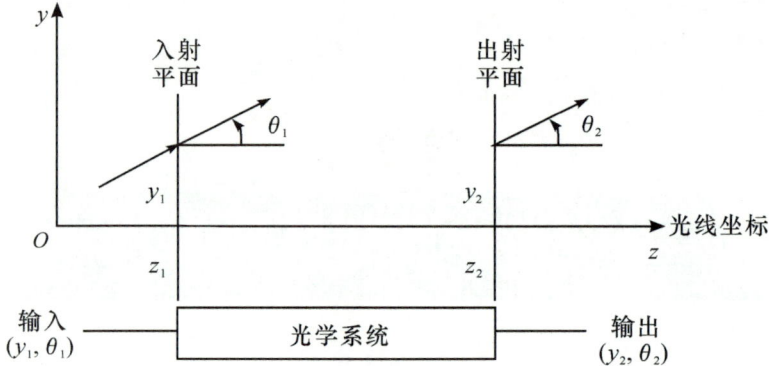

图 2-1-1　光学系统的入射平面与出射平面上的光线坐标的关系

射光线组成的平面(即 yz 平面)内,用入射平面上入射光线的位置与方向坐标(y_1,θ_1),以及出射平面上经过系统作用之后的出射光线的位置与方向坐标(y_2,θ_2)之间的关系,来完整描述该光学系统的行为。这样在近轴光线(即光束孔径角较小,$\sin\theta\approx\theta$)的条件下,可以得出关系

$$y_2 = Ay_1 + B\theta_1 \tag{2.1.1}$$
$$\theta_2 = Cy_1 + D\theta_1 \tag{2.1.2}$$

其中,A、B、C、D 是描述该光学系统作用的参数。式(2.1.1)和式(2.1.2)可以用矩阵表示为

$$\begin{bmatrix} y_2 \\ \theta_2 \end{bmatrix} = \begin{bmatrix} A & B \\ C & D \end{bmatrix} \begin{bmatrix} y_1 \\ \theta_1 \end{bmatrix}$$

变换矩阵 $\boldsymbol{M} = \begin{bmatrix} A & B \\ C & D \end{bmatrix}$ 称为"光线传播矩阵",简称 $ABCD$ 矩阵。因此,可以用 2×2 的矩阵来描述光线经过一个光学系统后的传播方向与位置。

2.1.1　光学元件的传播矩阵

为了仔细分析各种光学元件的传播矩阵,本书对光束的传播进行一个符号规定:光线角度 θ 是从 z 轴方向算起,光线指向 z 轴上方 θ 为正,指向 z 轴下方 θ 为负。

1. 自由空间

自由空间的传播矩阵就是直线传播矩阵,如图 2-1-2 所示,假设光线原来的位置为 y_1,θ_1,传播距离 d 后的位置为:$y_2 = y_1 + d\tan\theta_1 \approx y_1 + d\theta_1$,且 $\theta_2 = \theta_1$。所以有

$$\begin{cases} y_2 = y_1 + d\tan\theta_1 \\ \theta_2 = \theta_1 \end{cases}$$

写成矩阵形式

$$\begin{bmatrix} y_2 \\ \theta_2 \end{bmatrix} = \begin{bmatrix} 1 & d \\ 0 & 1 \end{bmatrix} \begin{bmatrix} y_1 \\ \theta_1 \end{bmatrix} \tag{2.1.3}$$

2. 平面边界的折射

光入射两种折射率介质的平面边界时产生折射,如图 2-1-3 所示,遵循折射定律:$n_1\sin\theta_1 = n_2\sin\theta_2$,在近轴条件下为:$n_1\theta_1 = n_2\theta_2$,所以有

$$\begin{cases} y_2 = y_1 \\ \theta_2 = \dfrac{n_1 \theta_1}{n_2} \end{cases}$$

写成矩阵形式

$$\begin{bmatrix} y_2 \\ \theta_2 \end{bmatrix} = \begin{bmatrix} 1 & 0 \\ 0 & \dfrac{n_1}{n_2} \end{bmatrix} \begin{bmatrix} y_1 \\ \theta_1 \end{bmatrix} \tag{2.1.4}$$

图 2-1-2　空间光线传播　　　　　　　图 2-1-3　界面的光折射

3. 两种折射率在球面界面的折射

两种折射率在球面界面上折射改变的是光线的方向角度,光线依据折射定律产生折射,光线的高低位置并没变。如图 2-1-4 所示,设凸面的 R 为正,凹面的 R 为负,所以矩阵为

$$\boldsymbol{M} = \begin{bmatrix} 1 & 0 \\ -\dfrac{n_2 - n_1}{n_2 R} & \dfrac{n_1}{n_2} \end{bmatrix} \tag{2.1.5}$$

4. 薄透镜的透射矩阵

不计薄透镜的厚度,如图 2-1-5 所示,对于近轴光线,光线经过透镜前、后位置的变化为零,仅仅是光线的方向发生偏折,根据高斯公式,可以得到偏折大小。所以矩阵为

$$\boldsymbol{M} = \begin{bmatrix} 1 & 0 \\ -\dfrac{1}{f} & 1 \end{bmatrix} \tag{2.1.6}$$

其中,凸透镜的焦距 f 为正,凹透镜的焦距 f 为负。

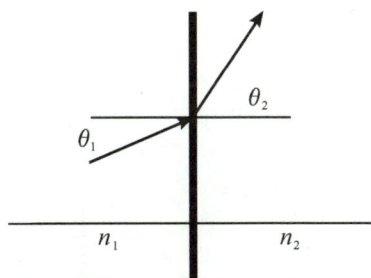

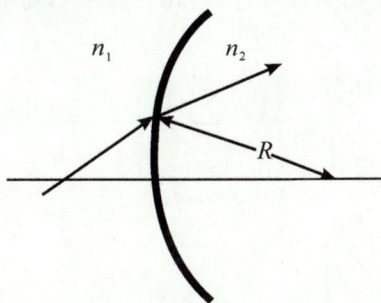

图 2-1-4　球面的光折射　　　　　　　图 2-1-5　薄透镜

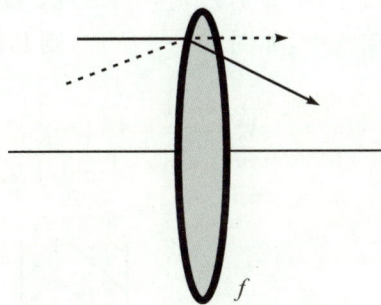

5. 平面反射镜的反射矩阵

光线在一个平面反射镜表面反射,其位置不变,入射光与反射光均向上,所以 $\theta_2 = \theta_1$,如图 2-1-6 所示。

矩阵为
$$M = \begin{bmatrix} 1 & 0 \\ 0 & 1 \end{bmatrix}$$
(2.1.7)

6. 球面反射镜的反射矩阵

球面反射镜对入射光线的反射,根据反射定律进行。经过球面反射镜的反射,光线角度发生变化,角度的变化与反射镜的凹凸有关,设凸球面反射镜的 R 为正,凹球面反射镜的 R 为负,如图 2-1-7 所示,则矩阵为

$$M = \begin{bmatrix} 1 & 0 \\ \dfrac{2}{R} & 1 \end{bmatrix}$$
(2.1.8)

其中,出射角度相对于 z 轴向上为正,向下为负。

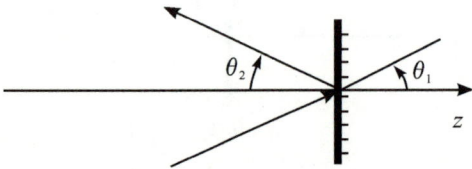

图 2-1-6　平面反射镜

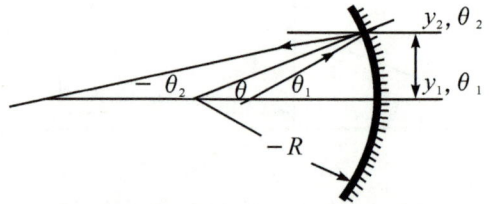

图 2-1-7　球面反射镜

2.1.2　光学系统的传播矩阵

一个光学系统由多个光学元件组成,因此光学系统的传播矩阵由各光学元件的矩阵以及元件之间自由空间的矩阵 $M_1, M_2, M_3, \cdots, M_N$ 的乘积构成,如图 2-1-8 所示。

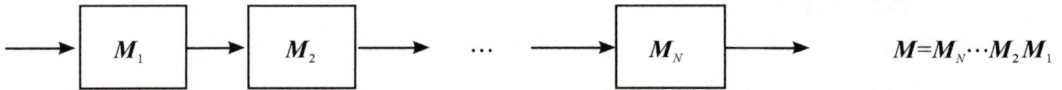

图 2-1-8　多元件光学系统的传播矩阵

注意:矩阵乘积的次序为入射元件的矩阵在最右,依次左乘相继的元件矩阵。

1. 连续平板结构的矩阵

一系列折射率分别为 $n_1, n_2, \cdots, n_N$ 以及厚度分别为 $d_1, d_2, \cdots, d_N$ 的平行平板垂直于 z 轴,放置在空气中,如图 2-1-9 所示,则其传递矩阵为

$$M = \begin{bmatrix} 1 & \dfrac{d_N}{n_N} \\ 0 & 1 \end{bmatrix} \cdots \begin{bmatrix} 1 & \dfrac{d_2}{n_2} \\ 0 & 1 \end{bmatrix} \begin{bmatrix} 1 & \dfrac{d_1}{n_1} \\ 0 & 1 \end{bmatrix} = \begin{bmatrix} 1 & \displaystyle\sum_{i=1}^{N} \dfrac{d_i}{n_i} \\ 0 & 1 \end{bmatrix}$$
(2.1.9)

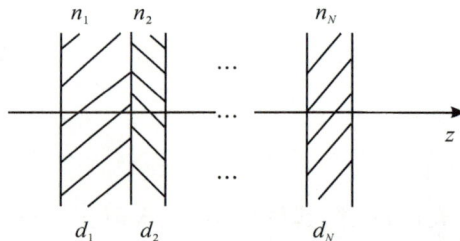

图 2-1-9　多层薄板光学系统

2. 传播一定距离之后经过薄透镜的矩阵

如图 2-1-10 所示，光波经过一定距离 d 后再经过一个焦距为 f 的薄透镜，则传递矩阵为

$$M = \begin{bmatrix} 1 & 0 \\ -1/f & 1 \end{bmatrix} \begin{bmatrix} 1 & d \\ 0 & 1 \end{bmatrix} = \begin{bmatrix} 1 & d \\ -1/f & 1-d/f \end{bmatrix} \tag{2.1.10}$$

3. 薄透镜成像的矩阵

薄透镜成像包括物到透镜的自由传播、透镜的光线偏折以及像空间的自由传播三段，如图 2-1-11 所示。

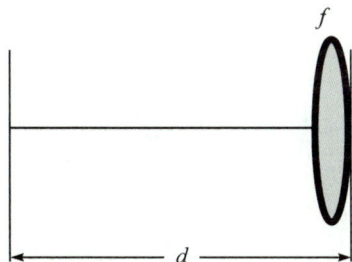

图 2-1-10　光传播一定距离后经过薄透镜的传播　　图 2-1-11　薄透镜成像系统

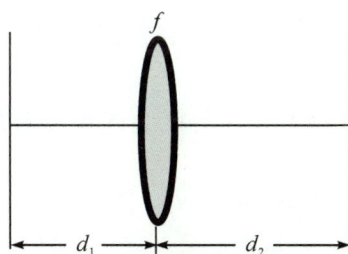

根据成像定律，有

$$1/d_1 + 1/d_2 = 1/f \tag{2.1.11}$$

因此

$$M = \begin{bmatrix} 1 & d_2 \\ 0 & 1 \end{bmatrix} \begin{bmatrix} 1 & 0 \\ -1/f & 1 \end{bmatrix} \begin{bmatrix} 1 & d_1 \\ 0 & 1 \end{bmatrix} = \begin{bmatrix} 1-d_2/f & d_1+d_2-d_1 d_2/f \\ -1/f & 1-d_1/f \end{bmatrix} \tag{2.1.12}$$

4. 周期型光学系统

周期型光学系统是指相同的光学单元反复出现的系统，如图 2-1-12 所示。当光波在两个平行平面反射镜构成的谐振腔之间来回地反射时，可以将其看成一个周期系统。因此，在周期型媒介中传播的光线理论上可以用传播矩阵来描述。

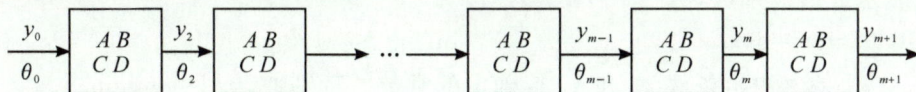

图 2-1-12　叠加的周期结构系统

假设周期型光学系统中，基本周期单元的 2×2 传播矩阵的四个单元分别为 A、B、C、D，则该基本单元的叠加组合形成的 m 个周期系统的矩阵传播关系为

$$\begin{bmatrix} y_m \\ \theta_m \end{bmatrix} = \begin{bmatrix} A & B \\ C & D \end{bmatrix}^m \begin{bmatrix} y_0 \\ \theta_0 \end{bmatrix} \tag{2.1.13}$$

由此可以推出迭代条件

$$y_{m+1} = A y_m + B \theta_m \tag{2.1.14}$$

$$\theta_{m+1} = C y_m + D \theta_m \tag{2.1.15}$$

由式（2.1.14）得

$$\theta_m = \frac{y_{m+1} - A y_m}{B} \tag{2.1.16}$$

如果用 $m+1$ 代替 m，则式（2.1.16）变为

$$\theta_{m+1}=\frac{y_{m+2}-Ay_{m+1}}{B} \tag{2.1.17}$$

将式（2.1.16）和式（2.1.17）代入式（2.1.15），可得周期型光学系统中光线位置的高度关系

$$y_{m+2}=2by_{m+1}-F^2y_m \tag{2.1.18}$$

其中，$b=\dfrac{A+D}{2}$，且 $F^2=AD-BC=\det[\boldsymbol{M}]$。

　　方程（2.1.18）是一个线性差分方程，它可以通过计算机迭代法，从 $m=0$ 开始逐步迭代出 $y_0,y_1,\cdots$。也可从方程（2.1.18）获得 y_m 的解析表达式。

　　假设方程（2.1.18）有尝试解，其形式为

$$y_m=y_0h^m \tag{2.1.19}$$

其中，h 是常数。将此尝试解代入方程（2.1.18），得到应该满足的代数方程

$$h^2-2bh+F^2=0 \tag{2.1.20}$$

因此 h 可能的取值为

$$h=b\pm\mathrm{i}(F^2-b^2)^{1/2} \tag{2.1.21}$$

为了将这个结果表示成更加紧凑的形式，定义变量

$$\varphi=\arccos(b/F) \tag{2.1.22}$$

依据定义，可以推出关系

$$b=F\cos\varphi \tag{2.1.23}$$
$$(F^2-b^2)^{1/2}=F\sin\varphi \tag{2.1.24}$$

所以式（2.1.21）改为

$$h=F(\cos\varphi\pm\mathrm{i}\sin\varphi)=F\exp(\pm\mathrm{i}\varphi) \tag{2.1.25}$$

那么根据尝试解的形式，有

$$y_m=y_0F^m\exp(\pm\mathrm{i}m\varphi) \tag{2.1.26}$$

　　因此，方程（2.1.18）的一般解应该是 y_m 正、负号两个解的线性组合，两个指数函数的组合可以表示成谐波函数，有

$$y_m=y_{\max}F^m\sin(m\varphi+\varphi_0) \tag{2.1.27}$$

其中，$y_{\max}$ 和 φ_0 是由初始条件 y_0 和 y_1 待确定的常数。特别地，$y_{\max}=y_0/\sin\varphi_0$。

　　参数 F 的平方为基本周期单元传递矩阵的值，即 $F=\det^{1/2}[\boldsymbol{M}]$。可以证明，无论单元系统的结构形式如何，周期单元的传递矩阵的值 $\det[\boldsymbol{M}]=n_1/n_2$，其中 n_1,n_2 分别是该基本周期单元初始与最后部分的折射率。矩阵乘积的值等于矩阵值的乘积，因此该关系可以应用到整个叠加系统。例如，如果子系统 1 的矩阵值 $\det[\boldsymbol{M}_1]=n_1/n_2$，子系统 2 的矩阵值 $\det[\boldsymbol{M}_2]=n_2/n_3$，则整个组合系统的矩阵值为 $\det[\boldsymbol{M}_1\boldsymbol{M}_2]=n_1/n_3$。因此对于处于空间中的光学系统，$n_1=n_2$，可得 $\det[\boldsymbol{M}]=1$，$F=1$。所以式（2.1.27）对应的解为

$$y_m=y_{\max}\sin(m\varphi+\varphi_0) \tag{2.1.28}$$

可以看出光线在周期光学系统中的位置轨迹是一个谐波函数或双曲函数。

（1）周期结构光学系统光线谐波轨迹条件

当 $\varphi=\arccos b$ 必为实数时，y_m 具有谐波函数特性（非双曲函数），也就是光线的位置高度存在极值，总体位置在极值以内变化，所以在其中传播的光束不会溢出该光学系统。

$\varphi=\arccos b$ 必为实数的条件对应

$$|b|\leqslant 1 \quad \text{或} \quad \frac{|A+D|}{2}\leqslant 1 \qquad (2.1.29)$$

这个条件称为"稳定解条件"。一个谐波解应该保证 y_m 对于所有 m 值都是有限的,即有一个最大值 $y_{\max}$。所以 $|b|\leqslant 1$ 提供了光线轨迹的稳定性(边界)条件。

如果 $|b|>1$,则 φ 为虚数,y_m 为双曲函数(cosh 或 sinh),这样的解表明光束是没有宽度限制的(无边界),如图 2-1-13(a)所示。

光线的角度也是一个谐波函数 $\theta_m=\theta_{\max}\sin(m\varphi+\varphi_1)$,其中 $\theta_{\max}$ 和 φ_1 是常数。角度的最大值 $\theta_{\max}$ 必须足够小以满足光束的近轴条件,这是矩阵分形法要求的。

(2)周期轨迹条件

谐波函数 $y_m=y_{\max}\sin(m\varphi+\varphi_0)$ 是一个周期取决于 m 的函数,如果存在一个整数 s,使得 $y_{m+s}=y_m$ 对所有 m 成立。这个最小的整数就是周期,光线的轨迹在 s 个单元之后重复。这个条件可以表示为 $s\varphi=2\pi q$,其中 q 为整数,即周期轨迹的充要条件是:存在整数之比 q/s 的值与 $\varphi/(2\pi)$ 相等,如图 2-1-13(b)所示,这里 $\varphi=6\pi/11$,即 $\varphi/(2\pi)=3/11$,因此轨迹的周期是 $s=11$ 个单元。如果找不到使 $s\varphi=2\pi q$ 成立的 s,则系统为稳定但非周期轨迹,如图 2-1-13(c)所示。

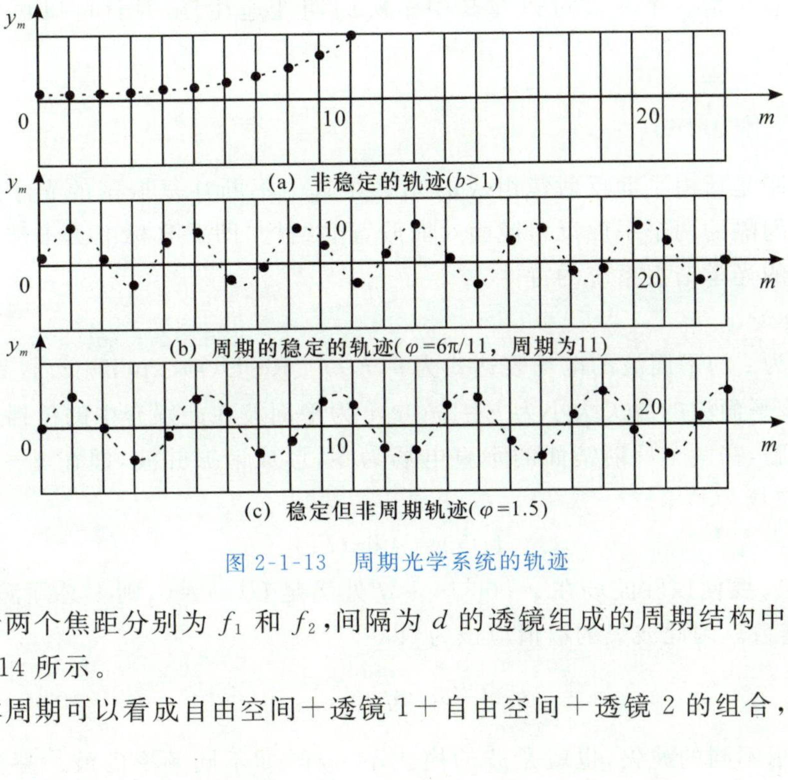

图 2-1-13　周期光学系统的轨迹

下面分析两个焦距分别为 f_1 和 f_2,间隔为 d 的透镜组成的周期结构中光线的传播特性,如图 2-1-14 所示。

这个基本周期可以看成自由空间＋透镜 1＋自由空间＋透镜 2 的组合,因此其基本单元的矩阵为

$$\boldsymbol{M}=\begin{bmatrix}1 & d\\ -1/f_2 & 1-d/f_2\end{bmatrix}\begin{bmatrix}1 & d\\ -1/f_1 & 1-d/f_1\end{bmatrix}$$

$$=\begin{bmatrix}1-d/f_1 & d+d(1-d/f_1)\\ -1/f_2-1/f_1(1-d/f_2) & -d/f_2+(1-d/f_2)(1-d/f_1)\end{bmatrix} \qquad (2.1.30)$$

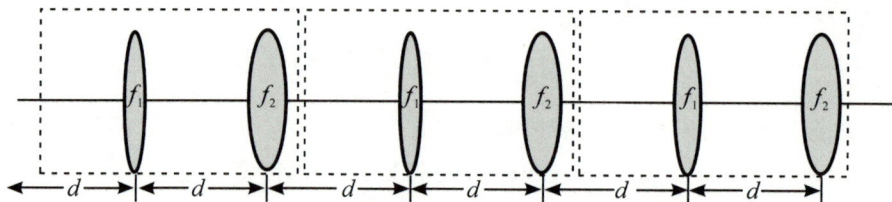

图 2-1-14   透镜组的周期结构

所以,根据光线轨迹稳定条件(位置有限条件)有:$|b| \leqslant 1$ 或 $\dfrac{|A+D|}{2} \leqslant 1$。可以推得,该系统的稳定条件为

$$0 \leqslant \left(1-\frac{d}{2f_1}\right)\left(1-\frac{d}{2f_2}\right) \leqslant 1 \tag{2.1.31}$$

2.2   光学谐振腔基础

光学谐振腔是指一个光波可以在其中多次周期性地往复,并且可以再生的封闭光学系统。

2.2.1   平面谐振腔

平面谐振腔是指由平面反射镜组成的光束在其中不断往复振荡的光学组合。最简单的就是将一定间隔的两个平面反射镜面对面放置的结构,即 F-P 标准具干涉系统。下面将深入论述这样的光学谐振系统的特性。

1. 谐振模式

一束频率为 ν 的平面波的电场表达式为 $u(\boldsymbol{r},t)=\mathrm{Re}[U(\boldsymbol{r})\exp(\mathrm{i}2\pi\nu t)]$,其中 $U(\boldsymbol{r})$ 满足波动方程,且该平面波的波矢大小为 $k=2\pi\nu/c$,c 为平面波在此媒介中的传播速度。对于平面反射镜谐振腔,在两个反射镜面的垂直电场为零,形成谐振驻波,即在 $z=0$ 与 $z=d$ 处,$U(\boldsymbol{r})=0$。驻波场为

$$U(\boldsymbol{r})=A\sin(kz) \tag{2.2.1}$$

其中 A 为常数。要使该驻波场在 $z=0$ 与 $z=d$ 处满足 $U(\boldsymbol{r})=0$,则 k 必须满足条件:$kd=q\pi$,其中 q 为整数。因此波矢的取值应该为

$$k_q=\frac{q\pi}{d}, \quad q=1,2,\cdots \tag{2.2.2}$$

不同的 q 值表示不同的波矢,也就是波的模式不一样,即不同频率的波。整数 q 称为谐振模式数。注意:由于腔一定存在一定的 d,所以 q 不可能为 0。

一个平面谐振腔中的任意场为该腔中存在的各种频率波(模式)的叠加,$U(\boldsymbol{r})=\sum_q A_q\sin(k_q z)$。也可以将式(2.2.2)表达为模式与频率之间的关系,这些模式是一些等间距的离散频率值,即

$$\nu_q = q\frac{c}{2d}, \quad q=1,2,\cdots \tag{2.2.3}$$

其中，ν_q 就是该谐振腔的谐振频率。频率之间为等间隔的，该间隔为

$$\nu_F = \frac{c}{2d} \tag{2.2.4}$$

这就是相邻谐振模式的频率间隔。

可以用式(2.2.4)计算谐振频率的波长，即 $\lambda_q = c/\nu_q = 2d/q$。因此，谐振腔的长度 d 为腔中谐振模式的半波长的整数倍，即 $d = q\lambda_q/2$。注意：光速 c 是指光波在腔内介质中的速度，如果腔内介质的折射率为 n，则 $c = c_0/n$。

在图 2-2-1 中，如果谐振腔长为 $15\,\text{cm}$（即 $d=15\,\text{cm}$），腔内为空气（$n=1$），则频率间隔 $\nu_F = 1\,\text{GHz}$。

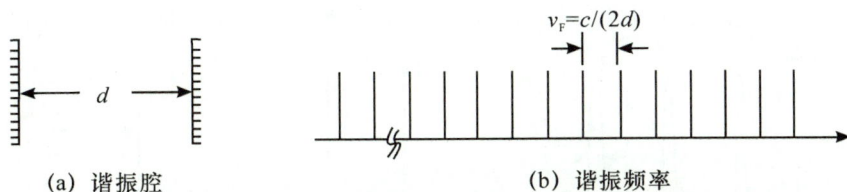

(a) 谐振腔　　　　　　　　　(b) 谐振频率

图 2-2-1　平面谐振腔与谐振频率

一般谐振腔的谐振条件是：光波在谐振腔中走一个来回能够完整重现。因此就要求其一个往复的相位变化满足

$$\varphi = q2\pi, \quad q=1,2,\cdots \tag{2.2.5}$$

不论什么系统，只要一个周期（来回）光波的相位变化为 2π 的整数倍，就可以形成谐振。对于平行平面腔，有 $\varphi = k2d = q2\pi$。

2. 模式密度

给定一个谐振腔，就会存在一系列的谐振频率，我们将不同的谐振频率、不同的偏振状态均称为不同的谐振模式，用模式密度来表示腔的特性。在一维谐振腔情况下，模式密度是指单位腔长度、单位频率内的模式数（注意，一维谐振腔就是上面所述的平面镜构成的谐振腔，包含两种垂轴的正交偏振，每一种偏振均为一种独立模式）。

因为平面腔中模式间隔为 $\nu_F = c/(2d)$，所以单位频率的模式数为 $1/\nu_F = 2d/c$。单位腔长、单位频率的模式数为 $2/c$。两种正交偏振，模式数即为 $4/c$。所以一维腔的模式密度为

$$M(\nu) = 4/c \tag{2.2.6}$$

3. 损耗与谐振谱宽度

平面腔的周期相位变化为：$\varphi = 2kd = 4\pi\nu d/c$。但是当腔内有损耗时，光波的幅值在衰减。设一个来回光场幅值变化比为 γ，则一个来回后的光场为 $U_1 = hU_0 = \gamma \mathrm{e}^{-\mathrm{i}\varphi}U_0$，腔内总场应该是各种多次来回的光场的叠加，即

$$\begin{aligned}
U &= U_0 + U_1 + U_2 + \cdots = U_0 + U_0 h + U_0 h^2 + \cdots \\
&= U_0(1 + h + h^2 + \cdots) = U_0/(1-h)
\end{aligned} \tag{2.2.7}$$

腔内光强为

$$\begin{aligned}
I &= |U|^2 = |U_0|^2/|1-\gamma \mathrm{e}^{-\mathrm{i}\varphi}|^2 = I_0/[(1-\gamma\cos\varphi)^2 + (\gamma\sin\varphi)^2] \\
&= I_0/(1+\gamma^2 - 2\gamma\cos\varphi) = I_0/[(1-\gamma)^2 + 4\gamma\sin^2(\varphi/2)]
\end{aligned} \tag{2.2.8}$$

因此,可以整理成

$$I = \frac{I_{max}}{1 + (2\mathscr{F}/\pi)^2 \sin^2(\varphi/2)} \tag{2.2.9}$$

其中,$I_{max} = \frac{I_0}{(1-\gamma)^2}$,而 $I_0 = |U_0|^2$ 为初始波强度,且

$$\mathscr{F} = \frac{\pi\gamma^{1/2}}{1-\gamma} \tag{2.2.10}$$

称为谐振腔的细度(finesse)。可以看出谐振光的光强 I 是相位 φ 的周期函数,而且周期为 2π。I 在 $\varphi = q2\pi$ 处有谐振光强峰值,如果细度 $\mathscr{F}$ 值不大,则谐振峰有一定宽度[见图 2-2-2(a)],谐振峰的半高宽(FWHM)为 $\Delta\varphi = 2\pi/\mathscr{F}$,对应的频率带宽为

$$\delta\nu = (c/4\pi d)\Delta\varphi = \nu_F/\mathscr{F} \tag{2.2.11}$$

理想的无损耗的谐振腔,其细度 $\mathscr{F}$ 很大,因此谐振峰很窄,几乎是谱线[见图 2-2-2(b)]。

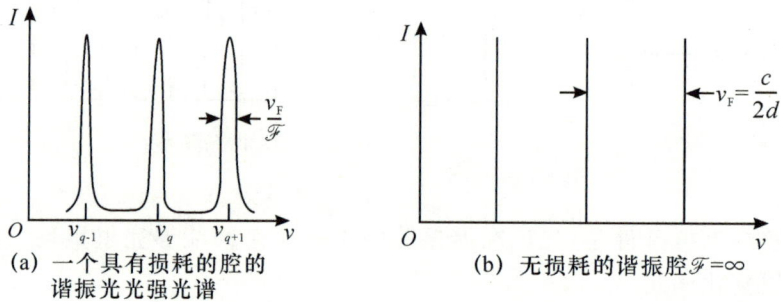

(a) 一个具有损耗的腔的谐振光光强光谱　　(b) 无损耗的谐振腔 $\mathscr{F}=\infty$

图 2-2-2　谐振腔的谐振频率

4. 谐振腔的损耗源

谐振腔的损耗源主要有两类:腔内媒介的吸收与散射损耗,以及腔镜的透射与衍射损耗。

对于腔的两个反射镜之间媒介的吸收与散射损耗,一个来回功率的衰减可以用 $\exp(-2\alpha_s d)$ 来表示,其中 α_s 为媒介的吸收系数。反腔镜的反射率不完善也可以造成光损耗,这些不完善主要体现在:①腔镜存在部分透射,使得每次到达腔镜的光束有部分能量透射出腔外,产生能量外溢;②腔镜的大小有限,造成部分腔内光束泄漏,产生能量损耗;③反射镜对光束的衍射损耗一直存在,是不可忽视的。

假设腔镜的反射率为 $R_1 = r_1^2$ 和 $R_2 = r_2^2$,则一个完整来回光波的两次反射损耗与两个反射镜间媒介的吸收与散射损耗综合起来,可以表示为

$$\gamma^2 = R_1 R_2 \exp(-2\alpha_s d) \tag{2.2.12}$$

式(2.2.12)常可换一种形式写成

$$\gamma^2 = \exp(-2\alpha_r d) \tag{2.2.13}$$

其中,α_r 是总有效分布损耗系数(overall effective distributed loss coefficient)。结合上面几个关系,可以推得系统损耗系数为

$$\alpha_r = \alpha_s + \frac{1}{2d}\ln\frac{1}{R_1 R_2} \tag{2.2.14}$$

所以损耗系数可以表示成其他几部分之和的形式,即

$$\alpha_r = \alpha_s + \alpha_{m1} + \alpha_{m2} \tag{2.2.15}$$

其中,$\alpha_{m1}=\dfrac{1}{2d}\ln\dfrac{1}{R_1}$,$\alpha_{m2}=\dfrac{1}{2d}\ln\dfrac{1}{R_2}$ 分别表示两个腔镜上的损耗。

细度 $\mathscr{F}$ 参数与腔的损耗相关,因此可以将损耗系数代入式(2.2.10),得

$$\mathscr{F}=\frac{\pi\exp(-\alpha_r d/2)}{1-\exp(-\alpha_r d)} \tag{2.2.16}$$

可见,细度与损耗系数之间的关系为:细度随着损耗的增加而减小,如图 2-2-3 所示。

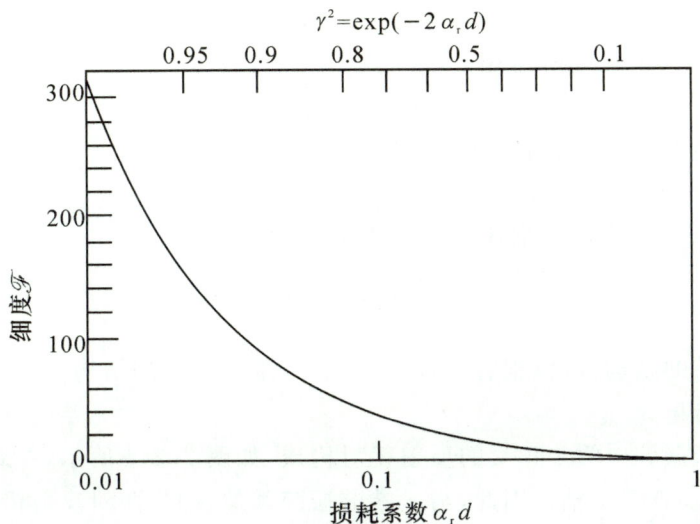

图 2-2-3　细度与损耗系数的关系

如果 $\alpha_r d \ll 1$,则 $\exp(-\alpha_r d)\approx 1-\alpha_r d$,在这样的近似下,细度可以简化为

$$\mathscr{F}\approx\frac{\pi}{\alpha_r d} \tag{2.2.17}$$

式(2.2.17)说明在弱吸收极限下,光谱细度与损耗系数成反比。

5. 光子寿命

谐振峰值带宽与谐振损耗的关系可以看成时间–频率不确定性效应的表现(manifestation)。将式(2.2.17)与式(2.2.4)代入式(2.2.11),则有

$$\delta\nu\approx\frac{c/(2d)}{\pi/(\alpha_r d)}=\frac{c\alpha_r}{2\pi} \tag{2.2.18}$$

所以谐振腔损耗越大,谐振峰带宽越宽。α_r 是单位腔长的损耗,$c\alpha_r$ 为单位时间的损耗。定义衰减时间

$$\tau_p=1/(c\alpha_r) \tag{2.2.19}$$

为谐振腔的寿命(resonator lifetime)或光子寿命(photon lifetime),单位为秒,则有

$$\tau_p=1/(2\pi\delta\nu) \tag{2.2.20}$$

因此,谐振腔的时间–频率不确定性为:$\delta\nu\tau_p=1/(2\pi)$。谐振峰变宽是因为谐振腔的损耗导致谐振中的光能衰减。电场按照 $\exp[-t/(2\tau_p)]$ 衰减,能量按照 $\exp(-t/\tau_p)$ 衰减,故谐振线的 FWHM 的光谱宽度为

$$\delta\nu=1/(2\pi\tau_p) \tag{2.2.21}$$

6. 品质因子 Q

品质因子 Q 通常用于描述电路与微波系统中谐振电路的特性。该参数的定义为

$$Q = \frac{2\pi(\text{腔能量})}{\text{每周期能耗}}$$

大品质因子的系统对应低的谐振损耗。对于光学谐振腔，Q 因子可以用腔内储能以 $c\alpha_r$ 速度损耗来确定，即每个周期的损耗率为 $c\alpha_r/\nu_0$，因此 $Q = \frac{2\pi}{c\alpha_r/\nu_0}$。因为 $\delta\nu = c\alpha_r/(2\pi)$，所以光学谐振腔的 Q 因子为

$$Q = \nu_0/\delta\nu \qquad (2.2.22)$$

可以看出 Q 因子也与谐振腔寿命相关，利用 $\tau_p = 1/(c\alpha_r)$ 得

$$Q = 2\pi\nu_0\tau_p \qquad (2.2.23)$$

该因子自然也与谐振腔的光谱细度相关，表达式为

$$Q = \nu_0\mathscr{F}/\nu_F \qquad (2.2.24)$$

所以人们经常用品质因子 Q 来描述谐振腔的质量。

2.2.2 二维、三维谐振腔与模式密度

从一维谐振腔的结构，可以很容易理解二维、三维谐振腔的结构。

1. 二维平面谐振腔

二维平面镜谐振腔由两个正交的反射镜对构成，如图 2-2-4 所示，一对反射镜垂直于 z 轴，另一对反射镜垂直于 y 轴。因此，与一维谐振腔类似，如果两对反射镜的间距都是 d，则谐振产生两个正交方向的驻波场。波矢为 $\boldsymbol{k} = (k_y, k_z)$，且各模式波矢可以表示成

$$k_y = \frac{q_y\pi}{d}, k_z = \frac{q_z\pi}{d}, \quad q_y = 1, 2, \cdots, q_z = 1, 2, \cdots \qquad (2.2.25)$$

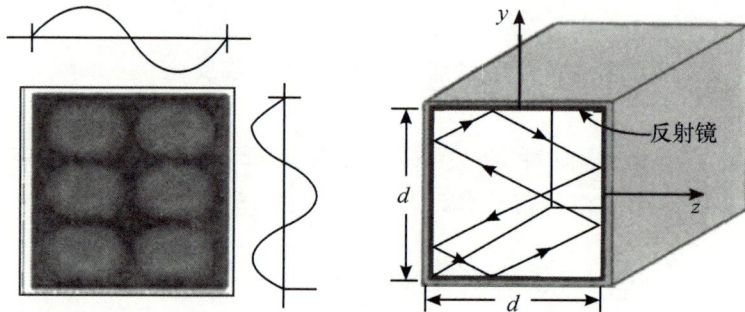

图 2-2-4 二维平面镜谐振腔内的光线路径

其中，q_y 和 q_z 分别为在 y 方向与 z 方向的模式数。每一组整数组合 (q_y, q_z) 就代表一个谐振模式，如图 2-2-5 所示。模式的波矢 $\boldsymbol{k}$ 的大小与 y 和 z 方向的波矢之间的关系为

$$k^2 = k_y^2 + k_z^2 = \left(\frac{2\pi\nu}{c}\right)^2 \qquad (2.2.26)$$

因此在二维谐振腔中每个波矢占据的面积为 $\left(\frac{\pi}{d}\right)^2$，那么波矢 $\boldsymbol{k}$ 的大小从 0 到 k 之间的模式数为

$$N_\nu = \frac{\boldsymbol{k} \text{空间的大小}}{\text{每个波矢的面积}} \times 2 = \frac{\pi\left(\frac{2\pi\nu}{c}\right)^2/4}{(\pi/d)^2} \times 2 = \frac{2\pi\nu^2 d^2}{c^2} \qquad (2.2.27)$$

注意：式(2.2.27)中乘 2 是指存在两种正交的偏振模式。在单位频率、单位面积的模式数，

即二维谐振腔的模式密度,可以表示为

$$M(\nu) = \frac{1}{A} \cdot \frac{dN_\nu}{d\nu} = \frac{4\pi\nu}{c^2} \tag{2.2.28}$$

其中,A 为腔的截面积。

图 2-2-5 二维平面镜谐振腔内的驻波场分布模式($q_x=3, q_y=2$)

2. 三维平面谐振腔

三维平面谐振腔顾名思义就是由三对平面镜构成一个边长为 d 的正方体谐振空间,如图 2-2-6 所示。三维谐振腔中驻波场在三个相互正交的方向形成稳定分布,谐振模式场的波矢由三个空间方向的波矢构成:$\boldsymbol{k}=(k_x, k_y, k_z)$,且满足谐振条件,各方向波矢为

$$k_x = \frac{q_x\pi}{d}, k_y = \frac{q_y\pi}{d}, k_z = \frac{q_z\pi}{d}, \quad q_x, q_y, q_z = 1, 2, \cdots \tag{2.2.29}$$

其中,正整数 q_x, q_y 与 q_z 分别为三个方向的模式数。整个谐振场的波矢的大小与谐振频率之间的关系为

$$k^2 = k_x^2 + k_y^2 + k_z^2 = \left(\frac{2\pi\nu}{c}\right)^2 \tag{2.2.30}$$

三维谐振腔的模式密度定义为单位体积、单位频率带宽的模式数。由图 2-2-6 可见,每个波矢在频率空间占据的体积为 $(\pi/d)^3$,每个模式都对应两种偏振态模式,因此在波矢球空间一个正象限内的模式数为 $2\times(1/8)\times(4\pi k^3/3)/(\pi/d)^3 = [k^3/(3\pi^2)]d^3$。因为 $k=2\pi\nu/c$,所以在频率 0 到 ν 之间的模式数为 $[(2\pi\nu/c)^3/(3\pi^2)]d^3 = [8\pi\nu^3/(3c^3)]d^3$。

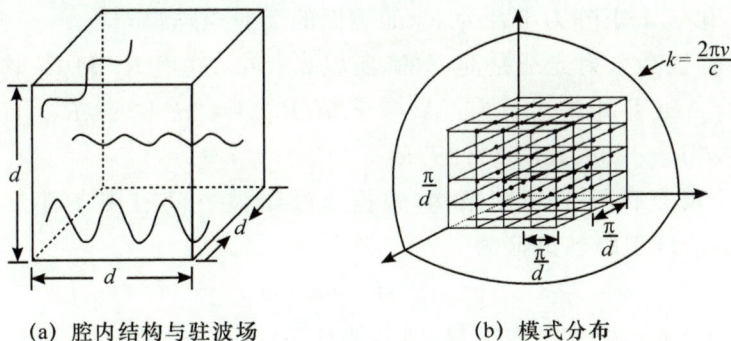

(a) 腔内结构与驻波场   (b) 模式分布

图 2-2-6 三维平面谐振腔结构

在频率 ν 与 $\nu+d\nu$ 之间的模式数为 $\dfrac{d\{[8\pi\nu^3/(3c^3)]d^3\}}{d\nu} \cdot \Delta\nu = [8\pi\nu^2/(3c^3)]d^3\Delta\nu$，根据模式密度的定义，三维谐振腔的模式密度为

$$M(\nu)=\frac{8\pi\nu^2}{c^3} \tag{2.2.31}$$

2.2.3 球面谐振腔

球面谐振腔是由两个半径分别为 R_1 和 R_2，相距 d 的球面镜组成的谐振腔，如图 2-2-7 所示。两个球面镜的中心连线为腔的光轴（z 轴），这个腔是关于光轴的圆对称。我们将球面镜的半径符号定义为：凹面镜的 $R<0$（R 为负），凸面镜的 $R>0$（R 为正）。可见，平面谐振腔是球面腔的一种特例（$R_1=R_2=\infty$）。

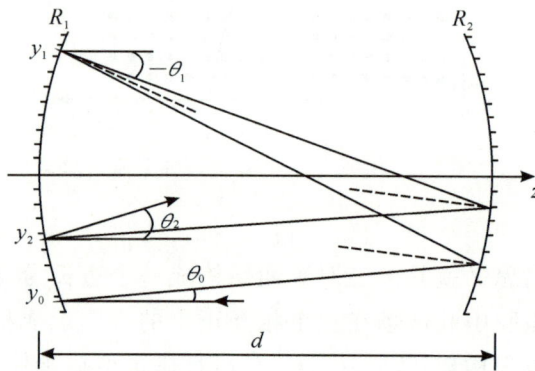

图 2-2-7　光线在腔内 m 次来回之后的 y_m 与角度 θ_m

对于近轴光束，当光线倾角的角度很小时，可以近似用矩阵法计算 m 次光束来回之后的光线的位置与角度，表达式为

$$\begin{bmatrix} y_{m+1} \\ \theta_{m+1} \end{bmatrix} = \begin{bmatrix} A & B \\ C & D \end{bmatrix} \begin{bmatrix} y_m \\ \theta_m \end{bmatrix} \tag{2.2.32}$$

其中，来回传播的矩阵为

$$\begin{bmatrix} A & B \\ C & D \end{bmatrix} = \begin{bmatrix} 1 & 0 \\ 2/R_1 & 1 \end{bmatrix}\begin{bmatrix} 1 & d \\ 0 & 1 \end{bmatrix}\begin{bmatrix} 1 & 0 \\ 2/R_2 & 1 \end{bmatrix}\begin{bmatrix} 1 & d \\ 0 & 1 \end{bmatrix}$$

其中，等号右边第一个矩阵为半径为 R_1 的镜面的反射矩阵，第二和第四个矩阵为自由空间传播距离 d 矩阵，第三个矩阵为半径为 R_2 的镜面的反射矩阵。

在图 2-2-7 中，因为入射光线是向下的，所以 $\theta_1<0$。这里 R_1 和 R_2 均为负，球面焦距 $f=0.5R$。具体的 $ABCD$ 矩阵参数为：$A=1+2d/R_2$，$B=2d(1+d/R_2)$，$C=2/R_1+2/R_2+4d/(R_1R_2)$，$D=2d/R_1+(2d/R_1+1)(2d/R_1+1)$。

由于这是一个反复传播的周期结构，根据光线谐波空间有限条件及稳定条件[见式(2.1.28)]，周期场光线包络轨迹应为

$$y_m = y_{\max}\sin(m\varphi+\varphi_0) \tag{2.2.33}$$

其为有限值，因此 $\varphi=\arccos b$ 必为实数，即必须有 $|b|\leqslant 1$。由式(2.1.29)，得

$$b=0.5(A+D)=2(1+d/R_1)(1+d/R_2)-1$$

整理后得到稳定腔的条件为

$$0 \leqslant (1+d/R_1)(1+d/R_2) \leqslant 1 \qquad (2.2.34)$$

常用 $g_1 = 1 + d/R_1$ 与 $g_2 = 1 + d/R_2$ 这样的 g 参数来表述上面的稳定腔判读条件,因此式(2.2.34)可改写为

$$0 \leqslant g_1 g_2 \leqslant 1 \qquad (2.2.35)$$

这就是腔的稳定性条件。注意:当不满足式(2.2.35)时,谐振腔是不稳定的,这就意味着,光束在腔内来回几次后容易溢出,也就是腔的损耗比较大。当 $g_1 g_2 = 1$ 或 $g_1 g_2 = 0$ 时,腔处于临界状态,又称条件稳定状态。将稳定腔条件式(2.2.35)用图 2-2-8 表示,可以得到各种腔在图中的位置,并依据各种腔在图内的位置确定其是否稳定。球面腔的 g_1, g_2 参数落在非阴影区域时为稳定腔,落在阴影区域时为非稳定腔,落在边界线与原点上时为临界腔。我们可以分析几种较为特殊的腔型,如 $g_1 g_2 = 1$ 的腔是平面腔,也是临界腔。

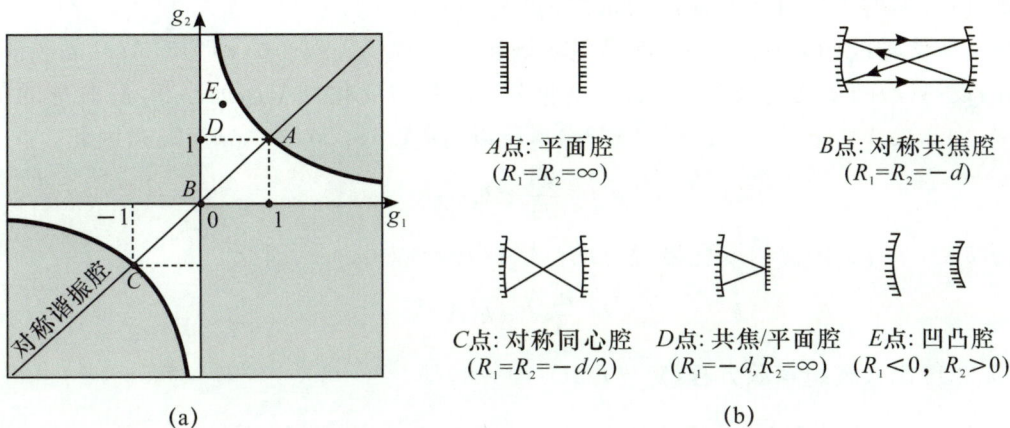

图 2-2-8　谐振腔稳定图

【例 2.1】　一个光学谐振腔由两个凹面镜构成,曲率半径分别为 50cm 和 100cm。求可以满足稳定条件的最大腔长。

解:谐振腔的稳定性条件为 $0 \leqslant (1+d/R_1)(1+d/R_2) \leqslant 1$,代入 $R_1 = -0.5\text{m}$ 以及 $R_2 = -1\text{m}$,得到 $0 \leqslant (1-2d)(1-d) \leqslant 1$,可以解得 $0 \leqslant d \leqslant 0.5$ 或者 $1 \leqslant d \leqslant 1.5$,因此满足稳定性条件的 d 的最大值为 1.5m。

对称腔是一种较常用的腔型,其特点是 $R_1 = R_2 = R$,所以稳定条件可以简化为:$0 \leqslant -d/R \leqslant 2$。如果谐振腔对称,同时 $R = d$,这时就称为对称共焦腔,其 $g_1 = g_2 = 0$,位于原点。

注意:并不是说,产生激光就必须是稳定腔,非稳腔就无法产生激光。稳定条件只是意味着稳定腔损耗小,非稳腔的损耗大。

2.3　高斯光束

在实际应用中,我们希望光束能以很小的发散角在空间传播,波前的法线与行进方向一致,没有角度发散,即波面近似平面的细光束。虽然平面波的表达式简单,其波前法线与传播

方向一致,但是其光束分布在无限宽的垂直于传播方向的平面上,能量不能集中,因此人造光中很难构造理想的平面波,而且理想的平面波因其无限大的波面,在真实物理空间里难以实现。

高斯光束是一种傍轴光束,即光束的功率集中在光轴附近,而且它的波前在束腰处基本与行进方向垂直,因此是实际应用中较为理想的光束。光束在谐振腔内多次振荡,形成谐振之后,光束方向性变好,光束也形成特定的光场模式。特别是球面谐振腔内谐振的光束,稳定振荡模式光场的一种解就是高斯光束。

2.3.1 高斯光束简述

假设一个近轴、沿 z 方向传播、具有类平面波性质的波,其函数形式(略去时间因子)为

$$U(\boldsymbol{r})=A(\boldsymbol{r})\exp(-\mathrm{i}kz) \tag{2.3.1}$$

其中,振幅 $A(\boldsymbol{r})$ 表示光场在垂直于 z 轴方向(传播方向)的平面上轴对称分布,且沿 z 轴缓慢变化,而波矢的大小具有平面波的特性,即 $k=2\pi/\lambda$。

为了使傍轴波函数式(2.3.1)能满足亥姆霍兹方程 $(\nabla^2+k^2)U(\boldsymbol{r})=0$,$A(\boldsymbol{r})$ 需要满足一定条件:设 $A(\boldsymbol{r})$ 随 z 变化极慢,在 $\Delta z=\lambda$ 间隔内,A 的变化 ΔA 远远小于 A 本身的值,即 $\Delta A\ll A$,由于 $\Delta A=(\partial A/\partial z)\Delta z=(\partial A/\partial z)\lambda$,所以有 $\partial A/\partial z\ll A/\lambda=Ak/(2\pi)$,因此

$$\frac{\partial A}{\partial z}\ll kA$$

同样,设 $\partial A/\partial z$ 在 λ 距离内变化极慢,故有 $\partial^2 A/\partial z^2\ll k\partial A/\partial z$,因此

$$\frac{\partial^2 A}{\partial z^2}\ll k^2 A$$

将式(2.3.1)代入亥姆霍兹方程 $(\nabla^2+k^2)U(\boldsymbol{r})=0$,得

$$\nabla_{\mathrm{T}}^2 U(\boldsymbol{r})+\frac{\partial^2}{\partial z^2}\big[A(\boldsymbol{r})\exp(-\mathrm{i}kz)\big]+k^2 A(\boldsymbol{r})\exp(-\mathrm{i}kz)=0$$

而

$$\frac{\partial^2}{\partial z^2}\big[A(\boldsymbol{r})\exp(-\mathrm{i}kz)\big]=-2\mathrm{i}k\frac{\partial A(\boldsymbol{r})}{\partial z}\exp(-\mathrm{i}kz)+\frac{\partial^2 A(\boldsymbol{r})}{\partial z^2}\exp(-\mathrm{i}kz)-k^2 U(\boldsymbol{r})$$

在与 $k^2 A$ 或 $k\partial A/\partial z$ 相比时略去 $\partial^2 A/\partial z^2$ 项,因此可将亥姆霍兹方程改为

$$\nabla_{\mathrm{T}}^2 A-\mathrm{i}2k\frac{\partial A}{\partial z}=0 \tag{2.3.2}$$

此方程为傍轴亥姆霍兹方程,其中,$\nabla_{\mathrm{T}}^2=\partial^2/\partial x^2+\partial^2/\partial y^2$ 为横向拉普拉斯算符。从物理意义上看,傍轴亥姆霍兹方程即被缓慢变化的复包络 $A(\boldsymbol{r})$ 调制的亥姆霍兹方程。

傍轴亥姆霍兹方程(2.3.2)的一个简单解为

$$A(\boldsymbol{r})=\frac{A_1}{z}\exp\left(-\mathrm{i}k\frac{\rho^2}{2z}\right),\quad \rho^2=x^2+y^2 \tag{2.3.3}$$

其中,A_1 为常值。式(2.3.3)描述的是一个抛物面波,抛物面波是球面波在截面 x,y 方向很小时的近似,即在傍轴处的近似。

在式(2.3.2)中,如以 $z-\xi$ 代替 z,此处 ξ 为一常数,同样满足亥姆霍兹方程。这时同样表示抛物面波,只是中心点从 $z=0$ 移至 $z=\xi$。

如果在特殊情况下,ξ 为纯虚数,$\xi=-\mathrm{i}z_0$,z_0 为实数,则式(2.3.3)成为高斯光束的复数包络,此时

$$A(\boldsymbol{r}) = \frac{A_1}{q(z)} \exp\left[-ik\frac{\rho^2}{2q(z)}\right], \quad q(z) = z + iz_0 \tag{2.3.4}$$

其中 z_0 称为瑞利(Rayleigh)距离。

将 $\dfrac{1}{q(z)} = \dfrac{1}{(z+iz_0)}$ 展开为实虚二部,并定义参数 $R(z)$ 与 $W(z)$,有

$$\frac{1}{q(z)} = \frac{1}{R(z)} - i\frac{\lambda}{\pi W^2(z)} \tag{2.3.5}$$

$R(z)$ 与 $W(z)$ 为高斯光束中两个重要参量,$R(z)$ 为光束波前的曲率半径,而 $W(z)$ 为高斯光束的宽度。将式(2.3.5)代入式(2.3.4),可得

$$A(\boldsymbol{r}) = \frac{A_1}{z+iz_0} \exp\left\{\frac{-ik\rho^2}{2}\left[\frac{1}{R(z)} - \frac{i\lambda}{\pi W^2}\right]\right\} \exp(-ikz)$$

引入关系式

$$W(z) = W_0\left[1 + \left(\frac{z}{z_0}\right)^2\right]^{1/2} \tag{2.3.6}$$

$$R(z) = z\left[1 + \left(\frac{z_0}{z}\right)^2\right] \tag{2.3.7}$$

$$\zeta(z) = \tan^{-1}\left(\frac{z}{z_0}\right) \tag{2.3.8}$$

$$W_0 = \left(\frac{\lambda z_0}{\pi}\right)^{1/2} \tag{2.3.9}$$

将式(2.3.6)~(2.3.9)代入式(2.3.4)及式(2.3.5)并利用式(2.3.1),为了方便以

$$A_0 = A_1/(iz_0)$$

代入,可得高斯光束的波函数为

$$U(\boldsymbol{r}) = A_0 \frac{W_0}{W(z)} \exp\left[-\frac{\rho^2}{W^2(z)}\right] \exp\left[-ikz - ik\frac{\rho^2}{2R(z)} + i\zeta(z)\right] \tag{2.3.10}$$

其中 A_0, z_0 由边界条件决定,其他参数与瑞利距离 z_0 以及波长 λ 有关,在一定 λ 及 z_0 确定后即可求出。

2.3.2　高斯光束的特性

式(2.3.10)充分表现出高斯光束的特点,另外关系式(2.3.6)~(2.3.9)可确定高斯光束的特性。下面进一步细致地分析高斯光束,同时讨论式(2.3.10)中各因子的物理意义。

1. 光强

光强 $I(\boldsymbol{r}) = |U(\boldsymbol{r})|^2$,高斯光束的光强是轴向距离 z 与径向距离 $\rho = (x^2 + y^2)^{1/2}$ 的函数,可以表示为

$$I(\rho, z) = I_0\left[\frac{W_0}{W(z)}\right]^2 \exp\left[-\frac{2\rho^2}{W^2(z)}\right] \tag{2.3.11}$$

其中,$I_0 = |A_0|^2$。在任何点 z 处,光强都是径向距离 ρ 的高斯函数,这就是高斯光束名称的由来。高斯光束在轴上点 $\rho = 0$ 时光强值最大,随着 ρ 的增大而单调下降;同时高斯光束截面分布的宽度 $W(z)$ 随 z 的加大而增大,如图 2-3-1 所示。

对于轴上各点 z,即 $\rho = 0$ 时,高斯光束的光强分布为

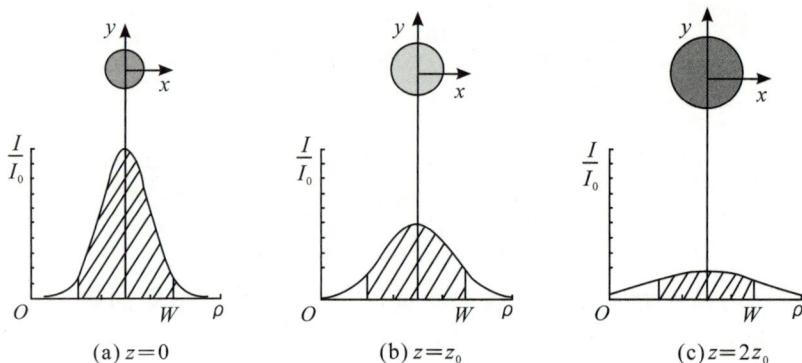

(a) $z=0$　　　　(b) $z=z_0$　　　　(c) $z=2z_0$

图 2-3-1　高斯光束的归一化光强 I/I_0 与轴向距离的关系

$$I(0,z)=I_0\left[\frac{W_0}{W(z)}\right]^2=\frac{I_0}{1+\left(\frac{z}{z_0}\right)^2} \tag{2.3.12}$$

可以看出,在 $z=0$ 处,I 值最大为 I_0,随 z 的增大而下降。当 $z=\pm z_0$ 时,光强 I 降至峰值的一半。如图 2-3-2 所示,当 $z\gg z_0$ 时,$I(0,z)\approx I_0 z_0^2/z^2$,类似于球面波与抛物面波,光强按倒数平律关系下降。峰值出现在束中心 $z=0$,$\rho=0$ 处,$I(0,0)=I_0$。

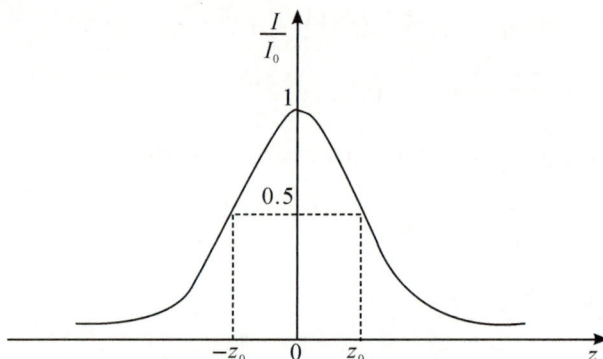

图 2-3-2　在轴上($\rho=0$)归一化光强 I/I_0 与 z 的关系

2. 功率

整个光束的功率可以在任一 z 距离处将光强在整个横截面上积分求得,用公式表示为

$$P=\int_0^\infty I(\rho,z)2\pi\rho\mathrm{d}\rho$$

由此得出

$$P=0.5I_0(\pi W_0^2) \tag{2.3.13}$$

功率与 z 位置无关。πW_0^2 为束腰面积,所以光功率等于最高光强乘束腰面积值的一半。

对于光束,通常功率 P 是给定的,所以光强以 P 来表示更为方便,高斯光束的强度公式为

$$I(\rho,z)=\frac{2P}{\pi W^2(z)}\exp\left[-\frac{2\rho^2}{W^2(z)}\right] \tag{2.3.14}$$

当 $\rho=\rho_0$ 时,在此半径面积内通过的功率与总功率之比为

$$\frac{1}{P}\int_0^{\rho_0}I(\rho,z)2\pi\rho\mathrm{d}\rho=1-\exp\left[-\frac{2\rho_0^2}{W^2(z)}\right] \tag{2.3.15}$$

当 $\rho_0 = W(z)$ 时,式(2.3.15)的值约为 0.86,即几乎 86% 的功率在以 $W(z)$ 为半径的圆截面面积内通过,约 99% 的功率在 $\rho = 1.5W(z)$ 半径围成的截面面积内通过。

3. 束半径

在任一横截面,高斯光束的光强在轴上最强,并在 $\rho = W(z)$ 处下降为最大值的 $1/e^2 \approx 0.135$,因此几乎 86% 的功率包含在以 $W(z)$ 为半径的圆面积内,可定义 $W(z)$ 为束半径或束宽度。式(2.3.6)即束半径公式。

在 $z = 0$ 处,束半径最小为 W_0,此处称为束腰。W_0 为束腰半径,束腰直径为 $2W_0$。束腰半径随 z 的增大而逐渐增大,在 $z = \pm z_0$ 处到达 $\sqrt{2}W_0$ 的值,当 $z \gg z_0$ 后,式(2.3.6)中第一项可略去,有

$$W(z) \approx \frac{W_0}{z_0}z = \theta_0 z \tag{2.3.16}$$

即在远处(远场),$W(z)$ 随 z 线性增长,倾角为

$$\theta_0 = W_0/z_0 = \lambda/(\pi W_0) \tag{2.3.17}$$

定义

$$\theta_0 = \frac{2}{\pi} \cdot \frac{\lambda}{2W_0} \tag{2.3.18}$$

为高斯光束的发散角,几乎 86% 的光功率在半角为 θ_0 的圆截面内。光束的发散角正比于波长与束腰直径 $2W_0$ 之比。因此如果光束的束腰很细,则光束发散得很快。如要求光束具有高的方向性,则要求波长要短,束腰要粗。$W(z)$ 与 z 的关系如图 2-3-3 所示。

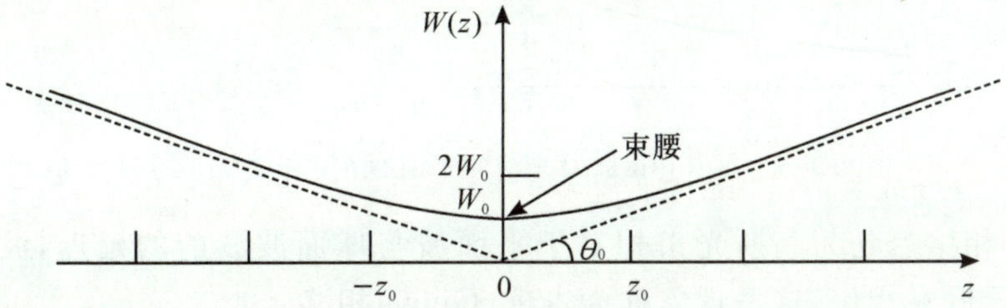

图 2-3-3　高斯光束束半径 $W(z)$ 与 z 的关系

4. 高斯光束的焦深

当光束在 $z = 0$ 点时束半径最小,意味着在 $z = 0$ 点时平面聚焦最好。偏离 $z = 0$ 点两侧向外则逐步散焦,$\pm z$ 处的束半径是相同的。当束半径是束腰半径的 $\sqrt{2}$ 倍,即束面积为束腰半径的 2 倍时,$z = 0$ 两侧的间距为"焦深"(depth of focus)或"共焦参量"(confocal parameter),这个距离正好是 $2z_0$,如图 2-3-4 所示。

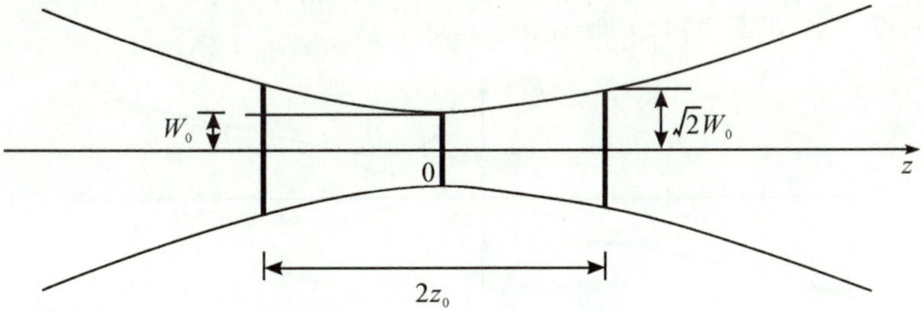

图 2-3-4　高斯光束的焦深

焦深为瑞利距离的 2 倍,由式(2.3.9)得

$$2z_0 = \frac{2\pi W_0^2}{\lambda} \tag{2.3.19}$$

即焦深与束腰处面积成正比,与波长成反比。当光束要求聚焦至很小的光点时,焦深很小。因此很难同时获得小光点与长焦深,除非波长很小,如对于 He-Ne 激光,波长 $\lambda = 632.8$nm,当光点直径 $2W_0 = 2$cm 时,相应的焦深为 1km;如果要求聚焦成更小的光点 $2W_0 = 20\mu$m,则焦深只有 1mm。

5. 相位

由式(2.3.10),高斯光束的相位为

$$\varphi(\rho, z) = kz - \zeta(z) + \frac{k\rho^2}{2R(z)} \tag{2.3.20}$$

在轴上位置,$\rho = 0$,此时相位为

$$\varphi(0, z) = kz - \zeta(z) \tag{2.3.21}$$

其中,第一项表示平面波的相位,第二项表示相位迟延。根据式(2.3.8),当 $z \to -\infty$ 时,$\zeta \to -\pi/2$;当 $z \to \infty$ 时,$\zeta \to \pi/2$,如图 2-3-5 所示。

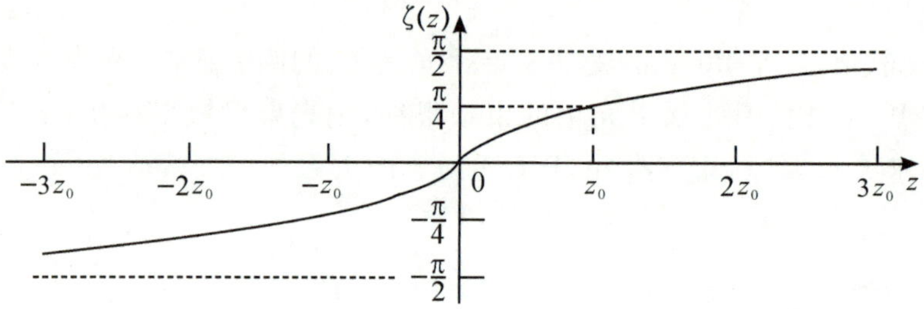

图 2-3-5　高斯光束相对于均匀平面波在轴上的相位迟延

可以看出,相位迟延为高斯光束相对于平面波与球面波波前的延迟,波从 $z = -\infty$ 至 $z = +\infty$,总共延迟 π 相位,这一现象称为古依(Guoy)相移。

6. 波前

式(2.3.20)中的第三项是使波前弯曲的原因,它意味着离开轴线的点形成更大的相位偏离。等相位面应该满足

$$k\left[z + \frac{\rho^2}{2R(z)}\right] - \zeta(z) = 2\pi q$$

可以写成:$z + \rho^2/[2R(z)] = q\lambda + \zeta\lambda/(2\pi)$。这是一曲率半径为 $R(z)$ 的抛物面方程。$R(z)$ 在 z 处波前的曲率半径如图 2-3-6 所示。

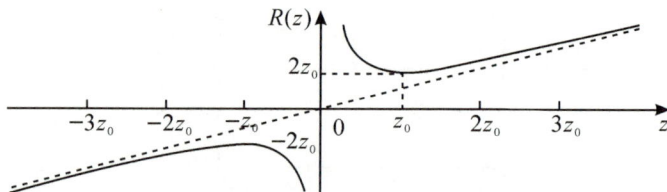

图 2-3-6　高斯光束波前 $R(z)$ 的曲率半径,点线为球面波的曲率半径

由图 2-3-6 可见,在 $z=0$ 处,$R(z)\to\infty$ 相应于平面波;在 $z=z_0$ 处,$R(z)=2z_0$ 为最小值,即在此点波前具有最大曲率;当 $z>z_0$ 时,$R(z)$ 逐步加大,与 z 呈线性关系,波前与球面波相类似。高斯光束的波前如图 2-3-7 所示。

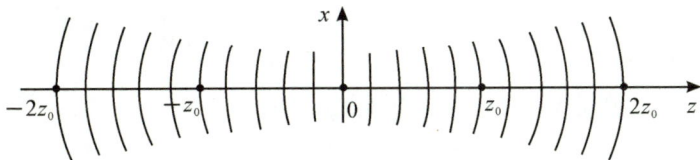

图 2-3-7　高斯光束的波前

【**例 2.2**】　一个功率为 1mW 的 He-Ne 激光器,发出的光束为高斯光束,波长为 $\lambda=$ 633nm,束腰直径为 $2W_0=0.1$mm。

(a)求光束的发散角、焦深,以及在 $z=3.5\times10^5$km(大约为地球到月球的距离)位置处光斑的直径。

(b)求在 $z=0$,$z=z_0$,以及 $z=2z_0$ 处,波前的曲率半径。

(c)光束中心($z=0$,$\rho=0$)处的光强(单位为 W/cm²)为多少? 在 $z=z_0$ 处的轴上光强又是多少? 如果在 $z=0$ 处的是一个点光源,其功率为 100W,那么此时 $z=z_0$ 处的光强与之前比较会如何?

解:已知 $\lambda=633$nm$=633\times10^{-9}$m,$P=10^{-3}$W,$W_0=0.05\times10^{-3}$m。

(a) $\theta_0=\lambda/(\pi W_0)=4.03\times10^{-3}rad=4.03$mrad,

$z_0=W_0/\theta_0=0.012$m,

焦深为 $2z_0=0.025$m$=2.5$cm,

在 $z=3.5\times10^5$km$=3.5\times10^8$m 处,$W(z)=W_0\sqrt{1+(z/z_0)^2}=1.46\times10^6$m,

因此光斑直径为 2916km。

(b) 在 $z=0$ 处,$R=\infty$;

在 $z=z_0$ 处,$R=2z_0=2.5$cm;

在 $z=2z_0$ 处,$R=z[1+(z_0/z)^2]=0.031$m$=3.1$cm。

(c) 在光束中心处,$I=I_0=2P/(\pi W_0^2)=2.546\times10^5$W/m²$=25.46$W/cm²;

在 $z=z_0$ 处,$I=I_0[W_0/W(z_0)]^2=I_0/2=12.73$W/cm²;

对于球面波来说,$P=100$W 时,$z=2.5$cm 处有

$I=P/(4\pi z^2)=1.273\times10^4$ W/m²$=1.273$ W/cm²。

7. 厄米-高斯光束

高斯光束除了近轴形式、截面光场具有高斯分布之外,还有非近轴、截面非高斯分布的模式,即高阶高斯光束。设一个高斯光束的场的复包络为

$$A_G(x,y,z)=\frac{A_1}{q(z)}\exp\left[-\mathrm{i}k\frac{\rho^2}{2q(z)}\right] \tag{2.3.22}$$

其中,参数 $q(z)=z+\mathrm{i}z_0$,束宽半径为 $W(z)$,波前曲率为 $R(z)$。复包络被调制为

$$A(x,y,z)=X\left[\sqrt{2}\frac{x}{W(z)}\right]Y\left[\sqrt{2}\frac{y}{W(z)}\right]\exp[\mathrm{i}Z(z)]A_G(x,y,z) \tag{2.3.23}$$

其中 X,Y,Z 为实函数,这个波函数应该满足:其除了 $Z(z)$ 因子引进的独立于 x,y 的相位之外,其他相位与经典高斯光束相同。

再定义两个变量:$u=\sqrt{2}\,x/W(z)$ 以及 $v=\sqrt{2}\,y/W(z)$,将式(2.3.23)代入亥姆霍兹方程,得

$$\frac{1}{X}\left(\frac{\partial^2 X}{\partial u^2}-2u\frac{\partial X}{\partial u}\right)+\frac{1}{Y}\left(\frac{\partial^2 Y}{\partial v^2}-2v\frac{\partial Y}{\partial v}\right)+kW^2(z)\frac{\partial Z}{\partial z}=0 \tag{2.3.24}$$

由于方程的左边有三个项是变量独立的,因此每个项都必须是常数。可以得到三个独立的方程分别为

$$-\frac{1}{2}\cdot\frac{\mathrm{d}^2 X}{\mathrm{d}u^2}+u\frac{\mathrm{d}X}{\mathrm{d}u}=\mu_1 X \tag{2.3.25a}$$

$$-\frac{1}{2}\cdot\frac{\mathrm{d}^2 Y}{\mathrm{d}v^2}+v\frac{\mathrm{d}Y}{\mathrm{d}v}=\mu_2 Y \tag{2.3.25b}$$

$$z_0\left[1+\left(\frac{z}{z_0}\right)^2\right]\frac{\mathrm{d}Z}{\mathrm{d}z}=\mu_1+\mu_2 \tag{2.3.25c}$$

这三个方程分别对应的解再连乘起来得到最后的解为

$$U_{l,m}(x,y,z)=A_{l,m}\left[\frac{W_0}{W(z)}\right]G_l\left[\frac{\sqrt{2}\,x}{W(z)}\right]G_m\left[\frac{\sqrt{2}\,y}{W(z)}\right]\times$$

$$\exp\left[-\mathrm{i}kz-\mathrm{i}k\frac{x^2+y^2}{2R(z)}+\mathrm{i}(l+m+1)\zeta(z)\right] \tag{2.3.26}$$

其中

$$G_l(u)=H_l(u)\exp\left(\frac{-u^2}{2}\right),\quad l=0,1,2,\cdots \tag{2.3.27}$$

是 l 级次厄米-高斯函数(Hermite-Gaussian function)。厄米-高斯函数是高阶高斯函数的一种,通常该模式解表示为级次为 (l,m) 的厄米-高斯波束。$(0,0)$ 级次的厄米-高斯光束即为经典高斯光束。图 2-3-8 为厄米-高斯光束不同级次的场强分布形式。

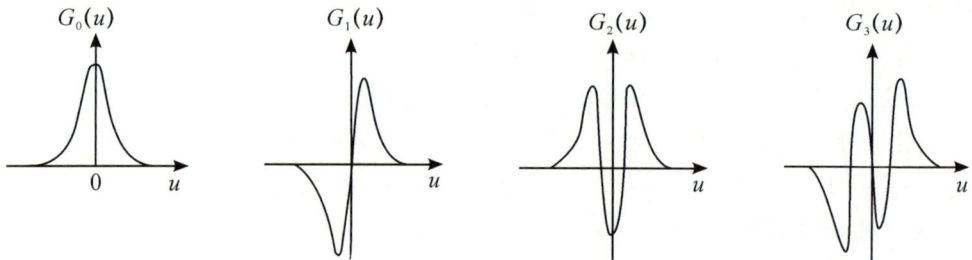

图 2-3-8 各种低级次厄米-高斯函数

$G_0(u)=0$,0 级次厄米-高斯函数即为经典高斯函数;$G_1(u)=2u\exp(-u^2/2)$ 是奇函数;$G_2(u)=(4u^2-2)\exp(-u^2/2)$ 是偶函数;$G_3(u)=(8u^3-12u)\exp(-u^2/2)$ 是奇函数。因此级次为 (l,m) 的厄米-高斯光束的光强分布为

$$I_{l,m}(x,y,z)=|A_{l,m}|^2\left[\frac{W_0}{W(z)}\right]^2 G_l^2\left[\frac{\sqrt{2}\,x}{W(z)}\right]G_m^2\left[\frac{\sqrt{2}\,y}{W(z)}\right] \tag{2.3.28}$$

图 2-3-9 给出了各级厄米-高斯光束的截面光强分布,也就是后面激光横模的强度

分布。

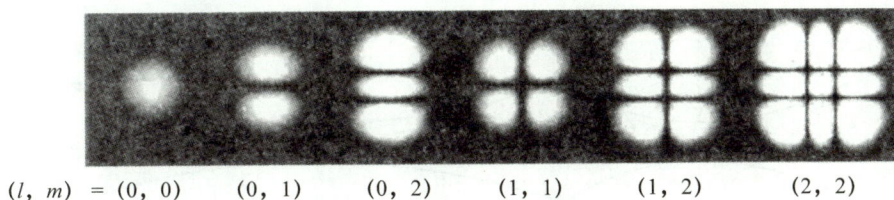

$$(l, m) = (0, 0) \qquad (0, 1) \qquad (0, 2) \qquad (1, 1) \qquad (1, 2) \qquad (2, 2)$$

图 2-3-9　几个低阶模的厄米-高斯光束截面光强场

应该指出的是,不论级次,厄米-高斯光束的宽度还是正比于 $W(z)$,随着 z 的增加,光斑扩大,放大的因子为 $W(z)/W_0$,但是其截面光强的分布形状保持不变。

对于轴对称型的谐振腔,高阶高斯光束可以用拉盖尔-高斯光束(Laguerre-Gaussian beam)来表示,主要的不同是振幅采用缔合拉盖尔多项式(Laguerre polynomial),形成的高阶光场模式是:沿半径方向有多个节线圆,在辐角方向有多个等距节线,同时还有各自的附加相移。

2.3.3　高斯光束经过光学系统的变换

1. 光束经过一个薄透镜

当光传播经过一个光学元件时,光学元件会使光产生相位与强度的变化,可以用光学元件的复振幅透射率来表示。设当光经过位于空气中的一个厚度为 $d(x, y)$ 的薄光学元件时,产生 d_0 距离的透射函数为

$$t(x, y) \approx \exp[-inkd(x, y)]\exp\{-ik[d_0 - d(x, y)]\} \approx h_0\exp[-i(n-1)kd(x, y)]$$

其中,$h_0 = \exp(-ikd_0)$。对于一个焦距为 f 的薄透镜,有 $R^2 \gg x^2 + y^2$,其中 R 为球面透镜的球面半径,其厚度函数可以近似表示为

$$d(x, y) = d_0 - \{R - [R^2 - (x^2 + y^2)]^{1/2}\} \approx d_0 - \left[R - R\left(1 - \frac{x^2 + y^2}{2R^2}\right)\right] \approx d_0 - \frac{x^2 + y^2}{2R}$$

所以薄透镜的复振幅透射率为

$$t(x, y) = h_0\exp\left[-i\frac{(n-1)k(x^2 + y^2)}{2R}\right] = \exp\left(\frac{ik\rho^2}{2f}\right)$$

其中,f 为薄透镜的焦距,表达式为

$$f = \frac{R}{n-1}$$

即薄透镜的透射函数正比于 $\exp[ik\rho^2/(2f)]$。

当高斯光束经过该透镜时,其复振幅由式(2.3.10)与透镜复振幅透射率相乘来决定。因此,经过薄透镜时,相位变化使高斯光束的波前偏折,但束半径并没有变化。设入射的高斯光束束腰位于 $z = 0$,束腰半径为 W_0,透过位于 z 位置的一个焦距为 f 的薄透镜,如图 2-3-10 所示。

在透镜位置的光束相位为 $kz + k\rho^2/[2R(z)] - \zeta(z)$,经过透镜获得透镜的附加相位,应该等于经过透镜变化后的高斯光束的相位,即

$$kz + k\frac{\rho^2}{2R} - \zeta - k\frac{\rho^2}{2f} = kz + k\frac{\rho^2}{2R'} - \zeta \tag{2.3.29}$$

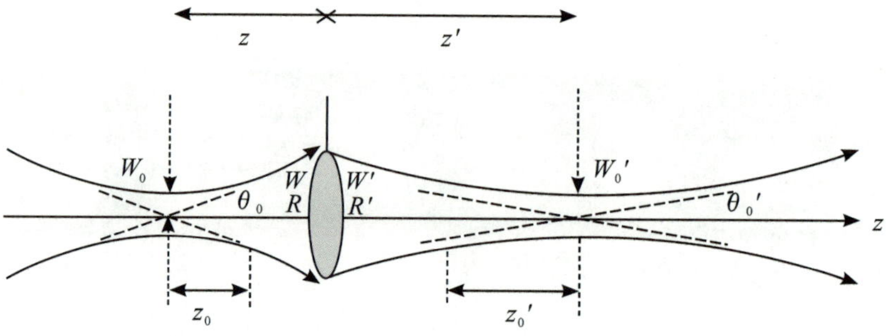

图 2-3-10   高斯光束通过一个薄透镜

故有

$$\frac{1}{R'} = \frac{1}{R} - \frac{1}{f} \tag{2.3.30}$$

因此,经过透镜前后光束的半径不变:$W'=W$,波面的半径满足成像关系:$\frac{1}{R} - \frac{1}{R'} = \frac{1}{f}$。

注意符号规定:入射到透镜的光束是发散的,则 R 取正;而透射出射光束因为会聚,所以 R' 取负号。出射光束的束腰位置为

$$-z' = \frac{R'}{1 + (\lambda R'/\pi W^2)^2} \tag{2.3.31}$$

负号是因为 z' 在透镜的右侧。同时束腰的大小满足

$$W_0'^2 = W^2 \left[1 + \left(\frac{\pi W^2}{\lambda R'} \right)^2 \right]^{-1} \tag{2.3.32}$$

将 $R = z[1+(z_0/z)^2]$ 与 $W = W_0[1+(z/z_0)^2]^{1/2}$ 代入式(2.3.30)和式(2.3.31),可得单透镜变换的所有公式,分别为

束腰: $W_0' = MW_0$ $\qquad\qquad\qquad\qquad\qquad\qquad$ (2.3.33)

束腰位置: $z' - f = M^2(z-f)$ $\qquad\qquad\qquad\qquad\qquad$ (2.3.34)

焦深: $2z_0' = M^2(2z_0)$ $\qquad\qquad\qquad\qquad\qquad\quad$ (2.3.35)

发散角: $2\theta_0' = (2\theta_0)/M$ $\qquad\qquad\qquad\qquad\qquad\quad$ (2.3.36)

放大倍数: $M = \dfrac{M_r}{(1+r^2)^{1/2}}$ $\qquad\qquad\qquad\qquad\qquad$ (2.3.37)

其中,$r = \dfrac{z_0}{z-f}$,$M_r = |f/(z-f)|$。这些公式中放大倍数 M 的作用很大,如果束腰被放大 M 倍,则焦深被放大 M^2 倍,发散角被缩小至 $1/M$。

当 $z-f \gg z_0$ 时,即透镜远离入射光束的束腰位置(透镜远离焦深),对应束腰离透镜无限远的情形,这时入射光束可以近似为球面波,因此参数 $r \ll 1$,$M \approx M_r$,上面的透镜变化公式就简化为

$$W_0' \approx MW_0 \tag{2.3.38}$$

$$\frac{1}{z'} + \frac{1}{z} \approx \frac{1}{f} \tag{2.3.39}$$

$$M \approx M_r = \left| \frac{f}{z-f} \right|$$

由此可见 M_r 对应无限远的光束放大,所以又称几何光学放大率。实际上系统的放大倍数 $M \leqslant M_r$,最大倍数即为几何光学放大倍率。

2. 光束整形

(1)高斯光束的聚焦

如图 2-3-11 所示,当透镜放置在高斯光束的束腰位置时,将 $z=0$ 代入透镜变换公式,可以得到

$$W_0' = \frac{W_0}{[1+(z_0/f)^2]^{1/2}} \tag{2.3.40}$$

$$z' = \frac{f}{1+(f/z_0)^2} \tag{2.3.41}$$

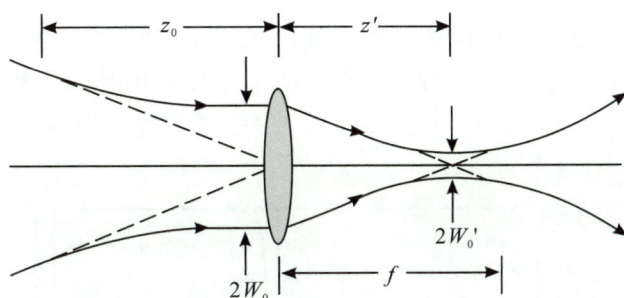

图 2-3-11　用在束腰位置的透镜聚焦高斯光束

如果入射的高斯光束的焦深 $2z_0$ 比透镜的焦距 f 大很多(见图 2-3-12),则从式(2.3.40)得:$W_0' \approx (f/z_0)W_0$。

应用条件 $z_0 = \pi W_0^2/\lambda$,有

$$W_0' \approx \frac{\lambda}{\pi W_0} f = \theta_0 f \tag{2.3.42}$$

且

$$z' \approx f \tag{2.3.43}$$

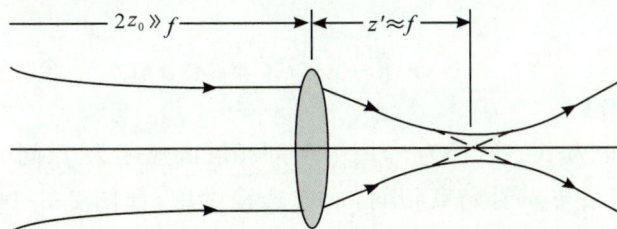

图 2-3-12　聚焦一个准直的高斯光束

当一束平行光入射到一个聚焦透镜时,出射光是汇聚在焦面上的,由于高斯光束的束腰位置波面近似平面波,因此当透镜放置于束腰位置时,高斯光束也出现类似平面波的聚焦现象。不同的是,在光学中平面波的聚焦焦点光斑(理想时)是一个点,而高斯光束即便理想时也是在焦面上的束腰焦斑,且束腰 W_0' 大小与入射波长及透镜焦距成正比。

在激光扫描、激光打印以及激光聚变等许多应用中,都需要将激光束聚得尽可能小。

由公式 $W_0{}' \approx \dfrac{\lambda}{\pi W_0} f = \theta_0 f$ 可知，应该选择尽可能短的波长，大的入射光束，短的透镜焦距。设透镜口径为 D，且入射光束充满透镜，则 $D = 2W_0$，这样的光束聚焦为

$$2W_0{}' \approx \frac{4}{\pi} \lambda F_\# \tag{2.3.44}$$

其中，$F_\# = f/D$ 为透镜的 F 数。所以应用小 F 数，显微物镜就可以很好地实现聚焦。

（2）高斯光束的单透镜准直

当高斯光束经过一个焦距为 f 的薄透镜，入射与透射光束的束腰位置分别为 z 与 z'，有关系

$$\frac{z'}{f} - 1 = \frac{z/f - 1}{(z/f - 1)^2 + (z_0/f)^2} \tag{2.3.45}$$

光束准直意味着出射光束的束腰位置远离透镜（z' 很大）。当 z_0/f 很小时（即短焦深与长透镜焦距），z' 很大。对于给定的 z_0/f 比值，最佳的入射光束束腰位置为 $z = z_0 + f$。

图 2-3-13 给出 $z'/f - 1$ 与 $z/f - 1$ 之间的关系，可以看出存在 z' 的极大值位置，而且这个位置的值随 z_0/f 的减小而增大。

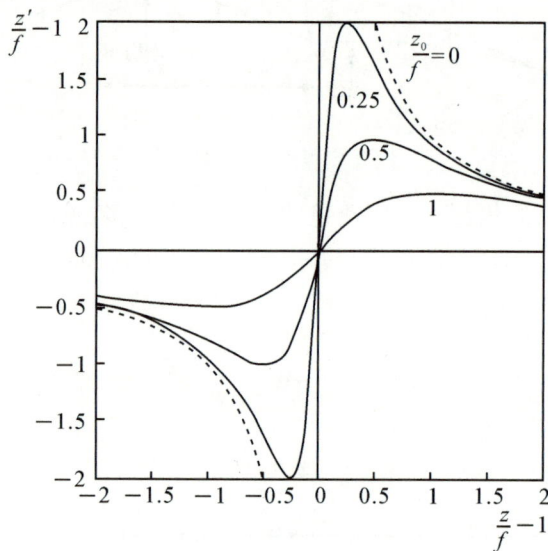

图 2-3-13　入射与出射光束束腰位置的关系

（3）高斯光束的中继

一个高斯光束束腰为 W_0，波长为 λ，用一系列相同的焦距为 f、间隔均为 d 的透镜相继会聚传播，保持出射光束与入射光束相同，形成透镜中继，如图 2-3-14 所示。出射光束与入射光束相同，即 $W_0{}' = W_0$。对于 $M = 1$ 的系统，因为 $z' - f = z - f$，即 $z' = z = d/2$，则可以推出当上述条件成立时的前提：$d \leqslant 4f$。

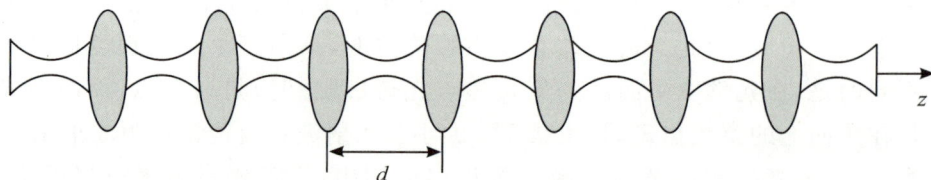

图 2-3-14　高斯光束的中继系统

（4）高斯光束的扩束

要使高斯光束有较好的准直与扩束,就必须采用两个透镜,如图 2-3-15 所示。设两个薄透镜的焦距分别为 f_1 与 f_2,入射光束初始参数为 (W_0,z_0),被第一个透镜聚焦成 (W_0'',z_0''),被第二个透镜变换为 (W_0',z_0')。第一个透镜选取短焦距,以便减少光束的焦深 $2z_0''$,并用第二个长焦距的透镜进行准直,当束腰位置为无限远时光束有最好的准直,因此 W_0'' 最好位于第二个透镜的焦点附近。整个系统类似于倒置的开普勒望远镜。

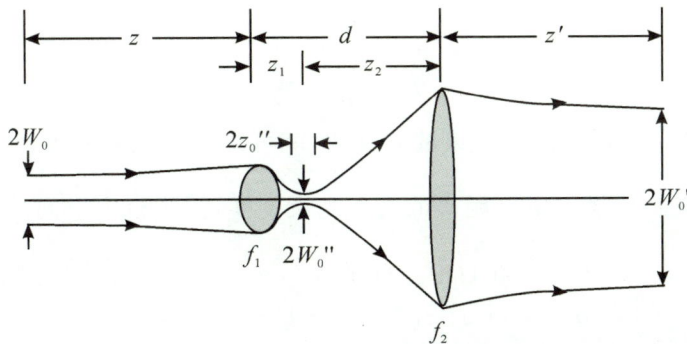

图 2-3-15　两个透镜组成的扩束系统

设 $f_1 \ll z$,且 $z-f_1 \gg z_0$,以此来优化两透镜的间隔 d,使得出射光束的束腰位置 z' 越远越好。总扩束倍数为:$M=W_0'/W_0$。

3. 高斯光束从球面镜的反射

当光束入射到球面反射镜时,设球面反射镜的半径为 R,则球面反射镜引入的复振幅的变化正比于 $\exp(-\mathrm{i}k\rho^2/R)$,其中凸面镜的 $R>0$,凹面镜的 $R<0$。球面镜对高斯光束的作用是改变了入射光束的相位 $-k\rho^2/R$,同时反射前、后的半径不变,所以有

$$W_2 = W_1 \tag{2.3.46}$$

$$\frac{1}{R_2} = \frac{1}{R_1} + \frac{2}{R} \tag{2.3.47}$$

其中,球面镜的焦距 $f=-0.5R$。高斯光束被反射的集中情形如图 2-3-16 所示,点线表示将反射镜换成相应的透镜的效果,透镜焦距为 $f=-0.5R$。

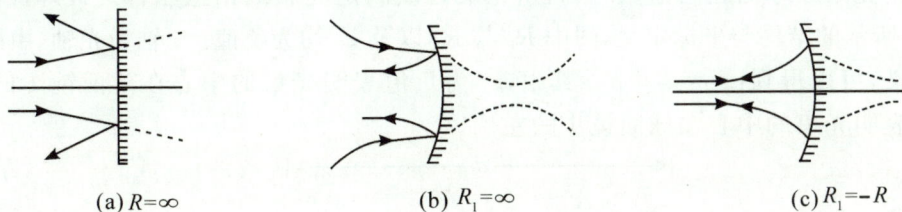

(a) $R=\infty$　　　(b) $R_1=\infty$　　　(c) $R_1=-R$

图 2-3-16　高斯光束的反射

情形 1:平面镜,$R=\infty$,因此有 $R_2=R_1$。平面镜仅仅改变光束的传播方向。

情形 2:$R_1=\infty$,即束腰位于镜面上,则 $R_2=R/2$。如果球面镜为凹面镜,则 R 为负,R_2 也为负,反射光变为负的曲率,波前会聚。所以球面镜将光束会聚成小光点。

情形 3:$R_1=-R$,即入射光束与球面镜有相同的曲率,则 $R_2=R$。此时入射波面与反射波面在透镜处一致,光束反射,如果球面镜为凹面镜,$R<0$,入射光是发散入射的 ($R_1>0$),则

反射光为会聚光,$R_2 < 0$。

4. 光束在任意光学系统中的传播

在近轴近似下,光学系统可以用一个 2×2 矩阵来描述光束在其中的传播,对于高斯光束系统,也用 2×2 矩阵 $\boldsymbol{M}$(有 A、B、C、D 四个元素)来描述光束的传播。

可以用 $ABCD$ 矩阵来描述高斯光束的 q 参数经光学系统的变换。当一束高斯参数为 q_1 的高斯光束经过一个具有 $ABCD$ 矩阵的光学系统之后,出射的高斯光束的参数为 q_2,两者之间的关系为

$$q_2 = \frac{Aq_1 + B}{Cq_1 + D} \tag{2.3.48}$$

这就是 $ABCD$ 定律。知道了高斯光束的 q 参数,就可以确定光束的半径 W 与曲率 R。

例如,在自由空间传播一定 d 距离的高斯光束变换,因为自由空间的矩阵为 $\begin{bmatrix} 1 & d \\ 0 & 1 \end{bmatrix}$,则此时,$A = 1, B = d, C = 0, D = 1$。在自由空间的 q 为 $q = z + \mathrm{i}z_0$,那么经过透镜变换后,得

$$q_2 = (1 \cdot q_1 + d) / (0 \cdot q_1 + 1) = q_1 + d \tag{2.3.49}$$

所以,$ABCD$ 定律成立。

多个薄型光学元件光学系统的 $ABCD$ 定律为:如果两个光学系统的 $ABCD$ 矩阵分别为 $\boldsymbol{M}_1$,$\boldsymbol{M}_2$,则这两个系统连起来的总系统的 $ABCD$ 矩阵就是 $\boldsymbol{M} = \boldsymbol{M}_2 \cdot \boldsymbol{M}_1$。

总之,利用 $ABCD$ 矩阵的分析方法,可以确定近轴高斯光束在薄型光学元件组成的光学系统中传播的束腰位置、光束半径以及波面曲率等几何因子。但是对于光束的强度分布、相位分布等波动特性,它是没有办法得出的。因此我们还必须深入分析在谐振腔中的高斯模式。

2.3.4 球面谐振腔中的高斯光束

光束在球面谐振腔中的多次往复谐振,其结果是形成稳定的高斯光束,同时高斯光束的特点也影响腔的谐振频率与谐振模式。下面分析谐振高斯光束模式以及几种特殊的球面腔模式。

1. 谐振高斯光束模式

当高斯光束在球面腔内谐振时,高斯光束必须满足完整的谐振条件。设球面腔具有如图 2-3-17 所示的结构与坐标定义,图中 R_1 与 R_2 以及 z_1 均为负值。z 轴为光轴,由图 2-3-17 的坐标定义,可以得到:$z_2 = z_1 + d$。其中,z_1 为负值表明光束的中心在球面镜 1 的右侧,z_1 为正值则表明光束的中心在球面镜 1 的左侧。

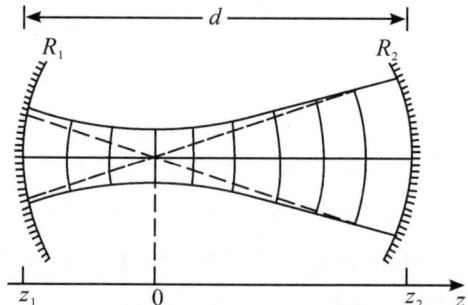

图 2-3-17　与高斯光束相匹配的两个球面镜的 R_1 与 R_2

通过进一步分析可知，z_1 与 z_2 的值由光束的曲率半径匹配条件来确定。光束的曲率半径为

$$R(z) = z + z_0^2/z \qquad (2.3.50)$$

因此 R_1 与 R_2 就应该取 $z=z_1$ 与 $z=z_2$ 时的曲率半径。注意 R 值的正、负，由于在这里两个球面镜均是凹面镜，因此 R_1 与 R_2 均为负值。但光束的曲率半径当 $z>0$ 时为正（对于球面镜 2），当 $z<0$ 时为负（对于球面镜 1），所以采用定义：$R_1 = R(z_1)$，而 $-R_2 = R(z_2)$，这样就有关系

$$R_1 = z_1 + z_0^2/z_1 \qquad (2.3.51\text{a})$$

$$-R_2 = z_2 + z_0^2/z_2 \qquad (2.3.51\text{b})$$

将式(2.3.51)联立推得

$$z_1 = \frac{-d(R_2+d)}{R_1+R_2+2d}, \quad z_2 = z_1 + d \qquad (2.3.52)$$

$$z_0^2 = \frac{-d(R_1+d)(R_2+d)(R_1+R_2+d)}{(R_1+R_2+2d)^2} \qquad (2.3.53)$$

求得光束的束腰位置就可以计算光束的焦距深度 $2z_0$，进而求得整个光束的其他参数。如光束的束腰半径为

$$W_0 = \sqrt{\lambda z_0/\pi} \qquad (2.3.54)$$

也可以得到镜面位置的光束半径：$W_i = W_0[1+z_i^2/z_0^2]^{1/2}$，$i=1,2$。这样就可以获得球面腔的腔镜大小。注意：腔镜大小应该大于 $W_i(i=1,2)$，因为 W 是束半径，还有 13% 的光束是在束半径之外，因此实际选择的腔镜要大于光束半径。

2. 对称球面腔的高斯模式

对称球面腔的 $R_1 = R_2 = -|R|$，且 $z_1 = -d/2$，$z_2 = d/2$，将这些条件代入式(2.3.53)，可以得到对称球面腔

$$z_0 = \frac{d}{2}\left(2\frac{|R|}{d} - 1\right)^{1/2}$$

$$W_0^2 = \frac{\lambda d}{2\pi}\left(2\frac{|R|}{d} - 1\right)^{1/2}$$

$$W_1^2 = W_2^2 = \frac{\lambda d/\pi}{\{(d/|R|)[2-(d/|R|)]\}^{1/2}}$$

同时稳定模式的条件为

$$0 \leqslant d/|R| \leqslant 2 \qquad (2.3.55)$$

3. 谐振频率

从高斯光束的特性可以知道，高斯光束的相位为

$$\varphi(\rho,z) = kz - \zeta(z) + \frac{k\rho^2}{2R(z)} \qquad (2.3.56)$$

其中 $\zeta(z) = \tan^{-1}(z/z_0)$ 且 $\rho^2 = x^2 + y^2$。对于光轴上的点（$\rho=0$），高斯光束的相位为

$$\varphi(0,z) = kz - \zeta(z) \qquad (2.3.57)$$

因此，与平面波在腔内谐振不同，高斯光束在腔内谐振还带来了附加相位 $\zeta(z)$。所以高斯光束腔内来回一周的相位总变化为

$$2[\varphi(0,z_2)-\varphi(0,z_1)]=2k(z_2-z_1)-2[\zeta(z_2)-\zeta(z_1)]=2kd-2\Delta\zeta \quad (2.3.58)$$

其中，$\Delta\zeta=\zeta(z_2)-\zeta(z_1)$。依据腔内的谐振条件有：$2kd-2\Delta\zeta=2q\pi$，$q=0,\pm1,\pm2,\cdots$代入 $k=2\pi\nu/c$ 以及 $\nu_F=c/(2d)$，得到高斯光束的谐振频率为

$$\nu_q=q\nu_F+\frac{\Delta\zeta}{\pi}\nu_F \quad (2.3.59)$$

式(2.3.59)就是球面镜谐振腔的高斯光束模式。可以看出高斯光束与平面波相比，谐振频率有了一个移动，频率的移动量与腔的结构相关。

注意这里讨论的谐振频率的偏移仅仅是光轴上的相位，也就是说仅仅是近轴光束的相位。对于实际的高斯光束的谐振场，应该采用厄米-高斯光束。通过第 2.3.2 节的分析可知，对于(l,m)级次的厄米-高斯光束，其波面与经典高斯光束一致，不同的是幅值分布。因此要形成厄米-高斯光束的谐振腔，腔也必须与光束匹配。(l,m)级次的厄米-高斯光束在光轴上点的相位变化为

$$\varphi(0,z)=kz-(l+m+1)\zeta(z) \quad (2.3.60)$$

因此谐振腔的谐振条件可以改写为

$$2kd-2(l+m+1)\Delta\zeta=2q\pi, \quad q=0,\pm1,\pm2,\cdots \quad (2.3.61)$$

其中，$\Delta\zeta=\zeta(z_2)-\zeta(z_1)$，所以谐振频率为

$$\nu_q=q\nu_F+(l+m+1)\frac{\Delta\zeta}{\pi}\nu_F$$

该关系即为球面谐振腔厄米-高斯光束谐振频率。

可以看出，这里有两个方向的参数，q 为纵模参数，(l,m) 为横模参数。它们的关系如下：①给定横模，两个不同纵模的间距是相等的，为 $\nu_F=c/(2d)$，即：$\nu_{l,m,q+1}-\nu_{l,m,q}=\nu_F$。所有横模只要$(l,m)$的和相同，则谐振频率一样。②给定纵模，两个不同横模的频率差为：$\nu_{l,m,q}-\nu_{l',m',q}=[(l+m)-(l'+m')]\frac{\Delta\zeta}{\pi}\nu_F$。

2.4 微型谐振腔

本章的引言论述谐振腔的定义时提到常见的谐振腔的形态：相对放置的平(球)面反射镜组成的经典谐振腔，多个反射镜构成的闭合光路的环形腔以及表面波导与光栅构成分布式反馈(distribnted feedback，DFB)布拉格光栅腔等。这些经典谐振腔是几十年来人们所常见的，随着微电子技术与光电子技术的发展，特别是光子晶体概念的提出以及微纳光学的发展，微型谐振腔成为当今光电子学的一项新发展。这些微型腔不仅在尺度上基本在微米到亚微米量级，而且具有很多常规经典尺度谐振腔所不具备的特性。

1. 微柱谐振腔

微柱谐振腔(micro-pillar resonators)主要是随着对单光子源的研究而形成的一种微腔。如图 2-4-1 所示，微柱谐振腔主要是采用半导体光电子量子阱薄膜器件的方式来制备。微腔由上、下两个布拉格反射镜(GaAs/AlAs多层布拉格晶格反射镜，即超晶格反射镜)以及中部腔中的量子点膜层(自组装制备的高品质的 InAs 量子点)构成，上、下部的布

拉格反射镜提供一维光束约束,同时空气与腔体介质的界面提供另外的分向约束(平面内),所以该微型腔是完美的三维腔型。当入射的激发光照射量子点诱发光子的自发辐射后,经过器件的振荡,形成单光子模式的外出辐射,因此该器件适用于单量子点自发辐射一个光子,该光子经过珀塞尔(Purcell)效应从器件的顶端辐射出去,进而构造出单光子源。该种微型谐振腔的腔体很小,柱体直径一般仅为几百纳米,却有相当高的 Q 值(实验中 $Q >$ 2700),特别适用于操控光子的辐射。

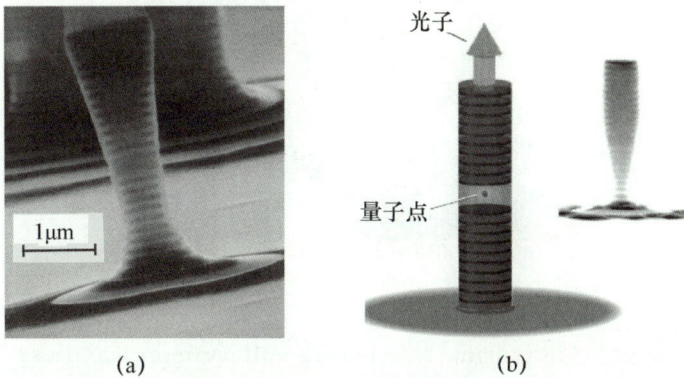

(a)　　　　　　　(b)

图 2-4-1　微柱谐振腔

2. 回音壁微腔

回音壁微腔(whispering gallery microcavities),顾名思义就是谐振腔的腔型与声学领域的回音壁相似。回音壁微腔有多种结构,常见的主要有微球回音壁微腔、微盘回音壁微腔以及微环形回音壁微腔这几大类。

(1)微球回音壁微腔是一种光波在微球或微圆盘的边缘处绕着球或盘传播形成的谐振器。一个 $50 \sim 100 \mu m$ 的氧化硅掺稀土的微球回音壁微腔如图2-4-2所示。它采用拉锥光纤作为耦合器,将光耦合到微球表面,光在微球表面环绕谐振,谐振后的谐振光也可以通过拉锥光纤再耦合出来。

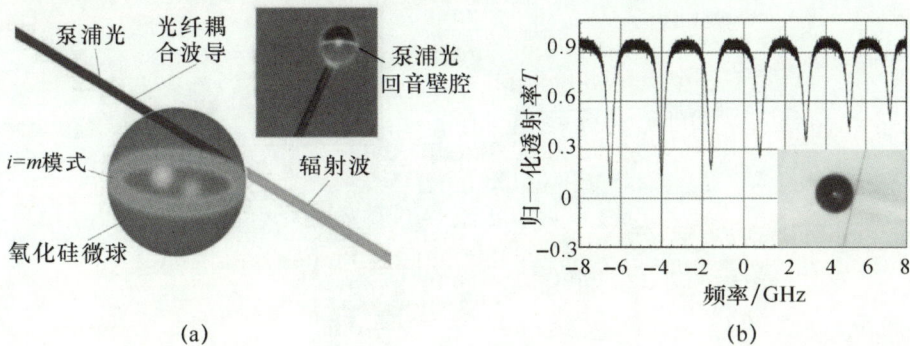

(a)　　　　　　　(b)

图 2-4-2　微球回音壁微腔[1]

(2)微盘回音壁微腔(microdisk whispering gallery microcavities)是由硅基板上加工出的微小硅基座上的氧化硅圆盘构成(如图 2-4-3 所示)。薄盘的直径为 $120 \mu m$,具有很高的 Q 值($Q > 1 \times 10^8$)。这种微腔将光能在特定频率存储在微盘之中,在腔量子电动力学、生物

① VAHALA K J. Optical microcavities[J]. Nature,2003,424:839-846.

传感、光子学以及非线性光学中具有重要作用。对于微盘回音壁微腔,其振荡模式主要由微盘直径来确定。

氧化硅薄盘
光波导
硅基座
光纤波导
42.5μm

图 2-4-3 微盘回音壁微腔[①]

（3）微环形回音壁微腔(microring whispering gallery microcavities)是一个集成于光波导的环形谐振腔系统(如图 2-4-4 所示),由中间部分的环形腔波导,以及两侧的条状波导组成。中间部分的环形腔可以是各种结构,有的是单环结构,有的是双环结构。条状波导可以实现输入光与谐振光之间的耦合,也就是谐振腔的输入与输出。条状波导与环形波导的间距决定耦合效率与耦合特性。该腔的谐振频率由环形波导的尺寸以及折射率决定。Q值主要由波导的损耗以及刻蚀的表面粗糙度决定。

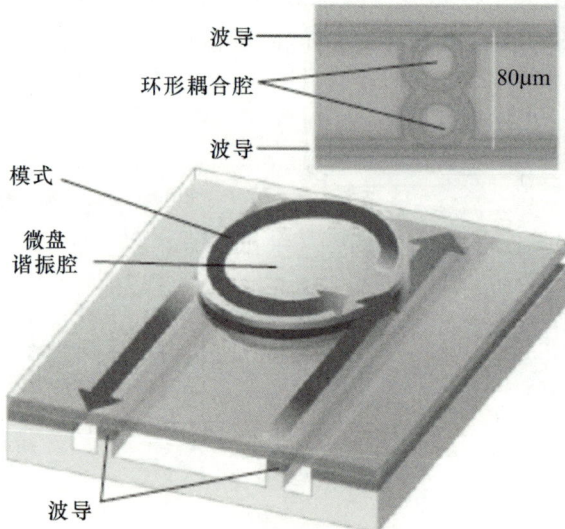

波导
环形耦合腔
波导
80μm
模式
微盘
谐振腔
波导

图 2-4-4 微环形回音壁微腔[①]

3. 光子晶体微腔

光子晶体是通过人造方法模拟晶体的周期结构的光学介质。光子晶体中的介质折射

---

① VAHALA K J. Optical microcavities[J]. Nature, 2003, 424: 839-846.

率的结构周期一定很小,远小于入射的光波波长,因为只有这样光子晶体对于该入射的光波而言才像一个整体的晶体。比较简单的光子晶体制备方法就是在一个光学介质薄膜上打很多直径远小于波长的小孔,这些小孔规则排列,构成光子晶体,如图 2-4-5 所示。

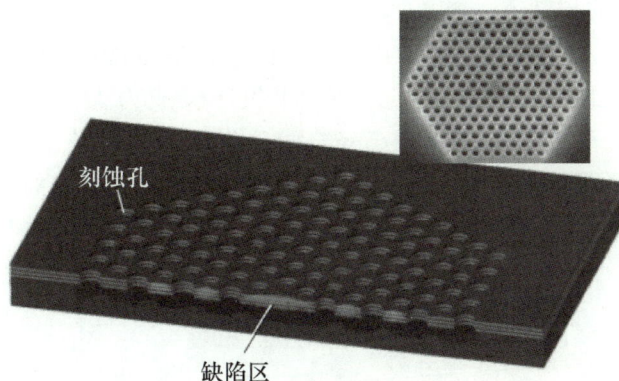

图 2-4-5　光子晶体谐振腔截面[①]

应用光子晶体结构也可以构成微谐振腔。光子晶体缺陷微腔(photonic crystal defect microcavities)的原理就是在周期结构的光子晶体中引入缺陷。图 2-4-5 表示的就是一个缺陷型的光子晶体断面结构。这个光子晶体是用干法刻蚀的六边形分布的孔阵结构。在孔阵的中心有一个点没有打孔,形成一个孔缺陷,该缺陷正好成为光传播的区域,因为其他地方均是小孔构成的光波传输禁带,因此光只能在光子晶体缺陷的区域传播,光波在传播中不断与光子晶体作用,光子晶体约束光波在这个小区域振荡,这就构成了谐振腔。由于缺陷空间可以很小,因此光子晶体谐振腔的模式空间可达 $1.2(\lambda/n)^3$,Q 因子可达 13000。

将上述微型谐振腔的特性进行一个小结,见表 2-4-1。

表 2-4-1　各种微型腔参数与性能[①]

品质因数	F-P腔	回音壁		光子晶体
高Q	Q:2000 V:5$(\lambda/n)^3$	Q:12000 V:6$(\lambda/n)^3$	$Q_{w\text{-}v}$:7000 Q_{poly}:1.3×10^5	Q:13000 V:1.2$(\lambda/n)^3$
超高Q	F:4.8×10^5 V:1690μm^3	Q:8×10^9 V:3000μm^3	Q:10^8	

① VAHALA K J. Optical microcavities[J]. Nature, 2003, 424: 839-846.

可以看出,无论是基于 F-P 谐振的微柱腔,还是回音壁微腔与光子晶体谐振腔,因为器件尺度较小,一般为 $200\mu m$ 以下,所以具有较小的模式空间,均可以将谐振光束约束在一个很小的范围,单位空间的场强较大容易产生各种光学的非线性效应。同时由于制备技术的不同,各种微型谐振腔的损耗不一样,有的 Q 值非常高,最高的 Q 值达 10^9,这样就可能在较小的区域实现精确的波长调控,从而实现精确传感。这是经典谐振腔所难以实现的,同时也带来了其他新的效应。这正是近年来微型谐振腔又成为人们研究的热点的一个重要原因。人们在各种新光学现象的研究中已经自觉地将谐振腔的技术考虑在内,在各自不同的研究中采用谐振腔的技术来提高各种需要的物理特性的性能,同时这样的研究又能不断推进谐振腔技术的发展。

2.5 本章小结

本章集中对光电子学的光传播基础性质进行论述,介绍了在光电子激光系统分析中常用的光线传播的矩阵光学方法,特别介绍了光线传输矩阵的特性。针对激光振荡光学系统的光线传播特点,本章重点论述了周期结构的光学系统其传输矩阵光线的轮廓有限性条件,解释了该条件的物理概念,为后面谐振腔稳定条件的论述奠定基础。

谐振腔是光电子系统中的基本光学系统结构,而且在光学的滤波选频以及检测技术中均有重要应用。本章介绍了谐振腔的谐振条件,谐振腔的谐振模式与模式间隔、模式密度,谐振腔的损耗对谐振效应的影响;指出了表征谐振腔损耗的几种方法:谐振峰宽度、腔的光子寿命、Q 因子之间关系等;从周期光学结构的光线包络有限性推出了谐振腔的稳定条件与谐振腔的分类,为激光振荡理论奠定基础。

高斯光束是激光谐振腔中稳定振荡的一种光场模式,是波动方程的一种解,具有独特的传播特性,在实际光学系统中得到广泛应用。本章论述了描述高斯光束的基本参数,高斯光束的传播特性,高斯光束经过光学系统的变换,以及在球面腔系统中的高斯光束与振荡模式。

习题

2.1 Nd^{3+}:YAG 激光器(波长为 $1.06\mu m$)发出功率为 1W 的高斯光束,其发散角 $2\theta_0 = 1mrad$,求束腰半径、焦深、最大光强,以及距离束腰位置 100cm 处的光强。

2.2 波长为 $10.6\mu m$ 的 CO_2 激光器的激光光束为高斯光束,在相距 $d = 10cm$ 的两个位置上,光束半径分别为 $W_1 = 1.669mm$ 与 $W_2 = 3.38mm$,求该光束的束腰位置与束腰半径。

2.3 一高斯光束为近轴亥姆霍兹方程的解在 $z = 0$ 处满足:$I(x,y,0) = |A_2|^2 \exp\left[-2\left(\dfrac{x^2}{W_{0x}^2} + \dfrac{y^2}{W_{0y}^2}\right)\right]$,其中 W_{0x} 与 W_{0y} 分别为 x 与 y 方向的束腰半径。因此该高斯光束的截面等光强曲线为椭圆。请推出此光束在 x 与 y 方向的焦深、发散角和光束波面曲率的表达式。如果 $W_{0x} = 2W_{0y}$,请画出 $z = 0$ 与远场处(在两个方向上 z 均远大于焦深)的光斑形状。

2.4　一氩离子激光器能发出波长为 488nm 的高斯光束,束腰 $W_0 = 0.5$mm。请设计一个单透镜光学系统,使得光斑聚焦到 $100\mu m$,最短的聚焦长度为多少?

2.5　一高斯光束的瑞利距离 $z_0 = 50$cm,波长 $\lambda = 488$nm,用一个焦距 $f = 5$cm 的透镜汇聚,请编制程序计算分析经透镜后的束腰大小与透镜和初始束腰之间距离 z 的关系。

2.6　一高斯光束从空气入射到一个折射率为 1.5 的介质平面。如果光束垂直于该表面,且束腰在表面上,空气中光束的发散角为 1mrad,请求出介质中的发散角,并作图。

2.7　一个梯度折射率的平面条状介质,其折射率分布为 $n(y) = n_0(1 - 0.5\alpha^2 y^2)$,长度为 d,其透射的 $ABCD$ 矩阵为:$A = \cos\alpha d$,$B = (1/\alpha)\sin\alpha d$,$C = -\alpha\sin\alpha d$,$D = \cos\alpha d$。如果一高斯光束沿 z 方向传播,其波长为 λ_0,束腰半径为 W_0,入射到此平板条中,束腰位置位于平板条端面。请分析束半径与传播距离 d 的关系,画出光束在此平面条状介质中传播时的形状。

2.8　对于级次为 $(0,0)$,$(1,0)$,$(0,1)$ 和 $(1,1)$ 的厄米-高斯光束,分别确定其光束半径 $W(z)$ 中的功率与光束总功率之比。对于 $(0,0)$ 级与 $(1,1)$ 级的厄米-高斯光束,请分析在 $W(z)/10$ 的光斑内的功率与总功率之比。

2.9　两个间距 $d = 5$cm 的平面反射镜组成一个谐振腔,腔内为空气,求其相邻谐振频率的间距。如果将一块厚度为 2.5cm、折射率为 1.5 的透明玻璃板稍稍倾斜放入腔内(倾斜是为了使反射光不进入振荡),请确定这时的谐振频率的间距。

2.10　半导体激光器的表面经常用作谐振的腔镜,将一个半导体晶片放置于空气中,其折射率为 3.6,厚度为 0.2mm,假设晶片的光学损耗 $\alpha_s = 1$cm^{-1},请确定该晶片的谐振频率间距,腔的损耗系数 α_r,谐振腔的谐振频率细度 $\mathscr{F}$,以及谐振频率的带宽 $\delta\nu$。

2.11　用一个可调谐单色光源测试对称 F-P 腔的透射率。透射光谱呈现周期脉冲式光谱分布,脉冲周期为 150MHz,每个光谱脉冲的半高宽(FWHM)为 5MHz。设腔内介质的折射率为 1,腔的损耗均为腔镜损耗,求谐振腔的长度与谐振光谱的细度。

2.12　一个谐振腔细度 $\mathscr{F} = 100$,腔长 $d = 50$cm,折射率 $n = 1$,求当腔内储能降到初始值一半时所需要的时间。

2.13　设光的波长为 $1.06\mu m$,光谱带宽 $\delta\nu$ 为 120GHz,在下列腔(腔内折射率 $n = 1$)中有多少个模式?

(a) 一维谐振腔,腔长为 10cm;

(b) 二维谐振腔,腔尺寸为 10×10cm^2;

(c) 三维谐振腔,腔尺寸为 $10 \times 10 \times 10$cm^3。

2.14　试问两个凸面镜构成的谐振腔可以是稳定腔吗? 一个凹面镜与一个凸面镜构成的腔有可能稳定吗?

2.15　一个焦距为 f 的薄透镜,放在一个由两个平面镜组成的腔长为 d 的谐振腔的中间位置。

(a) 求光线从一面腔镜开始传播一个来回周期的周期矩阵;

(b) 确定腔的稳定条件;

(c) 在稳定条件下,画出腔内高斯光束。

2.16　假设一个由两个半径为 R 的凹面镜组成的对称谐振腔,其腔长为 $d = 3|R|/2$。

请问光线在腔内传播时要几个来回才能重复开始的路径？

2.17　证明在非稳定腔中传播 m 个来回的光线高度满足 $y_m = \alpha_1 h_1^m + \alpha_2 h_2^m$，其中 α_1 与 α_2 为常数，$h_1 = b + \sqrt{b^2 - 1}$，$h_2 = b - \sqrt{b^2 - 1}$，且 $b = 2\left(1 + \dfrac{d}{R_1}\right)\left(1 + \dfrac{d}{R_2}\right) - 1$。

2.18　证明由一对间距 d 为 65cm，曲率半径 $R = -30$cm 的凹面镜组成的对称谐振腔为非稳腔。假设腔镜的直径为 5cm，初始点为腔的中心的光线（$y_0 = 0, \theta_0 = 0.1°$）在腔中传播几个来回才能逸出腔外？

2.19　证明两个相同的相向传播的高斯光束电场叠加将形成驻波场，并指出与之匹配的腔镜构成的谐振腔的谐振频率。

第 3 章

导波光学

波导（waveguide），顾名思义就是传导波的器件。光学波导，就是能够将光约束在其内进行传输的器件。光波的全反射是一种能够将光波约束在一定范围内的简单方法，因此全反射也被大量应用于光学波导的构建。光学波导有各种各样的形式，如平面型的平波导、条形的条状波导与圆柱形的光纤等，但是其基本原理均是构建在电磁场理论的全内反射原理上的，光波在波导中的传播也呈现出各种特性，因此人们将研究光学波导中光波传输的光学理论称为导波光学。

导波光学是光电子学的一个重要组成部分，作为光电子学的重要应用技术之一，光通信的学科基础就是导波光学。同时随着光电子技术的发展，光学系统集成化的趋势日益显现，集成光学将各种光学波导器件、发光器件、调制器件、探测器件等集成在一个共同的基底芯片上，从而构造出独立功能的光电系统。这一技术的出现与发展极大地推进了光电子学与光电子技术的发展，而这一切离不开光电子学的理论基础，特别是导波光学在其中起到的极为重要的作用。

目前，光子晶体技术与表面等离子体波是两种新的可以将光波约束在更小的特定区域内的技术，因此也出现了大量基于光子晶体以及表面等离子体激源的波导。

本章将讨论导波光学的基本理论，重点论述光学平波导尤其是光纤波导的导波理论基础。

3.1 平面介质波导

从结构上看，平面介质波导即包夹在周边低折射率的介质中的一层高折射率的介质膜层。可以想象，当光波在此高折射率膜层中传播时，由于上、下界面上的全反射，光波被约束在该膜层中传播，这种器件结构就称为平面介质波导。一般高折射率膜层称为"核心层"（core layer），而周边的低折射率材料称为"包层"（clading）。当上、下包层的折射率与厚度一致时称为对称平面介质波导，当上、下包层的折射率不一致时称为不对称平面介质波导，通常上面包层称为覆盖层，下面包层称为基底。

假设一个对称平面介质波导核心层的厚度为 d，折射率为 n_1，周边包层的折射率为 n_2，设所有介质材料是无吸收的，系统结构与坐标如图 3-1-1 所示。当光波在这样的波导中沿 z 方向稳定传播时，可以有两种偏振状态，一种偏振模式称为 TE 模式，其电场振动方向在 x 方向，也就是偏振面为 xz 平面；另外一种偏振模式称为 TM 模式，其磁场的振动在 xz 平面。光波在波导中稳定传播,意味着光波的场在经过一定传播距离之后能够重复出现,又称满足自洽条件的要求。我们将在一定传播距离之后又能够重现的这种波称为光波的一个模式(mode),这里模式的概念与第1章谐振腔的模式概念是相同的,因此不同的偏振也对应不同的模式。

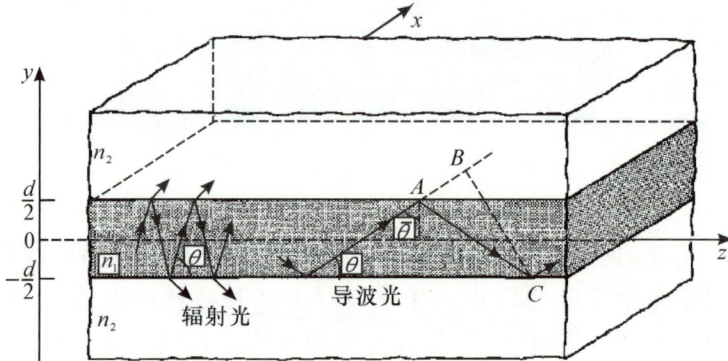

图 3-1-1　对称平面光波导的结构

设波长为 λ 的光波以 θ 为传播角度在波导中传播,光波在上、下界面反射之后形成一个周期,在这个周期中,光波的光程变化由两个部分组成:一是两次反射转折光路后的光波与原始光波之间的光程差 $2k_yd$;二是每次界面全反射的反射相位差 φ_r。根据自洽条件,可以得到

$$\frac{2\pi}{\lambda}nd\sin\theta - 2\varphi_r = 2m\pi, \qquad m = 0,1,2,\cdots \qquad (3.1.1)$$

换一种方式或许更能表达式(3.1.1)的含义: $2k_yd - 2\varphi_r = 2m\pi$,即谐振是在 y 方向上实现的。

从式(3.1.1)看出,反射相位是随导波光的偏振态的不同而不同的,对于 TE 偏振

$$\tan\left(\frac{\varphi_{r\text{-TE}}}{2}\right) = \frac{\left[\cos^2\theta - \left(\frac{n_2}{n_1}\right)^2\right]^{1/2}}{\sin\theta} \qquad (3.1.2)$$

对于 TM 偏振

$$\tan\left(\frac{\varphi_{r\text{-TM}}}{2}\right) = \frac{n_1\left[\cos^2\theta - \left(\frac{n_2}{n_1}\right)^2\right]^{1/2}}{n_2\sin\theta} \qquad (3.1.3)$$

所以不同的 m、不同的偏振均为不同的导波模式,或导模模式。不同模式的传播角度 θ 是不同的,所以将模式 m 的光波传播角度记为 θ_m,定义波矢的 z 轴分量为传播常数 β_m,即

$$\beta_m = n_1k_0\cos\theta_m \qquad (3.1.4)$$

注意:不同模式的传播常数(k_z)是不一样的。

1. 波导的模式数

给定一个波导结构,可在该波导中稳定传播的光波模式的数目是有限的。波导中存在的导波模式总数 M 由波导谐振方程可得,有

$$M \doteq 2\frac{d}{\lambda}\left[1 - \left(\frac{n_2}{n_1}\right)^2\right]^{1/2} \qquad (3.1.5)$$

这里 $\doteq$ 表示取比之大的最近整数。可以进一步将式(3.1.5)整理为

$$M \doteq 2\frac{d}{\lambda}(n_1^2 - n_2^2)^{1/2} = 2\frac{d}{\lambda}\mathrm{NA} \tag{3.1.6}$$

其中,NA 为该波导的数值孔径。

2. 导波场分布

下面以 TE 模式为例,说明导模的光场在波导中的分布情况。

对于平面介质波导,光波在两个界面全反射,因此在两个包层中存在的是全反射的倏逝场,而在核心层中存在的是传播场。三个场在边界上必须满足边界条件,即切向波矢相等。

设 TE 模波导的光场可以表示为

$$E_{xm}(y,z) = a_m u_m(y)\exp(-\mathrm{i}\beta_m z) \tag{3.1.7}$$

将式(3.1.7)代入亥姆霍兹方程$(\nabla^2 + n_i^2 k_0^2)E_{xm}(y,z) = 0$,这里 $i=1,2$ 分别表示核心层区域与包层区域。所以导模在三种介质中的光场可以表述为

$$u_{xm}(y) = \begin{cases} A\exp[-q_m(y-d/2)], & d/2 < y < \infty \\ B\sin(\mu_m y) + C\cos(\mu_m y), & -d/2 < y < d/2 \\ D\exp[p_m(y+d/2)], & -\infty < y < -d/2 \end{cases} \tag{3.1.8}$$

其中,$\mu_m^2 = n_1^2 k^2 - \beta_m^2$;$q_m^2 = \beta_m^2 - n_2^2 k^2$;$p_m^2 = \beta_m^2 - n_2^2 k^2$。

这里 p 与 q 相同是因为目前是对称波导。对于不对称波导,p 与 q 则不同。应用边界条件,可以从方程(3.1.8)获得 A、B、C、D 四个系数之间的关系。图 3-1-2 给出了对称波导的几种低阶模式的场分布。

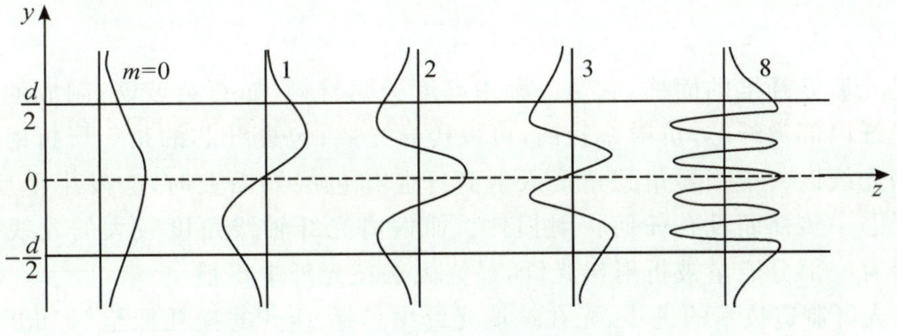

图 3-1-2　波导的几种低阶模式场分布

十分重要的是,平面波导中各种模式的场是相互正交的,即有条件

$$\int_{-\infty}^{\infty} u_m(y)u_l(y)\mathrm{d}y = 0, \quad m \neq l \tag{3.1.9}$$

因此任意波导的光场均可以表示为导模模式的线性组合,有

$$E_x(y,z) = \sum_m a_m u_m(y)\exp(-\mathrm{i}\beta_m z) \tag{3.1.10}$$

其中 u_m 为模式 m 的幅值。

3. 模式的群速度

定义导模光波的群速度 v_g 为 $\mathrm{d}\omega/\mathrm{d}\beta$。因为导模谐波方程可以表示为

$$2d\left[\left(\frac{\omega}{c_1}\right)^2 - \beta^2\right]^{1/2} = 2\varphi_r + 2m\pi \tag{3.1.11}$$

$$\tan^2\frac{\varphi_r}{2} = \frac{\beta^2 - \omega^2/c_2^2}{\omega^2/c_1^2 - \beta^2} \tag{3.1.12}$$

将式(3.1.12)代入谐波方程得

$$\tan^2\left\{d/2\left[\left(\frac{\omega}{c_1}\right)^2 - \beta^2\right]^{1/2} - \frac{m\pi}{2}\right\} = \frac{\beta^2 - \omega^2/c_2^2}{\omega^2/c_1^2 - \beta^2} \tag{3.1.13}$$

这样就建立了 β 与 ω 之间满足自洽条件的色散方程。ω 与传播常数 β 之间的关系如图 3-1-3 所示,可以看出波导的各模式的群速度是在 c_1 与 c_2 之间变化。

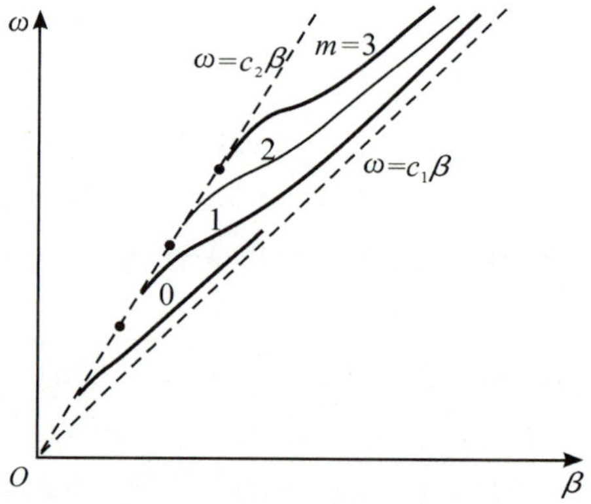

图 3-1-3　波导色散关系

3.2　波导光纤基础

　　光纤是光波导纤维的简称,它是一种由高度透明材料(如石英玻璃)制成的圆柱形介质波导管。光纤内部为纤芯,折射率较高,可以传导光线;包裹纤芯的是一层折射率相对较低的包层。当光线以大于临界角的角度入射到纤芯与包层界面上时,会发生全反射,从而光线可以在纤芯中传播而没有任何折射损耗。而偏离光纤轴线角度较大的光线在每次经过界面时都会有一部分能量被折射出光纤,最终无法在光纤中传播。

　　得益于光纤制造技术的进步,光在玻璃光纤中传播 1km 的损耗低至 0.16dB($\approx 3.6\%$)。光纤正取代铜制同轴电缆,成为电磁波传输的最佳媒介,从而为长途通信带来变革,并应用于从长途电话到计算机局域网数据传输等信息领域的方方面面。

　　在平面波导中,每一个模式可以看成以一定角度,在与其传播方向成一定角度的平板之间多次反射的 TEM 波之和。这一方法同样也适用于圆柱形波导。当纤芯直径非常微小时,以至于只有一个模式能够在其中传播,这种光纤就称为单模光纤,反之则称为多模光纤。

　　光在多模光纤中传播存在很多问题,其中之一源于不同模式之间群速度的差异。光脉冲不同模式的分量穿越光纤的时间是不同的,从而造成光脉冲的展宽。这种效应称为"模式色散"。模式色散使两个相邻的光脉冲产生交叠,从而限制光脉冲发射的速度,最终影响整个光纤通信系统的工作带宽。

　　为减小模式色散,可以从光纤中心到纤芯与包层边界逐渐降低纤芯的折射率。这种光纤称为"渐变折射率光纤"。而与之对应的传统光纤,因为其纤芯与包层各自具有特定的折射率,被称为"阶跃光纤"。在渐变折射率光纤中,光速会随着光线与光纤轴线距离的增加而增加(因为折射率逐渐降低)。虽然具有较大倾斜角度的光线在纤芯中传播的路程要长一些,但是它的传播也会快一些,从而整个纤芯中光线的传播是均衡的。综上所述,基于不同的分类方式,光纤可分为渐变折射率光纤与阶跃光纤,或单模光纤与多模光纤,如图 3-2-1 所示。

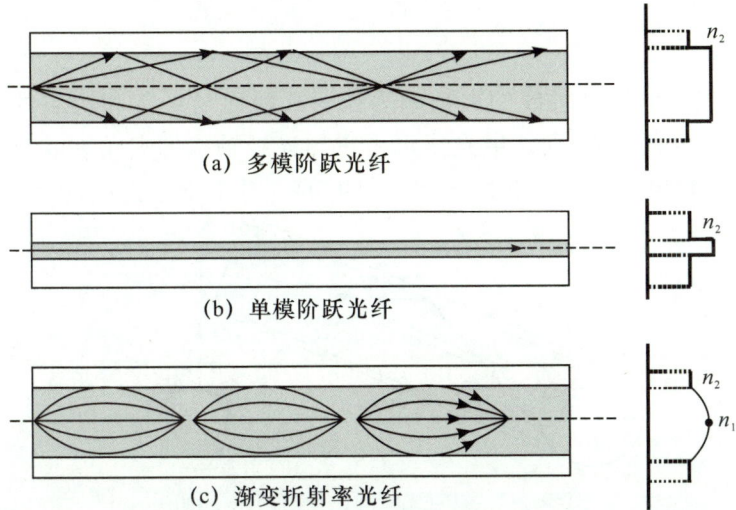

(a) 多模阶跃光纤

(b) 单模阶跃光纤

(c) 渐变折射率光纤

图 3-2-1 光纤内光线轨迹

我们先讨论基本的光纤——阶跃光纤。作为一种圆柱形介质波导,一根阶跃光纤可以用以下参数来表达:纤芯折射率 n_1,包层折射率 n_2,纤芯半径 a 与包层半径 b。一些标准纤芯与包层直径 $2a/2b$ 分别为 $8/125,50/125,62.5/125,85/125,100/140$(单位: μm)。光纤纤芯与包层折射率的变化非常微小,因此,折射率变化比

$$\Delta = \frac{n_1 - n_2}{n_1} \tag{3.2.1}$$

也非常小($\Delta \ll 1$)。

几乎所有应用于当前光通信系统的光纤都是由高纯度熔融石英玻璃制成的。而折射率的微小变化,可通过向玻璃中掺入微量杂质材料(如:钛、锗、硼)获得。折射率 n 随波长不同在 $1.44 \sim 1.46$ 变化,而典型的 Δ 值位于 $0.001 \sim 0.02$。

3.2.1 光线的传播

对于在纤芯中传播的光线,当它在纤芯与包层交界面发生转折的角度大于其临界角 $\theta_c = \arcsin(n_2/n_1)$ 时,这束光线就会完全由光纤内部的反射所引导并保留在纤芯之内。

1. 子午光线

对于子午光线(光线在通过光纤中心轴线的平面内传播)而言,波导条件较为简单。如图 3-2-2 所示,这些光线与光纤轴线相交,反射光线与入射光线在同一平面且入射角度不发生变化,与平面波导一致。当子午光线与光纤轴线的夹角小于临界角的补角 $\bar{\theta}_c = \pi/2 - \arcsin(n_2/n_1)$ 时,光线可以在光纤中传播。由于 $n_1 \approx n_2$, $\bar{\theta}_c$ 通常会非常小,这时候传播的光线几乎是与光纤轴线平行的。

2. 斜射光线

如图 3-2-3 所示,一束任意光线可以由它的入射面、一个包含该光线且与光纤轴线平

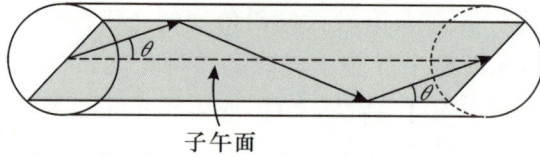

图 3-2-2   子午光线在波导内的传播轨迹

行的平面,以及该光线与光纤轴线的夹角来表征。入射面与纤芯和包层的边界法线的夹角为 ϕ,到光纤轴线的距离为 R,则该束光线可由它与光纤轴线的夹角 θ 以及它与入射面的夹角 ϕ 表征。当 $\phi\neq0(R\neq0)$ 时,这束光线就是斜射的。对于子午光线,$\phi=0,R=0$。

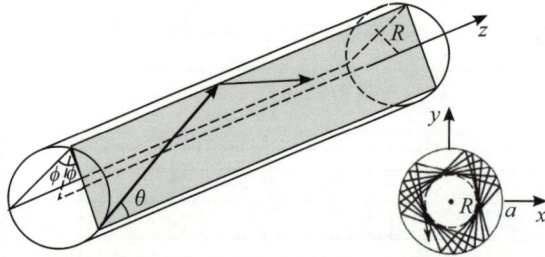

图 3-2-3   斜射光线在波导内的传播轨迹

一束斜射光线重复性地反射入具有与纤芯、包层边界相同夹角的平面内,其螺旋形的轨迹被局限在半径从 R 到 a 的圆柱形壳内,如图 3-2-3 所示。轨道横截面(x,y)的投影是一个规则的多边形(该多边形并不必须是闭合的)。可以证明,对能够产生全反射的斜射光线而言,它与 z 轴的夹角 θ 比 $\overline{\theta}_c$ 要小。

3. 数值孔径

一束由空气入射到光纤的光线,只有在其折射到纤芯内的光线与光纤轴线的夹角 θ 小于 $\overline{\theta}_c$ 时才能沿光纤传播。根据斯涅尔定律(Snell's law),在空气-纤芯交界面上,对应纤芯中的 $\overline{\theta}_c$,空气中的角度 θ_a 必须满足 $1\cdot\sin\theta_a=u\cdot\sin\overline{\theta}_c$(见图 3-2-4),这是由 $\sin\theta_a=n_1(1-\cos^2\overline{\theta}_c)^{1/2}=n_1[1-(n_2/n_1)^2]^{1/2}=(n_1^2-n_2^2)^{1/2}$ 推导出的。因此

$$\theta_a=\arcsin NA \tag{3.2.2}$$

其中

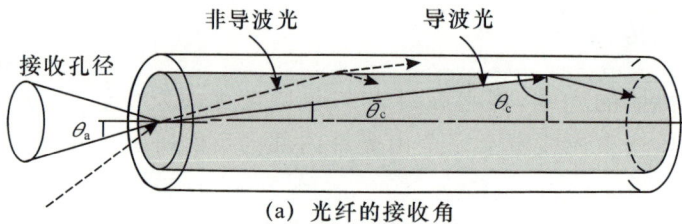

(a) 光纤的接收角

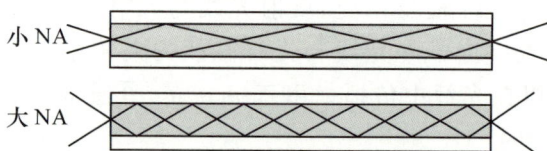

(b) 光纤的数值孔径

图 3-2-4   光纤的接收角与数值孔径

$$\mathrm{NA} = (n_1^2 - n_2^2)^{1/2} \approx n_1 (2\Delta)^{1/2} \tag{3.2.3}$$

称为光纤的数值孔径。θ_a 为光纤的接收角,它决定了能够在光纤中传播的外界光线的接收锥。所有以比 θ_a 大的角度入射到光纤端面的光线都可以折射入光纤,但只能传播很小的距离。由此,数值孔径可以用来描述光纤耦合光的能力。

【例 3.1】　计算二氧化硅光纤的数值孔径和接收角,其中 $n_1 = 1.475$,$n_2 = 1.460$。

解:数值孔径为:$\mathrm{NA} = (n_1^2 - n_2^2)^{1/2} = (1.475^2 - 1.460^2)^{1/2} = 0.21$,

接收角为:$\theta_a = \arcsin \mathrm{NA} = 12.1°$。

当传播的光线到达光纤输出端时,它们重新被折射出来,形成一个角度为 θ_a 的圆锥。因此接收角 θ_a 是光纤耦合与输出系统设计中的一个关键参数。

3.2.2　光波的传播

下面将利用电磁波理论分析单色光在阶跃光纤中的传播,通过求解具有圆柱形纤芯与包层边界条件的麦克斯韦方程得到能够在光纤中传播的电场与磁形式。在所有光波导中,麦克斯韦方程都存在一定的特解,即所谓的模式。每个模式都有不同的传播系数、横截面上的特征场分布以及两个独立的偏振态。

1. 空间分布

每一个电场和磁场分量必须满足亥姆霍兹方程 $\nabla^2 U + n^2 k_0^2 U = 0$,其中 $n = n_1$(纤芯 $r < a$),$n = n_2$(包层 $r > a$);$k_a = 2\pi/\lambda_a$。在分析光在纤芯与包层分界面的传播情况时,假设包层半径足够大,可近似认为无限远处。在柱坐标系统下(见图 3-2-5),亥姆霍兹方程可写为

$$\frac{\partial^2 U}{\partial r^2} + \frac{1}{r} \cdot \frac{\partial U}{\partial r} + \frac{1}{r^2} \cdot \frac{\partial^2 U}{\partial \phi^2} + n^2 k_0^2 U = 0 \tag{3.2.4}$$

其中复振幅 $U = U(r, \phi, z)$,代表电磁场的所有笛卡尔分量,即柱坐标中的轴向分量 E_z 和 H_z。

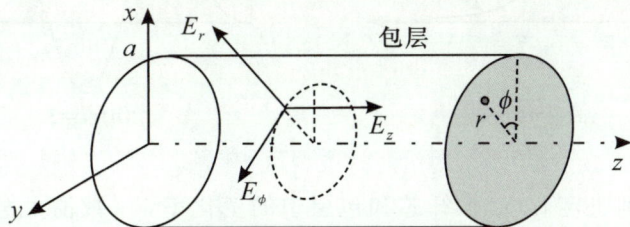

图 3-2-5　柱坐标系统

我们对以传播系数 β 沿 z 轴方向传播波形的解感兴趣,所以可把 U 在 z 轴方向的分量设为 $\mathrm{e}^{-\mathrm{i}\beta z}$。同时,由于 U 必须是关于角度 ϕ 的周期函数,且周期为 2π,假设 ϕ 分量具有谐波解 $\mathrm{e}^{-\mathrm{i}l z}$,$l$ 为整数,得

$$U(r, \phi, z) = u(r) \mathrm{e}^{-\mathrm{i}l\phi} \mathrm{e}^{-\mathrm{i}\beta z}, \qquad l = 0, \pm 1, \pm 2, \cdots \tag{3.2.5}$$

代入式(3.2.4),可以得到关于 $U(r)$ 的普适方程

$$\frac{\partial^2 u}{\partial r^2} + \frac{1}{r} \cdot \frac{\partial u}{\partial r} + \left(n^2 k_0^2 - \beta^2 - \frac{l^2}{r^2} \right) u = 0 \tag{3.2.6}$$

传播系数在纤芯中小于波数($\beta < n_1 k_0$)且在包层中大于波数($\beta > n_2 k_0$)的光波可以在光纤中传播,因此,可以定义

$$k_T^2 = n_1^2 k_0^2 - \beta^2 \tag{3.2.7a}$$

$$\gamma^2 = \beta^2 - n_2^2 k_0^2 \tag{3.2.7b}$$

所以,对于传导光波,k_T^2 和 γ^2 为正,且 k_T 与 γ 为实数,方程(3.2.6)可以在纤芯与包层中分别写为

$$\frac{d^2 u}{dr^2} + \frac{1}{r} \cdot \frac{du}{dr} + \left(k_T^2 - \frac{l^2}{r^2}\right)u = 0, \quad r < a(\text{纤芯}) \tag{3.2.8a}$$

$$\frac{d^2 u}{dr^2} + \frac{1}{r} \cdot \frac{du}{dr} - \left(\gamma^2 + \frac{l^2}{r^2}\right)u = 0, \quad r > a(\text{包层}) \tag{3.2.8b}$$

方程(3.2.8)的解为一系列贝塞尔函数。排除掉那些在纤芯处($r=0$)以及在包层处($r \to \infty$)趋近于无穷大的方程,可以得到传播条件

$$u(r) \propto \begin{cases} J_l(k_T r), & r < a(\text{纤芯}) \\ K_l(\gamma r), & r > a(\text{包层}) \end{cases} \tag{3.2.9}$$

其中,$J_l(x)$ 是第一类贝塞尔函数,l 代表阶数,$K_l(x)$ 是 l 阶贝塞尔函数的变型。方程 $J_l(x)$ 以类似于 sin 函数或 cos 函数的形式振荡,但振幅逐渐衰减,表达式为

$$J_l(x) \approx \left(\frac{2}{\pi x}\right)^{1/2} \cos\left[x - \left(l + \frac{1}{2}\right)\frac{\pi}{2}\right], \quad x \gg 1 \tag{3.2.10a}$$

同样,在极限条件下,x 增加,$K_l(x)$ 以指数速率衰减,表达式为

$$K_l(x) \approx \left(\frac{\pi}{2x}\right)^{1/2}\left(1 + \frac{4l^2 - 1}{8x}\right)\exp(-x), \quad x \gg 1 \tag{3.2.10b}$$

关于 $U(r)$ 径向分布的两个例子如图 3-2-6 所示。

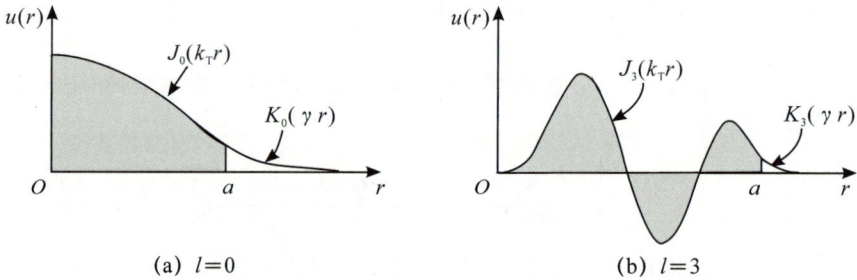

(a) $l = 0$ (b) $l = 3$

图 3-2-6　径向分布举例

参数 k_T 与 γ 分别决定 $U(r)$ 在纤芯和包层中的变化率,k_T 数值大意味着电磁场纤芯中横向分布的振荡快速,γ 值较大则意味着 $U(r)$ 在包层中衰减较快以及更小的穿透深度。由式(3.2.7)可知,k_T 与 γ 平方之和为常数,即

$$k_T^2 + \gamma^2 = (n_1^2 - n_2^2)k_0^2 = \text{NA}^2 \cdot k_0^2 \tag{3.2.11}$$

所以当 k_T 增加时,γ 减小,电磁场穿入包层的深度增加。当 k_T 大于 $\text{NA} \cdot k_0$ 时,γ 变成虚数,光波将不能在纤芯中继续传播。

2. V 参数

定义归一化 k_T 与 γ,即

$$X = k_T a \tag{3.2.12a}$$

$$Y = \gamma a \tag{3.2.12b}$$

则式(3.2.11)可变为

$$X^2 + Y^2 = V^2 \tag{3.2.13}$$

其中，$V = \mathrm{NA} \cdot k_0 a$，因为 $k_0 = \dfrac{2\pi}{\lambda_0}$，所以

$$V = 2\pi \frac{a}{\lambda_0} \mathrm{NA} \tag{3.2.14}$$

可以看到，V 是个非常重要的参数，它决定了光纤的模式数量及传播常数，因此，它又被称为光纤参数或 V 参数（归一化频率）。光波若能在光纤中传播，X 值必小于 V 参数。

3. 模式

现在考虑边界条件，并写出电磁场复振幅的轴向分量 E_z 和 H_z。这些分量在纤芯与包层交界面处必须是连续的，从而可以确定式（3.2.9）中的各项比例系数。这样 E_z 与 H_z 就各只有一个未知量。根据麦克斯韦方程组 $\mathrm{i}\omega\varepsilon_0 n^2 \boldsymbol{E} = \nabla \times \boldsymbol{H}$ 和 $-\mathrm{i}\omega\mu_0 \boldsymbol{H} = \nabla \times \boldsymbol{E}$，剩下的四个分量 E_ϕ, H_ϕ, E_r 和 H_r 可根据 E_z 与 H_z 得到确定。E_ϕ 与 H_ϕ 在 $r=a$ 处的连续性又可引入两个等式。一个等式决定了 E_z 与 H_z 的两个未知系数的比例；另一个等式给出了传播系数 β 必须满足的条件。这个条件称为特征方程或色散方程。色散方程是 β 关于比例 a/λ_0 的函数，光纤折射率 n_1, n_2 为已知参数。

对于每一个方位角参数 l，特征方程会有多个解满足分离的传播常数 $\beta_{lm}, m=1, 2, \cdots$，每个解代表一个模式。对应的 k_T 和 γ，分别决定了光波在纤芯和包层的空间分布。于是一个模式就可以由 l 和 m 进行表征。其中，l 代表方位角，m 代表轴向分布。$l=0$ 代表子午光线。一种模式对于 $\boldsymbol{E}$ 矢量和 $\boldsymbol{H}$ 矢量而言都有两个独立的形态，对应一种偏振态。对这些形态进行分类与表征通常是相当复杂的。

4. 弱导光纤的特征方程

大多数光纤是弱导光纤（即 $n_1 \approx n_2$ 或 $\Delta \ll 1$），所以能够在光纤中传播的光线是傍轴的（即近似平行于光纤轴线）。电磁场的纵向分量远远小于其横向分量，光纤导波则可以近似看成行波场（TEM）。x 方向与 y 方向上的两个线偏振因此可以看成偏振的两个本征态。线性偏振 (l, m) 模通常用 LP_{lm} 标记。两个偏振模式 (l, m) 具有相同的传播常数和空间分布。

对于弱导光纤而言，使用上述方法解出的特征方程等效于在式（3.2.9）中标量波 $u(r)$ 是连续的，并且在 $r=a$ 处具有连续微分的情况。这两种情况满足的条件是

$$\frac{(k_T a) J_l{}'(k_T a)}{J_l(k_T a)} = \frac{(\gamma a) K_l{}'(\gamma a)}{K_l(\gamma a)} \tag{3.2.15}$$

贝塞尔函数的微分 $J_l{}'$ 和 $K_l{}'$ 满足恒等式

$$J_l{}'(x) = \pm J_{l\mp1}(x) \mp l\frac{J_l(x)}{x} \tag{3.2.16}$$

$$K_l{}'(x) = -K_{l\mp1}(x) \mp l\frac{K_l(x)}{x} \tag{3.2.17}$$

将式（3.2.16）和式（3.2.17）代入式（3.2.15），并使用归一化参数 $X = k_T a$ 和 $Y = \gamma a$，可得特征方程

$$X\frac{J_{l\pm1}(X)}{J_l(X)} = \pm Y\frac{K_{l\pm1}(Y)}{K_l(Y)} \tag{3.2.18}$$

其中，$X^2 + Y^2 = V^2$，若 V 和 l 已知，则特征方程仅包含一个未知量 X（因为 $Y^2 = V^2 - X^2$）。由于 $J_{-l}(x) = (-1)^l J_l(x)$，$K_{-l}(x) = K_l(x)$，如果用 $-l$ 代替 l，方程保持不变。

特征方程的解可以通过分别绘制等号左、右边函数的图形，然后找出交叉点的方法求出，如图 3-2-7 所示。对于 $l = 0$ 的情况，左边函数具有多个分支，而右边函数单调递减，直到 $X = V(Y = 0)$。因此在 $0 < X \leqslant V$ 的区间内就会出现多个交叉点。每个交叉点对应一个具有不同 X 值的模式。这些 X 值可以用 X_{lm}，$m = 1, 2, \cdots$ 来表示。一旦找到 X_{lm}，对应的横向传播常数 k_{Tlm}，以及横向场分布方程 $u_{lm}(r)$ 可以利用式(3.2.7)、式(3.2.9)和式(3.2.12)求出。

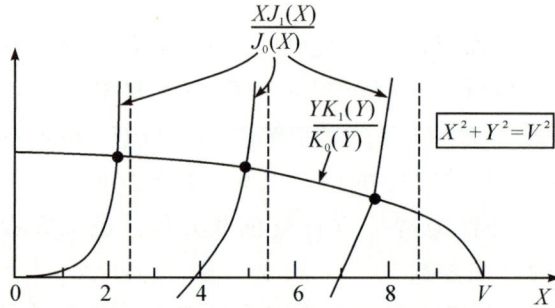

图 3-2-7   特征方程(3.2.18)的图解法

每个模式都有不同的辐向分布。如图 3-2-6 所示的辐向分布方程 $u(r)$ 对应 LP_{01} 模 ($l = 0, m = 1$)，光纤 V 值为 5 以及 LP_{34} 模($l = 3, m = 4$)，光纤 V 值为 25。考虑到 (l, m) 模与 $(-l, m)$ 模具有相同的传播常数，值得分析一下这两种模式空间分布的重叠情况（等权条件下）。两者之和的复振幅正比于 $u_{lm}(r)\cos l\phi \exp(-i\beta_{lm}z)$，如图 3-2-8 所示。强度则正比于 $u_{lm}^2(r)\cos^2 l\phi$（模式分别为 LP_{01} 与 LP_{34}，与图 3-2-6 中的模式相同）。

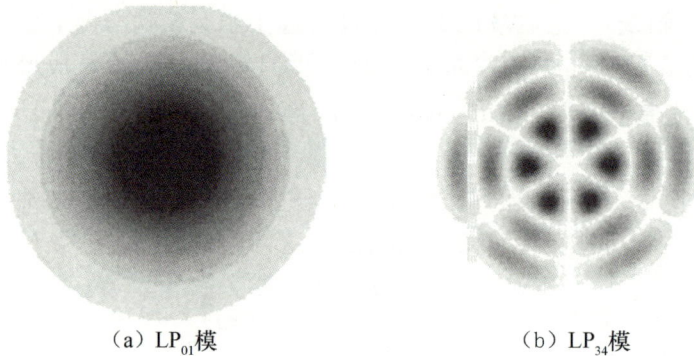

(a) LP_{01} 模   (b) LP_{34} 模

图 3-2-8   强度分布

5. 截止模式与模式数量

由图 3-2-7 可以看出，因为特征方程左边函数与 V 值无关，而右边函数随 V 值增加，在图中向右延展，交点个数将随着 V 值增加而不断增加。在特征方程中取负号，则当 $J_{l-1}(x) = 0$ 时，LHS(左边函数)与横坐标相交。根值可以标记为 x_{lm}，$m = 1, 2, \cdots$。模式数 M_l 也就等于比 V 小的 J_{l-1} 的根的个数，如果 $V > x_{lm}$，则模式 (l, m) 是被允许存在的。当 $V = x_{lm}$ 时，模式也达到其截止点。当 V 进一步减小，$(l, m-1)$ 模式也在新的根值与 V 相交时达到截止点，并以此类推。$J_{l-1}(x)$ 最小的根值为 $x_{01} = 0$，当 $l = 0$ 时达到；次小的是

$x_{11} = 2.405$，当 $l=1$ 时达到。所以当 $V < 2.405$ 时，除基模 LP_{01} 外，所有模式都被截止。这种光纤就成为一种单模光波导。而光纤中模式个数 M_l 与 V 的关系就成为每个贝塞尔函数 $J_{l-1}(x)$ 根值处以整数递增的阶梯状函数。某些根列于表 3-2-1 中。

表 3-2-1 LP_{0m} 模和 LP_{1m} 模的 V 参数截止点

l	m		
	1	2	3
0	0	3.832	7.016
1	2.405	5.520	8.654

对于总的模式数(对于所有 l)的综合计算方法如图 3-2-9 所示。这是一种在 $J_{l-1}(x)$ 根处发生跳跃的阶梯函数。由于每一个大于 0 的模式方位角系数($l>0$)必有一个除角度 ϕ 的偏振性相反之外完全相同的模式 $-l$ 对应，每个模式有两个偏振态，必须计算两次。

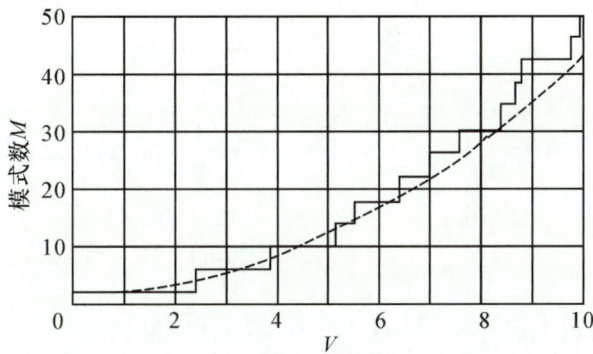

图 3-2-9 总的模式数与光纤 V 参数的关系

6. 模式数(大 V 值光纤)

对于具有较大 V 值的光纤，在 $0 < X < V$ 的区间内会有大量 $J_l(x)$ 的根。当 $X \gg 1$ 时，式(3.2.10a)中的 $J_l(x)$ 可近似看成正弦函数。它的根 x_{lm} 可近似认为由等式 $x_{lm} - [l+(1/2)]\pi/2 = (2m-1)\pi/2$，即 $x_{lm} = [l+2m-(1/2)]\pi/2$ 给出，所有模式(l,m) 截止点也就是 $J_{l\pm 1}(x)$ 的根为

$$x_{lm} \approx \left(l+2m-\frac{1}{2}\pm 1\right)\frac{\pi}{2} \approx (l+2m)\frac{\pi}{2}, \quad l=0,1,\cdots, m \gg 1 \qquad (3.2.19)$$

对于固定的 l 值，这些根之间的间隔为 π 的整数倍。因此，根的数目 M_l 满足 $(l+2M_l)\pi/2 = V$，即 $M_l \approx V/\pi - l/2$。由此可知，M_l 随着 l 增加而线性降低。当 $l=0$ 时，$M_l \approx V/\pi$；当 $l = l_{\max}$ 时，$M_l = 0$，其中 $l_{\max} = 2V/\pi$，如图 3-2-10 所示。总模式数为

$$M \approx \sum_{l=0}^{l_{\max}} M_l = \sum_{l=0}^{l_{\max}} (V/\pi - l/2) \qquad (3.2.20)$$

由于式(3.2.20)求和的项数很多，不难得到其约等于图 3-2-10 的三角区域，$M \approx \frac{1}{2}(2V/\pi)(V/\pi) = V^2/\pi^2$。再考虑到

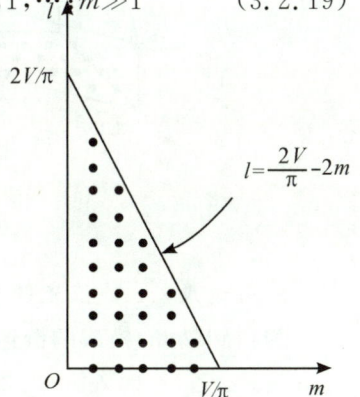

图 3-2-10 总的模式数

l 具有正负两个自由度以及两个偏振方向,可以得到

$$M \approx \frac{4}{\pi^2} V^2 \qquad (3.2.21)$$

式(3.2.21)类似于矩形波导。必须注意式(3.2.21)只对大 V 值有效,且式(3.2.21)得到的数值仅是近似值。准确的数值由图 3-2-9 中的特征方程给出。

7. 传播常数(大 V 值光纤)

通过求解特征方程(3.2.18),利用式(3.2.7a)和式(3.2.12)得到 $\beta_{lm} = (n_1^2 k_0^2 - X_{lm}^2/a^2)^{1/2}$,即可得传播常数。在相关文献中有一些适用于某些极限情况的近似解,但没有明确的解析解存在。

当 $V \gg 1$ 时,最粗糙的一种近似是假设 X_{lm} 等于截止值 x_{lm}。这等效于假设图 3-2-7 的分支近似为垂直直线,故有 $X_{lm} \approx x_{lm}$。由于 $V \gg 1$,多数根很大,在式(3.2.19)中的近似可以用来得到

$$\beta_{lm} \approx \left[n_1^2 k_0^2 - (l+2m)^2 \, \frac{\pi^2}{4a^2} \right]^{1/2} \qquad (3.2.22)$$

由于

$$M \approx \frac{4}{\pi^2} V^2 = \frac{4}{\pi^2} \mathrm{NA}^2 \cdot a^2 k_0^2 \approx \frac{4}{\pi^2} (2n_1^2 \Delta) k_0^2 a^2 \qquad (3.2.23)$$

由式(3.2.22)和式(3.2.23)得出

$$\beta_{lm} \approx n_1 k_0 \left[1 - 2 \, \frac{(l+2m)^2}{M} \Delta \right]^{1/2} \qquad (3.2.24)$$

由于 Δ 很小,可以使用近似 $(1+\delta)^{1/2} \approx 1 + \delta/2 (|\delta| \ll 1)$,得到

$$\beta_{lm} \approx n_1 k_0 \left[1 - \frac{(l+2m)^2}{M} \Delta \right] \qquad (3.2.25)$$

又因为 $l+2m$ 在 2 到 $2V/\pi = \sqrt{M}$(见图 3-2-10)之间变化,β_{lm} 大致在 $n_1 k_0$ 与 $n_1 k_0 (1-\Delta) \approx n_2 k_0$ 之间变化,如图 3-2-11 所示。

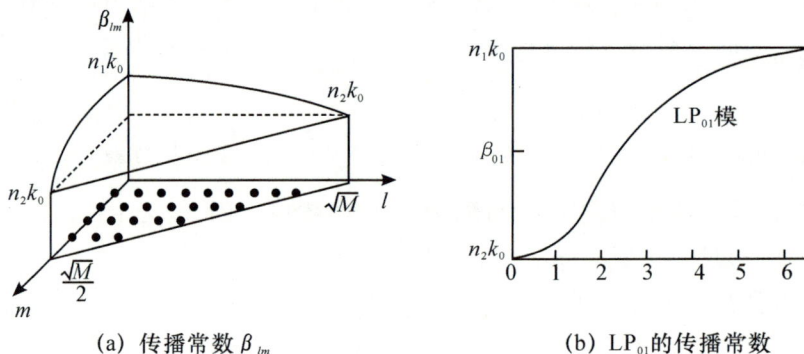

(a) 传播常数 β_{lm} (b) LP$_{01}$ 的传播常数

图 3-2-11 传播常数 β_{lm} 与 LP$_{01}$ 的传播常数

8. 群速度(大 V 值光纤)

为得到 (l,m) 模式的群速度 $v_{lm} = \mathrm{d}\omega/\mathrm{d}\beta_{lm}$,首先把 $n_1 k_0 = \omega/c_1$ 和 $M = (4/\pi^2)(2n_1^2 \Delta) k_0^2 a^2 = (8/\pi^2) a^2 \omega^2 \Delta/c_1^2$ 代入式(3.2.25),并假设 c_1 和 Δ 不随 ω 变化,由此可得 β_{lm} 的解析解。微分 $\mathrm{d}\omega/\mathrm{d}\beta_{lm}$ 得

$$v_{lm} \approx c_1 \left[1 + \frac{(l+2m)^2}{M} \Delta \right]^{-1}$$

由于 $\Delta \ll 1$，$(1+\delta)^{-1} \approx 1 - \delta (|\delta| \ll 1)$，因此可得

$$v_{lm} \approx c_1 \left[1 - \frac{(l+2m)^2}{M} \Delta \right], \quad V \gg 1 \tag{3.2.26}$$

由于 $(l+2m)$ 的最小值与最大值分别为 2 和 $\sqrt{M}$ 且 $M \gg 1$，群速度近似在 c_1 和 $c_1(1-\Delta) = c_1(n_2/n_1)$ 之间变化，因此低阶模的群速度均等于纤芯材料的相速度，高阶模的群速度相对更小一些。

最快的模式与最慢的模式之间的群速度的变化率等于光纤折射率的变化率 Δ，具有大的 Δ 值的光纤，会有较大的数值孔径 NA，因此具有较大的光线耦合能力，但同时也带来了大的模式数、更严重的模式色散，以及高的脉冲扩散率。当包层被除去的时候，这种现象尤为严重。

3.2.3　单模光纤

满足 $V = 2\pi(a/\lambda_0)\mathrm{NA} < 2.405$ 的光纤为单模光纤（见表 3-2-1）。通过使用小的纤芯或小的数值孔径或者选择较长的工作波长，都可以使光纤工作在单模状态。基模拥有钟形光场空间分布，与高斯光束类似[见图 3-2-6(a) 与图 3-2-8(a)]，同时还具有如图 3-2-11(b) 所示的由 V 决定的传播常数。基模是所有模式中光能量在纤芯中最为集中的模式。

光通信系统中单模光纤的优势非常明显。由于多模光纤不同模式的群速度不同，时间延迟也不同，所以一个多模短脉冲各分量的延迟不同，从而在时间上扩展开来导致脉冲变形。模式色散的定量测量将在第 3.3 节中讨论。而在单模光纤中，只有一个模式、一种群速度，因此一束短脉冲不会因为受到延迟而变形。第 3.3.2 节会进一步指出，一些其他色散效应会造成单模光纤中的脉冲展宽，然而这些展宽与模式色散造成的展宽相比是微不足道的。第 3.3 节还会证明，单模光纤中能量的衰减率要比多模光纤小。更小的能量衰减率和更小的脉冲展宽使得单模光纤可以允许更高的数据传输率。

多模光纤的另一个弱点来源于模式之间的随机干涉。无法控制的缺陷、应力、温度漂移都有可能造成某一个模式随机的相位移动，从而使所有复振幅的总和具有随机的扰动。这种随机扰动以噪声的形式出现，被称为模间噪声或斑点噪声。这种效应类似于由多重路径传播造成的射频信号的减弱。在单模光纤中，由于只有一条路径，所以没有模间噪声。

由于小的尺寸以及小的数值孔径，单模光纤更适用于集成光学，但是这些特性也使得单模光纤在与可拆卸的连接器进行衔接和耦合时需要更高的精度，从而增加了制造与工作时的难度。

3.2.4　保偏光纤

在一根具有圆形截面的光纤中，每个模式都有两个具有相同传播常数但互相独立的偏振态。因此，一根弱传导单模光纤中的基模 LP_{01} 可能是具有相同传播常数和群速度的两个相互独立的正交偏振态，分别对应 x 方向和 y 方向。

从理论上讲，两个偏振分量之间应该不会有能量的交换。如果光源的能量是以某一种偏振方向传递入光纤的，接收端收到的光波应该保持原有偏振态。但实际上，任何光纤中微小的缺陷以及不可控的应力都会造成两个偏振态之间能量的交换。由于两个偏振态具

有相同的传播常数和相位,这种能量的转换非常容易发生。因此,光纤输入端的线偏振光在输出端转变为椭圆偏振光。由于应力、温度或光源波长的变化,出射光的椭圆度也随时间随机改变,但系统输出总功率不会改变(见图3-2-12)。如果只是传送光功率,且所有光功率都能在接收端被接收,则这种光功率在两个偏振态之间的转换不会带来任何困扰。

在很多领域如相干光通信、集成光器件以及基于干涉技术的光学探测器中,光纤被用来传递具有特定偏振特性(振幅与相位)的复振幅光波。对于此类应用,必须使用保偏光纤。为制作保偏光纤,必须抛弃原有的圆对称的光纤结构,如使用椭圆截面光纤或压力导致的各向异性折射率光纤,从而消除偏振简并态,使两个偏振方向的传播常数区别开来。作为引入相位失调的另一后果,光纤耦合效率会随之减小。

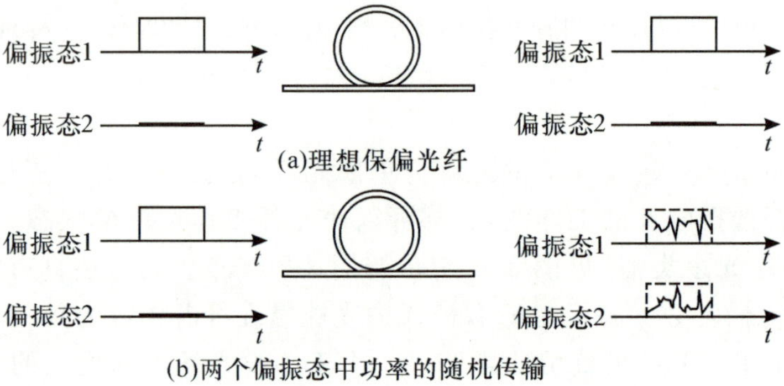

(a)理想保偏光纤

(b)两个偏振态中功率的随机传输

图 3-2-12 保偏光纤与非保偏光纤的差异

3.3 渐变折射率光纤

渐变折射率可以有效减小多模光纤中模式色散所引起的脉冲展宽。渐变折射率光纤的纤芯具有缓变的折射率。纤芯轴线处的折射率最高,并向周围逐渐降低,在包层处达到最低。因此,沿纤芯轴线传播的光以较小的相速度穿越最短的距离。而大多数以较大的倾斜角度在纤芯中按锯齿形传播的光线,传播的距离长,但相速度也高。因此,光线在路程上的差异与相速度上的差异相反而使光程差异有所补偿。最终群速度与渡越时间上的差异被降低。本节将分析光在渐变折射率光纤中的传播情况。

在渐变折射率光纤中,折射率是纤芯中辐向位置 r 的函数,在包层中维持恒定值 n_2。在 $r=0$ 处,$n(r)$ 为最大值 n_1;在 $r=a$ 处,$n(r)$ 为最小值 n_2,如图3-3-1所示。

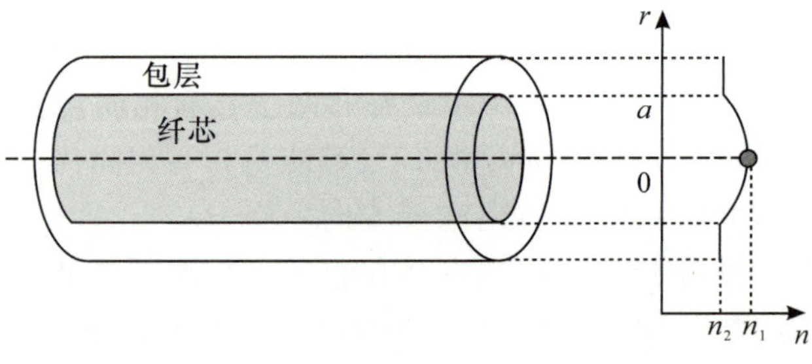

图 3-3-1 渐变折射率光纤

通用的折射率曲线是幂函数方程,表达式为

$$n^2(r)=n_1^2[1-2(r/a)^p\Delta],\quad r\leqslant a \tag{3.3.1}$$

其中

$$\Delta=\frac{n_1^2-n_2^2}{2n_1^2}=\frac{n_1-n_2}{n_1} \tag{3.3.2}$$

p 称为坡面剖面参数,决定剖面轮廓的坡度。方程(3.3.1)从 $r=0$ 处的 n_1 降至 $r=a$ 处的 n_2。当 $p=1$ 时,$n^2(r)$ 是线性的;当 $p=2$ 时,$n^2(r)$ 是二次方的;当 $p\to\infty$ 时,$n^2(r)$ 趋近于一个阶跃方程,如图 3-3-2 所示。因此,阶跃光纤可以看成渐变折射率光纤在 $p\to\infty$ 时的特例。

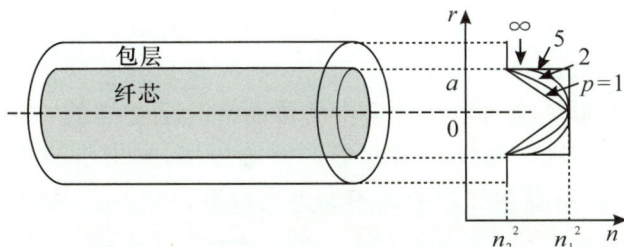

图 3-3-2　对应不同的 p,$n^2(r)$ 的数值

【例 3.2】　如图 3-3-3 所示,一渐变折射率光纤的折射率分布满足 $n^2=n_0^2[1-\alpha^2(x^2+y^2)]$,设其半径为 a。有一束光线从空气中入射光纤,入射点在光纤端面中心,入射角为 θ_0。证明在傍轴近似条件下,数值孔径可以表示为 $NA=\sin\theta_a\approx n_0 a\alpha$,其中 θ_a 是光线能在光纤中传播时入射角 θ_0 的最大值。将此时算得的数值孔径与阶跃折射率光纤中的情况做比较。为了便于比较,阶跃折射率光纤的折射率分别为 $n_1=n_0$,$n_2=n_0(1-\alpha^2a^2)^{1/2}\approx n_0(1-\frac{1}{2}\alpha^2a^2)$。$\left[\text{近轴光线方程}\dfrac{d}{dz}(n\dfrac{dx}{dz})\approx\dfrac{\partial n}{\partial x},\dfrac{d}{dz}(n\dfrac{dy}{dz})\approx\dfrac{\partial n}{\partial y}\text{。}\right]$

图 3-3-3　渐变折射率光纤的光路轨迹

解:渐变折射率光纤中,通常满足 $n(\rho)-n_0\ll n_0$,其中 $\rho^2=x^2+y^2$。

将 $n^2(\rho)=n_0^2(1-\alpha^2\rho^2)$ 微分可得:$(1/n)dn/dy=-(n_0/n)^2\alpha^2\rho=-\alpha^2\rho$。此时傍轴光线方程为

$$\frac{d^2\rho}{dz^2}=\frac{1\cdot dn}{n d\rho}=-\alpha^2\rho$$

在近轴近似情况下,初始的斜率 $d\rho/dz=\theta_0$,此方程的解为

$$\rho(z)=\rho_0\cos\alpha z+\frac{\theta_0}{\alpha}\sin\alpha z$$

考虑入射点为光纤端面中心，$\rho_0=0$，可以得到

$$\rho(z)=\frac{\theta_0}{\alpha}\sin\alpha z$$

要使得光线能在光纤中传播，必然有

$$\frac{\theta_0}{\alpha}\leqslant a$$

因此近轴近似情况下的数值孔径为

$$\mathrm{NA}=\sin\theta_a\approx n_0\theta_0=n_0a\alpha$$

在阶跃折射率光纤中，有

$$\theta_a=\sqrt{n_1^2-n_2^2}\approx\sqrt{(n_1+n_2)(n_1-n_2)}\approx\sqrt{2n_0(\alpha^2a^2n_0/2)}=n_0a\alpha$$

因此，在近轴近似情况下，两种光纤的数值孔径表达式相同。

　　光线在具有抛物线形渐变折射率介质中的传播情况是这样的：光线在子午平面内时沿振荡轨迹传播，而光线是斜射光线时沿螺旋形轨迹传播，其转折点形成圆柱形曲面，如图3-3-4所示。传导光线被局限在纤芯中而不会进入包层。

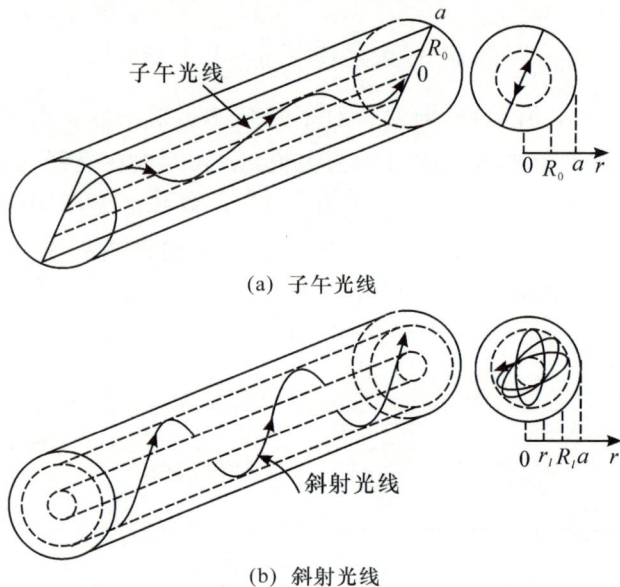

(a) 子午光线

(b) 斜射光线

图 3-3-4   渐变折射率光纤中的光线轨迹

3.3.1　传导光波

　　类似于阶跃光纤，可以从亥姆霍兹方程，根据 $n=n(r)$ 求解出各个场分量的空间分布，并利用麦克斯韦方程组和边界条件得到特征方程，从而得到渐变折射率光纤中的模式。但这个过程通常是非常困难的。

　　本节将使用一种近似的方法。这种方法将光场分布近似成一种在纤芯中传播的准平面波，并沿光线传播的轨迹向前传播。准平面波可以看成在某一位置上与平面波相同，但会随着其传播而缓慢改变传播方向和振幅的一种波。这种方法能在保持光线光学简洁性的基础上得到与波动光学相联系的相位特征，从而用自治的条件求得传播模式的特性参

数。这种近似方法被称为温策尔-克拉默斯-布里渊（Wentzel-Kramers-Brillouin，WKB）方法，仅对具有较多模式（大的 V 参数）的情况有效。

1. 准平面波

考虑亥姆霍兹方程的一个准平面波解

$$U(\boldsymbol{r}) = a(\boldsymbol{r})\exp[-\mathrm{i}k_0 S(\boldsymbol{r})] \tag{3.3.3}$$

其中，$a(\boldsymbol{r})$ 和 $S(\boldsymbol{r})$ 是位置的实数方程，相对于波长 $\lambda_0 = 2\pi/k_0$ 而言变化缓慢。由光波动理论可知，$S(\boldsymbol{r})$ 大致满足光程函数等式 $|\nabla S| \approx n^2$，光线在 ∇S 梯度方向上传播。如果认为 $k_0 S(\boldsymbol{r}) = k_0 s(\boldsymbol{r}) + l\phi + \beta z$，其中 $s(\boldsymbol{r})$ 是 $\boldsymbol{r}$ 的缓变方程，则由光程函数方程得到

$$\left(k_0 \frac{\mathrm{d}S}{\mathrm{d}r}\right)^2 + \beta^2 + \frac{l^2}{r^2} = n^2(r)k_0^2 \tag{3.3.4}$$

则光波在径向上的空间频率即为相位 $k_0 S(\boldsymbol{r})$ 关于 r 的偏微分方程，表达式为

$$k_r = k_0 \frac{\mathrm{d}S}{\mathrm{d}r} \tag{3.3.5}$$

因此式（3.3.3）变为

$$U(\boldsymbol{r}) = a(\boldsymbol{r})\exp\left(-\mathrm{i}\int_0^r k_r \mathrm{d}r\right) \mathrm{e}^{-\mathrm{i}l\phi}\, \mathrm{e}^{-\mathrm{i}\beta z} \tag{3.3.6}$$

由式（3.3.4）得到

$$k_r^2 = n^2(r)k_0^2 - \beta^2 - \frac{l^2}{r^2} \tag{3.3.7}$$

定义 $k_\phi = l/r$，即 $\exp(-\mathrm{i}l\phi) = \exp(-\mathrm{i}k_\phi r\phi)$，$k_z = \beta$。由式（3.3.7）得出 $k_r^2 + k_\phi^2 + k_z^2 = n^2 k_0^2$。准平面波则具有本地波矢 $\boldsymbol{k}$，且对应幅值 $n(r)k_0$ 及圆柱形坐标系分量 (k_r, k_ϕ, k_z)。由于 $n(r)$ 与 k_ϕ 是 r 的函数，因而 k_r 也与位置有关。$\boldsymbol{k}$ 的方向随着 r 缓慢变化（见图 3-3-5），从而形成一个与图 3-3-4(b) 中斜射光线类似的螺旋形轨迹。

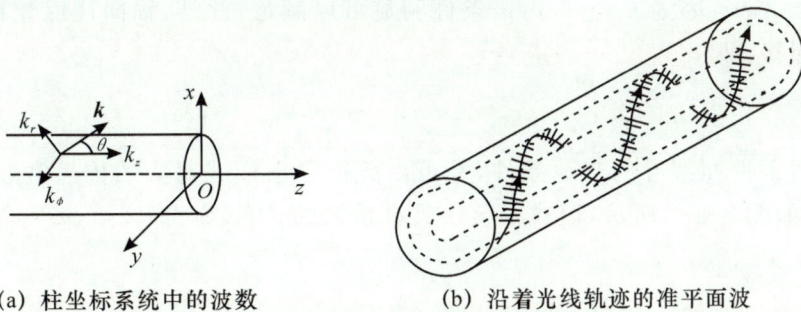

(a) 柱坐标系统中的波数　　　　　　(b) 沿着光线轨迹的准平面波

图 3-3-5　光纤中波矢的变化

为找出纤芯中光波可以传导的区域，定义 k_r 所对应的 r 值为实数，即 $k_r^2 > 0$。对于给定的 l 和 β，绘出 $k_r^2 = [n^2(r)k_0^2 - l^2/r^2 - \beta^2]$ 关于 r 的曲线。$n^2(r)k_0^2$ 这一项关于 r 的曲线首先绘出 [见图 3-3-6(a) 中加重的连续曲线]。第二项 l^2/r^2 被减入，如图 3-3-6 中虚线所示，β^2 则以图中连续细垂直线表示。这样 k_r^2 就可以由虚线与细实线之间的差值，即阴影区域所代表。k_r^2 为正、负的区域分别用 +，- 号表示。由此可见 k_r 在 $r_l < k_r < R_l$ 这一区域内是实数，满足

$$n^2(r)k_0^2 - \frac{l^2}{r^2} - \beta^2 = 0 \tag{3.3.8}$$

这表示光波基本被局限在一个半径由 r_l 到 R_l 的圆柱形壳体内，与图 3-3-4(b) 所示光线的

螺旋形轨迹类似。

取 $n(r)=n_1,r<a$ 和 $n(r)=n_2,r>a$,这些结果也可应用到阶跃光纤中。在这种情况下,准平面波通过在纤芯和包层边界 $r=a$ 处的反射传播。如图 3-3-6(b) 所示,光传导的局限区域变为 $r_l<r<a$,满足

$$n_1^2 k_0^2 - \frac{l^2}{r_l^2} - \beta^2 = 0 \tag{3.3.9}$$

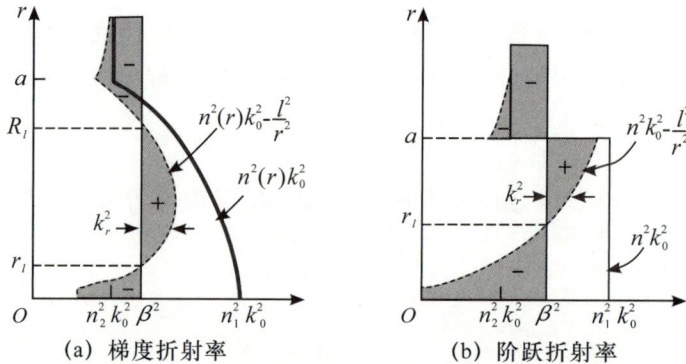

图 3-3-6　$n^2(r)k_0^2$,$n^2(r)k_0^2-\frac{l^2}{r^2}$ 以及 $k_r^2 = [n^2(r)k_0^2-\frac{l^2}{r^2}-\beta^2]$ 与 r 的关系

光波与斜射光线类似,在纤芯中前后反射。在包层($r>a$)和接近纤芯中心的位置($r<r_l$),k_r^2 是负数。因而 k_r 是虚数,意味着光波在此区域内指数衰减。请注意 r_l 与 β 有关。对于较大的 β(或者说较大的 l),r_l 也较大,即光波被局限在靠近纤芯边缘的一个薄圆柱壳层内传播。

2. 模式

光纤模式可以由光波自洽条件给出。光波的自洽条件是指光波在由 r_l 到 R_l 螺旋形往返一次后能够自再现。对应方位角转动 2π 的光程必须对应 2π 的整数倍相移,即 $2\pi r = 2\pi l$,$l=0,\pm 1,\pm 2,\cdots$。因为 $k_\phi = l/r$,该条件明显可以满足。此外,辐向往返光程必须对应 2π 的整数倍的相移,即

$$2\int_{r_l}^{R_l} k_r \mathrm{d}r = 2\pi m, \quad m=1,2,\cdots,M_l \tag{3.3.10}$$

这个条件类似于平面波导的自洽条件,并可由此推导出模式对应的传播常数为 β_{lm} 的特征方程。这些值如图 3-3-7 所示,模式 $m=1$ 具有最大的 β 值(约为 $n_1 k_0$),$m=M_l$ 具有最小的 β 值(约为 $n_2 k_0$)。

图 3-3-7　光纤模式的传播常数和限制区域

3. 模式数

通过计算每个 $l(l = 0, 1, \cdots, l_{\max})$ 对应的模式数，可得总模式数。也可以通过另外一种方法来解决这个问题。首先找到传播常数大于某个 β 的模式数 q_β，对于每个 l，传播常数大于 β 的模式数为

$$M_l(\beta) = \frac{1}{\pi} \int_{r_l}^{R_l} k_r \mathrm{d}r = \frac{1}{\pi} \int_{r_l}^{R_l} \left[n^2(r) k_0^2 - \frac{l^2}{r^2} - \beta^2 \right]^{1/2} \mathrm{d}r \tag{3.3.11}$$

其中，r_l 和 R_l 分别是光波限制区的两个半径，r_l 和 R_l 明显由 β 决定。这样，具有大于 β 的传播常数的模式数可写为

$$q_\beta = 4 \sum_{l=0}^{l_{\max}(\beta)} M_l(\beta) \tag{3.3.12}$$

其中，$l_{\max}(\beta)$ 表示所有传播常数比 β 大的模式所对应的最大值，即方程 $n^2(r) k_0^2 - l^2/r^2$ 比 β 大的峰值。对应 $\beta = n_2 k_0$ 的总模式数为 q_β。式 (3.3.12) 中的因子 4 对应两个偏振态和方位角度 ϕ 的两个极性。角度 ϕ 的两个极性对应正或负螺旋形轨迹。如果模式数足够大，可以用积分来替代式 (3.3.12) 中的求和，得

$$q_\beta \approx 4 \int_0^{l_{\max}(\beta)} M_l(\beta) \mathrm{d}l \tag{3.3.13}$$

对于具有幂函数形状折射率分布的光纤，把式 (3.3.1) 代入式 (3.3.11)，并将结果代入式 (3.3.13)，然后进行积分，可得

$$q_\beta \approx M \left\{ \frac{1 - [\beta/(n_l k_0)]^2}{2\Delta} \right\}^{(p+2)/p} \tag{3.3.14}$$

其中

$$M \approx \frac{p}{p+2} n_1^2 k_0^2 a^2 \Delta = \frac{p}{p+2} \cdot \frac{V^2}{2} \tag{3.3.15}$$

这里 $\Delta = (n_1 - n_2)/n_1$，且 $V = 2\pi(a/\lambda_0) \mathrm{NA}$，是光纤的 V 参数。由于在 $\beta = n_2 k_0$ 时，$q_\beta \approx M$，M 即为总的模式数。

对于阶跃光纤 $(p = \infty)$，有

$$q_\beta \approx M \left\{ \frac{1 - [\beta/(n_1 k_0)]^2}{2\Delta} \right\} \tag{3.3.16}$$

且

$$M \approx \frac{V^2}{2} \tag{3.3.17}$$

这个 M 的表达式几乎与式 (3.2.21) 使用不同的近似所得到的 $M \approx 4V^2/\pi^2 \approx 0.41V^2$ 相同。

3.3.2　传播常数与速度

1. 传播常数

模式 q 的传播常数 β_q 可以通过式 (3.3.14) 得到，表达式为

$$\beta_q \approx n_1 k_0 \left[1 - 2 \left(\frac{q}{M} \right)^{p/(p+2)} \Delta \right]^{1/2}, \quad q = 1, 2, \cdots, M \tag{3.3.18}$$

其中，参数 q_β 被 q 代替，β 被 β_q 代替。由于 $\Delta \ll 1$，近似有 $(1 + \delta)^{1/2} \approx 1 + \frac{1}{2}\delta(|\delta| \ll 1)$，并

代入式(3.3.18),从而有

$$\beta_q \approx n_1 k_0 \left[1 - \left(\frac{q}{M} \right)^{p/(p+2)} \Delta \right], \quad q = 1, 2, \cdots, M \tag{3.3.19}$$

传播常数 β_q 从约等于 $n_1 k_0 (q = 1)$ 下降到 $n_2 k_0 (q = M)$,如图 3-3-8 所示。

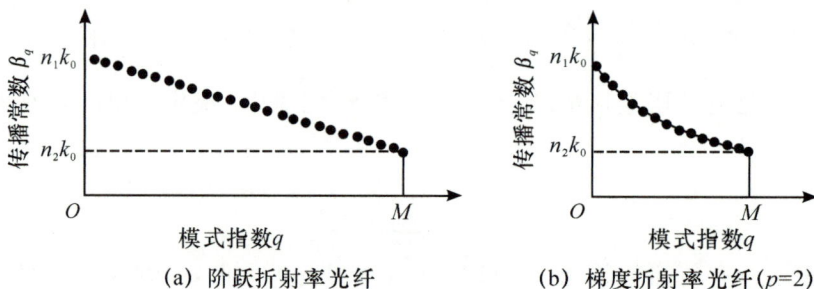

(a) 阶跃折射率光纤   (b) 梯度折射率光纤($p=2$)

图 3-3-8   不同模式的传播常数

在阶跃光纤中($p = \infty$),有

$$\beta_q \approx n_1 k_0 \left(1 - \frac{q}{M} \Delta \right), \quad q = 1, 2, \cdots, M \tag{3.3.20}$$

当用 $(l+2m)^2 (l = 0, 1, \cdots, \sqrt{M}; m = 1, 2, \cdots, \sqrt{M}/2 - l/2)$,取代下标 $q = 1, 2, \cdots, M$,式(3.3.20)与式(3.2.25)完全相同。

2. 群速度

光波在光纤中传播时,群速度是一个重要的参数,特别是对于高频脉冲光波而言,群速度的分析十分必要。为求出群速度 $v_q = \mathrm{d}\omega/\mathrm{d}\beta_q$,先把式(3.3.15)代入式(3.3.19),然后把 $n_1 k_0 = \omega/c_1$ 代入结果并使 $v_q = (\mathrm{d}\beta_q/\mathrm{d}\omega)^{-1}$,从而得到 β_q 关于 ω 的函数。当 $|\delta| \ll 1$ 时,$(1+\delta)^{-1} \approx 1 - \delta$,假设 c_1 和 Δ 与 ω 无关(即忽略材料色散),可以得到

$$v_q \approx c_1 \left[1 - \frac{p-2}{p+2} \left(\frac{q}{M} \right)^{p/(p+2)} \Delta \right], \quad q = 1, 2, \cdots, M \tag{3.3.21}$$

对于阶跃光纤($p = \infty$),有

$$v_q \approx c_1 \left(1 - \frac{q}{M} \Delta \right), \quad q = 1, 2, \cdots, M \tag{3.3.22}$$

群速度大致由 c_1 变化到 $c_1(1 - \Delta)$。这与式(3.2.26)得到的结果吻合。

3. 最优化折射率线形

式(3.3.21)显示渐进折射率曲线参数 $p = 2$ 时,对于所有 q 值,群速度 $v_q \approx c_1$,也就是说此时所有模式大致以同一速度 c_1 传播。由此可见渐进折射率光纤在多模传输中的优势。

为了更准确地确定群速度,重新取式(3.3.18)的微分以得到 v_q,此时取 $(1+\delta)^{1/2}$ 泰勒(Taylor)展开的前三项 $(1+\delta)^{1/2} \approx 1 + \delta/2 - \delta^2/8$,而不是前两项。对于 $p = 2$,结果为

$$v_q = c_1 \left(1 - \frac{q}{M} \frac{\Delta^2}{2} \right), \quad q = 1, 2, \cdots, M \tag{3.3.23}$$

因此,群速度在 $q = 1$ 时为 c_1,在 $q = M$ 时变为 $c_1(1 - \Delta^2/2)$。阶跃光纤群速度由 c_1 到 $c_1(1 - \Delta)$ 变化。与阶跃光纤相比,抛物线形渐变折射率光纤速度变化率变为 $\Delta^2/2$,而不是阶跃光纤的 Δ(见图 3-3-9),由此实现了平衡不同模式速度,减小脉冲展宽的目的。由于导出式(3.3.23)的分析是建立在一系列近似的基础上的,具体改善效果只是一个大致的估

计,在实际应用中并不一定能完全达到。

(a) 阶跃折射率光纤　　　　(b) 梯度折射率光纤($p=2$)

图 3-3-9　阶跃光纤和抛物线形渐变折射率光纤的群速度

当 $p = 2$ 时,由式(3.3.15)得到的总模式数 M 变为

$$M \approx \frac{V^2}{4} \tag{3.3.24}$$

与式(3.3.17)相比,在优化渐变折射率光纤中,模式数大概是具有相同 n_1,n_2 和 a 值的阶跃光纤中总模式数的一半。

3.4　光纤衰减与色散

衰减与色散制约着光纤介质作为光通信通道的性能。衰减限制被传送的光波的功率幅度,而色散会影响传输数据的光时域脉冲,从而限制数据可以传输的速率。

3.4.1　衰减

光在光纤中传播时,由于吸收和散射,光强会随传导距离的增加而指数衰减,衰减系数 **α** 通常以单位 dB/km 来定义,表达式为

$$\alpha = \frac{1}{L}10\lg\frac{1}{T} \tag{3.4.1}$$

其中,$T = P(L)/P(0)$,是 L km 光纤上的光功率透过率[传送光功率 $P(L)$ 与入射光功率 $P(0)$ 之比]。衰减系数与透过率的关系如图 3-4-1 所示,举例来说,若 $L = 1$km,则 3dB 衰减对应 $T = 0.5$,10dB 对应 $T = 0.1$,20dB 对应 $T = 0.01$,以此类推。

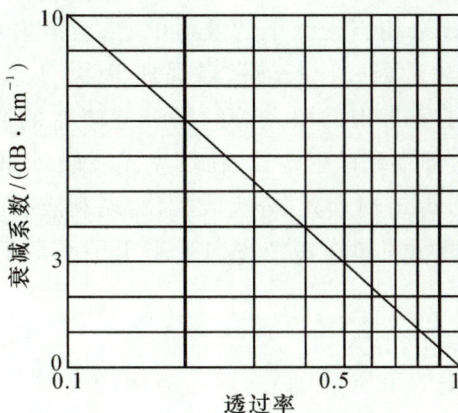

图 3-4-1　衰减系数与透过率的关系

以 dB 为单位的损耗是加法关系的,而透过率是倍乘关系的。因此对于 z km 的传播距离,损耗是 $\alpha \cdot z$dB,而传输率为

$$\frac{P(z)}{P(0)} = 10^{-\alpha z/10} \approx e^{-0.23\alpha z} \tag{3.4.2}$$

在本节中 α 的单位均采用 dB/km,且 $\alpha \approx 0.23\alpha$。而在本书中的其他章节则全部采用 α 来表示衰减系数(m^{-1} 或 cm^{-1}),表达式为

$$\frac{P(z)}{P(0)} = e^{-\alpha z} \tag{3.4.3}$$

衰减系数表征光的传播损耗,而光的传播损耗主要有三大类:吸收损耗、散射损耗与外源杂质损耗。

1. 吸收损耗

如图 3-4-2 所示,熔融石英玻璃的吸收系数严重依赖波长。这种材料有两个强吸收带:由分子振动跃迁引起的中红外吸收带和由分子跃迁引起的紫外吸收带。两个吸收带尾部相连的地方因为没有本征吸收而存在透射窗口,这个窗口位于近红外区。

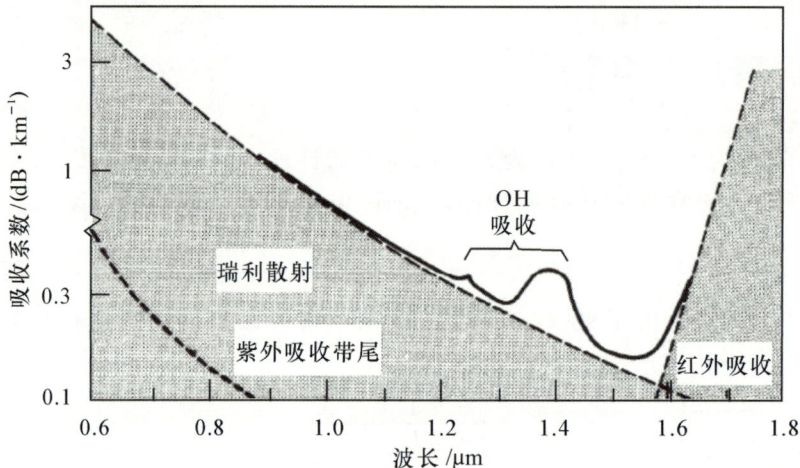

图 3-4-2　熔融石英玻璃的吸收系数与波长的关系

2. 散射损耗

瑞利散射是玻璃中能够产生衰减的另外一种效应。分子在玻璃中位置的随机性变动会造成折射率随机的变化,其效果相当于微小的散射中心。被散射场的振幅正比于 ω^2,散射强度正比于 ω^4 或 $1/\lambda^4$,因此短波散射要比长波散射强烈得多。所以蓝光比红光更容易散射(类似的效果:由微小的大气分子所带来的阳光散射是天空蔚蓝的原因)。由瑞利散射所引起的衰减与波长的四次方成反比,即瑞利散射定律。在可见光波段,瑞利散射要比紫外吸收带的边缘更明显。但是当波长大于 $1.6\mu m$ 时,与红外吸收相比,瑞利散射已经微小到可以忽略不计。

由此可得,石英玻璃的透明窗口在短波方向受制于瑞利散射而长波方向由红外吸收决定(如图 3-4-2 所示虚线)。

3. 外源杂质损耗

除本征效应外,在玻璃中的杂质,主要是溶入玻璃的水蒸气带来的 OH 根离子和一些金属离子杂质,会带来外源性的吸收带。最新光纤制造工艺的进展可以去除大多数的金属杂质,但 OH 根杂质依然难以去除。用于光纤数据传输的光波长则必须避开这些吸收带。另

外,为改变光纤折射率而加入的一些掺杂介质也会加重光的散射损耗。

光在光纤中传播的衰减系数与纤芯和包层中的散射和吸收有关。由于每个模式在包层中的穿透深度是不同的,因此该模式所对应的有效传播距离也不同,从而对应不同的衰减系数。总体来讲,高阶模式的衰减系数也高。单模光纤的衰减系数比多模光纤的小(见图3-4-3)。光纤的弯曲以及随机性的微小形变也会引入损耗。

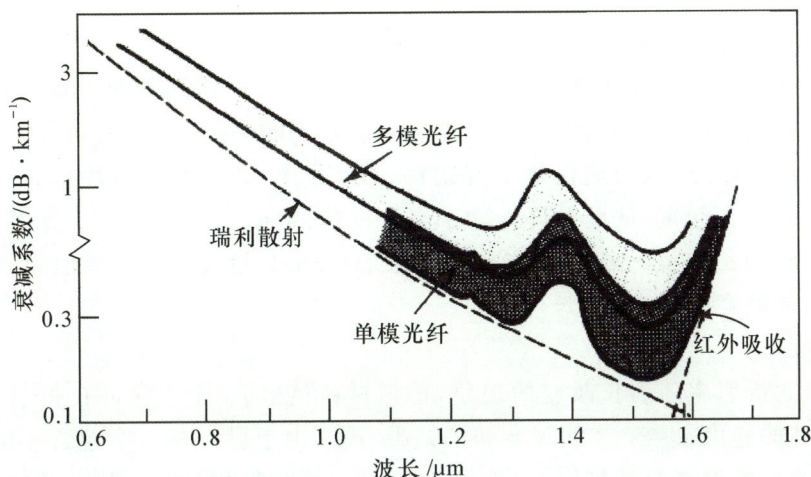

图 3-4-3　Si 玻璃中多模和单模光纤的衰减系数的范围

3.4.2　色散

当脉冲光在光纤中传播时,由于光纤的色散效应,它的功率会在时间上被"分散",使光脉冲拉长到更大的时间间隔。在光纤中存在四种机理的色散效应:模式色散、材料色散、波导色散以及非线性色散。

1. 模式色散

模式色散是由不同模式群速度的差异而引发的色散,只存在于多模光纤。单个在 $z=0$ 点射入光纤的脉冲光会随着 z 值的不同而分裂成具有不同延迟的 M 个脉冲。对于长度为 L 的光纤,不同模式所经历的时间延迟分别是 $\tau_q = L/v_q$,$q=1,2,\cdots,M$,v_q 是 q 模的群速度。假设 $v_{\min}$ 和 $v_{\max}$ 是最小和最大的群速度,则接收到的光脉冲宽度为 $L/v_{\min}-L/v_{\max}$。由于模式并不是等量触发的,接收到的脉冲具有平滑的轮廓,如图3-4-4所示。总的均方根脉冲宽度为 $\sigma_\tau = (1/2)(L/v_{\min}-L/v_{\max})$,这个宽度代表光纤的响应时间。

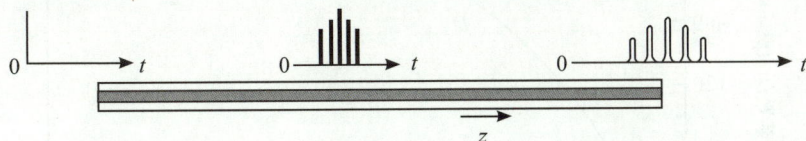

图 3-4-4　模式色散引起的脉冲展宽

在一个有大量模式存在的阶跃光纤中,$v_{\min} \approx c_1(1-\Delta)$;$v_{\max} \approx c_1$[见图3-3-9(a)]。由于 $(1-\Delta)^{-1} \approx 1+\Delta$,因此响应时间为

$$\sigma_\tau \approx \frac{L}{c_1} \cdot \frac{\Delta}{2} \tag{3.4.4}$$

即它是时间延迟 L/c_1 的 $\Delta/2$ 倍。

由于群速度得到平衡,渐变折射率光纤的模式色散远比阶跃光纤的小,不同模式的延迟时间 $\tau_q = L/v_q$ 之间的差异被缩小了。如图 3-3-9(b) 所示,在一根具有大量模式数和优化折射率曲线的渐变折射率光纤中,$v_{max} \approx c_1$,$v_{min} \approx c_1(1 - \Delta^2/2)$,响应时间为

$$\sigma_\tau \approx \frac{L}{c_1} \cdot \frac{\Delta^2}{4} \tag{3.4.5}$$

是阶跃光纤的 $\Delta/2$ 倍。

不管是渐变折射率光纤还是阶跃光纤,由模式色散所引起的脉冲展宽均正比于光纤的长度 L。但是,由于模式间的耦合,当光纤超过一定长度时,这一关系有可能不再成立。由于光纤中微小的缺陷(光纤端面随机的不规则性,或者折射率的不均匀性),具有大致相同传播常数的模式会耦合起来,从而允许光功率在不同模式间互相交换。在一定情况下,模式耦合光纤的响应时间 σ_τ 在光纤长度 L 较小时正比于 L,在 L 超过一个临界值时则正比于 $L^{1/2}$,从而减小了脉冲展宽的速率。

2. 材料色散

光纤材料的折射率随波长改变的现象,称为材料色散。一个光脉冲在折射率为 n 的色散介质中传播,其群速度 $v = c_0/N$,$N = n - \lambda_0 dn/d\lambda_0$。由于脉冲是一个包含不同群速度和波长的波包,它的脉冲展宽会被扩展。一个具有 σ_λ(nm) 光谱宽度的入射光脉冲,在传播了距离 L 之后,其脉冲宽度为 $\sigma_\tau = |(dn/d\lambda_0)(L/v)|\sigma_\lambda = |(dn/d\lambda_0)(LN/c_0)|\sigma_\lambda$,从而得到

$$\sigma_\tau = |D_\lambda|\sigma_\lambda L \tag{3.4.6}$$

其中

$$D_\lambda = -\frac{\lambda_0}{c_0}\frac{d^2 n}{d\lambda_0^2} \tag{3.4.7}$$

是材料色散系数。响应时间随距离 L 线性增加。通常 L 的单位是 km,σ_τ 的单位是 ps,σ_λ 的单位是 nm,因此 D_λ 具有单位 ps/(km·nm)。这种色散称为材料色散(与模式色散相对应)。

石英玻璃中波长与色散系数 D_λ 的对应关系如图 3-4-5 所示,当波长不超过 $1.3\mu m$ 时,该系数为负数。波包中,长波分量比短波分量传播得快。当 $\lambda_0 = 0.87\mu m$ 时,色散系数

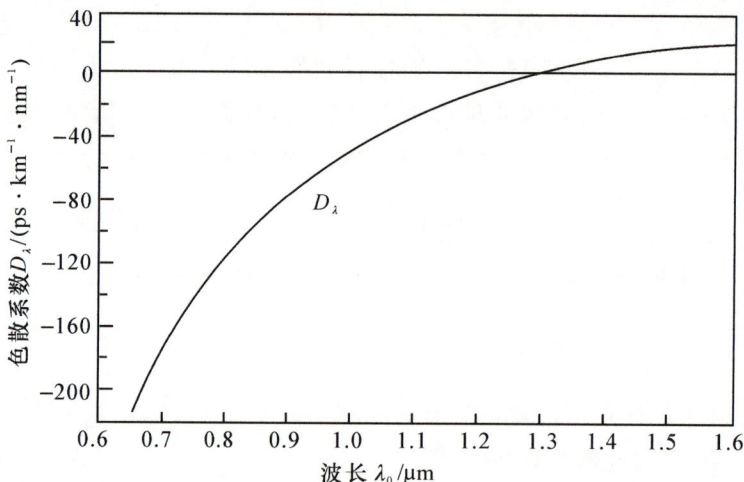

图 3-4-5 石英玻璃的色散系数与波长的关系

$D_\lambda \approx -80\,\mathrm{ps/(km \cdot nm)}$；当 $\lambda_0 = 1.55\,\mu\mathrm{m}$ 时，$D_\lambda \approx +17\,\mathrm{ps/(km \cdot nm)}$；当 $\lambda_0 = 1.312\,\mu\mathrm{m}$ 时，色散系数消失，因此式(3.4.6)中的 σ_τ 也消失。一个考虑到 $\lambda_0 = 1.312\,\mu\mathrm{m}$ 处光谱宽度 σ_λ 的扩展 σ_τ 的更精确的表达式可以得到一个非常小，但是不为 0 的脉冲宽度展宽。

【例 3.3】 折射率为 n_0 的基底材料中没有吸收损耗，杂质的极化率为 $\chi = \chi' + i\chi''$，其中 $\chi' \ll 1, \chi'' \ll 1$。求总的极化率，并证明折射率和吸收系数可以近似写为 $n \approx n_0 + \dfrac{\chi'}{2n_0}$，$\alpha \approx -\dfrac{k_0\chi''}{n_0}$。

解：假设 χ_0 为基底的极化率，则有 $n_0^2 = 1 + \chi_0$。当杂质存在时，极化率为

$$\chi = \chi_0 + \chi' + i\chi''$$

折射率和吸收系数的关系为

$$n - \frac{i\alpha}{2k_0} = \sqrt{1 + \chi_0 + \chi' + i\chi''} = \left[(1 + \chi_0)\left(1 + \frac{\chi' + i\chi''}{1 + \chi_0}\right) \right]^{1/2}$$

$$\approx n_0\left[1 + \frac{\chi' + i\chi''}{2(1 + \chi_0)}\right] = n_0\left(1 + \frac{\chi' + i\chi''}{2n_0^2}\right)$$

因此可得

$$n \approx n_0 + \frac{\chi'}{2n_0}, \quad \alpha \approx -\frac{k_0\chi''}{n_0}$$

3. 波导色散

即使材料色散小到几乎可以忽略，模式的群速度依然与波长有关，这种关系称为波导色散。波导色散由光纤中场分布与纤芯半径和波长的比值(a/λ_0)之间的关系造成。如果 λ_0 发生改变，则这种比值就会发生改变，在纤芯与包层中的光功率之间的比值也就会发生变化。由于纤芯与包层中的相速度是不同的，因此模式的群速度也会发生改变。对于不存在模式色散的单模光纤或者材料色散非常小的波长(如石英玻璃在 $\lambda = 1.3\,\mu\mathrm{m}$ 处的色散)这两种情况，波导色散尤为重要。

群速度 $v = (\mathrm{d}\beta/\mathrm{d}\omega)^{-1}$，传播常数 β 由特性方程决定，而特性方程受制于光纤 V 参数，$V = 2\pi(a/\lambda_0)\mathrm{NA} = (a \cdot \mathrm{NA}/c_0)\omega$。当不存在材料色散(即 NA 与 ω 无关)时，V 直接正比于 ω，因此

$$\frac{1}{v} = \frac{\mathrm{d}\beta}{\mathrm{d}\omega} = \frac{\mathrm{d}\beta}{\mathrm{d}V} \cdot \frac{\mathrm{d}V}{\mathrm{d}\omega} = \frac{\mathrm{d}\beta}{\mathrm{d}V} \cdot \frac{a \cdot \mathrm{NA}}{c_0} \tag{3.4.8}$$

光谱宽度 σ_λ、脉冲展宽通过方程 $\sigma_\tau = |(\mathrm{d}/\mathrm{d}\lambda_0)(L/v)|\,\sigma_\lambda$ 与时间延迟 L/v 联系起来，因此

$$\sigma_\tau = |D_w|\,\sigma_\lambda L \tag{3.4.9}$$

其中

$$D_w = \frac{\mathrm{d}}{\mathrm{d}\lambda_0}\left(\frac{1}{v}\right) = -\frac{\omega}{\lambda_0} \cdot \frac{\mathrm{d}}{\mathrm{d}\omega}\left(\frac{1}{v}\right) \tag{3.4.10}$$

是波导色散系数。把式(3.4.8)代入式(3.4.10)可得

$$D_w = -\left(\frac{1}{2\pi c_0}\right)V^2 \frac{\mathrm{d}^2\beta}{\mathrm{d}V^2} \tag{3.4.11}$$

因此,群速度反比于 $\mathrm{d}\beta/\mathrm{d}V$,而色散系数正比于 $V^2\,\mathrm{d}^2\beta/\mathrm{d}V^2$。由于 β 与 V 之间呈非线性关系,波导色散系数 D_w 本身就是 V 的函数,进而成为波长的函数。D_w 与 λ_0 的关系可以通过改变纤芯半径或渐变折射率光纤的折射率曲线加以控制。

材料与波导色散的联合效应(这里统称为色度色散)可以通过在特征方程中求解 $\mathrm{d}\beta/\mathrm{d}\omega$ 时将折射率 n_1,n_2 以及数值孔径 NA 与波长的关系包括进来得以解出。尽管总体来讲波导色散远小于材料色散,但波导色散确实使总色度色散达到最小值的波长发生了移动。

由于色度色散限制了单模光纤的表现,更多先进的光纤设计试图通过精心选择渐变折射率光纤的纤芯折射率曲线,使得在工作波长上的波导色散能够补偿光纤的材料色散。如图 3-4-6(a) 所示,一色散位移光纤使用线性光锥形的折射率分布的芯径和减小的光纤芯径的方法来实现。这种技术可以使零色度色散波长由 $1.3\,\mu\mathrm{m}$ 转移到 $1.55\,\mu\mathrm{m}$,而 $1.55\,\mu\mathrm{m}$ 具有最低的衰减。但是,这种渐变折射率过程本身也会因为掺入杂质而引入损耗。其他一些光纤折射率渐变曲线的设计可以使两个波长的色散长度为零,而中间波长的色散也有所减小,如图 3-4-6(b) 所示,这类光纤使用四倍包层结构,称为"色散平坦光纤"。

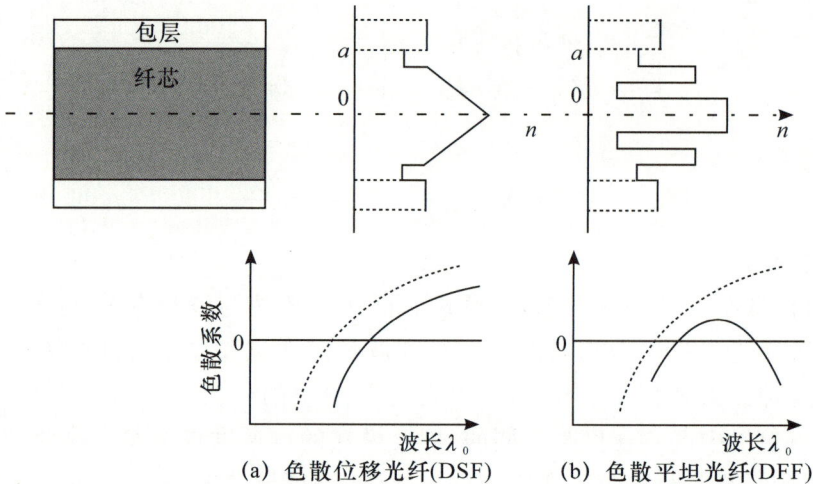

(a) 色散位移光纤(DSF) (b) 色散平坦光纤(DFF)

图 3-4-6 波长和材料色散系数(虚线)及波导色散系数(实线)的关系

要研究在多模光纤中材料色散对光脉冲展宽所起的作用,可以回到模式传导常数 β_q 最初的方程。只要在决定群速度 $v_q = \left(\dfrac{\mathrm{d}\beta_q}{\mathrm{d}\omega}\right)^{-1}$ 时把 n_1 和 n_2 看成 ω 的函数即可。例如,可以考虑在式 (3.3.15) 和式(3.3.19)中给出的具有大量模式的渐变折射率光纤的传播常数。尽管 n_1,n_2 与 ω 有关,假设比率 $\Delta = (n_1 - n_2)/n_1$ 与 ω 基本无关,使用此近似并计算 $v_q = \left(\dfrac{\mathrm{d}\beta_q}{\mathrm{d}\omega}\right)^{-1}$ 可得

$$v_q \approx \frac{c_0}{N_1}\left[1 - \frac{p-2}{p+2}\left(\frac{q}{M}\right)^{p/(p+2)}\right] \tag{3.4.12}$$

其中,$N_1 = \dfrac{\mathrm{d}(\omega n_1)}{\mathrm{d}\omega} = n_1 - \lambda_0\,\dfrac{\mathrm{d}n_1}{\mathrm{d}\lambda_0}$ 是纤芯材料的群折射率。在此近似下,除了折射率 n_1 被群折射率 N_1 取代,早先 v_q 的表达式(3.3.21)保持不变。对于阶跃光纤($p \to \infty$),模式群速度从 c_0/N_1 到 $(c_0/N_1)(1-\Delta)$ 变化,因此反应时间为

$$\sigma_\tau \approx \frac{L}{(c_0/N_1)} \cdot \frac{\Delta}{2} \tag{3.4.13}$$

式(3.4.13)可以与没有材料色散时的式(3.4.4)相比较

$$v_q \approx \frac{c_0}{N_1}\left[1 - \frac{p-2-p_s}{p+2}\left(\frac{q}{M}\right)^{p/(p+2)}\Delta\right], \quad q=1,2,\cdots,M \tag{3.4.14}$$

其中，$p_s = 2(n_1/N_1)(\omega/\Delta)\dfrac{\mathrm{d}\Delta}{\mathrm{d}\omega}$。

4. 非线性色散

还有一种色散效应发生在纤芯中光强足够高的时候。此时折射率与光强有关，使得整个材料折射率具有非线性特性(见第 9 章非线性光学)。光脉冲中高光强部分与低光强部分承受不同的相移，因此频移也不同。又因为材料色散，群速度发生改变，也会改变脉冲形状。在一定情况下，非线性色散能够补偿材料色散，从而使光脉冲传播的同时不改变脉冲形状。这种传导光波就是所谓的光孤立波，即光孤子。

3.4.3 脉冲传播

光脉冲在光纤中传播主要受制于衰减与色散，下面将论述这两种效应对光脉冲的影响。

假设一个光脉冲具有光功率 $\tau_0^{-1}p(t/\tau_0)$ 和短的脉冲宽度 τ_0，$p(t)$ 是一个具有单位时间和单位面积的函数，该脉冲通过长度为 L 的多模光纤传播，则接收到的光功率可以写成求和的形式，表达式为

$$P(t) = \alpha\sum_{q=1}^{M}\exp(-0.23\alpha_q L)\sigma_q^{-1}p\left(\frac{t-\tau_q}{\sigma_q}\right) \tag{3.4.15}$$

其中，M 是模式数，下标 q 指模式 q，α_q 是衰减系数，$\tau_q = L/v_q$ 为延迟时间，v_q 是群速度。$\sigma_q > \tau_0$ 是脉冲中与模式 q 有关部分的脉宽。在式(3.4.15)中，简单假设光功率均匀地分布到光纤的 M 个模式中，同时假设脉冲波形 $p(t)$ 没有发生变化，只是经过传播后被延迟了时间 τ_q，并展宽为脉宽 σ_q。可以证明，一个初始形态为高斯型的脉冲展宽后确实没有改变其高斯型的性质。

如图 3-4-7 所示，接收到的脉冲是由 M 个具有 σ_q 脉宽，中心位于时延 τ_q 的小脉冲组成的。复合的脉冲具有一个总的脉冲宽度 σ_q，代表该光纤的反应时间。

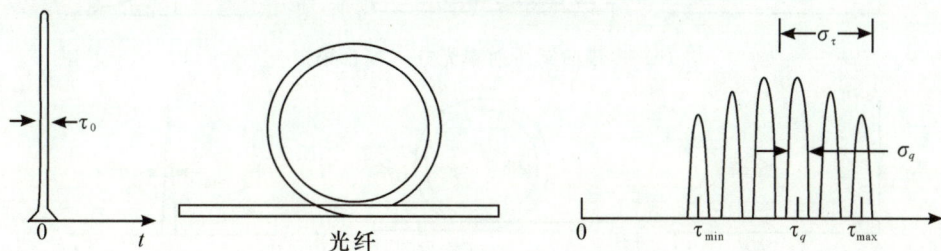

图 3-4-7 多模光纤的响应时间

由此可以将色散分为两类：模间色散与模内色散。模间色散(或者叫模式色散)是由模式间延迟时间 τ_q 的不一致性所引起的延迟变形。最长与最短延迟之间的时间差 $(1/2)(\tau_{\max}-\tau_{\min})$ 构成模式色散。具有大 V 值的阶跃光纤与渐变折射率光纤的模间色散分别由式(3.4.4)和式(3.4.5)给出。材料色散由于影响延迟时间而对模式色散也有影响。例如式(3.4.13)给出一个考虑到材料色散的多模光纤的模式色散，模式色散正比于光纤长度 L。但是对于长光纤，模式耦合会起作用，从而使其正比于 $L^{1/2}$。

模内色散是单独模式内存在的脉冲展宽,是材料色散与波导色散联合色散作用的结果,其根源是入射光脉冲光谱宽度的有限性。脉宽 σ_q 可表示为

$$\sigma_q^2 \approx \tau_0^2 + (D_q\sigma_\lambda L)^2 \tag{3.4.16}$$

其中,D_q 是色散系数,代表材料色散与波导色散对于模式色散的联合效果。材料色散通常会显著一些。对于一个非常短的初始脉宽 τ_0,由式(3.4.16)得出

$$\sigma_q \approx D_q\sigma_\lambda L \tag{3.4.17}$$

图3-4-8给出了当脉冲经历不同类型光纤之后的波形变化。在多模阶跃光纤中,模式色散 $(\tau_{max} - \tau_{min})/2$ 通常比材料与波导色散 σ_q 大得多,所以模间色散居于支配地位,$\sigma_\tau = (\tau_{max} - \tau_{min})/2$。在渐变折射率多模光纤中,$(\tau_{max} - \tau_{min})/2$ 可能与 σ_q 相差不大,因此总的脉冲宽度包含各种色散效应。在单模光纤中,不存在模式色散,脉冲传输受限于材料与波导色散。最低的总色散可以通过工作在令材料色散与波导色散总的效应为零的波长处的单模光纤实现。

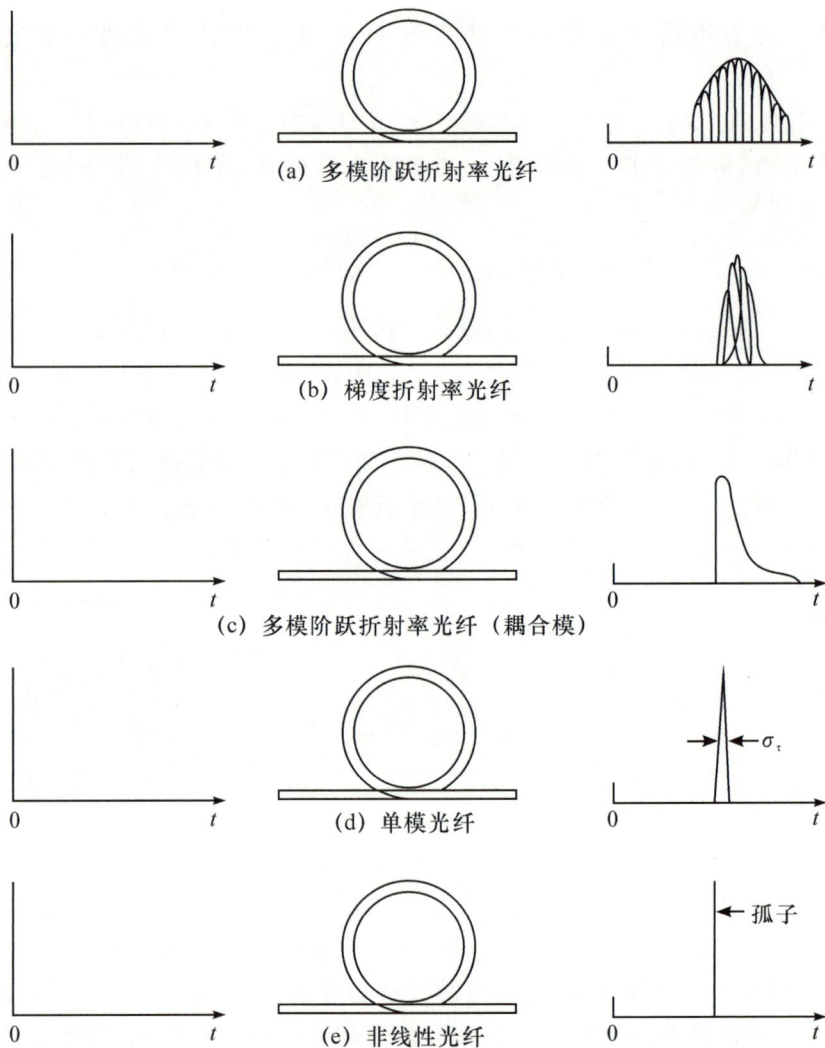

(a) 多模阶跃折射率光纤

(b) 梯度折射率光纤

(c) 多模阶跃折射率光纤（耦合模）

(d) 单模光纤

(e) 非线性光纤

图 3-4-8   不同类型的光纤对短脉冲的展宽

3.5　光子晶体波导

　　光子晶体的概念在 1987 年由约翰（S. John）和亚布洛诺维奇（E. Yablonovitch）分别独立提出，是由不同折射率的介质周期性排列而成的人工微结构。介电常数存在空间上的周期性，引起空间折射率的周期变化，当介电常数的变化足够大且变化周期与光波长相当时，光波的色散关系出现带状结构，此即光子能带结构（photonic band structures）。这些被禁止的频率区间称为"光子频率带隙"（photonic band gap，PBG），频率落在禁带中的光或电磁波是被严格禁止传播的。从如图 3-5-1 所示的光子晶体材料一维到三维的结构，可以明显看出周期性的存在，而且三维光子晶体的结构与普通的硅晶体的结构是很相似的。按周期排列的高低折射率位点之间的距离相同，导致一定距离的光子晶体只对一定频率的光波产生能带效应。也就是只有某种频率的光才会在某种周期距离一定的光子晶体中被完全禁止传播。人们将具有"光子频率带隙"的周期性介电结构称作光子晶体。特别需要指出的是，介电常数周期性排列的方向并不等同于带隙出现的方向，在一维光子晶体和二维光子晶体中，也有可能出现全方位的三维带隙结构。

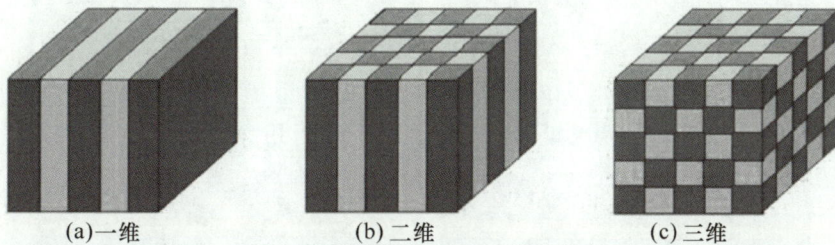

（a）一维　　　　（b）二维　　　　（c）三维

图 3-5-1　一维、二维以及三维的光子晶体结构

　　被广泛使用的多层介质膜和 DFB 光栅属于一维光子晶体，在空间三个维度上都存在带隙的结构属于三维光子晶体，介于它们之间的是二维光子晶体。后来，人们又发现不仅是周期结构，在二维准晶结构和环形结构中也存在光子带隙，光子晶体的概念被进一步推广到准周期结构。事实上，能够对光子态密度进行调制的结构都可以称为光子晶体结构。

　　因为光被禁止出现在光子晶体带隙中，所以人们能够通过设计光子晶体的结构达到自由控制光的行为的目的（见图 3-5-2）。例如，如果引入一种光辐射层，该层产生的光和光子晶体中的光子带隙频率相同，那么由于光的频率和带隙一致，禁止光出现在该带隙中这个原则就可以避免光辐射的产生。这就可以控制以前不可避免的自发辐射。人们也可以通过引入缺陷破坏光子晶体的周期结构特性，那么在光子带隙中将形成相应的缺陷能级。只有特定频率的光可在这个缺陷能级中出现，这就可以用来制造单模发光二极管和零域值激光发射器。如果产生了缺陷条纹——沿着一定的路线引入缺陷，那么就可以形成一条光的通路，类似于电流在导线中传播，只有沿着"光子导线"（即缺陷条纹）传播的光子得以顺利传播，其他任何试图脱离导线的光子都将被完全禁止。在理想状态下，人们已经实现了一条无任何损耗的光通路，这种光通路甚至比光纤更有效，如图 3-5-3 所示。

(a) 正方晶格光子晶体的能带结构   (b) 三角晶格光子晶体的能带结构

图 3-5-2   光子晶体的结构与能带

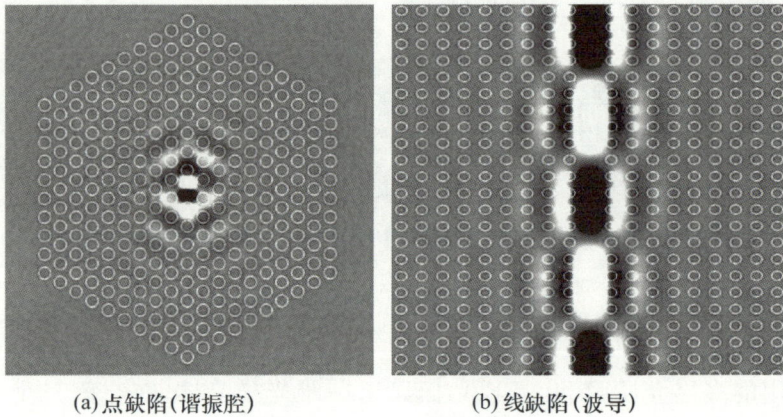

(a)点缺陷(谐振腔)   (b)线缺陷(波导)

图 3-5-3   光子晶体电场分布

实际上,光子晶体早就存在于自然界中。澳洲蛋白石(opal)和蝴蝶翅膀的鳞片都是可见光波长范围的光子晶体结构。它们都是由于不同频率的光在不同的方向被散射和透射,因而呈现出斑斓的色彩(见图 3-5-4)。

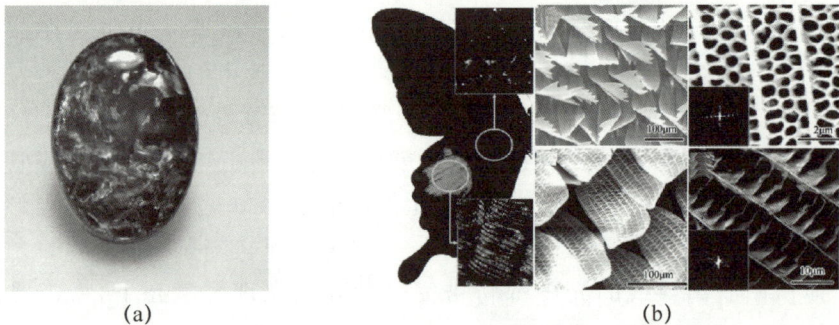

(a)   (b)

图 3-5-4   蛋白石与蝴蝶翅膀光子晶体微结构产生的颜色

由于光子晶体(见图 3-5-5)的晶格尺度与相应工作波长直接相关,所以工作波长越短,光子晶体的制作越难。三维光子晶体的制作方法一般分为两大类。第一类制作方法是利用胶体颗粒的自组织生长。颗粒的大小一般为微米或亚微米量级,悬浮在溶液中。由于颗粒带电,而整个体系呈电中性,这些悬浮颗粒之间有短程的相互排斥作用以及长程的范德瓦尔斯力。经过一段时间,悬浮的胶体颗粒会从无序的结构相变成有序的蛋白石结构而形成胶体晶体。如果在颗粒间的空隙中填充其他无机物或有机物,再通过化学方法除去颗粒,就可以得到空气球的反蛋白石结构。第二类制作方法得益于微电子制造技术的发展。利用微纳米加工技术可以在半导体材料上获得三维光子晶体结构。1998 年,美国桑迪亚(Sandia)国家实验室的林(S. Y. Lin)等人利用多次淀积/刻蚀半导体技术在硅衬底上成功实现多晶硅棒组成的堆木结构,禁带对应的波长为 $10\sim14.5\ \mu m$。此后日本京都大学的野田(S. Noda)等人在Ⅲ-Ⅴ族材料上将该结构改进,使得光子带隙对应的波长达到 $1.5\ \mu m$ 的通信波段。另一种典型的三维光子晶体结构是层叠结构,它是小坂(H. Kosaka)等人利用偏压溅射的方法在有图形的硅衬底上交替生长二氧化硅和多孔硅而实现的。此外,利用三维全息曝光方法也在聚合物上实现了三维光子晶体。

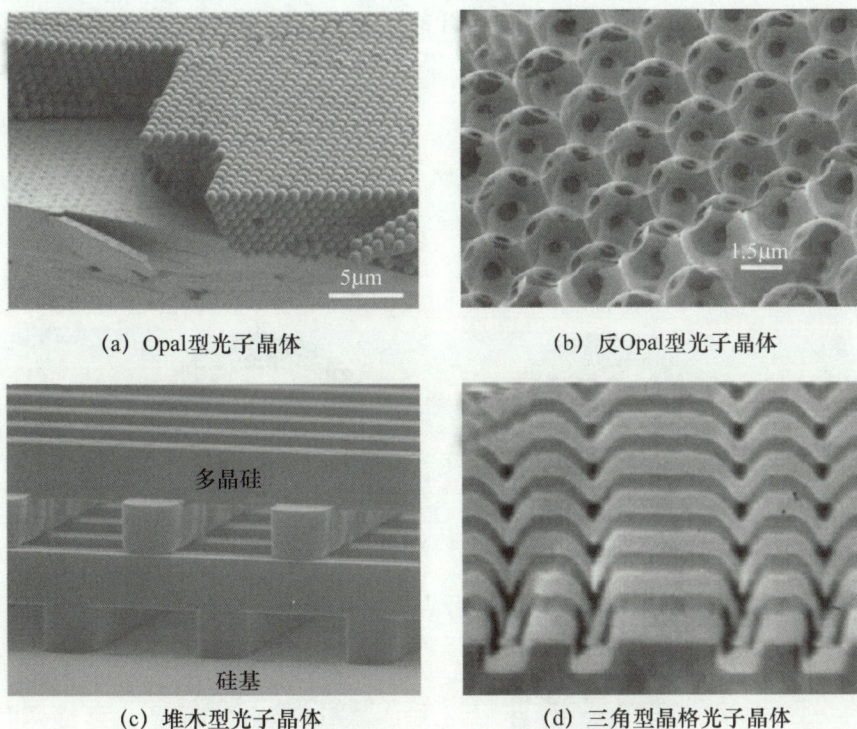

(a) Opal型光子晶体

(b) 反Opal型光子晶体

(c) 堆木型光子晶体

(d) 三角型晶格光子晶体

图 3-5-5 几种典型的光子晶体

虽然光波长尺度的三维光子晶体结构的制作技术已经取得长足的进步,但是对加工技术的极高要求,使得其在器件上的实际应用仍然非常困难。而二维光子晶体具有三维光子晶体的绝大多数特性,并且制作工艺要相对容易很多,因此逐渐成为光子晶体器件应用的主流研究方向。二维光子晶体主要可以分为如下两大类:光子晶体光纤和二维光子晶体平板波导。

光子晶体光纤又称为微结构光纤,它的横截面上有较复杂的折射率分布,通常含有不同排列形式的气孔,这些气孔的尺度与光波波长大致在同一量级且贯穿器件的整个长度,光波可以被限制在光纤芯区传播。1991年,拉塞尔(P. S. J. Russell)等人根据光子晶体传光原理首次提出了光子晶体光纤(PCF)的概念。1996年,英国南安普敦大学的奈特(J. C. Knight)等人研制出世界上第一根PCF,之后在光纤通信和光学研究领域中,光子晶体光纤引起了全世界的普遍兴趣。图3-5-6表示两种典型的光子晶体光纤——折射率导引型与光子带隙导引型。①折射率导光机理:周期性缺陷的纤芯折射率(石英玻璃)和周期性包层折射率(空气)之间有一定的差别,从而使光能够在纤芯中传播,这种结构的PCF导光机理依然是全内反射,但与常规G.652光纤有所不同,由于包层包含空气,空心PCF中的小孔尺寸比传导光的波长还小,所以这种机理称为改进的全内反射。②光子能隙导光机理:在理论上,求解电磁波(光波)在光子晶体中的本征方程即可导出实心和空心PCF的传导条件,其结果就是光子能隙导光理论。如图3-5-6(b)所示,中心为空心,虽然空心的折射率比包层石英玻璃低,但仍能保证光不折射出去,这是因为包层中的小孔点阵构成光子晶体。当小孔间的距离和小孔直径满足一定条件时,其光子能隙范围内就能阻止相应光传播,光被限制在空心之内传输。最近有研究表明,这种空心光纤中可传输99%以上的光能,而空间光衰减极低,因此光纤衰减可能只有标准光纤的1/4~1/2。

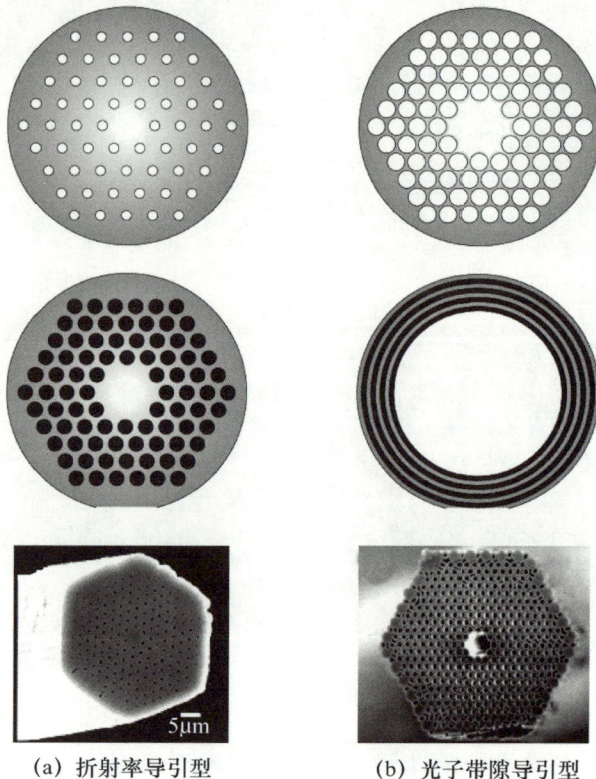

(a) 折射率导引型   (b) 光子带隙导引型

图3-5-6 两种典型的光子晶体光纤——折射率导引型与光子带隙导引型

光子晶体光纤有很多奇特的性质。例如,可以在很宽的带宽范围内只支持一个模式传输;包层区气孔的排列方式能够极大地影响模式性质;可以产生可设计的色散;可以形成极好的非线性;排列不对称的气孔可以产生很大的双折射效应,这为设计高性能的偏振器件提供了可能。

二维光子晶体平板波导具有有限厚度,光波在垂直于平板的方向受到全反射机制的限制,因而只能在平板内部传播,受到光子晶体的调制。二维光子晶体平板波导的制作技术直接来源于微电子芯片加工技术,因此目前绝大多数的二维光子晶体平板波导的制作都基于半导体材料。

二维光子晶体平板波导的制作技术可以分为两大步骤,即曝光和刻蚀。利用曝光技术在掩膜上定义光子晶体图形。对于波长在红外以及可见光波段的光子晶体来说,其特征参数仅在百纳米量级,因此传统的光刻技术是无法达到的,目前通常采用电子束直写曝光技术来实现。此外,全息曝光技术与纳米压印技术对于实现光子晶体器件规模化生产都是很有希望的途径。曝光得到的光子晶体图形通过刻蚀工艺从掩膜转移到半导体材料上。干法刻蚀,包括反应离子刻蚀(RIE)、电感耦合等离子体(ICP)刻蚀、化学辅助聚焦离子束刻蚀(CAIBE)等是目前制造二维光子晶体普遍使用的刻蚀技术。

二维光子晶体平板波导按照垂直方向的限制强弱可以分为如下两类。第一类是二维光子晶体悬浮结构。悬浮结构在垂直于薄板的方向具有对称性,且折射率差最大,对光的限制最强。在很多有源器件特别是光子晶体激光器中有广泛应用的第二类结构是薄板两侧或仅一侧覆盖低折射率材料,称为氧化物覆盖型或低折射率材料覆盖型。最常见的例子是在绝缘衬底上的硅(SOI)材料上实现的光子晶体波导。这种类型的结构的导热性能远优于悬浮结构,同时对光的垂直限制也比较大,因此在光子晶体有源器件中也有重要应用。图 3-5-7 为这两类典型的二维光子晶体平板结构。

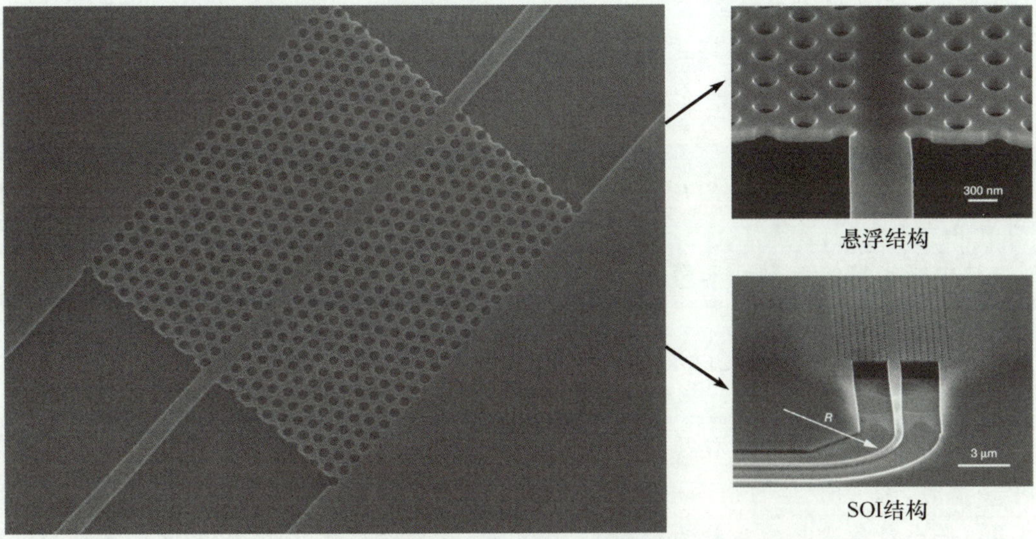

图 3-5-7　二维光子晶体平板波导

迄今为止,已有多种基于光子晶体的全新光子学器件被相继提出,包括无阈值的激光器、无损耗的反射镜和弯曲光路、高品质因子的光学微腔、低驱动能量的非线性开关和放大器、波长分辨率极高而体积极小的超棱镜、具有色散补偿作用的光子晶体光纤,以及提高效率的发光二极管等。光子晶体的出现使信息处理技术的"全光子化"和光子技术的微型化与集成化成为可能,它可能在未来导致信息技术的一次革命,具体表现在:与纳米技术相结合,用于制造微米量级的激光和硅基激光;与量子点结合,使得原子和光子的相互作用影响材料的性质,从而达到减小光速和吸收等作用,其影响可与当年的半导体技术相提并论。

3.6　本章小结

　　本章重点论述了光电子学中一种特殊的振荡模式——光学波导振荡模式,介绍了常用的两种光学波导:平面波导与光纤。
　　通过平面光学波导的谐振条件,我们可以了解基本波导的光波传播特点、模式特性以及各种模式的电磁场分布状况,建立光学波导的概念。
　　光纤是一种广泛应用的典型光学波导,是光通信的核心器件,支撑了人类信息传输系统。本章重点介绍目前光纤的基本种类与光纤波导的特点,特别是广泛应用的渐变折射率光纤的种类与表征参数,光纤的模式、传播传输、截止频率等基本概念与参数,论述了光纤传输过程中不可回避的衰减损耗以及色散问题,并讨论了脉冲光信号在光纤中传播的效果,为光通信及光电子技术奠定基础。

✎ 习题

　　3.1　一个由两面相距 $d=10\text{mm}$(其中介质为空气,$n=1$)的相互平行的平面镜组成的波导,其中有波长为 633nm 的光在传播。
　　(a)求 TE 与 TM 的模式数;
　　(b)求最快与最慢模式的群速度;
　　(c)如果在该波导中传播一个极短脉冲各种模式的光,该光行进 1m 距离后,由于群速度的不同,脉宽变为多少?
　　3.2　自由空间波长为 $0.87\mu\text{m}$ 的光导入厚度为 $2\mu\text{m}$、折射率 $n_1=1.6$ 的波导,周边介质折射率 $n_2=1.4$。
　　(a)对于空气中的入射光束而言,求波导的临界角 θ_c 及其余角 $\bar{\theta}_c$ 和数值孔径;
　　(b)确定 TE 模式数;
　　(c)确定 TE0 模的群速度以及光束锥角 q;
　　(d)确定 TM 模式数。
　　3.3　一个对称波导的参数为 $n_1=1.48,n_2=1.46,d=0.5\text{mm}$,当波长为 0.85mm 的光在其中传播时,求 TE0 模的横向电场分布与约束因子(波导核心能量占总能量的比例)。
　　3.4　一个对称波导的参数为 $n_1=1.50,n_2=1.46$,使得 $1.3\mu\text{m}$ 的光仅存在一个 TE 模式的最大波导厚度为多少? 此时对于波长为 $0.85\mu\text{m}$ 的光,存在几个模式?
　　3.5　证明对于对称波导,当 $n_1\approx n_2$ 时,TE 模式数大于零的截止条件为:$\lambda_0^2\approx 8n_1(n_1-n_2)d^2/m^2$。
　　3.6　对于平面波导:
　　(a)证明平面波 $E_x(y,z)=A\exp(-ik_yy)\exp(-i\beta z)$ 满足图 3-1-1 中的平面波导的界面边界条件:对于所有的位置 z,$E_x(\pm d/2,z)=0$;
　　(b)证明两个平面波的和 $E_x(y,z)=A_1\exp(-ik_{y1}y)\exp(-i\beta_1z)+A_2\exp(-ik_{y2}y)$

$\exp(-\mathrm{i}\beta_2 z)$,当下列条件成立时:$A_1 = \pm A_2$,$\beta_1 = \beta_2$ 且 $k_{y1} = -k_{y2} = m\pi/d$,$m = 1,2,\cdots$,满足边界条件。

3.7　阶跃光纤半径 $a = 5\mu\mathrm{m}$,芯径折射率 $n_1 = 1.45$,芯径与包层折射率差为 0.002。该光纤为单模光纤时最短的可传光波长 λ_c 是多少? 如果波长减短到 $\lambda_c/2$,计算光波在该光纤中的可能模式 (l,m)。

3.8　一根传播波长为 $1.3\mu\mathrm{m}$ 的光束的阶跃折射率光纤的数值孔径为 0.16,芯径为 $45\mu\mathrm{m}$,纤芯折射率 $n_1 = 1.45$。略去光纤的色散,当一个理想短脉冲在该光纤中传播 1km 距离后,请画出脉冲的波形:

(a)用光线理论,假设仅为子午光线;

(b)用波动理论,仅考虑 $l = 0$ 的模式。

3.9　一根阶跃光纤在 $1.55\mu\mathrm{m}$ 波长处的纤芯折射率 $n_1 = 1.444$,包层折射率 $n_2 = 1.443$,求该光纤 V 参数为 10 时的芯径。当 $l = 0$ 时,模式的传播常数是多少?

3.10　试比较纤芯折射率 $n_1 = 1.45$,纤芯与包层折射率差为 0.01 的阶跃光纤与梯度折射率光纤(芯折射率为 1.45,抛物线形折射率分布 $p = 2$,折射率差为 0.01)的数值孔径的差异。

3.11　一根阶跃光纤的芯径为 $20\mu\mathrm{m}$,折射率为 1.47,包层折射率为 1.46,工作在 $1.55\mu\mathrm{m}$。仅考虑 $l = 1$ 的模式,用准平面波理论:

(a)求最小与最大的传播常数;

(b)对于最小的传播常数的模式,请计算光波传播的包络直径以及 $r = 5\mu\mathrm{m}$ 处的波矢分量。

3.12　在波长 820nm 处,光纤的吸收损耗与散射损耗分别为 0.25dB/km 与 2.25dB/km。对于波长为 600nm 的传播光,利用光热法测得光的吸收损耗为 2dB/km,请估计该波长处的总损耗。

3.13　对于数值孔径 NA = 0.1 的阶跃型多模光纤,如果在波长 $0.87\mu\mathrm{m}$ 处该光纤的模式数 $M = 5000$,求其芯径大小。当芯折射率 $n_1 = 1.445$,群折射率 $N_1 = 1.456$,且 Δ 近似无色散,请确定传播 2km 后的模式色散对应的时间 σ_τ。

3.14　梯度折射率光纤 $a/\lambda_0 = 10$,$n_1 = 1.45$,$\Delta = 0.01$,功率包络指数为 p。求该光纤具有的模式总数 M,对应 $p = 1.9,2,2.1$ 与 ∞ 时的模式色散引起的脉冲展宽率 σ_τ/L。

3.15　一个短距离低速率的数据通信系统采用衰减为 0.5dBm 的塑料光纤,用 1mW 的波长为 $0.87\mu\mathrm{m}$ 的 LED 光源为信号,光电接收器的灵敏度为 -20dBm,假设输入与输出耦合分别损耗 3dB,求最长的通信距离。(单色通信的数据量很低,没有色散影响。)

第 4 章

光子光学

波动光学与光线光学(几何光学)论述了光束传播、成像以及干涉、衍射等光线与光波的基本规律,在光学的内容上均属于经典光学的范畴。虽然经典的电磁场理论——电动力学(electrodynamics)可以解释大量光学问题,但对一些介观与微观尺度的研究,经典的电磁场理论就无能为力了。20 世纪初,量子电动力学(quantum electrodynamics, QED)诞生了。

根据量子机理,单个质量为 m 的粒子(如一个电子),周围势能为 $V(\boldsymbol{r}, t)$,描述其行为的复波函数 $\boldsymbol{\Psi}(\boldsymbol{r}, t)$ 应满足薛定谔方程(Schrodinger equation),即

$$-\frac{\hbar^2}{2m}\nabla^2\boldsymbol{\Psi}(\boldsymbol{r}, t)+V(\boldsymbol{r}, t)\boldsymbol{\Psi}(\boldsymbol{r}, t)=\mathrm{i}\hbar\frac{\partial\boldsymbol{\Psi}(\boldsymbol{r}, t)}{\partial t} \tag{4.0.1}$$

势能函数 $V(\boldsymbol{r}, t)$ 由粒子周边的环境决定,包含与周边粒子间相互作用项以及外部施加场的作用项,是导致方程有不同解的关键因素。

珀恩(Born)量子机理认为在某一位置 $\boldsymbol{r}$ 附近的一个小体积空间 $\mathrm{d}V$,在 t 到 $t+\mathrm{d}t$ 时间间隔内找到粒子的概率为

$$\rho(\boldsymbol{r}, t)\mathrm{d}V\mathrm{d}t=|\boldsymbol{\Psi}(\boldsymbol{r}, t)|^2\mathrm{d}V\mathrm{d}t \tag{4.0.2}$$

方程(4.0.2)完全适合对光子的描述,给出了光子的位置与时间关系。

量子电动力学是一个比经典电动力学更为普适的理论,今天看来可以解释几乎任何光学问题。在光学领域的量子电动力学就是量子光学(quantum optics)。本章将应用量子光学的基本概念重点论述光子光学,即光子特性和光子与物质之间的相互作用。

4.1　光子

构成光的粒子叫光子(photon)。光子的静态质量为零,且具有电磁场能量与动量。它同时还带有决定偏振特性的本征角动量(或旋)。光子在真空中以光速(c_0)传播,在其他物质中传播时速度将减慢。光子具有波动特性,在空间位置特性上遵守衍射与干涉规律。光子的概念最早是普朗克(M. Planck)在 1900 年研究黑体的光谱辐射时提出的,是一种光的量子化的概念。

4.1.1　光子能量与不可分性

光子具有相应电磁场模式的能量,并且是离散的量子态化的能量。频率为 ν 的光子某个模式的能量为

$$E = h\nu = \hbar\omega \tag{4.1.1}$$

其中，$h = 6.63 \times 10^{-34}$ J·s 为普朗克常数，$\hbar = h/2\pi$。某个模式的电磁场（光束）是由大量光子构成的，该模式的光子能量可以相加或相减，但基本单位是 $h\nu$。光子是不可分的。

然而，具有零个光子的模式的能量为 $E_0 = (1/2)h\nu$，称为零点能（zero-point energy）。如果某模式具有 n 个光子，则该模式的总能量为

$$E_n = \left(n + \frac{1}{2}\right)h\nu, \quad n = 0, 1, 2, \cdots \tag{4.1.2}$$

在大部分实验中，人们通常测量的是能级之间能量的差异（$E_{n2} - E_{n1}$），零点能是不能直接测量的。只有当物质放置在静场中时，零点能才显现出其微妙的作用，它在原子的自发辐射中起重要作用。

因为高频光子携带的能量也高，因此光子的粒子特性随着辐射频率的增大而变得更为重要。同时，频率越大，波长越小，波动特性（如干涉与衍射）就越难清晰可辨。因此 X 射线与 γ 射线的行为更趋于粒子的集合，而无线电波更具有波的行为。光子频率与波长、能量、波长倒数之间的关系如图 4-1-1 所示。

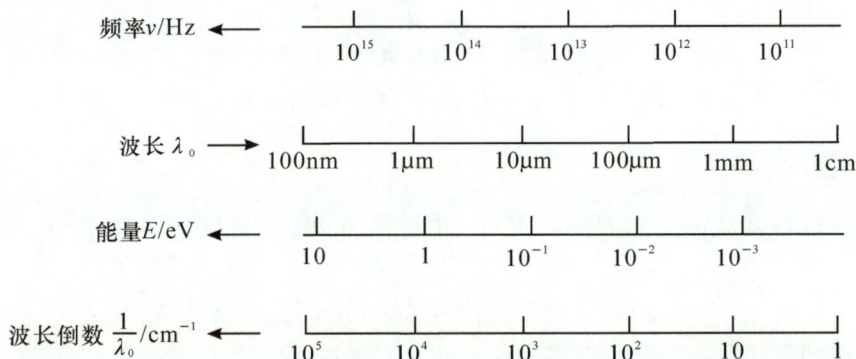

图 4-1-1　光子频率与波长、能量、波长倒数之间的关系

4.1.2　光子的位置

量子电动力学的基本方程为薛定谔方程，光子问题方程的解就是与每一个光子相联系的一个复波函数 $U(r)\exp(i2\pi\nu t)$ 描述的波。这是个概率波，其物理意义为：波函数的复振幅模的平方为该波在该空间位置的概率。当一个光子入射碰击在位于位置 r，垂直于传播方向的探测器的 $\mathrm{d}A$ 小面积上时，光子的不可分性决定了该光子或者整个被探测器探测到，或者就什么都没探测到。光子被探测到的位置是不能精确确定的，它是一个概率值，由光强度 $I(r) \propto |U(r)|^2$ 对应的概率大小决定。

1. 光子位置定律

任何时间在点 r 处的一个小面积 $\mathrm{d}A$，观测到一个光子的概率 $p(r)\mathrm{d}A$ 与该处的光强 $I(r) \propto |U(r)|^2$ 成正比，即

$$p(r)\mathrm{d}A \propto I(r)\mathrm{d}A \tag{4.1.3}$$

式（4.1.3）说明光子总是容易在光强大的位置找到。假设一个光子具有一个驻波场的模式，其光强分布为：$I(x, y, z) \propto \sin^2(\pi z/d)$，其中 $0 \leqslant z \leqslant d$，我们容易在 $z = d/2$ 的地方探测到光子，而在 $z = 0$ 以及 $z = d$ 的地方几乎探测不到光子。

与波的延展性相反,粒子是局域的。光子是延展性与局域性的统一体,故称为波粒二象性(wave-particle duality)。当光子被探测到时,光子的局域性就明显体现出来了。

2. 单光子经过分束器时的透射

理想的光束分束器(分光镜)是一个无损耗地将一束光分成两束,并以一定角度出射的光学器件。一般分束器的性能可以用器件的透射率 T 与反射率 $R=1-T$ 来描述。由于一个光子是不可分割的,因此当光子到达分束器时,它必须在分束器两个可能的出射方向之间加以选择。描述单个光子的位置概率的定律即光子位置的概率取决于光强,与光强成正比。因此,该光子经过分束器后透射的概率与透射的光强成正比,即为透射率 T,而反射的概率与反射的光强成正比,即为反射率 R。光子被分束器反射或透射的概率如图 4-1-2 所示。

图 4-1-2　光子被分束器反射或透射的概率

4.1.3　光子的动量

光子的动量与其波函数的波矢相关联,并遵循下列定律:设某一光子的一个平面波模式为

$$E(\boldsymbol{r},t)=A\exp(-\mathrm{i}\boldsymbol{k}\cdot\boldsymbol{r})\exp(\mathrm{i}2\pi\nu t)$$

则该光子具有动量矢量

$$\boldsymbol{p}=\hbar\boldsymbol{k} \tag{4.1.4}$$

即光子的动量方向与波矢一致,光子沿波矢方向传播,动量的幅值为

$$p=\hbar k=\hbar 2\pi/\lambda=h/\lambda \tag{4.1.5}$$

1. 局域波的光子动量

一个任意的光波其复波函数为 $U(\boldsymbol{r})\exp(\mathrm{i}2\pi\nu t)$,可以表示成一系列不同波矢的平面波的组合,其中波矢为 $\boldsymbol{k}$ 的组分可以表示成 $A(\boldsymbol{k})\exp(-\mathrm{i}\boldsymbol{k}\cdot\boldsymbol{r})\exp(\mathrm{i}2\pi\nu t)$,$A(\boldsymbol{k})$ 是它的幅值。

任意复波函数 $U(\boldsymbol{r})\exp(\mathrm{i}2\pi\nu t)$ 表示的光子的动量是不确定的,它具有值为 $\boldsymbol{p}=\hbar\boldsymbol{k}$ 的动量的概率正比于 $|A(\boldsymbol{k})|^2$,即对应此复波函数傅里叶变换中具有 $\boldsymbol{k}$ 波矢分量的平面波的幅值。

如果 $f(x,y)=U(x,y,0)$ 是复波函数在 $z=0$ 平面上的复幅值,则波矢为 $\boldsymbol{k}=(k_x,k_y,k_z)$ 的平面波傅里叶分量的幅值为 $A(\boldsymbol{k})=F[k_x/(2\pi),k_y/(2\pi)]$,其中 $F(\nu_x,\nu_y)$ 为 $f(x,y)$ 的二维傅里叶变换。在 $z=0$ 平面上,光子位置的不确定量取决于 $|U(\boldsymbol{r})|^2=|f(x,y)|^2$,而动量方向的不确定量取决于

$$|A(\boldsymbol{k})|^2=|F[k_x/(2\pi),k_y/(2\pi)]|^2$$

因此,在如图 4-1-3 所示的直角坐标系中,在 $z=0$ 平面上,用均方根值 σ_x 表示 x 方向的位置不确定量,用均方根 $\sigma_\theta=\arcsin(\sigma_{kx}/k)\approx[\lambda/(2\pi)]\sigma_{kx}$ 表示关于 z 轴的角度不确定量,

则 光 子 位 置 与 动 量 的 不 确 定 关 系 $\sigma_x\sigma_{kx}\geqslant 1/2$ 等 价 于 $\sigma_x\sigma_\theta\geqslant\lambda/(4\pi)$。该关系的物理意义是:光的位置不确定性与方向不确定性的乘积为常数。

以一个平面波为例,如果平面波有确定的动量(固定了方向与幅值),则 $\sigma_\theta=0$,即单色平面波;而位置是完全不确定的,即 $\sigma_x=\infty$,相当于单色平面波的波阵面是无限大的,在 $z=0$ 的平面的任意地方均可测到。当一束平面波经过一个小孔(孔阑),它的位置确定了,同时它动量的方向也扩展了(衍射)。因此位置-动量的不确定性与衍射理论是一致的。

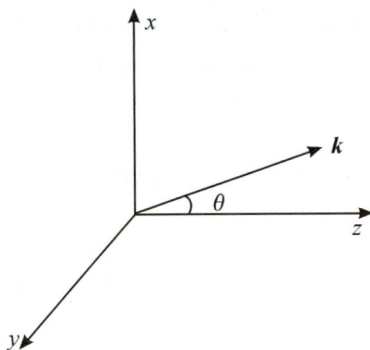

图 4-1-3　直角坐标系

另一个极端的例子,如球面波的光子,它具有很好的位置确定性(圆心),但它的动量是完全不确定的,向四周发散出去。

2. 光子辐射压 —— 光压

由于动量守恒,当原子在单位时间(1 秒)内辐射出一个光子时,原子受到了幅值为 $h\nu/c$ 的反作用力(在可见光波段,这个力的值为 10^{-27} N 左右)。因此与光子相关的动量可以对有限质量的物体产生力的作用,并引起机械运动。无论是原子辐射光子还是原子对照射其上的光子的作用(如反射等)都伴随力的作用。比如,光束可以偏折沿垂直于光子的方向传播的原子束。辐射压强是指单位面积所受的辐射产生的压力。

当光波与物质发生相互作用被物体吸收或反射时,光子把它的动量传给物体,因此它将对物体施加力的作用,这种辐射压称为光压。1901 年,列别捷夫首先在实验上观察到这一现象,有

$$N=I\cos\theta/(h\nu)$$

如图 4-1-4 所示,设一束光辐射其能量密度(单位时间,单位面积的能量)为 I,频率为 ν 的单色光以入射角 θ 射到物体上,单位时间内落到物体单位面积上的光子数为单位面积上的总动量为

$$N\cdot h\nu/c=I\cos\theta/c$$

设物体表面的反射率为 R,即有 RN 个光子被反射,这一部分光子被反射后物体的动量改变量为

$$\Delta P_1=2RI\cos^2\theta/c$$

余下 $(1-R)N$ 个光子被物体吸收,动量在法线方向的变化为

$$\Delta P_2=(1-R)I\cos^2\theta/c$$

单位面积上总动量改变为

$$\Delta P=\Delta P_1+\Delta P_2=(1+R)I\cos^2\theta/c$$

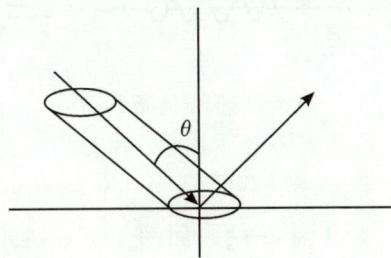

图 4-1-4　光束入射示意图

这就是它们在单位时间内传递给物体单位面积上的动量,即光压。

光压一般非常小,距强度为 100 万烛光的光源 1m 处的镜面上,所受到的可见光的光压只有 10^{-5} N/m^2,所以开始人们以为光压不会有什么实际应用。激光问世后,激光的高亮度和能聚焦到很小光斑的特点使光束的辐射压力显著提高。当光束汇聚到微米量级时,在光束中心可产生约 10^6 N/m^2 的辐射压力,如此大的力使激光动力学的开发应用成为可

能。20 世纪 70 年代初，很多科学家就认识到激光束的辐射压力可以用来操纵原子和介电粒子。利用激光光压效应进行原子冷却和捕陷，以及对介质微粒的操纵，已成为当今热门的研究课题。

4.1.4　光子的偏振

光子可以用一系列不同的频率、方向以及偏振的模式来表述。光子的偏振是它的一种模式。例如，光子可能在 x 方向线性偏振，或者右旋偏振等。

1. 线偏振光子

一束由两个平面波叠加的沿 z 轴传播的光，这两个平面波是线性偏振的，一个偏振极化在 x 方向，另一个偏振极化在 y 方向，则

$$E(\boldsymbol{r},t) = (A_x\hat{\boldsymbol{x}} + A_y\hat{\boldsymbol{y}})\exp(-ikz)\exp(i2\pi\nu t)$$

假设将坐标在 xy 平面内转动 $45°$，并将此电磁波表示在这个转动过的坐标 $x'y'$ 中，有

$$E(\boldsymbol{r},t) = (A_{x'}\hat{\boldsymbol{x}}' + A_{y'}\hat{\boldsymbol{y}}')\exp(-ikz)\exp(i2\pi\nu t)$$

其中

$$A_{x'} = \frac{1}{\sqrt{2}}(A_x - A_y), \quad A_{y'} = \frac{1}{\sqrt{2}}(A_x + A_y)$$

如果在 x 偏振模式有一个光子，而 y 偏振模式没有光子（为空模式），那么对于 x' 偏振方向发现光子的概率又是多少？要计算某个偏振方向上发现光子的概率，还要遵循光强概率定律，即：在 x,y,x' 和 y' 偏振上发现光子的概率与相应方向上的偏振光强成正比，所以正比于 $|A_x|^2$，$|A_y|^2$，$|A_{x'}|^2$ 和 $|A_{y'}|^2$。在这个例子中，$|A_x|^2 = 1$，$|A_y|^2 = 0$，因此有 $|A_{x'}|^2 = 0.5$，$|A_{y'}|^2 = 0.5$，即在 $45° x'y'$ 方向上发现光子的概率均为 $1/2$（见图 4-1-5）。

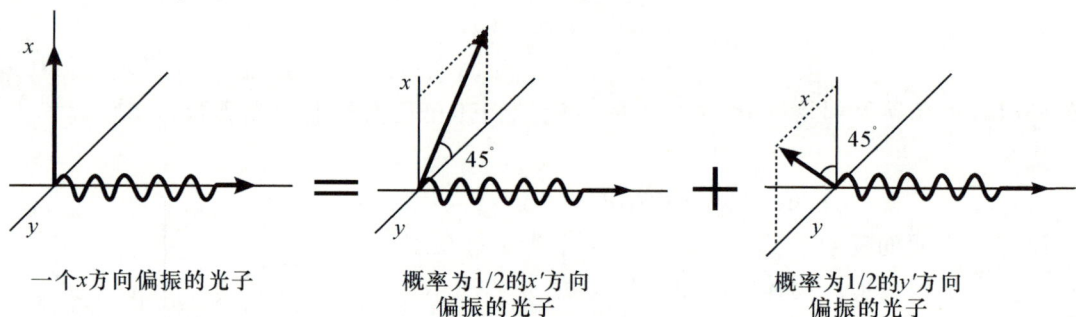

一个x方向偏振的光子　　　　概率为1/2的x'方向　　　　概率为1/2的y'方向
　　　　　　　　　　　　　　偏振的光子　　　　　　　　偏振的光子

图 4-1-5　线偏振光子的概率

【例 4.1】　如图 4-1-6 所示，一线偏振平面波的偏振方向与 x 轴的夹角为 θ，垂直入射一偏振片，该偏振片只允许 x 方向偏振的光透过，求所给线偏振光能透过的光强。如果入射的不是平面波，而是单个光子，则会怎样？

解：假设平面波光强为 I_i，透过的光强则为

$$I_t = I_i \cos^2\theta$$

单个光子的情形时，如果其偏振方向是 x 轴，则其总是可以透过；如果其偏振方向是 y 轴，则其永远不可能透过。单个光子的透过率应该服从经典理论的透过率，即 $p(\theta) = \cos^2\theta$。

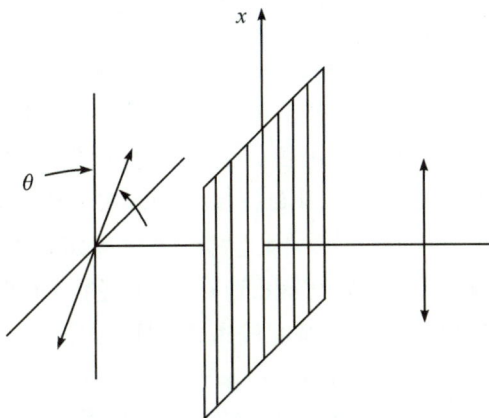

图 4-1-6　光的偏振

2. 圆偏振光子

圆偏振光可以有两种平面波模式,一种是左旋的圆偏振光 $\hat{e}_L = (1/\sqrt{2})(\hat{x} + i\hat{y})$,另一种是右旋的圆偏振光 $\hat{e}_R = (1/\sqrt{2})(\hat{x} - i\hat{y})$。因此任意的圆偏振光是这两种模式的叠加,表达式为

$$E(\boldsymbol{r}, t) = (A_R \hat{e}_R + A_L \hat{e}_L) \exp(-ikz) \exp(i2\pi\nu t)$$

该模式带有左旋与右旋偏振的光子,同样发现左旋光子与右旋光子的概率和其光强 $|A_R|^2$ 与 $|A_L|^2$ 成正比。所以一束任意状态的圆偏振光经过一个线性偏振片时,探测概率为 1/2(见图 4-1-7)。

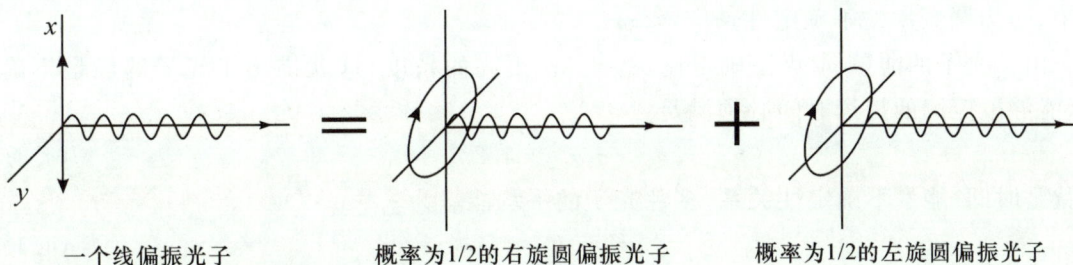

一个线偏振光子　　　概率为 1/2 的右旋圆偏振光子　　　概率为 1/2 的左旋圆偏振光子

图 4-1-7　线偏振光子的分解

3. 光子的自旋

光子具有本征角动量(旋)。光子自旋(photon spin)的幅值量子化为两个值 $\mathbb{S} = \pm \hbar$。右旋圆(左旋圆)偏振光子的旋矢量平行(反向平行)于其动量。线性偏振光子表现出平行与反平行的旋的概率相等。当光子照射物体时,和光子携带动量与物体作用一样,圆偏振光子对物体施加了一个转矩。例如,一个圆偏振光将对石英制备成的半波片施加一个转矩。

4.1.5　光子的干涉

光子具有波粒二象性,杨氏双缝干涉是验证波动性最好的实验,因此即便是一个光子,也可以实现这个衍射实验。光子在杨氏双缝干涉中的行为,可以应用“光子-位置定律”来解释,即用电磁场理论计算观察平面的光强分布,并将其转换为探测光子位置的随机概率,以此表征粒子状态下的光子运动行为(换句话说,极弱光情况下光子的运动概率行为)。

4.1.6　光子的时间特性

单一频率模式的光子对应时间上的"永恒"谐振,即任何时间均能探测到。但是实际上不存在严格的单频率的光子,实际的光子模式总是具有一定的频率分布,只是频带有宽有窄。在任意位置观测到光子的概率可以用 $U(r, t)$ 表示,在 t 到 $t+\mathrm{d}t$ 这段时间里,观测概率正比于 $I(r, t)$,且 $I(r, t)\mathrm{d}t \propto |U(r, t)|^2 \mathrm{d}t$,因此"光子-位置定律"可以推广到更一般的"光子时间-位置定律":在点 r 的附近一个面积元 $\mathrm{d}A$,在时间 t 的一个小增量 $\mathrm{d}t$ 间隔内,观测光子的概率与光子的模式在 r 点和 t 时刻的强度成正比,即

$$p(r, t)\mathrm{d}A\mathrm{d}t \propto I(r, t)\mathrm{d}A\mathrm{d}t \propto |U(r, t)|^2 \mathrm{d}A\mathrm{d}t \tag{4.1.6}$$

对于频率确定的单色光子而言,可观测到的时间是不确定的。换句话说,在一个 σ_t 的持续时间里,位于一个波包模式内并具有一定光强函数 $I(t)$ 的光子必将位于该时间内。因此束缚光子的时间必将导致光子频率的不确定性增大,这是傅里叶变换的特性所决定的,是"多色光子"产生的原因。频率的不确定性可以用谐波傅里叶展开来确定,用公式表达为

$$U(t) = \int_{-\infty}^{\infty} V(\nu)\exp(\mathrm{i}2\pi\nu t)\mathrm{d}\nu \tag{4.1.7}$$

其中,$V(\nu)$ 是 $U(t)$ 的傅里叶变换。简便起见这里省略了 r 的因子。

$|V(\nu)|^2$ 的均方根宽度 σ_ν 代表光谱宽度。如果用 σ_t 代表函数 $|U(t)|^2$ 的时间均方根(rms)宽度,则 σ_ν 和 σ_t 必须满足"时间-频率互易性",即

$$\sigma_\nu\sigma_t \geqslant 1/(4\pi) \quad \text{或} \quad \sigma_\omega\sigma_t \geqslant 1/2$$

其中,σ_ω 为圆频率的不确定性,$\sigma_\omega = 2\pi\sigma_\nu$。

由于光子的能量 $h\nu$ 无法确定比 $\sigma_E = h\sigma_\nu$ 更高的精度,这就推出了光子的能量不确定性,能够被探测的持续时间必须满足

$$\sigma_E\sigma_t \geqslant \hbar/2 \tag{4.1.8}$$

这就是时间-能量不确定性关系。多色光子的平均能量为

$$\bar{E} = h\bar{\nu} = \hbar\bar{\omega} \tag{4.1.9}$$

式(4.1.9)与位置-波数(动量)关系类似,该关系给出了光子的动量与位置可以同时确定的精度极限。

综上所述,单色光子($\sigma_\nu \to 0$)有无限长的探测时间($\sigma_t \to \infty$)。相反,一个具有波包模式的多色光子,其可探测时间是局域的,并有对应的能量不确定性。因此一个波包光子被视为一个有限的能量波包的传播。

4.2　光子流

第 4.1 节讨论了单光子的量子特性,本节将论述光子流——光子集合(多光子体系)的性质。光子流即多光子体系,存在各种光子,存在光子的各种模式,因此是一个随机的集合,是一种统计特性的表现。光子体系在坐标空间与动量空间中的分布规律是随机的。描述光子流分布的物理量称为光子体系的简并参数(也称简并度)。它的定义为:在空间坐标为

x, y, z，动量坐标为 p_x, p_y, p_z 的六维空间中，取一块小六维"体元"。该体元满足关系：$\Delta x \Delta y \Delta z \Delta p_x \Delta p_y \Delta p_z = h^3$，被称为"相格"。光子是玻色子，与电子不同，在相格中的密度不受限制，在一个态（模）中允许集居的光子数无限。一个相格中集居的光子数称为光子体系的简并度。

　　光子产生过程一般是随机的，因此一束光子流中可以有众多的传播模式。每个模式中所占有的光子数也是随机的，或者说，光子分布在各个模式中是遵循统计分布的。因此，一个单色平面波，尽管包含多个全同光子，但在模式中的分布是按统计规律的。这样的光子流，打到探测器光敏面，会强烈地显示出光子的时空分布特性。

　　如图 4-2-1 所示，一束极弱的光照射在探测器上，由于光子以随机时间落到探测器上的随机空间点，所以记录下光子经光电倍增管形成电脉冲的个数，就可以发现脉冲是随机的。实际上，对探测器收集到的光进行积分，得到 t 到 $t + dt$ 时间内探测到的光子，其概率将正比于 t 时的光强。对固定时间 T 曝光（时间积分），就可以记录下光子的空间分布。

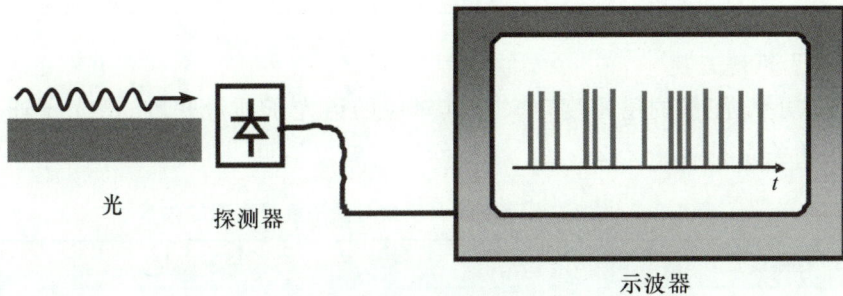

图 4-2-1　光子探测出现的时间的随机性

对光子流的描述必须采用统计理论，经常应用以下几个定义。

4.2.1　光子通量

1. 平均光子通量密度

光强度为 $I(\boldsymbol{r})$（$\mathrm{W/cm^2}$）、频率为 ν 的单色光，对应的平均光子通量密度为

$$\phi(\boldsymbol{r}) = \frac{I(\boldsymbol{r})}{h\nu} \tag{4.2.1}$$

式(4.2.1)将经典的能量度量［能量 /(s·cm²)］转化为量子度量［光子数 /(s·cm²)］。对于中心频率为 $\bar{\nu}$ 的准单色光，全体光子的能量近似等同于 $h\bar{\nu}$，因此平均光子通量密度为

$$\phi(\boldsymbol{r}) \approx \frac{I(\boldsymbol{r})}{h\bar{\nu}}$$

2. 平均光子通量

平均光子通量密度对标定面积积分，就得到单位时间通过该面积的光子数，即平均光子通量，表达式为

$$\Phi = \int_A \phi(\boldsymbol{r}) \mathrm{d}A = \frac{P}{h\bar{\nu}} \tag{4.2.2}$$

因 $h\bar{\nu}$ 是一个常数，所以光功率为

$$P = \int_A I(\boldsymbol{r}) \mathrm{d}A \tag{4.2.3}$$

例如:对于 $\lambda_0 = 0.6328\text{nm}$ 的光功率为 1nW 的光,其包含的平均光子通量为 $\Phi \approx 3 \times 10^9$ 光子数 /s,换句话说,每一纳秒(ns)有 3 个光子打到探测面上。

3. 平均光子数

在面积 A 和时间间隔 T 内测到的平均光子数 $\bar{n}$,等于光子通量 Φ 乘以时宽 T,即

$$\bar{n} = \Phi T = \frac{E}{h\bar{\nu}}$$

其中,$E = PT$ 为光子能量(J)。光的经典度量与光子的量子度量之间的关系见表 4-2-1。

表 4-2-1   光的经典度量与光子的量子度量之间的关系

经典度量	量子度量
光强 $I(\boldsymbol{r})$ (W/cm²)	光子通量密度 $\phi(\boldsymbol{r}) = I(\boldsymbol{r})/(h\bar{\nu})$ [光子数 /(s·cm²)]
光功率 P (W)	光子通量 $\Phi = P/(h\bar{\nu})$ [光子数 /s]
光能 E (J)	光子数 $\bar{n} = \Phi T = E/(h\bar{\nu})$ (光子数)

4. 光子通量的谱密度

光的强度、功率、能量的谱密度定义与其对应的谱光子通量密度、谱光子通量和谱光子数的定义之间的关系见表 4-2-2。

表 4-2-2   光的谱密度经典度量与量子度量之间的关系

经典度量	量子度量
光强谱密度 $I_\nu(\boldsymbol{r})$ [W/(cm²·Hz)]	谱光子通量密度 $\phi_\nu(\boldsymbol{r}) = I_\nu(\boldsymbol{r})/(h\nu)$ [光子数 /(s·cm²·Hz)]
光功率谱密度 P_ν (W/Hz)	谱光子通量 $\Phi_\nu = P_\nu/(h\nu)$ [光子数 /(s·Hz)]
光能谱密度 E_ν (J/Hz)	谱光子数 $\bar{n}_\nu = \Phi_\nu T = E_\nu/(h\nu)$ (光子数 /Hz)

5. 随时间变化的光

因光强是一个时间函数,所以光子通量密度也是时间函数,即

$$\phi(\boldsymbol{r},t) = \frac{I(\boldsymbol{r},t)}{h\bar{\nu}} \qquad (4.2.4)$$

同样,光功率和光通量也是时间函数

$$\Phi = \int_A \phi(\boldsymbol{r},t)\mathrm{d}A = \frac{P(t)}{h\bar{\nu}} \qquad (4.2.5)$$

$$P(t) = \int_A I(\boldsymbol{r},t)\mathrm{d}A \qquad (4.2.6)$$

由此可知,在 $t = 0$ 到 $t = T$ 时间内测到的平均光子数也随时间变化,将由光子通量的积分求得

$$\bar{n} = \int_0^T \Phi(t)\mathrm{d}t = \frac{E}{h\bar{\nu}} \qquad (4.2.7)$$

其中光能量为

$$E = \int_0^T P(t)\mathrm{d}t = \int_0^T \int_A I(\boldsymbol{r},t)\mathrm{d}A\mathrm{d}t \qquad (4.2.8)$$

4.2.2 光子通量的随机性

如果光源能辐射单个光子,则在点(r,t)处探测到该光子的概率密度正比于经典光强$I(r,t)$。光子流这方面的行为与单光子相同。不过,对于光子流而言,经典光强$I(r,t)$决定平均光子通量密度$\phi(r,t)$。光源的性质决定$\phi(r,t)$的涨落,所以不同的光源类型就有不同的光子通量涨落。

光功率$P(t)$随时间的变化关系,也由光源而定。例如,$P(t)$的变化情况有两种,相应的探测到的光子的时间分布与$P(t)$呈现如图4-2-2所示的对应关系。平均光子通量是$\Phi = P(t)/(h\bar{\nu})$,但探测到的光子的真实时间是随机分布的。图4-2-2(a)中$P(t)$为变量,但平均而言,功率大的地方,光子数较多;功率小的地方,光子数较少。图4-2-2(b)中虽然光功率$P(t)$为常数,检测到的光子的时间分布还是随机的,从统计的特性而言,当采样的时间一定长之后,统计值会稳定。这就充分体现出了光源的特性。

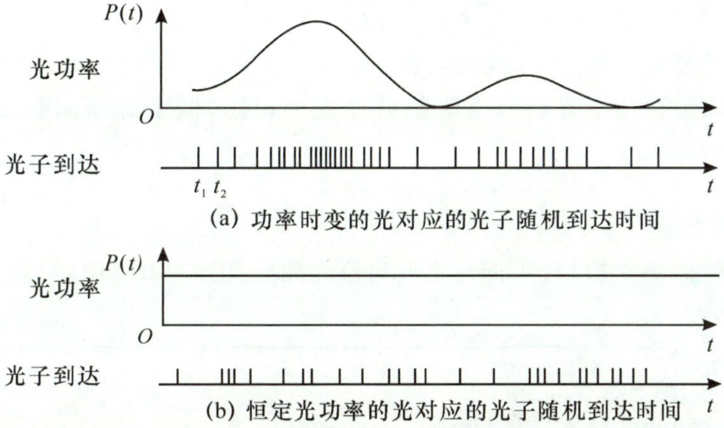

图 4-2-2 光功率与光子随机到达时间对比

光子数随机性的研究,对弱像和光信息传输中噪声的分析等应用十分重要。光纤通信系统中,信息是加载在光子流上的。由于光源发射的平均光子数的随机性由发射体性质决定,所以真实的光子数是不可预知的。光子数的这种不可预测性,成为信息传输中信号误差的一个来源。

4.2.3 光子数统计分布

因为光子数统计分布与光源性质有关,所以一般用光的量子理论处理这类问题。但是在有些情况下,光子到达与光子数的随机性并无明显的关联性,而是由光子流确定,与光束的功率成正比,可从经典统计观点讨论这个问题。光功率可以是确定的(在相干光时),也可以是不确定和随机的(对应部分相干光)。对于部分相干光,其功率的变化是相关的。

用实验可以测得光子数。通过光子计数器测出每秒从光电阴极上由光子打出的电子经倍增后形成的电脉冲个数,能够得到光子计数率。由于光电子发射本身存在一定的随机性,所以取一定的时间间隔测得的光子计数率分布一般不代表光子数的实际分布,但它包含光子数实际分布的信息,从而可以提取实际分布。

光子通量,即光子计数率,是正比于光功率的。对于相干光情形,可以认为光子的出现是一系列独立的随机事件,而对于部分相干光,功率涨落是相关的,因此光子出现不再是独立事件。所以这两种情况对应不同的统计规律。

1. 相干光

(1) 泊松分布

若相干光的光功率 P 是一恒定值,则其平均光子通量$[\Phi = P/(h\bar{\nu})]$也应是常数。但实际记录的光子出现时间分布为随机分布(见图 4-2-3),在每个等间隔时间 T 内测到的光子数目是不等的。

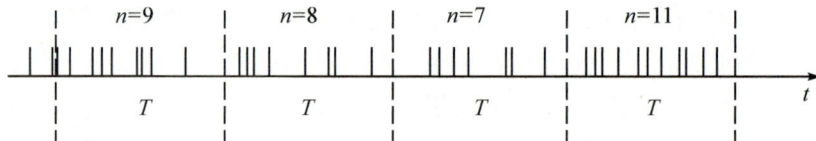

图 4-2-3　在时间 T 内接收到功率为 P 的光束的随机光子数分布

在给定的时间间隔 T 中,设探测到的光子数为 n。已知光子数 n 的平均值 $\bar{n} = \Phi T = PT/(h\bar{\nu})$,希望得到一个概率分布的表达式 $p(n)$,其中 n 为光子数,即 $p(0)$ 表示没有探测到光子,$p(1)$ 表示探测到 1 个光子,以此类推。

根据光子的探测在相干光状态下为统计独立的,可知概率分布函数 $p(n)$ 为泊松分布(Possion distribution),即

$$p(n) = \frac{\bar{n}^n \exp(-\bar{n})}{n!}, \quad n = 0, 1, 2, \cdots \tag{4.2.9}$$

这就是泊松分布的概率函数,其不同 n 的平均值的曲线如图 4-2-4 所示,随着 $\bar{n}$ 值的增加,曲线变宽。

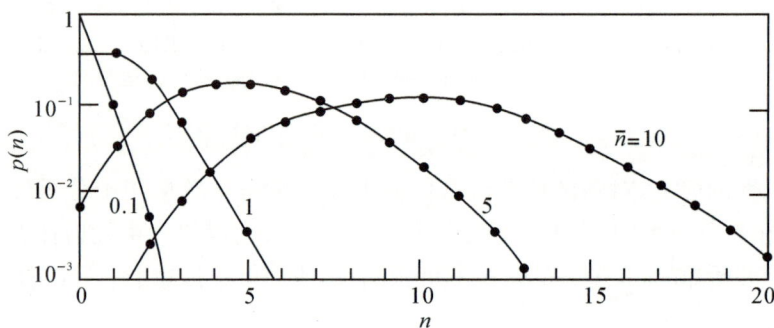

图 4-2-4　泊松分布 $p(n)$ 随光子数 n 的变化

(2) 泊松分布的推导

将时间间隔 T 再分成 N 个次等份,则每个次等份的时间长度为 T/N,每个这样的小时段探测到一个光子的概率为 $p = \bar{n}/N$,探测不到光子的概率为 $1-p$,如图 4-2-5 所示。在 N 个时段内探测到 n 个独立光子的概率,遵从二项式分布

$$p(n) = \frac{N!}{n!(N-n)!} p^n (1-p)^{N-n} = \frac{N!}{n!(N-n)!} \left(\frac{\bar{n}}{N}\right)^n \left(1 - \frac{\bar{n}}{N}\right)^{N-n}$$

当 $N \to \infty$ 时,有 $\dfrac{N!}{N^n (N-n)!} \to 1$,且

$$[1 - (\bar{n}/N)]^{N-n} \to \exp(-\bar{n}) \tag{4.2.10}$$

因此由式(4.2.10)可得泊松分布。

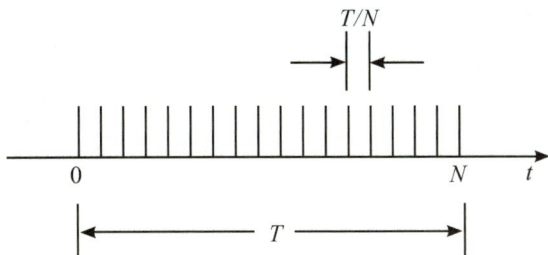

图 4-2-5 时间分隔示意图

（3）均值与方差

光子数平均值 $\bar{n}$ 定义为

$$\sum_{n=0}^{\infty} n p(n) = \sum_{n=0}^{\infty} n \frac{\bar{n}^{n}}{n!} \mathrm{e}^{-\bar{n}} = \bar{n} \sum_{n=0}^{\infty} \frac{\bar{n}^{n-1}}{(n-1)!} \mathrm{e}^{-\bar{n}} = \bar{n} \tag{4.2.11}$$

n 的方差定义为

$$\sigma_n^2 = \sum_{n=0}^{\infty} (n - \bar{n})^2 p(n) \tag{4.2.12}$$

因此方差描述分布的宽度。参数 $p(n), \bar{n}$ 以及 σ_n 三者统称为光子数的统计参数（photon-number statistics）。此外，可以看到

$$\sigma_n^2 = \sum_{n=0}^{\infty} (n - \bar{n})^2 p(n) = \left(\sum_{n=0}^{\infty} n^2 \frac{\bar{n}^n}{n!} \mathrm{e}^{-\bar{n}} \right) - \bar{n}^2$$

$$= \left\{ \sum_{n=0}^{\infty} \left[(n-1) + 1 \right] \frac{\bar{n}^n}{(n-1)!} \mathrm{e}^{-\bar{n}} \right\} - \bar{n}^2$$

$$= \bar{n}^2 + \bar{n} - \bar{n}^2 = \bar{n}$$

所以有

$$\sigma_n^2 = \bar{n} \tag{4.2.13}$$

虽然函数 $p(n)$ 比均值 $\bar{n}$ 以及方差 σ_n 含有更多的信息，但 $\bar{n}$ 和 σ_n 是光子统计参数中的两个很有用的度量指标。例如 $\bar{n} = 100$，则 $\sigma_n = \sqrt{100} = 10$，表明每产生 100 个光子，有 ± 10 个光子的误差。

泊松光子数分布可以应用于很多光源的描述，包括理想激光发出的单模单色相干光。这个分布对应光的量子态中的相干态。

（4）信噪比

光子数时空分布的随机性，成为噪声的主要源头。所以利用光作为信息传递的载体时，应该正确评估这个噪声影响。若信号取平均值 $\bar{n}$，噪声取方差值 σ_n，则评估携带信息光的性能时，可以使用与 $\bar{n}$ 和 σ_n 相关的信噪比（SNR）来表述。将能说明 n 随机性的 SNR 定义为

$$\mathrm{SNR} = \frac{(\text{平均值})^2}{(\text{方差})^2} = \frac{\bar{n}^2}{\sigma_n^2} \tag{4.2.14}$$

所以对于泊松分布有：$\mathrm{SNR} = \bar{n}$。可见 SNR 因光的概率分布函数的不同而不同，泊松分布的光随平均光子数增加而无限增大，从理论上讲，其信噪比可以无限制增大，说明泊松分布的光（相干光）适合做高数据率信息传输的载体。

2. 热辐射光

热辐射光又称热光（thermal light），其光子到达时间是相关的，不是独立事件，则光子数统计不服从泊松分布。对于一个温度为 T 的腔体，光子将以腔体的辐射模式发出。按照统计机理，在热平衡条件下，此腔某个模式电磁场的能量 E_n 满足玻尔兹曼概率分布（Boltzmann probability distribution），即

$$P(E_n) \propto \exp\left(-\frac{E_n}{k_B T}\right) \tag{4.2.15}$$

其中，$k_B = 1.38 \times 10^{-23} \text{J/K}$ 为玻尔兹曼常数。与每个腔模式有联系的能量是随机的，按照玻尔兹曼分布，高能模式的概率小于低能模式的概率。$k_B T$ 越小（即温度越低），高能模式的概率就越小。不同温度的玻尔兹曼分布与能量的关系如图 4-2-6 所示。

光子 - 能量的量子化的关系为 $E_n = \left(n + \frac{1}{2}\right)h\nu$，因此热平衡时腔内单个模式中发现 n 个光子的概率为

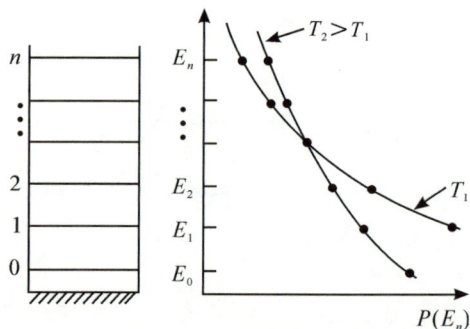

图 4-2-6   玻尔兹曼分布与能量的关系

$$p(n) \propto \exp\left(-\frac{nh\nu}{k_B T}\right) = \left[\exp\left(-\frac{h\nu}{k_B T}\right)\right]^n, \quad n = 0,1,2,\cdots \tag{4.2.16}$$

因为概率分布的总和为 1，即 $\sum_{n=0}^{\infty} p(n) = 1$，可得归一化常数为 $1 - \exp[-h\nu/(k_B T)]$，同时略去零点能量 $E_0 = 0.5h\nu$，则用平均光子数 $\bar{n}$ 表示的概率为

$$p(n) = \frac{1}{\bar{n}+1}\left(\frac{\bar{n}}{\bar{n}+1}\right)^n \tag{4.2.17}$$

其中

$$\bar{n} = \frac{1}{\exp[h\nu/(k_B T)]-1} \tag{4.2.18}$$

该关系称为玻色-爱因斯坦分布（Bose-Einstein distribution），在概率论中又称几何分布，因为它是 n 的几何递减函数。图 4-2-7 给出了玻色-爱因斯坦分布的概率与平均光子数 $\bar{n}$ 的关系，此时 $\bar{n}$ 就代表温度 T 值，所以在对数坐标下，概率分布为直线。可以看出与泊松分布的概率曲线比较，玻色-爱因斯坦分布（热光）的光子数 n 的分布比相干光宽很多。

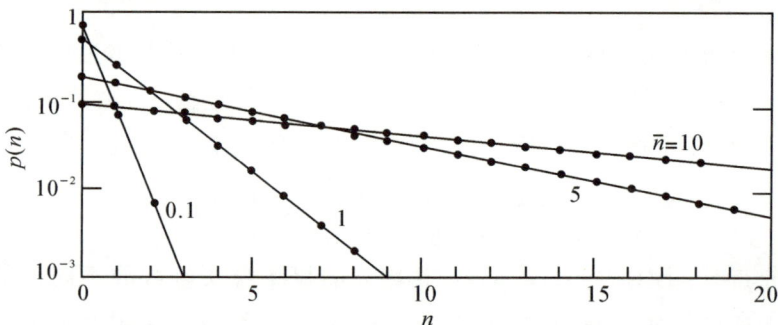

图 4-2-7   热光玻色-爱因斯坦分布与平均光子数的关系

不同模式的平均能量为

$$\bar{E} = \sum_n E_n p(n) = h\nu\bar{n} = \frac{h\nu}{\mathrm{e}^{h\nu/(k_B T)} - 1} \tag{4.2.19}$$

因此,通过引入平均光子数 $\bar{n}$,从经典理论进入量子理论。模内光子数 n 的方差为

$$\sigma_n^2 = \sum_{n=0}^{\infty}(n-\bar{n})^2 p(n) = \sum_{n=0}^{\infty}(n-\bar{n})^2 \frac{1}{\bar{n}+1}\left(\frac{\bar{n}}{\bar{n}+1}\right)^n = \bar{n} + \bar{n}^2 \tag{4.2.20}$$

说明:玻色-爱因斯坦方差比泊松方差大 $\bar{n}^2$,具有更大的不确定度,相当于光子数涨落的范围更大。因此其信噪比为

$$\mathrm{SNR} = \frac{\bar{n}}{\bar{n}+1}$$

比泊松分布小很多。不管 $\bar{n}$ 取什么值,热光信噪比总是小于 1。从物理上看,热光的振幅和相位均是随机量,它们的随机性造成光子数分布的加宽。这类光的噪声高,不适合做高数据率的信息传递载体。

3. 部分相干光

相干光源的光子到达是一系列独立事件,到达的速率正比于光功率,而光功率是不随时间变化的恒定量,因此光子数 n 服从泊松分布,有

$$p(n) = w^n \frac{\mathrm{e}^{-w}}{n!}$$

其中

$$w = \frac{1}{h\nu}\int_0^T P(t)\mathrm{d}t = \frac{1}{h\nu}\int_0^T\int_A I(\boldsymbol{r},t)\mathrm{d}A\mathrm{d}t \tag{4.2.21}$$

积分光功率归一化成光子数 w,从式(4.2.21)可见,w 是一个代表平均光子数 $\bar{n}$ 的常量。

式(4.2.21)中,若光强 $I(\boldsymbol{r},t)$ 本身随时间或空间进行随机涨落,则光功率 $P(t)$ 必将随之随机涨落。其结果是,不仅光子数,其平均值也将随机涨落。由于部分相干光存在这一附加随机源,所以部分相干光的光子数的统计分布,必然不同于泊松分布。一般可用概率密度函数 $p(w)$ 描述平均光子数 w 的涨落。其具体做法是,将有条件的泊松分布 $p(n/w) = w^n\mathrm{e}^{-w}/n!$ 对 w 的所有允许值求平均,对每个允许值乘以权函数(概率密度)$p(w)$,以此求得非条件概率分布 $p(n)$,即

$$p(n) = \int_0^\infty \frac{w^n \mathrm{e}^{-w}}{n!} P(w)\mathrm{d}w \tag{4.2.22}$$

式(4.2.22)称为曼德尔(Mandel)公式,表达了两个随机源的效应:一是光子的泊松分布引起的光子数涨落,二是光的非相干性引起的光强 $I(\boldsymbol{r},t)$ 的涨落。基于这个原因,式(4.2.22)也叫双随机泊松计数分布。不过,这一理论适用于经典光,因为统计涉及经典量的光强。

部分相干光的光子数均值和方差为

$$\bar{n} = \overline{w} \tag{4.2.23}$$

$$\sigma_n^2 = \bar{n} + \sigma_w^2 \tag{4.2.24}$$

其中,σ_w^2 是 w 的方差。这种情形中,光子数方差是泊松分布的光子数涨落和光功率的经典涨落之和。

曼德尔公式中归一化积分光功率 w 的涨落服从指数概率密度函数

$$P(w) = \begin{cases} \dfrac{1}{\overline{w}} \exp\left(-\dfrac{w}{\overline{w}}\right), & w \geqslant 0 \\[2mm] 0, & w < 0 \end{cases} \tag{4.2.25}$$

这一分布用于准单色空间相干光,它的特点是复振幅的实部和虚部是相互独立的并具有正态(高斯型)的概率分布。为使 $P(w)$ 能代入式(4.2.22)后获得相对应的光子数分布 $p(n)$,要求准单色空间相干光的复振幅的谱宽足够小,以使相干时间 T_c 比计数时间 T 长得多,且相干面积 A_c 比探测器面积 A 大得多。由此求得的光子数分布,就是热光情形中的玻色-爱因斯坦统计分布式

$$p(n) = \int_0^\infty \frac{\overline{w}^{-n} \mathrm{e}^{-w}}{n!} p(w)\,\mathrm{d}w = \int_0^\infty \frac{w^n \mathrm{e}^{-w}}{n!} \cdot \frac{1}{\overline{w}} \mathrm{e}^{-w/\overline{w}}\,\mathrm{d}w$$

所以

$$p(n) = \frac{1}{1+\overline{n}} \frac{1}{[1+(1/\overline{n})]^n}$$

但当探测器面积 A 和计数时间 T 不是很小,这一统计就需修正成描述多模热光的分布。按概率论的规则,当模式数很大时,可以得出 $p(n) = \dfrac{\overline{n}^n}{n!} \mathrm{e}^{-n}$ 泊松分布。

4.2.4　光子流的随机分割

所谓光子流受到分割,是指从光子流中取走部分光子。这种光子的取走方式,既可以通过转移,也可通过湮灭来实现。前者称为随机分流,后者称为随机删除。实现光子流分割的方法很多,使用理想的无损耗分束器(分光镜)是实现随机分流较简单的方法,如图 4-2-8 所示。光子流进入分束器,随机性地参与两条分流中的任一路。又如,在光束路径上放置滤光片,随机性地让光子透过滤光片,可以随机湮灭它们(当然转换成其他能量),这就是随机删除部分光子流的方法。

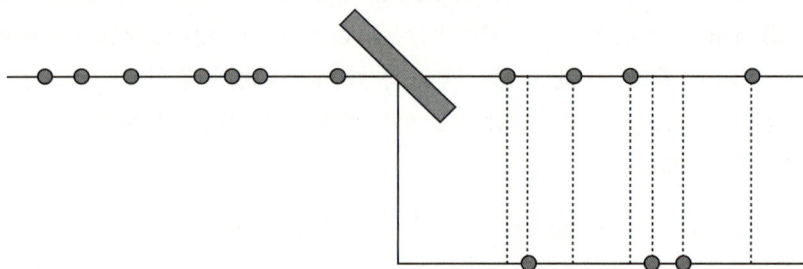

图 4-2-8　用分束器随机分割光子流

下面讨论分束器随机分流光子的情况。假定分流的每个光子遵循伯努利(Bernoulli)试验规律,即独立随机试验规律,光子流只触及分束器上的一个输入口(以避免出现干涉现象,使独立试验假定失效)。设无损分束器的透射率为 T,反射率为 $1-T$。在经典电磁场中,透射波强度 I_t 与入射波强度 I 之间的关系为 $I_t = TI$。

单位时间 t 内平均光子通量 Φ 的光子流入射到分束器上,即时间间隔 t 内撞击分束器的平均光子数为 $\overline{n} = \Phi t$。为简化计算,设 $n = \overline{n}$,根据光子能量定律,光束内平均光子数正比于光能量,因此这时透射和反射的光子平均数分别为 Tn 与 $(1-T)n$。如果入射到分束器的是

单光子,则透射概率为 T,反射概率为 $1-T$;如果入射光束包含 n 个光子,则透射 m 个光子的概率为 $p(m)$。从概率论可知,这一结果是二项式分布

$$p(m) = \binom{n}{m} T^m (1-T)^{n-m}, \quad m = 0,1,\cdots,n \quad\quad (4.2.26)$$

其中,$\binom{n}{m} = n!/[m!(n-m)!]$。

透射光子的平均数很易证明,即

$$\bar{m} = Tn \quad\quad (4.2.27)$$

二项式分布的方差为

$$\sigma_m^2 = T(1-T)n = (1-T)\bar{m} \quad\quad (4.2.28)$$

根据同样道理可以获得反射束的结果。

随透射光子平均数量的增加,信噪比 $\text{SNR} = \bar{m}^2/\sigma_m^2 = \bar{m}/(1-T)$ 增大。因此对于一个强光束,光子将按 T 和 $1-T$ 分割光子流,这表明经典光学定律起作用了。

通过式(4.2.26)～式(4.2.28)能够计算分析分束器对于服从各种统计规律的光子流的分割作用。只要知道光束的光子统计分布,输入的光子数 n 是随机变化而不是固定的,就可以得到结果。

设出现 n 个光子的概率为 $p_0(n)$,如果把光子出现当作独立事件,则透射流中的光子数统计分布将是一个二项式分布的加权和,其中 n 是随机值。加权是以 n 个光子全出现的概率为依据的,输入光子数分布为 $p_0(n)$ 时,可以得到透过分束器的 m 个光子的概率为

$$p(m) = \sum_n p(m \mid n) p_0(n)$$

其中

$$p(m \mid n) = \binom{n}{m} T^m (1-T)^{n-m}$$

是二项式分布,显然随机分割下的光子数统计为

$$p(m) = \sum_{n=m}^{\infty} \binom{n}{m} T^m (1-T)^{n-m} p_0(n), \quad m = 0,1,2,\cdots \quad\quad (4.2.29)$$

当 $p_0(n)$ 是泊松分布(相干光)或玻色-爱因斯坦分布(热光)时,式(4.2.29)的结果极为简单:$p(m)$ 具有与 $p_0(n)$ 完全相同的形式。这些分布在随机分割后仍保留自己的形式。因此,单模激光透过分束器后保留了泊松分布,热光保留了玻色-爱因斯坦分布。当然,光子平均数相应减少。而带有确定光子数的光在随机分割下不可能保留自己的形式。

m 个相关光子信噪比很易从受分割或删除的光子流计算出来,结果为

$$\text{SNR} = \begin{cases} T\bar{n}, & \text{相干光} \\ \dfrac{T\bar{n}}{T\bar{n}+1}, & \text{热光} \end{cases} \quad\quad (4.2.30)$$

因为 $T \leqslant 1$,所以随机分割降低了信噪比,换言之,随机分割引入了噪声。这种效应对确定光子数的光最为严重。

上述结果可用于光子探测中。如果能独立探测到每个光子,则 n 个入射光子中,将有 m 个光子被探测到。所以 $p(m)$ 与 $p_0(n)$ 的关系式对光子探测的讨论很有价值。

4.3 原子、分子和固体

由于物质原子含有电荷,当光子入射到物质中时会与物质作用。入射光的电场将使原子、分子或固体中的偶极子与电荷产生振荡或加速振荡,振荡的电荷有可能辐射出光。

原子、分子和固体具有由量子机理的定律确定的特定能级结构。光与原子的作用,是因为光的时变电场对原子中的电荷产生力的作用,进而改变了原子的势能。一个入射的光子若其能量与两个能级之间的能量差相匹配,即可与原子产生相互作用,这时光子的能量可以传递给原子,将原子提升到高能级。此时光子称为被"吸收"。反之,当原子从高能级跃迁回低能级时,将辐射出与两能级差能量相等的光子。

可以从薛定谔方程简单确定无时间变化相互作用的多粒子的能级,采用式(4.0.1)中的变量分立方法,将波函数写成 $\Psi(r,t) = \psi(r)\exp[\mathrm{i}(E/\hbar)t]$,代入式(4.0.1),令 $\psi(r)$ 满足非时变的薛定谔方程,则有

$$-\frac{\hbar}{2m}\nabla^2\psi(r) + V(r)\psi(r) = E\psi(r) \tag{4.3.1}$$

这就是多粒子系统遵循的更为普适的方程,由方程的解可以得出系统能量 E 的允许值。这些值有时是分立的(如某个原子),有时是连续的(如某个自由粒子),有时形成一种称为能带的高密度分立能级集合的区域(如某种半导体)。可以看出,方程中多粒子系统的势能 $V(r)$ 起到极为关键的作用。

物质一直在它允许的能级之间上下跃迁,这些跃迁中有的是由热激发产生的,并导致光子的辐射与吸收。事实上只要绝对温度大于零度,物质就存在跃迁与电磁场的辐射。当物体的温度上升时,高能态的能级变得更为容易到达,导致辐射谱向高频移动(即更短的波长)。物质在允许的能级之间热跃迁,并与吸收光子以及原子随机光子辐射之间实现热平衡。辐射谱是由热平衡的条件决定的。

热辐射的光(热光)是指从原子、分子和固体,在热平衡下,同时在没有外界其他能量激发时辐射的光。光子辐射也可以由其他因素产生,如外界的光源诱发、外界电流或化学反应等诱发,这些非热的光辐射被称为发光(luminescence light)。

以下将论述光与物质的作用,以及产生热辐射与发光辐射的规律。

4.3.1 能级

分子系统的能级由电子的势能所决定,该势能与原子核、其他电子的存在,以及分子振动和转动均相关。这一节将介绍某些原子、分子和固体的不同种类的能级。

1. 分子振动与转动能级

(1) 双原子分子的振动。双原子分子就是像 N_2、CO 和 HCl 这一类的分子,其分子的振动可以用两个原子的质量 m_1、m_2 与一个旋来表征。原子之间的相互作用产生的恢复力与原子之间距离的变化近似成正比。可以定义分子的旋常数,由此其势能函数为:$V(x) = (1/2)kx^2$。这样可以得到方程(4.3.1)的解,分子振动取一系列可允许的能级。双原子分子

的振动类似于量子机制的谐波振子,有关系

$$E_q = \left(q + \frac{1}{2}\right)\hbar\omega \tag{4.3.2}$$

其中 $\omega = (\kappa/m_r)^{1/2}$ 是谐振频率,且 κ 是弹性常数(elastic constant), $m_r = m_1 m_2/(m_1 + m_2)$ 是系统的简化质量(reduced mass)。能级是等间距的, $\hbar\omega$ 的典型值介于 $0.05 \sim 0.5\mathrm{eV}$,对应光子在红外区的能量。氮气分子 N_2 最低的两个能级图如图 4-3-1(a) 所示。

(2)CO_2 分子的振动。CO_2 分子具有三类独立的振动:不对称拉伸(asymmetric stretching,AS)、对称拉伸(symmetric stretching,SS)与弯曲(bend,B)。每一种振动模式各自有自己的旋,其行为均与谐振子的行为相似。这些可能的能级可以用三个量子数 (q_1, q_2, q_3) 分别对应 AS,SS,B 三种模式,并用式(4.3.2)来表示,如图 4-3-1(b) 所示。

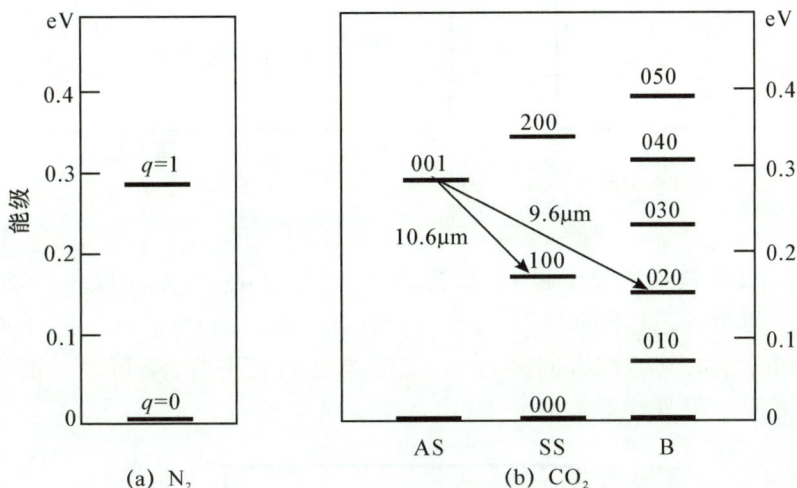

图 4-3-1　N_2 和 CO_2 的能级

(3)双原子分子的转动。双原子分子绕其轴的转动与一个刚体的转动类似,转动惯性矩为 I。转动能量可以量化为

$$E_q = q(q+1)\frac{\hbar}{2I}, \quad q = 0,1,2,\cdots \tag{4.3.3}$$

这些能级不是均匀间隔的。典型的转动能量能级间隔为 $0.001 \sim 0.01\mathrm{eV}$,对应远红外波段的光子能量。图 4-3-1 中的每一个振动能级实际上分裂成许多紧密相近的转动能级,各能级的能量可近似表示为式(4.3.3)。

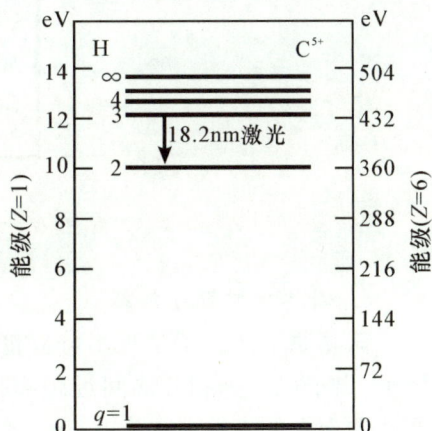

图 4-3-2　H 和 C^{5+} 的能级

2. 原子与分子的电子能级

(1)孤立原子。一个孤立的氢原子的势能可以从质子与电子的库伦吸引定律推得。薛定谔方程的解为无限个分立的能级,有

$$E_q = -\frac{m_r Z^2 e^4}{2\hbar^2 q^2}, \quad q = 1,2,3,\cdots \tag{4.3.4}$$

其中,m_r 为简化的原子质量,e 为电子电荷,且 Z 是原子核的质子数(对于氢原子 $Z=1$)。当 $Z=1$ 和 $Z=6$ 时,这些能级如图 4-3-2 所示。

然而计算更复杂的原子能级十分困难,因为电子之间的相互作用影响电子的旋。所有原子均有分立能级,而且能级间的能量差一般落在光波段(几个 eV)。He 和 Ne 原子的一些能级如图 4-3-3 所示。

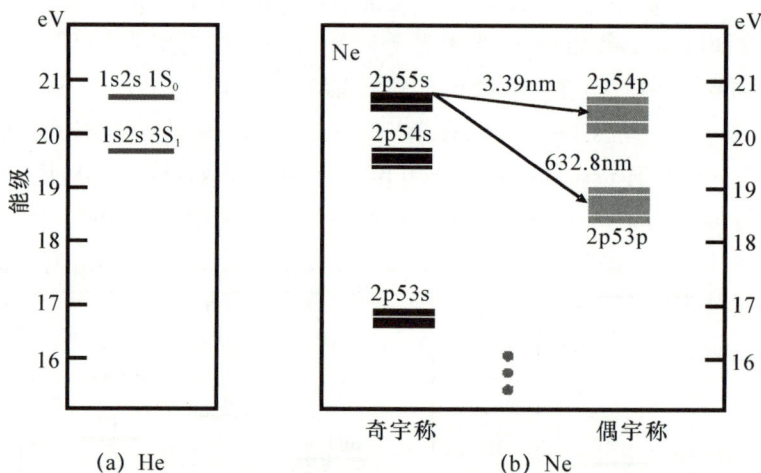

图 4-3-3   He 和 Ne 原子的能级

(2) 染料分子。有机染料分子很大,很复杂。它们具有电子、振动以及转动效应,因此一般而言具有很多能级,存在单能级态(singlet,S)与三能级态(triplet,T)。单能级态激发电子的旋是与染料分子的其他旋方向平行的,三能级态则相平行。染料分子能量不同的光子对应的发光光谱往往覆盖整个宽的光谱区,如图 4-3-4 所示。

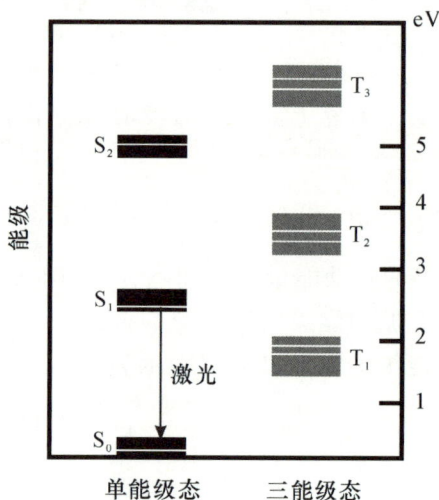

图 4-3-4   染料分子能级

3. 固体中的电子能级

孤立原子与分子呈现出分立能级,如图 4-3-1 ～ 4-3-4 所示。对于固体,由于其大量的原子、离子或分子相互之间近距离排列,因此不能将其简单地视为孤立原子的组合,而应该将其作为多体系统(many-body system)来考虑。图 4-3-5 给出了孤立原子的能级与三类具有不同电学特性的固体(金属、半导体以及绝缘体)的能级。固体中较低的能级(标记为 1s,

2s，以及 2p）与孤立原子的分立能级很相似。它们并没有增宽，因为其核心原子的电子被周边原子的外场很好地屏蔽了。相反，较高能量的能级则分裂为相近的一系列分立能级，进而形成能带。最高的部分占据的能带称为导带（conduction band），其下面的能带即为价带（valence band）。他们之间分离的能量 E_g 称为禁带宽度或带宽（band gap）。最低的能带是最先被填满的。

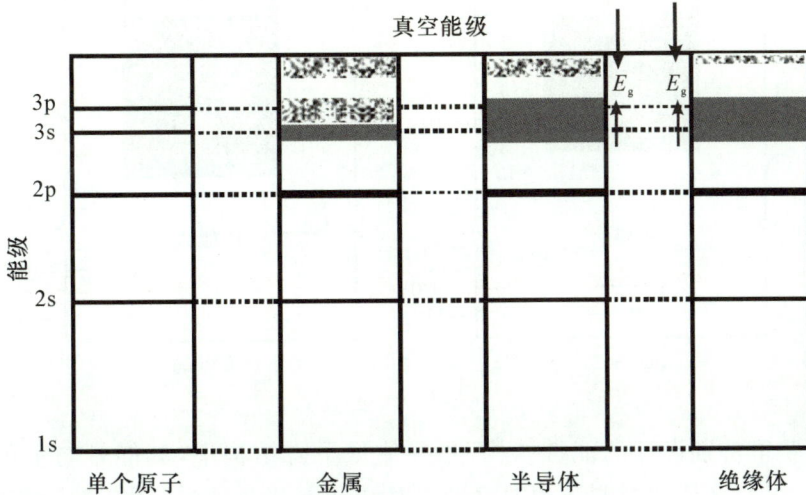

图 4-3-5　固体介质中的原子能级

如金属这一类的导体，在所有温度下，其导带是部分占据的。这个带中许多未被占据态（见图 4-3-5 的阴影部分）使得电子可以自由运动，即导致该材料具有大的导电率。本征半导体（在绝对零度 $T = 0$）具有满的价带，空的导带因为价带被填满，而导带中又没有电子，所以导电率为零。当温度上升时，价带中的部分电子受热激发进入导带，导电率增大。绝缘体具有满的价带，以及比半导体大的禁带宽度（一般大于 3eV），极少的电子受热能激发进入导带，因此导电率很低。金属、半导体与绝缘体在室温下的导电率典型值分别为：10^6 $(\Omega \cdot cm)^{-1}$，$10^{-6} \sim 10^3 (\Omega \cdot cm)^{-1}$ 与 $10^{-12} (\Omega \cdot cm)^{-1}$。下面将论述一些有代表性的固体的能级特点。

（1）红宝石晶体（ruby crystal）。红宝石晶体是绝缘体，它是由氧化铝 Al_2O_3（又称为蓝宝石 sapphire）其中小部分的 Al^{3+} 离子置换为 Cr^{3+} 离子而形成的。晶体组成离子之间相互作用的结果是使得某些能级是分立的，而某些能级形成能带，如图 4-3-6 所示。绿色与紫色吸收带（标记为 $^4F_2$ 与 $^4F_1$）使得晶体呈现粉红色。

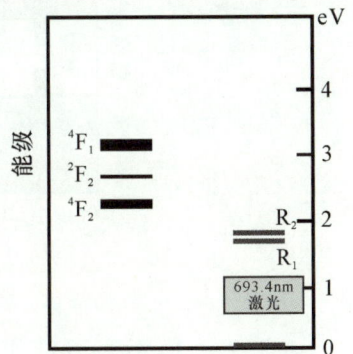

图 4-3-6　红宝石能级

（2）半导体。半导体具有近间隔能级结构并呈现能带特点，如图 4-3-7 所示。带宽 E_g 为导带与价带之间的能量差。室温下，对于 Si，禁带宽度为 1.11 eV；对于 GaAs，带宽为 1.42 eV。镓（Ga）和砷（As）（3d）的核心能级以及硅（Si）（2p）的核心能级都相当窄，如图 4-3-7 所示。硅的价带由 3s 与 3p 能级组成，而 GaAs 的价带是由 4s 和 4p 能级形成的。

（3）量子阱与超晶格（quantum wells and superlattices）。用分子束外延或气相外延技术

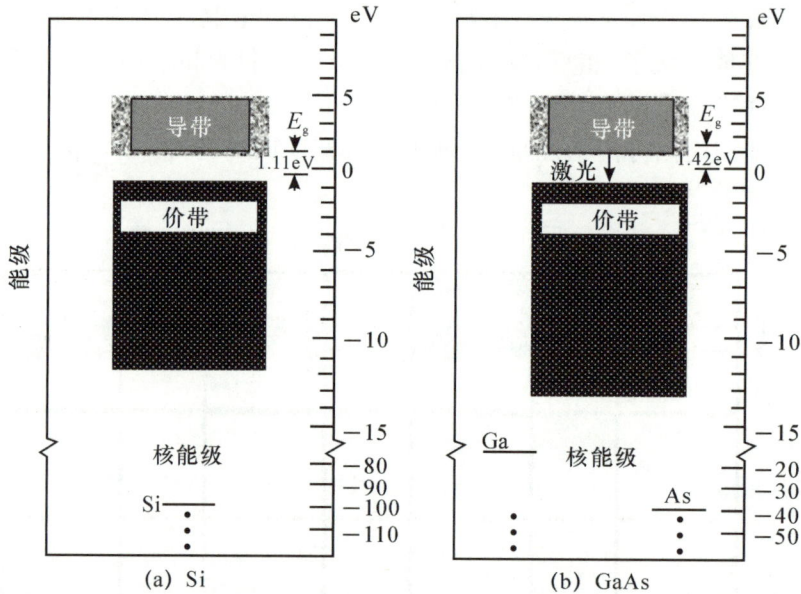

图 4-3-7　半导体 Si 和 GaAs 的能级

生长晶体可以获得特别设计的能带结构。半导体量子阱结构中,其能带与带隙是按照特定的设计制备的,因此这样的材料可以具备奇特的电子与光学特性。图 4-3-8 给出了多量子阱结构的一个例子,该结构由超薄的($2 \sim 15$nm)GaAs 薄膜与 20nm 厚的 AlGaAs 交替组合构成。GaAs 的带宽比 AlGaAs 的小。电子垂直于膜层运动,形成电子能级的导带与空穴的价带,这样两个带是离散分开的,就像量子机理中的方形势能阱一样。当 AlGaAs 势垒区很薄时,临近阱的电子通过量子隧道机理可以穿越势垒进行耦合,使得分立的能级分裂成次级能带(minibands)。这些由晶格产生的次级能带比自然原子晶格的能带大,因此被称为超晶格结构(superlattice structure)。

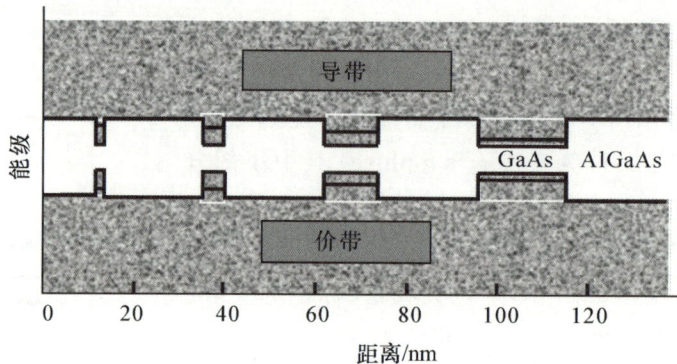

图 4-3-8　AlGaAs 和 GaAs 的量子阱结构

4.3.2　热平衡下能级的占据

每一原子或分子一直在其能级之间进行随机的跃迁。这些随机跃迁可以用统计物理的方法来描述,其中温度在决定起伏的平均行为中起到十分关键的作用。

1. 玻尔兹曼(Boltzmann)分布

考虑稀薄气体中的一个相同原子(或分子)的集合。每个原子处于某一可能的能级 E_1,

$E_2, \cdots$,如果系统处于热平衡温度 T(即原子或分子的运动的起伏平均而言不随时间变化),那么任意一个原子处于能级 E 的概率 $P(E)$,可以用玻尔兹曼函数描述为

$$P(E_m) \propto \exp[-E_m/(k_B T)], \quad m = 1, 2, \cdots \tag{4.3.5}$$

其中,k_B 为玻尔兹曼常数,式(4.3.5)的比例系数为 $\sum_m P(E_m) = 1$。可以看出原子能级的占据概率 $P(E_m)$ 随能级能量 E_m 的升高而降低,如图 4-3-9 所示。

因此,对于 N 个原子,如果 N_m 个原子在能级 E_m 上,则比例为 $N_m/N \approx P(E_m)$。如果 N_1 个原子在能级 1 上,N_2 个原子在能级 2 上,则粒子数比(population ratio)为

$$\frac{N_2}{N_1} = \exp\left(-\frac{E_2 - E_1}{k_B T}\right) \tag{4.3.6}$$

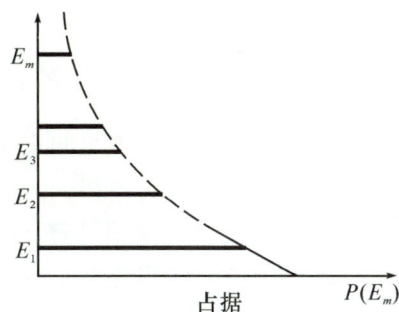

图 4-3-9　玻尔兹曼分布

玻尔兹曼分布取决于温度 T,当温度 $T = 0\mathrm{K}$ 时,所有原子都处于最低的能级 —— 基态(ground state)能级。当温度升高时,高能级的粒子数增加。在平衡的条件下,低能级的粒子数总是高于高能级的粒子数,但这在非平衡的条件下并不总是成立。当高能级的粒子数高于低能级的粒子数时,这种状态称为粒子数反转(population inversion)状态,这也是产生激光的基础。

由于每一个相同的能级可以有多个不同的量子态(如不同的角动量),考虑了这些因素,式(4.3.6)可以改写成

$$\frac{N_2}{N_1} = \frac{g_2}{g_1}\exp\left(-\frac{E_2 - E_1}{k_B T}\right) \tag{4.3.7}$$

其中,g_2 和 g_1 分别代表能级 E_2 与 E_1 的量子态数。

2. 费米-狄拉克分布(Fermi-Dirac distribution)

半导体中的电子遵循另一个不同的占据规律。因为其相邻原子距离很近,材料将视为一个整体,其间的电子是共享的。大量的能级构成能带。因为鲍利不相容原理(Pauli exclusion principle),每一个态仅能占据一个电子。每个量子态仅能处于空或被占据的状态,因此在量子态 m 的电子数处于 0 或 1。

能级 E 上占据电子的概率可以用费米-狄拉克分布描述为

$$f(E) = \frac{1}{\exp[(E - E_f)/(k_B T)] + 1} \tag{4.3.8}$$

其中,E_f 是常数,称为费米能级(Fermi energy)。这个分布的最大值为 1,说明该 E 能级是完全占据。$f(E)$ 随 E 的增加而单调下降,当 $E = E_f$ 时,$f(E) = 1/2$。虽然 $f(E)$ 是概率而不是概率密度,当 $E \gg E_f$ 时,此费米-狄拉克分布近似于玻尔兹曼分布,用公式表达为

$$P(E) \propto \exp\left[-\frac{E - E_f}{k_B T}\right] \tag{4.3.9}$$

费米-狄拉克和玻尔兹曼分布的比较如图 4-3-10 所示。

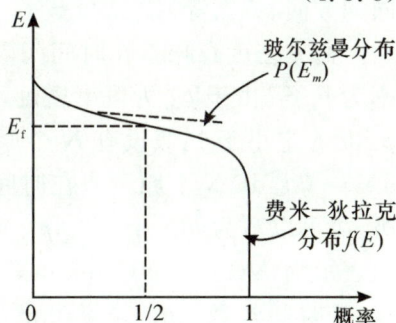

图 4-3-10　费米-狄拉克和玻耳兹曼分布

4.4   光子与原子的相互作用

4.4.1   光子与原子的作用

原子通过在其能级之间向下或向上跃迁,而辐射或吸收一个光子,保持能量的守恒。下面将论述这些跃迁的规律。

1. 原子与不同模式光子的作用

放置于一个体积为 V 的光学谐振腔中的原子,具有能级 E_1 与 E_2,这样的谐振腔系统可以拥有许多光的谐振模式。特别注意原子与频率为 $\nu \approx \nu_0$,且 $h\nu = E_2 - E_1$ 的辐射模式的光子之间的相互作用,因为此时光子能量与原子能级差相匹配。这些相互作用可以用量子电动力学的理论来分析,这里仅仅介绍一些关键结论,即光子与原子的三种相互作用为:自发辐射(spontaneous emission)、吸收(absorption)与受激辐射(stimulated emission)。

(1) 自发辐射

如果原子初始位于高能级,它具有自发跃迁回低能级的倾向,同时释放出一个对应能级差的光子,如图4-4-1所示。光子的能量 $h\nu$ 标注了电磁场模式的能量部分。这样的过程称为自发辐射,因为众多光子的跃迁是独立的,这些光子的模式没有关联,仅仅频率一致。

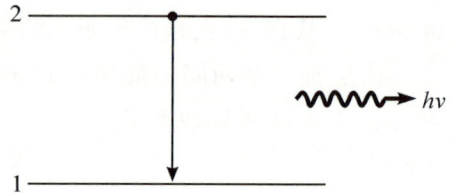

图 4-4-1   自发辐射

在一个体积为 V 的腔中,自发辐射跃迁的概率密度(单位时间的跃迁概率)或跃迁率与频率相关,并表示为

$$p_{sp} = \frac{c}{V} \sigma(\nu) \tag{4.4.1}$$

函数 $\sigma(\nu)$ 称为跃迁截面(transition cross section),是一个以原子谐振频率 ν_0 为中心的随频率变化的窄函数,其单位为 m^2(因为 p_{sp} 的单位为 s^{-1})。

原理上,$\sigma(\nu)$ 可以从解薛定谔方程来计算,但太复杂,因此一般 $\sigma(\nu)$ 采用实验的方法来确定。式(4.4.1)分别应用于每一种模式,因为对于同样的频率 ν,可以有不同的模式(如不同的方向、偏振等)。

概率密度意味着在时间间隔 t 到 $t + dt$ 内辐射的概率为 $p_{sp}dt$。由于 p_{sp} 为概率密度,所以 p_{sp} 可以大于1,但 $p_{sp}dt$ 一定小于1。假设有 N 个原子位于高能级,则大约 $dN = (p_{sp}dt)N$ 个原子将在时间间隔 dt 内跃迁到低能级。故可以写为:$dN/dt = -p_{sp}N$,高能级上的原子数可以表示为 $N(t) = N(0)\exp(-p_{sp}t)$,随时间呈指数衰减,且时间常数(time constant)为 $1/p_{sp}$,如图4-4-2所示。

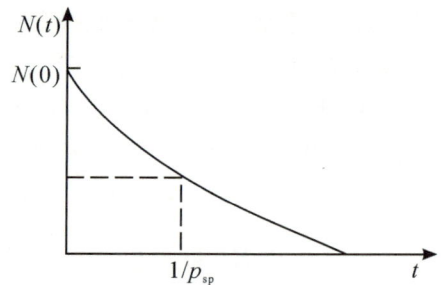

图 4-4-2   自发辐射导致受激原子呈指数衰减

（2）吸收

如果初始原子位于低能级,辐射模式包含一个可以被吸收的光子(能量匹配),则低能级的原子可以吸收光子,并跃迁至高能级,这个过程称为吸收(见图 4-4-3)。

吸收跃迁由光子诱发,它的出现一定包含光子。一个体积为 V 的腔,吸收一个给定频率模式的光子的吸收跃迁概率密度表达式与自发辐射该模式的光子的概率密度表达式相同,为

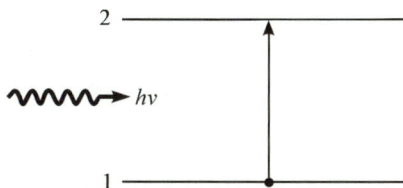

图 4-4-3　吸收导致低能级原子跃迁至高能级

$$p_{ab} = \frac{c}{V}\sigma(\nu) \tag{4.4.2}$$

然而,如果照射的辐射模式中有 n 个光子,则原子吸收一个光子的概率密度大 n 倍,因为是相互独立的,为

$$P_{ab} = n\frac{c}{V}\sigma(\nu) \tag{4.4.3}$$

（3）受激辐射

如果位于高能级的原子受含有一个光子的辐射模式的作用,从高能级跃迁到低能级的同时辐射出另外一个相同模式的光子,这样的过程称为受激跃迁(stimulated emission)。它与吸收相反。必须强调的是,受激辐射中激发光子的模式(包括特定的频率、传播方向、偏振)将克隆到由其诱发的受激辐射出的光子中,即两者有相同的模式。光放大就是经历了这样的过程,如图 4-4-4 所示。受激跃迁的概率密度为

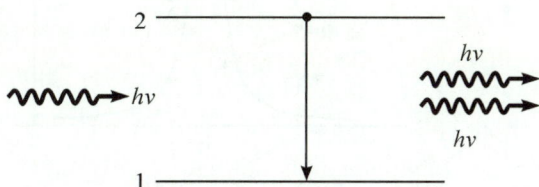

图 4-4-4　受激辐射

$$p_{st} = \frac{c}{V}\sigma(\nu) \tag{4.4.4}$$

与吸收跃迁的相同,如果初始辐射模式带有 n 个光子,概率密度将为

$$P_{st} = n\frac{c}{V}\sigma(\nu) \tag{4.4.5}$$

由于 $P_{st}=P_{ab}$,可以用 W_i 来表示受激辐射与吸收的概率密度。因为自发辐射是与受激辐射不同的辐射方式,所以原子辐射出一种模式的光子的总概率密度为 $p_{sp}+P_{st}=(n+1)\left(\frac{c}{V}\right)\sigma(\nu)$。事实上,从量子电动力学的角度看,自发辐射可以看成由零点波动(zero-point fluctuations)的模式诱发的受激辐射,因为零点能量是没有吸收的。注意:P_{ab} 是与 n,而不是 $n+1$ 成正比。

2. 线形函数

跃迁截面 $\sigma(\nu)$ 描述了原子与辐射的相互作用效应,函数

$$S = \int_0^\infty \sigma(\nu)d\nu$$

的单位为 $cm^2 \cdot Hz$,称为跃迁强度(transition strength)或谐振强度(oscillator strength),表明原子与光子相互作用的强度。跃迁截面 $\sigma(\nu)$ 的形状表明原子与不同频率光子作用的相对强度幅值。通过定义单位频率、单位面积的归一化,$\sigma(\nu)$ 可以从其强度中分离出来,形成线

形函数：$g(\nu) = \sigma(\nu)/S$。所以有

$$\int_0^\infty g(\nu)\mathrm{d}\nu = 1$$

跃迁截面可以用强度和线性函数来表示，其公式为

$$\sigma(\nu) = S\,g(\nu) \tag{4.4.6}$$

线形函数 $g(\nu)$ 是关于中心频率对称的线形，中心频率处的 $\sigma(\nu)$ 为最大值（跃迁谐振频率为 ν_0），当频率 ν 偏离 ν_0 时急剧下降。因此跃迁主要是针对频率 $\nu \sim \nu_0$ 的光子。函数 $g(\nu)$ 的宽度称为跃迁线宽，线宽 $\mathrm{d}\nu$ 定义为 $g(\nu)$ 函数的半高宽（FWHM）。通常，$g(\nu)$ 的宽度与其中心频率的值（因其面积为 1）成反比，即

$$\Delta\nu \propto \frac{1}{g(\nu_0)} \tag{4.4.7}$$

所以线形函数 $g(\nu)$ 是归一化的跃迁截面 $\sigma(\nu)$。跃迁截面的峰值出现在谐振频率 $\nu = \nu_0$，$\sigma_0 = \sigma(\nu_0)$。$\sigma(\nu)$ 函数由其最大值 σ_0、线宽 $\Delta\nu$、面积 S 以及线形函数 $g(\nu)$ 所决定，如图 4-4-5 所示。

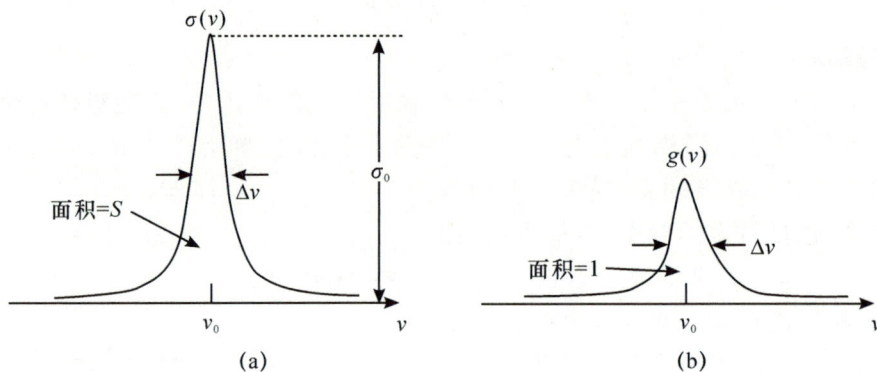

图 4-4-5   跃迁截面 $\sigma(\nu)$ 和线形函数 $g(\nu)$

4.4.2   自发辐射

1. 所有模式的总自发辐射

方程（4.4.1）给出了自发辐射到特定模式（不论该模式是否包含光子）频率 ν 的概率密度。三维腔的模式密度为 $M(\nu) = 8\pi\nu^2/c^3$，这就是指单位腔空间中单位带宽、特定频率 ν 的模式数。原子的自发辐射就是产生对应频率 ν 的某一个模式的光子，如图 4-4-6 所示。

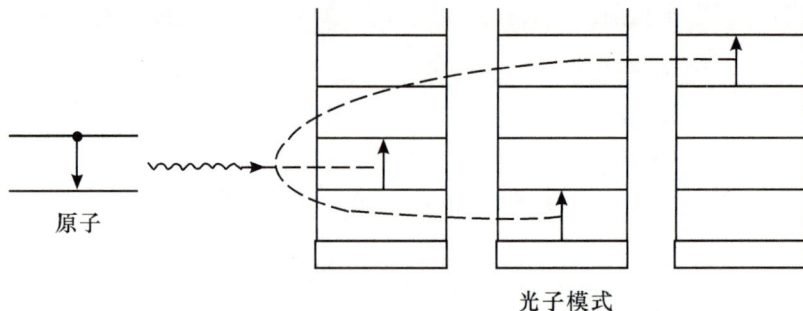

图 4-4-6   原子可能会自发辐射某一个模式的光子

自发辐射到单个模式的概率密度与该模式密度相关,所以谐振腔内所有模式的自发辐射概率密度应为

$$P_{sp} = \int_0^\infty \left[\frac{c}{V} \sigma(\nu) \right] [VM(\nu)] d\nu = c \int_0^\infty \sigma(\nu) M(\nu) d\nu \qquad (4.4.8)$$

为了简化,式(4.4.8)假设自发辐射到的模式均为相同的频率,但方向与偏振不同。

$\sigma(\nu)$ 函数是具有尖峰的函数,它比 $M(\nu)$ 函数更窄。由于 $\sigma(\nu)$ 函数的峰值在频率 ν_0,而 $M(\nu)$ 在 ν_0 处基本为常数 $M(\nu_0)$,所以 $M(\nu_0)$ 可以移出积分,自发辐射的概率密度表示为

$$P_{sp} = M(\nu_0) cS = \frac{8\pi S}{\lambda^2} \qquad (4.4.9)$$

其中,$\lambda = c/\nu_0$ 是光在介质中的波长。注意 P_{sp} 是单位时间的自发辐射概率密度,假设时间常数 t_{sp} 为自发辐射寿命,也就是能级 2 到能级 1 的自发辐射寿命,则有 $1/t_{sp} \equiv P_{sp} = M(\nu_0) cS$。因此

$$P_{sp} = \frac{1}{t_{sp}} \qquad (4.4.10)$$

值得注意的是,它与腔体积 V 无关,这样可以将 S 写成

$$S = \frac{\lambda^2}{8\pi t_{sp}} \qquad (4.4.11)$$

因此,跃迁强度一般可以由实验测量自发辐射寿命 t_{sp} 来确定,而理论推导计算 S 需要量子理论,是很困难的。典型的自发辐射寿命 $t_{sp} = 10^{-8} s$(如氢原子的第一激发能级),但是 t_{sp} 的变化范围很大,可以从亚皮秒到分钟。

2. 跃迁截面与自发寿命之间的关系

把式(4.4.11)代入式(4.4.6)可得跃迁截面与自发寿命和线形函数之间的关系

$$\sigma(\nu) = \frac{\lambda^2}{8\pi t_{sp}} g(\nu) \qquad (4.4.12)$$

且中心频率 ν_0 处的跃迁截面为

$$\sigma_0 = \sigma(\nu_0) = \frac{\lambda^2}{8\pi t_{sp}} g(\nu_0) \qquad (4.4.13)$$

4.4.3　受激辐射和吸收

1. 单频光跃迁

下面讨论单频的光子流和原子之间的相互作用。假定单频光的频率为 ν,光强为 I,则平均光子流密度[单位为光子数 $/(cm^2 \cdot s)$]为

$$\phi = \frac{I}{h\nu} \qquad (4.4.14)$$

参与相互作用过程的光子数 n 可以通过构造一个圆柱体来计算,假设圆柱体底面为 A,高度为 c,圆柱体的轴与光传播方向平行(传播矢量为 $\boldsymbol{k}$),故圆柱体的体积为 $V = cA$,穿过圆柱体底面的光通量为 ϕA(每秒光子数)。因为光子的速度为 c,即一秒钟内圆柱体内的所有光子数都会穿过圆柱体底面,所以某时刻圆柱体包含光子数 $n = \phi A$,或

$$n = \phi \frac{V}{c} \qquad (4.4.15)$$

于是 $\phi = (c/V)n$。因为 $W_i = n\dfrac{c}{V}\sigma(\nu)$，把式(4.4.15)代入即得

$$W_i = \phi\sigma(\nu) \tag{4.4.16}$$

其中，$\sigma(\nu)$ 为受激跃迁的概率密度和光子流密度的比例系数，也称为"受激辐射截面"，由于 ϕ 为每平方厘米的光通量，$\sigma(\nu)$ 是有效原子截面积（cm^2），$\phi\sigma(\nu)$ 则表示原子在吸收或受激辐射时，光子流里的一个光子受原子截面"捕获"的概率密度。

原子的衰减会增强自发辐射速率，而受激辐射只与光子的衰减有关，只有大量的光子才能增强受激辐射的速率。

2. 宽频光跃迁

假设一个原子在一个体积为 V 的腔体中，腔体内包含光谱能量密度 $\rho(\nu)$〔能量 /（单位线宽·单位体积）〕的多模多色光，且光谱宽度较原子线宽大很多。在 ν 到 $\nu + d\nu$ 带宽的平均光子数为 $\rho(\nu)V d\nu/(h\nu)$，每个光子激发原子跃迁的概率密度为 $(c/V)\sigma(\nu)$，所以总的吸收或受激辐射的概率为

$$W_i = \int_0^\infty \frac{\rho(\nu)V}{h\nu}\left[\frac{c}{V}\sigma(\nu)\right]d\nu \tag{4.4.17}$$

因为辐射是宽光谱的，函数 $\rho(\nu)$ 的变化比锐变的峰值函数 $\sigma(\nu)$ 要缓慢得多。因此用 $\rho(\nu_0)/\nu_0$ 代替 $\rho(\nu)/\nu$，可得

$$W_i = \frac{\rho(\nu)}{h\nu_0}c\int_0^\infty \sigma(\nu)d\nu = \frac{\rho(\nu_0)}{h\nu_0}cS$$

利用式(4.4.11)，可得

$$W_i = \frac{\lambda^3}{8\pi h t_{sp}}\rho(\nu_0) \tag{4.4.18}$$

其中，$\lambda = c/\nu_0$ 是中心频率 ν_0 处的光波长。

此处所用的方法类似于计算多模光自发辐射的概率密度，$P_{sp} = M(\nu_0)cS$。定义

$$\bar{n} = \frac{\lambda^3}{8\pi h}\rho(\nu_0)$$

这代表每个模式的平均光子数，方便起见可以把式(4.4.18)改写成

$$W_i = \frac{\bar{n}}{t_{sp}} \tag{4.4.19}$$

$\bar{n}$ 可解释为受激辐射和自发辐射的比例 $W_i/P_{sp} = \rho(\nu_0)/[h\nu_0 M(\nu_0)]$。概率密度 W_i 远大于它对自发辐射的作用，因为每个模式的光包含同样的 $\bar{n}$。

3. 爱因斯坦系数

基于热平衡状态下原子和辐射光子之间的能量交换分析，爱因斯坦写出了不同类型原子跃迁的概率密度的表达式，这些原子与光谱能量密度为 $\rho(\nu)$ 的宽频辐射光相互作用，用公式表达为

$$P_{sp} = \mathbb{A} \tag{4.4.20}$$

$$W_i = \mathbb{B}\rho(\nu_0) \tag{4.4.21}$$

常数 $\mathbb{A}$ 和 $\mathbb{B}$ 就是著名的爱因斯坦系数。比较式(4.4.10)和式(4.4.18)，可得系数 $\mathbb{A}$ 和 $\mathbb{B}$ 的定义为

$$A = \frac{1}{t_{sp}} \tag{4.4.22}$$

$$B = \frac{\lambda^3}{8\pi h t_{sp}} \tag{4.4.23}$$

需要注意的是,系数 A 和 B 之间的关系是原子和光子之间相互作用的微观概率关系的表现,因此有

$$\frac{B}{A} = \frac{\lambda^3}{8\pi h} \tag{4.4.24}$$

【例 4.2】　波长 1μm 的光入射到某介质,介质的增益带宽 $\Delta\nu = 10^7$ Hz,当光功率为多少时,自发辐射与受激辐射的速率相等?

解: 自发辐射与受激辐射的速率相等时,有

$$\frac{A}{B} = \frac{8\pi h}{\lambda^3} = 1.66 \times 10^{-14} \text{J}/(\text{m}^2 \cdot \text{Hz})$$

因此光功率为

$$I = \Delta\nu c \frac{A}{B} = 50 \text{W/m}^2$$

4.4.4　线形加宽

线形函数 $g(\nu)$ 在光子与原子的相互作用中扮演了一个重要的角色,对自发辐射、吸收和受激辐射均采用同样的线形函数来描述跃迁行为。

1. 寿命加宽

原子可在能级间发生辐射和无辐射跃迁。辐射跃迁导致光子的吸收和辐射。无辐射跃迁通过机械运动发生能量转移,例如晶格振动、原子间的非弹性碰撞、原子和容器壁的碰撞等。可以用能级寿命来描述能级上粒子数的衰减速度。原子的能级寿命为 τ,即粒子数衰减速率的倒数。

如图 4-4-1 所示,能级 2 的寿命 τ_2,代表能级 2 的粒子数通过辐射或无辐射跃迁到能级 1 或其他低能级的速率的倒数。由于 $1/t_{sp}$ 是能级 2 到能级 1 的辐射跃迁速率,总的跃迁速率 $1/\tau_2$ 快得多,因此 $1/\tau_2 \gg 1/t_{sp}$,从而可得 $\tau_2 \ll t_{sp}$。能级 1 的寿命 τ_1 也是同样的定义,显而易见,如果能级 1 是最低的能级(基态),则 $\tau_1 = \infty$。

寿命加宽实际上与原子在一个能级的寿命 τ 和占据这个能级的时间不确定性有关。洛伦兹线形函数二次幂的半高宽(FWHM)的线宽为 $\Delta\nu = 1/(2\pi\tau)$。光谱的不确定性对应能量的不确定性,$\Delta E = h\Delta\nu = h/(2\pi\tau)$。

寿命为 τ 的能级因此有一个能量展宽 $\Delta E = h/(2\pi\tau)$。把衰减过程模拟为一个简单的指数函数,自发辐射可看成一个指数衰减谐振函数的阻尼谐振腔。

这样,如果能级 1 和能级 2 的能量展宽为 $\Delta E_1 = h/(2\pi\tau_1)$ 和 $\Delta E_2 = h/(2\pi\tau_2)$,则不同能级的能量展宽导致相应于两个能级之间的跃迁是

$$\Delta E = \Delta E_1 + \Delta E_2 = \frac{h}{2\pi}\left(\frac{1}{\tau_1} + \frac{1}{\tau_2}\right) = \frac{h}{2\pi}\frac{1}{\tau} \tag{4.4.25}$$

其中 $\tau^{-1} = (\tau_1^{-1} + \tau_2^{-1})$,$\tau$ 称为跃迁寿命。相应于跃迁频率的展宽,寿命加宽导致辐射谱线的线宽为

$$\Delta\nu = \frac{1}{2\pi}\left(\frac{1}{\tau_1} + \frac{1}{\tau_2}\right) \tag{4.4.26}$$

这个展宽的中心频率为 $\nu_0 = (E_2 - E_1)/h$,而且其线形函数为洛伦兹函数

$$g(\nu) = \frac{\Delta\nu/(2\pi)}{(\nu - \nu_0)^2 + (\Delta\nu/2)^2} \tag{4.4.27}$$

在原子寿命加宽的模型中,每个辐射的光子都可表示为一个中心频率为 ν_0(跃迁谐振频率)的波包,且有弛豫时间为 2τ(能量衰减的时间即为跃迁寿命 τ)呈指数衰减的包络,如图4-4-7所示。辐射光以一系列的波包随机发射,其功率谱密度为式(4.4.27)给出的洛伦兹函数,线宽为 $\Delta\nu = 1/(2\pi\tau)$。

洛伦兹线形函数在中心频率 ν_0 的值为 $g(\nu_0) = 2/(\pi\Delta\nu)$,因此式(4.4.13)给出的峰值跃迁截面可重新计算得

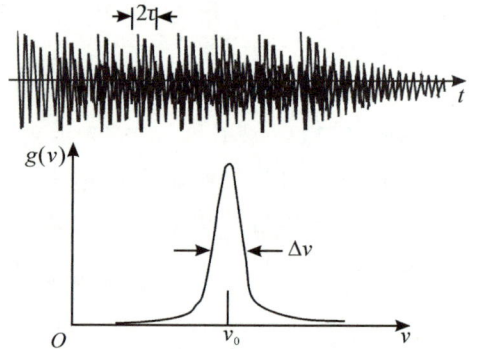

图 4-4-7　跃迁寿命为 ν 的寿命加宽原子系统随机辐射的光包络

$$\sigma_0 = \frac{\lambda^2}{2\pi} \cdot \frac{1}{2\pi t_{sp}\Delta\nu} \tag{4.4.28}$$

最大的跃迁截面只发生在理想状态,即所有衰减都是由自发辐射造成的,于是 $\tau_2 = t_{sp}$,并且 $1/\tau_1 = 0$(能级1为基态,无任何衰减)。因此 $\Delta\nu = 1/(2\pi t_{sp})$,并且

$$\sigma_0 = \frac{\lambda^2}{2\pi} \tag{4.4.29}$$

式(4.4.29)表明峰值跃迁截面和波长的平方成正比。当能级1不是基态或存在无辐射跃迁时,$\Delta\nu \gg 1/t_{sp}$,在这种情况下,$\sigma_0 \ll \lambda^2/(2\pi)$。例如,当辐射光波长 λ 在 $0.1 \sim 10\,\mu m$ 变化时,$\lambda^2/(2\pi) \approx 10^{-11} \sim 10^{-7}\,cm^2$,其中 σ_0 的典型值为 $10^{-20} \sim 10^{-11}\,cm^2$。

2. 碰撞加宽

原子之间非弹性碰撞的能量交换导致能级间的原子跃迁,此时衰变的速率会改变发生跃迁的能级的寿命,进而改变辐射场的线宽。

弹性碰撞没有能量交换,但是会导致能级的波函数发生随机的相移,进而导致辐射场的相移,并表现出光谱加宽,如图4-4-8所示,原子间的碰撞导致线性加宽。这种随机相移函数的光谱很难计算,只能通过随机过程理论来求解。由计算可知光谱为洛伦兹函数,其线宽为 $\Delta\nu = f_{col}/\pi$,其中 f_{col} 是碰撞速率(每秒碰撞的平均次数)。

光谱的线宽是寿命和碰撞加宽的和,因此整个洛伦兹线形函数的线宽为

$$\Delta\nu = \frac{1}{2\pi}\left(\frac{1}{\tau_1} + \frac{1}{\tau_2} + 2f_{col}\right) \tag{4.4.30}$$

3. 非均匀加宽

寿命加宽和碰撞加宽都是均匀加宽,都是由介质的原子造成的。均匀加宽假定所有的原子都相同,并且有相同的线形函数。然而在很多情况下,介质由不同的原子组成,这些原子有不同的线形函数或者不同的中心频率。在这种情况下,可以定义一个平均线形函数

$$\bar{g}(\nu) = \langle g_\beta(\nu)\rangle \tag{4.4.31}$$

其中 $\langle\ \rangle$ 表示对于不同的变量 β 线形函数的平均值,如图4-4-9所示。

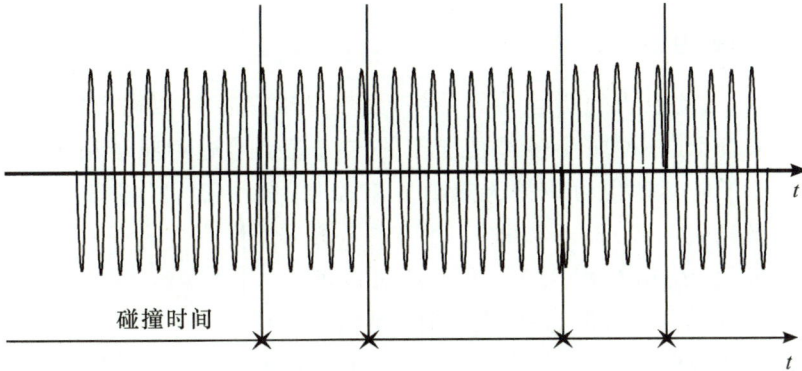

图 4-4-8　光波的随机相移

多普勒加宽是一种非均匀加宽机制。由于多普勒效应,一个以速度 v 运动的原子,其光谱在它运动的方向会有频移 $\pm(v/c)\nu_0$,其中 ν_0 为中心频率。如果原子朝向观察者运动,光谱会往高频方向偏移(+ 号),反之则往低频方向偏移(− 号)。对于一个任意的观察方向,频率偏移为 $\pm(v_\parallel/c)\nu_0$,其中 $v_\parallel$ 是平行于观察方向的运动速度分量。由于气体包含很多原子,其速度及方向各不相同,因此光波包含很多频率,不同的频移量导致多普勒加宽,如图4-4-10 所示。

图 4-4-9　非均匀加宽的平均线形函数

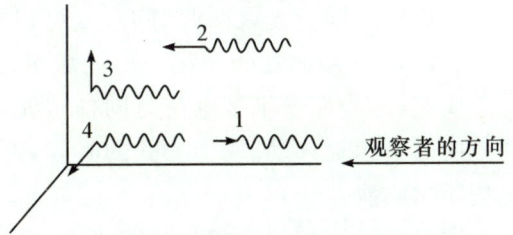

图 4-4-10　多普勒加宽的辐射频率依赖于观察者和原子运动的相对位置

在多普勒加宽中,速度 v 决定参数 β,$\overline{g}(\nu)=\langle g_\beta(\nu)\rangle$。如果 $p(v)\mathrm{d}v$ 是某个原子其运动速度落在 v 和 $v+\mathrm{d}v$ 之间的概率,则整个非均匀加宽的多普勒线形函数(见图 4-4-11)为

$$\overline{g}(\nu)=\int_{-\infty}^{\infty}g\left(\nu-\nu_0\,\frac{v}{c}\right)p(v)\mathrm{d}v \tag{4.4.32}$$

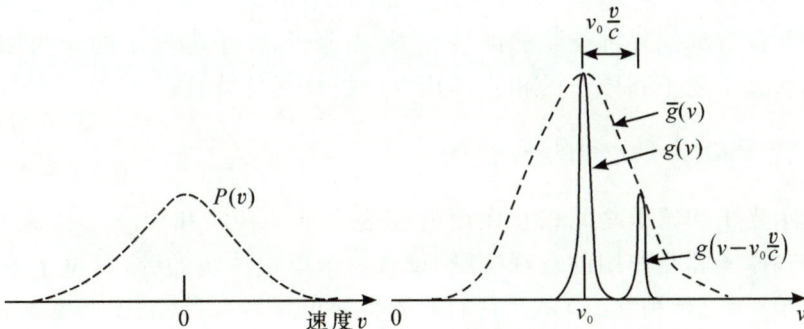

图 4-4-11　速度分布和平均多普勒线形函数

4.4.5   激光冷却和捕获原子

物质是运动的,因此粒子随机运动的结果,必然导致多普勒加宽效应,多普勒加宽常常以自然线形函数来表示。一种减小多普勒加宽的方法就是通过对原子束中原子运动速度的精确调控。同样,原子的运动也可以被光辐射压来控制(参见第4.1.3节)。

一束窄线宽激光束的光子,可以被一束朝向激光束移动的原子束吸收。在相互作用后,原子通过受激辐射或自发辐射回到基态。如果是受激辐射,则辐射光子的运动状态和被吸收光子的运动状态相同,而原子的动量没任何变化。如果是自发辐射,则辐射光子的动量的运动方向是随机的,因此不断吸收导致朝向激光束方向的原子数下降,结果是原子的速度减慢,温度下降,如图4-4-12所示。最终,原子运动的变化导致原子偏离激光的谐振频率,所以不再吸收光子。

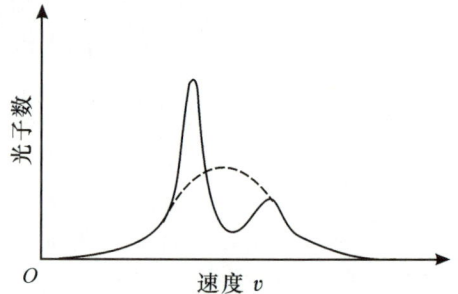

图4-4-12   激光冷却分布(实线)
与热速度分布曲线(虚线)

一旦原子通过这种方式冷却,光子束可以用来构建一个光学陷阱,例如,用四束在同平面正交放置的同频光束两两对射,就可以在区域构成一光学陷阱。这样大量的原子会被长时间(数秒)地限制在一个狭小的区域里。虽然光学陷阱对电离原子的束缚因其带电荷而更容易实现,但当原子不带电荷时同样也是可以实现的。被捕获的原子可以通过调整激光束的方向而快速地移动。发生捕获的时候,那些原子一定很冷(它们的动能一定很小),这样才无法跳出陷阱。

通过使用这样的冷却和捕获过程,可以获得温度低达$1\mu\mathrm{K}$的中性原子。人们还发现当只有少量的离子被捕获在陷阱里时,这些离子会形成类晶状结构排列,有序的"晶线"态和无序状态的相变可以通过改变激光冷却的度来实现。

4.5   热   光

在热平衡和没有其他外部能量源的情况下,由原子、分子等发出的光叫作热光。本节将通过检验平衡状态下光子和原子的相互作用来分析热光的特性。

4.5.1   光子和原子之间的热平衡

可以用表示光子和原子之间相互作用的表达式(4.4.10)和(4.4.19)来建立热平衡条件下多光子和多原子相互作用的宏观法则。设有一个单位体积的腔,其壁上有大量的原子,这些原子只处于1和2两种状态,并且它们的能量差正好为$h\nu$,该腔支持宽带辐射。用$N_2(t)$和$N_1(t)$分别表示在时刻t,单位体积中占据能级2和能级1的原子数目。假设初始的时候有一些原子处于能级2(由外部有限温度保证),那么自发辐射将会在腔内产生辐射,该辐射便诱导吸收和受激发射。在腔内,这三个过程共存并且达到稳态(即平衡状态)。假设平均有$\bar{n}$个光子占据一个辐射模式,而这个辐射模式的频率落在原子线宽内,如式(4.4.19)所示。

首先考虑自发辐射。在时间间隔 t 到 $t + \Delta t$ 中,上能级的单个原子自发辐射到光子单个模式中的概率为 $p_{sp}\Delta t = \Delta t/t_{sp}$。这里有 $N_2(t)$ 个这样的原子,所以在 Δt 这么长的时间内辐射出的平均光子数为 $N_2(t)\Delta t/t_{sp}$,这也就是在 Δt 时间间隔内,离开能级 2 的原子数目。所以,由自发辐射导致的 $N_2(t)$ 的增长速率为负值,且用微分方程表达为

$$\frac{dN_2}{dt} = -\frac{N_2}{t_{sp}} \qquad (4.5.1)$$

其解 $N_2(t) = N_2(0)\exp(-t/t_{sp})$ 是一个依赖于时间的指数衰减方程,如图 4-5-1 所示。假设有足够长的时间,上能级的原子数目 N_2 按其时间常数为 t_{sp} 的衰减速度将衰减为零,能量由此被自发辐射的光子消耗。

然而,自发辐射并不是相互作用的唯一形式。当有辐射的时候,吸收和受激辐射也对反转粒子数 $N_2(t)$ 和 $N_1(t)$ 有作用。因为有 N_1 个原子可以吸收,所以使用式(4.4.19),由吸收导致的上能级原子数增加速率为

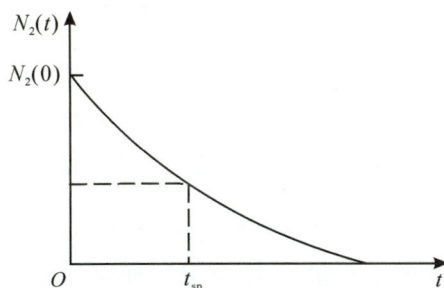

图 4-5-1　上能级粒子数由自发辐射引起的衰减时间

$$\frac{dN_2}{dt} = N_1 W_i = \frac{N_1 \bar{n}}{t_{sp}} \qquad (4.5.2)$$

同样,受激辐射引起的上能级原子数增加速率为

$$\frac{dN_2}{dt} = -\frac{N_2 \bar{n}}{t_{sp}} \qquad (4.5.3)$$

很显然,原子吸收和受激发射速率正比于每个模式中的平均光子数 $\bar{n}$。

将式(4.5.1) ~ (4.5.3)合并,可写出由自发辐射、吸收和受激辐射引起的反转粒子数密度 $N_2(t)$ 的变化速率为

$$\frac{dN_2}{dt} = -\frac{N_2}{t_{sp}} + \frac{\bar{n}N_1}{t_{sp}} - \frac{\bar{n}N_2}{t_{sp}} \qquad (4.5.4)$$

方程(4.5.4)没有包括由其他效应,例如与其他能级的相互作用、非辐射跃迁和外部激发源,所引起的能级 2 上原子的跃迁。在稳态时,$dN_2/dt = 0$,可得

$$\frac{N_2}{N_1} = \frac{n}{1+\bar{n}} \qquad (4.5.5)$$

其中,$\bar{n}$ 是每个模式中的平均光子数目。明显地,$N_2/N_1 \leqslant 1$。

如果考虑到原子是处于平衡状态的,那么式(4.3.8)意味着粒子数布居遵守玻尔兹曼分布,即

$$\frac{N_2}{N_1} = \exp\left(-\frac{E_2 - E_1}{k_B T}\right) = \exp\left(-\frac{h\nu}{k_B T}\right) \qquad (4.5.6)$$

将式(4.5.6)代入式(4.5.5),求解 $\bar{n}$ 可得

$$\bar{n} = \frac{1}{\exp[h\nu/(k_B T)] - 1} \qquad (4.5.7)$$

即频率为 ν 的模式中的平均光子数目。

上述推导是以两个耦合能级的相互作用为基础的,这种耦合由发生在频率为 ν 附近的吸收、受激发射和自发辐射构成。式(4.5.7)的适用性很广。一个壁为固体材料的腔,其在所

有能量间隔,即所有频率 ν 上,具有连续的能级。壁上的原子自发发射到腔内。随后,发射的光与原子相互作用,引起吸收和受激发射。如果腔壁维持在温度 T,则原子和辐射的组合系统达到热平衡。

方程(4.5.7)与式(4.2.18)是一致的 —— 单个热光模式中的平均光子数的表达式,模式能级的布居遵循玻尔兹曼或者玻色-爱因斯坦分布,即 $p(n) \propto \exp[-nh\nu/(k_B T)]$。这个结果意味着分析的自洽性。在温度 T 时,热平衡状态下与原子相互作用的光子同样是在温度 T 下的热平衡状态。

4.5.2　黑体辐射谱

在第 4.5.1 节的描述中,可以知道频率为 ν 的模式中的平均光子数 $\bar{n}$,因此单个辐射模式的平均能量 $\bar{E}$ 为 $\bar{n}h\nu$,便可得

$$\bar{E} = \frac{h\nu}{\exp[h\nu/(k_B T)] - 1} \qquad (4.5.8)$$

$\bar{E}$ 对 ν 的依赖关系如图 4-5-2 所示。注意到:对于 $h\nu \ll k_B T$(也就是当光子能量足够小的时候),$\exp[h\nu/(k_B T)] \approx 1 + h\nu/(k_B T)$,并且 $\bar{E} = h\nu/(k_B T)$。这也就是使用有两个自由度的谐振子得到的经典结果。

将单个模式的平均能量表达式 $\bar{E}$ 乘以模式密度 $M(\nu) = 8\pi\nu^2/c^3$,便可得光谱能量密度(单位腔体积单位带宽内的能量)$\rho(\nu) = M(\nu)\bar{E}$,即

$$\rho(\nu) = \frac{8\pi h\nu^3}{c^3} \cdot \frac{1}{\exp[h\nu/(k_B T)] - 1} \qquad (4.5.9)$$

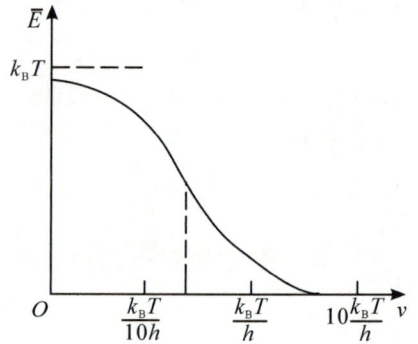

图 4-5-2　平均能量和 ν 的关系

式(4.5.9)即所谓的黑体辐射定律,见图 4-5-3。辐射密度对温度的依赖关系见图 4-5-4。

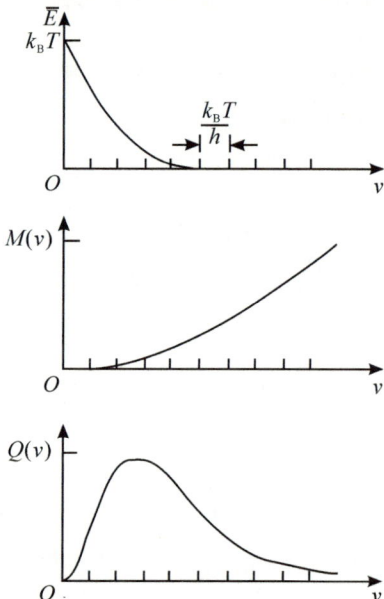

图 4-5-3　频率与单个模式能量、模式密度及光谱能量密度之间的关系

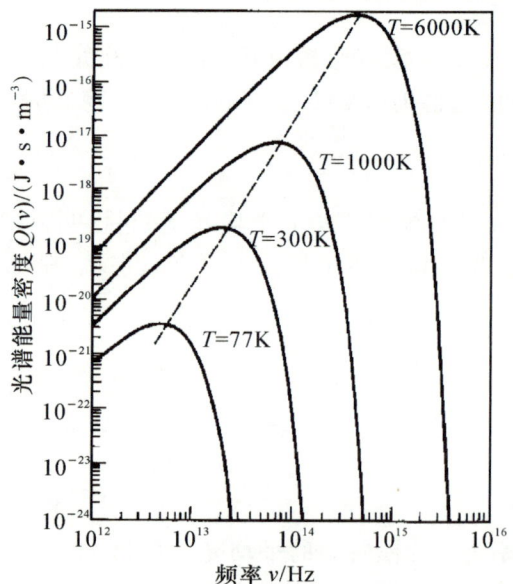

图 4-5-4　不同温度下光谱能量密度与频率之间的关系

黑体辐射谱在光的量子特性的发现中扮演着重要的角色,并且起到重要的作用。然而,基于经典的统计力学(其中,电磁能没有量子化),单个模式的平均能量为 $\bar{E} = k_B T$。这给出了 $\rho(\nu)$ 的错误结果,因为积分发散。在 1900 年,普朗克看到了一条获得正确黑体谱的方法,即将每个模式中的能量量子化并且建议使用式(4.5.8)中的正确的量子表达式。

【例 4.3】　用黑体辐射定律证明光谱能量密度最大值点的频率 ν_p 满足方程 $3(1 - e^{-x}) = x$,其中 $x = h\nu/(k_B T)$,并求出 $T = 300\text{K}$ 时的 ν_p 以及 x。

解:利用定义 $x = h\nu/(k_B T)$,黑体辐射定律公式可写为

$$\rho(\nu) = \frac{[8\pi(k_B T)^3/(c^3 h^2)]x^3}{e^x - 1}$$

函数最大值点满足 $\mathrm{d}\rho/\mathrm{d}x = 0$,因此可以得出

$$3x^2(e^2 - 1) - x^3 e^x = 0$$

即

$$3(1 - e^{-x}) = x$$

解此方程可得 $x \approx 2.821$,在 $T = 300\text{K}$ 时,$\nu_p = 17.6\text{THz}$。

4.6　光子的吸收与散射

光与物质的作用起始于入射光被物质分子吸收,在光吸收的基础上,一个被激发的物质分子可以经历光物理过程或光化学过程演变。光物理过程是指被激发的物质分子经历各种中间态回到最初的基态而无化学结构的改变。被激发的物质分子的去激活也可以经过各种化学反应导致化学结构的改变,即光化学过程。这里将简要介绍光与物质的物理作用的过程。

光与物质的物理作用可以看成光照射物质,引起物质的各种扰动,这些物质的各种扰动反过来又作用入射的光,改变光的特性。光吸收与光散射是光与物质作用的两个基本过程。

1. 光子吸收的基本类型

当光照射物质时,首先出现的物理现象是光对物质的扰动与吸收,当一束特定频率的光照射物质时,如果光不被吸收,则物质对此特定频率的光而言是绝对透明的,光与物质没有作用,仅仅是反射与折射,这是理想状态下的事件。实际上当光照射物质时,不论是扰动还是吸收均对物质产生作用。物质对光的吸收、获得能量、状态发生变化,必定包含多种物理过程。可以从光吸收的几种不同种类看看光与物质的美妙作用。

(1) 一阶过程(线性过程)的光吸收。对于线性过程的光吸收,即单光子吸收:当光通过材料时,光与材料中的原子(离子)、电子相互作用即可发生光的吸收。例如,离子晶体长光学波的红外吸收、半导体的本征吸收(包括竖直跃迁吸收和需要声子参与的非竖直跃迁吸收)、激子吸收、自由载流子吸收、杂质吸收等。单光子吸收,是光子能量转移给物质,物质分子吸收光子,跃迁至相应能量的激发态。

线性光吸收时,吸收系数有色散,但不是光强的函数,光强与吸收系数之间的关系为: $I(x) = I_0 e^{-\alpha x}$,其中 α 为吸收系数。

(2) 二阶过程的光吸收,是指在光与物质作用过程中出现了与入射光子频率不同的光子

或其跃迁的能级与入射光子的能量不完全对应,即吸收系数与光强相关,是光强的函数。常见的二阶过程有双光子吸收等。

双光子吸收(two-photon absorption,TPA)是指两个具有相同或不同频率的光子自发吸收,将基态的物质分子激发到相当于两个光子能量和的高能态。双光子吸收是一种二阶过程,其强度比一阶的线性单光子吸收要弱很多,与线性单光子吸收不同的是,吸收系数与光强的平方成正比,所以是一种典型的非线性行为。

双光子吸收系数定义为

$$-\frac{\mathrm{d}I}{\mathrm{d}z} = \alpha I + \beta I^2 \quad 且 \quad \beta(\omega) = \frac{2\hbar\omega}{I^2}W_{\mathrm{T}}^{(2)}(\omega)$$

其中,β 是双光子吸收系数,α 是单光子吸收(或材料吸收)系数,$W_{\mathrm{T}}^{(2)}(\omega)$ 是双光子吸收的跃迁概率,I 是光强,ω 是光子频率,$\mathrm{d}z$ 为薄层的厚度。

在国际单位制中,双光子吸收系数为

$$\beta(m/W) = (N/E)\sigma_2$$

其中,N 是单位体积(cm^3)中的分子密度数,E 是光子能量(J),σ_2 是双光子吸收截面。

双光子吸收可以用不同的方法进行测试,如双光子激发荧光法(TPEF)与非线性跃迁法(NLT)。双光子吸收中一般采用脉冲激光,因为它是三阶非线性过程,所以在很强的光强下,效果才明显。当然还存在更高阶的光子与物质的吸收作用过程。

2. 光子与物质的散射作用过程

光散射是光与物质作用的典型过程,光散射主要涉及:光的瑞利散射(Rayleigh scattering)、光的拉曼散射(Raman scattering)以及光与物质的布里渊散射(Brillouin scattering)。人们很早就发现了光与物质相互作用的现象,如瑞利散射使大气显蓝色,丁达尔散射在乳浊悬浮液中的表现为颗粒的米氏散射。这些散射被称为弹性散射,其入射光频率与反射光频率一样。从弹性散射的名称中可以看出,为其取名的人是将光当作粒子来看待的。既然有弹性散射,那就应该有非弹性散射:在物质的微结构中,光照射在分子、原子等微粒的转动、振动、晶格振动及微粒可能发生的其他运动的作用下,光的散射频率不等同于入射频率的现象叫非弹性散射。最典型的当然要数拉曼散射和布里渊散射。

(1)瑞利散射,由英国物理学家瑞利的名字命名,起源于物质密度的起伏或气体、溶液中的微粒的布朗运动。瑞利散射是描述入射光与物质微粒之间的准弹性的散射现象,这种散射现象中,散射光的波长与入射光的波长相同。瑞利散射属于线性散射(一阶)过程,即散射光与入射光强成正比。它是半径比光的波长小很多的微粒对入射光的散射。瑞利散射光的强度和入射光波长 λ 的四次方成反比,用公式表达为

$$I_{散射光}(\lambda) = \frac{I_{入射光}(\lambda)}{\lambda^4}$$

其中 $I_{入射光}$ 是入射光的光强分布函数。也就是说,波长较短的蓝光比波长较长的红光更易散射。

瑞利散射可以解释天空为什么是蓝色的。白天,太阳在我们的头顶,当日光经过大气层时,与空气分子(其半径远小于可见光的波长)发生瑞利散射,因为蓝光比红光波长短,瑞利散射发生得比较激烈,被散射的蓝光布满了整个天空,从而使天空呈现蓝色。但是太阳本身及其附近呈现白色或黄色,是因为此时你看到更多的是直射光而不是散射光,所以日光的颜色(白

色)基本未改变 —— 波长较长的红黄色光与蓝绿色光(少量被散射了)的混合。

当日落或日出时,太阳几乎在我们视线的正前方,此时太阳光在大气中要走相对长的路程,你所看到的直射光中的大量蓝光都被散射了,只剩下红橙色的光,这就是为什么日落时太阳附近呈现红色,而天空的其他地方由于光线很弱,只能是非常昏暗的蓝黑色。如果是在月球上,因为没有大气层,天空即使在白天也是黑的。

瑞利散射的测试方法有两种基本形式:一是测试光在一定方向的散射强度 $I[I = f(\theta)]$;二是测量依赖于光波波长的光在给定方向的散射强度 $I[I = f(\theta, \omega)]$。

(2) 拉曼散射。当一束单色光或者频率为 ν 的带宽非常窄的光通过透明物质时,会发生光散射现象,散射能量中几乎包含所有的入射光的频率(瑞利散射),此外还有一些高于或者低于入射光频率的离散频率的散射光,这些散射光被称为拉曼散射。所以拉曼散射定义为:某一频率的单色光经介质散射后出现其他频率的散射光,且散射光频率与入射光频率之差和散射介质的某两能级差相对应的现象;或者从物质结构的角度定义为:由分子振动、固体中的光学声子等激发与激光相互作用所产生的非线性散射。拉曼散射是二阶过程,散射光与入射光光强的二次方成正比。

1923 年,斯梅卡尔(A. Smekal)从理论上预言了频率发生改变的散射。1928 年,印度物理学家拉曼(C. V. Raman)在气体和液体中观察到散射光频率发生改变的现象。拉曼散射遵守如下规律:散射光中在每条原始入射谱线(频率为 ν_0)两侧对称地伴有频率为 $\nu_0 \pm \nu_i (i = 1, 2, 3, \cdots)$ 的谱线,长波一侧的谱线称红伴线或斯托克斯散射(Stokes scattering),短波一侧的谱线称紫伴线或反斯托克斯散射(Anti-Stokes scattering);频率差 ν_i 与入射光频率 ν_0 无关,由散射物质的性质决定,每种散射物质都有自己特定的频率差,其中有些与介质的红外吸收频率一致。拉曼散射的强度比瑞利散射(可见光的散射)要弱得多。瑞利散射与拉曼散射能级上的比较如图 4-6-1 所示。

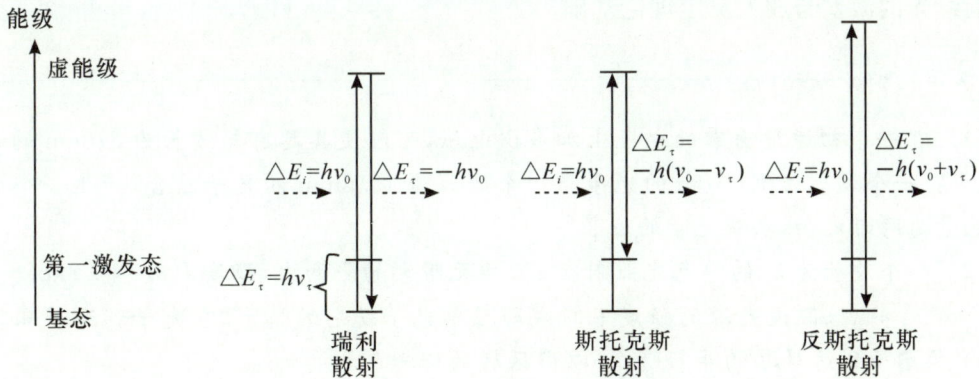

图 4-6-1　瑞利散射与拉曼散射能级上的比较

(3) 布里渊散射,是指光通过介质时,由物质中的分子无规则热运动的弹性波引起的散射。这是光与物质作用后的一种光现象。布里渊散射是布里渊于 1922 年提出的,可以研究气体、液体和固体中的声学振动,但作为一种实用的研究手段,是在激光出现以后才发展起来的。布里渊散射也属于拉曼效应,它是指拉曼散射中,光波频率的改变是由物质中分子的特征频率 $\Delta\nu$ 引起的。光波频率移动某一量值,也可能是由物质的体积特征量引起的,如声波的频率等,即光在介质中受到各种元激发的非弹性散射,其频率变化表征了元激发的能量。与拉曼散射不同的是,在布里渊散射中散射光的频率移动小于拉曼散射的频移。由布里渊散射实验可测出散射峰的频移、线宽及强度。在一般情况下,布里渊散射是很弱的,例如在纯溶剂中,布里渊散射的强度变化率是入射光强的 10^{-7} 左右,因此测试比较困难,但是在研究液体或固体的结构和动力学性质时,它不失为一种绝好的方法。

布里渊散射主要由准群体粒子发出的散射光子来决定,而拉曼散射则由单个分子的振动和转动跃迁之间的相互作用所致。因此两者得到的是物质不同的特性,拉曼谱得到的是物质的化学组分与分子结构,而布里渊散射则是宏观特性,如物质的弹性特性(声频特性的表现)。实验上,布里渊散射一般采用干涉仪来测试,而拉曼散射则可以用色散光谱仪(如光栅光谱或干涉仪)来探测。

4.7 本章小结

本章介绍光电子学中重要的光的粒子性的表征方式以及光与物质的相互作用。光的粒子性主要表现在光子是一个概率波,本章从概率波的角度论述了光子的能量、动量、偏振、时间及空间特性,从量子角度论述了光的宏观参数与微观表征参数之间的关系,并用光子的粒子性描述非相干辐射(热辐射)与相干辐射的方法。

本章论述了原子能级的形成、多原子能级与晶体能级结构特性,以及原子在热平衡状态下的原子分布概率;重点讨论了光子与物质相互作用的三种形式(受激辐射、自发辐射、吸收)各自的特点、不同之处以及之间的关系(爱因斯坦系数);介绍了原子跃迁辐射的光的线宽,线形函数与洛伦兹线形函数的特点,强调在实际原子跃迁中的光辐射的线形函数增宽机理与效应,为后续光的激发与放大奠定理论基础。

习题

4.1 在一个初速度为零的电子上加多少电压,可以使其具有与波长为 870nm 的光子一样的能量? 一个波长为 $1.06\mu m$ 的光子与一个波长为 10.6mm 的光子结合,产生一个新的光子,其能量为两者之和,求新光子的波长。

4.2 一个波长为 λ_0 的单色光照射在 $z=0$ 无限大的平面上,强度 $I(\rho)=I_0\exp(-\rho/\rho_0)$,其中 $\rho^2=x^2+y^2$。假设光源的强度不断减弱至单光子发射的情形,当光子到达屏幕时,

(a) 求光子到达屏幕的半径为 ρ_0 以内区域的概率。

(b)如果光源有 10^6 个光子,大约有多少光子落在该区域?

4.3 比较一个能量为 10J 的激光脉冲的光子总动量与 1 个质量为 1g、以 1cm/s 的速度运动的物体的动量以及以 $c_0/10$ 的速度运动的电子的动量。

4.4 求一个束腰为 W_0,发散角为 θ_0 的高斯光束对应的光子的动量矢的概率,此时 $p=E/c_0$ 还成立吗?

4.5 一个独立的氢原子的质量为 1.66×10^{-27} kg。

(a)求当其在地球表面时,作用其上的重力(设地球表面重力加速度 $g=9.8m/s^2$)。

（b）如果将 1eV 的激光束聚焦使得所有的光子动量全部传给原子，请分析每秒单个光子提供给原子向上的平均作用力。

（c）分析在真空条件下，为了克服重力，每秒需要多少光子照射原子？对应的功率又是多少？

（d）如果照射的光子被完全反射，则每秒需要多少光子来支撑原子不至于下落？

4.6 一个腔长 $d=1\mathrm{cm}$ 的 F-P 谐振腔，腔内充满折射率 $n=1.5$ 的无吸收介质，两个反射镜均是理想反射镜。假设对应驻波 $\sin\left(\dfrac{10^5\pi x}{d}\right)$ 模式仅有一个光子，

（a）求光子的波长与能量；

（b）估计光子位置与动量（位置与方向）的不确定性，并与 $\sigma_p\sigma_x\approx\hbar/2$ 关系比较。

4.7 一个光电探测器探测由两个不同频率的单色平面波叠加的复色场，两个平面波分别表示为 $U_1(t)=\sqrt{I_1}\exp(\mathrm{i}2\pi\nu_1 t)$ 与 $U_2(t)=\sqrt{I_2}\exp(\mathrm{i}2\pi\nu_2 t)$，因此干涉场强度为：$I(t)=I_1+I_2+2\sqrt{I_1 I_2}\cos[2\pi(\nu_2-\nu_1)t]$。如果两束光的光强相等，并且当两束光很弱，以至于仅有一个光子在时间间隔 $T=1/\mid\nu_2-\nu_1\mid$。

（a）指出在 T 间隔内什么时刻探测到光子的概率为零，并画出从 0 到 T 时间间隔内探测到光子的概率随时间的变化。

（b）如果要使能量测量的精度高于 $\sigma_E<h\mid\nu_2-\nu_1\mid$，则探测器探测的是哪一束光的光子（提示：应用时间-能量不确定关系，以描述这样测量的时间要求是拍频的周期，因此整个测试过程将清除干涉效应）？

4.8 一平面波模式的单光子，照射到一个无吸收的分束镜上，当光子照射分束镜之前，求光子的动量矢量，透过分束镜后的光子保持这样的动量矢量的概率是多少？

4.9 证明：对于单色光，其功率以每个光学周期一个光子能量平均数来表示，该功率与波长的平方成反比。

4.10 证明泊松概率分布归一化后，平均数与方差之间的关系为 $\sigma_n^2=\bar{n}$。

4.11 假设一个 100pW 的 He-Ne 单模激光器输出 633nm 的 $\mathrm{TEM}_{0,0}$ 模式的高斯光束。求：

（a）在 100ns 时间内，该光束在截面为束腰（W_0）大小的圆面积内的平均光子数；

（b）（a）中的均方根光子数；

（c）在（a）中没有记录到光子的概率。

4.12 考虑 m 种模式的热辐射，其平均光子数按照 Bose-Einstein 分布 $1/\left[\exp\left(\dfrac{h\nu}{k_\mathrm{B}T}\right)-1\right]$，证明总光子数 n 的方差可以表示为：$\sigma_n^2=\bar{n}+\bar{n}^2$，表明多模热辐射比单模热辐射的方差小。因此用多模式的热辐射平均可以减少光的噪声。

4.13 某原子有两个能级，对应的跃迁参数为 $\lambda_0=700\mathrm{nm}$，$t_\mathrm{sp}=3\mathrm{ms}$，$\Delta\nu=50\mathrm{GHz}$ 洛伦兹线形，将其充满一个体积为 $V=100\mathrm{cm}^3$，折射率为 1 的谐振腔。两个辐射模式（一个位于中心频率 ν_0，一个位于 $\nu_0+\Delta\nu$）分别由 1000 个光子激发。

（a）求受激辐射的概率；

（b）如果 N_2 个原子被激发到 2 能级，请确定由受激辐射与自发辐射引起的 2 能级原子

数衰减时间常数;

（c）要使受激辐射与自发辐射的衰减率一样,需要多少光子数?

4.14 给定一个体积为 $1\mu m^3$ 的立方腔,腔内介质折射率为1。

（a）模式数 (q_1,q_2,q_3) 中的最低模式是什么? 次低模式参数是什么?

（b）考虑腔中有单个激发原子,设 p_{sp1} 为原子自发辐射一个光子刀 $(2,1,1)$ 模式的概率, p_{sp2} 是原子自发辐射 367THz 光子的概率,求 p_{sp2}/p_{sp1}。

4.15 单位体积谐振腔的腔内原子有两个能级,用能级 1,2 表示,对应跃迁谐振频率为 ν_0,线宽为 $\Delta\nu$,在 1,2 能级上的原子数分别为 N_1 与 N_2。在 ν_0 频率附近的各模式中有个光子。谐振腔因为腔镜的透射光子数减少率为 $1/\tau_p$,假设在 2 和 1 能级之间没有非辐射跃迁,请写出 N_2 与 $\bar{n}$ 的速率方程。

4.16 一个热平衡状态的黑体腔,在波长 $\lambda_0 = 1\mu m$ 处,受激辐射与自发辐射率在腔镜上相等时,辐射的光谱能量密度为 $\rho(\nu)$,求 $\rho(\nu)$ 所对应的温度。

4.17 一个一维黑体辐射器,长度为 L,热稳定温度为 T。

（a）求在此一维情形下的模式密度 $M(\nu)$;

（b）用频率 ν 的一个模式平均能量 $\bar{E}_{av}$,确定黑体辐射 $\rho(\nu)$ 的光谱能量密度(单位腔长, ν 与 $\nu+\Delta\nu$ 的频率间隔的能量)。

第 5 章
激光器机理

激光器是一种光学振荡器,主要由光学放大器和反馈系统两大部分组成。激光器工作时,光学放大器输出的部分激发光经由反馈系统(在满足一定的相位匹配条件下)回到放大器的输入端,作为放大器的输入信号(见图 5-0-1),实现反复的反馈放大。在稳态条件下,通过放大器获得的光强度增量,除去用于补偿激光器的各种损耗外,即等于激光器的输出光强度。

对一个光学放大器来说,如果没有输入信号,就没有输出信号,因此其反馈信号也等于零。但即使在信号输入端只存在一个非常小的噪声信号(包含放大器增益带宽内的频率成分),如激光介质的自发辐射信号,振荡反馈过程即可能启动,由此输入信号得到放大,部分输出信号反馈回输入端,并得到进一步放大。这个过程可以无限次重复,直到产生一个较大的输出。由于放大器增益的饱和效应将限制信号的进一步增长,系统将达到稳态输出,并且其信号输出的频率恰为激光放大器的谐振频率。

要实现激光振荡,必须满足以下两个条件:①放大器的小信号增益必须大于整个反馈系统的损耗,即在整个反馈回路中,存在净增益;②光在振荡器的整个回路中往返一周的总相位偏移量必须是 2π 的整数倍,这样经反馈输出信号的相位与原始输入信号的相位刚好相匹配。

当上述两个条件得到满足时,系统开始振荡。但是随着输出功率的增加,放大器出现饱和现象,并且与初始状态相比,系统的增益逐渐降低。当增益降低到与系统的损耗值相等时(见图 5-0-2),系统将达到稳定状态。此时尽管系统存在反馈和放大,但由于系统增益刚好补偿其损耗,因此输出保持恒定。

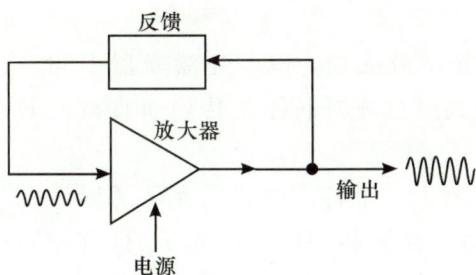

图 5-0-1 由正反馈激光放大器构成
的激光(振荡)器

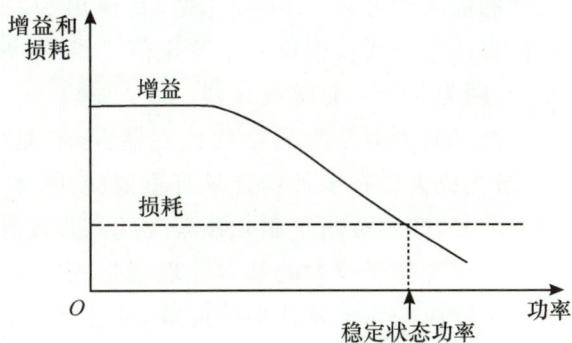

图 5-0-2 激光器的增益和换耗随激光功率
的变化关系

　　由于增益和相移都是频率的函数，两个振荡条件只有在一个（或几个）特定的工作频率下才得到满足，这个频率即为振荡器的共振频率。通过耦合系统输出部分的振荡功率即为系统输出。总之，一个振荡器必须包括：①具有增益饱和机制的放大器；②反馈系统；③频率选择机制；④输出耦合系统。

　　激光器的原理结构如图 5-0-3 所示，其光学放大器是一个受到泵浦的激活介质，增益饱和是激光放大器的基本特性。将激活介质放置于光学谐振腔（见第 2 章）中，由相对放置的反射镜来回反射谐振腔中的光信号从而获得有效的反馈。频率选择由放大器和谐振腔共同完成。通过将一个反射镜设计成部分透射，即可实现有效的输出耦合。

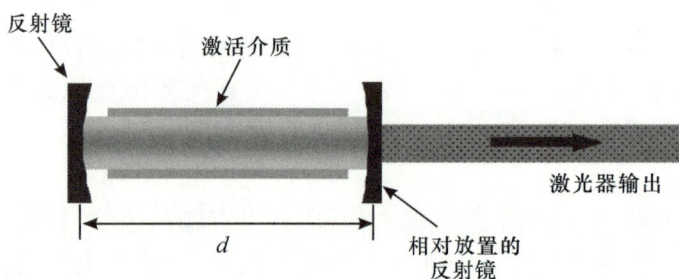

图 5-0-3　由激光放大器和激光谐振腔所构成的激光器

　　激光已经广泛地应用于各种科学和技术领域，包括通信、计算、图像处理、信息存储、全息、光刻、材料处理、地质、计量、测距、生物和医药等。

　　本章将全面地介绍激光的工作原理和机制，包括激光放大器的工作原理和特性、一些典型的激光放大介质、激光的各种性能参数（如功率、光谱分布、空间分布、偏振）和相关工作条件；还将介绍多种典型的激光器，以及激光器的脉冲工作原理和相关特性。

5.1　激光放大器

　　相干光学放大器是一种可以增大光场强度，同时保持光场相位的装置。在相干光学放大器的输入端导入一束单色光，其输出为具有相同频率的单色光。在光场放大的同时，相位保持不变或仅偏移一个特定值。相反，如果光场强度增大时不能确定地保证相位的变化量，则为非相干光学放大器。

　　激光放大器是激光器的核心器件，它是一种相干光学放大器。除了在激光器中的应用，激光放大器在多种场合具有重要作用，如可用于放大经过光纤长距离传输而衰减的微弱光信号，产生可用于激光核聚变的高强度脉冲等。

　　实现光相干放大的基本原理就是光的受激辐射放大。一个特定模式的光子诱导一个处于上能级的原子跃迁到低能级，并伴随发射一个与初始光子相同模式的光子（具有相同的频率、方向和偏振状态），这个过程称为受激辐射。这两个光子可以再次诱导得到另外两个相同特性的光子，这个过程可以一直持续，并最终获得大量相同特性的光子，由此实现相干光放大。由于受激辐射跃迁只发生在光子能量与原子跃迁的能级差相近时，整个过程仅限于发生在原子线宽所决定的频带之内。

激光放大器在很多方面与电子放大器不同。电子放大器通过能放大电流或电压的装置，如场效应管或三极管，可调谐电子放大器利用共振电路（如电容与电感组合）或共振腔限制放大器的频带。与之不同的是，激光放大器依靠其能级差进行初步的频带选择，是一种可以自然选择带宽和工作频率的振荡器。光学反馈腔在光学领域称"光学谐振腔"，常用来提供辅助的频率选择。

当光通过一个热平衡的介质时，通常会衰减而不是放大，这是由于集居于下能级的粒子数远多于集居于上能级的粒子数，从而产生的吸收多于受激辐射，因此，实现激光放大的一个基本要素是上能级的粒子数要大于下能级的粒子数，这显然是非热平衡的情况。为实现这种粒子数的反转状态，需要一个功率源来激励（泵浦）原子从下能级跃迁到上能级（见图5-1-1），这是所有激光器必须具备的条件之一。

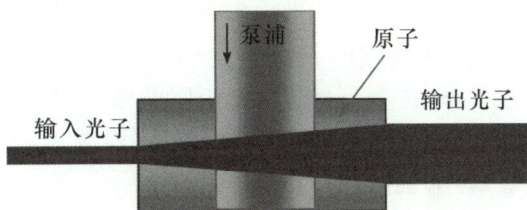

图 5-1-1　激光放大器（由泵源激励增益介质构成）

一个理想的（光学或电子）相干放大器的特性可以概括地表示在图 5-1-2(a) 中，作为一个线性放大系统，它按固定的系数（也称为增益）放大信号的幅值，比如一个正弦的输入信号经放大系统后变为一个幅值增大的同频正弦输出信号。在放大器的谱宽内，对所有频率的信号放大器的增益都相同，而放大器引入的信号相移则与信号频率呈线性关系，即相对不同频率的输入信号有一个相同的确定时延。

实际的放大器往往给出一个与频率相关的增益和相移，如图 5-1-2(b) 所示，其增益和相位偏移构成了放大器的传递函数。并且当输入信号足够强时，实际的放大器会显示饱和现象，即随着输入信号的增大输出信号不再增大。当放大器带宽足够大时，饱和往往引入信号的谐波成分。实际的放大器还会引入噪声，这样不论输入的信号如何，输出信号中往往包含随机变化的分量。

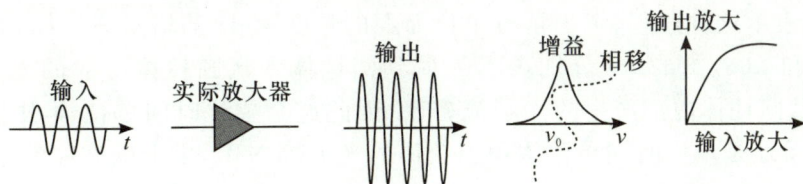

(a) 理想放大器

(b) 实际放大器

图 5-1-2　放大器的增益和相移

因此,一个放大器可以按增益、带宽、相移、功率源、非线性与增益饱和、噪声等特性来衡量。下面将讨论放大器的特性,通过介绍激光放大的理论,导出放大器增益、光谱带宽和相移的表达式,获得粒子数反转的放大器的工作机制,分别讨论放大器的增益饱和与噪声问题。

5.1.1　激光放大器的增益与相移

一个沿着 z 方向传播、频率为 ν、电场强度为 $\mathrm{Re}[E(z)\exp(\mathrm{i}2\pi\nu t)]$、光强 $I(z)=|E(z)|^2/(2\eta)$ 的单色平面波在增益介质中传播,假定介质原子的能级差与光子能量 $h\nu$ 相匹配,则光子流密度 $\phi(z)=I(z)/(h\nu)$(每秒每单位面积的光子流)的光将与介质原子作用。设单位体积中处于上下能级的原子数分别为 N_1 和 N_2,随着光与介质原子的相互作用,在光传播过程中光子流以增益系数 $\gamma(z)$ 放大,并经历一个相移 $\varphi(z)$。正的 $\gamma(z)$ 表示放大,负的 $\gamma(z)$ 表示衰减。

1. 放大器的增益

光子-原子的相互作用存在三种可能。如果原子处在下能级,可以吸收光子跃迁到上能级;反之,如果原子处在上能级,可以借助于受激发射过程跃迁到下能级,产生一个克隆光子。这两个过程分别导致光的衰减和放大。自发辐射是第三种光子-原子的作用形式,不论是否存在其他光子,上能态的原子总存在一定概率跃迁到下能级,并独立地发射光子,这也是激光放大器存在噪声的主要原因。

一个未被激励的原子吸收一个光子的概率密度(s^{-1})为
$$W_\mathrm{i}=\phi\,\sigma(\nu) \tag{5.1.1}$$
其中 $\sigma(\nu)=[\lambda^2/(8\pi t_\mathrm{sp})]g(\nu)$ 为频率 ν 处的跃迁截面,$g(\nu)$ 是归一化的线形函数,t_sp 是自发辐射寿命,λ 是光在介质中的波长。式(5.1.1)也表示受激发射的概率密度。

吸收光子的平均密度是 N_1W_i。类似地,作为受激发射的结果,克隆光子的平均密度是 N_2W_i。因此,单位体积单位时间内获得的净增光子数为 NW_i,其中 $N=N_2-N_1$ 为上下能级的反转集居密度差,或简称为反转粒子数。如果 N 为正,则存在粒子数反转,介质可以作为放大器,光子流密度增加;如果 N 为负,介质作为衰减器,光子流密度降低;当 $N=0$,介质相当于是透明的。

由于入射光子以 z 方向传播,受激发射光子也将以这个方向传播,如图 5-1-3 所示,实现粒子数反转的外部泵源将使得光子流密度沿着 z 方向增长。因为发射的光子会诱导进一步的受激发射,在任意位置 z 处,光子数的增长与该处的原子数密度成正比,因此,$\phi(z)$ 将按指数增长。

为清楚地表示这种过程,考虑具有单位面积的长度为 $\mathrm{d}z$ 的增量圆柱体,如图 5-1-3 所示,如果 $\phi(z)$ 和 $\phi(z)+\mathrm{d}\phi(z)$ 分别表示入射到圆柱体和从圆柱体出射的光子流密度,则 $\mathrm{d}\phi(z)$ 必定是从圆柱体内部产生的光子流密度,因此这个单位时间单位面积上光子的增加数 $\mathrm{d}\phi(z)$ 就简单地是单位时间单位体积上获得的光子数 NW_i,乘上圆柱体的厚度 $\mathrm{d}z$,即
$$\mathrm{d}\phi=NW_\mathrm{i}\mathrm{d}z \tag{5.1.2}$$
结合式(5.1.1)和式(5.1.2),可以按微分方程写成
$$\frac{\mathrm{d}\phi(z)}{\mathrm{d}z}=\gamma(\nu)\phi(z) \tag{5.1.3}$$

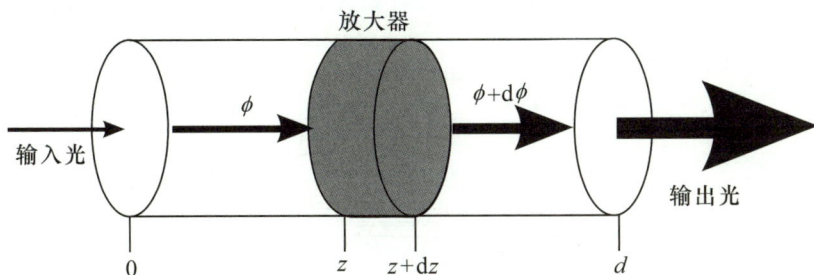

图 5-1-3 光子流密度 ϕ 在经过薄圆柱体后的变化

其中

$$\gamma(\nu) = N\sigma(\nu) = N\frac{\lambda^2}{8\pi t_{\mathrm{sp}}}g(\nu) \tag{5.1.4}$$

为激光介质的增益系数,代表每单位介质长度光子流密度的净增益。式(5.1.3)的解是一个指数增加函数,即

$$\phi(z) = \phi(0)\exp[\gamma(\nu)z] \tag{5.1.5}$$

由于光强度 $I(z) = h\nu\phi(z)$,式(5.1.5)也可以按 I 的形式写成

$$I(z) = I(0)\exp[\gamma(\nu)z] \tag{5.1.6}$$

所以,$\gamma(\nu)$ 也表示介质单位长度的强度增益。

注意到增益系数 $\gamma(\nu)$ 与粒子数的差 $N = N_2 - N_1$ 成正比。尽管在式(5.1.4)中 N 是正的,但从式(5.1.1)到式(5.1.6)的推导中不论 N 的符号是正或负均成立,在没有粒子数反转时,N 为负($N_2 < N_1$),增益系数亦为负,沿 z 方向传输的光,在介质中将按指数衰减形式 $\phi(z) = \phi(0)\exp[-\alpha(\nu)z]$ 衰减(而不是放大),此处衰减系数 $\alpha(\nu) = -\gamma(\nu) = N\sigma(\nu)$。因此,一个热平衡的介质不能用于激光放大。

对于一个总长度为 d 的作用区域,激光放大器的总增益 $G(\nu)$ 定义为输出端的光子流密度与输入端的光子流密度之比,$G(\nu) = \phi(d)/\phi(0)$,所以

$$G(\nu) = \exp[\gamma(\nu)d] \tag{5.1.7}$$

2. 放大器的带宽

增益系数 $\gamma(\nu)$ 对入射光频率 ν 的相关性包含在线形函数 $g(\nu)$ 中,见式(5.1.4),而 $g(\nu)$ 又是一个中心位于原子共振频率 $\nu_0 = (E_2 - E_1)/h$,且线宽为 $\Delta\nu$ 的函数,此处 E_2 和 E_1 是原子的能级。因此激光放大器是一种共振装置,其共振频率和带宽由原子跃迁的线形函数决定,这是因为受激发射和吸收由原子跃迁控制。线宽的单位可以是频率(Hz)或波长(nm),两者的关系为 $\Delta\lambda = |\Delta(c_0/\nu)| = +(c_0/\nu^2)\Delta\nu = (\lambda_0^2/c_0)\Delta\nu$,因此波长 $\lambda_0 = 0.6\mu m$,线宽 $\Delta\nu = 10^{12}\,\mathrm{Hz}$ 对应 $\Delta\lambda = 1.2\mathrm{nm}$。

例如,对于洛伦兹型的线形函数,有

$$g(\nu) = \frac{\Delta\nu/(2\pi)}{(\nu - \nu_0)^2 + (\Delta\nu/2)^2} \tag{5.1.8}$$

于是,增益系数也是具有相同线宽的洛伦兹型函数,即

$$\gamma(\nu) = \gamma(\nu_0)\frac{(\Delta\nu/2)^2}{(\nu - \nu_0)^2 + (\Delta\nu/2)^2} \tag{5.1.9}$$

如图 5-1-4 所示,此处 $\gamma(\nu_0) = N[\lambda^2/(4\pi^2 t_{sp}\Delta\nu)]$ 是中心频率 ν_0 处的增益系数。

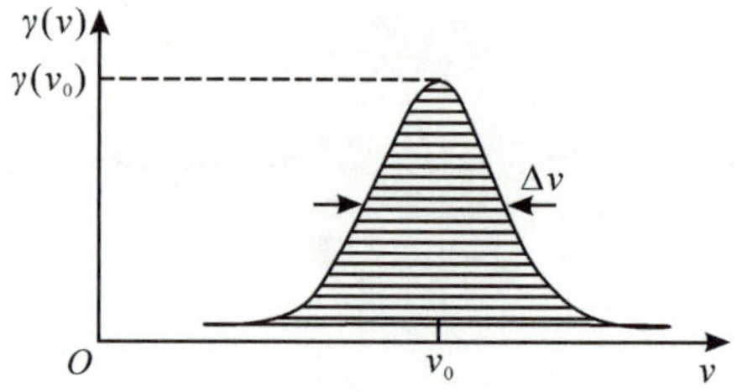

图 5-1-4   具有洛伦兹线形的激光放大器的增益系数

3. 放大器的相移

由于共振介质的增益是与频率相关的,该介质必定是色散的,具有跟增益类似的、与频率相关的相移。通过考虑光与物质电场的相互作用(而不是光子流密度或光强),可以确定由激光放大器引入的附加相移。

此处采用因果关系(数学特性)的手段来确定激光放大器的相移,对一个均匀增宽的介质,相移系数 $\varphi(\nu)$(单位长度放大介质的相移)通过克拉默斯-克勒尼希(Kramers-Kronig)关系与增益系数相关联,所以根据所有频率上的 $\gamma(\nu)$ 可以唯一地确定 $\varphi(\nu)$。

光强度与电场的关系为 $I(z) = |E(z)|^2/(2\eta)$,因为按照式(5.1.6),$I(z) = I(0)\exp[\gamma(\nu)z]$,光波电场强度遵守关系

$$E(z) = E(0)\exp\left[\frac{1}{2}\gamma(\nu)z\right]\exp[-\mathrm{i}\varphi(\nu)z] \tag{5.1.10}$$

其中 $\varphi(\nu)$ 为相移系数。因此,在 $z+\Delta z$ 处的场强等于

$$E(z+\Delta z) = E(z)\exp\left[\frac{1}{2}\gamma(\nu)\Delta z\right]\exp[-\mathrm{i}\varphi(\nu)\Delta z]$$

$$\approx E(z)\left[1+\frac{1}{2}\gamma(\nu)\Delta z - \mathrm{i}\varphi(\nu)\Delta z\right] \tag{5.1.11}$$

式(5.1.11)用了指数函数的泰勒级数近似。电场强度的增量为 $\Delta E(z) = \Delta E(z+\Delta z) - E(z)$,因此满足方程

$$\frac{\Delta E(z)}{\Delta z} = E(z)\left[\frac{1}{2}\gamma(\nu) - \mathrm{i}\varphi(\nu)\right] \tag{5.1.12}$$

这一增量放大器可以看作一个线性系统,其输入和输出分别为 $E(z)$ 和 $\Delta E(z)/\Delta z$,其传递函数为

$$H(\nu) = \frac{1}{2}\gamma(\nu) - \mathrm{i}\varphi(\nu) \tag{5.1.13}$$

由于增量放大器是一个物理系统,因此一定是因果系统。而一个线性因果系统的传递函数的实部和虚部通过希尔伯特(Hilbert)变化相关联,因此 $-\varphi(\nu)$ 是 $\gamma(\nu)/2$ 的希尔伯特变换,其相位偏移量可由增益系数决定。

以窄线宽 $\Delta\nu \ll \nu_0$ 的洛伦兹原子线形函数的增益为例,其增益系数 $\gamma(\nu)$ 由式(5.1.9)给出,对应的相移系数为

$$\varphi(\nu) = \frac{\nu - \nu_0}{\Delta\nu}\gamma(\nu) \tag{5.1.14}$$

图 5-1-5 为洛伦兹型的增益与相移系数按频率的函数关系,在共振频率处,增益系数

最大,相移为零;在共振频率的左右,相移系数分别为负数和正数。

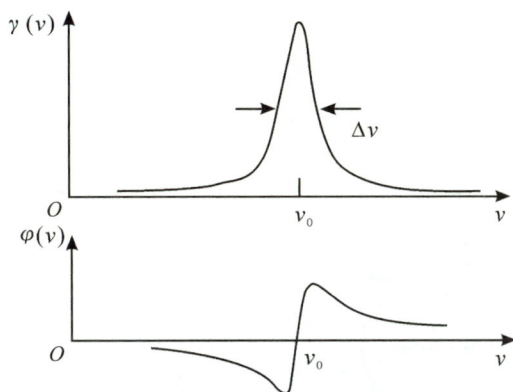

图 5-1-5 具有洛伦兹线形的激光放大器的增益系数和相移系数

5.1.2 激光放大器的功率源

与其他放大器一样,激光放大器需要外部的功率源提供能量,以放大输入信号。"泵源"提供这种需要的功率,通过激励增益介质的原子中的电子,将低能级转移到高能级。为实现放大,泵源还必须提供一个对于特定跃迁的粒子数反转($N=N_2-N_1>0$)。实际上的泵浦机制常常需要利用辅助的能级系统,而不是直接利用与放大过程相对应的能级。例如,通过把原子从能级 1 先泵浦到能级 3,然后利用其从能级 3 到能级 2 的自然衰变过程,将更容易实现把原子从能级 1 泵浦到能级 2。

泵浦可以通过光激励(如采用闪光灯或激光)、电激励(如电子或离子的气体放电,或半导体中的电子和空穴注入)、化学激励(如火焰),甚至核爆(如 X 射线激光作用)的方法予以实现,对于直流泵浦(或连续泵浦),参与过程的所有能级的激励与衰变速率必须平衡以获得 1—2 跃迁能级间的稳定的反转粒子数分布。作为泵浦、辐射跃迁和非辐射跃迁共同作用的结果,这种描述集居密度数 N_1 和 N_2 变化速率的方程称为速率方程。由于可以有选择地引入外部的泵源,热平衡条件将不再占有优势。速率方程是描述激光激发特性的一个基本方程。

1. 速率方程

如图 5-1-6 所示,总寿命分别为 τ_1 和 τ_2 的能级 1 和 2,可以向下能级跃迁。影响能级 2 寿命的因素可以归纳成两部分:从能级 2 向能级 1 的跃迁(τ_{21})和从能级 2 向所有其他更低能级的跃迁。当存在几种可能的衰减模式时,总的跃迁速率是各种跃迁的总和。由于跃迁速率与能级的衰减时间(寿命)成反比,因此能级寿命存在反比相加关系

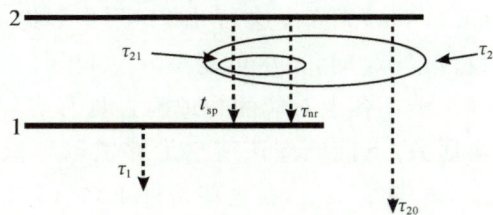

图 5-1-6 激光能级 1 和能级 2
及其衰减时间

$$\tau_2^{-1}=\tau_{21}^{-1}+\tau_{20}^{-1} \tag{5.1.15a}$$

显然,多重的衰减模式将缩短能级寿命。在 τ_{21} 中,除了自发辐射成分(时间常数 t_{sp}),还可能存在非辐射跃迁成分 τ_{nr},所以

$$\tau_{21}^{-1}=t_{sp}^{-1}+\tau_{nr}^{-1} \tag{5.1.15b}$$

如果一个如图 5-1-6 所示的系统达到稳态，N_1 和 N_2 都将趋于零，因为所有电子最终都将衰减到更低的能级中。

但是，当高于能级 2 的各个能级受到连续的激励并可以向下转移到能级 2 时，能级 1 和能级 2 上可以保持一个稳态的粒子数分布。若泵源使原子从能级 1 跃迁到除能级 1 和 2 外的其他能级的速率为 R_1，而从其他能级跃迁到能级 2（单位时间单位体积）的速率为 R_2，如图 5-1-7 及图 5-1-8 所示，则能级 1 和能级 2 之间可以取得非零的稳态粒子数分布。

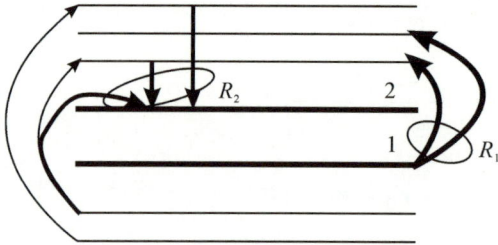

图 5-1-7　包含多个周边能级的
激光能级泵浦跃迁

图 5-1-8　激光能级 1 和能级 2 的粒子数
密度在有泵浦时变化

（1）无辐射时的速率方程

由泵浦和衰减而导致的能级 2 和能级 1 的粒子数密度的增加速率为

$$\frac{dN_2}{dt} = R_2 - \frac{N_2}{\tau_2} \tag{5.1.16}$$

$$\frac{dN_1}{dt} = -R_1 - \frac{N_1}{\tau_1} + \frac{N_2}{\tau_{21}} \tag{5.1.17}$$

在稳态条件下（$dN_1/dt = dN_2/dt = 0$），由式(5.1.16)和式(5.1.17)可以解得 N_1 和 N_2，并由此得到 $N = N_2 - N_1$。其结果为

$$N_0 = R_2 \tau_2 \left(1 - \frac{\tau_1}{\tau_{21}}\right) + R_1 \tau_1 \tag{5.1.18a}$$

其中 N_0 表示无辐射时的稳态粒子数差。

显然，要有一个大的增益系数必须有一个大的反转粒子数差，即一个大的正 N_0。由式 (5.1.18a)可知，这可由以下三个途径实现：①大的 R_1 和 R_2；②长的 τ_2；③在 $R_1 < (t_{sp}/\tau_1)R_2$ 时，τ_1 尽可能小。

上述各点对应的物理因素具有实际意义，上能级应该泵浦足够强，衰减较慢，以保持其集居数，下能级应该清空足够快以降低其集居数。在理想情况下，应有 $\tau_{21} \approx t_{sp} \ll \tau_{20}$，因此 $\tau_2 \approx t_{sp}$ 与 $\tau_1 \ll t_{sp}$，在这些条件下，式(5.1.18a)简化为

$$N_0 \approx R_2 t_{sp} + R_1 \tau_1 \tag{5.1.18b}$$

当去泵浦机制不存在（$R_1 = 0$），或者 $R_1 \ll (t_{sp}/\tau_1)R_2$ 时，可以进一步简化为

$$N_0 \approx R_2 t_{sp} \tag{5.1.18c}$$

【例 5.1】　假设 $R_1 = 0$，R_2 由原子从基态 $E = 0$ 能级激发到能级 2 来决定，其所需光子频率为 E_2/h，吸收概率为 W。假设 $\tau_2 \approx t_{sp}$ 且 $\tau_1 \ll t_{sp}$，因此在稳态时，$N_1 \approx 0$，$N_0 \approx R_2 t_{sp}$。如果 N_a 是三个能级 0,1,2 所有粒子数之和，证明 $R_2 \approx (N_a - 2N_0)W$，反转粒子数 $N_0 \approx N_a t_{sp} W/(1 + 2t_{sp}W)$。

解: 假设 3 个能级的粒子数分别为 N_1,N_2,N_g。总粒子数为 $N_1+N_2+N_g=N_a$。

能级 1 为短寿命能级,$N_1\approx0$,因此 $N_2+N_g\approx N_a$,即 $N_g\approx N_a-N_2$。系统的泵浦是由基态能级到能级 2,因此

$$R_2=(N_g-N_2)W\approx(N_a-2N_2)W$$

此时,泵浦速率 R_2 由 N_2 决定。由式(5.1.18c)可知,$N_0\approx R_2 t_{sp}=(N_a-2N_2)Wt_{sp}$。又由反转粒子数定义可知 $N_0=N_2-N_1\approx N_2$,所以 $N_0\approx(N_a-2N_0)Wt_{sp}$,即

$$N_0\approx N_a t_{sp}W/(1+2t_{sp}W)$$

(2)有辐射时的速率方程

共振频率 ν_0 附近辐射的存在使得能级 1 和能级 2 之间可以发生受激发射和受激吸收等跃迁,这种跃迁可以用式(5.1.1)表示的概率密度 $W_i=\phi\sigma(\nu)$ 来表征,其过程如图 5-1-9 所示。这时,速率方程(5.1.16)和(5.1.17)必须包括每个能级上由受激跃迁过程导致的粒子数增加或减少的量,得

$$\frac{dN_2}{dt}=R_2-\frac{N_2}{\tau_2}-N_2W_i+N_1W_i \tag{5.1.19}$$

$$\frac{dN_1}{dt}=-R_1-\frac{N_1}{\tau_1}+\frac{N_2}{\tau_{21}}+N_2W_i-N_1W_i \tag{5.1.20}$$

能级 2 的粒子数密度由于从能级 2 到能级 1 的受激发射而减少,由于从能级 1 到能级 2 的受激吸收而增加。自发辐射的贡献则包含在 τ_{21} 中。

在稳态条件下($dN_1/dt=dN_2/dt=0$),从式(5.1.19)和式(5.1.20)可以方便地解得 N_1 和 N_2,并得到 $N=N_2-N_1$,其结果为

$$N=\frac{N_0}{1+\tau_s W_i} \tag{5.1.21}$$

$$\tau_s=\tau_2+\tau_1\left(1-\frac{\tau_2}{\tau_{21}}\right) \tag{5.1.22}$$

式(5.1.21)中 N_0 是无辐射时的稳态粒子数差,由式(5.1.18a)表示。因为 $\tau_2\leqslant\tau_{21}$,特征时间 τ_s 始终为正。

在无辐射时,$W_i=0$,所以由式(5.1.21)可以得到与预期相同的结果 $N=N_0$。因为 τ_s 为正,有辐射时的稳态粒子数差总是比无辐射时的稳态粒子数差要小。如果辐射足够小,使得 $\tau_s W_i\ll1$(小信号近似),可以取 $N\approx N_0$;当辐射变强时,W_i 增加,且与 N_0 无关,N 接近 0,如图 5-1-10 所示。这是因为当 W_i 非常大时,受激发射和受激吸收过程主导了整个跃迁

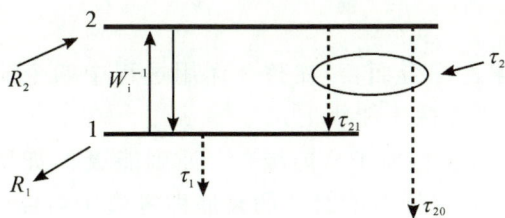

图 5-1-9　能级 1 和能级 2 的粒子数密度

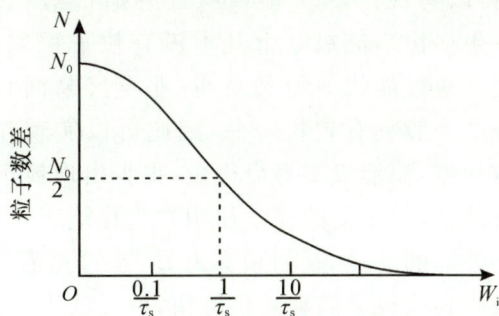

图 5-1-10　稳态反转粒子数 N 与受激发射和跃迁速率 W_i 的关系

过程,它们具有同样的跃迁概率密度。很明显,这时即使是一个非常强的辐射也无法将一个负的粒子数差转化成正的粒子数差,反之也一样。参量 τ_s 起到一个饱和时间常数的作用,如图 5-1-10 所示,τ_s 为 $1/W_i$ 时,粒子数差减少一半。

2. 四能级与三能级泵浦机制

现在进一步考察实际用来实现粒子数反转的四能级和三能级系统,安排这些能级系统的主要目的是通过激励过程可以实现增加能级 2 的粒子数而减少能级 1 的粒子数,进而实现粒子数反转。激光泵浦可以通过电、光、化学等激励手段实现。图 5-1-11 中展示了几种常见的电激励和光激励的泵浦方法。

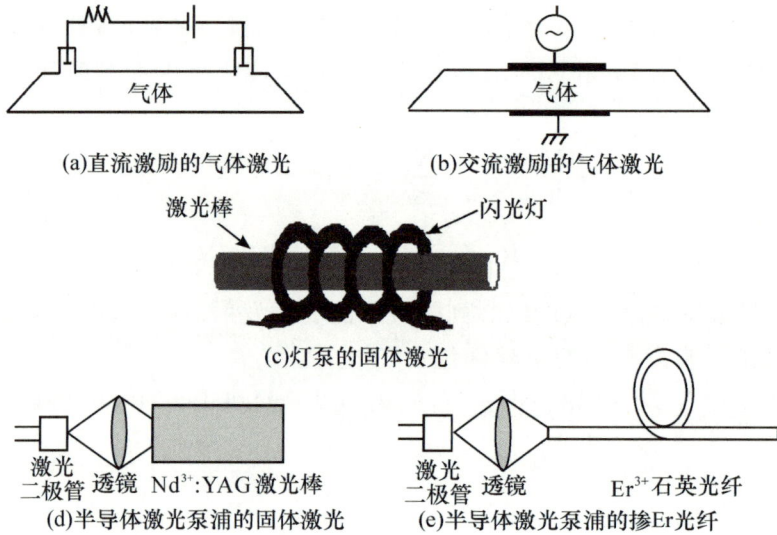

(a)直流激励的气体激光   (b)交流激励的气体激光

(c)灯泵的固体激光

(d)半导体激光泵浦的固体激光   (e)半导体激光泵浦的掺Er光纤

图 5-1-11   几种常见的电激励和光激励的泵浦方法

(1)四能级泵浦机制

如图 5-1-12 所示,能级 1 处于基态能级(即最低的能级,称为能级 0)之上。热平衡时,如果假定 $E_1 \gg k_B T$(这也正是所期望的状态),能级 1 实际上没有粒子集居,泵浦通过利用处于能级 2 之上的能级 3(或能级组合)得以实现。3-2 能级跃迁寿命很短(衰减发生很快),能级 3 上基本没有粒子积累,能级 2 通过能级 3 得到泵浦(非直接泵浦)。能级 2 一般具有较长寿命,因此可以实现粒

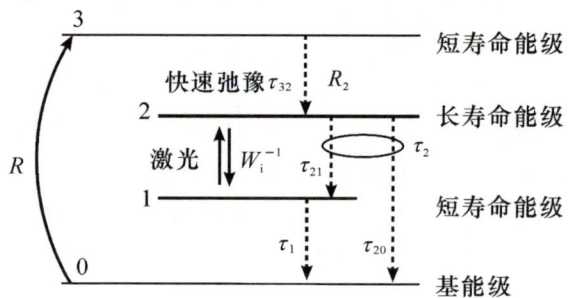

图 5-1-12   四能级系统的能级分布与衰减速率

子数积累,而能级 1 寿命很短,很少出现粒子积累。综合而言,在整个作用过程中四个能级都有涉及,但主要的光学作用发生在能级 1 和能级 2 两个能级上。

外部的能量源(如频率为 E_3/h 的光子)以速率 R 将原子从能级 0 泵浦到能级 3,如果从能级 3 到能级 2 的衰减足够快,可以认为是即时的,这样对能级 3 的泵浦即等效于对能级 2 的泵浦,其速率 $R_2 = R$。在这种情形下,能级 1 中既没有原子泵浦进入,也没有泵浦流出,所以 $R_1 = 0$,此时如图 5-1-12 所示,式(5.1.21)和式(5.1.22)成立。在放大器没有辐射时

$(W_i = \phi = 0)$，稳态的粒子反转数可以在式(5.1.18a)中代入$R_1 = 0$得到，即

$$N_0 = R\tau_2 \left(1 - \frac{\tau_1}{\tau_{21}}\right) \tag{5.1.23}$$

在绝大多数四能级系统中，能级 2 与能级 1 之间的非辐射跃迁一般可以忽略，此时 $t_{sp} \ll \tau_{nr}$，$\tau_{20} \gg t_{sp} \gg \tau_1$，所以有

$$N_0 \approx Rt_{sp} \tag{5.1.24}$$
$$\tau_s \approx t_{sp} \tag{5.1.25}$$

可得

$$N \approx Rt_{sp}/(1 + t_{sp}W_i) \tag{5.1.26}$$

上述推导中隐含的假设是泵浦速率 R 与反转粒子数差 $N = N_2 - N_1$ 无关。但是，实际情况并非总是如此，因为基态和能级 3 的粒子数密度 N_g 和 N_3，与 N_1 和 N_2 有关，其关系为

$$N_g + N_1 + N_2 + N_3 = N_a \tag{5.1.27}$$

此处，系统中总的原子密度 N_a 为常数。如果泵浦涉及一个从基态到能级 3 的跃迁，其跃迁概率密度为 W，则 $R = (N_g - N_3)W$。如果能级 1 和能级 3 是短寿命的(此时 $N_1 \approx N_3 \approx 0$)，则有 $N_g + N_2 \approx N_a$，所以 $N_g \approx N_a - N_2 \approx N_a - N$。

在这些条件下，泵浦速率可以近似为

$$R \approx (N_a - N)W \tag{5.1.28}$$

可见 R 为随反转粒子数差 N 线性减小的函数，显然并不独立于 N。将 $R \approx (N_a - N)W$ 代入式(5.1.26)并重组方程，可以得到

$$N \approx \frac{t_{sp}N_aW}{1 + t_{sp}W_i + t_{sp}W} \tag{5.1.29}$$

最终，粒子数差可以按照式(5.1.21)的形式重写为

$$N = \frac{N_0}{1 + \tau_s W_i}$$

但此时与式(5.1.24)和式(5.1.25)不同，N_0 和 τ_s 分别为

$$N_0 \approx \frac{t_{sp}N_aW}{1 + t_{sp}W} \tag{5.1.30}$$

$$\tau_s \approx \frac{t_{sp}}{1 + t_{sp}W} \tag{5.1.31}$$

在弱泵浦条件下($W \ll 1/t_{sp}$)，$N_0 \approx t_{sp}N_aW$，正比于 W(泵浦跃迁概率密度)，$\tau_s \approx t_{sp}$，得到跟前面同样的结果。但是，当泵浦增强时，N_0 饱和，τ_s 降低。

（2）三能级泵浦机制

与四能级系统不同，三能级系统利用基态能级($E_1 = 0$)作为激光的下能级，如图 5-1-13 所示。同样，也引入一个辅助的第三能级(标为能级 3)。3-2 衰减非常快，因此在能级 3 上没有

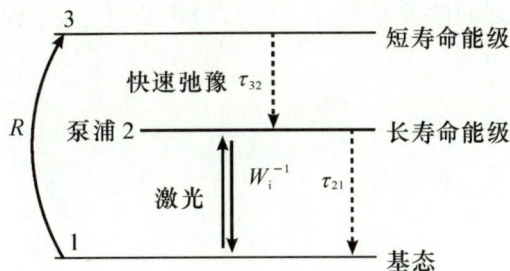

图 5-1-13　三能级系统的能级分布与衰减速率

粒子数积累。3—1 的衰减很慢(即 $\tau_{32} \ll \tau_{31}$),因此泵浦主要用来积累激光上能级的粒子数,上能级 2 的寿命较长,可以积累反转粒子数。原子以速率 R 从能级 1 泵浦到能级 3(如通过吸收辐射频率为 E_3/h 的辐射),然后迅速(非辐射)衰退到能级 2,因此其泵浦速率为 $R_2 = R$。

在 3—2 能级快速弛豫的情况下,不难发现如图 5-1-13 所示的三能级系统是图 5-1-7 所示系统在 $R_1 = R_2 = R$ 和 $\tau_2 = \tau_{21}$,$\tau_1 = \infty$ 条件下的一种特殊例子(假定 R 独立于 N)。

为避免与 $\tau_1 = \infty$ 相关的一些代数问题,不能把这些特殊值代入式(5.1.21)和式(5.1.22)中,我们必须回到原始的速率方程(5.1.19)和(5.1.20)。在稳态时,由式(5.1.19)和式(5.1.20)可以得到相同的方程

$$R - \frac{N_2}{\tau_{21}} - N_2 W_i + N_1 W_i = 0 \tag{5.1.32}$$

单从方程(5.1.32)很难确定 N_1 和 N_2,但是可以把系统中总的原子密度数 N_a 作为一个辅助条件,从而确定 N_1 和 N_2。由于 τ_{32} 非常短,能级 3 的稳态粒子数集居非常少,所有泵浦抽运到能级 3 的原子迅速衰退到能级 2。这样

$$N_1 + N_2 = N_a \tag{5.1.33}$$

可以通过求解式(5.1.32)得到 N_1 和 N_2,并由此得到粒子数差 $N = N_2 - N_1$ 和饱和寿命 τ_s。结果可以写成如式(5.1.21)的形式[$N = N_0/(1 + \tau_s W_i)$],并且

$$N_0 = 2R\tau_{21} - N_a \tag{5.1.34}$$

$$\tau_s = 2\tau_{21} \tag{5.1.35}$$

当能级 2 到能级 1 的非辐射跃迁可以忽略时($t_{sp} \ll t_{nr}$),可以用 t_{sp} 代替 τ_{21},因此有

$$N_0 \approx 2Rt_{sp} - N_a \tag{5.1.36}$$

$$\tau_s \approx 2t_{sp} \tag{5.1.37}$$

作为比较,特别注意在四能级系统中 $\tau_s \approx t_{sp}$。

把式(5.1.36)和式(5.1.37)与四能级系统中的类似结果式(5.1.24)和式(5.1.25)做比较,可以发现,在三能级系统中,为了获得粒子数反转($N > 0$,因此 $N_0 > 0$),需要一个泵浦速率 $R > N_a/(2t_{sp})$。因此,为了使粒子数密度 $N_2 = N_1$(即 $N_0 = 0$),必须有一个相当大的泵浦功率密度 $E_3 N_a/(2t_{sp})$。这样,在三能级系统中,基态的高粒子数集居从本质上成为取得粒子数反转的障碍,这种障碍在四能级系统中并不存在(能级 1 通常为空)。

由公式 $R = (N_1 - N_3)W$,$N_3 \approx 0$ 和 $N_1 = (N_a - N)/2$,可以得到泵浦速率与粒子数差之间的关系 $R \approx (N_a - N)W/2$,代入方程 $N = (2Rt_{sp} - N_a)/(1 + 2t_{sp}W_i)$,求解 N,可以再次得到

$$N = \frac{N_0}{1 + \tau_s W_i}$$

但此时

$$N_0 = \frac{N_a(t_{sp}W - 1)}{1 + t_{sp}W} \tag{5.1.38}$$

$$\tau_s = \frac{2t_{sp}}{1 + t_{sp}W} \tag{5.1.39}$$

因此,与四能级系统类似,N_0 和 τ_s 一般是泵浦跃迁速率 W 的非线性函数。

应该注意，R_1 和 R_2 代表单位体积、单位时间内成功泵浦的粒子数。泵浦过程的效率一般很低。例如，在光泵系统中，泵源所提供的很多光子无法将原子激励到激光的上能级，因此其包含的能量都是被浪费的。

3. 激光放大器举例

激光放大可以在很多材料中实现，第 4.3.1 节展示了几种可以实现激光工作的原子、分子和固体的能级图。实际的激光系统通常包含许多相互作用并会影响粒子数 N_1 和 N_2 的能级。然而可以通过把激光器归入三能级或四能级系统这两类，来方便地理解激光放大器工作的基本原理。

下面用三种实际的固体激光放大器来说明这一问题：三能级的红宝石激光放大器、四能级的掺钕钇铝石榴石激光放大器、三能级的掺铒石英光纤激光放大器。多数激光放大器和振荡器以四能级模式工作，红宝石和掺铒石英光纤例外。激光放大也可以在气体激光器和液体激光器中实现。

(1)红宝石激光放大器

通过在白宝石中掺入少量的 Cr^{3+} 离子取代 Al^{3+} 离子可以形成红宝石（$Cr^{3+}:Al_2O_3$）。与多数材料相似，激光作用可以在很多跃迁中产生。红宝石的能级如图 5-1-14 所示。红宝石是最先被观察到产生激光的工作物质，本质上是一种三能级系统，其中能级 1 是基态能级，能级 2 包含一对靠得很近的分立能级（其低能级对应波长为 694.3nm 的红色跃迁），能级 3 包含以 550nm（绿色）和 400nm（紫色）为中心的两个能带。这两个吸收带的存在使得红宝石看上去呈粉红色。

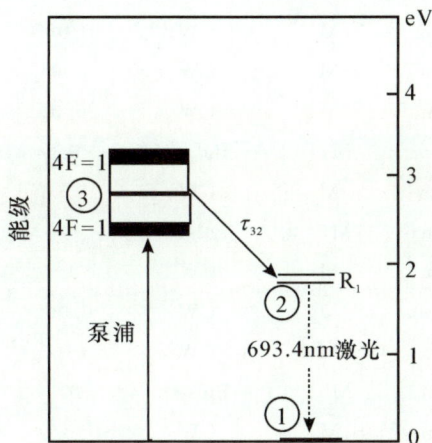

图 5-1-14 与 694.3nm 激光跃迁相对应的红宝石激光介质的能级

红宝石材料可以通过光泵的方法把 Cr^{3+} 离子从能级 1 激励到能级 3，通常将螺旋状的闪光灯缠绕在红宝石棒上或将棒状的闪光灯与红宝石棒一起放置于椭圆柱面的反射腔内，如图 5-1-15 所示。闪光灯发出宽谱的辐射，其中部分光被红宝石晶体吸收，使 Cr^{3+} 离子激励到能级 3。能级 3 的宽能带对吸收有利，可以使吸收的比例增大。处于激发态 3 的 Cr^{3+} 离子迅速从能级 3 衰退到能级 2（τ_{32} 在 ps 量级），而从能级 2 到能级 1 的自发辐射寿命则相对较长（$t_{sp} \approx 3ms$），这与图 5-1-13 中所显示的机制一致。非辐射跃迁可以忽略（$\tau_{21} \approx t_{sp}$）。该跃迁有一个均匀加宽的线形宽度 $\Delta\nu = 330GHz$，主要源于与晶格声子的弹性碰撞。商品化的红宝石激光棒的典型使用长度为 5～20cm,在脉冲工作时可以提供一个 20 倍的小信号增益。红宝石激光振荡器的特性详见表 5-1-1。

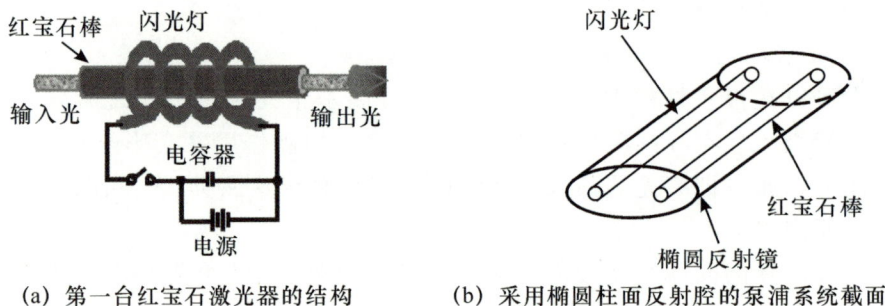

(a) 第一台红宝石激光器的结构　　　　(b) 采用椭圆柱面反射腔的泵浦系统截面

图 5-1-15　红宝石激光放大器

表 5-1-1　各种激光介质的特性参数

激光介质*	跃迁波长 λ_0	单模(S)或多模(M)	连续(CW)或脉冲运转(Pulsed)	近似总效率 η / %	输出功率或能量	能级图
C^{5+}(p)	18.2nm	M	Pulsed	10^{-5}	2mJ	图 4-3-2
ArF 准分子(g)	193nm	M	Pulsed	1.0	500mJ	
KrF 准分子(g)	248nm	M	Pulsed	1.0	500mJ	
He-Cd(g)	442nm	S/M	CW	0.1	10mW	
Ar^+(g)	515nm	S/M	CW	0.05	10W	
罗丹明-6G 染料(l)	560～640nm	S/M	CW	0.005	100mW	图 4-3-4
He-Ne(g)	633nm	S/M	CW	0.05	1mW	图 4-3-3
Kr^+(g)	647nm	S/M	CW	0.01	500mW	
红宝石(s)	694nm	M	Pulsed	0.1	5J	图 5-1-14
$Ti^{3+}:Al_2O_3$(s)	0.66～1.18μm	S/M	CW	0.01	10W	
Nd^{3+} 玻璃(s)	1.06μm	M	Pulsed	1.0	50J	图 5-1-16
$Nd^{3+}:YAG$(s)	1.064μm	S/M	CW	0.5	10W	图 5-1-16
KF 色心(s)	1.25～1.45μm	S/M	CW	0.005	500mW	
He-Ne(g)	3.39μm	S/M	CW	0.05	1mW	图 4-3-3
FEL(LANL)	9～40μm	M	Pulsed	0.5	1mJ	
CO_2(g)	10.6μm	S/M	CW	10.0	100W	图 4-3-3
H_2O(g)	118.7μm	S/M	CW	0.001	10μW	
HCN(g)	336.8μm	S/M	CW	0.001	1mW	

注:p 为等离子体;g 为气体;l 为液体;s 为固体。

(2)$Nd^{3+}:YAG$ 与钕玻璃激光放大器

掺杂钇铝石榴石晶体是一种近红外四能级激光放大器(常写成 $Nd^{3+}:YAG$),晶体呈淡紫色,与 1.064μm 跃迁相关的能级如图 5-1-16 所示。能级 1 的能势较基态高约 0.2eV,这个能量值与室温时的 $k_BT\approx0.026$eV 相比足够大,这使得其作为激光下能级的热集居可以忽略。能级 3 是四个宽度约 30nm,中心分别位于 810nm、750nm、585nm 和 525nm 的吸收带的集合。2—1 能级的跃迁为均匀加宽线形(与晶格声子的碰撞结果),室温下线宽约

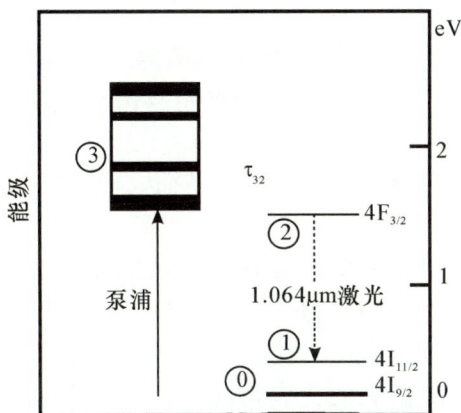

图 5-1-16　与 1064nm 的 Nd^{3+}:YAG 激光跃迁相对应的激光能级

120GHz。被激励的离子从 3 能级快速衰退到 2 能级（$\tau_{32} \approx 100ns$），自发荧光寿命 $\tau_{sp} \approx$ 200μs,τ_1 很短,约 30ns,与图 5-1-12 中所显示的四能级机制一致。基于四能级系统的特点,该晶体的增益显著比红宝石的增益要大。

Nd^{3+}:YAG 也可以通过光泵直接把离子激励到上能级,利用半导体激光器作为泵源的高效激光系统目前已经得到广泛的应用[见图 5-1-11(d)]。

玻璃激光放大器中,Nd^{3+} 离子具有与 Nd^{3+}:YAG 离子相似的特性,明显的区别在于前者具有非均匀加宽的特性,这是因为玻璃的非晶态特性导致每个离子所处的晶格环境不同。因此钕玻璃有一个大得多的室温线宽,$\Delta\nu = 3000GHz$,这种带宽也正是锁模脉冲激光器所需要的。钕玻璃激光放大器可以制成很大的尺寸,已经用于激光聚变实验中(如美国劳伦斯-利弗摩尔国家实验室中的 NOVA 激光系统和日本大阪大学的 GEKKO 系统,可以在 1ns 的脉冲时间内放出 10^5J 的能量)。典型的 Nd^{3+}:YAG 和钕玻璃激光放大器的特性见表 5-1-1。

（3）掺铒（Er^{3+}）石英光纤激光放大器

稀土掺杂的石英光纤是一种非常有用的增益介质,并具有单模导光的优点,尤其是它们可以提供与偏振无关的增益和低插入损耗。这类光纤通常是在石英光纤的纤芯中掺杂一种或几种稀土离子(如 Nd, Er, Yb, Pr, Sm 等),通过传输某种激光(如半导体激光、染料激光、色心激光、钛宝石激光或氩离子激光)实现泵浦[见图 5-1-11(e)]。光纤激光可以工作在很宽的光谱范围(如 1.06μm、1.3μm、1.55μm、2μm 等)。

掺铒石英光纤在 $\lambda = 1.55\mu m$ 附近具有很宽的激光跃迁($\Delta\nu \approx 4000GHz$),该波段与石英光纤的最低损耗波段一致,因此具有特别的意义。由于具有高增益,掺铒光纤作为光放大器和光中继器可以很好地在光纤通信系统中使用。例如,用一个 807nm 的半导体激光器泵浦一个 1m 长的铒掺杂浓度为 0.5‰ 的铒掺杂石英光纤。在这一波长掺铒光纤也具有很强的吸收峰,这与 980nm 波段的激励一样,但是容易产生激励态吸收。为避免激励态吸收,激光泵浦也可以用 InGaAsP 半导体激光器直接发出的 1480nm 波段激光激励,由于在荧光带与吸收带之间存在有效的频率迁移,以此泵浦实现激光放大是可行的。目前,用一个数十毫瓦的半导体激光(工作波长为 980nm 或 1480nm)泵浦一个 50m 长的掺杂浓度为 0.3‰ 的铒光纤,可以实现 30dB 的增益,光学带宽可以达到 30nm。如果降低增益要求,则可以实现更大的带宽。

掺铒石英光纤系统在 $T=300K$ 时工作如三能级系统,在冷却到 77K 时则如四能级系统,其光谱增宽是声子主导的均匀增宽和玻璃晶格场随机性造成的非均匀加宽的混合体。

(4)其他激光放大器

表 5-1-2 列出了一些重要的激光介质的跃迁截面、自发辐射寿命、跃迁线宽、折射率,表中所列的自由空间中的波长 λ_0 代表每种介质最常用的跃迁波长。例如,对于 He-Ne 气体激光系统,常用的是橘红色的 $0.633\mu m$ 波长的激光,但它也被广泛地用在 $0.543\mu m$、$1.150\mu m$ 和 $3.390\mu m$ 波长的激光产生上。CO_2 是一种长波红外区常用的激光放大介质,表 5-1-2 中所列的值是低压工作时的典型值(由于碰撞加宽机制的存在,气体中原子线宽与气压有关),传统上 CO_2 激光是大功率激光的代表,在激光加工中有重要应用。

表 5-1-2   各种激光器放大器的跃迁波长与激光特性

激光介质	跃迁波长 $\lambda_0/\mu m$	跃迁截面 σ_0/cm^2	自发辐射寿命 t_{sp}	跃迁线宽* $\Delta\nu$	均匀(H)或不均匀(I)	折射率 n
He-Ne	0.633	1×10^{-13}	$0.7\mu s$	1.5GHz	I	≈1.00
红宝石	0.694	2×10^{-20}	3.0ms	330GHz	H	1.76
Nd^{3+}:YAG	1.064	4×10^{-19}	1.2ms	120GHz	H	1.82
Nd^{3+}玻璃	1.060	3×10^{-20}	0.3ms	3THz	I	1.50
Er^{3+}石英光纤	1.550	6×10^{-21}	10.0ms	4THz	H/I	1.46
罗丹明-6G染料	$0.560\sim0.640$	2×10^{-16}	3.3ns	5THz	H/I	1.33
Ti^{3+}:Al_2O_3	$0.660\sim1.180$	3×10^{-19}	$3.2\mu s$	100THz	H	1.76
CO_2	10.600	3×10^{-18}	2.9s	60MHz	I	≈1.00
Ar^+	0.515	3×10^{-12}	10.0ns	3.5GHz	I	≈1.00

* H 表示主要的线形加宽机制为均匀加宽,I 表示为非均匀加宽。

可调谐的罗丹明-6G 染料激光器,常由 Ar 离子激光器泵浦,提供一个 $560\sim640nm$ 连续可调谐的增益带宽,其他染料则覆盖其他波长区间。染料激光放大器适合于宽带放大应用,因此对于放大 fs 激光脉冲很有效。钛宝石激光器比罗丹明-6G 染料激光具有更大的宽带调谐能力,同时也更容易使用。自由电子激光器也经常用于光放大。半导体激光放大器具有重要应用,将在第 7 章中给出详细介绍。

5.1.3   激光放大器的非线性与增益饱和

1. 增益系数

第 5.1.1 节已经说明激光介质的增益系数 $\gamma(\nu)$ 与反转粒子数差 N 相关[见式(5.1.4)],而 N 与跃迁速率 W_i 相关[见式(5.1.21)],W_i 又与辐射的光子流密度 ϕ 相关[见式(5.1.1)]。这样,激光介质的增益系数就是待放大的光子流密度的函数。正是这种相关性导致激光放大器的非线性或增益饱和。

将式(5.1.1)代入式(5.1.21),得到

$$N=\frac{N_0}{1+\phi/\phi_s(\nu)}$$

(5.1.40)

其中

$$\frac{1}{\phi_{\rm s}(\nu)} = \tau_{\rm s}\sigma(\nu) = \frac{\lambda^2}{8\pi} \cdot \frac{\tau_{\rm s}}{t_{\rm sp}} g(\nu) \tag{5.1.41}$$

此处，$\phi_{\rm s}$ 称为饱和光子流密度。式(5.1.40)表示粒子数差与光子流密度 ϕ 的相关性，若将其代入式(5.1.4)，则可以得到直接用增益系数表示的均匀加宽介质的饱和增益系数，即

$$\gamma(\nu) = \frac{\gamma_0(\nu)}{1 + \phi/\phi_{\rm s}(\nu)} \tag{5.1.42}$$

其中

$$\gamma_0(\nu) = N_0\sigma(\nu) = N_0 \frac{\lambda^2}{8\pi t_{\rm sp}} g(\nu) \tag{5.1.43}$$

即为小信号增益系数。如图 5-1-17 所示，增益系数是光子流密度的单调下降函数。饱和光子流密度 $\phi_{\rm s}(\nu) = 1/[\tau_{\rm s}\sigma(\nu)]$，代表增益系数降低到一半时的光子流密度。当 $\tau_{\rm s} \approx t_{\rm sp}$ 时，$\phi_{\rm s}(\nu)$ 的含义很直观：在每一个自发辐射寿命的时间段中，在单位发射截面内发射大约一个光子 $[\sigma(\nu)\phi_{\rm s}(\nu)t_{\rm sp}=1]$。

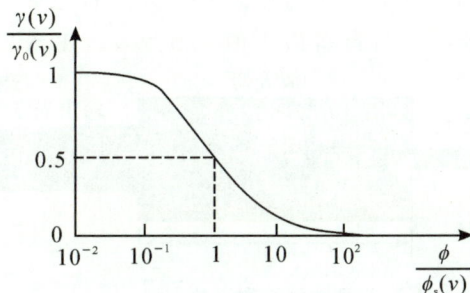

图 5-1-17　归一化的饱和增益系数和光子流密度的关系

2. 增益

在确定了增益系数的饱和效应之后，可以着手确定如图 5-1-18(a)所示的长度为 d 的均匀增宽激光介质的总增益，为简化起见，下面将以 γ 和 $\phi_{\rm s}$ 代替 $\gamma(\nu)$ 和 $\phi_{\rm s}(\nu)$。

假定 z 处的光子流密度为 $\phi(z)$，按照式(5.1.42)，在该位置的增益系数也是 z 的函数。从式(5.1.3)可以得到位置 z 处光子流密度的增加量 $\mathrm{d}\phi = \gamma\phi\mathrm{d}z$，由此推导得到的微分方程为

$$\frac{\mathrm{d}\phi}{\mathrm{d}z} = \frac{\gamma_0 \phi}{1 + \phi/\phi_{\rm s}} \tag{5.1.44}$$

将方程(5.1.44)重写为 $(1/\phi + 1/\phi_{\rm s})\mathrm{d}\phi = \gamma_0 \mathrm{d}z$，积分可得

$$\ln\frac{\phi(z)}{\phi(0)} + \frac{\phi(z) - \phi(0)}{\phi_{\rm s}} = \gamma_0 z \tag{5.1.45}$$

因此，放大器的输入光子流密度 $\phi(0)$ 与输出光子流密度 $\phi(d)$ 之间的关系为

$$\ln Y + Y = (\ln X + X) + \gamma_0 d \tag{5.1.46}$$

此处 $X = \phi(0)/\phi_{\rm s}$，$Y = \phi(d)/\phi_{\rm s}$，分别为归一化到饱和光子流密度的输入与输出光子流密度。

在以下两个特定的例子中可以方便地确定增益 $G = \phi(d)/\phi(0) = Y/X$ 的解。

（1）如果 X 与 Y 都远小于 1（即光子流密度远小于饱和光子流密度），则 X 和 Y 与 $\ln X$

和 lnY 相比都可以忽略,这样可以得到近似公式 $\ln Y \approx \ln X + \gamma_0 d$,因此有

$$Y \approx X \exp(\gamma_0 d) \tag{5.1.47}$$

在这种情况下,Y 与 X 呈线性关系,增益 $G = Y/X \approx \exp(\gamma_0 d)$,这与小信号近似得到的式(5.1.7)一致,当增益系数独立于光子流密度,即 $\gamma = \gamma_0$ 时有效。

(2)当 $X \gg 1$ 时,与 X 相比可以忽略 $\ln X$,与 Y 相比可以忽略 $\ln Y$,因此

$$Y \approx X + \gamma_0 d$$

或者

$$\phi(d) \approx \phi(0) + \gamma_0 \phi_s d \approx \phi(0) + \frac{N_0 d}{\tau_s} \tag{5.1.48}$$

在这种重度饱和条件下,介质中的原子"忙"于发射一个强度恒为 $N_0 d/\tau_s$ 的光子流密度。入射的光子流密度只是简单增加一个常数量后就从出射端输出,其增加量与入射的光子流密度无关。

对于中间值的 X 和 Y,式(5.1.46)必须进行数值求解,其结果如图 5-1-18(b)中的实线所示,$X \ll 1$ 时的线性关系和 $X \gg 1$ 时的饱和关系在数值解里非常明显。增益 $G = Y/X$ 画在图 5-1-18(c)中,其在小信号输入时具有最大值 $\exp(\gamma_0 d)$,在 $X \gg 1$ 时降低到 1。

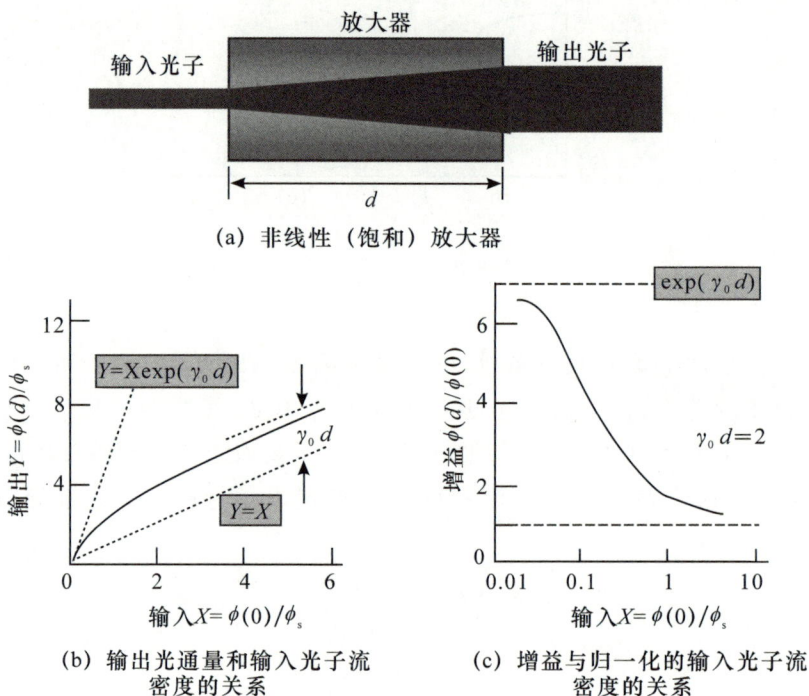

(a) 非线性 (饱和) 放大器

(b) 输出光通量和输入光子流
密度的关系

(c) 增益与归一化的输入光子流
密度的关系

图 5-1-18   激光放大器的非线性与增益饱和

3. 饱和吸收体

当增益系数 γ_0 为负,即粒子数正常集居(而不是反转($N_0 < 0$)时,介质对传播光起衰减效果,而不是增益效果。衰减系数 $\alpha(\nu) = -\gamma(\nu)$,也存在饱和问题,因此可以用与饱和增益类似的饱和吸收关系式 $\alpha(\nu) = \alpha_0(\nu)[1 + \phi/\phi_s(\nu)]$ 表示在大的光子流密度照射时吸收减弱,具有这种特性的材料称为饱和吸收体。

对于一个长度为 d 的饱和吸收体,其输入和输出的光子流密度 $\phi(d)$ 和 $\phi(0)$ 之间的关

系由具有负 γ_0 的式(5.1.46)决定。吸收体的总透射率 $Y/X=\phi(d)/\phi(0)$ 作为 $X=\phi(0)/\phi_s$ 的函数在图 5-1-19 中以实线表示。透射率随 $\phi(0)$ 增加,最后达到一个极限值 1。该效应发生的物理机制是由于最终粒子数差 $N\to0$,没有净吸收。

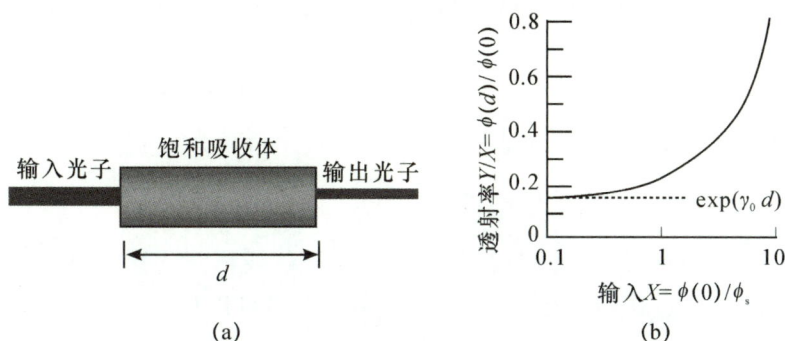

图 5-1-19　饱和吸收体的透射率随所入射的归一化的光子流密度的增加而增加

4. 非均匀加宽放大器的增益

非均匀加宽特性的激光介质是包含许多不同性质的原子的集合体,标以 β 的 ν 原子子集具有一个均匀增宽的线形函数 $g_\beta(\nu)$,介质总的不均匀加宽线形函数可以被描述为不同 β 的原子子集的系统平均 $\bar{g}(\nu)=<g_\beta(\nu)>$,其中 $<\cdot>$ 代表关于 β 的平均。

由于小信号增益 $\gamma_0(\nu)$ 正比于 $g(\nu)$,不同子集 β 将具有不同的增益系数 $\gamma_{0\beta}(\nu)$,因此平均的小信号增益系数为

$$\bar{\gamma}_0(\nu)=N_0\frac{\lambda^2}{8\pi t_{sp}}\bar{g}(\nu) \tag{5.1.49}$$

但是,由于饱和光子流密度 $\phi_s(\nu)$ 本身与子集 β 相关,要得到饱和增益系数就变得更复杂。其平均的增益系数可以用式(5.1.41)和式(5.1.42)来定义

$$\bar{\gamma}(\nu)=\langle\gamma_\beta(\nu)\rangle \tag{5.1.50}$$

其中

$$\gamma_\beta(\nu)=\frac{\gamma_{0\beta}(\nu)}{1+\phi/\phi_{s\beta}(\nu)}=b\frac{g_\beta(\nu)}{1+\phi a^2 g_\beta(\nu)} \tag{5.1.51}$$

而 $b=N_0[\lambda^2/(8\pi t_{sp})]$,$a^2=[\lambda^2/(8\pi)](\tau_s/t_{sp})$。必须特别注意式(5.1.42)中所使用的子集,因为比值的平均可能不等于平均后的比值。

(1)多普勒增宽介质

在多普勒增宽介质中所有的原子都具有相同形状的 $g(\nu)$ 子集,但每一个子集 β 的中心频率将会按照子集的运动速度 v_β 产生一定的频率位移 ν_β,如果 $g(\nu)$ 是洛伦兹线形,带宽为 $\Delta\nu$,由式(5.1.8)给出的 $g(\nu)=\dfrac{\Delta\nu/2\pi}{(\nu-\nu_0)^2+(\Delta\nu/2)^2}$ 和 $g_\beta(\nu)=g(\nu-\nu_\beta)$,代入式(5.1.51)得到

$$\gamma_\beta(\nu)=\frac{b(\Delta\nu/2\pi)}{(\nu-\nu_\beta-\nu_0)^2+(\Delta\nu_s/2)^2} \tag{5.1.52}$$

其中

$$\Delta\nu_s=\Delta\nu\left[1+\frac{\phi}{\phi_s(\nu_0)}\right]^{1/2} \tag{5.1.53}$$

$$\phi_s^{-1}(\nu_0)=\frac{2a^2}{\pi\Delta\nu}=\frac{\lambda^2}{8\pi}\cdot\frac{\tau_s}{t_{sp}}\cdot\frac{2}{\pi\Delta\nu}=\frac{\lambda^2}{8\pi}\cdot\frac{\tau_s}{t_{sp}}g(\nu_0) \tag{5.1.54}$$

注意式(5.1.53)中描述的是关于均匀加宽介质的饱和放大特性,显然具有速度 v_β 的原子子集具有一个线宽为 $\Delta\nu_s$ 的洛伦兹线形的饱和增益系数 $\gamma_\beta(\nu)$,其线宽 $\Delta\nu_s$ 将随着光子流密度的增加而增加。

从均值为零、方差为 σ_D 的高斯概率密度函数 $p(\nu_\beta)=(2\pi\sigma_D^2)^{-1/2}\exp[-\nu_\beta^2/(2\sigma_D^2)]$ 可以得到式(5.1.50)给出的 $\gamma_\beta(\nu)$ 的平均值。这时 $\overline{\gamma}(\nu)=\langle\gamma_\beta(\nu)\rangle$ 为

$$\overline{\gamma}=\int_{-\infty}^{\infty}\gamma_\beta(\nu)p(\nu_\beta)\mathrm{d}\nu_\beta \tag{5.1.55}$$

如果 $p(\nu_\beta)$ 比 $\gamma_\beta(\nu)$ 宽很多(即多普勒增宽比洛伦兹线形宽很多),式(5.1.55)中 $p(\nu_\beta)$ 可以作为常数处理。通过在指数项中设定 $\nu=\nu_0$ 和 $\nu_\beta=0$,可以得到

$$\overline{\gamma}(\nu_0)=\frac{bp(0)}{[1+2\phi a^2/(\pi\Delta\nu)]^{1/2}}=\frac{\overline{\gamma}_0}{[1+\phi/\phi_s(\nu_0)]^{1/2}} \tag{5.1.56}$$

其中平均小信号增益系数 $\overline{\gamma}_0$ 为

$$\overline{\gamma}_0=N_0\frac{\lambda^2}{8\pi t_{sp}}(2\pi\sigma_D^2)^{-1/2} \tag{5.1.57}$$

式(5.1.56)是多普勒增宽介质在中心频率 ν_0 处光子流密度 ϕ 的平均饱和增益系数表示式。当 ϕ 增加时,增益系数按平方根形式逐渐饱和。因此,如图 5-1-20 所示,非均匀加宽介质中的增益系数饱和的速度较均匀加宽介质中的要慢。

(2)烧孔效应

当大量频率为 ν_1 的单色光子作用于一个非均匀加宽介质时,增益饱和仅发生在线形函数与 ν_1 相交叠的部分原子上,其他原子与光子并不作用。当用一束频率 ν 可以变化的弱单色光来探测该饱和介质时,增益系数将展现一个在 ν_1 位置具有孔洞的包络,如图 5-1-21 所示。这一现象称为烧孔效应。由于具有速度 v_β 的原子子集的增益系数 $\gamma_\beta(\nu)$ 具有线宽为 $\Delta\nu_s$ 的洛伦兹线形[见式(5.1.53)],因此其烧孔的宽带为 $\Delta\nu_s$,当 ν_1 处的饱和光子流密度增加时,孔的深度和带宽都将增加。

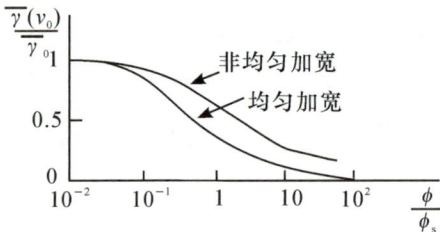

图 5-1-20   均匀加宽和非均匀加宽激光增益介质中的增益系数的饱和

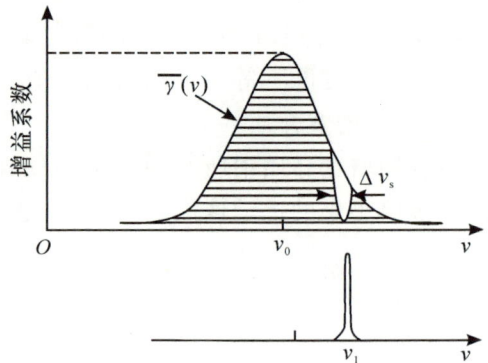

图 5-1-21   非均匀加宽介质的增益饱和效应

5.2　激光振荡理论

5.2.1　光学放大与反馈

1. 放大与相移

当光学增益介质放在谐振腔中时,在适当的条件下,就可以形成激光振荡。对于小信号增益系数为 $\gamma_0(\nu)=N_0\sigma(\nu)=N_0\dfrac{\lambda^2}{8\pi t_{sp}}g(\nu)$ 的增益介质,其饱和放大增益系数为 $\gamma(\nu)=\dfrac{\gamma_0(\nu)}{1+\phi/\phi_s(\nu)}$。此外,介质中的光放大过程还将引入一个附加相移,当线形为线宽 $\Delta\nu$ 的洛伦兹函数时,$g(\nu)=\dfrac{\Delta\nu/2\pi}{(\nu-\nu_0)^2+(\Delta\nu/2)^2}$,放大器在单位长度上的附加相移为

$$\varphi(\nu)=\frac{\nu-\nu_0}{\Delta\nu}\gamma(\nu) \tag{5.2.1}$$

对于具有洛伦兹线形函数的放大器,其增益和相移如图 5-1-5 所示。

2. 反馈与损耗:光学谐振腔

通过把增益介质放在一个光学谐振腔中就可以实现光学反馈,一个法布里-珀罗式的谐振腔就是由一对相距为 d 的反射镜,在其中放入激光增益介质(折射率为 n)构成的。光在介质中传输时的波数为

$$k=\frac{2\pi\nu}{c_0/n} \tag{5.2.2}$$

注意:这里假设整个腔长中均充满折射率为 n 的激光介质。谐振腔还会引入损耗,如腔镜的反射率不是 100%,介质存在吸收与散射损耗等。设介质中光的吸收与散射引入一个以衰减系数 α_s 表示的分布式损耗,当光沿着谐振腔来回一周时,光子流密度降低的系数为 $R_1R_2\exp(-2\alpha_s d)$,其中 R_1 和 R_2 为两个反射镜的反射率。这样光子来回一周所产生的总的损耗可以表示为一个分布式的衰减系数 α_r,并有 $\exp(-2\alpha_r d)=R_1R_2\exp(-2\alpha_s d)$,这样有

$$\alpha_r=\alpha_s+\alpha_{m1}+\alpha_{m2} \tag{5.2.3}$$

其中,$\alpha_{m1}=\dfrac{1}{2d}\ln\dfrac{1}{R_1}$,$\alpha_{m2}=\dfrac{1}{2d}\ln\dfrac{1}{R_2}$,$\alpha_{m1}$ 和 α_{m2} 表示两个反射镜对损耗的贡献,其总和为 $\alpha_m=\alpha_{m1}+\alpha_{m2}=\dfrac{1}{2d}\ln\dfrac{1}{R_1R_2}$。

因为 α_r 代表单位距离上总的能量(或光子)损耗,$\alpha_r c$ 就代表单位时间内的光子损耗,因此

$$\tau_p=\frac{1}{\alpha_r c} \tag{5.2.4}$$

代表腔内光子寿命。

谐振腔只支持腔中来回一周相移为 2π 整数倍的频率成分。对于一个没有激活介质的谐

振腔(空腔),来回一周的相移可以简单地写成 $k2d = 4\pi\nu d/c = q2\pi$,所对应的模式的频率为

$$\nu_q = q\nu_F, \quad q = 1,2,\cdots \tag{5.2.5}$$

此处 $\nu_F = c/(2d)$ 是谐振腔的模间隔,$c = c_0/n$ 是介质中的光速,这些振荡模的光谱半高宽(FWHM)是

$$\delta\nu \approx \frac{\nu_F}{\mathscr{F}} \tag{5.2.6}$$

此处 $\mathscr{F}$ 为谐振腔的细度(见第 2.2.1 节)。当谐振腔损耗变小时,细度将变大。

$$\mathscr{F} \approx \frac{\pi}{\alpha_r d} = 2\pi\tau_p\nu_F \tag{5.2.7}$$

5.2.2　激光振荡条件

为实现激光振荡,必须满足增益和相位两个条件。增益条件决定了所需的最少的反转粒子数,并因此决定了激光振荡需要的泵浦阈值;相位条件决定了激光振荡时的频率。

1. 增益条件:激光阈值

激光振荡的启动必须满足小信号增益系数大于损耗系数,即

$$\gamma_0(\nu) > \alpha_r \tag{5.2.8}$$

按照式(5.1.4),小信号增益系数 $\gamma_0(\nu)$ 正比于平衡粒子数密度差 N_0,而从第 5.1.1 节可知,N_0 又随着泵浦速率 R 增加,因此根据式(5.1.4)可以将式(5.2.8)转化成粒子数差的条件,即 $N_0 = \gamma_0(\nu)/\sigma(\nu) > \alpha_r/\sigma(\nu)$。所以有

$$N_0 > N_t \tag{5.2.9}$$

其中

$$N_t = \frac{\alpha_r}{\sigma(\nu)} \tag{5.2.10}$$

称作阈值反转粒子数差,与 α_r 成正比。N_t 决定了一个激光振荡能够启动的最小泵浦速率 R_t。根据式(5.2.4),α_r 也可以另外写作光子寿命的表达形式 $\alpha_r = 1/(c\tau_p)$,这样式(5.2.10)可以写成

$$N_t = \frac{1}{c\tau_p\sigma(\nu)} \tag{5.2.11}$$

因此,粒子密度数差的阈值正比于 α_r,反比于 τ_p,更高的损耗(对应更短的光子寿命)就需要更强有力的泵源以实现激光振荡。

最后,如果使用跃迁截面的表达式,$\sigma(\nu) = \frac{\lambda^2}{8\pi t_{sp}}g(\nu)$,可以获得粒子数反转阈值的另一个表达式,即

$$N_t = \frac{8\pi}{\lambda^2 c} \cdot \frac{t_{sp}}{\tau_p} \cdot \frac{1}{g(\nu)} \tag{5.2.12}$$

从式(5.2.12)可以清楚地看出 N_t 为频率 ν 的函数。在线形函数的最大值,即中心频率 $\nu = \nu_0$ 处,阈值最低,激光最容易实现振荡。对于一个洛伦兹线形的函数,$g(\nu_0) = 2/(\pi\Delta\nu)$,所以在中心频率 ν_0 处,为实现激光振荡所需的最低的反转粒子数为

$$N_t = \frac{2\pi}{\lambda^2 c} \cdot \frac{2\pi\Delta\nu t_{sp}}{\tau_p} \tag{5.2.13}$$

N_t 正比于线宽 $\Delta\nu$。

再进一步，如果跃迁只由衰减寿命为 t_{sp} 的寿命增宽所限制，$\Delta\nu$ 可取值 $1/(2\pi t_{sp})$，这样式 (5.2.13) 可进一步简化为

$$N_t = \frac{2\pi}{\lambda^2 c\tau_p} = \frac{2\pi\alpha_r}{\lambda^2} \tag{5.2.14}$$

从式 (5.2.14) 可以看出实现激光振荡所需的阈值反转粒子数差是波长 λ 和光子寿命 τ_p 的函数。很清楚，当波长变短时，激光振荡的实现就变得更困难。例如，如果 $\lambda = 1\mu m$，$\tau_p = 1ns$，可以得到 $N_t \approx 2.1 \times 10^7 cm^{-3}$。如果 τ_p 不变，波长减少至 $0.5\mu m$，则 $N_t \approx 8.4 \times 10^7 cm^{-3}$。

【例 5.2】　在温度 $T = 300K$ 的热平衡状态下，红宝石对谱线 $\lambda_0 = 694.3nm$ 的吸收系数为 $\alpha(\nu_0) \equiv -\gamma(\nu_0) \approx 0.2 cm^{-1}$。如果透过率与 Cr^{3+} 离子浓度有关，Cr^{3+} 离子浓度 $N_a = 1.58 \times 10^{19} cm^{-3}$，求跃迁截面 $\sigma_0 = \sigma(\nu_0)$。一红宝石激光器使用 10cm 长的红宝石棒（折射率 $n = 1.76$），横截面面积为 $1cm^2$。红宝石棒两端面抛光并镀膜，反射率均为 80%，假设没有散射及其他损耗，求激光谐振腔的损耗系数 α_r 和谐振腔光子寿命 τ_p。当激光器被泵浦时，由于泵浦的存在，增益系数 $\gamma(\nu_0)$ 从热平衡状态的 $-0.2 cm^{-1}$ 开始增加，并改变符号。求使得激光开始振荡的阈值反转粒子数。

解：已知参数：$\lambda_0 = 694.3nm$，$n = 1.76$，$\lambda = \lambda_0/n$，$N_a = N_1 + N_2 = 1.58 \times 10^{19} cm^{-3}$，$h = 6.62 \times 10^{-34} J\cdot s$，$k = 1.38 \times 10^{-23} J/K$，$c_0 = 3 \times 10^8 m/s$，$c = c_0/n$。

在 $T = 300K$ 的热平衡状态下

$$\frac{N_2}{N_1} = \exp\left(-\frac{h\nu}{k_B T}\right) = \exp\left(-\frac{hc_0}{\lambda_0 k_B T}\right) \approx 10^{-30}$$

因此 $N_2 \ll N_1$，$N_1 \approx N_a$，说明大部分原子都处于低能级。此时 $N_0 \approx -N_a$，增益系数 $\gamma(\nu_0) = N_0\sigma(\nu_0) = -N_a\sigma(\nu_0)$，由于吸收，此时的增益系数为负数，所以

$$\sigma(\nu_0) = \frac{\alpha(\nu_0)}{N_a} = 1.27 \times 10^{-20} cm^2$$

激光谐振腔的参数为 $d = 0.1m$，$R_1 = R_2 = 0.8$，$\alpha_s = 0$，所以

$$\alpha_r = \alpha_s + \left(\frac{1}{2d}\right)\ln\left(\frac{1}{R_1 R_2}\right) = 2.231 m^{-1}$$

腔内光子寿命为

$$\tau_p = (\alpha_r c)^{-1} = 2.63 ns$$

振荡的情况下 $\gamma(\nu_0) = \alpha_r$，得

$$N_0 = \frac{\alpha_r}{\sigma(\nu_0)} = 1.757 \times 10^{24} m^{-3}$$

因此，使得激光开始振荡的阈值反转粒子数为 $1.757 \times 10^{24} m^{-3}$。

2. 相位条件：激光频率

激光振荡的第二个条件要求光波在腔内来回一周所经历的相移必须是 2π 的整数倍，即

$$2kd + 2\varphi(\nu)d = 2\pi q, \quad q = 1, 2, \cdots \tag{5.2.15}$$

式 (5.2.15) 中，第一项是腔内传输的相位变化，第二项是介质增益产生的相位变化。

如果激光激活介质所贡献的相移 $2\varphi(\nu)d$ 很小，式 (5.2.15) 除以 $2d$ 就得到空腔的结

果,$\nu = \nu_q = q[c/(2d)]$。在激活介质所贡献的相移起作用时,式(5.2.15)的解就是与空腔振荡频率 ν_q 略有不同的振荡频率 ν_q'。实验结果表明,实际振荡频率 ν_q' 比空腔振荡频率 ν_q 更靠近原子跃迁谱线的中心位置。

使用关系式 $k = 2\pi\nu/c$ 和式(5.2.1)中所显示的洛伦兹线形函数的相移系数,由相移条件式(5.2.15)得出

$$\nu + \frac{c}{2\pi} \cdot \frac{\nu - \nu_0}{\Delta\nu}\gamma(\nu) = \nu_q \tag{5.2.16}$$

从方程(5.2.16)可以解出对应每一个空腔模式 ν_q 的实际振荡频率 ν_q'。由于方程(5.2.16)为非线性的,可以用图解的方式增强对问题的理解。将式(5.2.16)的左边设为 $\varphi(\nu)$,如图5-2-1所示,可以直观地得到满足 $\varphi(\nu) = \nu_q$ 的值 $\nu = \nu_q'$。激光工作时,冷腔频率 ν_q 总是被拉向共振介质的中心频率 ν_0。式(5.2.16)的一个近似解析解为

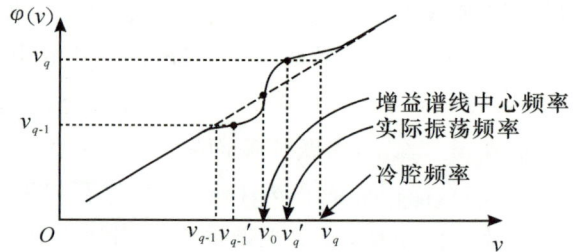

图 5-2-1   激光工作时,模式频率相对于冷腔频率向增益谱线中心频率移动

$$\nu = \nu_q - \frac{c}{2\pi} \cdot \frac{\nu - \nu_0}{\Delta\nu}\gamma(\nu) \tag{5.2.17}$$

当 $\nu = \nu_q' \approx \nu_q$ 时,式(5.2.17)的第二项中的 ν 可以近似地用 ν_q 来代替,所以

$$\nu_q' = \nu_q - \frac{c}{2\pi} \cdot \frac{\nu_q - \nu_0}{\Delta\nu}\gamma(\nu_q) \tag{5.2.18}$$

这就是振荡频率 ν_q' 作为冷腔频率 ν_q 函数的一个显式表示。更进一步,在稳态条件下,增益等于损耗,所以

$$\gamma(\nu_q) = \alpha_r \approx \pi/(\mathscr{F}d) = (2\pi/c)\delta\nu \tag{5.2.19}$$

其中 $\delta\nu$ 是冷腔模式的光谱宽度,把式(5.2.19)代入式(5.2.18)中,得到

$$\nu_q' = \nu_q - (\nu_q - \nu_0)\frac{\delta\nu}{\Delta\nu} \tag{5.2.20}$$

因此冷腔共振频率 ν_q 被拉向中心频率的值等于其与中心频率的距离$(\nu_q - \nu_0)$乘以系数 $\delta\nu/\Delta\nu$。腔模越陡($\delta\nu$ 越小),牵引效应越不明显。与此相对应,原子的振荡线宽越小($\Delta\nu$ 越小),牵引效应就越明显。

5.3   激光输出特性

5.3.1   功率

1. 腔内光子流密度

当激光泵源强度超过阈值时,其小信号增益系数 $\gamma_0(\nu)$ 就会比损耗系数 α_r 大,如果相位条件满足,激光振荡就会开始。随着腔内光子流密度的增大,均匀加宽的介质的增益系数会下降。但只要增益系数比损耗系数大,光子流密度就会持续增大。

当饱和增益系数等于损耗系数时,光子流密度停止增大,激光振荡由此达到稳态。其结果就是增益钳位到损耗值,因此可以通过将大信号(饱和)增益系数等于损耗系数,即 $\gamma_0(\nu)/[1+\frac{\phi}{\phi_s(\nu)}]=\alpha_r$ 来确定稳态工作时的激光内部光子流密度。由此可得

$$\begin{cases} \phi=\phi_s(\nu)\left[\dfrac{\gamma_0(\nu)}{\alpha_r}-1\right], & \gamma_0(\nu)>\alpha_r \\ \phi=0, & \gamma_0(\nu)\leqslant\alpha_r \end{cases} \tag{5.3.1}$$

方程(5.3.1)给出了由于激光作用而增大的稳态光子流密度。因为两个方向上传输的光子都对饱和过程有贡献,该值代表两个方向上单位时间内穿过单位面积的总的平均光子数。因此,单个方向上传输的光子流密度为 $\phi/2$。上述的简化处理中,略掉了自发辐射的影响。当然式(5.3.1)只是给出了平均值,实际上存在围绕平均值的随机性波动。

因为 $\gamma_0(\nu)=N_0\sigma(\nu)$,$\alpha_r=N_t\sigma(\nu)$,方程(5.3.1)可以写成

$$\begin{cases} \phi=\phi_s(\nu)\left(\dfrac{N_0}{N_t}-1\right), & N_0>N_t \\ \phi=0, & N_0\leqslant N_t \end{cases} \tag{5.3.2}$$

在阈值以下,激光光子流密度为零,泵浦功率的增加只是反映自发辐射光子流密度的增大。在阈值以上,稳态的内部光子流密度正比于初始的反转粒子数差 N_0,因此将随着泵浦速率 R 的增大而增大。如果 N_0 是阈值 N_t 的两倍,光子流密度将正好达到饱和值 $\phi_s(\nu)$,该光子流密度下增益系数降低到最大值的一半。图 5-3-1 给出了粒子数差 N 和光子流密度 ϕ 与 N_0 的函数关系。

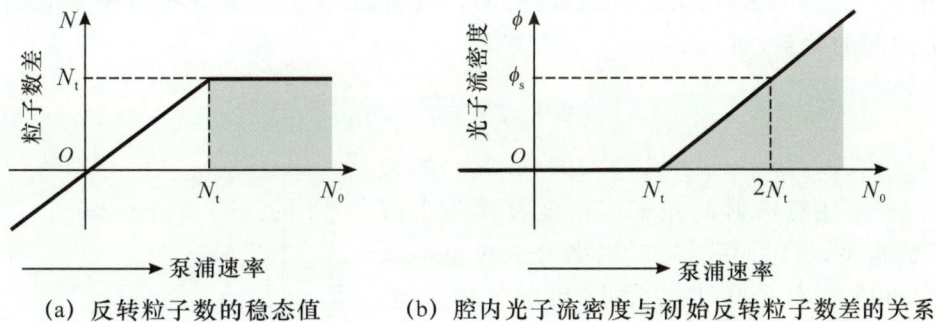

图 5-3-1　粒子数差和光子流密度与反转粒子数差的关系

2. 输出光子流密度

式(5.3.2)所给出的稳态内部光子流密度中只有部分能够输出到腔外,能输出的光子流密度就是朝反射镜 1 传输并透过的那部分。如果反射镜 1 的透射率为 T,则输出光子流密度为

$$\phi_0=\frac{T\phi}{2} \tag{5.3.3}$$

对应的激光输出强度为

$$I_0=\frac{h\nu T\phi}{2} \tag{5.3.4}$$

激光的输出功率为 $P_0=I_0 A$,此处 A 为激光束的截面。根据式(5.3.2)和式(5.3.4)可以很

明确地按 $\phi_s(\nu)$、N_0、N_t、T 和 A 计算激光输出功率。

3. 输出光子流密度的优化

激光器输出的有用光子流密度会降低内部的光子流密度,并因此给激光器本身带来损耗。输出的光子数比例大了,所带来的腔内损耗就大,这也将导致腔内稳态光子流密度的降低。因此,增加输出的比例所带来的结果有可能是输出光的降低,而不是增加。

实际上存在一个最佳的透射率 $T(0<T<1)$ 使得激光的输出强度最大。输出光子流密度 $\phi_o=T\phi/2$ 是反射镜的透射率 T 和内部光子流密度的乘积,当 T 增加时,由于损耗增大,ϕ 变小。在一个极端,$T=0$,谐振腔具有最小损耗(ϕ 最大),但是没有任何激光输出。在另一个极端,如果没有反射镜,$T=1$,增加的损耗使得 $\alpha_r>\gamma_0(\nu)$($N_t>N_0$),因此不会有激光振荡。在这种情况下,$\phi=0$,所以同样有 $\phi_o=0$。显然最佳的 T 值处于这两个极端之间。

为得到最佳的 T 值,必须明确 ϕ_o 与 T 之间的关系式。假定反射镜 1 的反射率为 R_1,透射率为 $T=1-R_1$,这样得到由反射镜 1 引起的损耗系数

$$\alpha_{m1}=\frac{1}{2d}\ln\frac{1}{R_1}=-\frac{1}{2d}\ln(1-T) \tag{5.3.5}$$

代入式(5.2.3)中就可以得到总的损耗系数

$$\alpha_r=\alpha_s+\alpha_{m2}-\frac{1}{2d}\ln(1-T) \tag{5.3.6}$$

其中由反射镜 2 引起的损耗系数为

$$\alpha_{m2}=\frac{1}{2d}\ln\frac{1}{R_2} \tag{5.3.7}$$

因此,利用式(5.3.1)、式(5.3.3)和式(5.3.6),可以得到透射出的光子流密度 ϕ_o 与反射镜透射率 T 之间的关系,即

$$\phi_o=\frac{1}{2}\phi_s T\left[\frac{g_0}{L-\ln(1-T)}-1\right] \tag{5.3.8}$$

其中,$g_0=2\gamma_0(\nu)d$,$L=2(\alpha_s+\alpha_{m2})d$,式(5.3.8)的结果见图 5-3-2。注意透射的光子流密度直接与小信号增益系数相关,通过对式(5.3.8)微分取极值可以得到最佳的透射率。当 $T\ll1$ 时,利用近似关系 $\ln(1-T)\approx-T$,可以得到

$$T_{op}\approx(g_0 L)^{1/2}-L \tag{5.3.9}$$

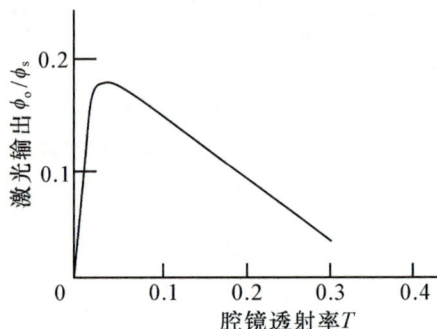

图 5-3-2   输出的稳态光子流密度与腔镜透射率的关系

4. 内部的光子数密度

腔内单位体积的稳态光子数 n 与腔内的稳态光子流密度相关,其关系为

$$n=\frac{\phi}{c} \tag{5.3.10}$$

通过考虑一个面积为 A、单位时间光传播距离为 c、体积为 cA、轴向与谐振腔光轴平行的圆柱体腔,可以很容易地理解式(5.3.10)。对于一个单位体积包含 n 个光子的谐振腔,圆柱体包含 cAn 个光子。这些光子双向传输,在每单位时间内都有一半穿过圆柱底面。由于圆柱的另一边也吸收相同数量的光子,故光子流密度为 $2\times[(1/2)cAn]/A=cn$。

与式(5.3.2)中的稳态内部光子流密度相对应的光子数密度为

$$n = n_s \left(\frac{N_0}{N_t} - 1 \right), \quad N_0 > N_t \tag{5.3.11}$$

其中,$n_s = \phi_s(\nu)/c$ 是光子数密度的饱和值。利用关系式 $\phi_s(\nu) = [\tau_s \sigma(\nu)]^{-1}$,$\alpha_r = 1/(c\tau_p)$ 和 $\gamma(\nu) = N\sigma(\nu) = N_t \sigma(\nu)$,式(5.3.11)可以写成

$$n = (N_0 - N_t) \frac{\tau_p}{\tau_s}, \quad N_0 > N_t \tag{5.3.12}$$

式(5.3.12)给出的直接含义为:$N_0 - N_t$ 为超出阈值的单位体积的反转粒子数差,$(N_0 - N_t)/\tau_s$ 代表稳态工作时光子产生的速率,也等于失去光子的速率 n/τ_p,比值 τ_p/τ_s 是发射光子与失去光子的比例。

在四能级系统中,理想泵浦情况下,由式(5.1.24)和式(5.1.25)给出 $\tau_s = t_{sp}$ 和 $N_0 \approx R t_{sp}$,此处 R 为单位体积单位时间内原子泵浦的速率,则式(5.3.12)可以写成

$$\frac{n}{\tau_p} = R - R_t, \quad R > R_t \tag{5.3.13}$$

其中,$R_t = N_t/t_{sp}$ 为阈值泵浦速率。因此,在稳态条件下,总的光子密度损失率正好等于超额的泵浦速率 $R - R_t$。

5. 输出光子流与效率

如果将激光输出镜的透射看作损耗,V 作为激活介质的体积,由式(5.3.13)得出总的输出光子流

$$\phi_o = (R - R_t)V, \quad R > R_t \tag{5.3.14}$$

如果存在除输出镜之外的其他损耗,输出光子流可以写成

$$\phi_o = \eta_e (R - R_t)V \tag{5.3.15}$$

其中发射效率 η_e 为有用光输出引起的损耗与谐振腔的总损耗 α_r 之间的比例。

如果激光只从反射镜 1 输出,计算 α_r 和 α_{m1} 的式(5.2.4)和式(5.3.5)可以用来计算 η_e,表达式为

$$\eta_e = \frac{\alpha_{m1}}{\alpha_r} = \frac{c}{2d} \tau_p \ln \frac{1}{R_1} \tag{5.3.16}$$

更进一步,如果 $T = 1 - R_1 \ll 1$,由式(5.3.16)得出

$$\eta_e \approx \frac{\tau_p}{T_F} T \tag{5.3.17}$$

其中,定义 $1/T_F = c/(2d)$,这样发射效率 η_e 可以理解为光子寿命与腔内来回一周时间的比值乘以输出镜透射率。这样输出激光功率 $P_0 = h\nu\phi_o = \eta_e h\nu(R - R_t)V$。

激光器的其他环节也会产生损耗,如泵浦源。对于各种不同种类的激光器,激光器的总效率 η(也称为总的功率转化效率或电插头效率)不同。

5.3.2　激光的光谱分布

激光的光谱分布由两个因素决定:激活介质的原子线形和腔的模式。对所有以原子振荡频率为中心、带宽为 B 的光谱带内的振荡频率,都必须满足增益条件所要求的放大器的

初始增益系数大于损耗系数,即 $\gamma_0(\nu)>\alpha_r$,如图 5-3-3(a)所示。带宽 B 随原子线宽 $\Delta\nu$ 和
比例 $\gamma_0(\nu)/\alpha_r$ 而增加,其精确关系取决于线形函数 $\gamma_0(\nu)$。相位条件要求振荡频率为模式
频率之一(为简化起见,假定频率牵引效应可以忽略),每个模式的半高宽为 $\delta\nu\approx\nu_F/\mathscr{F}$,如图
5-3-3(b)所示。

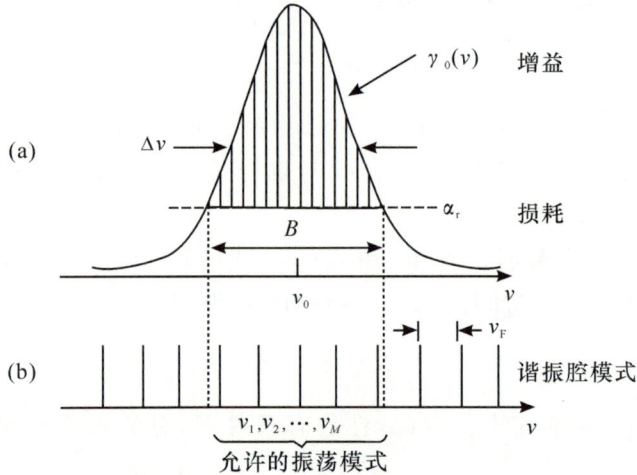

图 5-3-3 带宽为 B 的增益曲线及处于增益区间内的模式

这样,只有有限的振荡频率可以工作,因此,其可能的振荡模式数为

$$M\approx\frac{B}{\nu_F}\tag{5.3.18}$$

此处 ν_F 为相邻模式之间的近似频率间隔。但是,在所有可能的 M 个模式中,实际带有光功
率的模式数由原子线形的加宽机制所决定。下面将会说明,对于非均匀加宽介质,所有模
式均可以振荡(尽管各模式间功率可能不同);对于均匀加宽介质,则存在某种形式的模式
竞争,使得难以有如此多的模式同时振荡。

虽然预期每个振荡模式的半宽 $\approx\delta\nu$,但实际上线宽要小得多。线宽的最小值由所谓的
肖洛-汤斯(Schawlow-Townes)线宽所限制,该值随光功率反比例减小。但是,由于各种附
加效应如声和热波动的影响,几乎所有激光器的线宽都远大于 Schawlow-Townes 极限值,
只有在精确控制的激光系统中可以达到该种线宽极限。

【例 5.3】 一个多普勒加宽的气体激光器,增益系数谱线为高斯型函数 $\gamma_0(\nu)=$
$\gamma_0(\nu_0)\exp[-(\nu-\nu_0)^2/2\sigma_D^2]$,其中 $\Delta\nu_D=(8\ln2)^{1/2}\sigma_D$ 为半高宽。求允许谐振的带宽 B 关于
$\Delta\nu_D$ 和 $\gamma_0(\nu_0)/\alpha_r$ 的函数表达式,其中 α_r 为谐振腔损耗系数。在 He-Ne 激光器中,$\Delta\nu_D=$
1.5GHz,$\gamma_0(\nu_0)=2\times10^{-3}\mathrm{cm}^{-1}$,谐振腔长度 $d=100\mathrm{cm}$,腔镜的反射率分别为 100% 和 97%
(忽略其他损耗)。假设折射率 $n=1$,求谐振腔所允许的激光模式数 M。

解:允许谐振的带宽需要满足增益等于损耗,所以有

$$\gamma_0(\nu)=\gamma_0(\nu_0)\exp[-(\nu-\nu_0)^2/2\sigma_D^2]=\alpha_r$$

可求得

$$\frac{(\nu-\nu_0)^2}{2\sigma_D^2}=\ln[\gamma_0(\nu_0)/\alpha_r]$$

$$\nu-\nu_0=\pm\sigma_D\sqrt{2\ln[\gamma_0(\nu_0)/\alpha_r]}$$

$$B = 2\Delta\nu_{\mathrm{D}}(8\ln2)^{-1/2}\sqrt{2\ln\left[\gamma_0(\nu_0)/\alpha_{\mathrm{r}}\right]}$$

已知参数：$\Delta\nu_{\mathrm{D}} = 1.5\mathrm{GHz}$，$\gamma_0(\nu_0) = 2\times10^{-3}\mathrm{cm}^{-1}$，$d = 100\mathrm{cm}$，$R_1 = 1$，$R_2 = 0.97$。不考虑散射等损耗时

$$\alpha_{\mathrm{r}} = \left(\frac{1}{2d}\right)\ln\left(\frac{1}{R_1 R_2}\right) = 1.52\times10^{-4}\mathrm{cm}^{-1}$$

增益带宽为 $B = 2.89\mathrm{GHz}$。

允许的纵模数为 $M = B/\nu_{\mathrm{F}} = 19.3$，因此允许的纵模数为 19。

1. 均匀加宽介质

在泵浦打开之后，所有初始增益超过损耗的激光模式都马上开始增大[见图 5-3-4(a)]。在 M 个模式中产生光子流密度 ϕ_1，ϕ_2，$\cdots$，ϕ_M。频率靠近跃迁中心频率的模式增长得更快，并因此获得更大的光子流密度，这些光子与介质作用，通过耗空反转粒子数而降低增益。饱和的增益为

$$\gamma(\nu) = \frac{\gamma_0(\nu)}{1 + \sum_{i=1}^{M} \phi_j/\phi_{\mathrm{s}}(\nu_j)} \tag{5.3.19}$$

其中 $\phi_{\mathrm{s}}(\nu_j)$ 为与模式 j 相关的饱和光子流密度，增益的饱和过程如图 5-3-4(b) 所示。

由于增益系数均匀降低，因此距谱线中心较远的模式其损耗将首先大于增益，这些模式的功率将逐渐减小，而靠近谱线中心的模式其功率则继续增长，增长速率却变慢。最终，只有一个模式能维持振荡（或者两个对称分布在谱线中心两侧的模式），并且其增益等于损耗，而其他模式则损耗大于增益。在理想的稳态条件下，这个优先模式保持稳定振荡，其他模式都将消失[见图 5-3-4(c)]，所保留下来的模式其频率距中心频率最近。

但实际上均匀加宽的介质大多工作在多模状态，这是因为不同的模式占据了激活介质的不同空间部分。当图 5-3-4 中最靠近中心的模式振荡建立时，在该模驻波电场为零的位置增益仍然可以超过损耗，这种现象称为空间烧孔效应。因此，当其他模式的峰值电场接近或处于该模式电场的零位置时也有机会振荡。

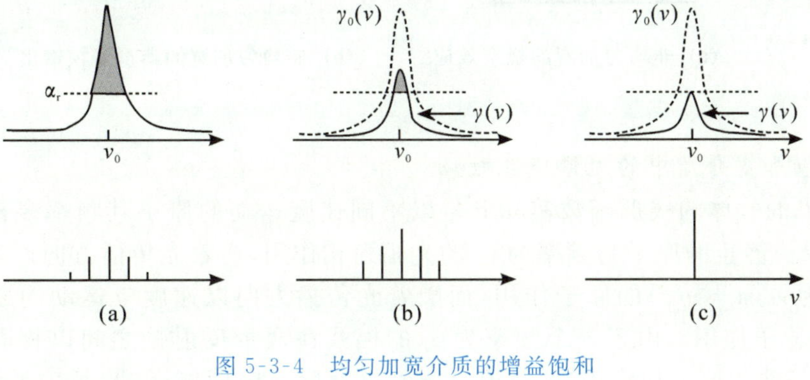

图 5-3-4　均匀加宽介质的增益饱和

2. 非均匀加宽介质

在非均匀加宽介质中，增益 $\bar\gamma_0(\nu)$ 代表不同类的原子增益的复合包络，如图 5-3-5 所示。在激光开始振荡的初期与均匀加宽介质中的情况类似，其中增益大于损耗的那部分模式开始增强，并且增益系数随之下降。如果模式间的间隔大于原子线形函数的线宽 $\Delta\nu$，则不同

的模式与不同的原子相互作用。没有参与作用的原子则未对谐振腔中光子的产生起任何作用,因此它们仍然保持初始的反转粒子数和小信号增益值。与模式频率对应的原子则耗空其反转粒子数,出现增益饱和,因此在增益谱上产生"孔洞",如图 5-3-6(a)所示,这一过程称为光谱烧孔。光谱孔的带宽按光子流密度的平方根定律增加,即

$$\Delta \nu_s = \Delta \nu \left[1 + \frac{\phi}{\phi_s(\nu_0)} \right]^{1/2} \tag{5.3.20}$$

图 5-3-5   非均匀加宽介质的增益系数的构成方式

不同模式间光谱烧孔的饱和过程是相对独立的,直到每一个模式的增益等于损耗,达到稳态。因为不同的模式与不同的原子作用,因此模式之间没有竞争。可以有许多模式同时振荡,但靠近谱线中心的模式烧孔最深,可达到的强度最大,如图 5-3-6(a)所示。典型的多模不均匀加宽气体激光器的激光频率如图 5-3-6(b)所示。由于空间烧空效应可以维持振荡的模式数一般小于光谱烧孔效应,所以非均匀加宽介质的模式数通常大于均匀加宽介质。

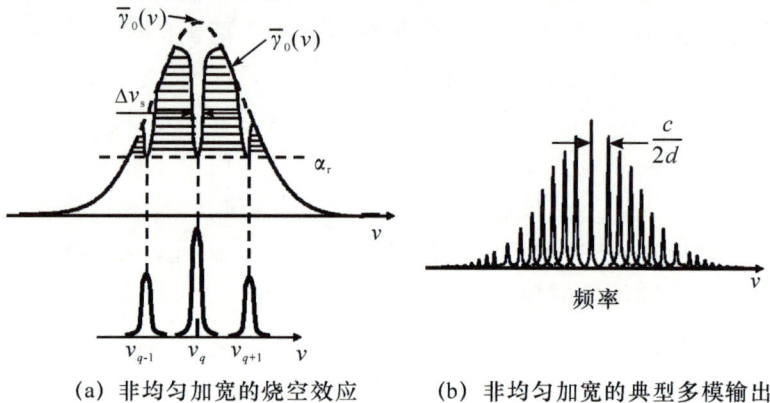

(a) 非均匀加宽的烧空效应   (b) 非均匀加宽的典型多模输出

图 5-3-6   非均匀加宽介质的增益饱和及输出模式

3. 多普勒加宽介质中的光谱烧孔效应

温度为 T 的气体的线形函数实际上是以不同速度运动的原子其频率多普勒偏移后的一种集合效果。静止的原子与频率为 ν_0 的光辐射相互作用,逆着光传播方向以速度 v 运动的原子与频率为 $\nu_0(1+v/c)$ 的原子作用,而顺着光传播方向以速度 v 运动的原子与频率为 $\nu_0(1-v/c)$ 的原子作用。由于一个频率为 ν_q 的模式在两个反射镜之间以相同的速度值来回运动,它将与两类原子相作用,两类原子分别以速度 v 向两侧运动,其关系满足 $\nu_q - \nu_0 = \pm \nu_0 v/c$。这样频率为 ν_q 的模式将会使中心频率两侧的原子饱和,并在增益光谱上烧出两个孔洞,如图 5-3-7 所示。如果 $\nu_q = \nu_0$,那就只有在中心频率上烧出一个孔洞。

稳态的模式功率随着增益谱上烧孔的深度增加,当频率 ν_q 向中心 ν_0 移动时,孔的深度和模式功率都随之增加。但是,当 ν_q 接近 ν_0 时,该模式只与一组原子作用,因此两个孔洞

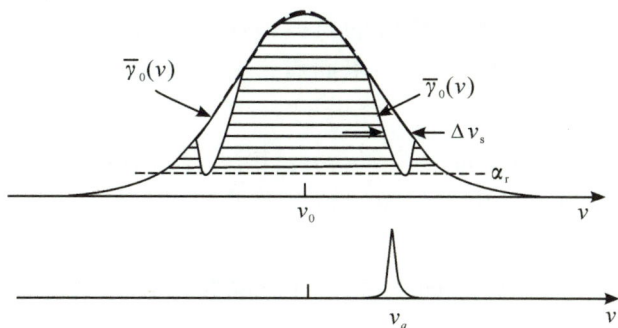

图 5-3-7　多普勒加宽介质中的光谱烧孔效应

就合并成一个孔洞。当 $\nu_q = \nu_0$ 时,由于可用的原子数减少,该模式的功率略微降低。这样,如果将不同模式的光功率的光谱图画出来,就可以发现在钟形的光谱中心会出现一个凹陷,称为兰姆凹陷。

5.3.3　空间分布与偏振

激光的空间分布依赖于腔的几何结构和激活介质的形状,在本章前述的内容中我们实际上都把两个平面腔镜看作无穷大,平面腔镜之间完全充满介质,而忽略其横向的空间效应。在这种理想情况下,激光是沿着腔轴的平面波,但平面腔镜所构成的谐振腔对于腔失调非常敏感。

激光谐振腔常采用球面反射镜。由球面反射镜组成的谐振腔可维持高斯光束的振荡,因此一个使用球面谐振腔的激光器输出的通常是高斯光束。球面反射镜还支持一组横向的电磁模式分布,标示为 $\text{TEM}_{l,m,q}$,每一对下标 (l,m) 表示一个具有特定空间分布的横模,$(0,0)$ 横模即高斯模。高阶的 l 和 m 形成厄米-高斯模,对同一个给定的 (l,m),q 表示具有同样空间分布但频率为 ν_q 的不同纵模。对应两个不同横模的两个纵模之间的频率一般都会错开,具体请参考本书第 36 页。

由于具有不同的空间分布,不同的横模有不同的增益和损耗。例如,$(0,0)$ 高斯模是限制在最靠近光轴的位置,因此其在反射镜边缘的衍射损耗最小。$(1,1)$ 模式在光轴中心位置强度为零,因此,如果在反射镜中心有一个小的阻挡物,对 $(1,1)$ 模式就会毫无影响,但对

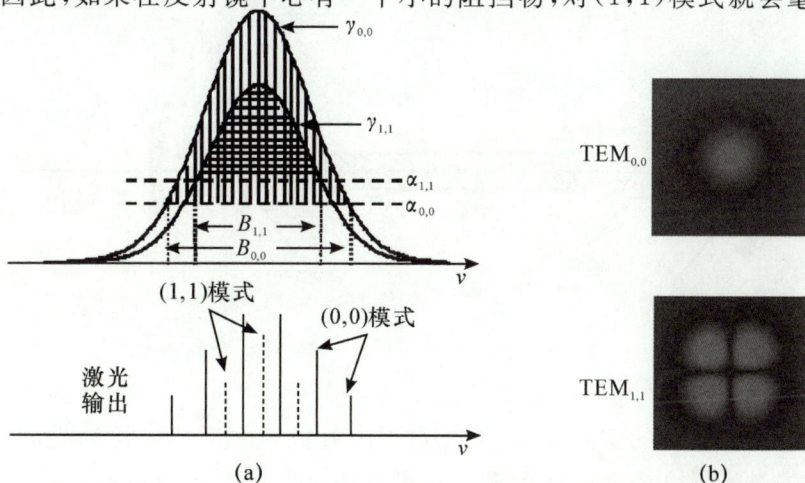

图 5-3-8　不同横模的增益和损耗

(0,0)模式的影响则极大。高阶模有更大的模体积,因此可能获得更大的增益。如图 5-3-8 所示,增益与损耗之间的不对称性决定了不同模式对整束激光输出的贡献。

1. 偏振

对应两个独立的偏振方向,每一个 (l,m,q) 模式都具有两个自由度。在两个偏振方向的振荡是两个独立的模式。由于球面镜谐振腔的圆对称性,具有同样 l 和 m 的两个偏振模具有相同的空间分布。如果谐振腔和增益介质给予两个不同偏振方向的模式相同的增益和损耗,激光将会同时以相同强度的两个偏振模独立振荡,因此激光输出是非偏振的。

2. 非稳腔

尽管这里的讨论主要集中在采用稳定腔配置的激光器,但在高功率激光器中,非稳定腔具有很多优点,包括:①更大的模体积工作,因此可能输出更高的功率;②更高的功率处于低阶模中,而不像稳定腔处于高阶模;③因为使用全反射镜,激光从腔镜的边缘处逸出,这样高功率的输出对激光腔镜的损坏就可能降到最小。

5.3.4 选模

对于一个多模激光器,可以通过在谐振腔中插入特定元件,使其对不期望振荡的模式提供足够的损耗以抑制该类模式振荡,从而获得单模工作。

1. 激光谱线选择

一个具有多重跃迁谱线的激光增益介质,当通过泵浦达到粒子数反转时,可能实现多谱线激光振荡。如图 5-3-9 所示,在腔内放置一个棱镜,就可以选择特定谱线的激光振荡。调整棱镜使得只有所期望波长的光能够垂直入射到反射镜,并被垂直地反射回去,从而完成整个振荡过程。通过旋转棱镜,就可以选择需要的激光波长。例如,在氩离子激光器的腔内,都包含一个棱镜,可以从横跨 488nm 的蓝色输出到 514.5nm 的蓝绿色输出的 6 条谱线中选择需要的工作波长。只有当其他谱线分隔较远的时候,棱镜才能用来选择输出谱线。棱镜不能用来选择纵模,因为棱镜的折射率色散不能提供足够的空间色散分离。

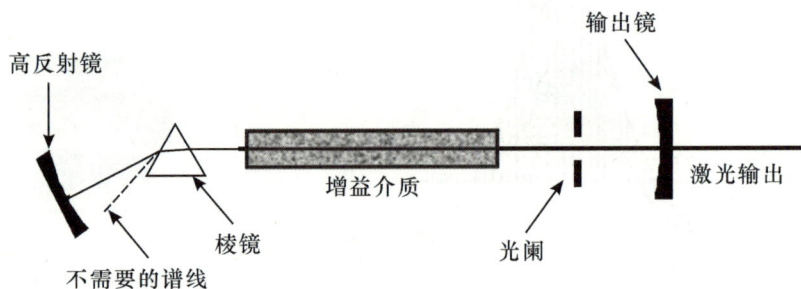

图 5-3-9 同时采用了棱镜选模和光阑选模机制的激光器

2. 横模选择

不同的横模具有不同的空间分布,因此在腔内放置一个形状可控的光阑就可以选择性地衰减不需要的激光模。激光的横模选择也可以通过设计不同的腔镜得以实现。

3. 偏振选择

偏振片可以用来将非偏振的光转化成偏振光,并且把偏振片放置于腔内比放置于腔外有明显的优点。放置于腔外的偏振片会损耗输出激光的一半能量,透过的激光还会受到不同偏振模之间的功率串扰(跳模)所引起的噪声影响。而放置于腔内的偏振片将会对一个偏振方向的激光产生很大的损耗,从而该偏振方向的激光将不会起振,因此原子的增益就完全用于起振的那个偏振模,腔内偏振片通常按如图 5-3-10 所示的布鲁斯特窗的形式配置。

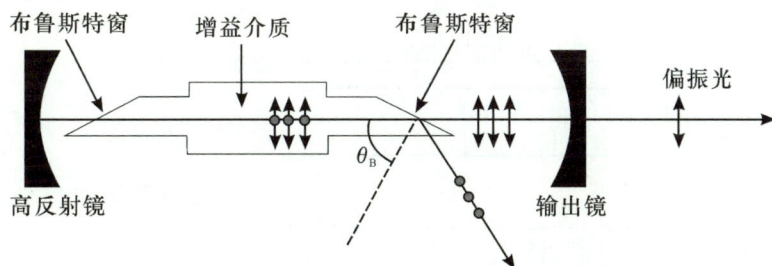

图 5-3-10　在腔内采用布鲁斯特窗的偏振选择

4. 纵模选择

激光也可以通过选择获得单纵模运转。在一个非均匀加宽的增益介质中(例如多普勒加宽的气体),振荡的纵模数等于增益大于损耗的带宽内的纵模数。通常有两种方式使得激光工作在单纵模状态。

* 将损耗增加得足够大,以至于只有增益最大的一个纵模可以振荡,但是这意味着所能振荡的模式功率较小。

* 通过减小腔长增加纵模间隔,$\nu_F = c/(2d)$,但是这意味着增益介质的长度减小,模体积降低,因此可获得的激光功率也变小。而且在某些情况下,这种手段实际上是不可行的。例如,在氩离子激光器中,$\Delta\nu_D = 3.5\,\mathrm{GHz}$,如果 $B = \Delta\nu_D$,$n = 1$,$M = \Delta\nu_D/[c/(2d)]$,则为实现单模振荡,腔长必须短于 $4.3\,\mathrm{cm}$。

为改变腔模的频率间隔,人们设计了许多利用腔内频率选择元件的方法来实现单纵模振荡。

* 一个镜间距远小于腔长的倾斜放置的标准具(F-P 腔)可用于纵模选择(见图 5-3-11)。标准具的模式具有大的频率间隔,即 $c/(2d_1) > B$,使得只有一个标准具模式能够处于激光放大器带宽内。标准具的某一个工作模式可以与激光谐振腔中具有最大增益的纵模(或其他期望的纵模)一致。可以通过细微的转动、温度调节、利用压电陶瓷或其他传感器精细地调节镜间距来实现标准具工作模式的调整。标准具通常与腔轴成小角度放置,以避免激光从其表面反射到腔镜产生不需要的寄生振荡。标准具一般要保持温度稳定,以避免频率漂移。

* 多镜腔也可以用作纵模选择。图 5-3-12 展示了几个相关的结构配置。通过采用两个不同腔长的耦合腔可以实现纵模选择,如图 5-3-12(a)所示,图 5-3-12(b)中包含两个具有增益的耦合腔——实际上为两个相互耦合的激光器。另一种技术利用与干涉仪耦合的腔结构,如图 5-3-12(c)所示。限于篇幅,这里不讨论耦合腔和干涉仪的相关理论。

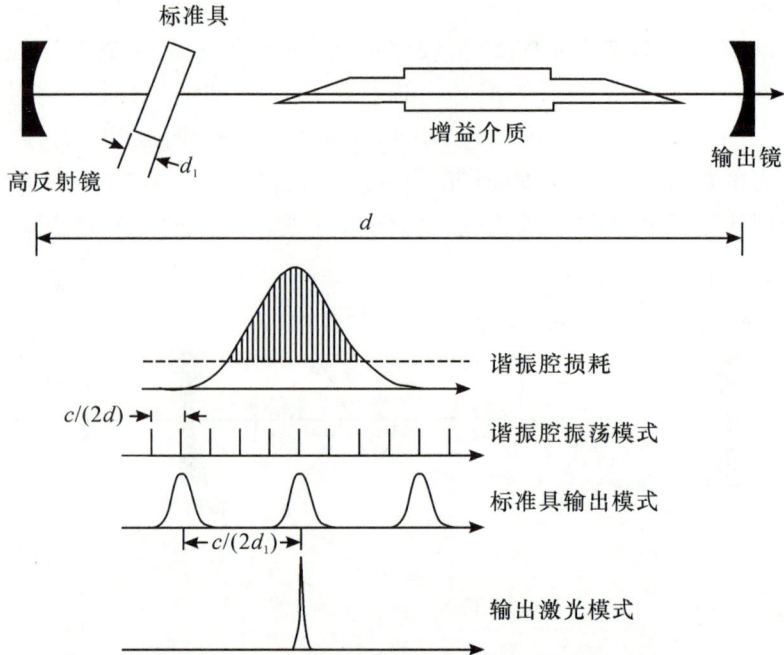

图 5-3-11   在腔内使用标准具实现激光的纵模选择

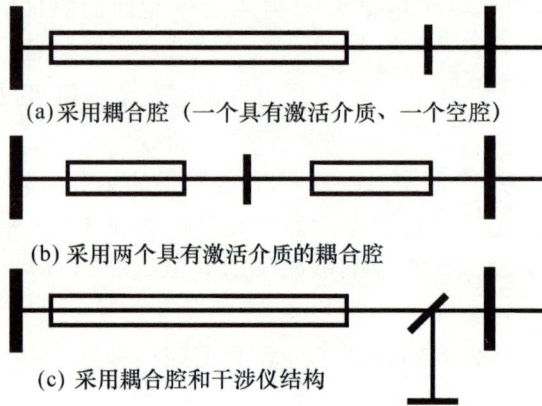

(a)采用耦合腔（一个具有激活介质、一个空腔）

(b)采用两个具有激活介质的耦合腔

(c)采用耦合腔和干涉仪结构

图 5-3-12 纵模选择

5.3.5   典型激光器的特性

激光放大与振荡可以在很多种介质中发生,包括固体(晶体、玻璃和光纤)、气体(原子、离子、分子、准分子)、液体(有机与无机溶液)和等离子体(其中可以产生 X 激光)。在自由电子激光器中,处于磁场中的电子因为具有不同的能级,也可以作为激光介质。

1. 固态激光器

第 5.1 节已经讨论了固体的激光放大介质,如红宝石、Nd^{3+}:YAG、钕玻璃和掺铒光纤,把这些材料放入谐振腔中,都可以构成激光振荡。

Nd^{3+}:YAG 激光器已经得到特别广泛的应用。由于其为四能级结构,阈值一般比红宝石激光器低一个量级。采用半导体激光器作为泵源，Nd^{3+}:YAG 激光器可以做成由电池供电的输出波长为 1064nm 的紧凑型激光系统。长度小于 1mm 的 Nd^{3+}:YAG 薄片激光器可以实现单频（微片）工作。并且，Nd^{3+}:YAG 激光器输出激光可以通过一个倍频晶体实现倍频，获得 532nm 的绿光输出。

由于 Nd^{3+} 中的跃迁源于被外层电子屏蔽的内层电子，该种离子实际上可以掺杂在很多种基质中实现近 1064nm 的激光振荡，包括各类玻璃、氟化钇铝（YLF）晶体和钇钪镓石榴石（YSGG）晶体。用钪代替 YAG 中的铝是为了提高效率，而镓则是为了帮助晶体生长。

加上适当的谐振腔，稀土离子掺杂的石英光纤可以在单纵模下工作［见图 5-1-11(e)］。用一段 5m 的 Er 掺杂光纤构成 F-P 腔结构的光纤激光器，一端采用全反射镜，另一端采用反射率为 4%（即菲涅尔反射）的反射镜，用波长为 1480nm 的半导体激光器作为泵源，在 40mW 的泵浦功率下，可以获得 5mW 的 1536nm 波段的激光输出。此外，光纤激光器也可以用环形腔或光纤环形镜来构建。掺杂光纤激光器也能工作在调 Q 或者锁模状态。掺铒光纤介质在 300K 时表现为三能级系统，在 77K 时表现为四能级系统，两者存在较大差别。

除了红宝石、Nd^{3+} 和 Er^{3+} 掺杂介质，目前常用的介质还有在 700～800nm 可调谐的紫翠宝石（Cr^{3+}:Al_2BeO_4）、660～1180nm 可调谐的钛宝石（Ti^{3+}:Al_2O_3）、工作于 1660nm 的 Er^{3+}:YAG 以及目前在 1.03～1.10μm 波段高功率光纤激光器中大显身手的 Yb^{3+} 掺杂光纤。

2. 气体激光器

气体激光器可能是 20 世纪 70 年代至 90 年代应用最多的一类激光器，其中包括橘红色的 He-Ne 激光器、绿色的 Ar^+ 离子激光器、蓝色的 He-Cd 激光器。Kr^+ 离子激光器可以稳定地在紫外波段的 350nm 到红色的 650nm 波段输出数百毫瓦的激光，也可以同时实现多谱线的近似"白色激光"输出。气体激光器谱线众多，小型的 He-Ne 激光器在教室和超市里面都得到了广泛的应用。

像 CO_2 和 CO 这样的分子激光器，工作于中波红外波段，一般具有很高的效率，可以获得巨大的激光功率输出。实际上，很多红外波段的分子跃迁都可以用来实现激光振荡。甚至水分子（H_2O）也可以在远红外波段的许多谱线上实现激光振荡。

准分子（excimer）激光器是紫外波段的重要分子激光器，准分子只存在于电子激励态，在基态时分子已经分解，因此其基态总是空的，可以方便地实现粒子数反转。在激励态时，稀有气体离子性质类似于碱金属离子，因此很容易与卤素离子反应构成化合物。目前常用的气体激光器有 Ar^+ 离子激光器、He-Cd 激光器、K_r^+ 离子激光器、准分子激光器与 CO_2 激光器，其中 He-Cd 激光器与 Kr^+ 离子激光器主要用于光刻，准分子激光器主要在医学上应用较多，Ar^+ 离子激光器多用于全息制备，CO_2 激光器主要是用于激光加工。

3. 液体激光器

液体激光器的重要性主要在于其可调谐特性。染料激光器的激活介质是溶于水或乙醇的有机染料。聚甲炔染料提供红色或红外的激光振荡，氧杂蒽在 550～700nm 波段振荡，香豆素染料在 400～500nm 波段振荡。闪烁体染料提供紫外波段的激光振荡。特别地，罗丹明-6G 染料可以在 560～640nm 波段调谐。

5.4 脉冲激光器

5.4.1 脉冲激光器常用技术

从一个激光器得到脉冲激光的最为直接的方法是在一个连续输出的激光腔外配一个开关或调制器,激光只有在开关或调制器打开的很短时间间隔内才能通过。但是,这种方法有两个明显的缺点:第一,因为它阻挡了大部分时间的光功率,因此能量浪费严重,效率低;第二,峰值功率不能超过连续光的最大功率,如图 5-4-1(a)所示。

使激光器脉冲工作更为有效的办法是通过一个腔内调制器,让激光器工作于开与关切换的状态,在关的状态,让能量储存在激光器中,而在开的时候,让激光发射出来。能量可以按光的形式储存在谐振腔内,也可以按反转粒子的形式储存在增益介质中,储存的光子或反转粒子可以将能量周期性地发射出去。如图 5-4-1(b)所示,这样的工作机制允许产生非常短的激光脉冲输出,其峰值功率可以远远地超出连续工作时的功率值。

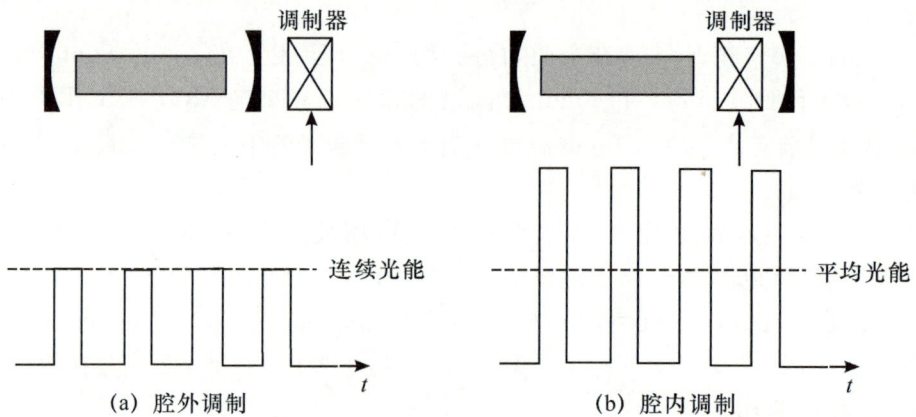

图 5-4-1 用腔外调制和腔内调制获得脉冲激光的比较

四个常用来在腔内调制激光器实现短脉冲激光输出的方法如下。

1. 增益开关

作为一种简单、直接的方法,可以通过调制激光泵源的开与关来控制激光器的增益(见图 5-4-2)。例如,在灯泵的脉冲红宝石激光器中,泵源(闪光灯)由电触发脉冲周期性地打开很短的一个时间段,此时,增益超过损耗,激光发射。大多数的半导体激光器都可以通过直接调制驱动电流(泵源)来实现增益开关调制,利用增益开关可实现的上升沿和下降沿的时间具体见第 5.4.2 节中第 3 部分的分析。

2. Q 开关

在 Q 开关机制中,通过周期性地调制激光腔内的损耗(损耗增大,Q 值降低)关断激光器的输出(见图 5-4-3)。这样,Q 开关实际上就是损耗开关。因为泵源一直稳定地提供能量,在激光器输出关断时,能量以反转粒子数的形式储存于激光谐振腔内。当开关打开、损耗降低时,大量的积累反转粒子数被释放,产生一个短而强的激光脉冲。关于 Q 开关的具体的分析见第 5.4.3 节。

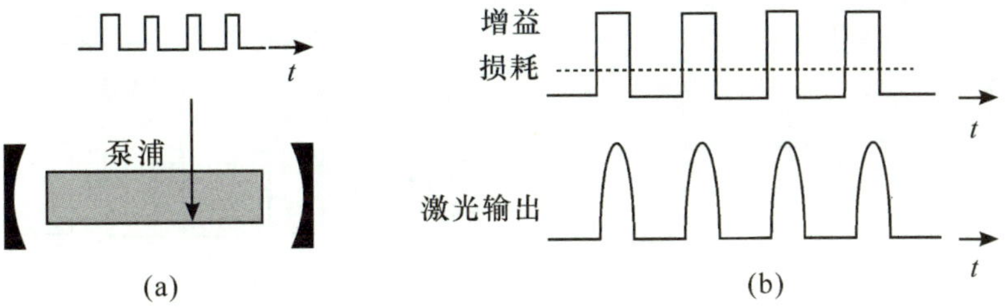

图 5-4-2　增益开关

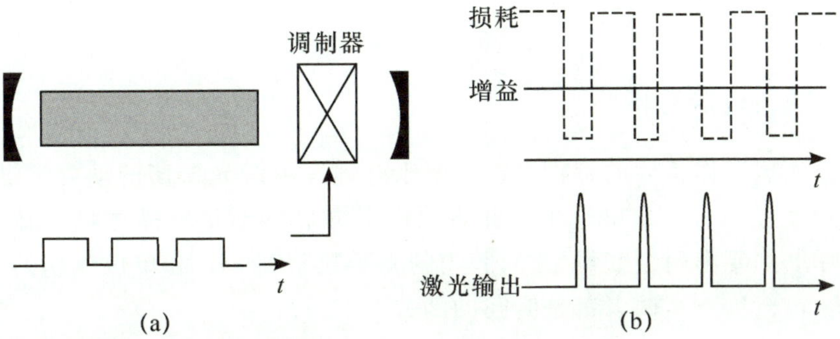

图 5-4-3　Q 开关

3. 腔倒空

腔倒空技术是一种在关闭状态时将能量以光子的形式储存在腔内(而不是反转粒子数的形式),在打开状态时将能量放出来的调制技术。与 Q 开关技术中调制腔内损耗的方法不同,腔倒空技术调制的是输出镜的透射率。系统的工作机制可以形象地描述如下:一桶具有恒定流速的水,在大部分时间里桶中的水一直积聚,直到在某个时刻桶底被突然抽掉,使得整桶水在瞬间倒出来。此后,桶底又放回去,整个过程继续重复。通过这样一个过程,恒定速率流入的水,变成了脉冲态流出的水。对于腔倒空激光器,谐振腔类似于水桶,连续的泵源代表恒定流入速率的水,激光输出镜类似于桶底。在关闭状态,腔内的光(包括有用的光)不能漏出腔外,这样腔内光子的损耗基本可以忽略。腔内光功率密度将逐渐累积,光子储存在腔内不能泄漏出去。此时,突然将输出反射镜拿掉(如把它转一个位置),使得输出透射率为 100%,这样积累的光子将迅速从腔内输出,谐振腔由于损耗太大将不再振荡,其结果是一个短脉冲的激光输出。通过比较图 5-4-4 和图 5-4-3 可以发现,腔倒空的瞬态效应与 Q 开关工作状态相类似,因此下面将不再进行单独分析。

4. 锁模

锁模技术与前三种脉冲产生技术差别较大,它是通过将激光器中的各个模式相互耦合,并达到相位一致,而实现脉冲输出的。例如,一个多模激光器的多个纵模,其模间频率间隔为 $c/(2d)$。如果将各个纵模的相位锁定,各个模式所代表的光信号就类似于一个周期函数的傅里叶展开分量,因此形成一个周期性的脉冲序列。可以通过周期性地调制腔内损耗实现模式之间的耦合,第 5.4.4 节将进一步讲述其工作原理。

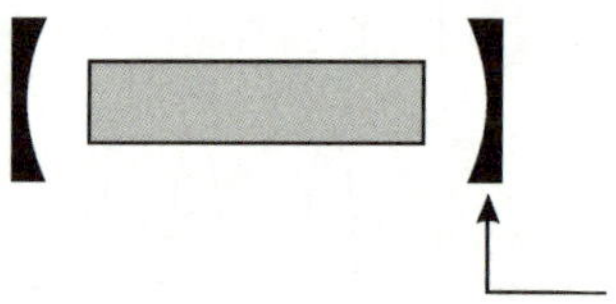

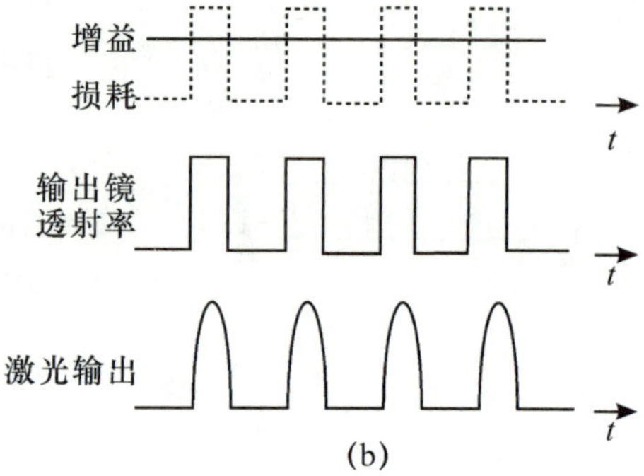

图 5-4-4   腔倒空

5.4.2   瞬态效应分析

对脉冲激光器工作特性的解析描述需要很好地理解激光振荡的动力学过程,包括激光振荡的启动和终止。第 5.2 和 5.3 节讲述的稳态解显然不足以描述整个脉冲过程。激光振荡过程实际上主要由两个变量主导,腔内的光子数密度 $n(t)$ 和单位体积的反转粒子数密度 $N(t) = N_2(t) - N_1(t)$,两者都是时间的函数。

1. 光子数密度的速率方程

描述腔内的光子数密度的速率方程为

$$\frac{\mathrm{d}n}{\mathrm{d}t} = -\frac{n}{\tau_p} + NW_i \tag{5.4.1}$$

其中,右边第一项代表谐振腔中损耗的光子数,其速率与光子寿命 τ_p 成反比;第二项代表由受激发射和受激吸收过程产生的速率为 NW_i 的光子的净增益。

$W_i = \phi\sigma(\nu) = cn\sigma(\nu)$ 是受激吸收和发射的概率密度,此处自发辐射很小,可忽略。借助关系式 $N_t = \alpha_r/\sigma(\nu) = 1/[c\tau_p\sigma(\nu)]$,可以得到 $\sigma(\nu) = 1/(c\tau_p N_t)$,因此有

$$W_i = \frac{n}{N_t\tau_p} \tag{5.4.2}$$

代入式(5.4.1)就可以得到一个光子数密度 n 的微分方程,即

$$\frac{\mathrm{d}n}{\mathrm{d}t} = -\frac{n}{\tau_p} + \frac{N}{N_t} \cdot \frac{n}{\tau_p} \tag{5.4.3}$$

只要 $N > N_t$,$\mathrm{d}n/\mathrm{d}t$ 就是正数,n 就会增加。达到稳态时,$\mathrm{d}n/\mathrm{d}t = 0$,因此 $N = N_t$。

2. 反转粒子数差的速率方程

反转粒子数差 $N(t)$ 的动态变化过程与泵浦配置相关。下面以三能级系统为例分析其动态过程,根据式(5.1.19)可以得到跃迁时的上能级粒子数速率方程

$$\frac{\mathrm{d}N_2}{\mathrm{d}t} = R - \frac{N_2}{t_{sp}} - W_i(N_2 - N_1) \tag{5.4.4}$$

此处假定 $\tau_2 = t_{sp}$,R 为泵浦速率,与反转粒子数差无关。若将总的原子数密度 $N_1 + N_2$ 标示为 N_a,这样就有 $N_1 = (N_a - N)/2$,$N_2 = (N_a + N)/2$,由此可以得到反转粒子数差 $N = N_2 - N_1$ 的微分速率方程

$$\frac{\mathrm{d}N}{\mathrm{d}t} = \frac{N_0}{t_{sp}} - \frac{N}{t_{sp}} - 2W_iN \tag{5.4.5}$$

式(5.4.5)中小信号反转粒子数差 $N_0 = 2Rt_{sp} - N_a$。将式(5.4.2)代入式(5.4.5),得到

$$\frac{dN}{dt} = \frac{N_0}{t_{sp}} - \frac{N}{t_{sp}} - 2\frac{N}{N_t} \cdot \frac{n}{\tau_p} \tag{5.4.6}$$

其中,右边第三项是式(5.4.3)中右边第二项的两倍,符号相反。这实际上反映了受激跃迁过程中,每产生一个受激光子,则上能级减少一个粒子,而下能级增加一个粒子,粒子数差则减少两个。式(5.4.3)和式(5.4.6)为相互耦合的非线性微分方程,通过方程的解可以确定光子数密度 $n(t)$ 和反转粒子数差 $N(t)$ 的瞬态特性。设 $dN/dt = 0$ 和 $dn/dt = 0$,可以得到 $N = N_t$ 和 $n = (N_0 - N_t)\tau_p/2t_{sp}$,这就是前面得到的稳态时的结果,在三能级系统中由式(5.1.37)的 $\tau_s \approx 2t_{sp}$ 代入式(5.3.12)就可以得到。

3. 增益开关

增益开关技术通过将泵浦速率 R 周期性地开关调节来实现,这又等效于对小信号的反转粒子数差 $N_0 = 2Rt_{sp} - N_a$ 的调制。图 5-4-5 中给出了通过改变 N_0 实现激光脉冲的原理,包含反转粒子数差 $N(t)$ 和光子数密度 $n(t)$ 随时间的变化。在该过程中,特别注意以下几点。

(1)当 $t < 0$ 时,反转粒子数差 $N(t) = N_{0a}$ 小于 N_t,不能产生激光振荡。

(2)在 $t = 0$ 时,泵源打开,小信号反转粒子数 N_0 从低于阈值的 N_{0a} 突然变化到高于阈值的 N_{0b},于是反转粒子数差 $N(t)$ 增加。但是,只要 $N(t) < N_t$,光子数密度 $n(t) = 0$。因此在这一时间段中,式(5.4.6)变为 $dN/dt = (N_0 - N)/t_{sp}$,表示 $N(t)$ 按时间常数为 t_{sp} 的指数形式向平衡值 N_{0b} 增长。

(3)一旦 $N(t)$ 在 $t = t_1$ 处超过阈值 N_t,激光振荡开始,$n(t)$ 增大,反转粒子数随之开始耗尽,$N(t)$ 增速降低。当 $n(t)$ 变得更大时,粒子数耗尽更加明显,$N(t)$ 开始向着 N_t 衰减,并最后达到 N_t,此时 $n(t)$ 达到稳态。

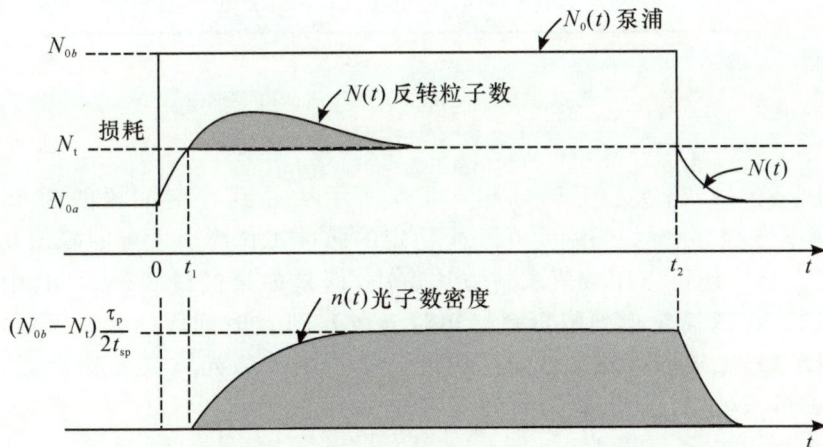

图 5-4-5 增益开关技术中反转粒子数和光子数随时间的变化

图 5-4-5 中 $n(t)$ 的增强与衰减过程通过数值解方程(5.4.3)和式(5.4.6)得到,解的精确形状与 t_{sp}、τ_p、N_t 以及 N_{0a} 和 N_{0b} 有关。

5.4.3 调 Q

通过改变腔内的损耗系数,在损耗调大时激光关闭,在损耗调小时激光输出,就可以实现调 Q 脉冲激光的工作。因此,可以通过在腔内加入调制器,周期性地引入大损耗值

来实现调 Q 功能。一般调 Q 可以实现短至 ns 量级的脉冲。因为激光的阈值反转粒子数 N_t 与腔损耗 α_r 系数成正比,开关的结果就是周期性地将 N_t 从较高的值 N_{ta} 变到一个较低的值 N_{tb},如图 5-4-6 所示。因此,在 Q 开关工作时,N_0 固定,调制的是 N_t。这与前述的增益开关的情况不同,在增益开关工作时,N_t 不变,N_0 周期性地改变(见图 5-4-5)。Q 开关工作时,反转粒子数和光子数密度具有下列特点:①$t=0$ 时,泵源打开,N_0 为阶跃函数,损耗保持在足够高水平上($N_t=N_{ta}>N_0$),激光器不能振荡。反转粒子数 $N(t)$ 按时间常数 t_{sp} 积累。尽管介质已经处于高增益状态,但是因为损耗足够大,还是可以避免此时出现激光振荡。②在 $t=t_1$ 时,损耗突然降低,N_t 减少到 $N_{tb}<N_0$,因此激光开始振荡,光子数密度迅速升高。腔内辐射的存在导致反转粒子数的耗尽(即增益饱和),因此 $N(t)$ 开始降低。当 $N(t)$ 降到 N_{tb} 以下时,损耗又会超过增益,导致光子数密度迅速减少(其时间常数与光子寿命 τ_p 量级相同)。③在 $t=t_2$ 时,损耗重新变大,因此可以保证长时间的粒子数积累过程,为下一个激光脉冲做准备。该过程周期性地重复,其结果就是周期性的激光脉冲输出。

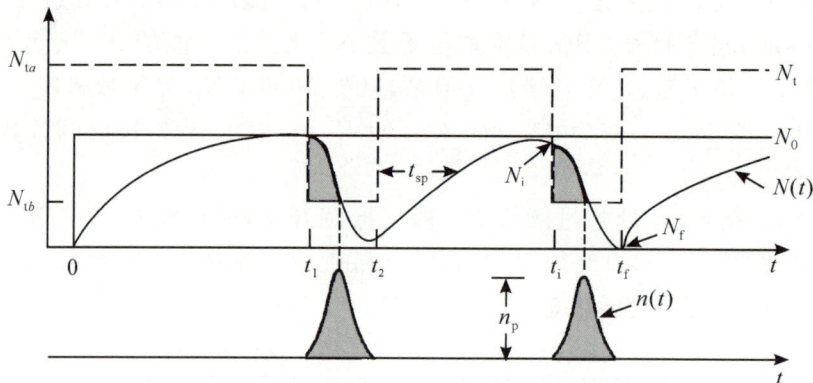

图 5-4-6 调 Q 过程中反转粒子数阈值 N_0、泵浦参数 N、
反转粒子数差 $N(t)$ 和光子数密度 $n(t)$ 的变化

可以通过求解在 Q 开关打开时如图 5-4-6 所示从 t_i 到 t_f 时间段的两个关于 $n(t)$ 和 $N(t)$ 的基本速率方程,分析如何确定在一个稳定的脉冲工作时所发出的峰值功率、能量、脉宽和脉冲形状。该问题可以用数值求解方法解决,但是如果假设式(5.4.6)中的前两项可以忽略,该问题就可以简化得到解析解。相对于在 t_i 到 t_f 时间段的受激跃迁,如果泵源和自发辐射可以忽略,上述假设就会成立。因此如果产生的激光脉宽远短于 t_{sp},这种近似也是合理的。此时,式(5.4.3)和式(5.4.6)变为

$$\frac{\mathrm{d}n}{\mathrm{d}t}=\left(\frac{N}{N_t}-1\right)\frac{n}{\tau_p} \tag{5.4.7}$$

$$\frac{\mathrm{d}N}{\mathrm{d}t}=-2\frac{N}{N_t}\cdot\frac{n}{\tau_p} \tag{5.4.8}$$

这是 $t=t_i$ 时,初始条件为 $n=0$ 和 $N=N_i$ 条件下的关于 $n(t)$ 和 $N(t)$ 的两个耦合的微分速率方程。在整个 t_i 到 t_f 时间段内,N_t 固定于较低值 N_{tb}。将式(5.4.7)除以式(5.4.8),可以得到关于 n 和 N 的单个微分方程,即

$$\frac{\mathrm{d}n}{\mathrm{d}N}\approx\frac{1}{2}\left(\frac{N_t}{N}-1\right) \tag{5.4.9}$$

积分后可以得到

$$n \approx \frac{1}{2} N_t \ln N - \frac{1}{2} N + 常数 \tag{5.4.10}$$

当 $N = N_i$ 时使用初始条件 $n=0$,可以最终得到

$$n \approx \frac{1}{2} N_t \ln \frac{N}{N_i} - \frac{1}{2}(N - N_i) \tag{5.4.11}$$

因此,调 Q 激光的参数计算如下。

1. 功率

根据式(5.3.3)和式(5.3.10),腔内光子流密度为 $\phi = nc$,从透射率为 T 的输出镜出射的光子流密度为 $\phi_0 = \frac{1}{2} Tnc$,假定光子流密度在整个出射光束截面 A 上均匀,则相应的出射光功率为

$$P_0 = h\nu A \phi_0 = \frac{1}{2} h\nu c TAn = h\nu T \frac{c}{2d} Vn \tag{5.4.12}$$

其中 $V = Ad$ 为谐振腔的模体积,根据式(5.3.17),如果 $T \ll 1$,谐振腔中从输出镜输出的有用光比例为 $\eta_e \approx T(c/2d)\tau_p$,由此可以得到

$$P_0 = \eta_e h\nu \frac{nV}{\tau_p} \tag{5.4.13}$$

其中 nV/τ_p 可以理解为单位时间内从腔中损耗的光子数。

2. 脉冲峰值功率

当 $N = N_t = N_{tb}$ 时,n 达到峰值(见图 5-4-6)。在式(5.4.7)中取 $dn/dt = 0$,也可以立即得到同样的结果 $N = N_t$。因此,将其代入式(5.4.11)就可以得到

$$n_p = \frac{1}{2} N_i \left(1 + \frac{N_t}{N_i} \ln \frac{N_t}{N_i} - \frac{N_t}{N_i} \right) \tag{5.4.14}$$

按照式(5.4.12),可以得到峰值功率的表示式

$$P_p = h\nu T \frac{c}{2d} Vn_p \tag{5.4.15}$$

为实现大功率脉冲输出,一般需要 $N_i \gg N_t$,此时 $N_t/N_i \ll 1$,这样由式(5.4.14)得出

$$n_p \approx \frac{1}{2} N_i \tag{5.4.16}$$

即峰值光子数密度等于初始反转粒子数差的一半。在这种情况下,峰值功率可用较为简单的形式表示为

$$P_p \approx \frac{1}{2} h\nu T \frac{c}{2d} VN_i \tag{5.4.17}$$

3. 脉冲能量

脉冲能量可以由功率积分得到

$$E = \int_{t_i}^{t_f} P_0 dt$$

按照式(5.4.12),可以写成

$$E = h\nu T \frac{c}{2d} V \int_{t_i}^{t_f} n(t) dt = h\nu T \frac{c}{2d} V \int_{N_i}^{N_t} n(t) \frac{dt}{dN} dN \tag{5.4.18}$$

利用式(5.4.8)和式(5.4.18),可以得到

$$E = \frac{1}{2}h\nu T \frac{c}{2d} V N_t \tau_p \int_{N_f}^{N_i} \frac{dN}{N} \tag{5.4.19}$$

积分后得到

$$E = \frac{1}{2}h\nu T \frac{c}{2d} V N_t \tau_p \ln \frac{N_i}{N_f} \tag{5.4.20}$$

通过在式(5.4.11)中设 $n = 0$ 和 $N = N_f$,可以得到最终的反转粒子数密度 N_f,满足

$$\ln \frac{N_i}{N_f} = \frac{N_i - N_f}{N_t} \tag{5.4.21}$$

代入式(5.4.20)得出

$$E = \frac{1}{2}h\nu T \frac{c}{2d} V \tau_p (N_i - N_f) \tag{5.4.22}$$

当 $N_i \gg N_f$ 时,$E \approx \frac{1}{2}h\nu T (c/2d) V \tau_p N_i$,$N_f$ 需要从式(5.4.21)中解出,一种解法是将其写成 $Y\exp(-Y) = X\exp(-X)$,$X = N_i/N_t$,$Y = N_f/N_t$,由 $X = N_i/N_t$,可以利用数值方法或如图 5-4-7 所示的图解法求解 Y。

4. 脉冲宽度

用脉冲能量除以脉冲峰值功率大致估计脉冲宽度,利用式(5.4.14)、式(5.4.15)和式(5.4.22)可以得到

$$\tau_{\text{pulse}} = \tau_p \frac{N_i/N_t - N_f/N_t}{N_i/N_t - \ln(N_i/N_t) - 1} \tag{5.4.23}$$

当 $N_i \gg N_t$ 和 $N_i \gg N_f$ 时 $\tau_{\text{pulse}} \approx \tau_p$。

5. 脉冲形状

激光脉冲形状,以及上面所描述的其他激光特性,都可以利用数值积分方法由式(5.4.7)和式(5.4.8)确定,所得到的脉冲形状的例子如图 5-4-8 所示。

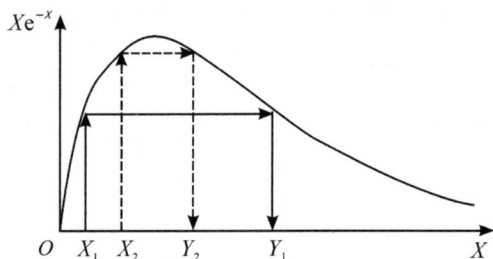

图 5-4-7 从初始反转粒子数 N_i 确定最终反转
粒子数 N_f 的图解法

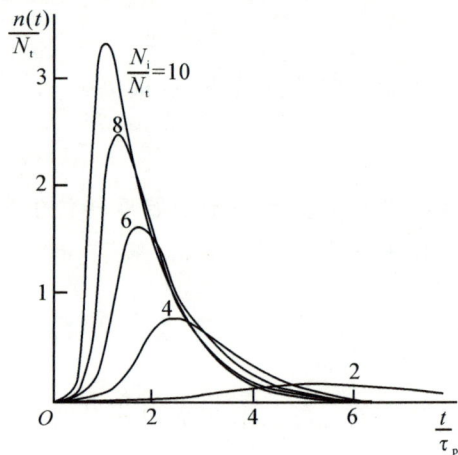

图 5-4-8 Q 开关工作时,脉冲波形随
初始反转粒子数的变化

5.4.4　锁模

要实现更短的激光脉冲,一般采用锁模技术,锁模技术可以产生 fs 量级的脉冲。一个有多模振荡的激光器,其频率以模间隔 $\nu_F = c/(2d)$ 均匀排布,在一般情况下这些模独立地振荡(称作自由振荡),但是可以通过外部手段让这些模相互耦合并保持相位锁定,各个模式所代表的光信号就可以当作一个周期为 $T_F = 1/\nu_F = 2d/c$ 的周期函数的傅里叶展开分量,并由此形成一个周期性的脉冲序列。下面首先分析锁模脉冲序列的特性,然后讨论如何将各个模式的相位锁定的方法。

1. 锁模脉冲序列特性

一个模分量近似为在 z 方向以速度 $v = c/n$ 传输的均匀平面波,可以将其光场的复振幅写成累加的形式,即

$$U(z,t) = \sum_q A_q \exp\left[\mathrm{i}2\pi\nu_q\left(t - \frac{z}{c}\right)\right] \tag{5.4.24}$$

此处

$$\nu_q = \nu_0 + q\nu_F, \quad q = 0, \pm 1, \pm 2, \cdots \tag{5.4.25}$$

为模式 q 的频率,A_q 为复振幅。为方便起见,假定 $q = 0$ 时,其频率与原子增益谱线的中心频率 ν_0 相对应,幅值 $|A_q|$ 可以从光谱增益截面形状和腔损耗中确定。由于非均匀加宽介质中,不同模式与不同组的原子相互作用,其相位 $\arg(A_q)$ 是随机的,统计上相互独立。

把式(5.4.25)代入式(5.4.24)可以得到

$$U(z,t) = A\left(t - \frac{z}{c}\right)\exp\left[\mathrm{i}2\pi\nu_0\left(t - \frac{z}{c}\right)\right] \tag{5.4.26}$$

其中复包络函数为

$$A(t) = \sum_q A_q \exp\left(\frac{\mathrm{i}q2\pi t}{T_F}\right) \tag{5.4.27}$$

其中

$$T_F = \frac{1}{\nu_F} = \frac{2d}{c} \tag{5.4.28}$$

式(5.4.27)中的 $A(t)$ 是一个周期为 T_F 的周期函数,$A(t - z/c)$ 是周期为 $cT_F = 2d$ 的关于 z 的周期函数,适当选择复系数 A_q 的相位和幅度时,可以得到一个周期性窄脉冲形式的 $A(t)$。

例如,考虑 M 个模式($q = 0, \pm 1, \cdots, \pm S, M = 2S + 1$),其复系数相等,$A_q = A, q = 0, \pm 1, \cdots, \pm S$,这样

$$A(t) = \sum_q A_q \exp\left(\frac{\mathrm{i}q2\pi t}{T_F}\right) = A\sum_{q=-S}^{S} x^q = A\frac{x^{S+1} - x^{-S}}{x - 1} = A\frac{x^{S+1/2} - x^{-S-1/2}}{x^{1/2} - x^{-1/2}}$$

其中 $x = \exp(\mathrm{i}2\pi t/T_F)$。经过代数运算,$A(t)$ 可以写成

$$A(t) = A\frac{\sin(M\pi t/T_F)}{\sin(\pi t/T_F)}$$

光强可以由式 $I(t,z) = |A(t - z/c)|^2$ 或 $I(t,z) = |A|^2\dfrac{\sin^2[M\pi(t - z/c)/T_F]}{\sin^2[\pi(t - z/c)/T_F]}$ 给出,如图 5-4-9 所示,为随时间变化的周期函数。

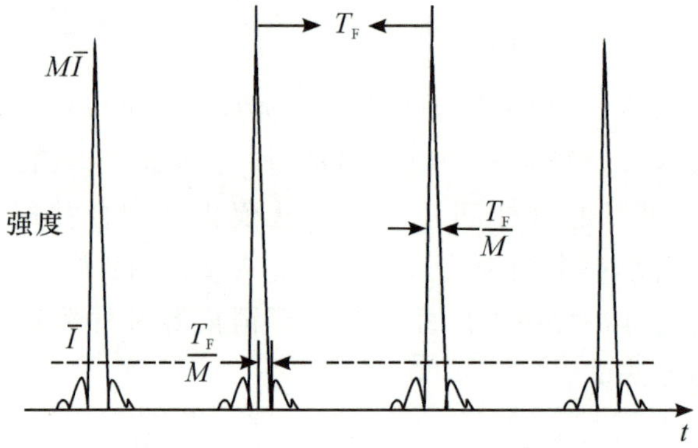

图 5-4-9　M 个等相位激光模式形成的锁模脉冲光强序列

锁模激光脉冲序列的形状与模式数 M 有关,而 M 又正比于原子线宽 $\Delta\nu$,因此脉宽 τ_{pulse} 反比于原子线宽 $\Delta\nu$。如果 $M \approx \Delta\nu/\nu_{\text{F}}$,$\tau_{\text{pulse}} = T_{\text{F}}/M \approx 1/\Delta\nu$,因为 $\Delta\nu$ 可以非常大,因此可以产生非常窄的激光脉冲。峰值功率与平均功率的比值等于模式数 M,因此也可以非常大。

脉冲序列的周期为 $T_{\text{F}} = 2d/c$,这正是光子在腔内来回一周的时间。确实,模式锁定的激光器可以看作一个光子窄脉冲在腔镜之间来回反射(见图 5-4-10)。在输出镜的每一次反射,都有一部分光子以脉冲光的形式输出,透射的脉冲距离间隔为 $c(2d/c) = 2d$,其空间带宽 d_{pulse} 为 $2d/M$。

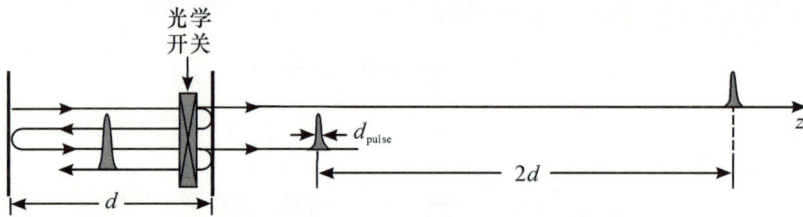

图 5-4-10　锁模激光脉冲的形成原理

锁模脉冲序列的基本特性概括见表 5-4-1。

表 5-4-1　锁模脉冲序列特性

物理量	表达式
周期	$T_{\text{F}} = \dfrac{2d}{c}$
脉宽	$\tau_{\text{pulse}} = \dfrac{T_{\text{F}}}{M} = \dfrac{1}{M\nu_{\text{F}}}$
空间间隔	$2d$
脉冲长度	$d_{\text{pulse}} = c\tau_{\text{pulse}} = \dfrac{2d}{M}$
平均强度	$\bar{I} = M\,|\,A\,|^2$
峰值强度	$I_{\text{p}} = M^2\,|\,A\,|^2 = M\bar{I}$

作为一个特例,工作于 $1.06\mu m$ 的钕玻璃激光器,其折射率 $n=1.5$,线宽 $\Delta\nu=3\times10^{12}$ Hz,因此其脉宽 $\tau_{\text{pulse}}=1/\Delta\nu\approx0.33$ps,脉冲长度 $d_{\text{pulse}}\approx67\mu m$。如果谐振腔长度为 10cm,模间隔为 $\nu_F=c/(2d)=1$GHz,这相当于 $M=\Delta\nu/\nu_F=3000$,因此其峰值功率为平均功率的 3000 倍。在具有很大增益带宽的介质中,对于得到短脉冲输出,锁模技术一般比调 Q 技术更具有优势。气体激光器一般线宽较窄,因此不能采用锁模技术来获得超短脉冲。

虽然上述推导采用了所有模式的幅度和相位都相等的特殊条件,但采用实际参数的计算也确实可以给出类似的结果。

2. 锁模方法

如果 M 个很大数目的模式在相位上锁定,就可以形成一个沿着谐振腔前后传输的光子巨脉冲。脉冲的光学空间带宽是两倍谐振腔长度的 M 分之一。现在的问题是如何使这些模式在相位上锁定并具有相同的相位。实际上这可以通过在腔内放置调制器或开关得以实现。

假定一个光学开关(电光开关或声光开关)放在腔内,该开关除了脉冲通过的时间打开之外,绝大部分时间都处于关闭状态(见图 5-4-10)。因为脉冲本身允许通过,开关的存在对其没有影响,脉冲序列不受干扰。相位未锁定时,各个模式之间由于启动时间的不确定性,其相位都处于随机状态。如果各个模式的相位碰巧处于相同状态,模式的叠加将形成一个巨脉冲,其状态不受开关影响。其他相位组合将部分或全部地被开关所过滤。因此,在腔内存在周期性调制的开关时,只有各个模式具有相同状态时激光才能振荡。激光会等到这样一个时候才开始振荡,但是一旦开始振荡,就将一直维持该相位锁定状态振荡下去。

该问题也可以通过数学求解的方法来解决。谐振腔内的光场必须满足腔内有光学开关的特定边界条件的波动方程。式(5.4.24)所表示的多模光场也满足任意相位组合的波动方程。因此,等相位的光场肯定满足有光学开关存在的特定边界条件的波动方程,存在唯一的解。

像饱和吸收体这样的被动开关也可以用于锁模。饱和吸收体是一种吸收系数随着通过它的光强增加而减小的材料,因此当脉冲较强时,它的吸收系数较小;当脉冲较弱时,则被吸收。激光振荡只有在所有模式相位相同,可以形成一个巨脉冲以便通过被动吸收体损耗较低时才能产生。主动和被动开关都可以用于均匀加宽介质的锁模工作。

3. 典型的锁模激光器

按照脉宽增大的次序,表 5-4-2 列出了一些锁模的激光介质及其典型特性参数。表 5-4-2 中给出了很宽的脉冲带宽范围,对于一个给定的锁模介质,能够获得的脉冲带宽变化很大,这主要取决于所用的锁模方法。例如,罗丹明-6G 染料介质可以用于对撞锁模环形腔结构的锁模激光器构建。正反向传输的一对超短激光脉冲在作为饱和吸收体的罗丹明-6G 染料薄片中相碰,只有当正反传输的一对超短激光脉冲在一个很短的时间内同时通过该薄片时,激光强度才能增加,损耗最小。通过适当调节饱和吸收体与激光增益介质之间的位置,可以得到一个短至 25fs 的超短脉冲。在常规的配置中,脉宽一般超过 500fs。

表 5-4-2　锁模的激光介质及其典型特性参数

激光介质	均匀(H)或不均匀(I)	跃迁频率 $\Delta\nu$	脉冲宽度 $\tau_{pulse}=1/\Delta\nu$（计算值）	脉冲宽度（实验值）
Ti^{3+}：Al_2O_3	H	100 THz	10 fs	30 fs
罗丹明-6G 染料	H/I	5 THz	200 fs	500 fs
Nd^{3+} 玻璃	I	3 THz	333 fs	500 fs
Er^{3+} 石英光纤	H/I	4 THz	250 fs	7 ps
红宝石	H	60 GHz	16 ps	10 ps
Nd^{3+}：YAG	H	120 GHz	8 ps	50 ps
Ar^+	I	3.5 GHz	286 ps	150 ps
He-Ne	I	1.5 GHz	667 ps	600 ps
CO_2	I	60 MHz	16 ns	20 ns

5.5　超快脉冲激光

　　超短脉冲的研究热度始于激光的发明,并且在研究中不断实现更短时间尺度的突破。最早的固态和半导体激光器是自然形成脉冲的,而连续光激光器需要更多额外的大量调控。紧随纳秒脉冲的发展产生了皮秒脉冲,并产生了飞秒脉冲,甚至阿秒脉冲。然而,随后迎来的更短脉冲的发展更具挑战性。脉冲激光的发展进步得到了很多重要的超短脉冲的应用的推动,包括超高速数据传输率通信,超快物理、化学、生物现象探针。这些应用不是需要超窄脉冲,就是需要超高光学强度(或场强度)。

　　当应用于光学时,超快和超短这两个术语通常描述的是脉冲的宽度,这个宽度在纳秒到飞秒,甚至更短的范围内。而在电子学,这两个术语指的就是纳秒到十皮秒宽度的脉冲,这是由于电子的最大速度极限远远低于光子。一个纳秒级的电脉冲能达到 GHz 量级的光谱宽度,而且必须由一个宽带的微波环路引导。一个皮秒级的电脉冲能达到 THz 量级的光谱宽度,但使用传统的电子电路或者微波环路无法维持。如果需要产生一个飞秒电脉冲,光谱范围需要覆盖百 THz,等同于从 0 Hz 到可见光带($\approx 0.3\mu m$)的边缘的整个频率范围。此外,根据不确定度原理 $\Delta E\Delta t\geqslant h/2$,这样一个脉冲的能量不确定度会超过 1.5eV,这个值在传统半导体学中即粗略地等同于带隙能量的幅值,这使得传统电子学理论变得不可靠了。

　　超短光学脉冲可以由专门设计的激光器产生,通过将各种调控技术或者锁模技术相结合,但这些方法在产生飞秒脉冲上并不够行之有效。利用这些激光器产生的脉冲必须经过特定的技术,进一步压缩和整形。这些技术基于线性和非线性色散光学组件和系统,这些内容在本章中也会得到讨论。

本节首先描述了光脉冲的基本时序问题、光谱特性和各种滤波,分别讨论:①通过线性色散光学组件,例如棱镜、光栅;②在线性色散介质内的传输,例如光纤。接着,本节讨论了空间效应,同时研究了具有超宽光谱宽度的脉冲波的光学特性。

5.5.1　脉冲时序和光谱特性

光脉冲是由有限持续时间的光场描述的。在本章我们使用标量理论,并用归一化后的通用复数波函数 $U(r,t)$ 表示场分量,则光强可表示为 $I(r,t)=|U(r,t)|^2 (\text{W/m}^2)$。当我们只关心一个脉冲在某个固定位置 r 的时序或光谱特性时,我们会简单地使用函数 $U(t)$ 和 $I(t)$。

1. 时序和光谱表示

用于描述一个中心频率为 ν_0 的光脉冲的复数波函数写成 $U(t)=A(t)\exp(\mathrm{j}\omega_0 t)$,其中 $A(t)$ 是波包的复振幅,中心角频率为 $\omega_0=2\pi\nu_0$。复振幅是由它的强度 $|A(t)|$ 和相位 $\varphi(t)=\arg\{A(t)\}$ 描述的,所以 $T(t)=|A(t)|\exp\{\mathrm{j}[\omega_0 t+\varphi(t)]\}$,则光学强度 $I(t)=|U(t)|^2=|A(t)|^2 (\text{W/m}^2)$,能量密度($\text{J/m}^2$)则由强度函数积分 $\int I(t)\mathrm{d}t$ 表示,对应强度函数曲线所包含的区域。

较为典型的脉冲强度曲线线型包括高斯函数 $I(t)\propto\exp(-2t^2/\tau^2)$、洛伦兹函数 $I(t)\propto 1/(1+t^2/\tau^2)$,以及双曲正割函数 $I(t)\propto\mathrm{sech}^2(t/\tau)$。这些脉冲中每一个的宽度都正比于时间常数 τ。

在谱域,脉冲通过傅里叶变换 $V(\nu)=\int U(t)\exp(-\mathrm{j}2\pi\nu t)\mathrm{d}t$ 进行描述,这是一个复函数 $V(\nu)=|V(\nu)|\exp[\mathrm{j}\varphi(\nu)]$。它的平方响应 $S(\nu)=|V(\nu)|^2$ 则被称为光谱强度,其中 $\varphi(\nu)$ 被称为光谱相位。函数 $V(\nu)$ 的中心位置为中心频率 ν_0,在频率为负值时不存在,因为这是一个复解析信号。复数波包的傅里叶变换 $A(\nu)=\int A(t)\exp(-\mathrm{j}2\pi\nu t)\mathrm{d}t=V(\nu-\nu_0)$,中心位置位于 $\nu=0$。如果脉冲的脉宽很窄,则复数波包就是一个关于时间的慢变函数(也就是说,在一个光学周期内变化非常缓慢),但有着超宽光谱分布的超窄脉冲是不一样的,图 5-5-1 阐明了表征光脉冲的各种时间和光谱函数。

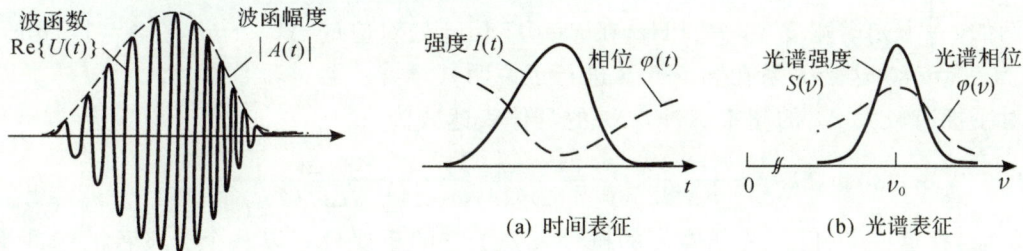

图 5-5-1　光脉冲的时间和光谱表征

注:(a)波函数实部 $\mathrm{Re}\{U(t)\}=|A(t)|\cos[\omega_0 t+\varphi(t)]$,其中波包幅度为 $|A(t)|$,强度为 $I(t)$,相位为 $\varphi(t)$。(b)光谱强度 $S(\nu)$ 和光谱相位 $\varphi(\nu)$。

2.时间宽度和光谱宽度

一个脉冲的时间宽度和光谱宽度是光场强度 $I(t)=|U(t)|^2$ 和光谱强度 $S(\nu)=|V(\nu)|^2$ 的线宽,脉冲宽度和光谱宽度具有多种定义方式,常用的有 $1/e$ 半宽、半高宽(FWHM)和3dB宽度。除非特别说明,我们会使用半高宽的定义,并且分别用 τ_{FWHM} 和 $\Delta\nu$ 表示时间和光谱宽度。

因为 $U(t)$ 和 $V(\nu)$ 之间的傅里叶变换关系,光谱宽度和时间宽度成反比。比例系数取决于脉冲的形状和宽度的定义。这种成反比的关系在图5-5-2中得以阐释,图中为一个高斯线型的脉冲,$\tau_{\mathrm{FWHM}}\Delta\nu=0.44$。

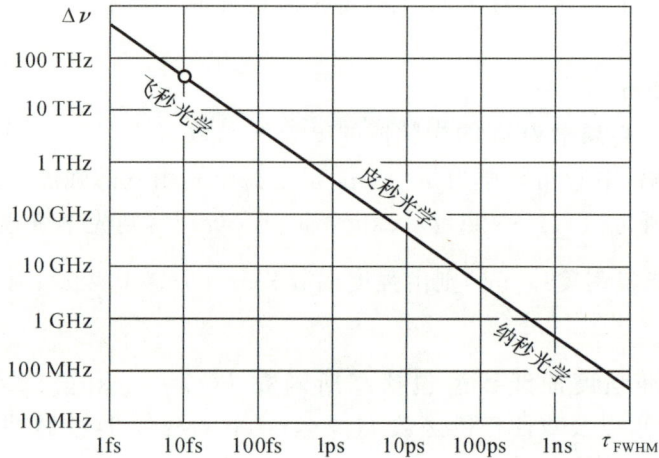

图 5-5-2   高斯脉冲光谱宽度 $\Delta\nu$ 和时间宽度 τ_{FWHM} 间的关系为 $\Delta\nu=0.44/\tau_{\mathrm{FWHM}}$

光谱强度 $S(\nu)$ 经常被表示为波长的函数 $S_\lambda(\lambda)$。这种转换通过 $S_\lambda(\lambda)=S(\nu)|\mathrm{d}\nu/\mathrm{d}\lambda|$ 的关系即可获得。光谱宽度 $\Delta\nu$ 也可以被转换成波长单位。如果 $\Delta\nu\ll\Delta\nu_0$,光谱宽度在波长单位上可近似为 $\Delta\lambda\approx|\mathrm{d}\nu/\mathrm{d}\lambda|\,\Delta\nu$,或者

$$\Delta\lambda\approx\frac{\lambda_0^2}{c}\Delta\nu \tag{5.5.1}$$

其中 $\lambda_0=c/\nu_0$ 是与中心频率相对应的波长。如果 $\Delta\nu$ 的单位是 THz,λ_0 的单位是 μm,$\Delta\lambda$ 的单位是 nm,那么

$$\Delta\lambda\approx3.3\lambda_0^2\Delta\nu \tag{5.5.2}$$

例如,一个光谱宽度 $\Delta\nu=1\mathrm{THz}$,在 $\lambda=0.55\mu m$ 处对应的 $\Delta\lambda=1\mathrm{nm}$,在 $\lambda=1.1\mu m$ 处对应的 $\Delta\lambda=4\mathrm{nm}$。这个关系在图5-5-3进行了说明。

对于拥有较大 $\Delta\lambda$ 的超窄脉冲,$\Delta\lambda$ 的具体表达式为

$$\Delta\lambda=\frac{c}{\nu_0-\Delta\nu/2}-\frac{c}{\nu_0+\Delta\nu/2}=\frac{\lambda_0^2}{c}\cdot\frac{\Delta\nu}{1-[\Delta\nu/(2\nu_0)]^2} \tag{5.5.3}$$

然而,在这些条件下,光谱宽度的概念失去了它的重要性。以一个2飞秒的脉冲举例,它的光谱宽度 $\Delta\nu=220\mathrm{THz}$,在 $\lambda_0=1\mu m$ 处对应的 $\Delta\lambda=847\mathrm{nm}$,也就是说,这个光谱是相当宽的,并且从可见光范围延伸至红外光范围。

3.瞬时频率

描述光脉冲的另外一个物理量是瞬时频率的时间依赖性。瞬时角频率 ω_i 是 $U(t)$ 的相

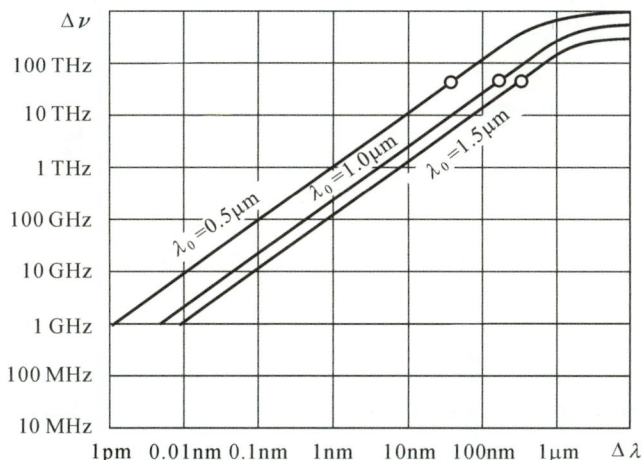

图 5-5-3　一个中心频率为 ν_0，对应中心波长为 $\lambda_0 = c/\nu_0 = 0.5\mu m$，$1\ \mu m$，和 $1.5\mu m$ 的脉冲对应的宽度 $\Delta\lambda$

位的导数，则瞬时频率 $\nu_i = \omega_i/(2\pi)$，由此可得

$$\omega_i = \omega_0 + \frac{d\varphi}{dt}, \quad \nu_i = \nu_0 + \frac{1}{2\pi} \cdot \frac{d\varphi}{dt} \tag{5.5.4}$$

如果相位是时间的线性函数，$\varphi(t) = 2\pi f t$，则瞬时频率为 $\nu_i = \nu_0 + f$，也就是说，一个线性变化的相位对应一个确定的频移。相位非线性的时间依赖性对应随时间变化的瞬时频率。

4. 啁啾脉冲

如果一个脉冲的瞬时频率具有时变性，则这个脉冲称为啁啾的，或频率调制（FM）的。如果 ν_i 是在脉冲中心（$t=0$）随时间递增的函数，也就是说，$\varphi'' = \dfrac{d^2\varphi}{dt^2} > 0$，那么这个脉冲就被称为上啁啾；如果 ν_i 是在脉冲中心随时间递减的函数，也就是说，$\varphi'' < 0$，那么这个脉冲就被称为下啁啾。

特别要指出的是，如果一个宽度为 τ 的光脉冲的相位是时间的二次幂函数，$\varphi(t) = at^2/\tau^2$，其中 a 是一个常数，则 $\varphi'' = 2a/\tau^2$，因此瞬时频率 $\nu_i = \nu_0 + [a/(\pi\tau^2)]t$ 是一个时间的线性函数。这个脉冲就被称为线性啁啾，且其中的参数

$$a = \frac{1}{2}\varphi''\tau^2 \tag{5.5.5}$$

被称为啁啾参数。如果 $a > 0$，则为上啁啾脉冲；如果 $a < 0$，则为下啁啾脉冲。当 $t = \tau/2$ 时，瞬时频率以 $a/(2\pi\tau)$ 的速率增加，也就是 $a\Delta\nu$ 的数量级。所以，啁啾参数表示瞬时频率在脉冲半宽点的改变量和光谱宽度 $\Delta\nu$ 之间的比值。图 5-5-4 举例阐释了线性啁啾脉冲及其瞬时频率。

如果相位 φ 对时间的依赖性是一个任意的非线性函数，如图 5-5-1 所示，则其可在脉冲中心附近做近似泰勒级数展开，且其啁啾系数 a 被式（5.5.5）所定义，并表示展开式中二次项导致的最低一级啁啾效应。

5. 时变光谱

追踪时变脉冲在整个时间周期内的光谱变化通常很有用。这种变化会因为傅里叶变

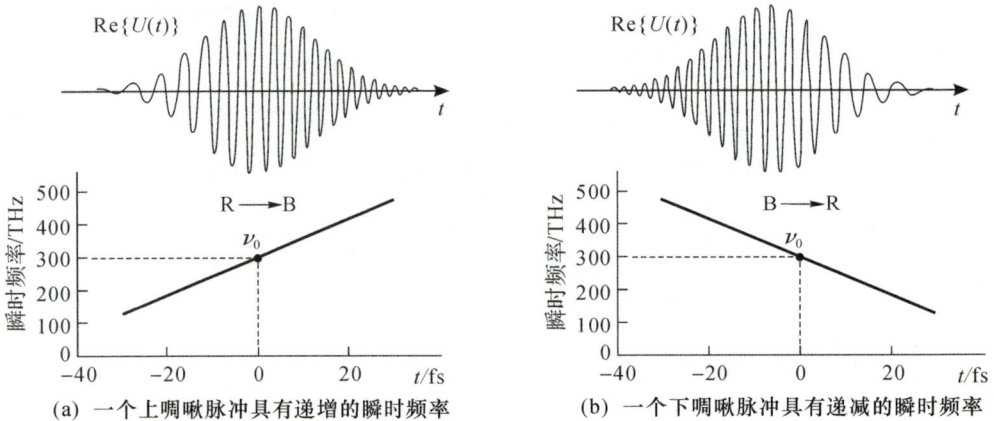

(a) 一个上啁啾脉冲具有递增的瞬时频率   (b) 一个下啁啾脉冲具有递减的瞬时频率

图 5-5-4   线性上啁啾和下啁啾脉冲

注:该脉冲宽度为20fs,且中心频率 $\nu_0 = 300\,\text{THz}$。字母 R 和 B 代表红光和蓝光,即指示长波和短波方向。

换而模糊,从而导致整个信号的频谱被平均,无法显示任何频率出现的次数。这种现象会在信号每段由不同频谱组成时特别明显。以音乐信号作为一个很好的例子,它的谱信号变化就显示了乐谱随时间的变化。

尽管瞬时频率可以作为频谱时间依赖性的一种度量,但因为它仅仅基于相位而忽略了幅度,所以这种度量方式并不够全面。一种通用的方法是基于滑动窗口或滑动门,这种方法选择了一段很短的时间序列,且仅对窗口内的脉冲信号进行傅里叶变换。随着窗口移动,在脉冲上不同的位置重复进行这样的操作,如图 5-5-5 所示,结果以频率和时延的函数绘制,由此得到的 2D 函数操作被称为短时傅里叶变换。函数的平方振幅被称为光谱图,经常被画成横、纵坐标分别代表时间和频率的图像,如图 5-5-5 所示。

设 $W(t)$ 是一个较短时间周期 T 且开始于 $t=0$ 的窗函数,且 $U(t)$ 是脉冲的波函数,则 $U(t)W(t-\tau)$ 是脉冲开始于时间点 τ,时间间隔为 T 的一个片段,有

$$\phi(\nu,\tau) = \int U(t)W(t-\tau)\exp(-j2\pi\nu t)\mathrm{d}t \tag{5.5.6}$$

函数 $\phi(\nu,t)$ 是短时傅里叶变换结果,且其幅值的平方 $S(\nu,t) = |\phi(\nu,t)|^2$ 即为所示光谱图。

5.5.2   高斯及啁啾高斯脉冲

1.变换受限高斯脉冲

一个变换受限高斯脉冲具有复数波包,由恒定相位和高斯线性幅值组成,公式为

$$A(t) = A_0\exp(-t^2/\tau^2) \tag{5.5.7}$$

其中 τ 是实数时间常数。强度 $I(t) = I_0\exp(-2t^2/\tau^2)$ 也是一个高斯函数,峰值为 $I_0 = |A_0|^2$,1/e 半宽为 $\sqrt{2}\tau$,半高宽为

$$\tau_{\text{FWHM}} = \sqrt{2\ln 2}\,\tau = 1.18\tau \tag{5.5.8}$$

复数波包的傅里叶变换 $A(\nu) \propto \exp(-\pi^2\tau^2\nu^2)$ 是一个高斯函数,则光谱强度为

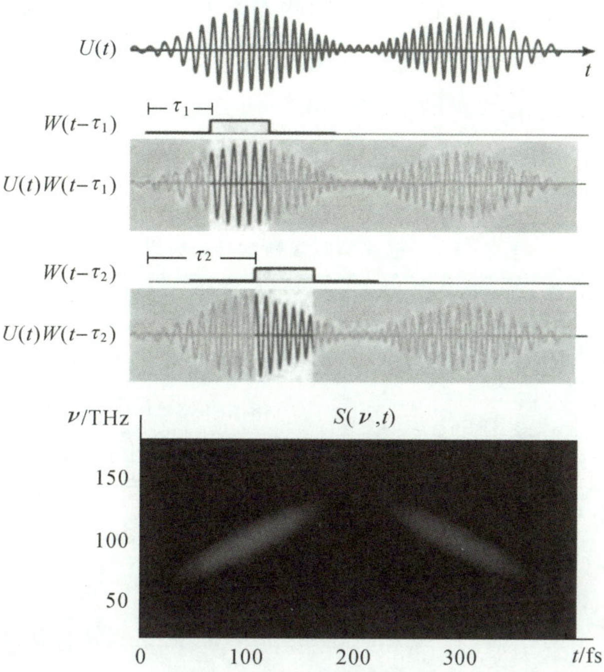

图 5-5-5　$U(t)$ 的短时傅里叶变换由 $U(t)$ 和移动的窗函数 $W(t-\tau)$ 相乘的一系列傅里叶变换组成,光谱图 $S(\nu,t)$ 是这一系列傅里叶变换的平方振幅

$$S(\nu)\propto\exp\left[-2\pi^2\tau^2(\nu-\nu_0)^2\right] \tag{5.5.9}$$

光谱强度的半高宽为

$$\Delta\nu=\frac{0.375}{\tau}=0.44/\tau_{\text{FWHM}} \tag{5.5.10}$$

因此 $\tau_{\text{FWHM}}\Delta\nu=0.44$。

变换受限高斯脉冲具有最小的时间-光谱宽度乘积,这就是被称为变换受限高斯脉冲的原因(也被称为傅里叶变换受限或带宽限制)。

尽管高斯脉冲具有在实践中未被遇到的理想形状,但这依然是一种非常有用的近似方法,适合应用于分析研究。

2.啁啾高斯脉冲

一个更普遍的高斯脉冲具有复数波包 $A(t)=A_0\exp(-\alpha t^2)$,其中 $\alpha=(1-\mathrm{j}a)/\tau^2$ 是一个复数参数,τ 和 a 是实数参数,所以

$$A(t)=A_0\exp(-t^2/\tau^2)\exp(\mathrm{j}at^2/\tau^2) \tag{5.5.11}$$

这个复数波包的幅度是高斯函数 $|A_0|\exp(-t^2/\tau^2)$,且其强度也符合高斯线型。而其相位是个二次函数 $\varphi=at^2/\tau^2$,所以瞬时频率 $\nu_i=\nu_0+at/(\pi\tau^2)$ 是时间的线性函数,也就是说,这个脉冲是线性啁啾的,啁啾参数为 a。a 为正数时,脉冲为上啁啾;a 为负数时,脉冲为下啁啾;$a=0$ 时,脉冲变换受限(无啁啾)。复数波包 $A(t)=A_0\exp(-\alpha t^2)$ 的傅里叶变换和 $\exp(-\pi^2\tau^2\nu^2/\alpha)$ 成正比,也是频率的高斯函数。光谱强度则和 $\exp\left[-2\pi^2\tau^2(\nu-\nu_0)^2/(1+a^2)\right]$ 成正比,其高斯半高宽(FWHM)$\Delta\nu=(0.375/\tau)\sqrt{1+a^2}=(0.44/\tau_{\text{FWHM}})\sqrt{1+a^2}$。

系数 $\sqrt{1+a^2}$ 大于相同时间常数的无啁啾脉冲的系数($a=0$)。脉冲时序的半高宽和光谱宽度的乘积 $\tau_{\text{FWHM}}\Delta\nu=0.44\sqrt{1+a^2}$,所以无啁啾的高斯脉冲($a=0$)有最小的时间–光谱宽度乘积。光谱相位 $\varphi(\nu)\propto a\nu^2$ 是频率的二次函数。

表 5-5-1 简要总结了描述啁啾高斯脉冲的主要方程。图 5-5-6 说明了变换受限和啁啾高斯脉冲的时序和光谱特性。

表 5-5-1   描述啁啾高斯脉冲的主要名程

物理量	表达式
复数包络	$A(t)=A_0\exp[-(1-ja)t^2/\tau^2]$
强度	$I(t)=I_0\exp(-2t^2/\tau^2)$
能量密度	$\int I(t)\mathrm{d}t=\sqrt{\pi/2}\,I_0\tau$
1/e 半宽	$\tau_{1/e}=\sqrt{2}\,\tau$
半高宽	$\tau_{\text{FWHM}}=1.18\tau$
相位	$\varphi(t)=at^2/\tau^2$
傅里叶变换	$A(\nu)=\dfrac{A_0\tau}{2\sqrt{\pi(1-ja)}}\exp\left(\dfrac{\pi^2\tau^2\nu^2}{1-ja}\right)$
光谱强度	$S(\nu)=\dfrac{I_0\tau^2}{4\pi\sqrt{1+a^2}}\exp\left(\dfrac{2\pi^2\tau^2(\nu-\nu_0)^2}{1+a^2}\right)$
1/e 半宽	$\Delta\nu_{1/e}=\dfrac{2}{\tau}\sqrt{1+a^2}$
半高宽	$\Delta\nu=\dfrac{0.375}{\tau}\sqrt{1+a^2}=\dfrac{0.44}{\tau_{\text{FWHM}}}\sqrt{1+a^2}$
光谱相位	$\varphi(\nu)=-2\pi^2\tau^2[a/(1+a^2)]\nu^2$
瞬时频率	$\nu_{\mathrm{i}}=\nu_0+[a/(\pi\tau^2)]t$

注:峰值幅度为 A_0,峰值强度为 $I_0=|A_0|^2$,中心频率为 ν_0,时间常数为 τ,啁啾参数为 a。

5.5.3 空间分布特性

本节研究一些简单的例子,讨论脉冲光波在自由空间或在线性、各向同性、非色散介质的传播。在这样的介质中,波函数 $U(r,t)$ 遵守波动方程 $\nabla^2 U-(1/c^2)\dfrac{\partial^2 U}{\partial t^2}=0$。该方程最简单的精确解是脉冲平面波和脉冲球面波。本节将讨论这些解,并介绍脉冲高斯光束。

1. 脉冲平面波

一个脉冲平面波沿 z 方向传播,具有复数波函数,形式为 $U(r,t)=A(t-z/c)\exp[j\omega_0(t-z/c)]$,其中 $A(t)$ 是一个任意函数。对应的强度为 $I(t-z/c)$,其中 $I(t)=|A(t)|^2$。如果 $I(t)$ 的宽度为 τ,在传播速度不变(为 c)的情况下,则该传播的脉冲在任意时间占据的距离为 $\Delta z=c\tau$,如图 5-5-7 所示。在自由空间中,脉冲的时序宽度和光谱宽度的数值如表 5-5-2 所示。

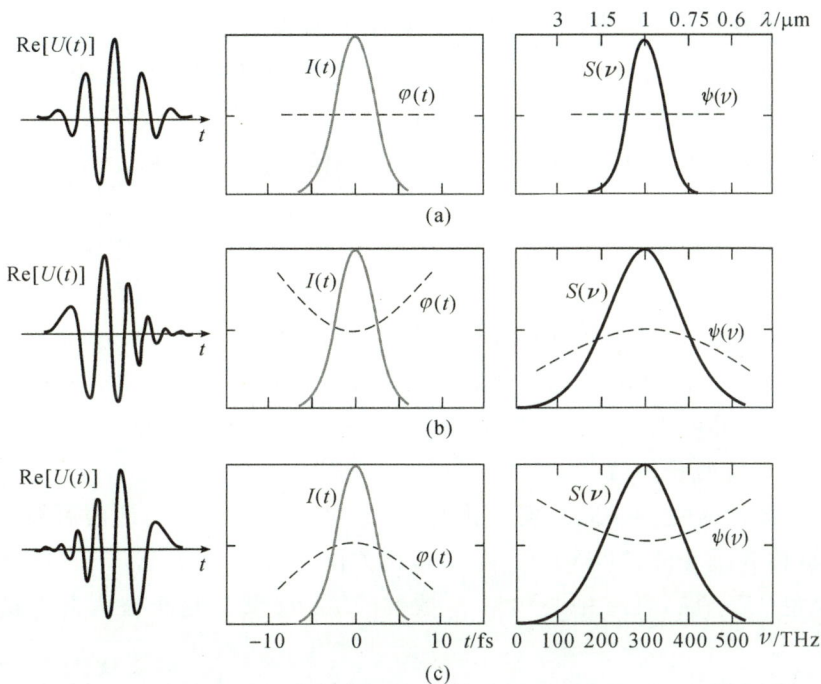

图 5-5-6　三种高斯脉冲的时序和光谱特性

注:中心频率均为 $\nu_0=300\text{THz}$(对应波长 $1\mu\text{m}$,光学周期 3.3fs),宽度 $\tau_{\text{FWHM}}=5\text{fs}(\tau=4.23\text{fs})$。(a)变化受限脉冲,光谱宽度 $\Delta\nu=88\text{THz}$($\Delta\lambda=73\text{nm}$)。(b)上啁啾脉冲,啁啾参数 $a=2$,光谱宽度因为有比(a)更大的参数 $\sqrt{1+a^2}=\sqrt{5}$,所以 $\Delta\nu=197\text{THz}$。瞬时频率是随时间线性递增的函数,在 $t=0$(即脉冲中心处),$\nu_i=300\text{THz}$,则在 $t=\pm\tau$ 处,$\nu_i=\nu_0\left(1\pm\dfrac{at}{\pi\nu_0\tau}\right)=300(1\pm0.497)\text{THz}$。脉冲频率随着时间从 $-\tau$ 到 $+\tau$,从 151THz 扫描到 449THz。这对应波长从 $0.67\mu\text{m}$ 到 $1.99\mu\text{m}$ 的改变。(c)同理于(b),但脉冲为下啁啾,且啁啾参数 $a=-2$。

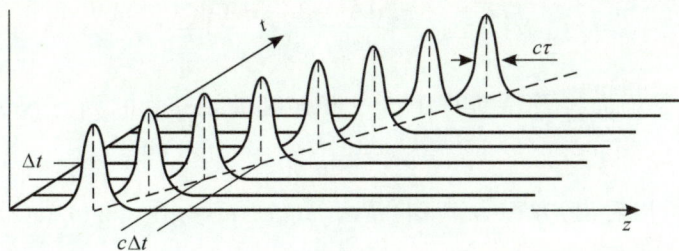

图 5.5-7　宽度为 τ,以速度 c 沿 z 方向传播的脉冲平面波的波包

注:脉冲在任意时刻占据的空间距离为 $c\tau$。

表 5-5-2　脉冲的时序宽度和光谱宽的数值(在自由空间中)

时序宽度 τ	光谱宽度 $c\tau$
1ns	30cm
1ps	0.3mm
1fs	$0.3\mu\text{m}$
1as	0.3nm

一个脉冲平面波沿与 z 轴成 θ 角度的方向传播,具有复数波函数 $U(r,t)=A[t-(x\sin\theta+z\cos\theta)/c]$,其中 $I(t)=|A(t)|^2$。如果这个强度在连续的每一帧(固定的时间间隔)中被记录为 x 和 z 的函数,则结果如图 5-5-8(a)所示。每一帧中的亮条纹代表给定时间下传播中的脉冲。举例而言,一个 100fs 的脉冲在自由空间中表现为一个宽度为 $30\mu m$ 的条纹。值得注意的是,在单帧(固定 t)中截取条纹的每条垂线(固定 z)记录了脉冲随时间变化的完整剖面,因为它记录了函数 $I(-x\sin\theta/c+\mathrm{const.})$(const. 代表常数)的变化。

2. 脉冲球面波

波函数的另一个简单解为脉冲球面波 $U(r,t)=(1/r)g(t-r/c)\exp[j\omega_0(t-r/c)]$,其中 $g(t)$ 是一个任意函数。脉冲沿径向传播,且其波前为同心球面,如图 5-5-8(b)所示。在任一确定的时间点,脉冲占据了径向宽度为 $c\tau$ 的球壳,τ 为 $g(t)$ 的宽度。

3. 慢变脉冲调制的傍轴波

当一个脉冲波的波包随时间缓慢变化时,该脉冲在一个光学周期内可被近似地视作恒定不变的,这被称为缓变波包(SVE)。由于其相关的窄光谱带宽 $\Delta\nu\ll\nu_0$,在空间上可将其同样近似为单色(CW)波,具有中心频率 ν_0 或波长 $\lambda_0=c/\nu_0$。这个波因此可被视为准连续脉冲波。

如果这个波同时也是傍轴的,则也可以用普通形式的波包 $U(r,t)=A(r,t)\exp(-jk_0z)\exp(j\omega_0t)$ 来表示,其中由于波包沿 z 轴变化缓慢,所以在一个波长范围的距离 $\lambda_0=2\pi/k_0$ 内可被近似认为是恒定不变的,也就是说满足了缓变条件 $\dfrac{\partial^2 A}{\partial z^2}\ll k_0^2 A$。既然波包随时间缓慢变化,则近似条件 $\dfrac{\partial^2 A}{\partial t^2}\ll\omega_0^2 A$ 也适用。在这些条件下,该波包的波动方程 $\nabla^2 U-(1/c^2)\dfrac{\partial^2 U}{\partial t^2}=0$ 具有解,傍轴 SVE 方程为

$$\nabla_{\mathrm{T}}^2 A-\mathrm{j}\,\frac{4\pi}{\lambda_0}\left(\frac{\partial A}{\partial z}+\frac{1}{c}\cdot\frac{\partial A}{\partial t}\right)=0 \tag{5.5.24}$$

其中 $\nabla_{\mathrm{T}}^2=\dfrac{\partial^2}{\partial x^2}+\dfrac{\partial^2}{\partial y^2}$ 是横向拉普拉斯算子。对于连续波,$\dfrac{\partial A}{\partial t}=0$,则方程(5.5.24)重现了傍轴亥姆霍兹方程。

从直接代入法可以看出,方程(5.5.24)是由 $A(\rho,z,t)=g(t-z/c)A_0(r)$ 满足的,其中 g 是迟滞时间 $t-z/c$ 的任意函数,且 $A_0(r)$ 满足傍轴亥姆霍兹方程 $\nabla_{\mathrm{T}}^2 A-\mathrm{j}(4\pi/\lambda_0)\dfrac{\partial A_0}{\partial z}=0$,这个方程同样也适用于连续波。由此可见,在这种近似中,一个波长为 λ_0 的傍轴波可能被调制为一个缓慢变化,具有任意波形的脉冲,同时该脉冲的空间行为没有发生改变。

4. 脉冲高斯光束

傍轴亥姆霍兹方程的一个解是高斯光束。在准连续脉冲光的情况下,高斯光束用公式表达为

$$A(\rho,z,t)=g(t-z/c)\,\frac{\mathrm{j}z_0}{z+\mathrm{j}z_0}\exp\left(-\mathrm{j}\,\frac{\pi}{\lambda_0}\cdot\frac{\rho^2}{\mathrm{j}+z_0}\right) \tag{5.5.25}$$

其中 $g(t)$ 是迟滞时间 $t-z/c$ 的任意缓变函数,z_0 是瑞利距离(也被称为衍射长度)。在这

种近似中,除了迟滞效应,是不存在时间和空间之间的耦合的,也就是说,光束时刻保持空间上的高斯线型轮廓。图 5-5-8(c)描述了高斯光束的多帧图像。

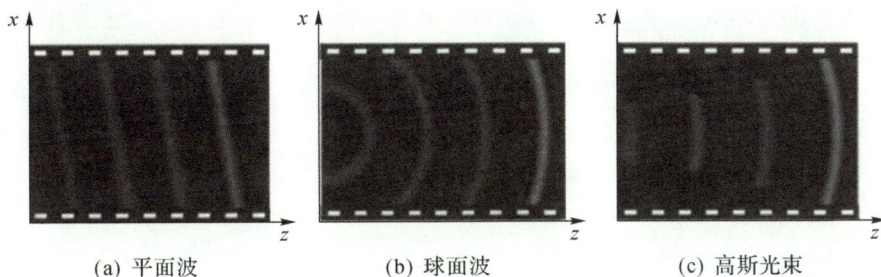

(a) 平面波   (b) 球面波   (c) 高斯光束

图 5-5-8　不同类型的脉冲光束在空间中传输的情况

注:以某一角度传播的脉冲波的连续四帧(相同时间间隔拍摄)每一帧包含一条宽度为 $c\tau$ 的线(沿 z 方向),其中 τ 是脉冲宽度。

5.6　超快脉冲整形和压缩

一个光学短脉冲在色散光学系统中传播时,脉冲的时序轮廓会不可避免地发生改变。这是因为组成脉冲的光谱成分发生了衰减,或者光谱不同部分的相位发生了不等量的改变。色散对超短脉冲造成的影响格外强烈,因为它们具有更宽的光谱范围。可以通过设计色散光学元件实现脉冲整形,达成需要的改变,例如进行预期的压缩或展宽。

本节仅考虑时序上的影响,也就是仅考虑脉冲平面波。

5.6.1　啁啾滤波器

1.光学脉冲的线性滤波器

在任意线性光学系统中,光学脉冲的传输普遍用线性系统理论描述。一个线性时不变系统用传输函数 $H(\nu)$ 描述,将频率为 ν 的输入脉冲的傅里叶分量乘以该因子即生成了同样频率处的输出分量。如果 $U_1(t)$ 和 $U_2(t)$ 分别为初始和过滤后的脉冲,则它们经傅里叶变换后生成的 $V_1(\nu)$ 和 $V_2(\nu)$ 之间存在关系式

$$V_2(\nu) = H(\nu)V_1(\nu) \tag{5.6.1}$$

在使用这个等式时,我们仅需要知道在脉冲谱宽内即围绕中心频率 ν_0 处,宽度为 $\Delta\nu$ 的区域内的不同频率处的 $H(\nu)$,如图 5-6-1 所示。当 $\Delta\nu \ll \nu_0$ 时,用复数包络代替波函数是很方便的。利用关系 $U(t) = A(t)\exp(j2\pi\nu_0 t)$ 及傅里叶变换的移频特性,$V(\nu) = A(\nu - \nu_0)$,其中 $A(\nu)$ 由 $A(t)$ 经傅里叶变换后得到,将以上关系式带入式(5.6.1),可以得到 $A_2(\nu - \nu_0) = H(\nu)A_1(\nu - \nu_0)$,其中下标 1 和 2 分别指代输入脉冲和输出脉冲。定义频率差 $f = \nu - \nu_0$,可以得到 $A_2(f) = H(\nu_0 + f)A_1(f)$,或者

$$A_2(f) = H_e(f)A_1(f) \tag{5.6.2}$$

其中

$$H_e(f) = H(\nu_0 + f) \tag{5.6.3}$$

该方程被称为波包转移函数。一般来说,使用式(5.6.2)比(5.6.1)更方便,因为频率 f 通常比 ν 小很多。以上关系在图 5-6-1 中得以说明。

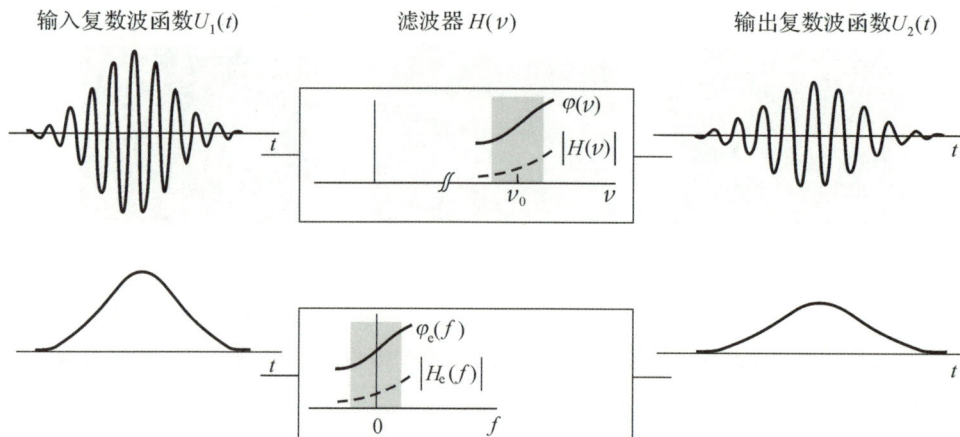

图 5-6-1　使波函数经过滤波器 $H(\nu)$(上图)等效于使波包经过滤波器 $H_e(f) = H(\nu_0 + f)$(下图)
　　注:输入复数波包为 $A_1(t)$,波包滤波器为 $H_e(f) = H(\nu_0 + f)$,输出复数波包为 $A_2(t)$,阴影区域代表带宽内的光谱范围。

传输函数 $H(\nu)$ 和 $H_e(f)$ 都是复数函数,$H(\nu) = |H(\nu)| \exp[-j\varphi(\nu)]$,$H_e(f) = |H_e(f)| \exp[-j\varphi_e(f)]$,其中 $\varphi_e(f) = \varphi(\nu_0 + f)$ 是实函数,代表相位传输。由滤波器引入的相位比幅度对脉冲整形通常起到更大的作用。贯穿本节,我们都将讨论相位滤波器的问题,也就是在光谱带宽范围内频率的幅值 $|H(\nu)|$ 可近似为常数的滤波器。

当转换到时域,式(5.6.2)将变为卷积关系

$$A_2(t) = \int_{-\infty}^{\infty} h_e(t - t') A_1(t') \mathrm{d}t' \tag{5.6.4}$$

其中 $h_e(t)$ 是 $H_e(f)$ 经逆傅里叶变换后所得。

2. 理想滤波器

一个理想滤波器能够保持输入脉冲的波包,它仅仅乘以一个常数(对于衰减器来说幅值<1,对于放大器来说幅值>1),并且能产生一个固定时间的延迟。传输函数的公式为

$$H_e(f) = H_0 \exp(-j2\pi f \tau_d) \tag{5.6.5}$$

其中 H_0 是一个常数,$G = |H_0|^2$ 是强度减弱或增益的因子,而 τ_d 代表时间延迟。相位是频率的线性函数 $\phi_e(f) = \phi_0 + 2\pi \tau_d f$,其中 $\phi_0 = \arg\{H_0\}$ 是常数相位[详见图 5-6-2(a)]。利用基本的傅里叶变换性质,相位量 $2\pi\tau_d f$ 等价于时间延迟 τ_d。输入、输出的波包通过 $A_2(t) = H_0 A_1(t - \tau_d)$ 相互联系,且强度通过 $I_2(t) = GI_1(t - \tau_d)$ 产生联系。对于分布式衰减器/放大器的衰减/增益系数 α,速度 c,以及长度 d,传输函数为 $H_e(f) = \exp(-\alpha d/2) \exp(-j2\pi fd/c)$,所以 $G = \exp(-\alpha d)$,且 $\tau_d = d/c$。一块理想非色散材料,衰减系数为 α,折射率为 n,就是此类滤波器的一个例子,其中 $c = c_0/n$。此时,传输函数为 $H(\nu) = \exp(-\alpha d/2) \exp(-j\beta d)$,其中 $\beta = 2\pi\nu/c$ 代表传播常数,且 $H_e(f) = \exp(-\alpha d/2) \exp(-j2\pi fd/c)$。当 α 和 n 都存在频率依赖性时,也就是说介质为色散介质时,滤波器就不是理想的,且脉冲形状可能会产生显著改变,对此需要有深入了解的读者可以参考其他有关超快激光脉冲的图书。

3. 啁啾滤波器

高斯啁啾滤波器是超快光学中极其重要的滤波器,高斯啁啾滤波器常被简称为啁啾滤波器。这种滤波器的相移是频率的二次函数 $\varphi_e(f) = b\pi^2 f^2$[见图 5-6-2(b)],因此其包络传递函数是高斯函数,公式为

$$H_e(f) = \exp(-\mathrm{j}b\pi^2 f^2) \tag{5.6.6}$$

其中 b 为实参数(单位为 s^2),被称为滤波器的啁啾系数。当 $b>0$ 时,滤波器为正啁啾;当 $b<0$ 时,滤波器为负啁啾。

与之对应的脉冲响应函数是式(5.6.6)的傅里叶逆变换,它也是高斯函数,公式为

$$h_e(t) = \frac{1}{\sqrt{\mathrm{j}\pi b}}\exp(\mathrm{j}t^2/b) \tag{5.6.7}$$

其中的相位量也是时间的二次函数,这意味着该脉冲响应函数是一个线性啁啾函数。当 $b>0$ 时,该啁啾为正;当 $b<0$ 时,该啁啾为负。

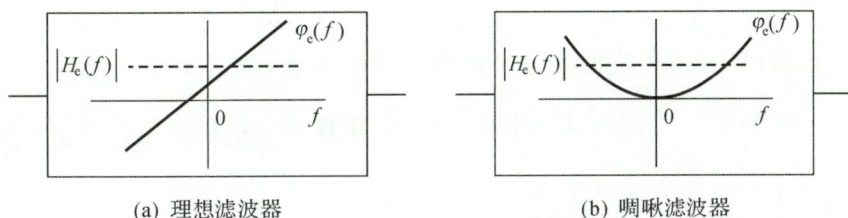

(a) 理想滤波器　　　　　　　　　(b) 啁啾滤波器

图 5-6-2　理想滤波器和啁啾滤波器的包络传递函数的强度和相位($b>0$)

由于串联的滤波器的传递函数是各滤波器自身传递函数的乘积,啁啾系数分别为 b_1 和 b_2 的啁啾滤波器串联时与单个啁啾系数为 b_1+b_2 的啁啾滤波器是等效的。因此可以使用负啁啾的滤波器来补偿正啁啾的滤波器的影响,也就是说啁啾滤波器的作用是可逆的。

将式(5.6.7)代入式(5.6.4)可知,啁啾滤波器输出和输入的脉冲包络的关系式为

$$A_2(t) = \frac{1}{\sqrt{\mathrm{j}\pi b}}\int_{-\infty}^{\infty} A_1(t')\exp\left[\mathrm{j}\,\frac{(t-t')^2}{b}\right]\mathrm{d}t' \tag{5.6.8}$$

式(5.6.8)与菲涅尔衍射的传递变换相似,而当啁啾系数 b 足够大的时候,该脉冲传递变换关系式又与夫琅禾费衍射的传递变换相似(也就是和傅里叶变换的表达式相似)。

4. 利用啁啾滤波器对任意的相位滤波器进行拟合

当一个滤波器的增益以及相移在脉冲的窄光谱范围内缓慢变化时,我们可以近似认为其增益为常数,大小等于中心频率的增益,即 $|H(\nu_0+f)| \approx |H(\nu_0)| \equiv |H_0|$。将其相位函数 $\varphi(\nu)$ 在其中心频率 ν_0 处进行泰勒展开并保留前三项:$\varphi(\nu_0+f) \approx \varphi_0 + \varphi'f + \frac{1}{2}\varphi''f^2$,其中 $\varphi_0 = \varphi(\nu_0)$,$\varphi'=\mathrm{d}\varphi/\mathrm{d}\nu|_{\nu_0}$,$\varphi''=\mathrm{d}^2\varphi/\mathrm{d}\nu^2|_{\nu_0}$,从而可得 $H(\nu_0+f) = |H_0|\exp\left[-\mathrm{j}\left(\varphi_0+\varphi'f+\frac{1}{2}\varphi''f^2\right)\right]$。

因此,由式(5.6.3)可知,滤波器的包络传递函数可以近似表示为

$$H_e(f) \approx |H_0|\exp\left[-\mathrm{j}\left(\varphi_0+\varphi'f+\frac{1}{2}\varphi''f^2\right)\right] \tag{5.6.9}$$

此时,该滤波器可以看作理想滤波器和啁啾滤波器的串联(见图 5-6-3)。理想滤波器提供的乘数为常数 $H_0 = |H_0|\exp(-\mathrm{j}\varphi_0)$(不会改变脉冲的形状因此可被忽略),同时该理

想滤波器会产生 $\exp(-\mathrm{j}2\pi\tau_{\mathrm{d}}f)$ 的相移,该相移相当于时间延迟

$$\tau_{\mathrm{d}} = \varphi'/(2\pi) \tag{5.6.10}$$

调啾滤波器的传递函数为 $\exp(-\mathrm{j}b\pi^2 f^2)$,其中调啾系数 b 为

$$b = \varphi''/(2\pi^2) \tag{5.6.11}$$

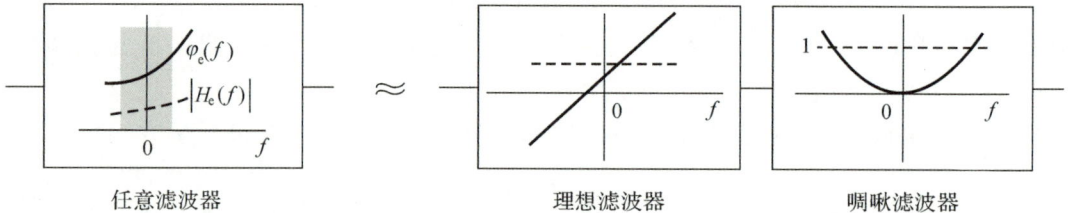

图 5-6-3　使用串联的理想滤波器(含时间延迟)和调啾滤波器对传递函数慢变的任意滤波器进行拟合

总的来说,相位慢变化的色散系统中的主要畸变源可以用调啾滤波器来描述。基于角色散和布拉格光栅的系统都是慢变化色散系统,此类系统将在本节的后续部分中进行详细讲解。此外,想要对任意的相位滤波器进行更精确的拟合,就需要引入相移 $\Psi(\nu)$ 的泰勒展开的更高次项。泰勒展开后的三次项相当于一个相移为 $\exp\left(-\mathrm{j}\dfrac{1}{6}\varphi'''f^3\right)$ 的相位滤波器,更高次项也可以用类似方法进行等效。

5. 变换极限高斯脉冲的调啾滤波

考虑如下情况:使用调啾系数为 b,传递函数为 $H_{\mathrm{e}}(f) = \exp(-\mathrm{j}b\pi^2 f^2)$ 的调啾滤波器对无调啾的高斯脉冲[变换极限,复包络为 $A_1(t) = A_{10}\exp(-t^2/\tau_1^2)$]进行滤波。由于高斯脉冲的复包络 $A_1(t)$ 的傅里叶变换为 $A_1(f) = \left[A_{10}\tau_1/(2\sqrt{\pi})\right]\exp(-\pi^2\tau_1^2 f^2)$,经过滤波器后脉冲的复包络的傅里叶变换为

$$A_2(f) = A_0 \frac{\tau_1}{2\sqrt{\pi}}\exp\left[-\pi^2(\tau_1^2 + \mathrm{j}b)f^2\right] \tag{5.6.12}$$

式(5.6.12)可以认为是脉冲宽度为 τ_2,调啾参数为 a_2 的调啾高斯脉冲的傅里叶变换,该高斯脉冲的傅里叶变换可以写作

$$A_2(f) = A_{20}\frac{\tau_2}{2\sqrt{\pi(1-\mathrm{j}a_2)}}\exp\left(-\frac{\pi^2\tau_2^2 f^2}{1-\mathrm{j}a_2}\right) \tag{5.6.13}$$

对比式(5.6.12)和式(5.6.13)的指数项可得

$$\tau_1^2 + \mathrm{j}b = \frac{\tau_2^2}{1-\mathrm{j}a_2} \tag{5.6.14}$$

对比两式振幅项可得:$A_{20} = A_{10}\sqrt{1-\mathrm{j}a_2}\,\tau_1/\tau_2$。由式(5.6.14)左右两侧的实部和虚部分别相等可以得到滤波器输出的脉冲和输入的脉冲的参数之间的关系:

脉冲宽度为

$$\tau_2 = \tau_1\sqrt{1 + b^2\tau_1^4} \tag{5.6.15}$$

调啾参数为

$$a_2 = b/\tau_1^2 \tag{5.6.16}$$

振幅为

$$A_{20} = \frac{A_{10}}{\sqrt{1 + b/\tau_1^2}} \tag{5.6.17}$$

上述传输变换的规律可以总结为:无啁啾的高斯脉冲经过一个啁啾滤波器仍为高斯脉冲,其特征发生如下改变:

(1)脉冲宽度增加,展宽因子为 $\sqrt{1 + a_2^2} = \sqrt{1 + b^2/\tau_1^4}$,当 $|b| = \tau_1^2$ 时,脉冲展宽为原脉冲的 $\sqrt{2}$ 倍。因此当啁啾滤波器的啁啾系数与原始脉冲的脉宽的平方相接近时,滤波器会对输出脉冲的脉宽产生显著的影响。当入射脉冲的脉宽很窄而滤波器的啁啾系数很大(即 $|b| \gg \tau_1^2$)时可得 $\tau_2 \approx |b|/\tau_1$,这说明经过滤波的脉冲的脉宽与 $|b|$ 成正比,与 τ_1 成反比,这也说明了窄脉冲经过滤波后会发生更明显的展宽。

(2)输入的变换极限的脉冲变成了啁啾脉冲,啁啾参数 a_2 与滤波器的啁啾系数 b 成正比,与初始脉冲的脉冲宽度的平方成反比。当 b 为正,也就是滤波器为正啁啾的时候,滤波后的脉冲为正啁啾;与之相对的,当 b 为负,也就是滤波器为负啁啾的时候,滤波后的脉冲为负啁啾。当 $|b| = \tau_1^2$ 时,输出脉冲的啁啾参数 $a_2 = -1$。

(3)脉冲的光谱宽度维持不变。初始脉冲的光谱宽度 $\Delta\nu = 0.375/\tau_1$,而经过滤波的脉冲也有相同的光谱宽度 $(0.375/\tau_{12})\sqrt{1 + a_2^2} = 0.375/\tau_1 = \Delta\nu$。这是因为啁啾滤波器是相位滤波器,并不会改变脉冲的光谱强度分布。光谱宽度的不变性也可以从另一个角度来理解:经过滤波器后,初始脉冲的脉冲宽度变宽了 $\sqrt{1 + a_2^2}$ 倍,由光谱宽度与脉冲宽度的反比关系可知,该脉冲的光谱宽度会被等量压缩。而初始的变换极限脉冲变为啁啾脉冲会使光谱展宽变为 $\sqrt{1 + a_2^2}$ 倍,也就是说,由脉冲啁啾化导致的光谱展宽恰好补偿了由脉冲展宽导致的光谱压缩,总的光谱宽度维持不变。

脉冲展宽比 τ_2/τ_1 和啁啾参数 a_2 与 b/τ_1^2 的关系如图 5-6-4 所示。

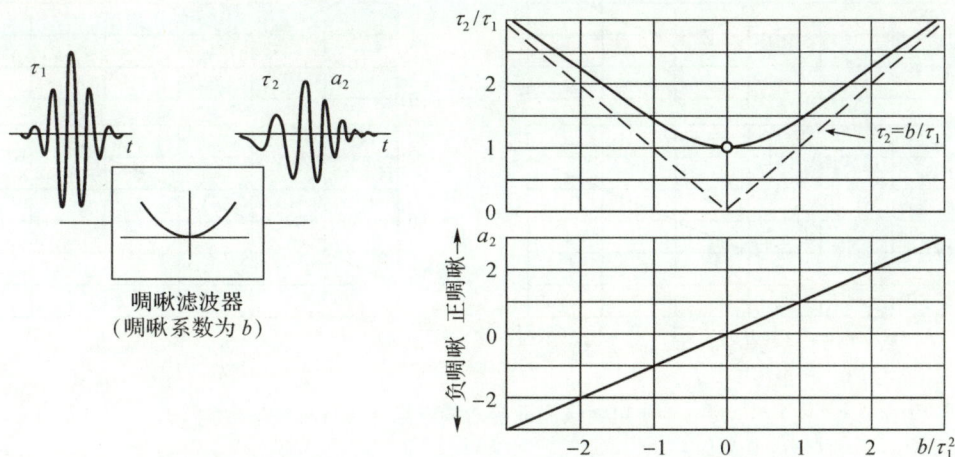

图 5-6-4　啁啾滤波器将无啁啾的高斯脉冲转换为啁啾的高斯脉冲

注:脉冲展宽比随 $|b|$ 的增加而增加,随 τ_1 的增加而减小。啁啾系数 a_2 与 b 成正比,随 τ_1 的减小而增加。

5.6.2　啁啾高斯脉冲的啁啾滤波

啁啾高斯脉冲经过啁啾滤波器后仍为啁啾高斯脉冲,只是其各项参数会发生变化。经过滤波的脉冲可能会展宽,也可能会压缩,同时其啁啾系数也会发生变化。当满足特定条件时,其啁啾系数甚至会变为0,也就是说输出的脉冲可能是无啁啾的(变换极限的)。这种压缩特性为皮秒以及飞秒脉冲的产生提出了新的技术路线。

设初始脉冲的脉宽为 τ_1,啁啾参数为 a_1,复包络为 $A_1(t) = A_{10} \exp[-(1-ja_1)\,t^2/\tau_1^2]$,该脉冲经过一个传递函数为 $H_c(f) = \exp(-jb\pi^2 f^2)$ 的啁啾滤波器,输出的脉冲是啁啾的高斯脉冲 $A_1(t) = A_{20} \exp[-(1-ja_2)\,t^2/\tau_2^2]$,其中

$$\frac{\tau_2^2}{1-ja_2} = \frac{\tau_1^2}{1-ja_1} + jb \tag{5.6.18}$$

由等式左、右两边的实部与虚部对应相等可以得到脉冲宽度 τ_2 与啁啾参数 a_2 分别为

$$\tau_2 = \tau_1 \sqrt{1 + 2a_1\frac{b}{\tau_1^2} + (1+a_1^2)\frac{b^2}{\tau_1^4}} \tag{5.6.19}$$

$$a_2 = a_1 + (1+a_1^2)\frac{b^2}{\tau_1^2} \tag{5.6.20}$$

脉冲展宽比 τ_2/τ_1 以及啁啾系数 a_2 与 b/τ_0^2 的关系如图5-6-5所示。为求得使通过滤波器后脉冲宽度为最小值 τ_0 的啁啾系数 $b_{\min}$,对式(5.6.19)求导并使其导数为0,得到最小脉宽 τ_0 和啁啾系数 $b_{\min}$ 分别为

$$\tau_0 = \frac{\tau_1}{\sqrt{1+a_2^2}} \tag{5.6.21}$$

$$b_{\min} = -a_1\tau_0^2 = -\frac{a}{1+a_1^2}\tau_1^2 \tag{5.6.22}$$

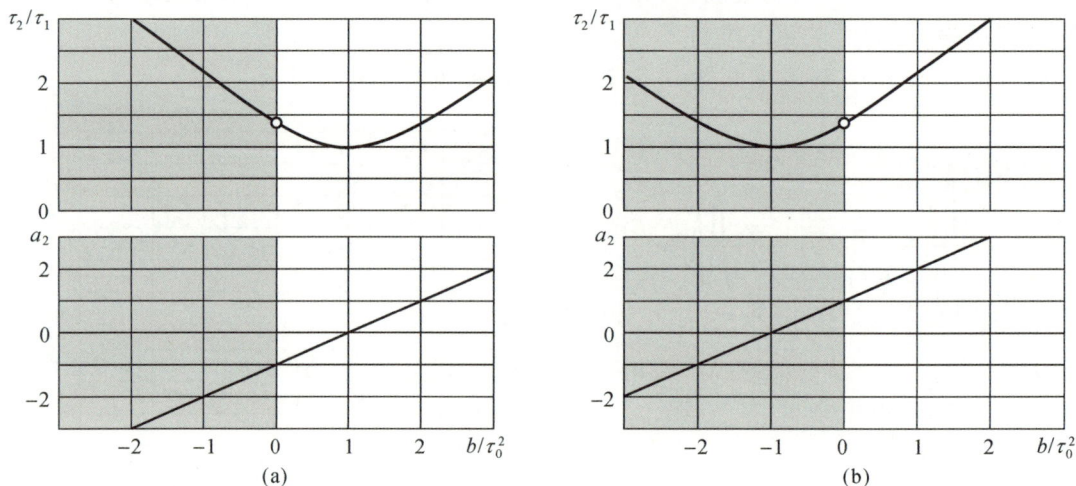

图 5-6-5　使用啁啾滤波器对啁啾脉冲进行压缩与展宽

注:初始脉冲的参数(即 $b=0$)在图中用空心圆环标出(函数曲线使用最小脉冲宽度 $\tau_0 = \dfrac{\tau_1}{\sqrt{1+a_2^2}}$ 进行了归一化处理)。上方的图片展示了归一化的脉冲宽度和 b/τ_0^2 的关系,下方的图片则展示了啁啾参数 a_2 和 b/τ_0^2 的关系。(a)图中初始脉冲的啁啾参数 $a_1 = -1$。(b)图中初始脉冲的啁啾参数 $a_1 = 1$。

利用式(5.6.21)和式(5.6.22),用 τ_0 和 $b_{\min}$ 重写式(5.6.19)和式(5.6.20),得脉冲宽度 τ_2 和啁啾参数 a_2 分别为

$$\tau_2 = \tau_0 \sqrt{1 + (b - b_{\min}^2)/\tau_0^4} \qquad (5.6.23)$$

$$a_2 = (b - b_{\min})\ \tau_0^2 \qquad (5.6.24)$$

由式(5.6.23)和式(5.6.24)可知：当 $b = b_{\min}$ 时，$\tau_2 = \tau_0$ 且 $a_2 = 0$，这说明此时脉冲得到了最大程度的压缩，同时该脉冲不再具有啁啾。由式(5.6.22)可知，如果初始脉冲是正啁啾的(即 $a_1 > 0$)，则 $b_{\min} < 0$，也就是需要使用负啁啾的滤波器才能达到最大压缩效果。而如果初始脉冲是无啁啾的(即 $a_1 = 0$)，则无法通过啁啾滤波器对其进行进一步的压缩，它已经是能达到的最小脉宽了($b_{\min} = 0$ 且 $\tau_0 = \tau_1$)。

不难发现式(5.6.23)和式(5.6.24)与初始脉冲为无啁啾脉冲时的式(5.6.15)和式(5.6.16)在形式上是完全一致的，只不过是将 b 替换为 $b - b_{\min}$。因此图 5-6-4 对于初始脉冲为啁啾脉冲的情况也是适用的，只是整体在横向有一个大小为 $b_{\min}$ 的平移。

【例 5.4】　使用啁啾滤波器对啁啾脉冲进行压缩和展宽。

解：(1)使用啁啾系数为 b 的啁啾滤波器对脉宽为 τ_1，啁啾参数 $a_1 = -1$ 的高斯脉冲进行滤波。滤波后的脉冲仍为高斯脉冲，脉宽为 τ_2，啁啾参数为 a_2。在该条件下，使用啁啾参数 $b = b_{\min} = \dfrac{1}{2}\tau_1^2$ 的滤波器进行滤波可以达到最大压缩效果并获得无啁啾的脉冲，压缩因子为 $\sqrt{1 + a_2^2} = \sqrt{2}$，所以输出的压缩脉冲的脉宽 $\tau_0 = \tau_1/\sqrt{2}$。归一化的脉冲宽度 τ_2/τ_0 与 b/τ_0^2 的关系如图 5-6-5(a)所示。当 b 为较小的正值时，脉冲会被压缩并在原有的基础上获得正的啁啾附加。当 $b/\tau_0^2 = 1$(即 $b/\tau_1^2 = 0.5$)时获得最大压缩效果，输出的脉冲是无啁啾的。当 b 进一步增加时，脉冲会再次变宽。当 b 为负值时，脉冲将会被展宽并获得负的啁啾附加。

(2) $a_1 = 1$ 的正啁啾脉冲经过正啁啾的滤波器($b > 0$)后会展宽，滤波后的脉冲的啁啾参数 $a_2 > 1$。使用负啁啾的滤波器($b < 0$)可以对其进行压缩，当 $b/\tau_0^2 = -1$(即 $b/\tau_1^2 = -0.5$)时获得最大压缩效果，如图 5-6-5(b)所示。

1. 啁啾脉冲放大器的应用

对高峰值功率的超短脉冲进行放大往往会遇到增益饱和以及自聚焦等非线性效应的制约。在进行放大前使用啁啾滤波器对脉冲进行展宽，在完成放大后再使用另一个啁啾滤波器对脉冲进行压缩可以规避上述问题，如图 5-6-6 所示。第一个滤波器在保持脉冲的总能量不变的同时将脉冲展宽。第二个滤波器的啁啾参数与第一个滤波器的大小相同，符号相反，可以将脉冲压缩回原有的宽度。因此放大过程被分散在较长的时间中，降低了的峰值功率也不会超出放大器的使用限制。

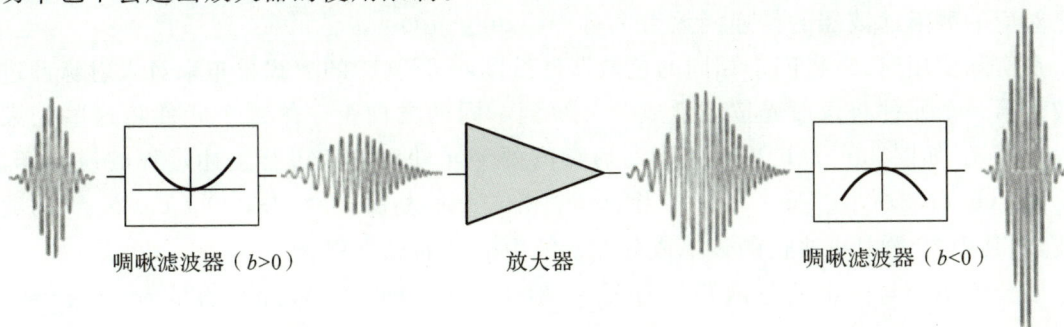

啁啾滤波器($b > 0$)　　　　放大器　　　　啁啾滤波器($b < 0$)

图 5-6-6　啁啾脉冲放大器

2. 啁啾滤波器的应用

啁啾滤波器被广泛应用于各种各样的色散光学系统中。下面是一些光学器件中的色散源。

（1）材料色散：光学材料对不同波长/频率的光有不同折射/吸收系数引起的色散。

（2）空间色散：空间色散有多种形式。

① 角色散：角色散源于特定光学器件对不同波长/频率的光的偏转角差异。这种色散常见于衍射光栅和全息光学器件等衍射光学元件中。棱镜等折射器件的角色散则是由材料色散引起的。

② 路径色散：路径色散是由不同成分的光在系统中经过光程不同路线引起的。波导中由不同模式的传播常数差异引起的色散便是路径色散的一种。

③ 干涉色散：基于干涉效应的光学系统往往是和波长密切相关的，因此会表现出干涉色散的特性。举个例子，阶梯形结构或周期性结构，如布拉格光栅，具有与波长相关的反射率和透射率。此外，光学谐振腔有明显的频率选择特性，因此也具有强色散特性。

④ 衍射色散：由微小孔径引起的衍射效应也具有与波长相关的特性，因此也会对超短脉冲的特性产生显著影响，这便是衍射色散的一种形式。从广义的角度来讲，所有光从波长量级的空间结构穿过或散射的过程都会导致这种色散，即使单模的波导依然会表现出由光场的紧密约束引起的模式色散。

（3）偏振色散：偏振色散是由各向异性的材料、元件、系统的波长相关特性导致的。

（4）非线性色散：因为包括自相位调制以及参量转换等的非线性过程都受到频率相关的能量转换和相位匹配约束，所以非线性色散也具有明显的频率相关特性。非线性色散在强光脉冲的整形中发挥重要的作用。

上述色散都可以被应用于啁啾滤波器中，举例如下：

（1）角色散啁啾滤波器

棱镜和衍射光栅等产生角色散的光学器件可以被用作啁啾滤波器。一般来讲，这类器件会将构成脉冲平面波的不同单色成分在方向上进行分离，如图 5-6-7 所示。设频率为 ν 的分量与中心频率 ν_0 的分量出射方向的夹角为 $\theta(\nu)[\theta(\nu_0)=0]$，如果中心频率分量的光的光程为 l_0，则频率为 ν 的分量的光的光程为 $l_0\cos\theta(\nu)$，如图 5-6-7（a）所示。那么与频率 ν 相关的相移为

$$\varphi(\nu)=\frac{2\pi\nu}{c}l_0\cos\theta(\nu) \tag{5.6.25}$$

与之对应的啁啾滤波器的传递函数为 $H(\nu)=\exp[-\mathrm{j}\varphi(\nu)]$。

在实际使用时，常将四个相同的色散器件按图 5-6-7（b）的方式排布来对入射脉冲进行滤波。第一个元件将入射光按光谱成分分解到不同的方向上。第二个元件将这些光束变换为平行光，如图 5.6.7（b）左侧所示。后续的两个元件对光束进行上述过程的逆操作，如图 5.6.7（b）右侧所示。整个系统相当于一个相位延迟为 $\varphi(\nu)=(2\pi\nu/c)\,l_0\cos\theta(\nu)$ 的啁啾滤波器，其中 l_0 是中心波长的频率成分在系统中走过的总光程。

偏转角 $\theta(\nu)$ 与使用的色散器件有关，一般来讲 $\theta(\nu)$ 非常小，近似满足 $\cos\theta(\nu)=1-\frac{1}{2}\theta^2(\nu)$，因此

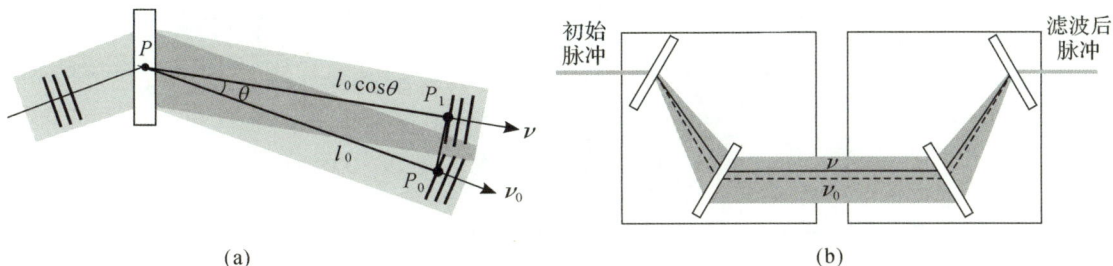

图 5-6-7　角色散啁啾滤波器

注：(a)角色散光学元件，频率为 ν 的光和中心频率为 ν_0 的光的偏转夹角为 $\theta(\nu_0)$。在观察点 P，中心频率成分走过的光程为 l_0（距离 $\overline{PP_0}$）。频率为 ν 的成分走过的光程为 PP_1，其中 P_1 点的位置由观察点 P_0 处波前的连线确定。在三角形 PP_1P_0 中可得 $\overline{PP_1}$ 的长度为 $l_0\cos\theta(\nu)$。(b)使用四个如图(a)所示的元件组件的啁啾滤波器。

$$\varphi(\nu)=\frac{2\pi\nu}{c}l_0\left[1-\frac{1}{2}\theta^2(\nu)\right] \tag{5.6.26}$$

如果 $\theta(\nu)$ 在脉冲的光谱范围内是缓慢变化的，那么能以中心频率 ν_0 对其进行泰勒展开 $[$其中 ν_0 是使 $\theta(\nu_0)=0$ 的点$]$，得到

$$\varphi'=\frac{2\pi}{c}l_0,\quad\varphi''=-\frac{2\pi\nu}{c}l_0\left(\frac{\mathrm{d}\theta}{\mathrm{d}\nu}\right)^2 \tag{5.6.27}$$

基于式(5.6.10)和式(5.6.11)，上述滤波器与时间延迟 $\tau_d=l_0/c$ 的滤波器是等效的，其啁啾系数为

$$b\approx-\frac{l_0}{\pi\lambda_0}\alpha_\nu^2 \tag{5.6.28}$$

其中 $\alpha_\nu=\mathrm{d}\theta/\mathrm{d}\nu$ 被称为角色散系数，由于无论 α_ν 是正还是负，b 总小于零，所以此类滤波器都是负啁啾的。泰勒展开的更高阶项也会对脉冲整形产生额外的影响。

（2）棱镜啁啾滤波器

光束在棱镜上发生偏转时，其偏转角与折射光路的几何关系以及材料的折射率 $n(\nu)$ 有关（见图 5-6-8）。由于 $\theta(\nu)=\theta_d(\nu)-\theta_d(\nu_0)$，角色散系数 $\alpha_\nu=\mathrm{d}\theta/\mathrm{d}\nu=(\mathrm{d}\theta/\mathrm{d}n)(\mathrm{d}n/\mathrm{d}\nu)$。利用关系式 $\mathrm{d}n/\mathrm{d}\nu=-(\lambda_0/\nu_0)\mathrm{d}n/\mathrm{d}\lambda_0=(n-N)/\nu_0$（其中 $N=n-\lambda_0\mathrm{d}n/\mathrm{d}\lambda_0$ 为材料的群折射率）可得

$$\alpha_\nu=\frac{n-N}{\nu_0}\frac{\mathrm{d}\theta_d}{\mathrm{d}n} \tag{5.6.29}$$

对于顶角为 α 的薄棱镜，偏转角 $\theta_d=(n-1)\alpha$，所以 $\mathrm{d}\theta_d/\mathrm{d}n=\alpha$，且

$$\alpha_\nu=\frac{n-N}{\nu_0}\alpha \tag{5.6.30}$$

举个例子，BK7 玻璃在 $\lambda_0=800\mathrm{nm}$ 处的 $n=1.51$，$N=3.11$。当顶角 $\alpha=15°$ 时，$\alpha_\nu=1.11\times10^{-15}=1.11\mathrm{fs}$。当总光程 $l_0=1\mathrm{cm}$ 时，由式(5.6.28)可得到其啁啾系数 $b=-5\times10^{-27}\mathrm{s}^2\approx-(71\mathrm{fs})^2$。在此基础上，由式(5.6.15)和式(5.6.16)可知脉冲宽度为 $\tau_1=\mathrm{fs}$ 的无啁啾脉冲经过上述装置后会被展宽，展宽系数为 $(1+b^2/\tau_1^4)^{1/2}\approx2.23$，同时该脉冲会变为啁啾脉冲，啁啾参数 $a_2=b/\tau_1^2=2$。

图 5-6-8   棱镜啁啾滤波器

(3)衍射光栅滤波器

在如图 5-6-9 所示的衍射光栅系统中,光束在周期为 Λ 的光栅上的衍射角与衍射条件有关。设 $\theta_2(\nu)=\theta_{20}+\theta(\nu)$,其中 θ_{20} 是中心频率成分的偏转角,那么对于一阶衍射有

$$\sin\theta_1+\sin[\theta_{20}+\theta(\nu)]=\frac{\lambda}{\Lambda}=\frac{c}{\nu\Lambda} \tag{5.6.31}$$

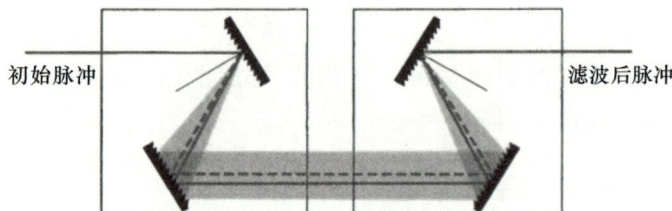

图 5-6-9   负啁啾的衍射光栅滤波器

对等式的左右两侧在 $\nu=\nu_0$ 处求导,得

$$\alpha_\nu=\frac{\mathrm{d}\theta}{\mathrm{d}\nu}=\frac{-c}{\nu_0^2\Lambda\cos\theta_{20}}=\frac{-\lambda_0^2}{c\Lambda\cos\theta_{20}} \tag{5.6.32}$$

在 $\theta_1=\theta_{20}$ 的对称系统中,有 $\sin\theta_{20}=\lambda_0/2\Lambda$,因此

$$\alpha_\nu=-\frac{1}{\nu_0}\frac{\lambda_0^2}{\sqrt{\Lambda^2-(\lambda_0/2)^2}} \tag{5.6.33}$$

进而得到

$$b=-\frac{\lambda_0 l_0}{\pi c^2}\cdot\frac{\lambda_0^2}{\Lambda^2-(\lambda_0/2)^2} \tag{5.6.34}$$

当 $\lambda_0=800\mathrm{nm}$,$\Lambda=1.6\mu\mathrm{m}$ 时,系统的角色散系数 $\alpha_\nu=-2.72\times10^{-15}\mathrm{s}=-2.72\mathrm{fs}$。当总光程 $l_0=10\mathrm{cm}$ 时,系统的啁啾系数 $b=-2.94\times10^{-25}\mathrm{s}^2\approx-(542\mathrm{fs})^2$。

(4)布拉格光栅啁啾滤波器

变周期的(啁啾的)布拉格光栅常被用作啁啾滤波器(如图 5-6-10 所示)。布拉格光栅是对光波进行选择性反射的周期性器件。周期为 Λ 的光栅只会对波长 λ 满足布拉格条件 $\Lambda=m\lambda/2$ 的光束进行反射(其中 m 为整数),其他波长的光则会无损地穿过光栅,因此这种光栅可以被用作窄带滤波器。如果光栅的周期随空间位置发生变化,那么光栅的不同部分会选择不同波长的光进行反射。而由于不同波长的光发生反射的位置不同,它们在整个反射过程中走过的光程是不一样的,因此啁啾的布拉格光栅可以被用作波长敏感的相位滤波器。周期结构的空间频率随位置线性变化的光栅被称为线性啁啾光栅,其作用与线性啁啾

滤波器是等效的。

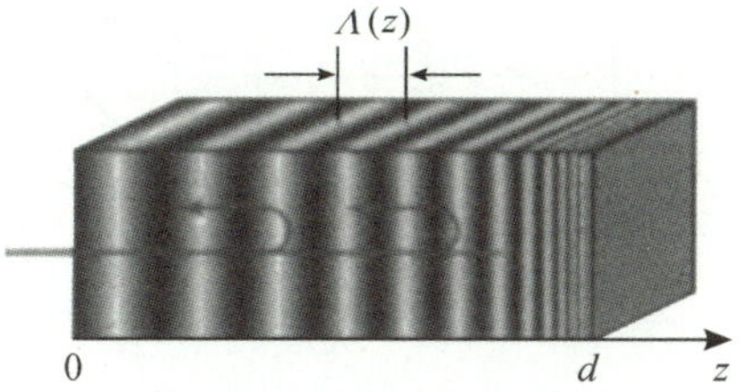

图 5-6-10　递减周期的布拉格光栅相当于正啁啾滤波器

当布拉格光栅的周期的空间频率与位置 z 呈线性关系时,其周期 $\Lambda(z)$ 与位置 z 的关系满足 $\Lambda^{-1}(z)=\Lambda_0^{-1}+\xi z$(其中 Λ_0 为常数,是 $z=0$ 时的光栅周期)。为了确定光栅对光脉冲的作用,需要将入射光按频率进行分解,并分别研究光栅对不同频率成分的作用。频率为 ν 的光被 z 位置的光栅反射,因为 $\Lambda=m\lambda/2$,也就是 $\Lambda(z)=m\lambda/2=mc/(2\nu)$,可以得到 $z=2\nu/(mc\xi)-1/(\xi\Lambda_0)$。那么该频率成分的光在反射过程中走过的光程为 $2z$,经历的相位变化为 $\varphi=(2\pi\nu/c)2z$,得到

$$\varphi=[8\pi/(mc^2\xi)]\nu^2+[4\pi/(c\xi\Lambda_0)]\nu \tag{5.6.35}$$

由式(5.6.10)和式(5.6.11)可知,啁啾的布拉格光栅等效于时间延迟为 $\tau_d=2/(c\xi\Lambda_0)$ 的啁啾滤波器,布拉格光栅的啁啾系数为

$$b=\frac{8}{m\pi\xi c^2} \tag{5.6.36}$$

当 $\xi>0$,也就是光栅的空间频率沿入射方向逐渐增加的时候(如图 5-6-10 所示),滤波器的啁啾系数 $b>0$,滤波器是正啁啾的。相对地,当光栅的空间频率沿入射方向逐渐减小的时候,该滤波器是负啁啾的。

3. 脉冲压缩

变换极限的脉冲是无法通过啁啾滤波器进一步压缩的。啁啾滤波器只能使这样的脉冲展宽并附加啁啾量,而不会改变其光谱宽度。但是利用相位调制器和啁啾滤波器的组合可以对变换极限的脉冲进行压缩。相位调制器可以为输入的脉冲附加随时间变化的相位量,也就是可以在不改变脉冲宽度的同时拓展脉冲的光谱宽度。随后,带有啁啾的脉冲可以进一步使用啁啾滤波器进行压缩,在保持光谱宽度不变的同时压缩脉冲宽度,并产生新的变换极限的压缩脉冲。

为了压缩衍射极限的脉冲 $A(t)=A_0\exp(-t^2/\tau_1^2)$,我们使用一个二阶相位调制器(quadratic phase modulator, QPM)对其进行增频,使其附加二阶的相位因子 $\exp(j\zeta t^2)$,其中 ζ 为常数。此时脉冲变为啁啾脉冲 $A_1(t)=A_{10}\exp[-(1-ja_1)t^2/\tau_1^2]$,其啁啾参数为

$$a_1=\zeta t^2 \tag{5.6.37}$$

当 $\zeta>0$ 时,输出脉冲是正啁啾的,可以使用负啁啾的滤波器对其进行压缩。相对地,当 $\zeta<0$ 时,输出脉冲是负啁啾的,可以使用正啁啾的滤波器对其进行压缩。在上述的两种情况中脉冲最终都以 $\sqrt{1+a_1^2}=\sqrt{1+\zeta^2\tau_1^4}$ 的倍数被压缩了。系统如图 5-6-11 和表 5-6-1 所示。

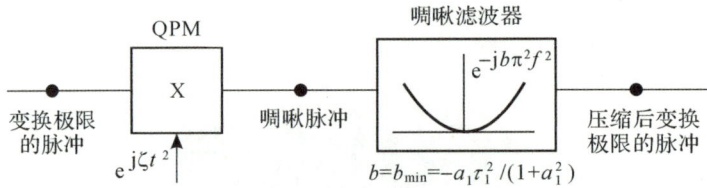

图 6-11　使用二阶相位调制器和啁啾滤波器对变换极限脉冲进行压缩

表 5-6-1　对图 5-6-11 中参数的补充

脉冲宽度	啁啾参数	光谱宽度
τ_1	0	$\Delta\nu$
τ_1	$a_1 = \zeta t^2$	$\Delta\nu\sqrt{1+a_1^2}$
$\tau_0 = \tau_1/\sqrt{1+a_1^2}$	0	$\Delta\nu\sqrt{1+a_1^2}$

如果初始脉冲为啁啾脉冲 $A_1(t) = A_{10}\exp[-(1-ja_1)\,t^2/\tau_1^2]$,通过相位调制器附加二阶相移 $\exp(j\zeta t^2)$ 后它会变成另一个啁啾脉冲 $A_2(t) = A_{10}\exp[-(1-ja_2)\,t^2/\tau_1^2]$。后者与前者的脉冲宽度相同,啁啾参数变为

$$a_2 = a_1 + \zeta t^2 \tag{5.6.38}$$

因此当使用的相位调制器的 ζ 与初始脉冲的 a_1 符号相反的时候,输出的脉冲可能是无啁啾甚至是附带相反啁啾的。

二阶相位调制器(QPM)和啁啾滤波器的功能在很多地方不尽相同,其中一者的作用在形式上像另一者的傅里叶变换,如表 5-6-2 所示。

表 5-6-2　QPM 和啁啾滤波器的功能总结

QPM	啁啾滤波器
以二阶相位函数进行乘法运算	以二阶相位函数进行卷积运算
改变光谱宽度	光谱宽度不变
时域宽度不变	改变时域宽度

QPM 可以使用电光调制器来实现,但产生大小为 $\exp(j\zeta t^2)$ 的相位调制量是较为困难的。此外,由于光克尔效应,当高强度的脉冲经过非线性介质时也会出现被动的相位调制,这种现象也可以用于制作 QPM,这部分知识属于非线性光学。

4. 脉冲整形

到目前为止讨论的脉冲整形技术都是利用基于色散光学器件的啁啾滤波器。尽管啁啾滤波器可以对脉冲进行展宽或压缩,但它们无法实现对脉冲波形的任意调制以获得需要的波形,而这在光通信以及数字信号处理中是非常重要的。更普遍的超短脉冲整形可以通过将脉冲的光谱调制与频域-空间映射或时域-空间映射相结合来实现。

(1)频域-空间映射

脉冲的频域-空间映射可以通过衍射光栅和透镜的组合来实现,两者的组合可以在脉冲的不同光谱成分与透镜焦平面上的点之间建立映射,如图 5-6-12 所示。这个系统相当于对入射脉冲进行了一次傅里叶变换,从而将脉冲的时域轮廓转化为透镜焦平面上的空间图案。随后便可以根据需求使用调制器件改变不同频率成分的光的强度与相位,以达到对脉冲进行任意的线性滤波整形的效果。这种调制可以使用显微光刻图形、全息成像掩膜或可编程的空间光调制器(spatial light modulator,SLM)来实现。第二组透镜和衍射光栅可以进行空间-光谱映射的逆向操作,将调制后的光谱成分恢复为脉冲。这一过程等效于对脉冲的光谱做傅里叶逆变换,而整个操作过程和傅里叶光学中介绍的空间滤波非常相似。这种技术已经被广泛应用于超快脉冲的整形领域。

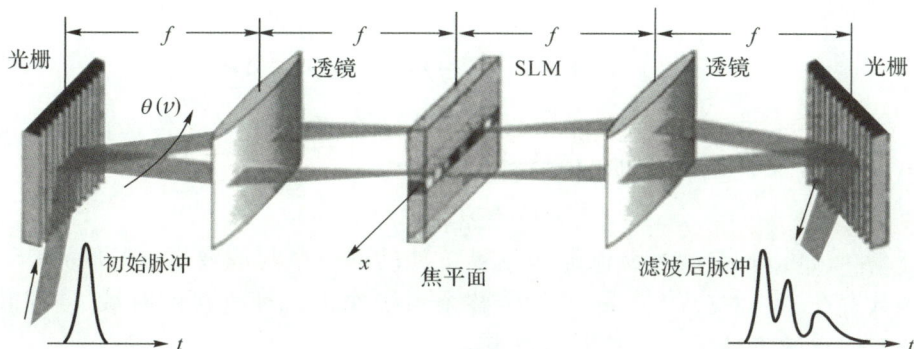

图 5-6-12　脉冲整形的系统

注:该系统包含:(1)频域-空间映射,光栅和透镜的组合对脉冲进行傅里叶变换,将其转换为傅里叶平面上的空间图案;(2)空间光调制器对傅里叶平面上的空间图案进行调制;(3)使用透镜和光栅的组合进行空间-频域映射的傅里叶逆变换。

下面是对图 5-6-12 中的系统的定量分析。设衍射光栅对频率为 ν 的光的偏转角为 $\theta(\nu)$,则经过傅里叶变换后,入射光的该频率成分会被聚焦在透镜焦平面上 $x=\theta(\nu)f$ 的位置处,其中 f 是透镜的焦距,那么在焦平面上振幅透射系数为 $p(x)$ 的掩膜等效于传递函数为 $H(\nu)=p[\theta(\nu)f]$ 的滤波器。如果 $\theta(\nu)$ 近似为频率的线性函数,即 $\theta(\nu)\approx\alpha_\nu\nu$,其中 $\alpha_\nu=\mathrm{d}\theta/\mathrm{d}\nu$,是光栅的角色散系数[由式(5.6.32)给出],则可以将滤波器的传递函数重写为

$$H(\nu)=p(\alpha_\nu f\nu) \tag{5.6.39}$$

在上述频域-空间映射中,傅里叶平面上的位置 x 与频率 $\nu=x/(\alpha_\nu f\nu)$ ——对应,而脉冲的光谱宽度 $\Delta\nu$ 对应空间上的宽度 $X=\alpha_\nu f\Delta\nu$。

以上是基于初始脉冲为平面波这一假设进行的简化分析,在该前提下衍射产生的影响被忽略了。当入射光不是平面波,而在光栅平面上有有限宽度 W 时,脉冲的频率为 ν 成分,再经过光栅后不仅会偏转 $\theta(\nu)\approx\alpha_\nu\nu$,还会产生一个大小为 $\lambda/W=c/(\nu W)$ 的角度弥散,该角度弥散在空间域上对应的长度弥散为 $\delta x=f\lambda_0/W=cf/(\nu W)$。这种频率相关的弥散会限制整个系统的空间分辨率。一个总长为 X 的掩膜可以看作是由 $M=X/(\delta x)=X/(\lambda_0 f/W)$ 个独立的点组成的(其中 λ_0 是中心频率)。空间上的弥散 δx 对应光谱上的弥散 $\delta\nu=(\lambda_0 f/W)/(\alpha_\nu f)=\lambda_0/(\alpha_\nu W)$,这会限制整个滤波系统的光谱分辨率到 $M=XW/(\lambda_0 f)$ 个独立的点。

皮秒和飞秒脉冲的整形可以使用各种各样的空间光调制技术来实现,如可变形镜,多元液晶调制器阵列(响应时间为毫秒或亚毫秒量级,占空比高),声光导向板(重组时间为微秒量级,占空比低)以及半导体光电调制器阵列(重组时间为纳秒量级)等。

(2)时域-空间映射

另外一种实现任意脉冲整形的方式是在相邻的空间光调制器与衍射光栅后设置在傅里叶平面上开有针孔的 2-f 系统(如图 5-6-13 所示)。光栅会将频率为 ν 的光谱成分[复包络记为 $A_1(\nu)$]拓展,为其引入与频率以及空间位置相关的相位因子 $\exp(\mathrm{j}2\pi\gamma\nu x)$(其中 γ 是常数)。空间光调制器用可控的空间图样 $p(x)$ 对其调制,并使用透镜系统作为空间积分器以产生最终的振幅,有

$$A_2(\nu)=A_1(\nu)\int p(x)\exp(\mathrm{j}2\pi\gamma\nu x)\mathrm{d}x \propto A_1(\nu)P(-\gamma\nu) \tag{5.6.40}$$

其中 $P(\nu_x)$ 是 $p(x)$ 的空间域傅里叶变换。因此整个系统相当于传递函数为 $H(\nu)\propto P(-\gamma\nu)$ 的线性系统,与之对应的脉冲相应函数为

$$h(t)\propto p(-t/\gamma) \tag{5.6.41}$$

由式(5.6.41)可知,空间光调制器在位置 x 处的透射率与滤波器在时间 $t=-\gamma x$ 处的脉冲相应函数存在一一对应的关系。因此,整个系统作为一种直接的时域-空间映射可以被应用于任意需求的飞秒脉冲的整形与重组。

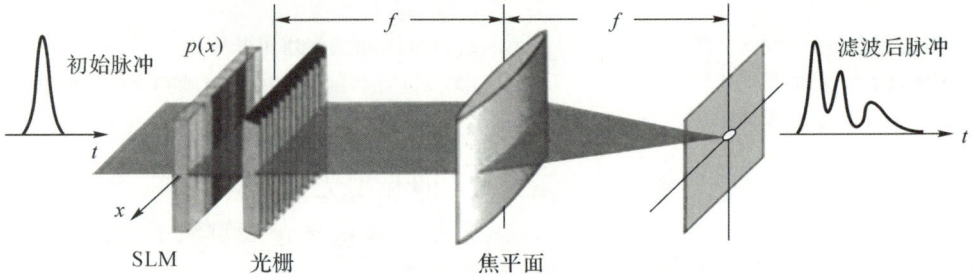

图 5-6-13   利用时域-空间映射的脉冲整形
注:系统的脉冲响应函数 $h(t)$ 为空间光调制器的透过率函数 $p(x)$ 的缩放形式。

5.7   光纤激光器概述

光纤最早的用途是作为光的传输者,将光从光纤的一端传导到另一端。但是,通过近代科学家的研究,使得光纤从一个被动的光传导者变成了一种极具力量的激光光源,这种光源被称作"光纤激光器"。光纤激光器具备很多性能优异的特点,这些特点吸引了许多人对光纤激光器进行研究。在过去的一二十年中,光纤激光器的功率几乎每隔 1.7 年就会提高 2 个数量级,相对于同时期的固体激光器,光纤激光器的提升趋势要快得多,这使得光纤激光器以极快的速度替换了其他类型的激光器,从而进入实际的应用中。实际上,除了功率指标外,光纤激光器在其他方面也具有十分优异的特

点。①利用单模光纤可以产生横向模式非常单一的单模激光输出,并且光纤激光器的横向模式受光纤的热效应的影响不大,相比之下,固体激光器的输出模式对热效应很敏感。②光纤激光器具有非常宽的增益带宽(可达 20THz),有利于利用光纤激光器产生脉冲宽度非常窄的锁模激光,也容易实现输出激光的宽带调谐功能。③光纤激光器的高增益特性使光纤激光器易实现主振荡功率放大(master oscillator power amplifier, MOPA)的结构。实际上,典型的高功率光纤激光器多是由低功率的主振荡器加上高功率的光纤激光放大器而构成的。④光纤激光器具有非常高的电-光转换效率。⑤全光纤结构的光纤激光几乎摒除了自由空间的光耦合器件,使得光纤激光器具备抗震性能好和非常紧凑的结构。

　　本节介绍光纤激光器的基本结构和基本特征,主要以掺镱光纤为例,分别讲述连续光纤激光器和脉冲光纤激光器的工作特性。

5.7.1　激光和光纤激光器简介

　　早期的科学家,即使是像牛顿那样的科学巨人,对光的认识也仅仅局限于类似太阳光和烛光之类的自然光。后来,技术的发展造就了弧光灯那样的高亮度光源,但是,弧光灯仍然受到发散角的影响而难以被很好地准直,并且,弧光灯的相干性也不是很好,直到激光出现,这些问题才很好地得到了解决。

　　普通的激光器是用两面反射镜来提供光的反馈作用的。对于常见的固体激光器,其激光增益介质则是一截柱状的掺杂晶体或玻璃,通常由高亮度的闪光灯或半导体激光器提供激发能量刺激介质中的激发粒子来产生激光。受到激发的介质发生自发跃迁或辐射出一个光子,这些光子沿着柱状激光介质的轴向方向传输时,会被两端的反射镜反射而被限制在谐振腔内,这些光子在多次被反射后,会使激光介质产生受激跃迁而被放大,最终产生一束相干性、方向性很好的激光。

　　光纤激光器的基本产生原理和技术与固体激光器很类似,激活粒子被掺杂在玻璃中,泵浦源也是通常采用的半导体激光器。但是,与固体激光器不同的是,在光纤激光器中,掺杂粒子产生的荧光被限制在光纤内传输。此外,光纤激光器的反馈系统并不是像固体激光器[见图 5-7-1(a)]那样采用空间反射镜,而经常采用一种被称为光纤布拉格光栅(fiber Bragg grating, FBG)的反馈系统[见图 5-7-1(b)]。光纤布拉格光栅是一种折射率周期性排列的结构,通常可采用紫外激光直写技术将其直接写入光纤内部。相对于固体激光采用大直径的晶体(玻璃)棒作为激光介质,同时反馈系统采用空间耦合的反射镜而言,光纤激光器所具有的小直径激活介质,以及采用光纤布拉格光栅作为反射系统,使光纤激光器具备了上述的所有特点。

5.7.2　连续掺镱光纤激光器

　　下面以掺镱光纤激光器(YDFLs)为例,介绍连续光纤所具有的重要特点。世界上第一台光纤激光器诞生于 20 世纪 60 年代,并在 20 世纪 70 年代得到改进。光纤激光器的掺杂粒子多种多样,但是在高功率方面,YDFLs 一直独占鳌头。自 1999 年以来,能打破纪录的近衍射极限光纤激光器一直是掺镱粒子的光纤激光器。掺镱光纤激光器之所以具有超高

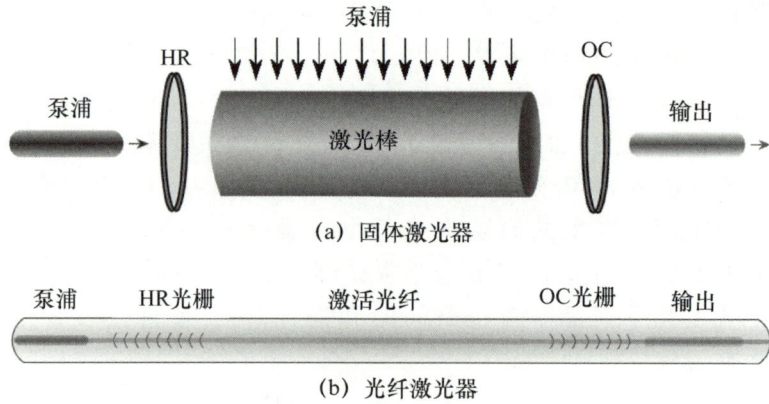

图 5-7-1 固体激光器和光纤激光器

的能量输出功能,是得益于 Yb 粒子极低的量子损耗。Yb 粒子多采用波长为 900 多 nm 的半导体激光器,而其发射波长多在 1060nm 附近,因此,YDFLs 的热负荷较低;同时,Yb 光纤易实现高浓度的掺杂,使得单位长度的光纤具有更高的泵浦光吸收能力,这两点都是光纤激光器具有高功率发射潜力的重要因素。另外,光纤的非线性和损坏也是考验光纤激光器制备技术的重要因素,但是,在连续光纤激光器方面,这两点的影响相对于脉冲光纤激光器要小得多。

对高功率光纤激光器的工作特性具有重要影响的三个因素分别是损耗、泵浦系统和反馈系统。高功率光纤激光器的泵浦方式具有鲜明特征,多采用双包层的光纤作为介质,因此,多模的半导体激光器可采用包层耦合的方式进行泵浦,即双包层光纤的纤芯之外具有一个直径大得多的内包层,而在内包层之外,还覆盖了一层外包层(见图 5-7-2),泵浦光被耦合并限制在这个内包层之中传导。泵浦光在内包层中传导时,与掺杂的光芯发生作用被吸收,这样,就实现了将多模的半导体激光有效地泵浦了一个单模光芯,从而产生单模的激光输出。基于光纤激光器这种泵浦特点,采用简单的装置(见图 5-7-3)就可以获得极高能量输出的光纤激光器。

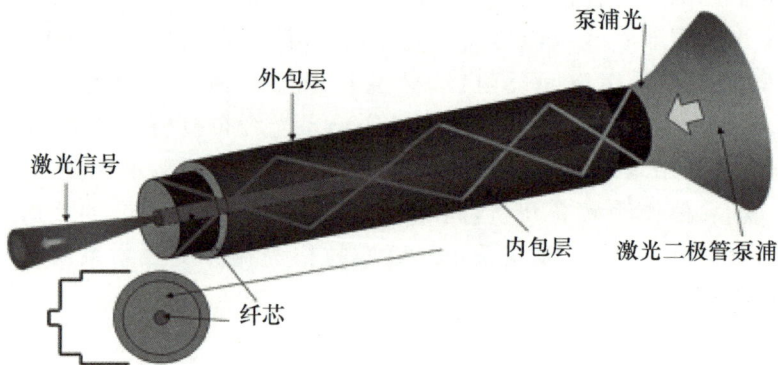

图 5-7-2 双包层光纤泵浦原理图

(a) 自由空间端面耦合的光纤激光器

(b) 全光纤端面泵浦光纤激光器

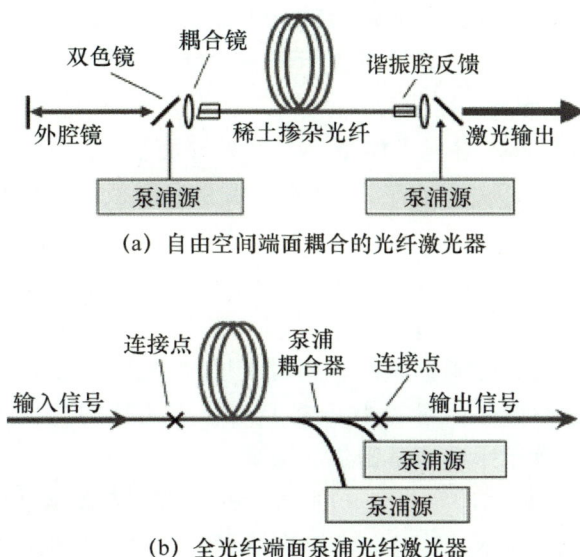

图 5-7-3　高功率光纤激光器的基本装置

与固体激光器一样,为了获得更高功率的激光输出,光纤激光器可以采用一级到两级甚至多级的激光放大器来提高激光的输出。但是,为了获得近衍射极限的高功率激光输出,光纤激光器还可以采用一种新的方式来获得,即级联泵浦的光纤激光器。级联泵浦光纤激光器采用多个光纤激光器泵浦另一台输出波长和泵浦波长相近的光纤激光器来获得高功率的激光输出,由于泵浦波长和激光器的输出波长相近,因此,其量子损耗很小,热负荷也很小。IPG 公司的 10kW 光纤激光器就是采用了输出波长为 1018nm 的 YDFLs 作为泵浦源,最终获得波长为 1070nm 的激光输出,其量子损耗仅为 5%,是直接采用半导体激光器作为泵浦源泵浦 YDFLs 的一半。

5.7.3　调 Q 脉冲光纤激光器

产生纳秒级脉冲光纤激光输出最直接的方式就是在光纤激光器上应用调 Q 技术,当然,这需要在谐振腔内加入调 Q 开关的协作,以提供足够高的损耗和足够快的时间响应,只要能够满足这两点,主动调 Q 和被动调 Q 器件都可以用于光纤激光器的调 Q 目的。利用调 Q 技术,最短可以在光纤激光器中产生几个纳秒的激光脉冲输出,但是,包层泵浦的光纤激光器的典型脉冲输出是这个数量级的十到百倍。

主动调制的光纤激光器通常是在光纤的谐振腔之间接入固体的声光调制器来实现的。声光调制器具有足够快的响应时间和足够大的调制频率来满足能级间的跃迁,同时,声光调制器也能提供足够高的一级衍射效率来实现谐振腔的高损耗。当然,基于光纤的声光调制器件也可以被应用于光纤激光器的调 Q 运作,但是受到器件效率的影响,基于光纤声光调制技术的调 Q 脉冲在能量和脉宽性能上都不如采用固体声光调制器件。被动调 Q 技术是另一种有吸引力的调制技术,因为被动调 Q 不需要复杂的驱动和昂贵的主动调制光学器件,用于光纤激光器的典型被动调制器件包括 Co^{2+}:ZnS、Cr^{4+}:YAG,以及半导体饱和吸收体等材料。不幸的是,采用被动调 Q 方式,既能产生稳定的调制脉冲,又能产生高功率激光输出的光纤激光器屈指可数,除非采用更长或级联的装置。

研究表明,光纤激光器或放大器能输出的最大能量是饱和吸收体自身饱和吸收能量的数十倍,饱和吸收体自身饱和吸收能量可表示为

$$E_{sat} \approx h\nu_L A_{co}/[\sigma_a(\lambda_L) + \sigma_e(\lambda_L)]\eta_L = E_{fluence}A_{co} \qquad (5.7.1)$$

其中,E_{sat} 为饱和吸收能量,$h\nu_L$ 是光子能量,A_{co} 是光纤面积,η_L 是激光模式与掺杂光芯在空间上的重叠因子,$\sigma_a(\lambda_L)$ 和 $\sigma_e(\lambda_L)$ 是在 λ_L 处的吸收和发射截面。由式(5.5.1)可注意到,饱和吸收体的饱和能量和光芯面积成正比,而对于 Yb 来说,其饱和通量为 $0.5\mu J/\mu m^2$。因此,通过刚才的分析可知,用大模场(large mode area,LMA)光纤可获得近衍射极限的最大激光输出能量大约为数个毫焦。但是,如果采用光芯面积较大的光纤,以牺牲光束质量为代价,则可以获得数十个毫焦的能量输出。相对于固体激光器可获得能量达焦耳的脉冲能量而言,光纤激光器的脉冲功率相对较小。由于光纤激光器的其他特点,光纤激光器在某些场合却非常有用,比如激光标记和精密加工方面。

尽管通过调 Q 技术获得脉冲激光是一种简单的方式,但是,调 Q 技术对脉冲形状的控制并不是很好。在市场上,基于 MOPA 结构的纳秒激光器,可能是通过调 Q 技术获得的,也有可能是通过直接泵浦源调制甚至是采用外调制技术获得的。值得一提的是,在研究脉冲光纤激光器的早期,纳秒级 MOPA 光纤激光器采用纤芯泵浦的镱离子掺杂光纤作为激光介质,可获得 0.5mJ 的脉冲能量输出、超过 100kW 的峰值功率、约 1W 的平均功率输出,但是,采用包层泵浦结构可获得更高的平均功率和重复频率。

另外,高速电光调制技术是一种很有意思的光纤激光器调制技术,采用该技术可实现对输出脉冲形状上的控制,有利于产生脉冲波形可控的激光输出。鉴于该技术目前尚处于发展阶段,有兴趣的读者可参考相关文献,此处不再赘述。

5.8   本章小结

光与粒子的三种相互作用中,吸收和受激辐射是实现光放大的基本物理过程,受激粒子数的反转是实现光放大的必要条件。本章从基本物理模型出发,分别以三能级系统和四能级系统为例,介绍了光子数和粒子数之间的相互作用,所获得的方程被称为速率方程。速率方程是理解和掌握光放大、增益饱和、相移等现象的基础数学物理方程。本章以速率方程和受激粒子数反转为基础,结合光学谐振腔知识,进一步介绍了激光振荡现象,仔细分析了在激光振荡中,影响激光阈值、激光振荡频率以及激光输出功率等参数的因素。

在激光振荡中引入增益或损耗的调制,可实现激光的脉冲输出。激光脉冲的形成方式主要包括调 Q 和锁模。调 Q 和锁模都有主动调制和被动调制的调制方式,都能获得脉冲宽度窄、峰值功率高的激光脉冲。但是,调 Q 和锁模激光的形成原理大不相同,所获得的激光脉冲参数也有较大的区别。

本章对一些常见激光器进行了介绍,这些激光器包括固体激光器、气体激光器和液体激光器,并特别对光纤激光器进行了概括性的介绍;此外,还对超快脉冲激光、超快脉冲整形和压缩、激光的选模(光谱分布、空间分布、偏振等)进行了分析和介绍。

习题

5.1　一个腔长为 100cm 的氩离子激光器,其折射率 $n=1$。

(a) 求谐振腔腔模的频率间隔 ν_F;

(b) 如果多普勒增宽线宽的半高宽 $\Delta\nu_D=3.5GHz$,损耗系数为小信号增益系数峰值的一半,求此激光器可以允许的纵模数;

(c) 如果此激光器要以单纵模运转,则谐振腔的腔长 d 应该为多少？CO_2 激光器的多普勒线宽 $\Delta\nu_D=60MHz$,远小于氩离子激光器,在其他条件相同的情况下,CO_2 激光器的腔长为多少时才能单纵模运转？

5.2　一 He-Ne 激光器参数如下:谐振腔的两腔镜反射率分别为 97% 和 100%,忽略腔内损耗;原子跃迁多普勒增宽的线宽 $\Delta\nu_D=1.5GHz$;小信号增益系数的峰值 $\gamma_0(\nu_0)=2.5\times10^{-3}cm^{-1}$。

激光器运行时,热效应会导致谐振腔腔长抖动,因此纵模的频率会随时间变化而产生漂移。要求纵模数保持为 1 或者 2(但是不超过 2),求此时腔长的允许范围。(设折射率 $n=1$。)

5.3　一多普勒增宽的气体激光器运行波长为 515nm,其谐振腔两腔镜之间的距离为 50cm,光子寿命为 0.33ns,可以谐振的频率窗口带宽 $B=1.5GHz$,折射率 $n=1$。为了选择某一纵模,要使光穿过标准具(无源法布里-珀罗谐振器),标准具两腔镜之间距离为 d,锐度为 $\mathcal{F}$,标准具相当于一个滤波器。请给出合适的 d 与 $\mathcal{F}$ 值,标准具放在谐振腔内好还是谐振腔外好？

5.4　一频率为 $\lambda_0=632.8nm$ 的 He-Ne 激光器多模输出为 50mW。此激光器非均匀增宽,多普勒线宽 $\Delta\nu_D=1.5GHz$,折射率 $n=1$,谐振腔长度为 30cm。

(a) 如果小信号增益系数的最大值为损耗系数的两倍,求此激光器的纵模数;

(b) 如果调整了激光器的腔镜使最强模式的功率最大,计算其功率。

5.5　一谐振腔长为 10cm 的气体激光器,以单横模和单纵模运转在 600nm。两腔镜反射率分别为 $R_1=99\%$,$R_2=100\%$。折射率 $n=1$,输出光束的截面有效面积为 $1mm^2$。小信号增益系数 $\gamma_0(\nu_0)=0.1cm^{-2}$,饱和光子流密度 $\phi_s=1.43\times10^{19}$ 光子数/$(cm^2\cdot s)$。

(a) 分别求出两腔镜的损耗系数 α_{m1} 和 α_{m2},假设 $\alpha_s=0$,求谐振腔的损耗系数 α_r;

(b) 求光子寿命 τ_p;

(c) 求输出光子流密度 ϕ_0 及输出功率 P_0。

5.6　一氩离子激光器谐振腔长为 1m,两腔镜反射率分别为 98% 和 100%,忽略其他因素造成的损耗。原子跃迁的中心波长 $\lambda_0=515nm$,自发辐射寿命 $t_{sp}=10ns$,线宽 $\Delta\lambda=0.003nm$。下能级寿命非常短,因此粒子数为 0。谐振模的直径为 1mm。

(a) 求光子寿命;

(b) 求产生激光所要求的粒子数差的阈值。

5.7　一可调波长的光源输出的单色光透过一个未泵浦的气体激光器的谐振腔。观察到的投射率是一个与频率有关的函数,如题 5.7 图所示。

(a) 假设折射率 $n=1$,求谐振腔腔长、光子寿命、激光产生阈值时的增益系数;

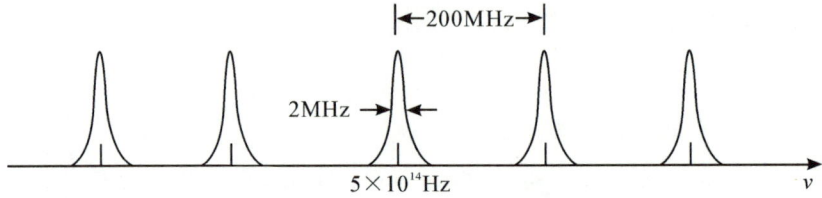

题 5.7 图　激光谐振腔透射率

(b)假设激光跃迁的中心频率为 5×10^{14} Hz，如果激光器被泵浦了，但是泵浦强度不足以使其产生激光振荡，画出透过率与频率的关系简图。

5.8　一四能级激光器的有效体积 $V = 1 \mathrm{cm}^2$。上能级与下能级粒子数密度分别为 N_2 和 N_1，$N = N_2 - N_1$。抽运速率 N_0 为没有受激辐射与吸收时的反转粒子数 N。光子数密度为 n，光子寿命为 τ_p。已知 N_0，跃迁截面 $\sigma(\nu)$，相关时间参数 $t_\mathrm{sp}, \tau_1, \tau_2, \tau_{21}, \tau_\mathrm{p}$，写出关于 N_2, N_1, N 和 n 的速率方程，求 N 与 n 的稳态值。

5.9　增益开关激光器的瞬态。

(a)定义新变量 $X = n/\tau_\mathrm{p}, Y = N/N_\mathrm{t}$，以及归一化时间 $s = t/\tau_\mathrm{p}$，证明速率方程(5.4.3)与(5.4.6)可以写为 $\dfrac{\mathrm{d}X}{\mathrm{d}s} = -X + XY, \dfrac{\mathrm{d}Y}{\mathrm{d}s} = a(Y_0 - Y) - 2XY$，其中，$a = \tau_\mathrm{p}/t_\mathrm{sp}, Y_0 = N_0/N_\mathrm{t}$。

(b)编写一个计算机程序，在开关打开和关闭的两种情况下求解(a)证明的两个方程。假设 Y_0 从 0 变到 2 为打开激光，从 2 变到 0 为关闭激光。在初始时刻 $t = 0$ 时有一个非常小的光子流 $X = 10^{-5}$ 使得激光起振，推测这个小光子流的来源。求 $a = 10^{-3}, 1, 10^3$ 时的开关时间。讨论所得到结果的意义。

5.10　一个 Q 开关红宝石激光器，红宝石棒长 15cm，横截面面积为 $1 \mathrm{cm}^2$，谐振腔长为 20cm。两腔镜的反射率分别为 $R_1 = 0.95, R_2 = 0.7$。Cr^{3+} 密度为 1.58×10^{19} 粒子数/cm^3，跃迁截面积为 $\sigma(\nu_0) = 2 \times 10^{-20}$ cm^2。激光泵浦上能级初始粒子数密度为 10^{19} 粒子数/cm^3，下能级初始粒子数可以忽略不计。泵浦能带(能级 3)中心波长约为 450nm，从能级 3 衰变到能级 2 的时间非常短。能级 2 的寿命约为 3ms。

(a)需要多少泵浦功率来保证能级 2 的粒子数密度为 10^{19} 粒子数/cm^3？

(b)在 Q 开关操作前，自发辐射功率为多少？

(c)求调 Q 脉冲的峰值功率、脉冲能量和宽度。

5.11　一个腔倒空脉冲激光器的反转粒子数阈值为 N_t(正比于损耗)，反转粒子数为 $N(t)$，腔内光子数密度为 $n(t)$，腔外光子流密度为 $\phi_0(t)$，画出 2 个脉冲周期内各参数的变化情况。

5.12　假设一锁模激光器其模式的包络为 $A_q = \sqrt{P} \dfrac{(\Delta\nu/2)^2}{(q\nu_\mathrm{F})^2 + (\Delta\nu/2)^2}, q = -\infty, \cdots, \infty$，相位都相等。求其产生的脉冲串的下列参数表达式：

(a) 平均功率；

(b) 峰值功率；

(c) 脉冲宽度(半高宽)。

5.13　具有非线性光学性质的晶体常用来产生二次谐波。在这一过程中，两个频率为

ν 的光子转化为一个频率为 2ν 的光子。假设将这种晶体放置在一个激光器谐振腔中,此激光器工作介质为频率 ν 的光提供增益。频率 ν 和 2ν 为谐振腔的两个模。二次谐波的转换率为 $\zeta n(\mathrm{s}^{-1}\cdot\mathrm{m}^{-3})$,激光过程产生的光子率(净效率,受激辐射与吸收叠加)为 $\xi n(\mathrm{s}^{-1}\cdot\mathrm{m}^{-3})$,其中 ζ,ξ 为常数,写出频率分别为 ν 和 2ν 的光子数密度 n_1 和 n_2 的速率方程。假设频率分别为 ν 和 2ν 的光子寿命分别为 τ_{p1} 和 τ_{p2},求 n_1 和 n_2 的稳态值。

5.14 一商用红宝石激光器用 15cm 长的红宝石棒作为放大器,其小信号增益为 12。那么 20cm 长的红宝石棒的小信号增益是多少?忽略增益饱和效应。

5.15 一 15cm 长的 Nd^{3+} 玻璃棒用作激光放大,在 $\lambda_0=1.06\mu\mathrm{m}$ 时总的小信号增益值为 10。使用表 5-1-2 的参数,求出要得到此增益所需的反转粒子数 N(每立方厘米内的 Nd^{3+} 粒子数)。

5.16 两能级之间的跃迁呈洛伦兹线形,中心频率 $\nu_0=5\times10^{14}\,\mathrm{Hz}$,线宽 $\Delta\nu=10^{12}\,\mathrm{Hz}$。粒子数反转,使得增益系数的最大值 $\gamma(\nu_0)=0.1\mathrm{cm}^{-1}$。介质的损耗系数 $\alpha_s=0.05\mathrm{cm}^{-1}$,与频率 ν 无关。中心频率为 ν_0,带宽为 $2\Delta\nu$,各个频率下的光功率都一样的光波在此介质中传播 1cm 大约会有多少增益或者衰减?

5.17 写出两能级系统的速率方程,说明此两能级之间无法用光直接泵浦来形成稳态的粒子数反转。

5.18 一个四能级系统可以提供两个泵浦:基态与能级 3 之间,速率为 R_3;基态与能级 2 之间,速率为 R_2。粒子数反转可以发生在能级 1,3 之间和(或)能级 1,2 之间(如四能级系统)。假设由能级 3 不能衰变到能级 2,由能级 3 和 2 衰变到基态的情况也可以不考虑,相关寿命为 $\tau_1,\tau_{21},\tau_{21}$,写出能级 1,2,3 的速率方程。求稳态时的粒子数 N_1,N_2,N_3,以及能级 3,1 之间和能级 2,1 之间同时粒子数反转的可能性。说明能级 2,1 之间辐射的存在会减少能级 3,1 之间的反转粒子数。

5.19 在一个普通的二能级系统(见图 5-1-8)中,τ_2 表示没有受激辐射时的能级寿命。在有受激辐射时,从能级 2 到能级 1 的衰变增加,有效能级寿命减少。求能级寿命减少到原来一半时的光子流密度 ϕ。此时的光子流密度与饱和时的光子流密度 ϕ_s 有什么关系?

5.20 均匀增宽的红宝石与 Nd^{3+}:YAG 激光跃迁的参数由表 5-1-2 所提供,求饱和光子流密度 $\phi_s(\nu_0)$ 和对应的饱和光强 $L_s(\nu_0)$。

5.21 激光放大器中光子流密度 $\phi(z)$ 的增长如方程(5.1.45)所示。使用计算机画出 $\phi(z)/\phi_s$ 随 $\gamma_0 z$ 变化的函数图,其中 $\phi(0)/\phi_s=0.05$。指出放大器的饱和状态起始点。

5.22 一长度 $d=10\mathrm{cm}$ 的均匀增宽激光放大介质,饱和光子流密度为 $\phi_s=4\times10^{18}$ 光子数/$(\mathrm{cm}^2\cdot\mathrm{s})$。输入光子流密度为 $\phi(0)=4\times10^{15}$ 光子数/$(\mathrm{cm}^2\cdot\mathrm{s})$ 时产生的输出光子流密度为 $\phi(d)=4\times10^{16}$ 光子数/$(\mathrm{cm}^2\cdot\mathrm{s})$。

(a)求系统的小信号增益 G_0。

(b)求小信号增益系数 γ_0。

(c)当光子流密度为多少时,增益系数减小到原来的 1/5?

(d)当输入光子流密度为 $\phi(0)=4\times10^{19}$ 光子数/$(\mathrm{cm}^2\cdot\mathrm{s})$ 时,求增益系数。在这种情况下,系统的增益比(a)中的小信号增益大,还是小,还是一样?

5.23 高斯脉冲叠加。一个具有变换极限的高斯脉冲,与一个啁啾参数为 a,其他参数完全一致的啁啾高斯脉冲叠加,请推导叠加后的脉冲的强度、相位、光谱强度、光谱相位和啁啾参数。

5.24 双曲正割脉冲。一个具有复包络函数 $\mathrm{sech}(t/\tau)$ 的脉冲,其中 $\mathrm{sech}(\cdot) = 1/\cosh(\cdot)$,$\tau$ 是时间常数,请证明该脉冲强度的宽度为 $\tau_{\mathrm{FWHM}} = 1.76\tau$,光谱强度 $S(\nu) = \mathrm{sech}^2(\pi^2\tau\nu)$,光谱半高宽为 $\Delta\nu = 0.993/\tau$。请将结果与高斯脉冲进行比较。

5.25 厚棱镜啁啾滤波器。一个厚棱镜可以用作啁啾滤波器。为了减小损耗,棱镜的入射角通常选为布鲁斯特角。棱镜的顶角 α 可选择满足入射光线和中心折射光线对称地分布在棱镜两侧。在满足这两个条件下,请证明折射角 θ_{d} 满足条件 $\mathrm{d}\theta_{\mathrm{d}}/\mathrm{d}n = -2$,并且啁啾系数满足 $b \approx -4(n-N)^2 l_0 \lambda_0/(\pi c^2)$。

5.26 布拉格光栅啁啾滤波器。设计一个用于中心频率为 $\nu_0 = 300\mathrm{Hz}$(波长为 $1\mu\mathrm{m}$),且半高宽为 $\tau_{\mathrm{FWHM}} = 0.44\mathrm{ps}$ 的布拉格光栅滤波器。该滤波器应具有啁啾系数 $b = (2\mathrm{ps})^2$。确定光栅的尺寸,以及周期结构的最大、最小倾斜角,以确保脉冲里所有光谱成分都可以被这个光栅反射。

5.27 方波在光纤里的传播。一个宽度为 τ 的方波在光纤里传播,该过程可以视为啁啾参数 $b = D_{\nu z}/\pi$。请证明当长度 z 足够长时,脉冲形状会从方波变为 sinc 函数。写出该脉冲宽度的表达式。

5.28 "时间棱镜"与时域成像。一个宽度为 τ_1,形状任意的光脉冲以正群速度色散在光纤里传输的距离为 d_1,其相位随之被调制,调制系数为 $\exp(\mathrm{j}\zeta t^2)$。光脉冲接着在同样的材料里传输 d_2。最后,光脉冲宽度变为 τ_2。假设 d_1 和 d_2 都比光纤的色散距离 z_0 长得多,请证明新的光脉冲比原先的光脉冲要延迟,如果满足条件 $1/d_1 + 1/d_2 = 1/f$,其中 $f = -\pi/(\zeta D_\nu)$ 为介质相位调制器的焦距(ζ 是负数且 f 为正数),那么延迟倍率为 $\tau_2/\tau_1 = d_2/d_1$。这意味着该系统等效于时间成像系统。

5.29 混合啁啾波和啁啾放大。

(a)三个中心频率为 ω_1,ω_2 以及 $\omega_3 = \omega_1 + \omega_2$ 的共线平面波脉冲在二阶非线性介质里重叠在一起,介质的非线性系数为 d。介质有色散,其折射率分别为 n_1,n_2 和 n_3 时对应的群速度分别为 v_1,v_2 和 v_3。三个脉冲将被啁啾化,啁啾系数为 a_1,a_2 和 a_3。请说明 a_1,a_2 和 a_3 之间在高效耦合时具有什么关系。提示:假设能量和动量守恒在任意时刻都满足。

(b)证明信号光和/或闲散光的啁啾系数比泵浦光要大。考虑下这样的"啁啾放大"有什么用途。

5.30 光孤子和群速度色散(group velocity dispersion,GVD)的关系。两个具有相同能量的基本光孤子分别在两个介质中传输(例如光纤)的 GVD 系数为 $D_{\lambda 1} = 20\mathrm{ps}/(\mathrm{km}\cdot\mathrm{nm})$ 和 $D_{\lambda 2} = 10\mathrm{ps}/(\mathrm{km}\cdot\mathrm{nm})$,但是其他光学参数都相同(比如相同的折射率和相同的克尔系数 n_2)。请比较一下两个光孤子的宽度、峰值强度、包络下的面积和孤子长度。

5.31 光纤中的光孤子。证明基本光孤子的峰值强度和色散距离的乘积是常数,$I_0|z_0| = \lambda_0/(4\pi n_2)$。石英光纤的克尔系数为 $n_2 = 3.19\times10^{-20}\ \mathrm{m}^2/\mathrm{W}$,计算经过 $|z_0| = 30\mathrm{km}$ 色散距离后的峰值强度 I_0。

第6章
半导体的光电特性

电子学是控制电子流动的一门学科,而光子学是控制光子流动的一门学科。在半导体光电器件中,光子可产生移动的电子,而电子可产生并控制光子流动,电子学和光子学由此结合起来。近年来,半导体光电子器件与电子器件的兼容性,使这两个学科都有了很大的进展。半导体可用来做光探测器、光源(半导体发光二极管和激光器)、放大器、光波导、调制器、传感器和非线性光学元件。

1. 半导体的特有属性

按照第 4 章对光子与原子之间相互作用的描述,通过电子在不同的容许能级之间的跃迁,半导体吸收和发射光子。半导体在以下一些方面存在特有的属性。

(1) 不能把半导体材料看作没有相互作用并且每个原子都有单独能级的原子的集合,实际上当原子相互接近形成固体时,将产生一套能级系统,它表征了整个固体系统。

(2) 半导体的能级采取由能量非常接近的群体构成的能带的形式。在没有热激发($T=0$K)时,这些能带上不是全部被电子占据,就是全空。最高的填充带称为价带,而在其上的空的能带称为导带。这两个能带被带隙分隔开来。

(3) 热或者光的相互作用可以将能量传递给电子,使其越过带隙,从价带进入导带(由于电子跃迁,在价带中形成空缺的位置称为空穴)。反之,电子也可从导带进入价带,产生热或者光子。电子从导带中跃迁到价带中,占据空缺的位置(条件是该空缺位置是容易达到的),这个过程被称为电子-空穴对的复合。因此有两种粒子可以承载电流,并且与光子相互作用,这两种粒子就是电子和空穴。

2. 半导体光电子器件操作原理的基础过程

对于几乎所有的半导体光电子器件的操作原理来说,以下两个过程是最基础的。

(1)吸收一个光子可以产生一个电子-空穴对。通过吸收光子产生流动载流子从而改变材料的导电特性,这种现象称为光电导,是某些半导体光电探测器的工作原理。

(2)一个电子和一个空穴复合发射出一个光子。这个过程是半导体光源的工作原理。自发辐射的电子-空穴对的复合是发光二极管中产生光的基本过程,受激励的电子-空穴对的复合是半导体激光器中的光子来源。

本章将首先回顾半导体光子学中非常重要的半导体性质,然后介绍半导体的光学性质,在第 5 章阐述的辐射原子的跃迁理论基础上,介绍一个简化的有关吸收、自发发射、受激发射的理论。

6.1 半导体

半导体是一种结晶的或者非结晶的固体,其电导性介于金属和绝缘体之间,并且通过改变温度、材料的掺杂情况,或者利用光照,都可以显著地改变其电导性。半导体材料特有的能级结构是产生特殊的电学和光学性质的原因,稍后将在本章中进行描述。电子器件主要采用硅(Si)作为半导体材料,在光子学中如砷化镓(GaAs)这样的化合物最为重要(参见第 6.1.2 节中给出的部分其他半导体材料的列表)。

6.1.1 能带和电荷载流子

1. 半导体中的能带结构

固态材料的原子之间有非常强的相互作用,以至于不能单独处理它们。价电子并不束缚于单独的原子,而是属于整个原子体系。由于原子在晶格中按照周期性的规律排布,关于电子能量的薛定谔方程的解将会产生原子能级的分裂而形成能带(详见第 4.3 节)。每个能带包含大量有细微间隔的分离能级,可以将它们近似看作一个连续的能带。价带和导带之间被一个宽度为 E_g 的禁带分开(见图 6-1-1),该间隔的大小称为带隙能量,它在决定材料的电学和光学性质上具有重要作用。绝缘体的价带被填满且有较大的带隙(>3eV),导体的带隙较小,或者不存在。半导体的带隙大致介于 0.1eV 与 3eV 之间。

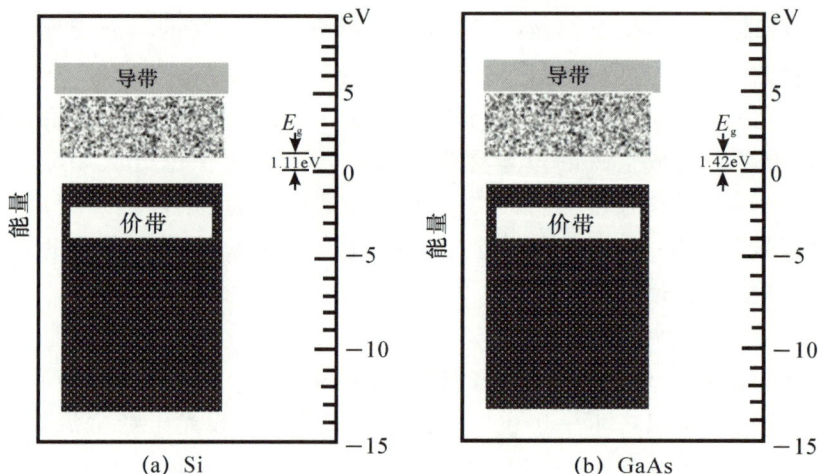

图 6-1-1　Si 和 GaAs 的能带

2. 电子和空穴

根据泡利不相容原理,两个电子不能同时占据一个量子态。较低的能级将率先被占据。单元素半导体(如 Si 和 Ge)的每个原子都有四个价电子。价带中包含很多量子状态,在没有热激发的情况下,其价带为满带,而导带为空带。这时材料就不能导电。

由于禁带带隙小(见图 6-1-2),随着温度升高,电子将会因为热激发作用从价带跃过带隙而进入导带。这些电子可以自由移动,称为自由载流子。在外电场的作用下,它们可以在晶格中漂移,从而产生电流。此外,由于价带中缺少一个电子后形成一个空的量子态,因此价带中剩余的电子可以在电场的影响下彼此交换位置,在价带中的剩余的电子群体发生运动,这可以等效为因为缺少一个电子后形成的空穴向与电子运动的相反方向运动。空穴带正电荷$+e$。每次电子激发,都会在导带产生一个自由电子,同时在价带产生一个自由空穴。这两种电荷载流子都会在外加电场的作用下漂移,因此产生电流。热激发导致自由载流子增加,随着温度上升,半导体的导电性急剧增强。

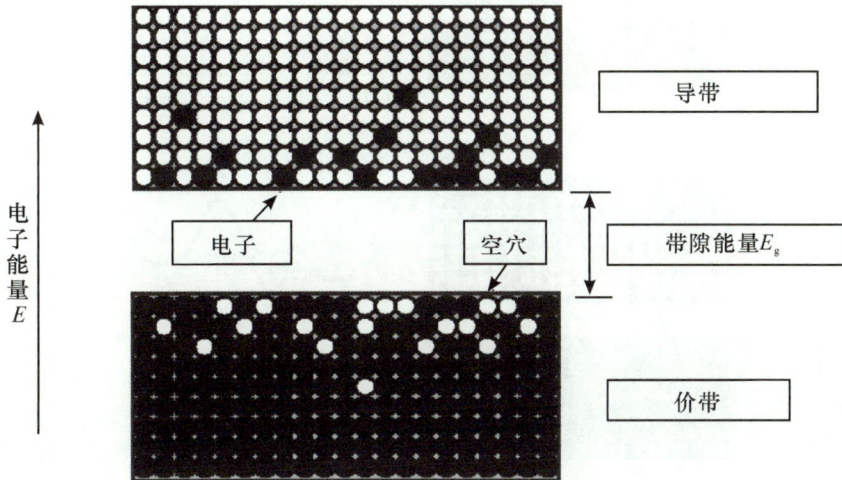

图 6-1-2 $T>0$K 时,导带中的电子和价带中的空穴

3. 能量-动量的关系

在自由空间中,一个电子的能量 E 和动量 p 之间的关系为 $E=p^2/(2m_0)=\hbar^2k^2/(2m_0)$,其中 p 为动量的大小,而 k 为波矢 $\boldsymbol{k}=\boldsymbol{p}/\hbar$ 的大小,其值与电子的波函数相关,m_0 为电子质量(9.1×10^{-31}kg)。可以看出,E 和 k 之间为简单抛物线关系。

对于半导体,其导带中电子的运动,以及价带中空穴的运动由不同的动力学决定,取决于薛定谔方程和材料的周期性排布的晶格结构。图 6-1-3 给出了 Si 和 GaAs 的 E-k 关系。能量 E 是向量 $\boldsymbol{k}$(其分量分别为 k_1,k_2,k_3)的周期性函数,周期为($\pi/a_1,\pi/a_2,\pi/a_3$),其中 a_1,a_2,a_3 为晶格常数。图 6-1-3 为取两个不同方向的 $\boldsymbol{k}$ 的 E-k 关系横截面。导带中的电子能量不仅取决于该电子动量的大小,还取决于该电子在晶体中的运动方向。

4. 有效质量

在导带的底端附近,E-k 关系可以近似看作抛物线关系,有

$$E=E_c+\frac{\hbar^2k^2}{2m_c} \tag{6.1.1}$$

其中,E_c 代表导带底的能量,m_c 是一个表征该电子在导带中的有效质量的常数(见图6-1-4)。

同理,在价带顶附近的能量满足关系式

$$E=E_v-\frac{\hbar^2k^2}{2m_v} \tag{6.1.2}$$

其中,E_v 表示价带顶的能量,$E_v=E_c-E_g$,m_v 是价带中的一个空穴的有效质量。总体来说,有效质量取决于晶向和所考虑的特定能带。表 6-1-1 中给出了 Si 和 GaAs 的平均有效质量与自由电子质量 m_0 的典型比值。

(a) Si

(b) GaAs

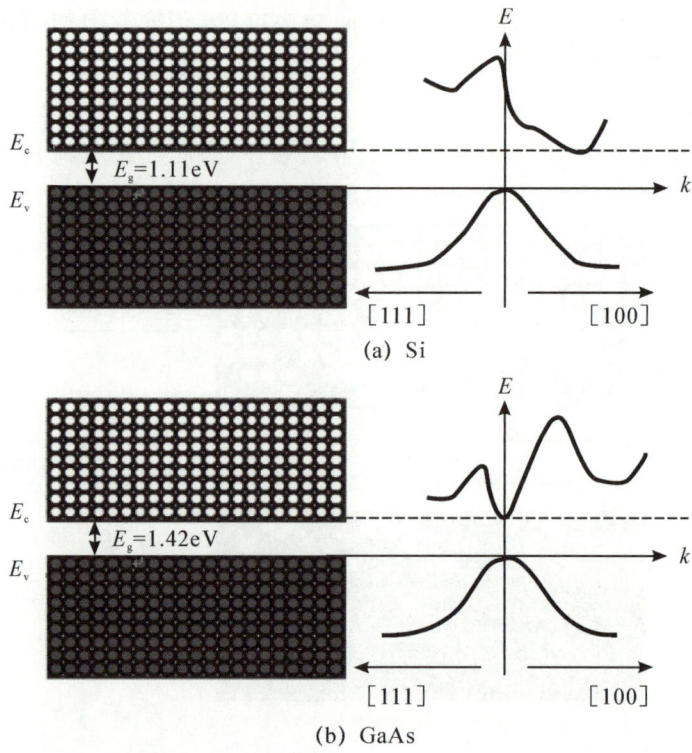

图 6-1-3 Si 和 GaAs 沿[111]、[100]晶向的 E-k 关系

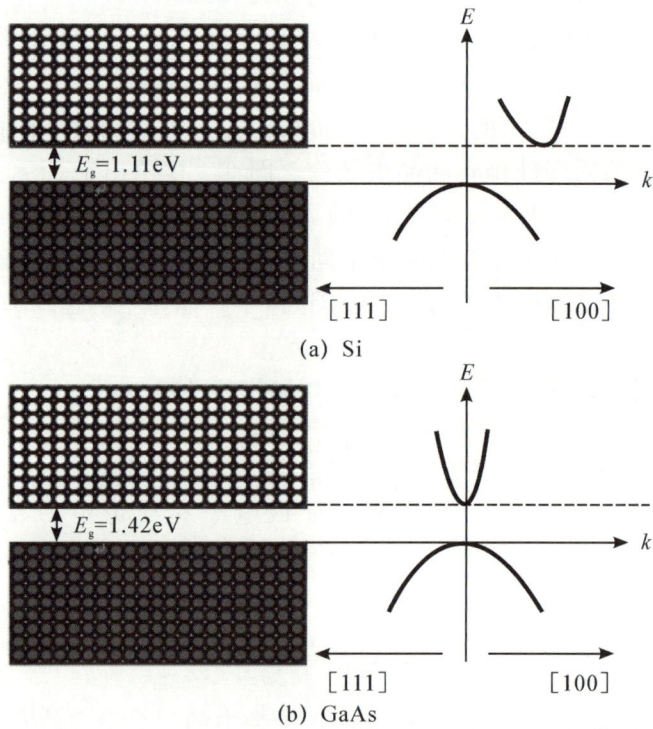

(a) Si

(b) GaAs

图 6-1-4 Si 和 GaAs 的导带底端和价带顶端的 E-k 关系

表 6-1-1　电子、空穴的平均有效质量

材料	m_c/m_0	m_v/m_0
Si	0.33	0.5
GaAs	0.07	0.5

5. 直接和间接带隙半导体

价带最大值和导带最小值对应相同动量（即相同波矢 k）的半导体称为直接带隙材料，不满足该条件的半导体就称为间接带隙材料，这个区分至关重要。对于间接带隙半导体，电子从价带顶跃迁到导带底需要改变动量。如图 6-1-4 所示，Si 是间接带隙半导体，而 GaAs 是直接带隙半导体。像 GaAs 这样的直接带隙半导体适合用作高效率的光子发射器，而像 Si 这样的间接带隙半导体不适合用作光发射器。

6.1.2　半导体材料

表 6-1-2 给出了元素周期表的一部分，其中包含在半导体电子学和光电子学中起重要作用的元素。单元素半导体和化合物半导体都很重要。

表 6-1-2　部分元素周期表

II		III		IV		V		VI	
Zinc	(Zn)	Aluminum	(Al)	Silicon	(Si)	Phosphorus	(P)	Sulfur	(S)
Cadmium	(Cd)	Gallium	(Ga)	Germanium	(Ge)	Arsenic	(As)	Selenium	(Se)
Mercury	(Hg)	Indium	(In)			Antimony	(Sb)	Tellurium	(Te)

1. 单元素半导体

元素周期表中第四主族的一些元素是半导体材料，以硅（Si）和锗（Ge）较为重要。目前广泛商用化的电子集成电路和器件都是采用 Si 制造的。

2. 二元化合物半导体

由第三主族的元素（如铝、镓、铟）和第五主族的元素（如磷、砷、锑）组成的化合物是重要的半导体材料。这样的 III-V 族化合物有 9 种（见图 6-1-5）。表 6-1-3 给出了这些化合物的带隙能量 E_g，带隙波长 $\lambda_g = hc_0/E_g$（λ_g 是一个能量为 E_g 的光子在真空中的波长），以及带隙类型（直接或间接）。这些化合物的带隙能量和晶格常数如图 6-1-6 所示。部分化合物半导体用于制作光子探测器和光源（发光二极管和激光器），其中 GaAs 是较重要的制作光电子器件的二元化合物半导体。而且，作为高速电子器件和电路的基础，GaAs（相对于 Si）的重要性也愈加明显。

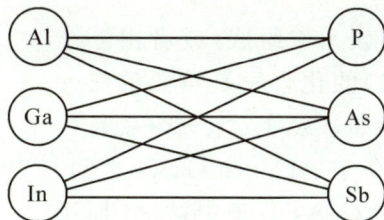

图 6-1-5　二元化合物半导体

表 6-1-3   部分单元素半导体以及Ⅲ-Ⅴ族二元化合物半导体在 $T = 300$ K 时的带隙能量 E_g，
带隙波长 $\lambda_g = hc_0/E_g$，以及带隙类型(I=间接,D=直接)

材料		带隙能量 E_g/eV	带隙波长 λ_g/μm	带隙类型
单元素半导体	Ge	0.66	1.88	I
	Si	1.11	1.15	I
Ⅲ-Ⅴ族二元化合物半导体	AlP	2.45	0.52	I
	AlAs	2.16	0.57	I
	AlSb	1.58	0.75	I
	GaP	2.26	0.55	I
	GaAs	1.42	0.87	D
	GaSb	0.73	1.70	D
	InP	1.35	0.92	D
	InAs	0.36	3.5	D
	InSb	0.17	7.3	D

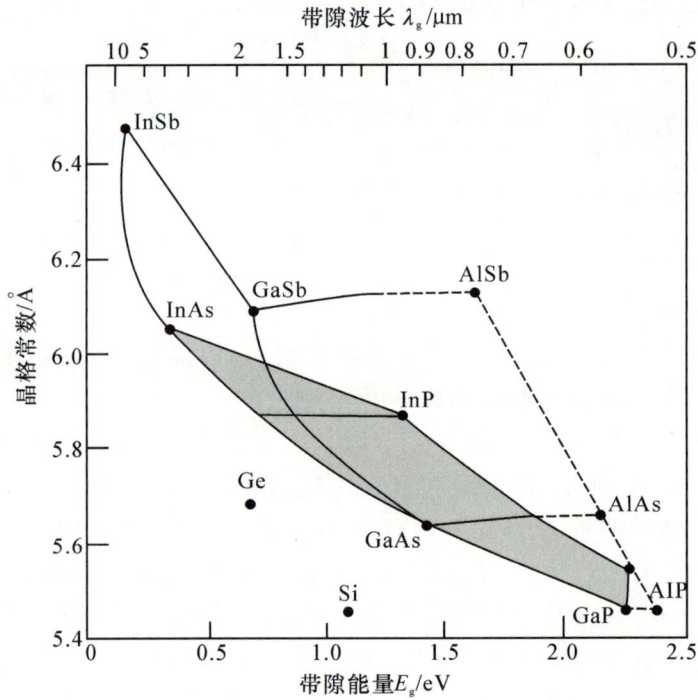

图 6-1-6   Si、Ge 和 9 种Ⅲ-Ⅴ族二元化合物的晶格常数、带隙能量以及带隙波长

3.三元化合物半导体

由两个Ⅲ族元素和一个Ⅴ族元素组成(或者由一个Ⅲ族元素和两个Ⅴ族元素组成)的化合物是重要的三元化合物半导体(见图 6-1-7)。例如,$(Al_xGa_{1-x})As$ 就是一种三元化合物半导体,其性质介于 AlAs 和 GaAs 之间,并且取决于化合比例 x(x 表示 GaAs 分子中被 Al 原子取代的 Ga 的原子个数)。这种三元化合物半导体材料的

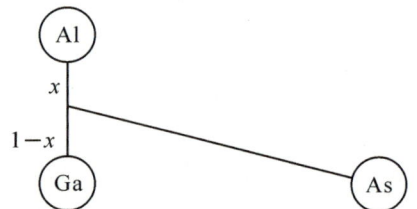

图 6-1-7   三元化合物半导体

带隙能量介于 1.42eV 和 2.16eV 之间(GaAs 的带隙能量为 1.42eV,而 AlAs 的带隙能量为 2.16eV),x 的变化范围是 0~1。随着 x 的变化,材料的带隙能量也在这两个极值之间变化。该材料的晶格常数−带隙能量关系为图 6-1-6 中 GaAs 和 AlAs 之间的连线。因该直线近似水平,$(Al_xGa_{1-x})As$ 的晶格结构与 GaAs 匹配[即 $(Al_xGa_{1-x})As$ 和 GaAs 的晶格常数相同],这就意味着可以不引入应力,直接在一层化合物上生长一层另一种化合物。$Al_xGa_{1-x}As/GaAs$ 组合物对目前的 LED 和半导体激光器技术非常重要。其他各种不同成分和不同带隙类型(直接/间接)的Ⅲ-Ⅴ族化合物半导体的晶格常数与带隙能量关系如图 6-1-6 所示。

4. 四元化合物半导体

四元化合物半导体由Ⅲ族中的两种元素和Ⅴ族中的两种元素构成(见图 6-1-8)。因为提供了额外的自由度,四元化合物半导体比三元化合物半导体在合成所需要性能的材料上更具灵活性。四元化合物半导体 $(In_{1-x}Ga_x)(As_{1-y}P_y)$ 的带隙能量随合成比例 x、y 在 0 和 1 之间变化而在 0.36eV(InAs)和 2.26eV(GaP)之间变化。图 6-1-6 中的阴影部分为这种化合物随组分变化的带隙能量和晶格常数的范围。当合成比例 x、y 满足 $y=2.16(1-x)$ 时,$(In_{1-x}Ga_x)(As_{1-y}P_y)$ 的晶格结构能

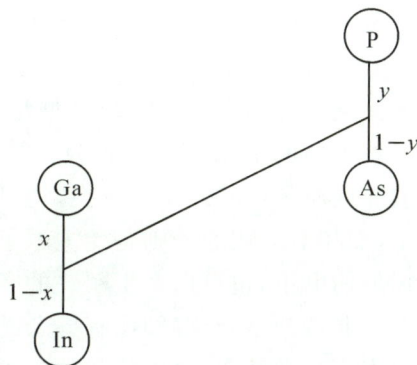

图 6-1-8　四元化合物半导体

够很好地和 InP 匹配,因此能够方便地在 InP 上生长。这样的四元化合物半导体主要用于制作半导体激光器和探测器。

由元素周期表中Ⅱ族元素(如 Zn、Cd、Hg)和Ⅵ族元素(如 S、Se、Te)组成的化合物也能构成有用的半导体材料,尤其是在波长小于 $0.5\mu m$ 或者大于 $5.0\mu m$ 时,如图 6-1-9 所示。

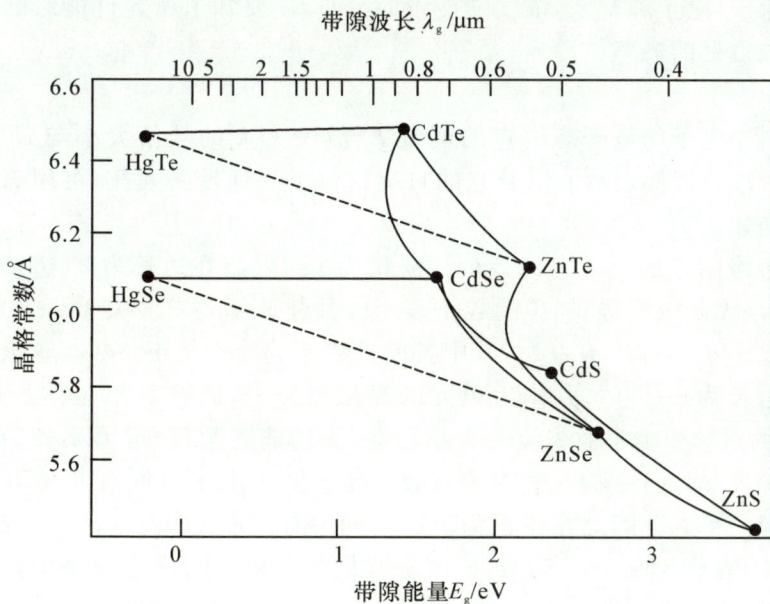

图 6-1-9　部分重要Ⅱ-Ⅵ族二元化合物的晶格常数、带隙能量以及带隙波长

例如,HgTe 和 CdTe 的晶格结构近似匹配,所以三元化合物半导体 $Hg_xCd_{1-x}Te$ 是制作中红外波段的光子探测器的有用材料。同样可用于该波段的材料还有 $Pb_xSn_{1-x}Te$ 和 $Pb_xSn_{1-x}Se$ 等 Ⅳ-Ⅵ 族化合物,应用主要包括夜视、热成像以及长波段光通信。

5. 掺杂半导体

通过加入少量特定杂质,可以大幅度地改变半导体的电学和光学性质。添加的这种杂质称为掺杂物,这种杂质的添加能够将载流子的数目增加几个量级。有额外价电子的掺杂物(称为施主)取代晶格中部分原有的原子,从而产生起主导作用的自由电子,这种材料被称为 N 型半导体。在单元素半导体中用 Ⅴ 族原子(如 P 或 As)置换部分 Ⅳ 族原子,或者在Ⅲ-Ⅴ 族元素组成的二元化合物半导体中用 Ⅵ 族原子(如 Se、Te)置换部分 Ⅴ 族原子,都可以形成 N 型半导体。同理,添加缺少价电子的掺杂物可以形成 P 型半导体,这种缺少价电子的掺杂物称为受主。因此 P 型半导体中起主导作用的是空穴。在单元素半导体中 Ⅳ 族原子被 Ⅲ 族原子(如 B、In)置换,或者在 Ⅲ-Ⅴ 族元素组成的二元化合物半导体中的 Ⅲ 族原子被 Ⅱ 族原子(如 Zn、Cd)置换,均可形成 P 型半导体材料。Ⅳ 族原子相对Ⅲ族原子是施主原子,而相对 Ⅴ 族原子则是受主原子,因此 Ⅳ 族原子在 Ⅲ-Ⅴ 族元素组成的材料中既可以产生额外的电子,也可以产生额外的空穴。

非掺杂半导体(即没有掺杂的半导体)称为本征材料,而掺杂半导体称为非本征材料。在本征半导体中,自由移动的电子和空穴的浓度相等,即 $n=p\equiv n_i$,其中 n_i 随温度的升高指数上升。N 型半导体中自由电子的浓度(称为多数载流子)远大于空穴的浓度(称为少数载流子),即 $n\gg p$。P 型半导体正好相反,其中空穴是多数载流子,即 $p\gg n$。在室温下,掺杂半导体中的多数载流子浓度近似等于所掺的杂质浓度。

6.1.3 电子和空穴浓度

要确定载流子(电子和空穴)浓度随能量的分布,需要知道所允许能级的密度(态密度)以及这些能级被占据的概率。

1. 态密度

半导体材料中电子的量子态由它的能量 E、波矢 k[k 的数值大小与 E 的关系可由式(6.1.1)和式(6.1.2)近似表示],以及它的自旋这三个物理量来表征,可用满足一定边界条件的波函数来描述。

位于导带边缘附近的电子可以近似用质量为 m_c,限制在边长为 d、边壁完全反射的立方体(即一个三维无限矩形势阱)中的粒子表示。其驻波解要求波矢 $k=(k_x,k_y,k_z)$ 的分量取离散值 $k=(q_1\pi/d,q_2\pi/d,q_3\pi/d)$,其中各模式数 q_1、q_2、q_3 是正整数。这表示矢量 k 的末端必须落在以边长为 π/d 的立方体为单元的晶格格点上,因此每单位体积的 k 空间内有 $(d/\pi)^3$ 个这样的点。要确定波矢 k 的大小在 $0\sim k$ 的能态数目,可由半径为 k 的正 1/8 球[其体积 $\approx(1/8)\times4\pi k^3/3=\pi k^3/6$]内的点数决定。因为电子自旋有两种可能值,故 k 空间中的每个点对应两个态。因此在体积为 d^3 的空间中有 $2(\pi k^3/6)/(\pi/d)^3=[k^3/(3\pi^2)]d^3$ 个态,即单位体积中有 $k^3/(3\pi^2)$ 个态。这样电子波数在 k 和 $k+\Delta k$ 之间每单位体积的能态数目为:$\rho(k)\Delta k=\{[d/(dk)][k^3/(3\pi^2)]\}\Delta k=(k^2/\pi^2)\Delta k$,所以态密度为

$$\rho(k)=\frac{k^2}{\pi^2}$$

(6.1.3)

　　这个推导与求三维电磁谐振腔中可能的模式数的推导方法相同。在电磁模式下,场偏振态有两个自由度(即两个光子自旋值),而在半导体情况下,电子态有两个自旋值。在谐振器光学系统中,通过频率-波数间的线性关系式 $\nu = ck/(2\pi)$,将允许存在的电磁波的波矢 k 的解转换成频率值。而在半导体物理学里,通过式(6.1.1)和式(6.1.2)中给出的能量-波数的二次关系式,将允许存在的波矢 k 的解转换成允许的能量值。

　　如果 $\rho_c(E)\Delta E$ 代表单位体积内介于 E 和 $E + \Delta E$ 之间的导带能级的数量,由于如式(6.1.1)所示能量 E 与 k 之间是一一对应的关系,因此密度 $\rho_c(E)$ 和 $\rho(k)$ 必然满足关系式 $\rho_c(E)dE = \rho(k)dk$。所以,导带中允许的能量密度为 $\rho_c(E) = \rho(k)/(dEdk)$,同理,价带中所允许的能量为 $\rho_v(E) = \rho(k)/(dEdk)$,其中 E 由式(6.1.2)给出。在导带和价带边缘附近,E-k 近似有二次关系式(6.1.1)和(6.1.2),由此可以估算各能带的 dE/dk。能带边缘附近的态密度为

$$\rho_c(E) = \frac{(2m_c)^{3/2}}{2\pi^2\hbar^3}(E - E_c)^{1/2}, \quad E \geqslant E_c \tag{6.1.4}$$

$$\rho_v(E) = \frac{(2m_v)^{3/2}}{2\pi^2\hbar^3}(E_v - E)^{1/2}, \quad E \leqslant E_v \tag{6.1.5}$$

其中,平方根源自能带边缘附近电子和空穴的二次关系的能量-波数公式,态密度与能量的关系曲线如图 6-1-10 所示。态密度在能带边缘处为 0,并且随着远离边缘以一定的速率增加,这个速率主要与电子和空穴的有效质量有关。表 6-1-1 给出的 Si 和 GaAs 的 m_c、m_v 值实际上是适合计算态密度的平均值。

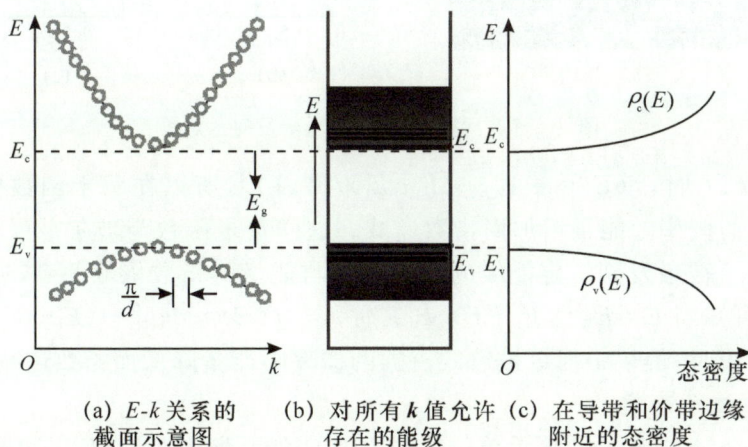

(a) E-k 关系的　(b) 对所有 k 值允许　(c) 在导带和价带边缘
　截面示意图　　　　存在的能级　　　　附近的态密度

图 6-1-10　态密度与能量的关系曲线

2. 占据概率

　　在不存在热激发(即 $T = 0\text{K}$)时,所有电子按泡利不相容原理占据最低的允许能带。由此价带全部被占据(没有空穴存在),导带全空(没有电子存在)。当温度升高时,热激发使部分电子从价带跃迁到导带中,在价带中形成空缺状态(即空穴)。在温度为 T 时的热平衡条件下,一个能量 E 的某给定能态被一个电子占据的概率由费米函数决定,用公式表达为

$$f(E) = \frac{1}{\exp[(E - E_f)/(k_B T)] + 1} \tag{6.1.6}$$

其中，k_B 为玻尔兹曼常数（$T=300K$，$k_B T=0.026eV$），E_f 为常数，表示费米能量或者费米能级。函数(6.1.1)也称为费米-狄拉克分布。能级 E 被占据的概率为 $f(E)$，未被占据的概率为 $1-f(E)$。依照公式(6.1.6)，概率 $f(E)$ 和 $1-f(E)$ 取决于能量 E。$f(E)$ 函数本身不是一个概率分布，而且它也不能积分到1，它只是各相继能级被占据概率的序列。

因为在任何温度 T 下，$f(E_f)=1/2$，所以费米能级表示占据概率为1/2的能级（如果确实存在这样的能态）。费米函数是一个自变量为 E 的单调递减函数（见图6-1-11）。在温度 $T=0K$ 时，若 $E>E_f$，则 $f(E)$ 为 0；若 $E \leqslant E_f$，则 $f(E)$ 为 1。这样就确立了费米能级 E_f 的重要意义，它是绝对零度（$T=0K$）下能级被占据与否的分界线。因为 $f(E)$ 表示能级 E 被占据的概率，$1-f(E)$ 表示该能级未被占据的概率，即被空穴占据的概率（若能级 E 位于价带中）。因此对于能级 E，$f(E)$=能级被电子占据的概率，$1-f(E)$=能级被空穴占据的概率（价带），这两个函数在费米能级两边相互对称。

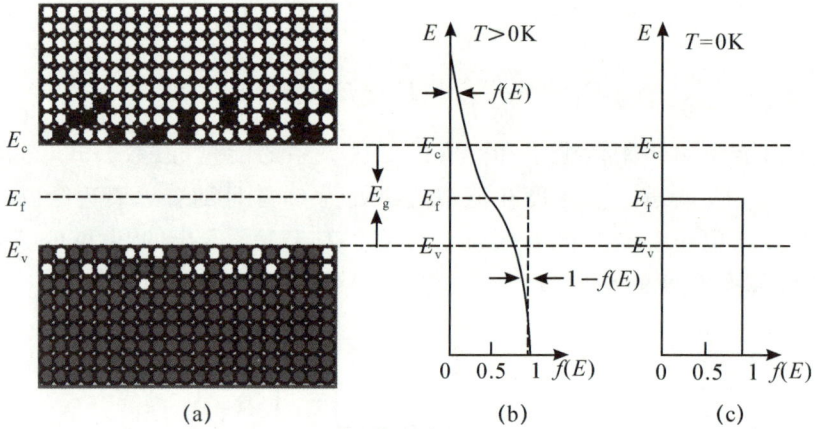

图 6-1-11   费米能级及费米函数的示意图

当 $E-E_f \gg k_B T$ 时，$f(E) \approx \exp[-(E-E_f)/(k_B T)]$，所以在费米函数中，导带的高能端的能态被占据的概率随能量增加而指数递减。这样费米函数与玻尔兹曼分布成正比（玻尔兹曼分布描述了被激发到给定能级的原子比例与能量的指数依赖关系，见第4.3.2节）。由于对称关系，可知当 $E<E_f$ 且 $E_f-E \gg k_B T$ 时，$1-f(E) \approx \exp[-(E_f-E)/(k_B T)]$，即当能量低于费米能级时，价带中能级被空穴占据的概率随能量降低而指数递减。

3. 热平衡载流子浓度

用 $n(E)\Delta E$、$p(E)\Delta E$ 分别表示单位体积内能量介于 E 到 $E+\Delta E$ 之间的电子和空穴的数量。密度 $n(E)$、$p(E)$ 可以通过能级 E 处的态密度与该能级被电子或空穴占据的概率相乘得到，因此

$$n(E)=\rho_c(E)f(E) \tag{6.1.7a}$$

$$p(E)=\rho_v(E)[1-f(E)] \tag{6.1.7b}$$

电子和空穴的浓度（单位体积内的数量）n 和 p 可由它们的密度函数的积分得到

$$n=\int_{E_c}^{\infty} n(E)\,\mathrm{d}E \tag{6.1.8a}$$

$$p=\int_{-\infty}^{E_v} p(E)\,\mathrm{d}E \tag{6.1.8b}$$

在本征(纯净)半导体中,热激发总是使电子和空穴成对产生,所以在任何温度下,$n=p$。费米能级所在的位置必须使得 $n=p$。如果 $m_v=m_c$,函数 $n(E)$ 和 $p(E)$ 将对称分布。所以 E_f 必须恰好位于能隙中间(见图 6-1-12)。对于绝大多数本征半导体,其费米能级也的确位于能隙中间附近的位置。

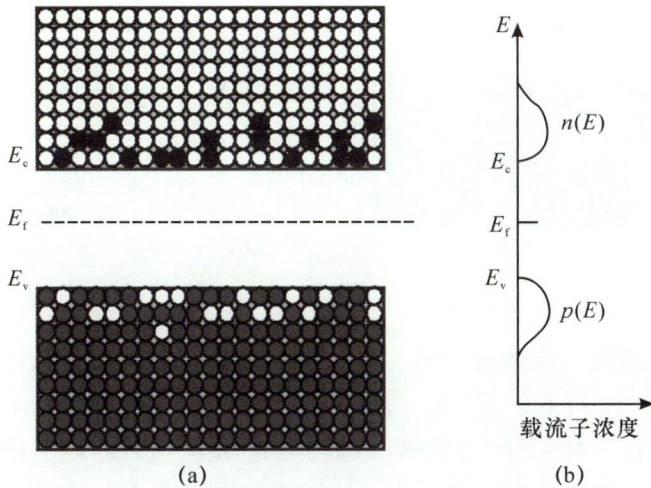

图 6-1-12　本征半导体的电子和空穴的浓度 $n(E)$、$p(E)$

N 型和 P 型掺杂半导体的能带图,费米函数以及自由电子和空穴的平衡浓度分别如图 6-1-13 和 6-1-14 所示。施主电子占据稍微低于导带边缘的能级 E_D,所以电子很容易被激发到该能级。如果 $E_D=0.01\text{eV}$,例如,在室温下($k_BT=0.026\text{eV}$),绝大多数施主电子被热激发到导带,费米能级[使得 $f(E_f)=1/2$]因此位于禁带中间位置的上端。对于 P 型半导体,受主电子占据能量为 E_A 的能级,该能级正好位于价带边缘的上端,所以费米能级位于禁带中间位置的下端。本书主要关注的是掺杂半导体中的自由载流子。当然,由于在这些材料中还有固定的施主和受主离子存在,这些材料仍是电中性的,故 $n+N_A=p+N_D$,其中 N_A 和 N_D 分别表示单位体积内受主离子和施主离子的数目。

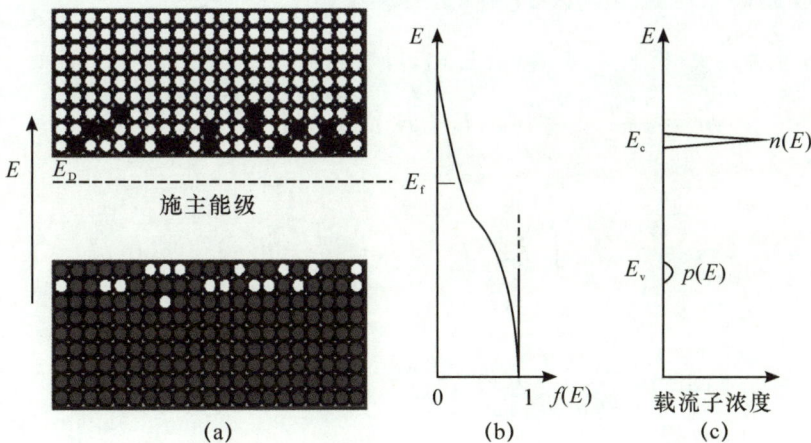

图 6-1-13　N 型半导体的能带示意图,费米函数 $f(E)$ 以及自由电子和空穴的浓度 $n(E)$、$p(E)$

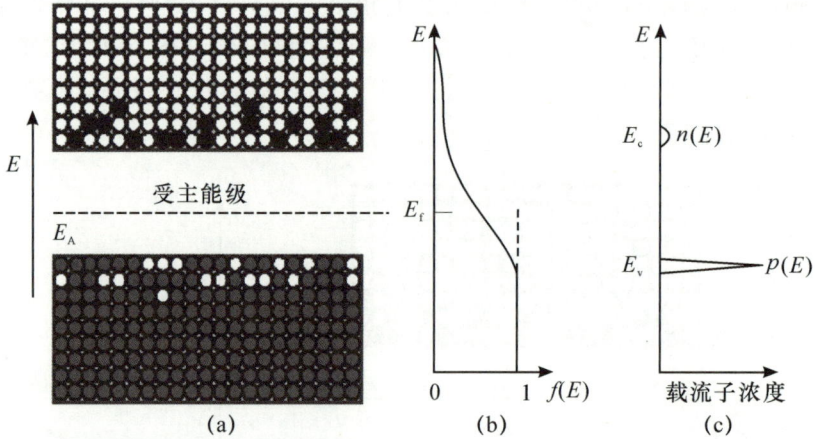

图 6-1-14　P 型半导体的能带示意图,费米函数 $f(E)$ 以及自由电子和空穴的浓度 $n(E)$、$p(E)$

【例 6.1】　费米函数的指数近似值。当 $E-E_f \gg k_B T$ 时,费米函数 $f(E)$ 可以近似用一个指数函数表示。类似,当 $E_f-E \gg k_B T$ 时,$1-f(E)$ 也可以用一个指数函数近似。只有当费米能级位于禁带内部,且和导带、价带边缘的能量相差至少是 $k_B T$ 的数倍时这些条件才适用[在室温下 $k_B T=0.026$ eV 而 $E_g=1.11$ eV(Si),$E_g=1.42$ eV(GaAs)]。这些近似既可以用在本征半导体,也可以用在掺杂半导体中。证明从公式(6.1.8)可推出

$$n=N_c \exp\left(-\frac{E_c-E_f}{k_B T}\right) \qquad (6.1.9a)$$

$$p=N_v \exp\left(-\frac{E_f-E_v}{k_B T}\right) \qquad (6.1.9b)$$

$$np=N_c N_v \exp\left(-\frac{E_g}{k_B T}\right) \qquad (6.1.10a)$$

其中,$N_c=2(2\pi m_c k_B T/h^2)^{3/2}$,$N_v=2(2\pi m_v k_B T/h^2)^{3/2}$。设 $m_c=m_v$,验证如果 E_f 更接近导带,则 $n>p$,而如果 E_f 更接近价带,则 $p>n$。

证明:指数近似下在 $E-E_f \gg k_B T$ 时,$f(E)=\exp\left(-\frac{E-E_f}{k_B T}\right)$

根据式(6.1.4)、式(6.1.7)及式(6.1.8),可得

$$n=\frac{(2m_c)^{3/2}}{2\pi^2 \hbar^3}\int_{E_c}^{+\infty}(E-E_c)^{1/2}\exp\left(-\frac{E-E_f}{k_B T}\right)dE$$

数学上有

$$\int_0^{+\infty}x^{1/2}e^{-\mu x}dx=\frac{\sqrt{\pi}}{2}\mu^{-3/2}$$

于是可得

$$n=\frac{(2m_c)^{3/2}}{2\pi^2 \hbar^3}\cdot\frac{\sqrt{\pi}}{2}(k_B T)^{3/2}\cdot\exp\left(-\frac{E_c-E_f}{k_B T}\right)$$

即

$$n=N_c\exp\left(-\frac{E_c-E_f}{k_B T}\right)$$

其中，$N_c = 2(2\pi m_c k_B T/h^2)^{3/2}$。

类似可得式(6.1.9b)。

将式(6.1.9a)和式(6.1.9b)相乘，即得式(6.1.10a)。

如果 $m_c = m_v$，则 $N_c = N_v$。如果 E_f 更接近导带，即 $E_c - E_f < E_f - E_v$，则由式(6.1.9a)和式(6.1.9b)很容易得到 $n > p$。反之，则 $p > n$。

4. 质量作用定理

方程(6.1.10a)揭示了在费米函数可以用指数函数近似时，乘积

$$np = 4\left(\frac{2\pi k_B T}{h^2}\right)^3 (m_c m_v)^{3/2} \exp\left(-\frac{E_g}{k_B T}\right) \qquad (6.1.10b)$$

与费米能级 E_f 在带隙中的位置和半导体的掺杂程度无关。载流子浓度乘积的不变性称为质量作用定理。对于本征半导体，$n = p \equiv n_i$，联立式(6.1.10a)，可得本征载流子浓度

$$n_i \approx (N_c N_v)^{1/2} \exp\left(-\frac{E_g}{2k_B T}\right) \qquad (6.1.11)$$

由式(6.1.11)可看出，本征载流子(电子和空穴)的浓度随温度 T 的升高而指数增加。因此质量作用定理可写成

$$np = n_i^2 \qquad (6.1.12)$$

不同材料的 n_i 值也不相同，因为不同材料的带隙能量和有效质量不同。对于 Si 和 GaAs，室温下的本征载流子浓度如表 6-1-4 所示。

表 6-1-4　$T = 300$ K* 时，Si 和 GaAs 中的本征载流子浓度

材料	n_i/cm^{-3}
Si	1.5×10^{10}
GaAs	1.8×10^6

*：将表 6-1-1 中给出的 m_c 和 m_v 的值，和表 6-1-3 中给出的 E_g 的值代入式(6.1.11)中无法精确得到此处所给的 n_i 值，因为所代入的这些参数与精确值有一定差距。

质量作用定理对确定掺杂半导体的电子、空穴浓度作用很大。例如，某适量掺杂的 N 型半导体材料，其电子浓度为 n(n 基本上等于施主原子的浓度 N_D)。根据质量作用定理，空穴浓度可由 $p = n_i^2/N_D$ 确定。由所求得的 n、p，通过式(6.1.8)可求得费米能级。只要费米能级位于带隙中，与边界的距离大于 $k_B T$ 的几倍，就可以采用式(6.1.9)给出的近似关系式直接求出费米能级的能量值。

如果费米能级位于导带(价带)内部，该材料就称为简并半导体。在这种情况下，费米函数的指数近似关系式不适用，因此 $np \neq n_i^2$。载流子浓度必须通过数值解来得到。在重掺杂条件下，施主(受主)杂质带实际上和导带(价带)混合在一起，从而形成了所谓的带尾，这样就等效地减小了带隙宽度。

5. 准平衡载流子浓度

上面所述的半导体占据概率和载流子浓度只在热平衡条件下成立，当热平衡条件被打破时则不再适用。然而，有些时候在导带中的电子相互之间处于热平衡状态，或者价带的空穴相互之间处于热平衡状态，但是电子和空穴相互之间并不处于热平衡状态。例如，当外部电流或光子流引起很高速率的带间跃迁从而使导带电子和价带空穴相互间失去热平

衡时,这种情况就会发生。这种状态叫准平衡,是当各能带内部跃迁的弛豫时间(衰减时间)大大短于能带间的弛豫时间时发生的。典型的带内弛豫时间$<10^{-12}$ s,而辐射电子-空穴复合时间$\approx 10^{-9}$ s。

在这种情况下,导带和价带可以采用不同的费米函数,这两个费米能级分别用 E_{fc}、E_{fv} 表示,称为准费米能级(见图 6-1-15)。特定导带能级 E 被某电子占据的概率为 $f_c(E)$,该费米函数的费米能级为 E_{fc}。某价带能级 E 被某空穴占据的概率为 $1-f_v(E)$,其中 $f_v(E)$ 为费米能级 E_{fv} 的费米函数。电子和空穴的浓度分别为 $n(E)$ 和 $p(E)$,两者的值都较大。

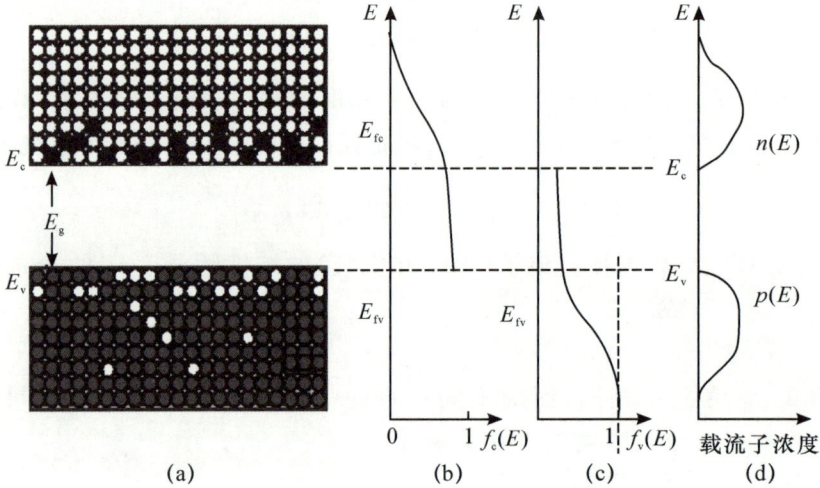

图 6-1-15　准平衡时的半导体

【例 6.2】　给定电子和空穴浓度的费米能级的求解。

(a)设温度 $T=0$ K 时半导体的电子和空穴的浓度分别为 n 和 p,用式(6.1.7)和式(6.1.8)推导准费米能级为

$$E_{fc} = E_c + (3\pi^2)^{2/3}\frac{\hbar^2}{2m_c}n^{2/3} \tag{6.1.13a}$$

$$E_{fv} = E_v - (3\pi^2)^{2/3}\frac{\hbar^2}{2m_v}p^{2/3} \tag{6.1.13b}$$

(b)证明如果 n、p 足够大以至于 $E_{fc}-E_c \gg k_B T$ 且 $E_v-E_{fv} \gg k_B T$(即准费米能级位于导带和价带的较深位置)时,方程(6.1.13a)和(6.1.13b)在任意温度 T 下也近似成立。

解:(a)$T=0$K 时费米函数为

$$f_c(E) = \begin{cases} 1, & E < E_{fc} \\ 0, & 其他情况 \end{cases}$$

将其与式(6.1.7)、式(6.1.10)代入式(6.1.11)做积分可得

$$n = \int_{E_c}^{E_{fc}} A(E-E_c)^{1/2}\mathrm{d}E = (2/3)A(E_{fc}-E_c)^{3/2}$$

其中 $A=(2m_c)^{3/2}/(2\pi^2\hbar^3)$,为一常数。

因此 $E_{fc}-E_c = [3n/(2A)]^{3/2}$,式(6.1.13a)得证,同理可证式(6.1.13b)。

(b)n 由函数 $\rho_c(E)f_c(E)$ 的面积决定。当 $T>0$K 时,$f_c(E)$ 不再只有 1 和 0 两个值,有过渡值 E_{fc}。如果 $k_B T$ 足够小,使得此时的 $\rho_c(E)f_c(E)$ 与 $T=0$K 时的相同,则同样可以得

到式(6.1.13a)和式(6.1.13b)。

6.1.4　载流子的产生、复合及注入

1. 热平衡时的产生和复合

电子由于热激发作用从价带跃迁到导带,从而产生电子-空穴对(见图 6-1-16)。热平衡条件要求电子-空穴对的产生过程必须同时伴随相反的去激发过程。这种去激发的逆过程叫作电子-空穴复合,它是一个电子从导带衰退到价带并填补一个空穴的过程(见图 6-1-16)。电子减小的能量可通过辐射光子的形式释放出来,这种复合过程称为辐射复合。当然,也存在非辐射复合过程,即复合可通过各种独立的竞争过程发生,包括将能量传递给晶格振动(产生一个或多个声子)或者将能量传递给另一个自由电子(俄歇过程)。

复合过程也可能通过陷阱或者缺陷中心间接发生,它们是位于带隙内,由杂质、晶粒边界、位错或者其他晶格缺陷造成的能级。如果杂质或缺陷态既能捕获电子,又能捕获空穴,它们就可以成为复合中心,从而增加复合概率(见图 6-1-17)。由杂质参与的复合可以是辐射式的,也可以是非辐射式的。

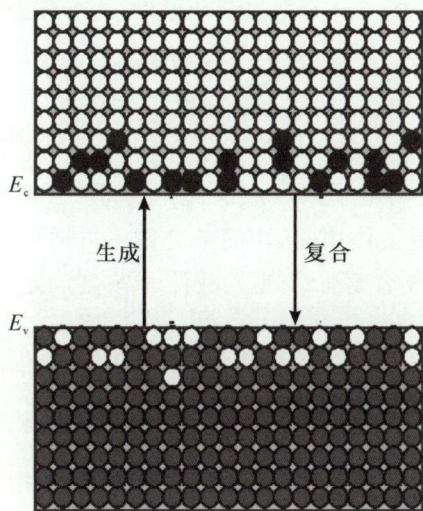

图 6-1-16　电子-空穴对的产生和复合　　　　　图 6-1-17　电子-空穴对通过陷阱复合

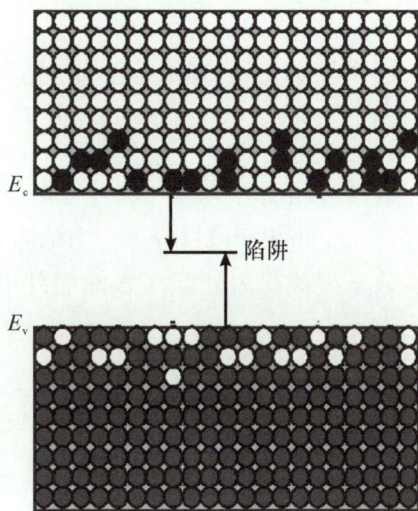

由于一次复合同时需要一个电子和一个空穴才能发生,复合速率与电子和空穴浓度的乘积成正比,即

$$复合速率 = rnp \tag{6.1.14}$$

其中参数 $r(\text{cm}^3/\text{s})$ 取决于材料的特性,包括成分和缺陷,也取决于温度。另外它与所掺的杂质也有相对较微弱的关系。

当产生速率和复合速率平衡时,电子和空穴的平衡浓度为 n_0 和 p_0。在该稳定状态下,复合速率必须等于产生速率。如果 G_0 表示某给定温度下由热激发产生电子-空穴对的速率,因此,在热平衡时,有

$$G_0 = rn_0 p_0$$

其中电子和空穴浓度的乘积为 $n_0 p_0 = G_0/r$,在 N 型、P 型以及本征半导体中该乘积近似相

同,因此有 $n_i^2 = G_0/r$,从而可以直接得出质量作用定理 $n_0 p_0 = n_i^2$。由此可见,该定理是热平衡条件下产生和复合必须平衡的结果。

2. 电子-空穴注入

在热平衡时,半导体的载流子浓度 n_0 和 p_0 有相等的产生速率和复合速率,$G_0 = rn_0 p_0$。现在通过外部注入(非热激发)办法以某稳定速率 R 产生额外的电子-空穴对,从而建立起一个新的稳态,此时 $n = n_0 + \Delta n$,$p = p_0 + \Delta p$,但是非常明显,因为电子和空穴成对产生,则有 $\Delta n = \Delta p$。使新的产生速率和复合速率相等,可得

$$G_0 + R = rnp \tag{6.1.15}$$

将 $G_0 = rn_0 p_0$ 代入式(6.1.15)中,可得

$$R = r(np - n_0 p_0) = r(n_0 \Delta n + p_0 \Delta p + \Delta n^2) = r\Delta n(n_0 + p_0 + \Delta n)$$

可以表示为

$$R = \frac{\Delta n}{\tau} \tag{6.1.16}$$

其中额外载流子的复合寿命为

$$\tau = \frac{1}{r[(n_0 + p_0) + \Delta n]} \tag{6.1.17}$$

当注入速率较弱使得 $\Delta n \ll n_0 + p_0$ 时,有

$$\tau \approx \frac{1}{r(n_0 + p_0)} \tag{6.1.18}$$

在 N 型半导体中,$n_0 \gg p_0$,复合寿命 $\tau \approx 1/(rn_0)$,它与电子浓度成反比。同理在 P 型半导体中,$p_0 \gg n_0$,可得 $\tau \approx 1/(rp_0)$。当陷阱在复合过程起重要作用时,该简单公式不再适用。

参数 τ 可被视为外部注入的额外电子-空穴对的复合寿命。注入载流子浓度满足

$$\frac{\mathrm{d}(\Delta n)}{\mathrm{d}t} = R - \frac{\Delta n}{\tau} \tag{6.1.19}$$

式(6.1.19)与式(5.1.16)相似。在稳态时,$\frac{\mathrm{d}(\Delta n)}{\mathrm{d}t} = 0$,从而得到与式(5.1.24)相似的式(6.1.16)。若在 t_0 时刻将注入源突然撤去(即 R 变为 0),则 Δn 将以时间常数 τ 指数衰减,即 $\Delta n(t) = \Delta n(t_0)\exp[-(t-t_0)/\tau]$。在强注入时,可以从式(6.1.17)看出 τ 本身就是 Δn 的函数,因此速率方程是非线性的,额外载流子浓度不再按指数形式衰减。

如果注入速率 R 已知,稳态下注入浓度可以表达为

$$\Delta n = R\tau \tag{6.1.20}$$

则总的浓度为 $n = n_0 + \Delta n$,$p = p_0 + \Delta p$。此外,如果达到准平衡,可以通过式(6.1.8)求得准费米能级。准平衡并不与上面分析中所假定的产生和复合之间达到平衡矛盾,它仅要求带内平衡时间比复合时间 τ 更短。

上述分析对于发展半导体发光二极管和半导体二极管激光器的理论非常有用,这些器件就是通过载流子注入的方式获得光发射(详见第 7 章)。

3. 内部量子效率

半导体材料的内部量子效率 η_i 定义为辐射电子-空穴复合速率与总的(辐射的和非辐射的)复合速率之比。这个参数非常重要,因为它决定了半导体材料中光产生的效率。总

的复合速率在式(6.1.14)中已经给出。如果将复合系数 r 分为辐射的和非辐射的两大部分，即 $r = r_r + r_{nr}$，内部量子效率可表示为

$$\eta_i = \frac{r_r}{r} = \frac{r_r}{r_r + r_{nr}} \qquad (6.1.21)$$

因为 τ 与 r 成反比[见式(6.1.18)]，所以可以将内部量子效率用复合寿命表示。将辐射的和非辐射的复合寿命分别定义为 τ_r 和 τ_{nr}，可得

$$\frac{1}{\tau} = \frac{1}{\tau_r} + \frac{1}{\tau_{nr}} \qquad (6.1.22)$$

因此内部量子效率可写为 $r_r / r = (1/\tau_r)/(1/\tau)$，或者

$$\eta_i = \frac{\tau}{\tau_r} = \frac{\tau_{nr}}{\tau_r + \tau_{nr}} \qquad (6.1.23)$$

辐射复合寿命 τ_r 决定光子吸收和发射的速率，它的值由载流子浓度和材料参数 r_r 决定。对于低到中度的注入速率，根据式(6.1.18)可得

$$\tau_r \approx \frac{1}{r_r (n_0 + p_0)} \qquad (6.1.24)$$

非辐射复合寿命由类似的方程决定。但是，如果非辐射复合通过带隙的缺陷中心发生，与电子和空穴的浓度相比，τ_{nr} 对这些缺陷中心的浓度更加敏感。

Si 的辐射寿命比它的总寿命要大几个数量级，主要是因为它是间接带隙半导体，这就使得 Si 的内部量子效率很小。另外，对于 GaAs，衰减主要是通过辐射跃迁完成的（因为它是直接带隙半导体材料），因而内部量子效率较大。由此可知，GaAs 及其他直接带隙材料对于制造光发射结构很有用处，而 Si 和其他间接带隙材料就没有这样的作用。在特定的掺杂、温度及缺陷浓度等条件下，Si 和 GaAs 中的辐射复合系数、复合寿命和内部量子效率如表 6-1-5 所示。

表 6-1-5　Si 和 GaAs 中的辐射复合系数 r_r、复合寿命 τ_r，以及内部量子效率 η_i

材料	$r_r/(\text{cm}^3 \cdot \text{s}^{-1})$	τ_r/ms	τ_{nr}/ns	τ/ns	η_i
Si	10^{-15}	10	100	100	10^{-5}
GaAs	10^{-10}	10^{-4}	100	50	0.5

6.1.5　同质结

在同一种半导体材料内不同掺杂区域的界面形成的结叫作同质结，PN 结即属于此类，将在本节进行讨论。在不同半导体材料的界面形成的结称为异质结，这部分将随后再讨论。

1. PN 结

PN 结是在一个 P 型半导体和一个 N 型半导体之间形成的同质结。它的作用相当于一个二极管，能够在电子学中作为整流器、逻辑门、电压调节器（稳压二极管），以及调谐器（变容二极管）。在光电子学中，PN 结则用作发光二极管、激光器二极管、光电探测器，以及太阳能电池。

PN 结由相同半导体材料的 P 型和 N 型部分紧密接触而成。P 型区域有大量的空穴（多子）和少数的自由电子（少子）；而 N 型区域有大量自由电子和少量空穴（见图 6-1-18）。两种电荷载流子都持续不断地在各个方向上进行随机热运动。

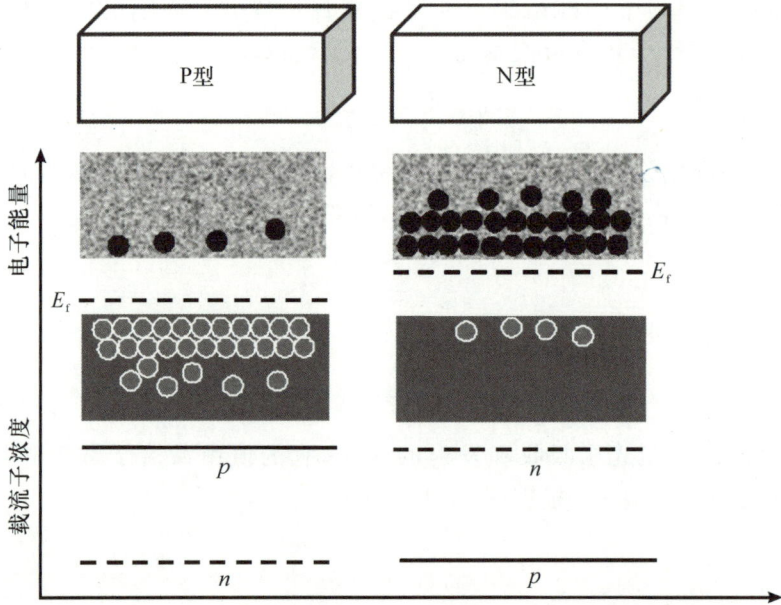

图 6-1-18   P 型半导体与 N 型半导体在接触之前各自的能级和载流子浓度

当这两个区域相互接触时(见图 6-1-19),将发生下列事件。

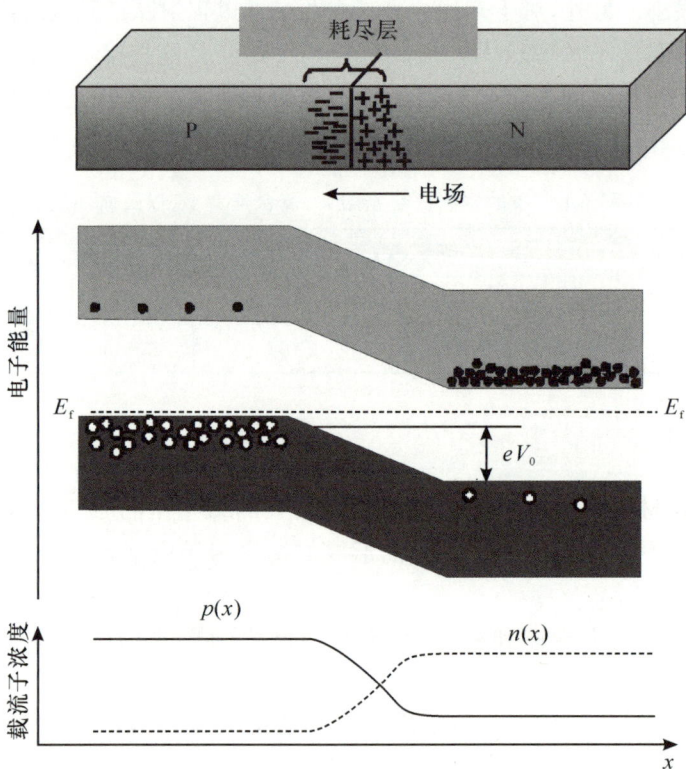

图 6-1-19   热平衡时($T > 0$ K)PN 结的耗尽层和能带示意图

(1)电子和空穴都从浓度高的区域向浓度低的区域扩散。结果电子从 N 型区域扩散到 P 型区域,从而在 N 型区域形成带正电的施主离子,而扩散到 P 型区域的电子和大量的空穴复合。同样,空穴也会从 P 型区域向 N 型区域扩散,从而在 P 型区域中产生带负电的受主离子,而这些空穴在 N 型区域和大量的自由电子复合。因为它打破了这两个区域的电荷平衡,所以这个扩散过程不能无限制地进行。

(2)由于上面的扩散过程,在界面附近的结区中有一段距离不存在任何可动的电荷,称为耗尽层。耗尽层中分布着带电的固定离子(靠近 N 型区域一边的是正离子,靠近 P 型区域一边的是负离子)。耗尽层在各个区域中的厚度与该区域中所掺杂质的浓度成反比。

(3)这些固定离子在耗尽层中建立一个从 N 型区指向 P 型区的电场,这个内建电场阻碍了自由载流子进一步通过结区扩散。

(4)热平衡条件建立后,将在耗尽层的两边形成一个内建电势差 V_0,N 型区一边的电势高于 P 型区一边的电势。

(5)内建电势为 N 型区一边的电子提供的电势能比其为 P 型区提供的电势能要低。因此,如图 6-1-19 所示,能带发生弯曲。在热平衡时,对于整个结构只有一个费米函数,所以 P 区和 N 区的费米能级是对齐的。注意:自由电子的浓度 $n(x)$ 和自由空穴的浓度 $p(x)$ 都是位置 x 的函数。内建电势差 V_0 相应的电势能为 eV_0,其中 e 表示电子电荷的大小。

(6)达到平衡后,没有净电流通过 PN 结,因为电子(空穴)的扩散和漂移相互抵消。

2. 偏置 PN 结

在 PN 结上外加一电压后,原 P 区和 N 区之间的电势会发生改变,多数载流子的流动会发生变化,所以该 PN 结可被用作"门"。

若在 P 区上所加的是正电压 V(见图 6-1-20),即该 PN 结为正向偏压,此时 P 区的势相

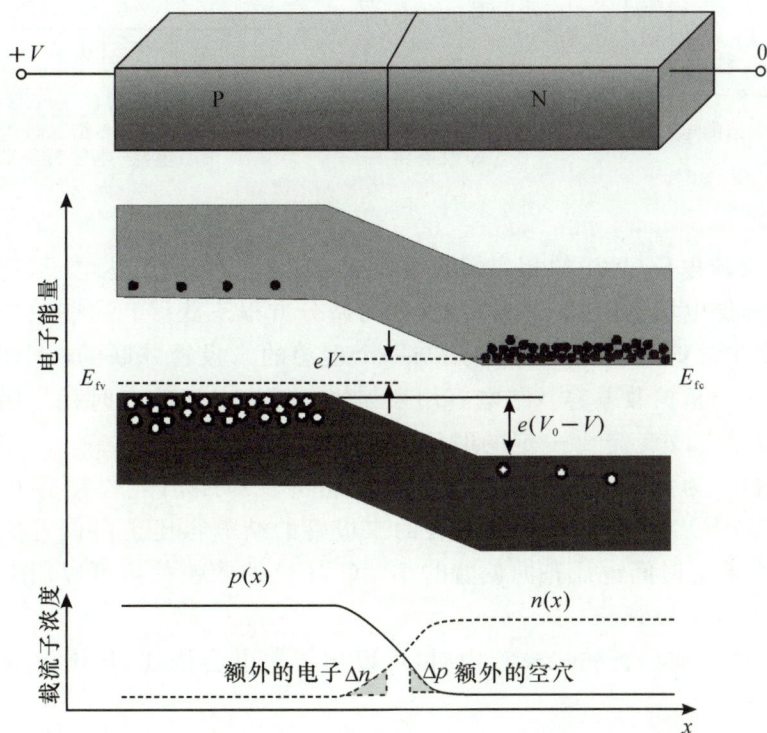

图 6-1-20 正向偏置的 PN 结的能带示意图和载流子浓度

对于 N 区的势有所增加，因此形成一个与内建电场方向相反的电场。外加偏压的出现打破了原有的平衡并且使 P 区和 N 区以及耗尽层的费米能级不再对齐。耗尽层中出现两个费米能级 E_{fc} 和 E_{fv} 象征了一种准平衡态。

正向偏压的净效应是使 P 区和 N 区的势垒高度降低 eV，多子形成的电流会增加一个指数因子 $\exp[eV/(k_BT)]$，因此净电流成为 $i = i_s\exp[eV/(k_BT)] - i_s$，其中 i_s 为常数。额外的多数载流子空穴、电子分别进入 N 型区和 P 型区，变成少子并且和本区域的多子发生复合，因此空穴和电子的浓度随着到结点的距离增大而减小，如图 6-1-20 所示。该过程称为少数载流子注入。

若在 P 区所加的是负电压，即该结点是反向偏置 V，则势垒高度增加 eV，因此阻碍了多子的流动，相应的电流被乘以一个指数因子 $\exp[eV/(k_BT)]$，其中 V 为负值，即该电流是减小的。结果电流变为 $i = i_s\exp[eV/(k_BT)] - i_s$，当 $|V| \gg k_BT/e$ 时，只有很小（$\approx i_s$）的反向电流。

因此，PN 结可以用作一个二极管，其电流-电压（i-V）特征曲线如图 6-1-21 所示，用公式表达为

$$i = i_s\left[\exp\left(\frac{eV}{k_BT}\right) - 1\right] \tag{6.1.25}$$

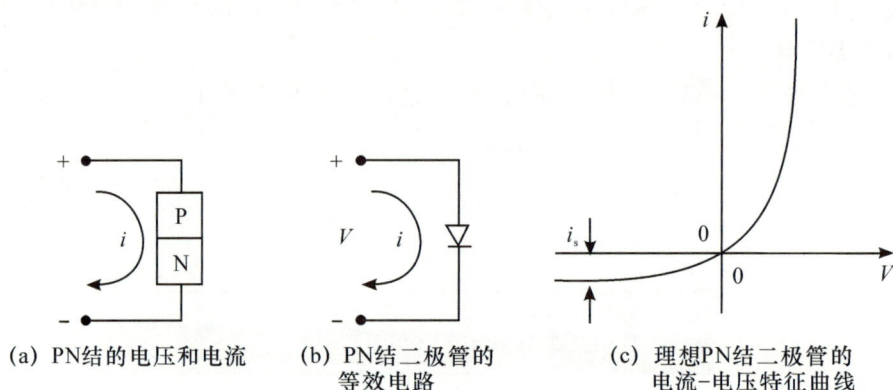

(a) PN结的电压和电流　　　(b) PN结二极管的等效电路　　　(c) 理想PN结二极管的电流-电压特征曲线

图 6-1-21　PN 结的电路特性

PN 结对于交流电压（AC）的相应情况可以通过求解一系列表达电子、空穴扩散和漂移（在内建电场和外加电场的影响下），以及复合的微分方程来获得。这些效应对于确定二极管工作时的速度非常重要，可以方便地用与一个理想的二极管并联的两个电容来模拟，一个是结电容，另一个是扩散电容。结电容用来等效在外加电压改变时耗尽层中储存的固定正电荷和负电荷随之改变需要一定的时间。耗尽层的厚度 l 则与 $(V_0 - V)^{1/2}$ 成正比。因此，l 在反向偏置（V 为负）时增大，而在正向偏置（V 为正）时减小。结电容 $C = \varepsilon A/l$（其中 A 为结面积）与 $(V_0 - V)^{1/2}$ 成反比。反向偏置的二极管的结电容比正向偏置的二极管的结电容要小，因而 RC 响应时间也比正向偏置时小。C 对 V 的依赖关系可以用来制作电压控制的可变电容器（变容二极管）。

少子注入一个正向偏置的二极管中时，可以用扩散电容描述，该电容取决于少子的寿命和工作电流。

3. PIN 型二极管

PIN 型二极管是通过在 P 区和 N 区之间加一层本征半导体（或低杂质浓度的半导体）

而构成(见图 6-1-19)。因为耗尽层从结面向两边扩展的厚度与掺杂浓度成反比,故 PI 结的耗尽层深深伸入 I 区。同理,IN 结的耗尽层也深深伸入 I 区。由此可知,PIN 型二极管可以看作将整个本征层包含在耗尽层内的 PN 结。热平衡时电子能量、固定电荷密度,以及 PIN 型二极管内的电场分布如图 6-1-22 所示。结电容小从而响应速度快是大耗尽层二极管的优点。由此,PIN 型二极管比 PN 型二极管更适合用作半导体光电二极管。大耗尽层还可以增大入射光的捕获量,因而增大了光电探测效率(详见第 7 章)。

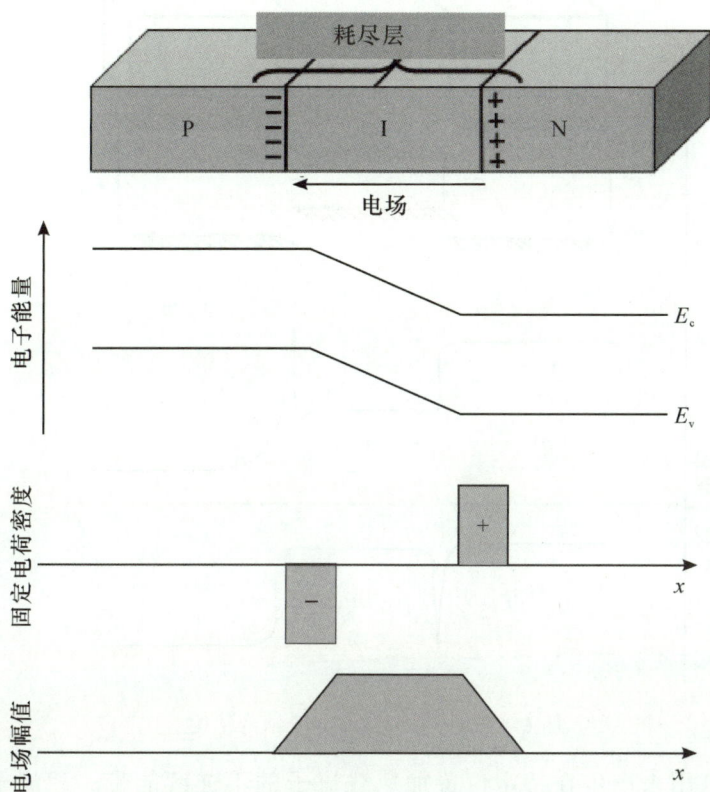

图 6-1-22　电子能量、固定电荷密度,以及热平衡时 PIN 型二极管的电场分布

6.1.6　异质结

不同的半导体材料紧密接触形成的界面区域叫作异质结。最新的材料生长技术使得异质结的发展成为可能。异质结被用于新型双极性和场效应晶体管、光源以及探测器领域,极大地提高了电子器件和光电子器件的性能。尤其是在光子学中,不同的半导体并置在以下多个方面都很有优势。

(1)由带隙不同的材料构成的异质结将会在能带示意图中产生局部跳变。势能的不连续性可以作为一个势垒用于阻止特定电荷载流子进入不期望其进入的区域。这种性能可用在 PN 结中,例如,降低少子形成的电流,从而增加注入效率。

(2)由两个异质结造成的能带图中的不连续性对于将载流子限制在某个期望的空间区域很有帮助。例如,将一层窄带隙材料夹在两层较宽带隙材料的中间,形成如图 6-1-23 所示的 PPN 型结构(包括一个 PP 型异质结和一个 PN 型异质结)。在平衡状态,各层的费米能级相互对齐,因此在 PP 结的界面导带边缘急剧下降,在 PN 结的界面价带边缘也急剧下降。导带能量差值与价带能量差值的比称为带偏移。当器件正向偏置时,这些能量跳变可以起到限制注入的少数载流子的作用。例如,从 N 型区注入的电子不能越过势垒扩散到 PP 结的另一边。同理,从 P 型区注入的空穴不允许越过势垒扩散到 PN 结的另一边。因此该双异质结可以将电子和空穴限制在一个较窄的区域中。这对于提高注入式激光二极管的效率至关重要。这种双异质结被有效地用来制作二极管激光器,第 7.3 节将进一步阐述。

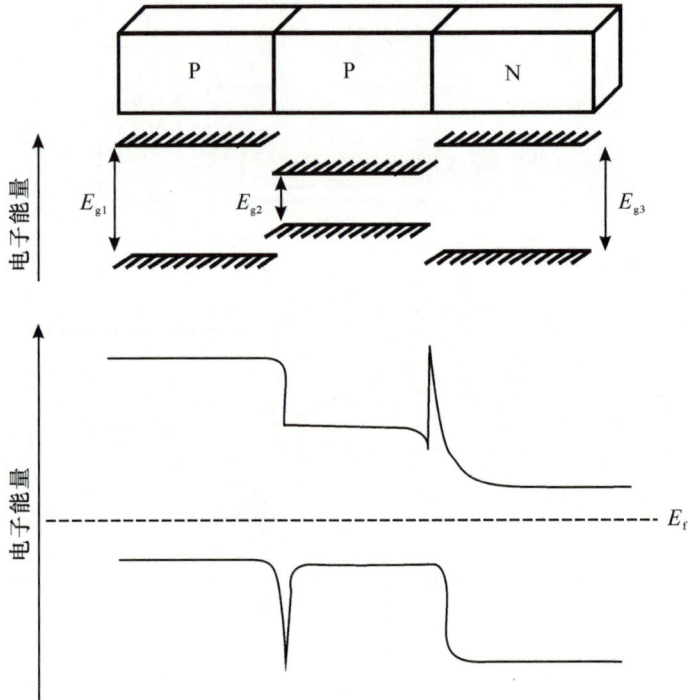

图 6-1-23　PPN 型双异质结的结构

(3)异质结可以用来产生在特定位置加速载流子的不连续能带。载流子突然获得额外的动能,有助于提高多层雪崩二极管中碰撞离子化的概率。

(4)不同带隙类型(直接带隙和间接带隙)的半导体可以用于同一个器件中,从而选择光子在该结构中的特定区域发射。只有直接带隙类型的半导体能够有效地发射光子(详见第 6.2 节)。

(5)可以将不同带隙的半导体用于同一个器件中,从而选择该结构中光子吸收的区域。带隙能量比入射光子能量大的半导体材料是透明的(不会吸收光子),可以起"窗口层"的作用。

(6)折射率不同的异质结材料可以用于制作能够限制和引导光子的光波导。

6.2　光子与电子、空穴的相互作用

现在考虑半导体的一些基本光学特性,重点介绍吸收和发射过程,它们在光源和探测的工作机理中起重要作用。

半导体中有多种机制都可以产生光子吸收和发射,其中较重要的有以下几种。

(1)带间跃迁:一个被吸收的光子可使价带中的一个电子向上跃迁到导带中,从而产生一个电子-空穴对[见图 6-2-1(a)]。电子-空穴复合会发射出一个光子。例如,GaAs 带间跃迁可产生波长 $<\lambda_g = hc_0/E_g = 0.87\mu m$ 的光子吸收和发射。带间跃迁可以通过一个或多个声子辅助,声子是材料中原子热振动导致的晶格振动的一个量子。

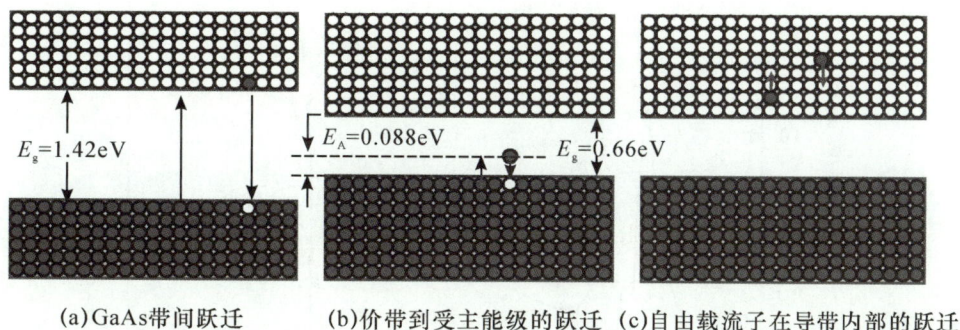

(a)GaAs带间跃迁　　(b)价带到受主能级的跃迁　(c)自由载流子在导带内部的跃迁

图 6-2-1　半导体中的光子吸收和发射过程

(2)杂质能级与导带/价带之间的跃迁:在掺杂半导体中,一个被吸收的光子可导致施主(或者受主)能级与导带或价带之间的跃迁。例如,在 P 型材料中,一个能量较低的光子可以将一个电子从价带激发到受主能级,从而被某受主原子捕获。在掺有 Hg 的 Ge(Ge:Hg)中,吸收波长为 $\lambda_A = hc_0/E_A = 14\mu m$ 的光子将导致价带到受主能级的跃迁[见图6-2-1(b)]。由于电子跃迁,在原价带中会产生一个空穴,且受主原子被离子化。或者一个空穴被离子化的受主原子所捕获,结果电子从其受主能级上衰退,与空穴复合。该过程中的能量可能通过辐射或非辐射的方式释放出来。这种跃迁过程也可以由缺陷能级的陷阱辅助,如图 6-1-17 所示。

(3)自由载流子(带内)跃迁:一个被吸收的光子可以将其能量传递给某一能带内的一个电子,从而使该电子跃迁到同一能带内更高的地方。例如,导带中的一个电子可以吸收一个光子,从而跃迁到该导带内更高的能级上[见图 6-2-1(c)]。随后将会发生热化过程,即电子弛豫到导带的底部,并以晶格振动的形式释放能量。

(4)声子跃迁:长波长的光子可以通过直接激发晶格振动(即产生声子)释放其能量。

(5)激子跃迁:一个光子的吸收可以产生一对相隔一定距离但通过库伦作用相互束缚的电子和空穴,该电子-空穴对称为激子,就像一个氢原子,只是将质子由空穴取代。该电子和空穴复合可以发射光子,同时使激子湮灭。

以上跃迁都对总的吸收系数有贡献,如图 6-2-2 给出了 Si 和 GaAs 的吸收系数情况,图 6-2-3 给出了多种半导体材料的吸收系数情况。对于比带隙能量 E_g 大的光子能量,光子吸收以带间跃迁为主,这也是大多数光电子器件的基础。材料从几乎透明($h\nu < E_g$)变到对光有强吸收($h\nu > E_g$)的光谱区域称为吸收限。直接带隙半导体的吸收限比间接带隙材料的吸收限陡峭,可从图 6-2-2 和图 6-2-3 看出。Si 和 GaAs 的带隙能量 E_g 分别是 1.11 eV 和 1.42 eV。在波段为 $\lambda_0 \approx 1.1 \sim 12\mu m$ 上 Si 几乎透明,而本征 GaAs 的透明波段为 $\lambda_0 \approx 0.87 \sim 12\mu m$。

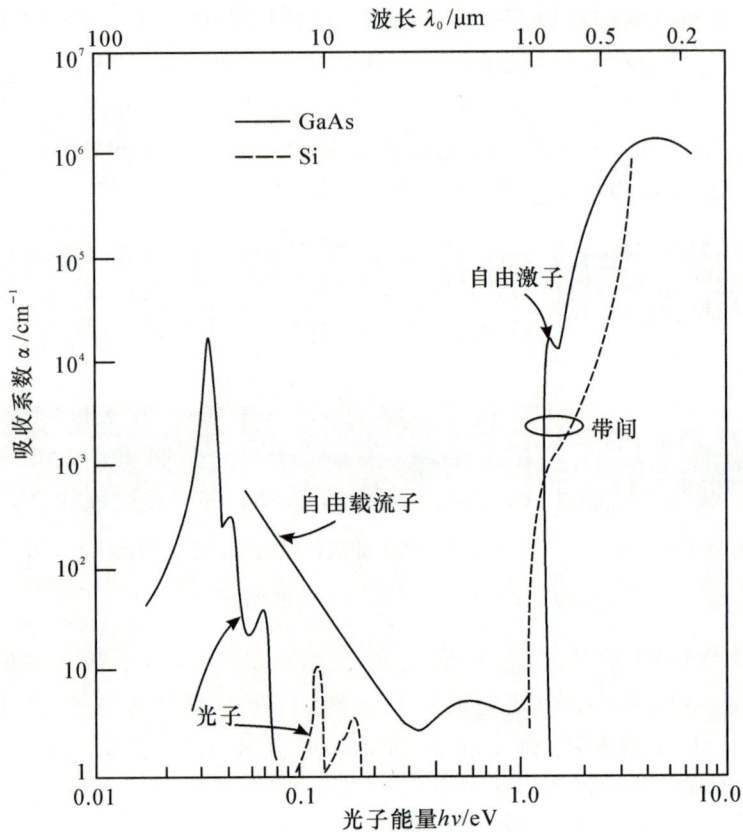

图 6-2-2　在热平衡时($T=300$K),实测 Si 和 GaAs 中光吸收系数随光子能量的变化情况

图 6-2-3　Ge,Si,GaAs 以及其他一些Ⅲ-Ⅴ族二元化合物半导体在 $T=300$ K 展宽
刻度下的吸收系数随光子能量的变化[①]

---

　①　STILLMAN G E,ROBBINS V E, TABATABAIE N. Ⅲ-Ⅴ族化合物半导体器件:光辐射探测器[J]. IEEE 电子元件杂志,1984, ED-31：1643-1655.

6.2.1　带间吸收和发射

下面建立一个直接带间光子吸收和发射的简单理论,而忽略其他类型的跃迁。

1. 带隙波长

直接带间吸收和发射只能在光子能量 $h\nu > E_g$ 的频率发生。所需的最小频率为 $\nu_g = E_g/h$,因此相应的最大波长为 $\lambda_g = c_0/\nu_g = hc_0/E_g$,若带隙能量的单位采用 eV(而不是焦耳),则以 μm 为单位的带隙波长 $\lambda_g = c_0/\nu_g = hc_0/(eE_g)$ 与带隙能量 E_g 之间的关系为

$$\lambda_g = \frac{1.24}{E_g} \tag{6.2.1}$$

λ_g 称为带隙波长(或截止波长),表 6-1-3 和图 6-1-6 给出了一些半导体材料的带隙波长。对于Ⅲ-Ⅴ族三元或四元化合物半导体材料,通过改变其组分比例,可使其带隙波长在很大范围内变化(从红外到可见波段),如图 6-2-4 所示。阴影部分代表直接带隙半导体的组分比例。

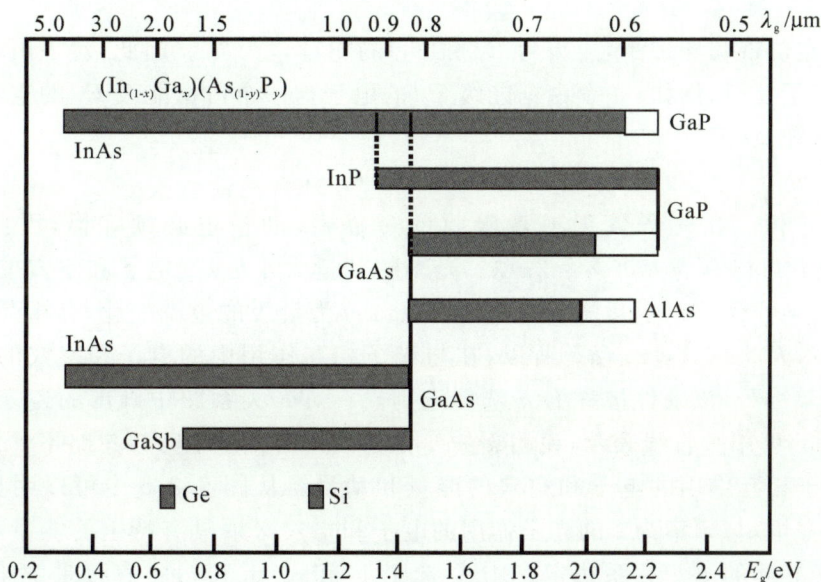

图 6-2-4　特定元素和Ⅲ-Ⅴ族二元、三元以及四元化合物半导体材料的带隙能量 E_g 和带隙波长 λ_g

2. 吸收和发射

吸收一个适当能量($h\nu > E_g$)的光子后,电子受激发,从价带跃迁到导带,同时产生一个电子-空穴对[见图 6-2-5(a)]。这就增加了电荷载流子的浓度,同时材料的电导率也随之增大。于是该材料类似于一个光电导体,其电导率与光子通量成正比。这一效应被用来探测光,第 7 章将对其进行讨论。

电子从导带跃迁回到价带(电子-空穴复合)的过程可导致一个能量为 $h\nu > E_g$ 的光子的自发辐射[见图 6-2-5(b)],或者在一个能量为 $h\nu > E_g$ 的光子激发下发生受激发射[见图 6-2-5(c)]。自发辐射是发光二极管的工作原理,第 7.1 节将会阐述。受激辐射是半导体放大器和激光器的工作原理,第 7.2 和 7.3 节将会对其进行讨论。

3. 吸收和发射的条件

(1)能量守恒。若要吸收或者发射一个能量为 $h\nu$ 的光子,必须使得该相互作用中的两

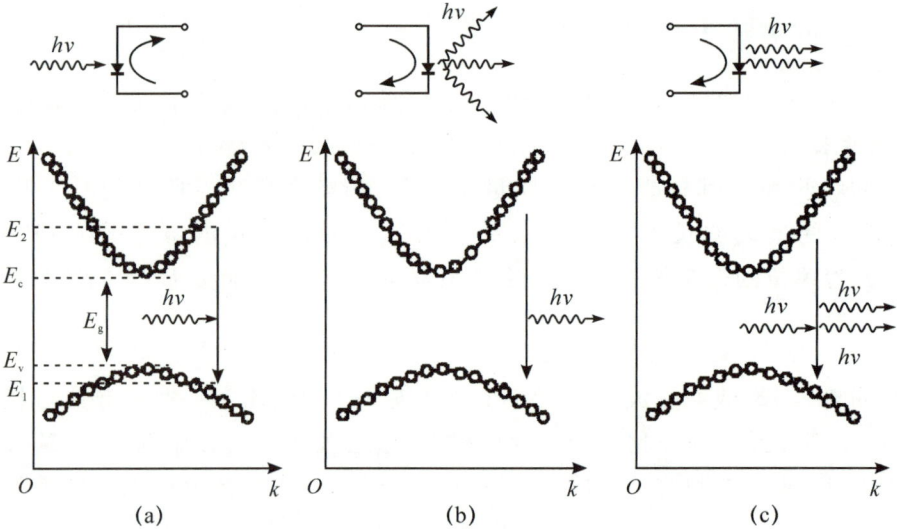

图 6-2-5 光子探测、发光二极管和注入式半导体激光器的工作原理

个状态(分别在价带和导带中,能级为 E_1 和 E_2 的能量差为 $h\nu$。因此,对于由电子–空穴复合而发生的光子发射,例如,一个占据能级 E_2 的电子与一个占据能级 E_1 的空穴相互作用,必须使得能量守恒,即

$$E_2 - E_1 = h\nu \qquad (6.2.2)$$

(2)动量守恒。在光子发射或者吸收的过程中,动量也必须守恒,因此 $p_2 - p_1 = h\nu/c = h/\lambda$,或者可以写为 $k_2 - k_1 = 2\pi/\lambda$。光子的动量大小 h/λ 与电子和空穴的动量范围相比要小很多。半导体 E-k 示意图中 k 的值在以 $2\pi/a$ 为量级的范围变化,其中晶格常数 a 比波长 λ 小得多,因此 $2\pi/\lambda \ll 2\pi/a$。所以,在与光子相互作用中的电子和空穴的动量必须基本相等,这时 $k_2 \approx k_1$,该条件被称为 k-选择定则。在 E-k 关系图中画出的遵守该定则的跃迁(见图 6-2-5)可用垂直线表示,说明 k 的变化在该图的刻度上可以忽略不计。

(3)与光子相互作用的电子和空穴的能量和动量。从图 6-2-5 中可以明显看出,因为能量、动量要守恒,与频率为 ν 的光子作用的电子和空穴必须具有特定的能量和动量,该能量和动量由半导体的 E-k 关系决定。用式(6.1.1)和式(6.1.2)将直接带隙半导体的 E-k 关系近似表示为两个抛物线,式(6.2.2)可以写成

$$E_2 - E_1 = \frac{\hbar^2 k^2}{2m_v} + E_g + \frac{\hbar^2 k^2}{2m_c} = h\nu \qquad (6.2.3)$$

其中 $E_c - E_v = E_g$。从式(6.2.3)可推出

$$k^2 = \frac{2m_r}{\hbar^2}(h\nu - E_g) \qquad (6.2.4)$$

其中

$$\frac{1}{m_r} = \frac{1}{m_v} + \frac{1}{m_c} \qquad (6.2.5)$$

将式(6.2.4)代入式(6.1.1)中,可得与能量为 $h\nu$ 的光子相互作用的空穴和电子的能级 E_1、E_2 为

$$E_2 = E_c + \frac{m_r}{m_c}(h\nu - E_g) \qquad (6.2.6)$$

$$E_1 = E_v - \frac{m_r}{m_v}(h\nu - E_g) = E_2 - h\nu \qquad (6.2.7)$$

在 $m_c = m_v$ 的特殊情况下,可以得到具有对称性的关系 $E_2 = E_c + (1/2)(h\nu - E_g)$。

(4)光学联合态密度。现在来确定直接带隙半导体中,在能量、动量守恒条件下,与能量为 $h\nu$ 的光子相互作用的能态密度 $\rho(\nu)$。该量包含导带和价带的两个态密度,因此称为光学联合态密度。由式(6.2.6)决定的 E_2 与 ν 之间的一一对应关系可以通过微分关系 $\rho_c(E_2)\mathrm{d}E_2 = \rho(\nu)\mathrm{d}\nu$,即 $\rho(\nu) = (\mathrm{d}E_2/\mathrm{d}\nu)\rho_c(E_2)$ 将 $\rho(\nu)$ 与导带中的态密度 $\rho_c(E_2)$ 联系起来。因此

$$\rho(\nu) = \frac{h m_r}{m_c}\rho_c(E_2) \qquad (6.2.8)$$

通过联立式(6.1.4)和式(6.2.6),可获得单位体积内单位频率的能态数,即光学联合态密度,有

$$\rho(\nu) = \frac{(2m_r)^{3/2}}{\pi \hbar^2}(h\nu - E_g)^{1/2}, \quad h\nu \geqslant E_g \qquad (6.2.9)$$

光学联合态密度如图 6-2-6 所示。通过式(6.2.7)给出的 E_1 与 ν 之间的一一对应关系,并与式(6.1.5)给出的 $\rho_v(E_1)$ 联立也可得到与式(6.2.9)相同的表达式。

(5)间接带隙半导体中一般不会发生光子辐射。辐射式的电子-空穴复合不易在间接带隙半导体中发生,这是因为从导带底部附近到价带顶部附近(分别是电子和空穴最可能位于的地方)的跃迁必须交换动量,而发射的光子并不能达到改变动量的要求。要满足动量守恒,必须有声子参与该相互作用过程。声子能量很小($0.01 \sim 0.1\mathrm{eV}$)(见图 6-2-2),但可携带较大动量,因此在 $E\text{-}k$ 示意图(见图 6-2-7)中用水平方向的跃迁表示。因为声子辅助的发射需要介入三种粒子(电子、光子和声子),其发生的概率非常低。所以 Si 作为一种间接带隙半导体材料,其辐射复合率与直接带隙的 GaAs 相比要低很多(见表 6-1-5)。因此,Si 不能用作高效的光发射器,而 GaAs 可以。

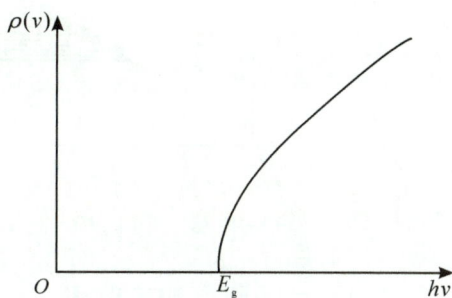

图 6-2-6　对应能量为 $h\nu$ 的光子的态密度随 $h\nu - E_g$ 按平方根关系增加

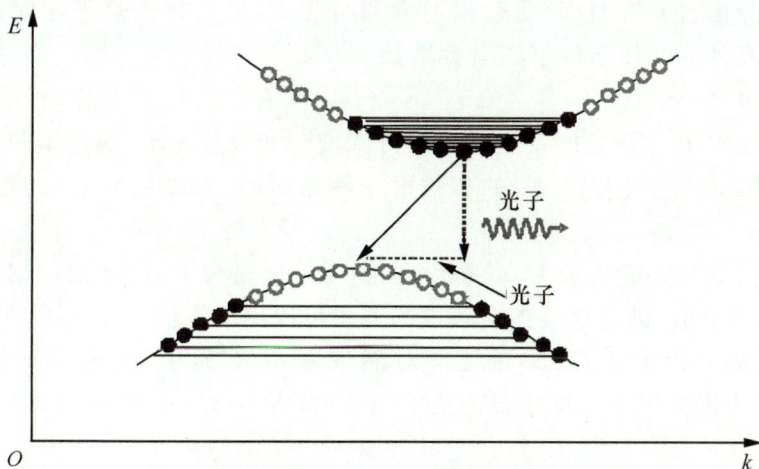

图 6-2-7　间接带隙半导体中的光子发射

(6)间接带隙半导体中可以发生光子吸收。虽然间接带隙半导体中发生光子吸收也需要能量、动量守恒,但是可以通过两个步骤来实现(见图6-2-8)。电子首先通过垂直方向的跃迁被激发到导带中的高能级,然后通过热化过程迅速弛豫到导带底,在该过程中电子的动量传递给声子。价带中产生的空穴也类似地通过热化过程弛豫到价带顶。因为整个过程按顺序发生,并不要求三种粒子同时存在,所以发生的可能性还是较大。因此 Si 和 GaAs 都可以用作高效的光子探测器。

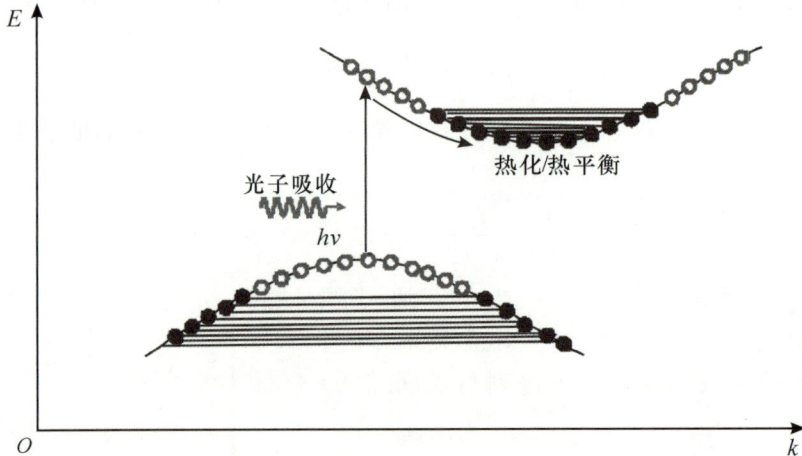

图 6-2-8   间接带隙半导体中的光子吸收

6.2.2   吸收率和发射率

现在需要确定半导体材料中直接带间跃迁发射或者吸收一个能量为 $h\nu$ 的光子的概率密度。通过能量守恒和动量守恒[见式(6.2.4)、式(6.2.6)以及式(6.2.7)]可以确定与该光子相互作用的空穴和电子的能量 E_1、E_2,以及动量 $\hbar k$。

决定这些概率密度的有三个因素:占据概率、跃迁概率,以及态密度。下面将在第 6.1.3 节介绍的占据概率的基础上推导出与能量为 $h\nu$ 的光子对应的跃迁能级的占据概率,在第 4.4 节的基础上介绍半导体中辐射和吸收的跃迁概率,并结合第 6.2.1 节中介绍的光学联合态密度推导出自发辐射率、受激辐射率和吸收率,然后讨论热平衡时的自发辐射光谱和吸收光谱以及外界激发条件下的增益系数。

1. 占据概率

通过在离散能级 E_1、E_2 之间发生跃迁的方式发射和吸收光子,其占据条件如下。

(1)辐射条件:导带上能量为 E_2 的态被电子占据,价带上能量为 E_1 的态为空(被空穴占据)。

(2)吸收条件:导带上能量为 E_2 的态为空,价带上能量为 E_1 的态被占据。

对 E_1、E_2 的各个值,满足这些占据条件的概率可以用准平衡状态下半导体的导带和价带的相应费米函数 $f_c(E)$ 和 $f_v(E)$ 确定。对能量为 $h\nu$ 的光子,满足其发射条件的概率 $f_e(\nu)$ 是高能态被占据的概率与低能态为空的概率(两者为独立事件)的乘积,即

$$f_e(\nu) = f_c(E_2)[1 - f_v(E_1)] \tag{6.2.10}$$

E_1、E_2 与 ν 之间的关系由式(6.2.6)和式(6.2.7)给出。同理,满足吸收条件的概率

$f_a(\nu)$表示为

$$f_a(\nu)=[1-f_c(E_2)]f_v(E_1) \tag{6.2.11}$$

【例 6.3】　光子发射率超过吸收率的必要条件：

(a)对于热平衡状态的半导体，证明 $f_e(\nu)$ 总比 $f_a(\nu)$ 要小，因此光子发射率不可能超过光子吸收率。

(b)对于准平衡状态($E_{fc}\neq E_{fv}$)的半导体，考虑具有相同波矢 k 的导带能级 E_2 和价带能级 E_1 之间发生的辐射跃迁，证明如果准费米能级之间的差值比光子能量大，发射概率就大于吸收概率。也就是说，净发射的条件为

$$E_{fc}-E_{fv}>h\nu \tag{6.2.12}$$

该条件意味着 E_{fc} 与 E_c 之间，以及 E_{fv} 与 E_v 之间是怎样的位置关系？

证明： 由式(6.2.10)和式(6.2.11)得

$$f_e(\nu)-f_a(\nu)=f_c(E_2)-f_v(E_1)$$

(a)在热平衡状态下只有一个费米能级，即

$$f_c(E)=f_v(E)=f(E)$$

且 $f(E_2)<f(E_1)$，故得 $f_e(\nu)<f_a(\nu)$。

(b)在准平衡状态下，要使 $f_e(\nu)>f_a(\nu)$，必须使 $f_c(E_2)>f_v(E_1)$，即

$$\frac{1}{\exp\left(\dfrac{E_2-E_{fc}}{k_BT}\right)+1}>\frac{1}{\exp\left(\dfrac{E_1-E_{fv}}{k_BT}\right)+1}$$

由此推得 $E_2-E_{fc}<E_1-E_{fv}$，即

$$E_{fc}-E_{fv}>E_2-E_1=h\nu$$

该条件意味着 $E_{fc}>E_2>E_c$，$E_{fv}<E_1<E_v$，即 E_{fc} 在导带内，E_{fv} 在价带内。

2. 跃迁概率

满足光子发射或吸收的占据条件并不能保证发射或吸收一定发生。这些过程的发生是由光子与原子体系相互作用的概率统计规律决定的，第 4.4.1～4.4.3 节对其进行了详细阐述。对于半导体材料中的这两个过程，这些统计规律通常用频率为 ν 到 $\nu+d\nu$ 之间的窄带内的光子发射(或吸收)来表述。

两个离散能级 E_1 和 E_2 间的辐射跃迁用跃迁截面表征，即 $\sigma(\nu)=(\lambda^2/8\pi t_{sp})g(\nu)$，其中 ν 表示频率，t_{sp} 表示自发辐射寿命，$g(\nu)$ 为线形函数[以跃迁频率 $\nu_0=(E_2-E_1)/h$ 为中心，线宽为 $\Delta\nu$，积分面积归一化]。半导体中，t_{sp} 可用电子-空穴的辐射复合寿命 τ_r(在第 6.1.4 节中已讨论)代替，故

$$\sigma(\nu)=\frac{\lambda^2}{8\pi\tau_r}g(\nu) \tag{6.2.13}$$

(1)若满足发射的占据条件，光子自发辐射到任何模式、频率在 ν 到 $\nu+d\nu$ 之间的概率密度(单位时间)为

$$P_{sp}(\nu)d\nu=\frac{1}{\tau_r}g(\nu)d\nu \tag{6.2.14}$$

(2)若满足发射的占据条件，并且在频率为 ν 处有一个平均光子通量谱密度 ϕ_ν(每秒每赫兹每立方厘米体积通过的光子)，则受激发射频率为 ν 到 $\nu+d\nu$ 的光子的概率密度(单位

时间)为

$$W_i(\nu)\mathrm{d}\nu = \phi_\nu \sigma(\nu)\mathrm{d}\nu = \phi_\nu \frac{\lambda^2}{8\pi\tau_r}g(\nu)\mathrm{d}\nu \tag{6.2.15}$$

(3)若满足吸收的占据条件,并且在频率为 ν 处有一个平均光子通量谱密度 ϕ_ν 存在,则吸收一个频率在 ν 到 $\nu+\mathrm{d}\nu$ 的窄带范围的光子的概率密度也如式(6.2.15)中给出的一样。

因为各个跃迁的中心频率 ν_0 不同,并且需要考虑大量这样的跃迁,因此将 $g(\nu)$ 写为 $g_{\nu0}(\nu)$,来明确标示出跃迁的中心频率。半导体中,与一对能级相关的均匀展宽线形函数 $g_{\nu0}(\nu)$ 通常是由电子-声子碰撞展宽造成的,表现为洛仑兹展宽的线形,线宽为 $\Delta\nu \approx 1/(\pi T_2)$,其中电子-声子碰撞时间 T_2 为皮秒量级。例如,若 $T_2 = 1\mathrm{ps}$,$\Delta\nu = 318\mathrm{GHz}$,与其相应的能量宽度为 $h\Delta\nu \approx 1.3\mathrm{meV}$。在这种情况下,辐射寿命展宽与碰撞展宽相比,可忽略不计。

3. 总辐射跃迁率和总吸收跃迁率

对于一对间隔为 $E_2 - E_1 = h\nu_0$ 的能级来说,频率为 ν 的自发辐射率、受激辐射率以及能量为 $h\nu$ 的光子吸收率(每秒每赫兹每立方厘米体积吸收的光子数)可表达成:相应的跃迁概率密度 $P_{sp}(\nu)$ 或 $W_i(\nu)$[见式(6.2.14)或式(6.2.15)]与相应的占据概率 $f_e(\nu_0)$ 或 $f_a(\nu_0)$[见式(6.2.10)或式(6.2.11)]以及能够与该光子相互作用的态密度 $\rho(\nu_0)$ 相乘。总跃迁率可通过对所有允许存在的中心频率 ν_0 积分算得。

例如,频率为 ν 的自发辐射率用公式表达为

$$r_{sp}(\nu) = \int [(1/\tau_r)g_{\nu0}(\nu)]f_e(\nu_0)\rho(\nu_0)\mathrm{d}\nu_0$$

在通常情况下,碰撞展宽宽度 $\Delta\nu$ 远小于函数 $f_e(\nu_0)\rho(\nu_0)$ 的宽度。这时 $g_{\nu0}(\nu)$ 可近似写为 $\delta(\nu-\nu_0)$,于是跃迁率可简化为:$r_{sp}(\nu) = (1/\tau_r)\rho(\nu)f_e(\nu)$。同理,可得到受激辐射率和吸收率,因此自发辐射率、受激辐射率、吸收率的公式分别为

$$r_{sp}(\nu) = \frac{1}{\tau_r}\rho(\nu)f_e(\nu) \tag{6.2.16}$$

$$r_{st}(\nu) = \phi_\nu \frac{\lambda^2}{8\pi\tau_r}\rho(\nu)f_e(\nu) \tag{6.2.17}$$

$$r_{ab}(\nu) = \phi_\nu \frac{\lambda^2}{8\pi\tau_r}\rho(\nu)f_a(\nu) \tag{6.2.18}$$

式(6.2.16)~(6.2.18)与式(6.2.9)~(6.2.11)联立,可以算出在光通量谱密度为 ϕ_ν 时直接带间跃迁(每秒每赫兹每立方厘米体积)引起的自发辐射率、受激辐射率以及吸收率。乘积 $\rho(\nu)f_e(\nu)$、$\rho(\nu)f_a(\nu)$ 分别和线形函数与高能级(低能级)原子数密度的乘积 $g(\nu)N_2$、$g(\nu)N_1$ 类似,后者在第 4 章对原子系统的辐射和吸收中已经用到。

要确定占据概率 $f_e(\nu)$、$f_a(\nu)$,需要知道准费米能级 E_{fc}、E_{fv}。通过控制这两个参数(比如在 PN 结外加偏压的方式),可改变发射率和吸收率,从而实现半导体光子器件的各种功能。式(6.2.16)可用来描述基于自发发射的半导体发光二极管(LED)工作原理(见第 7.1 节)。式(6.2.17)适用于描述半导体光学放大器和注入式激光器,其工作原理基于受激辐射(见第 7.2 和 7.3 节)。式(6.2.18)适用于描述以光子吸收原理工作的半导体光探测器。

4. 热平衡时的自发发射光谱密度

热平衡时的半导体只有一个费米函数,因此式(6.2.10)变为 $f_e(\nu) = f(E_2)[1-f(E_1)]$。

若该费米能级位于带隙内,并且离能带边缘至少几倍 $k_B T$ 的距离,可用指数函数近似表示该费米函数,$f(E_2) \approx \exp[-(E_2 - E_f)/(k_B T)]$,$1 - f(E_1) \approx \exp[-(E_f - E_1)/(k_B T)]$,于是 $f_e(\nu) \approx \exp[-(E_2 - E_1)/(k_B T)]$,即

$$f_e(\nu) \approx \exp\left(-\frac{h\nu}{k_B T}\right) \tag{6.2.19}$$

将式(6.2.9)和式(6.2.19)代入式(6.2.16)中,分别替换 $\rho(\nu)$ 和 $f_e(\nu)$,因此可得

$$r_{sp}(\nu) \approx D_0 (h\nu - E_g)^{1/2} \exp\left(-\frac{h\nu - E_g}{k_B T}\right), \quad h\nu \geqslant E_g \tag{6.2.20}$$

其中

$$D_0 = \frac{(2m_r)^{3/2}}{\pi \hbar^2 \tau_r} \exp\left(-\frac{E_g}{k_B T}\right) \tag{6.2.21}$$

D_0 随温度以指数增长。图 6-2-9 给出随 $h\nu$ 增大自发辐射率的变化情况,它由两个因式的乘积表示:以 $h\nu - E_g$ 的幂函数递增的因子(由态密度引起)和以 $h\nu - E_g$ 的指数函数递减的因子(由费米函数引起)。光谱的低频截止频率为 $\nu = E_g/h$,宽度大约为 $2k_B T/h$。

自发辐射率可以通过增大 $f_e(\nu)$ 来提高。根据式(6.2.10),可以使材料处于非热平衡状态,从而使 $f_c(E_2)$ 变大,$f_v(E_1)$ 变小。这样就确保了充裕的电子和空穴,这是 LED 工作需要的条件,将在第 7.1 节中讨论。

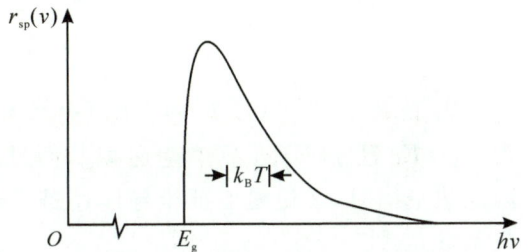

图 6-2-9　热平衡下半导体直接带间自发发射率 $r_{sp}(\nu)$ 的光谱密度随 $h\nu$ 的变化函数

5. 准平衡时的增益系数

推导与式(6.2.17)和式(6.2.18)中描述的受激辐射率和吸收率对应的净增益系数 $\gamma_0(\nu)$,可以采用一个底面为单位面积,长度增量为 dz 的圆柱体,并且假设平均光子通量谱密度沿轴向传播(见图 5-1-3)。如果 $\phi_\nu(z)$ 和 $\phi_\nu(z) + d\phi_\nu(z)$ 分别是流入和流出圆柱体的平均光子通量谱密度,$d\phi_\nu(z)$ 是圆柱体内部发射出的平均光子通量谱密度。单位时间单位频率单位面积所增加的光子数就是单位时间单位频率单位体积内增加的光子数目,$r_{st}(\nu) - r_{ab}(\nu)$ 乘以圆柱厚度 dz,即

$$d\phi_\nu(z) = [r_{st}(\nu) - r_{ab}(\nu)] dz \tag{6.2.22}$$

将式(6.2.17)和式(6.2.18)代入式(6.2.22),可得

$$\frac{d\phi_\nu(z)}{dz} = \frac{\lambda^2}{8\pi\tau_r} \rho(\nu)[f_e(\nu) - f_a(\nu)]\phi_\nu(z) = \gamma_0(\nu)\phi_\nu(z) \tag{6.2.23}$$

因此,净增益系数为

$$\gamma_0(\nu) = \frac{\lambda^2}{8\pi\tau_r} \rho(\nu) f_g(\nu) \tag{6.2.24}$$

其中费米反转因子为

$$f_g(\nu) \equiv f_e(\nu) - f_a(\nu) = f_c(E_2) - f_v(E_1) \tag{6.2.25}$$

这个结果也可以从式(6.2.10)和式(6.2.11)看出,其中 E_1、E_2 与 ν 的关系由式(6.2.6)和式(6.2.7)给出。利用式(6.2.9),增益系数可以写成

$$\gamma_0(\nu) = D_1(h\nu - E_g)^{1/2} f_g(\nu), \quad h\nu > E_g \tag{6.2.26a}$$

其中

$$D_1 = \frac{\sqrt{2}\, m_r^{3/2} \lambda^2}{h^2 \tau_r} \tag{6.2.26b}$$

费米反转因子 $f_g(\nu)$ 的符号和光谱形状由准费米能级 E_{fc} 和 E_{fv} 决定,而 E_{fc} 和 E_{fv} 由半导体中载流子的激发状况决定。如例 6.3 所示,只有当 $E_{fc} - E_{fv} > h\nu$ 时,该因子才为正值(对应粒子数反转和净增益)。我们在第 7.2 节中可以看到,当用一个外加能量源将半导体泵浦到一个足够高的能级时,该条件可以满足从而实现净增益。这是半导体光放大器以及注入式激光器的物理基础。

6. 热平衡时的吸收系数

满足热平衡条件时,半导体只有一个费米能级 $E_f = E_{fc} = E_{fv}$,因此

$$f_c(E) = f_v(E) = f(E) = \frac{1}{\exp[(E - E_f)/(k_B T)] + 1} \tag{6.2.27}$$

因子 $f_g(\nu) = f_c(E_2) - f_v(E_1) = f(E_2) - f(E_1) < 0$,因此增益系数 $\gamma_0(\nu)$ 总是负值[因为 $E_2 > E_1$ 且 $f(E)$ 随 E 单调递减],而且不管费米能级 E_f 的位置在哪里,该结果都成立。因此热平衡时,无论是本征半导体还是掺杂半导体,其作用都是使光减弱。衰减系数(或吸收系数)$\alpha(\nu) = -\gamma_0(\nu)$ 为

$$\alpha(\nu) = D_1(h\nu - E_g)^{1/2}[f(E_1) - f(E_2)] \tag{6.2.28}$$

其中 E_1 和 E_2 分别由式(6.2.6)和式(6.2.7)给出,D_1 由式(6.2.26b)给出。

如果 E_f 位于带隙内部且离能带边缘至少几倍于 $k_B T$ 的位置,则 $f(E_1) \approx 1$, $f(E_2) \approx 0$,故 $f(E_1) - f(E_2) \approx 1$。此时,直接带间跃迁对吸收系数的贡献为

$$\alpha(\nu) \approx \frac{\sqrt{2}\, c^2 m_r^{3/2}}{\tau_r} \cdot \frac{1}{(h\nu)^2}(h\nu - E_g)^{1/2} \tag{6.2.29}$$

随温度增加,$f(E_1) - f(E_2)$ 降到 1 以下,吸收系数随之减小。图 6-2-10 表示 GaAs 所满足的方程(6.2.29),所用的参数为:$n = 3.6$, $m_c = 0.07 m_0$, $m_v = 0.5 m_0$, $m_0 = 9.1 \times 10^{-31}$ kg,掺杂水平使得 $\tau_r = 0.4$ns(因为掺杂水平不同,故该值与表 6-1-5 中所给的不一样),$E_g = 1.42$eV,且在一定温度下使得 $f(E_1) - f(E_2) \approx 1$。图 6-2-10 与图 6-2-3 的实验结果比较,图6-2-3包括所有的吸收机制。

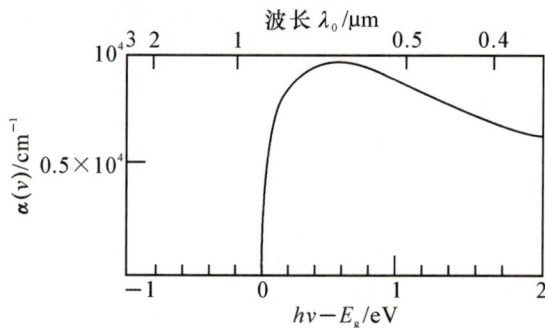

图 6-2-10 由 GaAs 的直接带间跃迁计算所得的吸收系数 $\alpha(\nu)$、光子能量 $h\nu$ 和波长 λ_0 的关系

【例 6.4】　最大带间吸收的波长。用式(6.2.29)求热平衡情况下，半导体吸收系数最大所对应的波长 λ_p（在自由空间中），计算 GaAs 的 λ_p 的值。注意该结果只适用于直接带间跃迁的吸收情况。

解：由式(6.2.29)可知，$\alpha(\nu)$ 与 $(h\nu-E_g)^{1/2}/(h\nu)^2$ 成正比。此函数取极大值时有

$$-2(h\nu-E_g)^{(1/2)}+(1/2)h\nu(h\nu-E_g)^{-1/2}=0$$

此时 ν_p 满足

$$h\nu_p=(4/3)E_g$$

对应波长

$$\lambda_p=\frac{c_0}{\nu_p}=\frac{3c_0 h}{4E_g}$$

GaAs 中，$E_g=1.42\mathrm{eV}$，因此对应波长为 $0.65\mu m$。

6.2.3　折射率

在很多光子器件的设计中都需要控制半导体的折射率，尤其是那些利用光波导、集成光路、注入式激光二极管的器件。半导体是色散材料，因此折射率随波长变化。的确，它与吸收系数 $\alpha(\nu)$ 有关，因为折射率的实部与虚部必须满足 Kramers-Kronig 关系。折射率也和温度与掺杂水平有关，这从图 6-2-11 给出的 GaAs 折射率变化曲线可以清楚地看到。高纯度 GaAs 曲线中带隙波长处的峰值是由自由激子引起的。

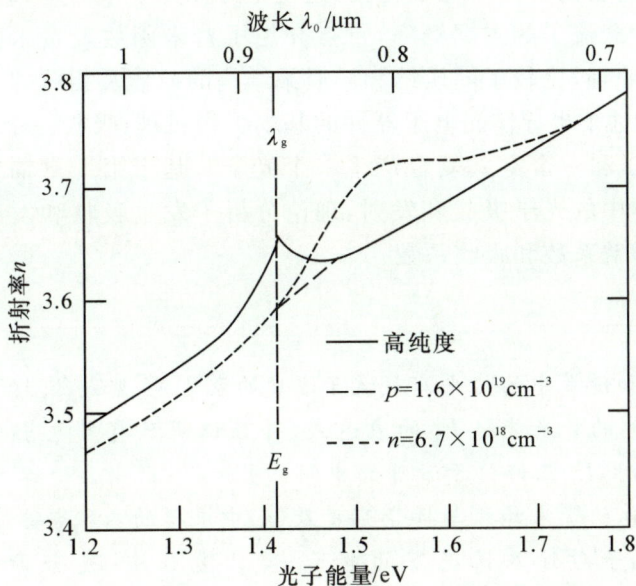

图 6-2-11　高纯度、P 型及 N 型的 GaAs 在 300K 时的折射率随光子能量（波长）的变化函数[1]

表 6-2-1 给出了部分单元素和二元化合物半导体材料在一定条件下在带隙波长附近的折射率。

① CASEY H C, PANISH M B. Heterostructure lasers, part A: fundamental principles[M]. New York: Academic Press, 1978.

表 6-2-1　当光子能量与材料的带隙能量接近时$(h\nu \approx E_g)$ *,部分半导体材料在 $T=300K$ 的折射率

材料		折射率
单元素半导体	Ge	4.0
	Si	3.5
Ⅲ-Ⅴ二元化合物半导体	AlP	3.0
	AlAs	3.2
	AlSb	3.8
	GaP	3.3
	GaAs	3.6
	GaSb	4.0
	InP	3.5
	InAs	3.8
	InSb	4.2

*：三元和四元化合物半导体的折射率可通过在它们的组元中线性插值的方式近似获得。

6.3　本章小结

本章论述了半导体光子学中的半导体性质,介绍了半导体中的能带结构及电子、空穴概念,阐述了半导体材料的种类及光学特性,这是半导体光子学的基础。

本章首先分析了载流子的占据概率,重点介绍了费米函数及费米能级,阐述了载流子产生、复合及注入的原理,比较了同质结和异质结结构的差异及相应的光学特性的不同。

本章然后详细阐述了半导体光电子器件的基本工作机理:吸收一个光子产生一个电子-空穴对,或者一个电子和一个空穴复合产生一个光子。基于第 5 章辐射原子的跃迁理论,本章重点介绍半导体中的光子吸收和发射,理论分析了发生吸收和发射的条件,计算了吸收率和发射率以及增益系数和吸收系数。

✎ 习题

6.1　已知导带和价带中的热平衡载流子浓度的表达式[见式(6.1.9a)和式(6.1.9b)]:

(a)求本征半导体的费米能级 E_f 的表达式,并且证明只有当电子有效质量 m_c 与空穴的有效质量 m_v 相等时,E_f 正好位于带隙的中间位置。

(b)求掺杂半导体的费米能级与掺杂浓度及(a)中求得的本征费米能级的关系。

6.2　在强载流子对注入情况下的电子-空穴复合中,复合寿命近似表示为 $\tau = 1/(r\Delta n)$,其中 r 为材料的复合参数,Δn 为因为注入而产生的额外载流子浓度。假设注入源 R 在 $t=t_0$ 时停止注入(变为 0),求 $\Delta n(t)$ 的解析式,并说明它满足的是幂函数,而不是指数函数的特性。

6.3　砷化镓的本征载流子浓度 $n_i = 1.8 \times 10^6 cm^{-3}$,复合寿命 $\tau = 50ns$,带隙能量 $E_g = 1.42eV$,电子有效质量 $m_c = 0.07m_0$,空穴有效质量 $m_v = 0.5m_0$。假设 $T=0K$,一个砷化镓放大器的长度 $d=200\mu m$,宽度 $w=10\mu m$,厚度 $l=2\mu m$。求当 1mA 的电流通过该放大器时的中心频率、带宽以及带宽内的峰值净增益。

6.4　有一个带隙 $E_g = 0.91\text{eV}$,折射率 $n = 3.5$ 的 InGaAsP 激光二极管,对其注入一个电流,使得费米能级差 $E_{fc} - E_{fv} = 0.96\text{eV}$。如果谐振腔长度 $d = 250\mu\text{m}$,没有损耗,求可以振荡的最多纵模数。

6.5　自发辐射率的推导在估算下面积分时,利用了 $g_{v0}(\nu) \approx \delta(\nu - \nu_0)$ 这一近似。

$$r_{sp}(\nu) = \int \left[\frac{1}{\tau_r} g_{v0}(\nu) \right] f_e(\nu_0) \rho(\nu_0) \mathrm{d}\nu_0$$

(a) 画出 $g_{v0}(\nu)$、$f_e(\nu_0)$、$\rho(\nu_0)$ 在 $T = 300\text{ K}$ 的曲线,比较它们的宽度,说明该近似对于 GaAs 是有效的。GaAs 的碰撞寿命加宽为 $T_2 \approx 1\text{ ps}$。

(b) 在热平衡条件下,对吸收率重复(a)的过程。

6.6　求热平衡条件时的峰值自发辐射率。

(a)在热平衡条件下,当费米能级位于带隙内部,并且距离能带边缘至少几倍 $k_B T$ 的位置时,求半导体材料直接带间自发辐射率达到最大值所对应的光子能量 $h\nu_p$。

(b)推导出最大的自发辐射率(每秒钟单位赫兹单位体积内发射的光子)为

$$r_{sp}(\nu_p) = \frac{D_0}{\sqrt{2e}} (k_B T)^{1/2} = \frac{2(m_r)^{3/2}}{\sqrt{e}\,\pi \hbar^2 \tau_r} (k_B T)^{1/2} \exp\left(-\frac{E_g}{k_B T} \right)$$

(c) 掺杂将对该结果产生什么影响?

(d) 假设 $\tau_r = 0.4\text{ ns}$, $m_c = 0.07 m_0$, $m_v = 0.5 m_0$,且 $E_g = 1.42\text{ eV}$,求 GaAs 在 $T = 300\text{ K}$ 时的最大自发辐射率。

6.7　求热平衡时的辐射复合率。

(a) 推导所有辐射频率上总的直接带间自发辐射率为

$$\int_0^\infty r_{sp}(\nu) \mathrm{d}\nu = D_0 \frac{\sqrt{\pi}}{2h} (k_B T)^{3/2} = \frac{(m_r)^{3/2}}{\sqrt{2}\,\pi^{3/2} \hbar^3 \tau_r} (k_B T)^{3/2} \exp\left(-\frac{E_g}{k_B T} \right)$$

已知费米能级位于半导体能带间隙内部,并且离能带边缘较远 $\Big[$注: $\int_0^\infty x^{1/2} e^{-\mu x} \mathrm{d}x = (\sqrt{\pi}/2)\mu^{-3/2}\Big]$。

(b) 用在习题 6.6 中所得的峰值自发发射率乘以图 6-2-9 中的近似频率宽度 $2k_B T/h$ 得到近似的总自发辐射率,将其与(a)中得到的自发辐射率比较。

(c) 设第 6.1.4 节介绍的用现象学方法得到的热平衡辐射复合率 $r_r n_p = r_r n_i^2$ 与(a)中推导得出的直接带间跃迁的结果相同,用式(6.1.10b)推导出辐射复合率的表达式为

$$r_r = \frac{\sqrt{2}\,\pi^{3/2} \hbar^3}{(m_c + m_v)^{3/2}} \cdot \frac{1}{(k_B T)^{3/2} \tau_r}$$

(d) 用(c)中所得的结果,设 $m_c = 0.07 m_0$, $m_v = 0.5 m_0$, $\tau_r = 0.4\text{ns}$,计算 GaAs 在 $T = 300\text{K}$ 时的 r_r 值,并将该值与表 6-1-5 中所给的值($r_r \approx 10^{-10}\text{ cm}^3/\text{s}$)比较。

第 7 章
半导体光电子器件

由于电子-空穴的复合,半导体材料可以发射出光。然而,热激发的电子-空穴浓度太低,半导体材料在室温下不能发射出可检测的光。不过,使用外加的能量源可以激发充足的电子-空穴对,从而产生足够的自发复合辐射,导致半导体材料发光。做到这点的一种简便方法是给 PN 结加正向偏压,使电子和空穴注入结区的一个相同区域。这种复合辐射称为注入式电致发光。

发光二极管(LED)就是一个由直接带隙半导体材料制成的正向偏压的 PN 结,通过注入式电致发光原理发射光[见图 7-0-1(a)]。如果偏置电压大于某一特定的值,结区的电子-空穴数目将会到达一个很大的值,从而实现粒子数反转,这样受激辐射现象(即由光子引发的辐射)就会比吸收更占主导。此时 PN 结就可以用作半导体光放大器[见图 7-0-1(b)],或者加入适当的反馈就可以作为注入式激光器[见图 7-0-1(c)]。

以 LED 和注入式激光器形式出现的半导体光源,是一种高效率的电子-光子转换器,通过简单地控制注入电流就可以获得稳定的调制。半导体光源体积小、效率高、可靠性高,并且易与电子系统兼容,在许多方面得到了成功的应用,包括指示灯,显示设备,扫描、读取、打印系统,光纤通信系统,还包括像 CD 播放器那样的光数据存储系统。

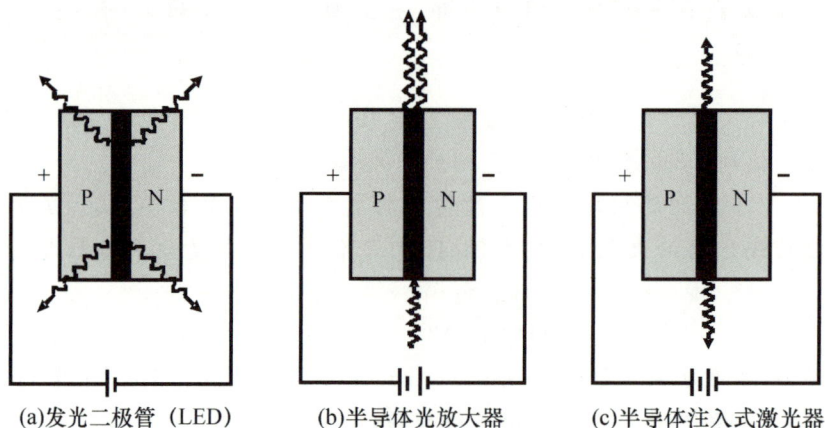

(a)发光二极管（LED）　　　(b)半导体光放大器　　　(c)半导体注入式激光器

图 7-0-1 一个正向偏压的半导体 PN 结的不同工作方式

与半导体光源功能相反的另一类光电子器件是半导体光电探测器。光源将输入电流转换成光,探测器则将输入光通量转换成输出电流。半导体光电探测器是用来测量光子通量或光能量的器件,其运行原理基于光电效应。在光电效应中一些材料的光子吸收直接导致电子向高能级跃迁并产生自由载流子,在电场的作用下这些载流子运动并产生可测量的电流。光电效应以两种形式存在:外光电效应和内光电效应。前者涉及光电子发射,受光子激发的电子从材料表面逸出形成自由电子。外光电效应是光电管与光电倍增管的基本工作机理。后者涉及光电导率或伏安特性的变化,受激载流子仍然留在材料内(通常是半导体材料)。本章介绍的半导体光电探测器主要基于内光电效应的光电二极管。它也是基于 PN 结的结构,耗尽层吸收的光子导致一个电子从价带激发到导带,产生电子和空穴,这两种载流子在电场的作用下沿相反的方向漂移,从而在外电路中产生电流(见图 7-0-2)。

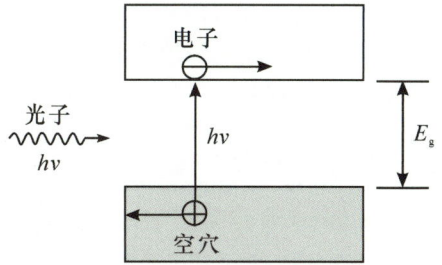

图 7-0-2　半导体中的电子、空穴的光生过程

本章主要学习发光二极管、半导体注入式激光器和光电二极管。这些器件的工作机理都以第 6 章的半导体光电特性为基础。

7.1　发光二极管

7.1.1　注入式电致发光

1. 在热平衡条件下的电致发光

电子-空穴的辐射复合会使光从半导体材料中发射出来。在室温下,热激发的电子-空穴浓度十分小,使得产生的光子通量也非常微弱。

【例 7.1】　热平衡条件下 GaAs 的光子发射。在室温下,GaAs 中本征电子-空穴浓度为 $n_i \approx 1.8 \times 10^6 \, \text{cm}^{-3}$(参考表 6-1-4)。由于电子-空穴的辐射复合率为 $r_r \approx 10^{-10} \, \text{cm}^3/\text{s}$(在一定条件下由表 6-1-5 给出),根据第 6.1.4 节的讨论,电致发光的概率为 $r_r np = r_r n_i^2 \approx 324$ 光子数$/(\text{cm}^3 \cdot \text{s})$。GaAs 的带隙能量为 $E_g = 1.42 \, \text{eV} = 1.42 \times 1.6 \times 10^{-19} \, \text{J}$,该辐射速率相对应的光功率密度 $= 324 \times 1.42 \times 1.6 \times 10^{-19} \approx 7.4 \times 10^{-17} \, \text{W/cm}^3$。对于一个 $2 \, \mu\text{m}$ 厚的 GaAs 层产生光强为 $I \approx 1.5 \times 10^{-20} \, \text{W/cm}^2$ 的光,是可以忽略的。而从厚度超过 $2 \, \mu\text{m}$ 的 GaAs 层中发出的光则会被重新吸收。

如果维持热平衡条件,通过掺杂的方法,光功率密度不会增大(或减小)很多。根据质量作用定则[见式(6.1.12)],如果材料并非重掺杂,则结果 np 的数值恒定在 n_i^2,从而复合率 $r_r np = r_r n_i^2$ 仅仅通过 r_r 依赖于掺杂浓度。为了获得高复合率,需要充足的电子和空穴。在 N 型半导体中,n 很大而 p 很小,在 P 型半导体中正好相反。

2. 载流子注入下的电致发光

光子发射率可以通过使用外加方法在材料中产生额外电子-空穴对来获得较大提高。例如,通过用光照射材料就可以达到这个结果,不过通常使用在 PN 结上加正向偏压,从而将载流子对注入结区的方法来实现。这个过程如图 6-1-20 所示,并将会在第 7.1.2 节中更详尽地阐述。光子发射率可以通过电子-空穴注入率 R[对$/(\text{cm}^3 \cdot \text{s})$]来进行计算,这里 R 作为激光泵浦率(见第 5.1.2 节)。在体积为 V 的半导体材料内产生的光子通量 Φ(每秒光子数)与载流子注入率成正比(见图 7-1-1)。

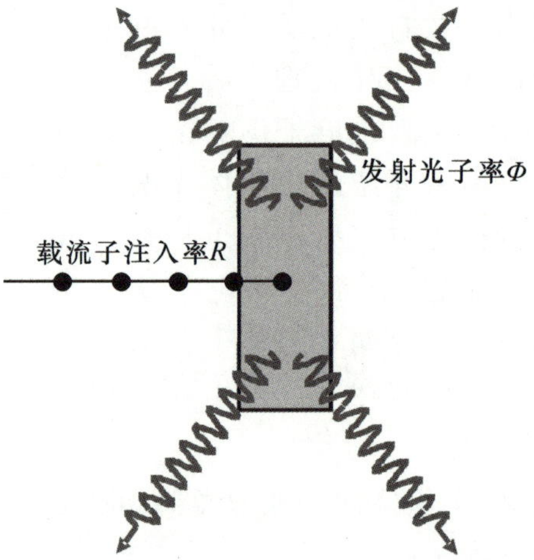

图 7-1-1   在正向偏置的 PN 结中由电子-空穴辐射复合产生的自发光子辐射

设泵浦不存在时电子和空穴的平衡浓度分别为 n_0 和 p_0，可以用 $n=n_0+\Delta n$ 和 $p=p_0+\Delta p$ 来表示泵浦存在时稳态的电子和空穴浓度（见第 6.1.4 节）。由于电子和空穴是成对产生的，额外电子浓度 Δn 总是精确等于额外空穴浓度 Δp。假设额外电子-空穴对以速率 $1/\tau$ 复合，这里 τ 是总（辐射和非辐射）电子-空穴复合时间。在稳态条件下，产生（泵浦）率必须精确地与复合（衰减）率平衡，从而 $R=\Delta n/\tau$。在稳态下，额外载流子浓度与泵浦率成正比，即

$$\Delta n = R\tau \tag{7.1.1}$$

如第 6.1.4 节解释的那样，当载流子注入速率足够低时，$\tau \approx 1/[r(n_0+p_0)]$，这里 r 是（辐射和非辐射）复合参数，从而 $R \approx r\Delta n(n_0+p_0)$。

仅仅辐射复合产生光子，因而由式(6.1.20)和式(6.1.22)定义的内部量子效率 $\eta=r_r/r=\tau/\tau_r$ 说明只有一部分复合才会发光。从每秒注入的电子-空穴对 RV 可以导出产生的光子通量为 $\Phi=\eta_i RV$ 光子/秒，即

$$\Phi=\eta_i RV=\eta_i\frac{V\Delta n}{\tau}=\frac{V\Delta n}{\tau_r} \tag{7.1.2}$$

内部光子通量与载流子注入速率 R 成正比，因此与稳态下额外电子-空穴对浓度 Δn 也成正比。

内部量子效率 η_i 在决定电光转换器件性能上具有至关重要的作用。由于直接带隙半导体的 η_i 比间接带隙半导体材料的 η_i 大很多（如表 6-1-5 所示，GaAs 材料的 $\eta_i \approx 0.5$，而 Si 材料的 $\eta_i \approx 10^{-5}$），直接带隙半导体通常用来制作 LED 和注入式激光器。内部量子效率 η_i 受掺杂、温度和材料缺陷浓度的影响。

【例 7.2】   GaAs 注入式电致发光。在一定条件下，GaAs 的 $\tau=50\text{ns}$，$\eta_i \approx 0.5$（见表 6-1-5），稳态的额外电子-空穴对浓度 $\Delta n=10^{17}\text{cm}^{-3}$，可得光子通量浓度 $\eta_i\Delta n/\tau \approx 10^{24}$ 光子数/$(\text{cm}^3 \cdot \text{s})$。对于禁带能量 $E_g=1.42\text{eV}$ 产生的光子，对应光能量密度 $\approx 2.3 \times 10^5\text{W/cm}^3$。因此，一个 $2\mu\text{m}$ 厚的 GaAs 层可以产生的光能量密度 $\approx 46\text{W/cm}^2$，是例 7.1 中计算得到的热平衡条件下 GaAs 光子发射得到的光能量密度的 10^{21} 倍之多。在载流子注入下，一个面

积为 $200\mu m \times 10\mu m$ 的器件发射的光功率 $\approx 0.9mW$。

3. 电致发光的光谱密度

注入式电致发光的光谱密度可由第 6.2 节中的直接带间发射理论来求得。自发辐射率 $r_{sp}(\nu)$（每秒每赫兹每单位体积的光子数）由式（6.2.16）给出，为

$$r_{sp}(\nu) = \frac{1}{\tau_r}\rho(\nu)f_e(\nu)$$

其中 τ_r 为辐射电子-空穴复合寿命。与频率为 ν 的光子发生作用的光学联合态密度由式（6.2.9）给出，为

$$\rho(\nu) = \frac{(2m_r)^{3/2}}{\pi\hbar^2}(h\nu - E_g)^{1/2}$$

这里 m_r 与电子-空穴的有效质量有关，具体关系式为 $1/m_r = 1/m_v + 1/m_c$［由式（6.2.10）给出］，E_g 为禁带能量。从发射条件［由式（6.2.5）给出］得到

$$f_e(\nu) = f_c(E_2)[1 - f_v(E_1)]$$

这是能量为 E_2 的导带被填充，并且能量为 E_1 的价带为空的概率，如式（6.2.6）和式（6.2.7），及图 7-1-2 所示。因为由光子带走的动量 $h\nu/c$ 在图 7-1-2 的比例中可以忽略，所以该跃迁过程由垂直箭头表示。这里

$$E_2 = E_c + \frac{m_r}{m_c}(h\nu - E_g)$$

$$E_1 = E_2 - h\nu$$

式（6.2.6）和式（6.2.7）保证了能量和动量守恒。式（6.2.5）中的费米函数为 $f_c(E) = 1/\{\exp[(E-E_{fc})/(k_B T)]+1\}$ 和 $f_v(E) = 1/\{\exp[(E-E_{fv})/(k_B T)]+1\}$，其中 E_{fc} 和 E_{fv} 分别为准平衡条件下导带和价带的准费米能级。

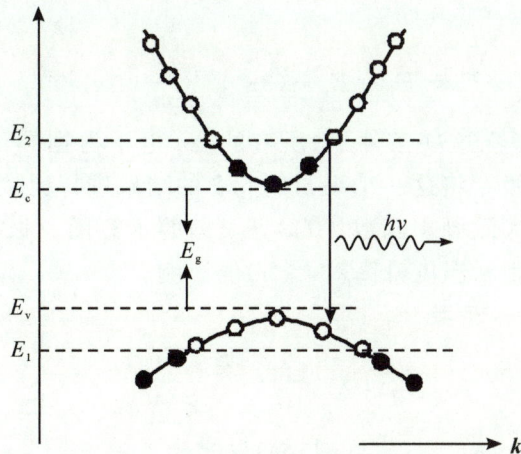

图 7-1-2　由能量为 E_2 的电子与能量为 $E_1 = E_2 - h\nu$ 的空穴复合产生的自发辐射

给定准费米能级 E_{fc} 和 E_{fv}，则半导体的参数 E_g、τ_r、m_v 和 m_c，以及温度 T 决定了光谱分布 $r_{sp}(\nu)$。这些参数，反过来，则由式（6.1.7）和式（6.1.8）中给出的电子和空穴浓度来决定，有

$$\int_{E_c}^{\infty} \rho_c(E) f_c(E) dE = n = n_0 + \Delta n; \quad \int_{-\infty}^{E_v} \rho_v(E)[1 - f_v(E)] dE = p = p_0 + \Delta n$$

其中导带和价带边缘附近的态密度由式(6.1.4)和式(6.1.5)给出

$$\rho_c(E) = \frac{(2m_c)^{3/2}}{2\pi^2 h^3}(E - E_c)^{1/2}; \quad \rho_v(E) = \frac{(2m_v)^{3/2}}{2\pi^2 h^3}(E_v - E)^{1/2}$$

这里 n_0 和 p_0 为热平衡下电子和空穴的浓度(无注入情况下),$\Delta n = R\tau$ 为稳态注入的载流子浓度。当注入足够小时,费米能级位于禁带内,且至少距能带边缘数倍 $k_B T$ 的距离,这时费米函数可由指数递减函数来近似。根据习题 6.7 推出的结论,自发辐射光子通量(对所有频率的积分)可由谱密度 $r_{sp}(\nu)$ 获得,即

$$\Phi = V \int_0^{\infty} r_{sp}(\nu) d\nu = \frac{V(m_r)^{3/2}}{\sqrt{2}\pi^{3/2} h^3 \tau_r}(k_B T)^{3/2} \exp\left(\frac{E_{fc} - E_{fv} - E_g}{k_B T}\right) \tag{7.1.3}$$

增加泵浦率 R 会引起 Δn 增加,使 E_{fc} 向导带移动(或进一步伸入导带),E_{fv} 向价带移动(或进一步伸入价带),又使导带中能级 E_2 被电子占据的概率 $f_c(E_2)$ 增加,价带中能级 E_1 为空(被空穴占据)的概率 $1 - f_v(E_1)$ 增加。最后的结果是,光发射条件概率 $f_e(\nu) = f_c(E_2)[1 - f_v(E_1)]$ 随着 R 增加,进而使式(6.2.16)给出的自发辐射速率及由式(7.1.3)给出的自发辐射光子通量 Φ 得到了加强。

【例 7.3】 泵浦半导体的准费米能级。

(a) 在 $T = 0K$ 的理想条件下,没有热电子-空穴对生成时[见图 7-1-3(a)],证明准费米能级与注入电子-空穴对的浓度 Δn 的关系可表示为

$$E_{fc} = E_c + (3\pi^2)^{2/3}\frac{\hbar^2}{2m_c}(\Delta n)^{2/3} \tag{7.1.4a}$$

$$E_{fv} = E_v - (3\pi^2)^{2/3}\frac{\hbar^2}{2m_v}(\Delta n)^{2/3} \tag{7.1.4b}$$

从而可得到

$$E_{fc} - E_{fv} = E_g + (3\pi^2)^{2/3}\frac{\hbar^2}{2m_r}(\Delta n)^{2/3} \tag{7.1.4c}$$

这里 $\Delta n \gg n_0$,且 $\Delta n \gg p_0$。在这些条件下,所有的 Δn 电子占据导带中的最低能级,所有的 Δp 占据价带中的最高能级。将这一结果与例 6.2 的结果进行比较。

(b) 针对两个 Δn 值大致画出函数 $f_e(\nu)$,$r_{sp}(\nu)$ 的示意图。根据图 7-1-3(b)给出的温度对费米函数的影响,试判断温度升高对 $r_{sp}(\nu)$ 的影响。

解:(a) $T = 0K$ 时,费米函数

$$f_c(E) = \begin{cases} 1, & E < E_{fc} \\ 0, & \text{其他情况} \end{cases}$$

将其与式(6.1.4)、式(6.1.7a)代入式(6.1.8a)做积分可得

$$\Delta n = \int_{E_c}^{E_{fc}} A(E - E_c)^{1/2} dE = (2/3)A(E_{fc} - E_c)^{3/2}$$

其中 $A = (2m_c)^{3/2}/(2\pi^2 h^3)$,为一常数。

因此 $E_{fc} - E_c = (3\Delta n/2A)^{3/2}$,式(7.1.4a)得证,同理可证式(7.1.4b)。

计算过程与例 6.2 相同。

(b) $f_e(\nu) = f_c(E_2)[1 - f_v(E_1)]$,其中 $E_2 = E_c + (m_r/m_c)(h\nu - E_g)$,$E_1 = E_2 - h\nu$。

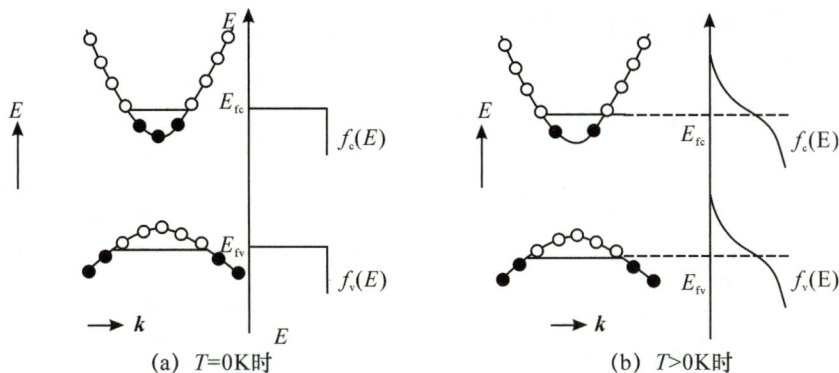

图 7-1-3　准平衡条件下半导体的能带和费米函数

$T=0$K 时，费米函数

$$f_c(E_2)=\begin{cases}1, & E_2<E_{fc}\\0, & \text{其他情况}\end{cases}$$

$$f_v(E_1)=\begin{cases}1, & E_1<E_{fv}\\0, & \text{其他情况}\end{cases}$$

当 $h\nu>E_g$ 时，$h\nu$ 增大则 E_2 增大，E_1 减小。但是只要 $E_2<E_{fc}$，$E_1>E_{fv}$ 时，$f_c(E_2)=1$，$f_v(E_1)=0$，则 $f_e(\nu)=1$。

当 $h\nu$ 超过 $E_{fc}-E_{fv}$ 时，$E_2>E_{fc}$ 且 $E_1<E_{fv}$，此时 $f_c(E_2)=0$，$f_v(E_1)=1$，因此 $f_e(\nu)=0$。

所以 $f_e(\nu)$ 为台阶函数，当 $h\nu<E_{fc}-E_{fv}$ 时，函数值取 1，其他情况取 0。$f_e(\nu)$ 如图 7-1-4(a)

自发辐射速率 r_{sp} 与 $\rho_v f_s(\nu)$ 成正比，其中 $\rho_v\propto(h\nu-E_g)^{1/2}$。因此 r_{sp} 如图 7-1-4(b)实线所示。

当 $T>0$K 时，费米函数变得平滑，因此 r_{sp} 如图 7-1-4(b)虚线所示。

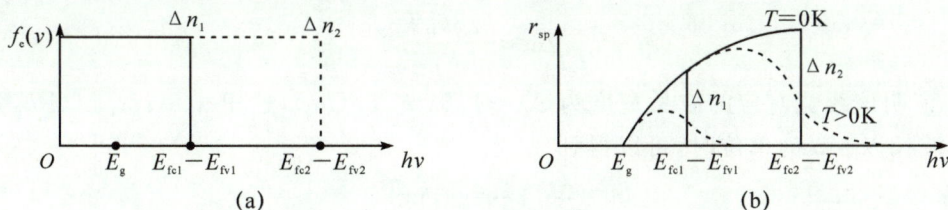

图 7-1-4　$f_e(\nu)$ 和 r_{sp} 示意图

【例 7.4】　弱注入条件下注入式电致发光的谱密度。

当注入足够弱使得 $E_c-E_{fc}\gg k_BT$ 和 $E_{fv}-E_v\gg k_BT$ 时，费米函数可以由其指数末梢来近似。证明发光率可以表示为

$$r_{sp}(\nu)=D(h\nu-E_g)^{1/2}\exp\left(-\frac{h\nu-E_g}{k_BT}\right),\quad h\nu\geqslant E_g \tag{7.1.5a}$$

这里

$$D=\frac{(2m_r)^{3/2}}{\pi h^2\tau_r}\exp\left(\frac{E_{fc}-E_{fv}-E_g}{k_BT}\right) \tag{7.1.5b}$$

是随准费米能级的间隔 $E_{fc}-E_{fv}$ 呈指数增长的函数。自发辐射率的光谱密度如图7-1-5所

示,它与如图 6-2-9 所示的热平衡光谱密度有完全相同的形貌,但它的数值增大了 $D/D_0 = \exp[(E_{fc}-E_{fv})/(k_B T)]$ 倍,当存在注入时该因子会非常大。在热平衡下,$E_{fc}=E_{fv}$,从而可以重新得到式(6.2.20)和式(6.2.21)。

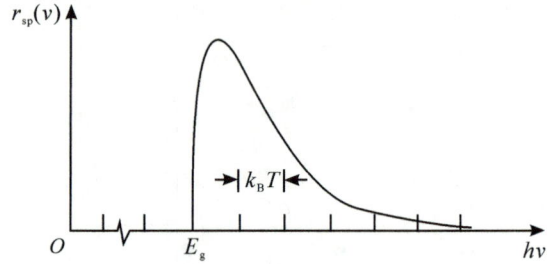

图 7-1-5 弱注入条件下直接带间注入式光致发光速率的谱密度与 $h\nu$ 的关系

证明:由式(6.2.9)得

$$\rho(\nu) = \frac{(2m_r)^{3/2}}{\pi \hbar^2}(h\nu - E_g)^{1/2}$$

由式(6.2.10)得

$$f_e(\nu) = f_c(E_2)[1-f_v(E_1)]$$

当 $E_c - E_{fc} \gg k_B T, E_{fv} - E_v \gg k_B T$ 时,有

$$f_c(E_2) \approx \exp[-(E_2 - E_{fc})/(k_B T)], \quad 1-f_v(E_1) \approx \exp[-(E_{fv}-E_1)/(k_B T)]$$

故

$$f_e(\nu) \approx \exp\left(-\frac{h\nu}{k_B T}\right) \cdot \exp\left(\frac{E_{fc}-E_{fv}}{k_B T}\right)$$

$$r_{sp}(\nu) = \frac{1}{\tau_r} \cdot \frac{(2m_r)^{3/2}}{\pi \hbar^2}(h\nu - E_g)^{1/2} \cdot \exp\left(-\frac{h\nu - E_g}{k_B T}\right) \cdot \exp\left(\frac{E_{fc}-E_{fv}-E_g}{k_B T}\right)$$

式(7.1.4a)和式(7.1.4b)得证。

【例7.5】 电致发光光谱线宽。

(a) 证明由式(7.1.5)描述的发射光的光谱密度的峰值频率 ν_p 决定于

$$h\nu_p = E_g + \frac{k_B T}{2} \tag{7.1.6}$$

(b) 证明该光谱密度的半高宽(FWHM)为

$$\Delta\nu \approx \frac{1.8 k_B T}{h} \tag{7.1.7}$$

(c) 证明该线宽对应的波长宽度为 $\Delta\lambda \approx 1.8\lambda_p^2 k_B T/(hc)$,这里 $\lambda_p = c/\nu_p$。当 $k_B T$ 以 eV 为单位,波长以 μm 为单位时,可以得到

$$\Delta\lambda \approx 1.45\lambda_p^2 k_B T \tag{7.1.8}$$

(d) 计算在温度 $T=300K$,$\lambda_p = 0.8\mu m$ 以及 $\lambda_p = 1.6\mu m$ 时的 $\Delta\nu$ 和 $\Delta\lambda$ 值。

解:(a) $r_{sp}(\nu) = D(h\nu - E_g)^{1/2}\exp\left(-\frac{h\nu - E_g}{k_B T}\right)$,

$$\frac{dr_{sp}(\nu)}{d\nu} = \frac{1}{2}D(h\nu - E_g)^{-1/2} \cdot h \cdot \exp\left(-\frac{h\nu - E_g}{k_B T}\right) - D(h\nu - E_g)^{1/2} \cdot \frac{h}{k_B T}\exp\left(-\frac{h\nu - E_g}{k_B T}\right),$$

峰值发生在 $\frac{dr_{sp}(\nu)}{d\nu} = 0$,得 $h\nu_p - E_g = \frac{1}{2}k_B T$。

(b)在峰值处,$r_{sp}(\nu_p) = D \cdot \left(\frac{k_B T}{2}\right)^{1/2} \cdot e^{-1/2}$,

故在半高处有 $r_{sp}(\nu) = D(h\nu - E_g)^{1/2}\exp\left(-\frac{h\nu - E_g}{k_B T}\right) = \frac{1}{2}D\left(\frac{k_B T}{2}\right)^{1/2} \cdot e^{-1/2}$。

设 $\dfrac{h\nu-E_{\mathrm g}}{k_{\mathrm B}T}=x$，则 $x^{1/2}\cdot\mathrm e^{-x}=\dfrac{1}{2}\cdot\left(\dfrac{1}{2}\right)^{1/2}\cdot\mathrm e^{-1/2}$，$x\mathrm e^{-(2x-1)}=\dfrac{1}{8}$。

作曲线 $y=x\mathrm e^{-(2x-1)}-\dfrac{1}{8}$，与 x 轴交于 $x=0.05$ 和 $x=1.85$，故 $\Delta x=1.8$，即 $\Delta\nu=\dfrac{1.8k_{\mathrm B}T}{h}$。

(c) $\lambda\nu=c$，故 $\dfrac{\Delta\lambda}{\lambda}=-\dfrac{\Delta\nu}{\nu}$，得

$$\Delta\lambda=\frac{\lambda^2\Delta\nu}{c}=\frac{1.8\lambda_{\mathrm p}^2 k_{\mathrm B}T}{hc}$$

当 $k_{\mathrm B}T$ 以 eV 为单位，波长以 μm 为单位时，有

$$\Delta\lambda=\frac{1.8\times10^{-6}\times1.6\times10^{-19}\lambda_{\mathrm p}^2\cdot k_{\mathrm B}T}{6.626\times10^{-34}\times3\times10^8}=1.45\lambda_{\mathrm p}^2 k_{\mathrm B}T$$

(d) $\Delta\nu=\dfrac{1.8k_{\mathrm B}T}{h}=\dfrac{1.8\times1.38\times10^{-23}\times300}{6.626\times10^{-34}}=1.125\times10^{13}\,\mathrm{Hz}$，

$\Delta\lambda=1.45\times1.6^2\times0.0259=0.096\,\mu\mathrm m$。

7.1.2　LED 的特性

电子和空穴的同时存在极大地增强了半导体中自发辐射的光子通量。N 型材料中有大量的电子，P 型材料中有大量的空穴，但是要产生大量的光需要大量的电子和空穴聚集在半导体的同一区域内。通过给 PN 二极管加正向偏压（见第 6.1.5 节）就可以在结区实现这一条件。如图 7-1-6 所示，虚线代表由偏置电压引起分离的准费米能级，正向偏压使得 P 区的空穴和 N 区的电子通过少数载流子注入共同的结区，这样电子和空穴就可以在结区复合并发射光子。

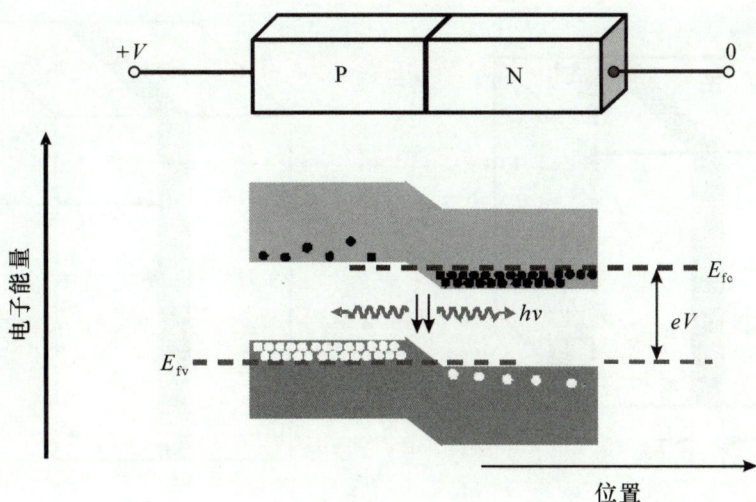

图 7-1-6　外加正向偏压为 V 的重掺杂 PN 结的能带

LED 是一个正向偏置的 PN 结，在少数载流子注入下具有很大的辐射复合率。半导体材料通常为直接带隙，以保证高量子效率。下面确定 LED 的输出功率，光发射的光谱和空间分布，并推导其发光效率、响应度和响应时间的表达式。

1. 内部光子通量

图 7-1-7 为一个 PN 结二极管的简单示意图。一个注入直流源 i 引起稳态载流子浓度 Δn 的提升,从而引起在体积为 V 的有源区内发生辐射复合。

由于每秒通过结区的载流子总数为 i/e,这里 e 为电子电荷,则载流子注入(泵浦)率(每秒每立方厘米的载流子数)为

$$R = \frac{i/e}{V} \tag{7.1.9}$$

由式(7.1.1)可得稳态载流子浓度为

$$\Delta n = \frac{(i/e)\tau}{V} \tag{7.1.10}$$

根据式(7.1.2),产生的光子通量 Φ 为 $\eta_i RV$,再利用式(7.1.9)可得内部光子通量为

$$\Phi = \eta_i \frac{i}{e} \tag{7.1.11}$$

这一简单、直观的公式决定了 LED 中的电子产生光子的关系,注入电子流 i/e(每秒电子数)的一部分 η_i 转化为光子流,即称为内部量子效率。内部量子效率 η_i 可以简单地认为是产生的光子通量与注入电子通量之比。

2. 输出光子通量和效率

由结区产生的光子通量在所有方向均匀辐射,然而从器件中发出的光子通量依赖于发射方向。为说明这点,下面考虑沿图 7-1-8 中分别记为 A,B 和 C 的三个几何方向发射出来的光子通量。

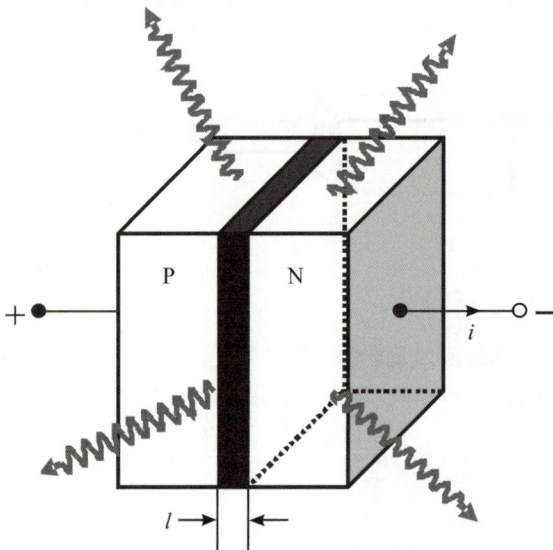

图 7-1-7　一个简单的正向偏置 LED
(光子从结区自发辐射)

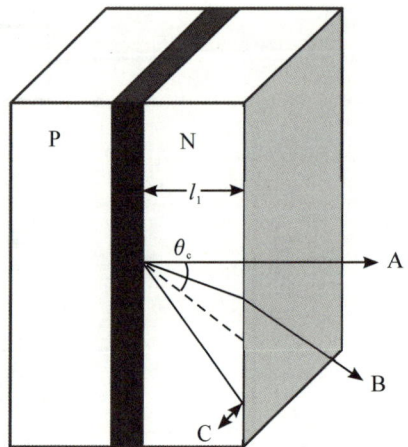

图 7-1-8　LED 内产生的沿不同方向
的光的辐射情况

(1)沿 A 方向传播的光子通量按因子 η_1 衰减,用公式表达为

$$\eta_1 = \exp(-\alpha l_1) \tag{7.1.12}$$

这里 α 是 N 型半导体的吸收因子,l_1 是从结区到器件表面的距离。另外,对于垂直入射的

情况,在半导体边界的反射使得只有一部分光透过,用公式表达为

$$\eta_2 = 1 - \frac{(n-1)^2}{(n+1)^2} = \frac{4n}{(n+1)^2} \tag{7.1.13}$$

其中 n 是半导体材料的折射率(见菲涅耳公式)。对于 GaAs,$n=3.6$,从而 $\eta_2 = 0.68$。因此,光子沿方向 A 的整体透射率为 $\eta_A = \eta_1 \eta_2$。

(2)沿光线 B 方向传播的光子通量由于要传播更远的距离,因此被吸收的光更多,反射损耗也更大,所以 $\eta_B < \eta_A$。

(3)发射到由临界角 $\theta_c = \arcsin(1/n)$ 决定的圆锥体之外的光,如沿光线 C 方向传播的光子通量,在理想情况下会发生全发射,因此完全不能透射。在这一锥形区域内发射的光的比例为

$$\eta_3 = 1 - \cos\theta_c = 1 - \left(1 - \frac{1}{n^2}\right)^{1/2} \approx \frac{1}{2n^2} \tag{7.1.14}$$

因此,对于 $n=3.6$,产生的全部光子通量中,只有 3.9% 能够透过。然而在实际 LED 中,临界角外的发射光可以被重新吸收,并再发射,所以实际上,η_3 可以比式(7.1.14)决定的值大。

输出的光子通量与内部光子通量的关系为

$$\Phi_0 = \eta_e \Phi = \eta_e \eta_i \frac{i}{e} \tag{7.1.15}$$

其中 η_e 是总的透射效率,表示可以从 LED 结构中出射的光子比率,η_i 则为内部光子通量与注入电子通量的比率。一个简单的量子效率用来包括这两种损耗,即外部量子效率 η_{ex} 可以表示为

$$\eta_{ex} \equiv \eta_e \eta_i \tag{7.1.16}$$

因此式(7.1.15)中的输出光子通量可以写为

$$\Phi_0 = \eta_{ex} \frac{i}{e} \tag{7.1.17}$$

简单地说,η_{ex} 为发射出的光子通量 Φ_0 与注入电子通量之比。通常泵浦率在结区内局部有所变化,所以产生的光子通量也会变化。

LED 输出光功率 P_0 与输出光子通量相关。每个光子具有能量 $h\nu$,所以输出光功率为

$$P_0 = h\nu \Phi_0 = \eta_{ex} h\nu \frac{i}{e} \tag{7.1.18}$$

尽管对于一些特定的 LED,其 η_i 近似为 1,但 η_{ex} 一般远小于 1,主要是因为器件中光的再吸收和边界上的内反射。这使得一般使用的 LED 的外部量子效率大都小于 1%,比如用于小型计算器中的 LED。

另一个评价性能的参数是总量子效率 η(也称为功率转换效率或者电光转换效率),定义为发射光功率与外加电功率之比,即

$$\eta \equiv \frac{P_0}{iV} = \eta_{ex} \frac{h\nu}{eV} \tag{7.1.19}$$

其中 V 是器件的压降。对于通常使用的 LED 有 $h\nu \approx eV$,于是可得 $\eta \approx \eta_{ex}$。

3. 响应度

一个 LED 的响应度 $\mathfrak{R}$ 定义为出射光功率 P_0 与注入的电流 i 之比,即 $\mathfrak{R}=P_0/i$。利用式(7.1.18),可得

$$\mathfrak{R}=\frac{P_0}{i}=\frac{h\nu\Phi_0}{i}=\eta_{\mathrm{ex}}\frac{h\nu}{e} \tag{7.1.20}$$

若 λ_0 以 μm 为单位,响应度以 W/A 为单位,则

$$\mathfrak{R}=\eta_{\mathrm{ex}}\frac{1.24}{\lambda_0} \tag{7.1.21}$$

例如,如果 $\lambda_0=1.24\mu$m,那么 $\mathfrak{R}=\eta_{\mathrm{ex}}$W/A;如果 η_{ex} 是 1,注入电流为 1mA 能产生的最大光功率为 1mW。然而,如上所述,η_{ex} 的典型值为 1%~5%,因此 LED 的响应度为 10~50μW/mA。

根据式(7.1.18),LED 的输出功率 P_0 应该与注入电流成比例。实际上,这一关系只在有限范围内成立。对于如图 7-1-9 所示的电流特性的例子,输出光功率与注入(驱动)电流成正比,只有当注入电流小于 75mA 时满足。在这个范围内,响应度是一个大概为 25μW/mA 的常数值,由曲线斜率决定。对于更大的驱动电流,饱和效应使得该比率下降。因此响应度也不再为常数,而是随着驱动电流的增加而降低。

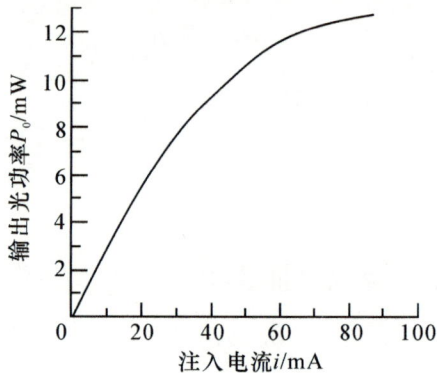

图 7-1-9 一个实际 LED 输出光功率与注入(驱动)电流的关系

4. 光谱分布

在准平衡状态下,由半导体自发辐射产生的光谱密度 $r_{\mathrm{sp}}(\nu)$,作为注入载流子浓度 Δn 的函数,已在例 7.2 和例 7.3 中计算出。这一理论可应用于准平衡状态下 LED 的电致发光,在 LED 中通过对 PN 结注入电流建立准平衡状态。

在弱泵浦的条件下,准费米能级位于禁带内,且至少距能带边缘数倍 $k_{\mathrm{B}}T$ 的距离,此时光谱密度在频率 $\nu_{\mathrm{p}}=(E_{\mathrm{g}}+k_{\mathrm{B}}T/2)/h$ 达到峰值(见例 7.3)。根据式(7.1.7)和式(7.1.8),光谱密度的半高宽(FWHM)为 $\Delta\nu\approx1.8k_{\mathrm{B}}T/h$(对于 $T=300$K,$\Delta\nu=10$THz),与频率 ν 无关。但是以波长形式表达的光谱半高宽(以 μm 为单位)与 λ 有关,用公式表达为

$$\Delta\lambda\approx1.45\lambda_{\mathrm{p}}^2 k_{\mathrm{B}}T \tag{7.1.22}$$

其中 $k_{\mathrm{B}}T$ 以 eV 为单位,波长以 μm 为单位,$\lambda_{\mathrm{p}}=c/\nu_{\mathrm{p}}$。

图 7-1-10 显示了一些工作在可见光和近红外波段的 LED 的光谱密度,可以很清楚地看

出 $\Delta\lambda$ 与 λ_p^2 成正比。如果在 $T=300\mathrm{K}$ 时 $\lambda_p=1\mu\mathrm{m}$，则由式(7.1.22)可得 $\Delta\lambda\approx36\mathrm{nm}$。

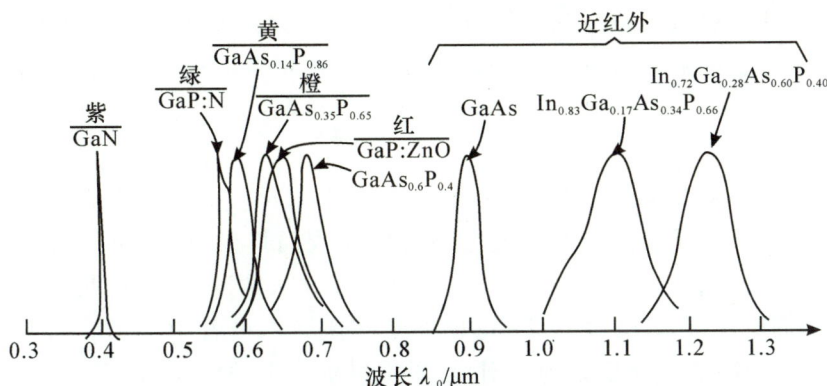

图 7-1-10　不同带隙的半导体 LED 频谱密度与波长的关系[1]

5. 材料

从图 7-1-10 可看到，LED 的工作波长可以由紫外到近红外。在近红外波段，许多二元化合物半导体材料由于直接带隙特性具有较高的发光效率。Ⅲ-Ⅳ族的二元化合物材料（见表 6-1-3 和图 6-1-6）包括 $\mathrm{GaAs}(\lambda_g=0.87\mu\mathrm{m})$、$\mathrm{GaSb}(\lambda_g=1.7\mu\mathrm{m})$、$\mathrm{InP}(\lambda_g=0.92\mu\mathrm{m})$、$\mathrm{InAs}(\lambda_g=3.5\mu\mathrm{m})$ 和 $\mathrm{InSb}(\lambda_g=7.3\mu\mathrm{m})$。三元和四元化合物在很大的组分范围内也属于直接带隙材料（见图6-1-6）。这些材料的优点在于发射波长会随着组分的不同而改变。在Ⅲ-Ⅴ族化合物中尤其重要的是三元 $\mathrm{Al}_x\mathrm{Ga}_{1-x}\mathrm{As}(0.75\sim0.87\mu\mathrm{m})$ 和四元 $\mathrm{In}_{1-x}\mathrm{Ga}_x\mathrm{As}_{1-y}\mathrm{P}_y(1.1\sim1.6\mu\mathrm{m})$。

在短波长波段（在紫外和大部分可见光区域），GaN、GaP 和 $\mathrm{GaAs}_{1-x}\mathrm{P}_x$ 为主要材料，尽管这些材料内部量子效率比较低。这些材料通常会掺入一些杂质元素作为复合中心，以增强辐射复合。发射蓝光的 LED 也可以使用磷化物将 GaAs LED 发射的近红外光子进行上转换（上转换为非线性效应，见第 9 章）。

6. 响应时间

一个 LED 的响应时间主要受造成辐射复合的少数载流子的寿命 τ 限制。对于足够小的注入速率 R，注入/复合过程可以由一阶线性微分方程来描述（见第 6.1.4 节），响应时间可通过对正弦信号的反应来描述。给 LED 施加不同频率的正弦信号电流，通过测量其对应的输出光功率，可以得到 LED 能被有效调制的最大频率。如果假设注入电流的形式为 $i=i_0+i_1\cos(\Omega t)$，这里 i_1 足够小，使得出射光功率 P 随注入电流线性变化，出射光功率可以表示为 $P=P_0+P_1\cos(\Omega t+\varphi)$。

相联系的转换函数定义为 $H(\Omega)=(P_1/i_1)\exp(\mathrm{i}\varphi)$，其形式为

$$H(\Omega)=\frac{\Re}{1+\mathrm{i}\Omega\tau} \tag{7.1.23}$$

这恰是一个电阻-电容电路的特性。LED 的上升时间为 τ(秒)，其 3-dB 带宽为 $B=1/(2\pi\tau)$(Hz)。通过降低上升时间 τ 可以获得更大的带宽 B。根据 $1/\tau=1/\tau_r+1/\tau_{nr}$ 可知，降低辐射寿命 τ_r 和非辐射寿命 τ_{nr} 对降低上升时间 τ 都有贡献。降低 τ_{nr} 会导致不希望的内部量子效率 $\eta_i=$

---

[1]　SZE S M. Physics of semiconductor devices[M]. 2nd ed. New York: Wiley, 1981.

τ/τ_r的降低。因此想要的是将内部量子效率与带宽的乘积 $\eta_i B = 1/(2\pi\tau_r)$ 最大化,而不是单单使带宽最大。这样就只需减少辐射复合寿命 τ_r,而不是降低 τ_{nr},这一点可以通过仔细选取半导体材料和掺杂能级来实现。LED 的典型上升时间为 $1\sim50\,\mathrm{ns}$,相对应的带宽有几百兆赫。

7. 器件结构

LED 可以是面发射或者边发射结构,如图 7-1-11 所示。面发射 LED 从与结平面平行的器件表面发射。从相反方向出射的光会被衬底吸收而损失,或者更好的情况是,被金属接触面反射(如果使用的衬底是透明的)。边发射 LED 从结区边缘发射。目前面发射激光二极管(SELD)的应用很多,边发射 LED 也经常在激光二极管中应用。面发射 LED 通常比边发射 LED 更为高效。异质结的 LED 可以提供更优良的性能。

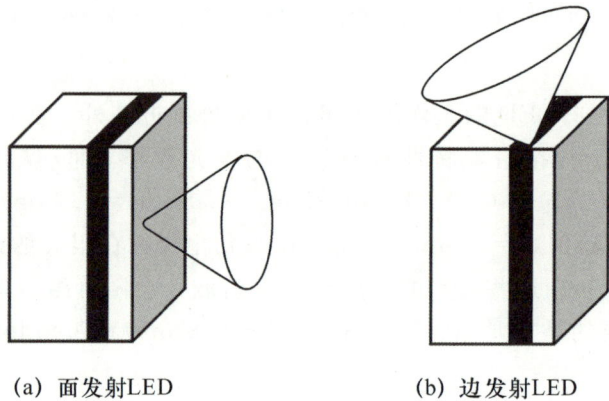

(a) 面发射LED   (b) 边发射LED

图 7-1-11   面发射 LED 与边发射 LED

面发射的 LED 结构如图 7-1-12 所示。图 7-1-12(a)显示一个位于 GaAs 衬底上的 $GaAs_{1-x}P_x$ 平面二极管结构 LED。一层渐变的 $GaAs_{1-y}P_y$ 夹在衬底和 N 型材料之间,用来降低晶格间的不匹配。GaAs 的带隙能量低于发出的红光的能量,从而向衬底方向辐射的光被吸收。也可以使用像 GaP 这样的透明衬底,与一层反射接触面组合,用来提高外部量子效率。图 7-1-12(b)为布鲁斯型的 LED,利用蚀刻阱将光从结区收集起来。这一结构

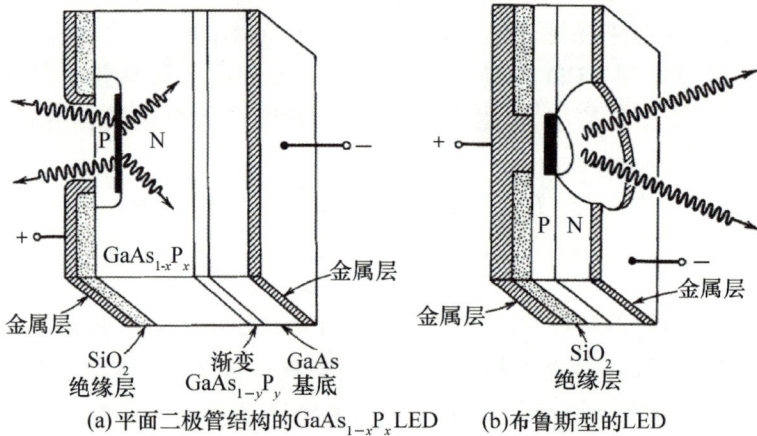

(a)平面二极管结构的$GaAs_{1-x}P_x$ LED   (b)布鲁斯型的LED

图 7-1-12   平面二极管结构的 $GaAs_{1-x}P_x$ LED 与布鲁斯型的 LED

使光纤与有源区域几乎贴紧,尤其适合将发射光有效地耦合到光纤中。

　　8. 发射光的空间模式

　　面发射 LED 的远场辐射模式与朗伯辐射体的模式类似,其亮度随 $\cos\theta$ 变化,其中 θ 是偏离发射平面垂线的角度。亮度值在 $\theta = 60°$ 时减到一半。常将环氧树脂透镜置于 LED 上,用于减小发散角度。不同形状的透镜可以根据需要用来改变发射光强随角度的分布,如图 7-1-13 所示。

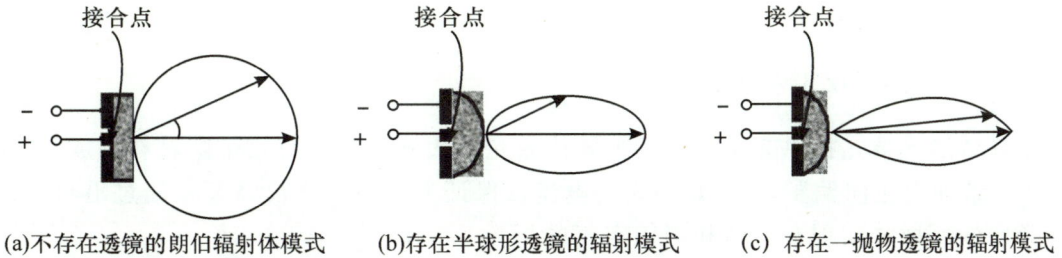

(a)不存在透镜的朗伯辐射体模式　　(b)存在半球形透镜的辐射模式　　(c) 存在一抛物透镜的辐射模式

图 7-1-13　面发射 LED 的空间辐射模式

　　边发射 LED(和激光二极管)的辐射通常是更为狭窄的辐射模式。这一模式可以用函数 $\cos^s\theta$ 来模拟,其中 $s > 1$。例如,如果 $s = 10$,则光强度在 $\theta \approx 21°$ 时将降到一半。

　　9. 驱动电路

　　一个 LED 通常由一个电流源驱动[见图 7-1-14(a)],还可以使用一个与电阻相连的电压源[见图 7-1-14(b)]。只需通过调制注入电流,就可以调制发射光(模拟或数字形式)。图 7-1-14(c)的模拟电路和图 7-1-14(d)的数字电路是另外两种驱动 LED 的电路。通过加

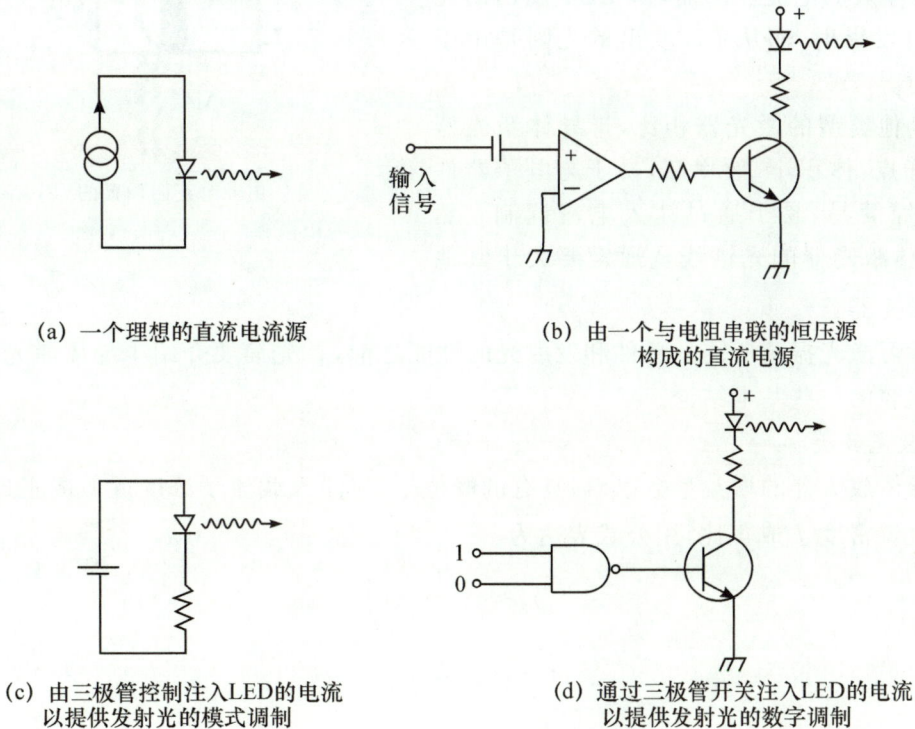

(a) 一个理想的直流电流源

(b) 由一个与电阻串联的恒压源构成的直流电源

(c) 由三极管控制注入LED的电流以提供发射光的模式调制

(d) 通过三极管开关注入LED的电流以提供发射光的数字调制

图 7-1-14　可以用来驱动 LED 的多种电路

入偏置电流调节器、阻抗匹配电路和非线性补偿电路,这些电路的性能可以得到改进。另外,通过对发射光进行监测,使用光学反馈来控制注入电流量,可以控制发射光亮度的浮动,达到稳定光输出的作用。

7.2 半导体激光器

7.2.1 放大、反馈和振荡

半导体激光器是提供光学反馈的半导体激光放大器。它由直接带隙材料制成,在重掺杂的 PN 结加上正向偏压,注入足够大的电流以保证光增益。光反馈经常通过沿材料晶面解理方向的反射来实现。晶体和周围空气的折射率突变,使得被解理开的表面如同反射镜。因此,半导体晶体作为增益媒介的同时,也作为光谐振腔,如图 7-2-1 所示。只要增益系数足够大,反馈会将光放大转化为光振荡器(激光器)。这个器件称为半导体激光器,或者激光二极管。

激光二极管(LD)与第 7.1 节讨论的发光二极管(LED)相似,这两个器件的能量源都是在 PN 结注入的电流。然而,从 LED 发出的光是由于自发辐射,而从 LD 发出的光则是由于受激辐射。

与其他类型的激光器相比,半导体激光器有很多优点:体积小,效率高,易于与电子器件集成,泵浦简易,易于通过注入电流调制。然而,半导体激光器的光谱线宽通常要大于其他类型的激光器。

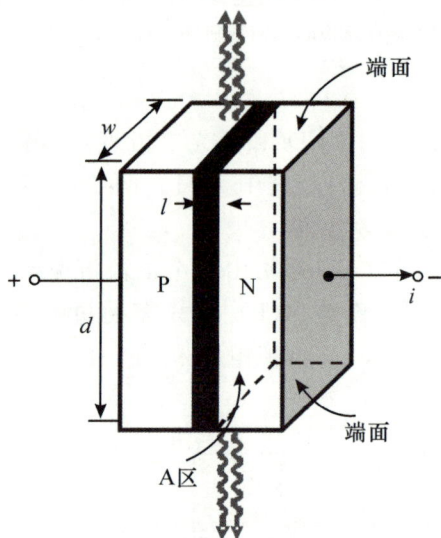

图 7-2-1 由一个正向偏置的 PN 结与两个起反射镜作用的平行端面构成的注入式激光器

在学习激光振荡所需的条件和发射光的性能之前,首先简要介绍半导体激光放大器和光学谐振腔的一些基本结论。

1. 激光放大

半导体放大器的增益系数 $\gamma_0(\nu)$ 具有的峰值 γ_p 与注入载流子浓度近似成正比,因此也与注入电流密度 J 成正比,用公式表达为

$$\gamma_p \approx \alpha \left(\frac{J}{J_T} - 1 \right) \qquad (7.2.1)$$

$$J_T = \frac{el}{\eta_i \tau_r} \Delta n_T \qquad (7.2.2)$$

这里 τ_r 是电子-空穴的辐射复合寿命,$\eta_i = \tau/\tau_r$ 是内部量子效率,l 是有源区的厚度,α 是热平衡吸收系数,Δn_T 和 J_T 是恰使半导体透明的注入载流子浓度和电流密度。

2. 反馈

通过沿垂直于结平面的晶面对晶体解理，或者磨光两个晶体的平行表面，可以形成反馈。这样图 7-2-1 中 PN 结的有源区同时也作为长度为 d、横截面为 lw 的平面镜光学谐振腔。半导体材料一般有大的折射率（见表 6-2-1），所以在半导体-空气界面上的功率反射率是很大的，表达式为

$$R=\left(\frac{n-1}{n+1}\right)^2 \tag{7.2.3}$$

如果媒介的增益足够大，折射率的不连续界面就可以作为一个合适的反射面，也就不需要外加反射镜。以 GaAs 为例，$n=3.6$，从而由式（7.2.3）可得 $R=0.32$。

3. 谐振腔损耗

谐振腔损耗主要是由于晶体表面的部分反射，这个损耗包括透射有用的激光光束。对于长度为 d 的谐振腔，反射损耗系数为

$$\alpha_m=\alpha_{m1}+\alpha_{m2}=\frac{1}{2d}\ln\frac{1}{R_1R_2} \tag{7.2.4}$$

如果两个表面具有相同的反射率，即 $R_1=R_2=R$，则 $\alpha_m=(1/d)\ln(1/R)$。总损耗系数为

$$\alpha_r=\alpha_s+\alpha_m \tag{7.2.5}$$

这里 α_s 表示其他原因引起的损耗，包括自由载流子在半导体材料中的吸收（见图 6-2-2），以及光学不均匀性引起的散射。α_s 随着杂质浓度和界面缺陷增加而上升，它的典型值范围在 $10\sim100\mathrm{cm}^{-1}$。

当然，在增益系数表达式（7.2.1）中的 $-\alpha$，对应材料中的吸收，也是损耗的一部分。但是，这一部分损耗已包含在式（7.2.1）给出的净峰值增益系数 γ_p 中。由式（6.2.24）给出的 $\gamma_0(\nu)$ 表达式也可看出，$\gamma_0(\nu)$ 与 $f_g(\nu)=f_e(\nu)-f_a(\nu)$ 成比例（即与受激辐射减去吸收后的差值成正比）。

另一个较为重要的损耗，是由于光能量在放大器的有源层外的分布（在垂直于结平面的方向）。如果有源层的厚度 l 很小，因为光通过很薄的放大器的有源层传播，而该层被损耗介质包围着，所以损耗可能很大。这个问题可以通过使用双异质结来减轻。所谓双异质结，即中间层的折射率较高，从而作为限制光能量的光波导。

由光能量分布引起的损耗可以通过定义一个限制因子 Γ 的方式来说明，以 Γ 表示存在于有源层的那部分光能量的比例（见图 7-2-2）。假设在有源层外的能量全部损失了，Γ 表示增益系数被减少的因子，或者说，是损耗系数被增加的因子。因此必须要修正式（7.2.5）来反映这一变化，使得

$$\alpha_r=\frac{1}{\Gamma}(\alpha_s+\alpha_m) \tag{7.2.6}$$

基于这一机制，用于在横向（即结平面方向）限制光束的激光二极管结构主要有三种类型：大面积（没有横向约束机制），增益波导型（用横向增益的变化来形成约束），折射率波导型（用横向折射率的变化形成约束）。折射率波导型的激光器具有优越的性能，因此受到普遍的青睐。

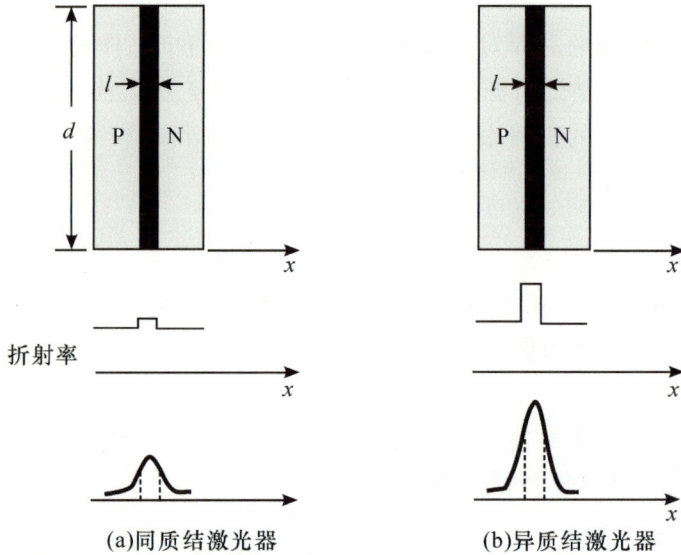

(a)同质结激光器   (b)异质结激光器

图 7-2-2   在垂直于结平面方向的激光空间分布

4. 增益条件:激光阈值

激光器的振荡条件是增益超过损耗,即 $\gamma_p > \alpha_r$,如式(5.2.8)所示。阈值增益系数即 α_r。在式(7.2.1)中,令 $\gamma_p = \alpha_r$ 并且 $J = J_t$,可以得到对应的注入阈值电流密度 J_t 为

$$J_t = \frac{\alpha_r + \alpha}{\alpha} J_T \tag{7.2.7}$$

这里透明电流密度(即介质达到透明需要注入的电流密度)为 $J_T = \dfrac{el}{\eta_i \tau_r} \Delta n_T$,阈值电流密度比透明电流密度大一个因子 $(\alpha_r + \alpha)/\alpha$。当 $\alpha \gg \alpha_r$ 时,该值接近 1。因为电流 $i = JA$,这里 $A = wd$ 是有源区的横截面面积,可以分别定义对应介质达到透明和激光起振阈值的电流为 $i_T = J_T A$ 和 $i_t = J_t A$。

阈值电流密度 J_t 是描述二极管激光器性能的一个重要参数,J_t 越小表示性能越好。根据式(7.2.2)和式(7.2.7),通过最大化内部量子效率 η_i,最小化谐振腔损耗、透明注入载流子浓度 Δn_T 和有源区厚度 l,可以使 J_t 最小化。然而,当 l 降到某一特定值,损耗系数 α_r 就会因限制因子 Γ 的降低变得更大[见式(7.2.6)]。结果,J_t 先随着 l 的降低而降低,一直达到一最小值,超过这一数值再降就会导致 J_t 的增加(见图 7-2-3)。

然而,在双异质结激光器中,由于有源层起光波导的作用(见图 7-2-2),l 值在一定范围内减小,限制因子总是接近于 1,所以异质结结构有更低的 J_t、更好的性能,如图7-2-3所示。J_t 的降低通过例 7.6 和例 7.7 说明。

由于式(7.2.1)给出的参数 Δn_T 和 α 对温度有较强的依赖关系,所以阈值电流密度 J_t 和峰值增益对应的频率也受温度较大的影响。为了稳定光输出,需要控制温度。事实上,频率调谐经常通过改变工作温度来实现。

【例 7.6】 InGaAsP 同质结激光二极管的阈值电流。一个 InGaAsP 同质结半导体注入式激光器有如下材料参数:室温 $T = 300\mathrm{K}$,$\Delta n_T = 1.25 \times 10^{18} \mathrm{cm}^{-3}$,$\alpha = 600\mathrm{cm}^{-1}$,$\tau_r = 2.5\mathrm{ns}$,$n = 3.5$,$\eta_i = 0.5$。假设结区的尺寸为 $d = 200\mu\mathrm{m}$,$w = 10\mu\mathrm{m}$,$l = 2\mu\mathrm{m}$。通过计算,可得透明

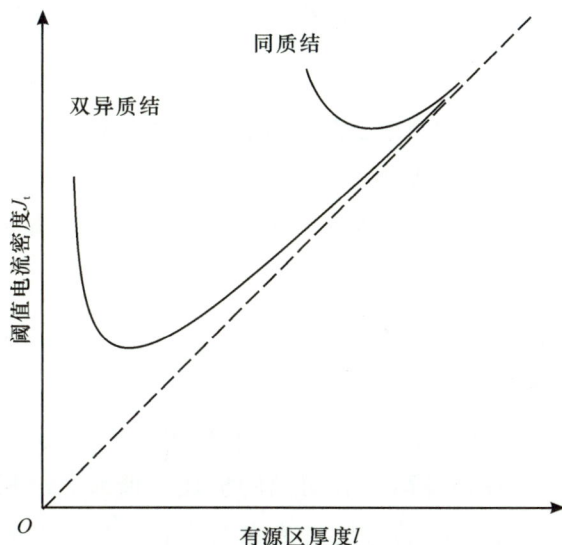

图 7-2-3　阈值电流密度 J_t 与有源区厚度 l 的关系

电流密度为 $J_T = 3.2 \times 10^4 \, \mathrm{A/cm^2}$。现在来计算激光振荡的阈值电流密度。利用式 (7.2.3)，表面反射率 $R = 0.31$。对应的反射镜损耗系数为 $\alpha_m = (1/d)\ln(1/R) = 59 \mathrm{cm^{-1}}$。假设由其他因素引起的损耗系数也是 $\alpha_s = 59 \mathrm{cm^{-1}}$，限制因子 $\Gamma \approx 1$，这样总损耗系数为 $\alpha_r = 118 \mathrm{cm^{-1}}$。因此阈值电流密度为 $J_t = [(\alpha_r + \alpha)/\alpha] J_T = [(118+600)/600] \times 3.2 \times 10^4 \mathrm{A/cm^2} = 3.8 \times 10^4 \mathrm{A/cm^2}$。相对应的阈值电流 $i_t = J_t w d \approx 760 \mathrm{mA}$，这是一个很高的值。对于需要如此大的工作电流的连续输出激光器在常温下是不可能实现的，除非将器件冷却到远远低于 $T = 300 \mathrm{K}$ 的温度来散热，所以现在同质结激光器已不再使用了。

【例 7.7】 InGaAsP 异质结激光二极管的阈值电流。一个 InGaAsP/InP 双异质结半导体注入式激光器，有源层的厚度为 $l = 0.1 \mu\mathrm{m}$，其他参数与例 7.6 相同。假设对光的限制是完善的 $(\Gamma = 1)$，可以使用相同的谐振腔损耗系数 α_r。透明电流密度因此降低至之前的 $1/20$，变为 $J_T = 1600 \mathrm{A/cm^2}$，从而使阈值电流密度成为更合理的 $J_t = 1915 \mathrm{A/cm^2}$。相对应的阈值电流为 $i_t = 38 \mathrm{mA}$。由于阈值电流降低很多，因此双异质结激光器在室温下可以连续工作。

7.2.2　功率

1．内部光子通量

当激光电流密度增大到超过阈值（即 $J > J_t$）时，放大器峰值增益系数 γ_p 超过损耗系数 α_r。受激辐射因此超过吸收和其他谐振腔损耗，从而振荡开始，谐振腔的光子通量 Φ 增大。当光子通量越来越大时，反转粒子数降低，因此饱和效应开始发生作用，当增益系数降低到与损耗系数相等时达到稳定状态。

与其他类型激光器的内部光子通量密度和内部光子数密度一样，稳定状态下内部光子通量 Φ 与泵浦率 R 和阈值泵浦率 R_t 的差值成比例。又由于 $R \propto i$ 并且 $R_t \propto i_t$，Φ 可以写成

$$\Phi = \begin{cases} \eta_i \dfrac{i - i_t}{e}, & i > i_t \\ 0, & i \leqslant i_t \end{cases} \tag{7.2.8}$$

因此稳态激光内部光子通量(由有源区每秒产生的光子数)等于超过阈值的电子流量(每秒注入的电子)与内部量子效率 η_i 的乘积。

超过阈值的内部激光功率,根据关系 $P = h\nu\Phi$,仅与内光子通量 Φ 有关,所以可以得出

$$P = \eta_i(i - i_t)\frac{1.24}{\lambda_0} \tag{7.2.9}$$

其中,λ_0 以 μm 为单位,i 以 A 为单位,P 以 W 为单位。

2. 输出光子通量和输出效率

激光的输出光子通量 Φ_0 是内部光子通量 Φ 和发射效率 η_e 的乘积。其中,发射效率 η_e [见式(5.3.16)]是对应穿过输出镜面的有用光的损耗与谐振腔总损耗 α_r 的比率。如果只用透过一个镜面的光,那么 $\eta_e = \alpha_{m1}/\alpha_r$;如果透过两个镜面的光都被利用,那么 $\eta_e = \alpha_m/\alpha$。在第二种情况下,如果两个反射镜具有相同的反射率 R,就可得到 $\eta_e = [(1/d)\ln(1/R)]\alpha_r$。因此激光输出光子通量为

$$\Phi_0 = \eta_e \eta_i \frac{i - i_t}{e} \tag{7.2.10}$$

很明显,由式(7.2.10)可以看出,激光输出光子通量与超过阈值部分的注入电子流量的比值取决于外部微分量子效率

$$\eta_d = \eta_e \eta_i \tag{7.2.11}$$

因此 η_d 代表阈值之上输出光子通量变化相对注入电子流变化的比率,即

$$\eta_d = \frac{d\Phi_0}{d(i/e)} \tag{7.2.12}$$

阈值之上的激光输出功率为 $P_0 = h\nu\Phi_0 = \eta_d(i - i_d)(h\nu/e)$,也可以写成

$$P_0 = \eta_d(i - i_t)\frac{1.24}{\lambda_0} \tag{7.2.13}$$

其中 λ_0 的单位为 μm。根据式(7.2.13)画出的输出功率与注入(驱动)电流的关系如图 7-2-4 中的直线所示,其参数为 $i_t \approx 21mA$,$\eta_d = 0.4$。该曲线被称为光-电流曲线。图 7-2-4 中的实线是根据一个波长为 $1.3\mu m$ 的 InGaAsP 半导体注入式激光器两个输出面获得的数据。这里给出的简单理论与实际数据符合得很好,说明输出光功率的确与驱动电流呈线性增长的关系(该例的电流范围为 $23\sim73mA$)。

由式(7.2.13)可以清楚地看到,阈值之上的光-电流曲线的斜率为

$$\Re_d = \frac{dP_0}{di} = \eta_d \frac{1.24}{\lambda_0} \tag{7.2.14}$$

其中,λ_0 以 μm 为单位,i 以 A 为单位,P_0 以 W 为单位。$\Re_d$ 称为激光器的微分响应率(W/A),代表阈值以上光功率增长与电流增长的比率。对于如图 7-2-4 所示的数据,$dP_0/di \approx 0.38 W/A$。

总效率(功率转化效率)η 定义为发射激光功率与输入电功率 iV 之比,这里 V 表示在二极管外加的正向电压。因为 $P_0 = \eta_d(i - i_t)(h\nu/e)$,可得总效率

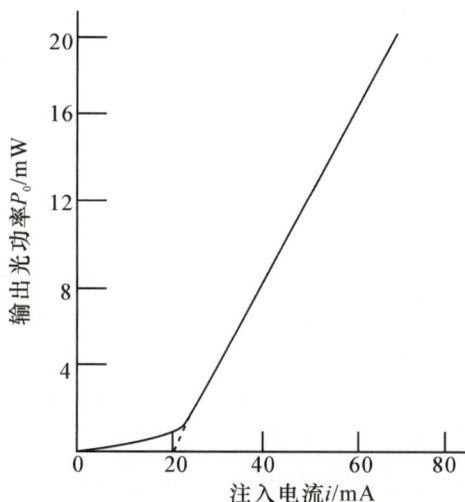

图 7-2-4　工作波长为 $1.3\mu\mathrm{m}$ 的 InGaAsP 折射率波导型掩埋异质结
激光器的理想(直线)和实际(实线)光-电流曲线

$$\eta = \eta_\mathrm{d}\left(1 - \frac{i_\mathrm{t}}{i}\right)\frac{h\nu}{eV} \tag{7.2.15}$$

如果实际工作电流远远大于阈值,即 $i \gg i_\mathrm{t}$,对于 $eV \approx h\nu$,可以得出 $\eta \approx \eta_\mathrm{d}$。图 7-2-4 显示的总效率 $\eta \approx 40\%$,远远大于其他类型的激光器。事实上,这一值要低于目前已报道的记录值($\approx 65\%$)。没有转化为光的电能将被转化为热能。由于激光二极管确实产生较多的热量,它们通常需要被装在热沉上以帮助散热,从而稳定工作温度。

综上所述,半导体注入式激光器有四种效率:内部量子效率 $\eta_\mathrm{i} = r_\mathrm{r}/r = \tau/\tau_\mathrm{r}$,说明只有一部分电子-空穴发生辐射复合;发射效率 η_e,说明由腔体射出的光只有一部分是有用的;外部微分量子效率 $\eta_\mathrm{d} = \eta_e\eta_\mathrm{i}$,是 η_i 和 η_e 的总效应;还有功率转换效率 η,即总效率。微分响应 $\Re_\mathrm{d}(\mathrm{W/A})$ 也是评估激光器性能的一个参数。

【例 7.8】 InGaAsP 双异质结激光二极管。再次考虑例 7.7 中 InGaAsP/InP 双异质结半导体注入式激光器,参数为 $\eta_\mathrm{i} = 0.5$,$\alpha_\mathrm{m} = 59\mathrm{cm}^{-1}$,$\alpha_\mathrm{r} = 118\mathrm{cm}^{-1}$,并且 $i_\mathrm{t} = 38\mathrm{mA}$。如果从两个面出射的光都被利用,则发射效率为 $\eta_e = \alpha_\mathrm{m}/\alpha_\mathrm{r} = 0.5$,而外部微分量子效率为 $\eta_\mathrm{d} = \eta_e\eta_\mathrm{i} = 0.25$。在波长 $\lambda_0 = 1.3\mu\mathrm{m}$,该激光器的微分响应度是 $\mathrm{d}P_0/\mathrm{d}i = 0.24\mathrm{W/A}$。如果 $i = 50\mathrm{mA}$,可以得到 $i - i_\mathrm{t} = 12\mathrm{mA}$,$P_0 = 12 \times 0.24 = 2.9\mathrm{mW}$。与图 7-2-4 中获得的数据做比较,可以看出,双异质结与掩埋式异质结激光器相比,阈值更高,效率更低,微分响应度更低。这说明折射率波导型掩埋式异质结比增益波导型双异质结器件有更优越的性能。

3. 激光二极管和 LED 工作的比较

由图 7-2-4 可以看出,激光二极管即使在阈值下也会产生光。这个光来自自发辐射,与第 7.1 节的 LED 一样,但是这一点在本节的激光理论中被忽略了。当在阈值以下工作时,半导体激光器类似边发射 LED。实际上,大部分 LED 仅仅是边发射双异质结器件。当激光二极管有足够强的注入时,受激辐射远远大于自发辐射,但是没有反馈以致激光阈值很高,被称为超辐射 LED。

与 LED 相关的效率有四个:内部量子效率 η_i,说明只有一部分电子-空穴复合是辐射性的本质;转换效率 η_e,说明从结区中发出的光,只有一小部分可以从高折射率的介质中跑出来;外部量子效率 $\eta_{ex} = \eta_i\eta_e$,是 η_i 和 η_e 的总效应;还有功率转换效率 η,即总效率。响应度 $\mathfrak{R}$ 也同样用来衡量 LED 的性能。

对于 LED 和激光二极管,物理量 η_i、η_e 和 η 具有一一对应关系。而且,在 η_{ex} 与 η_d,$\mathfrak{R}$ 与 $\mathfrak{R}_d$,i 与 $i - i_t$ 间也存在对应关系。激光的高性能在于它的 η_e 远远要比 LED 大,这是由于激光工作在受激辐射(而不是自发辐射)的基础上。阈值以上激光器的受激辐射使得激光束垂直于器件端面出射,因此损耗达到最低。这就有三个优点:①净增益代替了吸收;②由于激光束在材料的表面垂直出射(入射角小于临界角),从而防止光线被截留;③由于光在腔中多次循环,所以产生的光有多次机会作为有用光出射。相反,LED 光会被吸收或截获,且只有一次机会出射;如果光未出射,就被损耗了。所以,一个工作在阈值以上的激光二极管的 η_d(典型值 $\approx 40\%$)远远超过一个 LED 的 η_{ex}(典型值 $\approx 2\%$),这一点通过比较图 7-2-4 和图 7-1-9 也可以明显看出。

7.2.3 光谱分布

激光产生的光谱分布由三个因素决定:①光谱宽度 B:有源媒介的小信号增益系数 $\gamma_0(\nu)$ 大于损耗系数 α_r 的光谱范围;②线型加宽机制:均匀或非均匀加宽;③谐振腔模式:尤其是纵模之间的频率间隔 $\nu_F = c/(2d)$,其中 d 为谐振腔长。

半导体激光器具有下面几个特征:①增益系数的光谱宽度相对较大,因为跃迁发生在两个能带之间,而并非两个离散能级之间。②由于带内跃迁过程非常快,半导体更倾向于均匀加宽。然而,空间烧孔可以使多个受激振荡的纵模同时出现(见第 5.3.2 节)。烧孔现象尤其在短腔、驻波周期较少的情况下更普遍,因为这使得不同纵模场沿谐振腔轴向的分布交叠减小,从而更容易发生局部空间烧孔现象。③半导体谐振腔长 d 要显著小于其他激光器。谐振腔相邻模式的频率间隔 $\nu_F = c/(2d)$ 因此就相对较大。然而,满足小信号增益大于损耗的带宽 B 中通常包含许多模式(可能的激光模式数量为 $M = B/\nu_F$)。④对于增益波导型激光器,每个纵模的线宽典型值大致为 0.01nm(对应几个 GHz),但是折射率波导型激光器的每个纵模线宽一般要远远小于 30MHz。

【例 7.9】 InGaAsP 激光器中纵模的数量。一个 InGaAsP 晶体($n = 3.5$)的长度为 $d = 400\mu\text{m}$,其谐振腔纵模间隔为 $\nu_F = c/(2d) = 2nd\,c_0 \approx 107\text{GHz}$。在近中心波长 $\lambda_0 = 1.3\mu\text{m}$ 处,该频率间隔对应的自由空间波长间隔 λ_F 满足 $\lambda_F/\lambda_0 = \nu_F/\nu$,从而 $\lambda_F = \lambda_0\nu_F/\nu = \lambda_0^2/(2nd) \approx 0.6\text{nm}$。如果光谱线宽 $B = 1.2\text{THz}$(对应的波长宽度为 7nm),那么近似有 11 个纵模发生振荡。一个典型的光谱分布如图 7-2-5 所示,它包含一个横模和 11 个纵模。半导体注入激光器的总光谱线宽要大于大部分其他激光器的线宽,特别是气体激光器。要将模式减少到一个,需要减小谐振腔长度 d,使 $B = c/(2d)$。对应这个例子所需的腔长为 $d \approx 36\mu\text{m}$。

图 7-2-5　工作波长为 $1.3\mu m$ 的 InGaAsP 折射率波导型掩埋异质结激光器的频谱分布[①]

7.2.4　空间分布

与其他激光器一样，半导体注入式激光器的振荡也有横模和纵模形式。在第 5.3.3 节中，参数 (l,m) 用来描述横向场分布，而参数 q 用来描述沿波传播方向上的变化或者时间行为。在大多数其他类型的激光器中，激光束完全位于工作介质内，从而不同模式的空间分布由反射镜的形状和间距来决定。在圆形对称系统中，横波可以表示为拉盖尔-高斯 (Laguerre-Gaussian) 光束，或者更普遍的厄米-高斯 (Hermite-Gaussian) 光束 (见第 2.3.4 节) 的形式。由于在半导体激光器中激光光束可以扩展到有源层外，所以情况就不再相同了。横模是由半导体二极管不同层形成的介质波导的模式。

对于一个横截面为矩形，尺度为 l 和 w 的光学波导，横模可以用第 3.1 节的理论来决定。如果 l/λ_0 足够小 (通常在双异质结的情况下出现)，波导在垂直于结平面的横向只有单一模式存在。然而，w 一般大于 λ_0，所以波导在平行于结平面方向上支持多个模式，如图 7-2-6 所示。在平行于结平面的方向的模式称为侧模。比例 w/λ_0 越大，可能存在的侧模数越多。

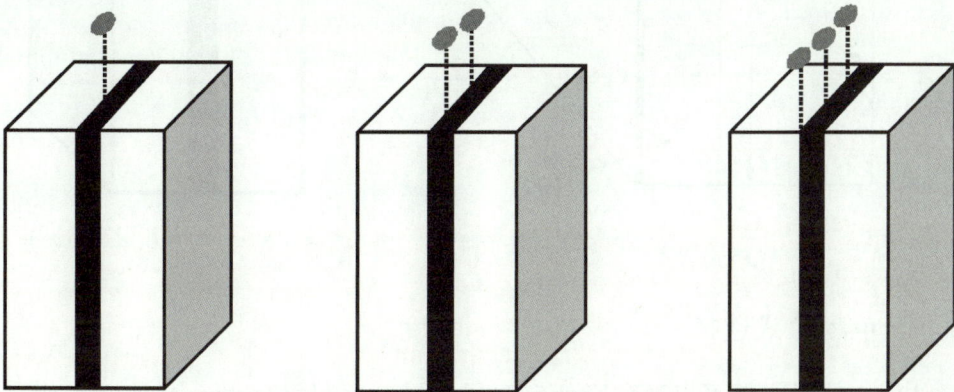

图 7-2-6　激光器波导模式 $(l,m)=(1,1),(1,2)$ 和 $(1,3)$ 的光强空间分布

---

① 图 7-2-5 比图 7-1-10 的 InGaAsP LED 的线宽更窄，形状也不同。随着注入电流的增大，模式数减少，最接近峰值增益的模式功率增大时边模趋于饱和。

由于级数高的侧模其空间分布更宽,所以限制较小,它们的损耗系数 α_r 也大于级数低的模式。结果,一些级数最高的模式不能满足振荡条件,其他则会以低于基模的功率振荡。为了获得高功率、单一空间模式,波导模式的数量必须通过降低有源层的宽度 w 来减少。结区面积的减少同时也可以起到降低阈值电流的作用。

侧向受限的有源层设计的实例为掩埋式异质结激光器,如图 7-2-7 所示,它是强限制的折射率波导型器件。有源层两边较低折射率的材料给这个介质波导型激光器提供了侧向的限制。

具有尺寸 l 和 w 的有源层的激光器,发射光的远场发散角在垂直于结区的平面约等于 λ_0/l(弧度),在平行于结区的平面约等于 λ_0/w(见图 7-2-8)。回忆第 2.3.2 节,对于直径为 $2W_0$ 的高斯光束,当发射角 $\theta \leqslant 1$ 时,$\theta \approx (2/\pi)[\lambda_0/(\pi W_0)] = \lambda_0/(\pi W_0)$。发散角决定远场的辐射模场分布。由于有源层小,半导体注入式激光器的发散角大于其他类型的激光器。例如,如果 $l = 2\mu m$,$w = 10\mu m$,$\lambda_0 = 0.8\mu m$,则发散角约为 23° 和 5°。从单横模激光二极管中发出的光,w 更小,发散角更大。远场光在辐射锥角内的空间分布依赖于横模数和光功率。高不对称的椭圆分布使得激光二极管发出的光难以准直。

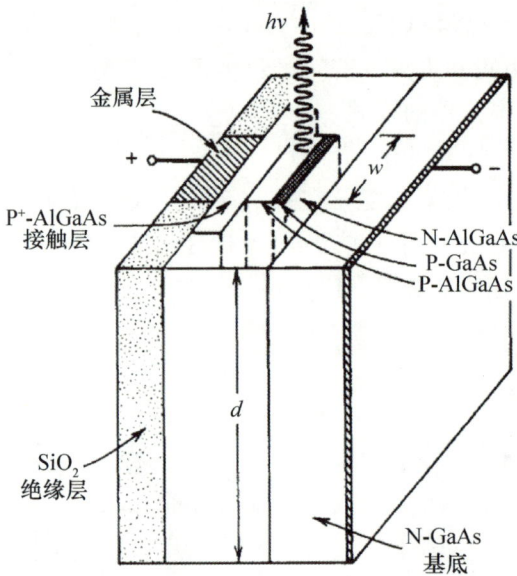

图 7-2-7　AlGaAs/GaAs 半导体掩埋异质结激光器　　图 7-2-8　激光二极管出射光束的角分布

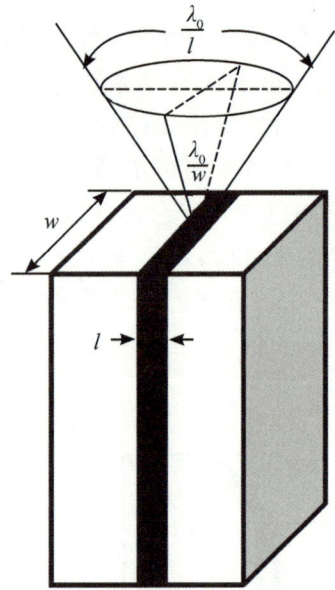

7.2.5　单频模式选择

半导体注入式激光器可以通过降低有源层的横截面尺寸(l 和 w),使之工作在单横模状态。单频工作可以通过减少谐振腔长 d 来实现,使相邻纵模间隔超过放大媒介的光谱宽度。

其他实现单模工作的方法,包括使用多反射镜谐振腔体。双腔的二极管激光器(耦合腔激光器)可以通过刻蚀出一个垂直于有源层的凹槽来实现,如图 7-2-9 所示。由于产生两个耦合腔,该结构被称为解理耦合共振腔(C^3)激光器。激光器中的驻波必须满足两个腔体的边界条件,因此提供了更为严格的限制条件,使得只有单一频率才能够满足。实际上,这个方法的有效性受到热漂移的限制。

实现单模的另一种方法是利用带有频率选择性的反射器代替解理面作为反射镜,比如用平行于结平面的光栅来代替解理面[见图7-2-10(a)]。光栅是周期性结构,仅仅反射满足条件 $\Lambda = q\lambda/2$(Λ 为光栅周期)的光,这里 q 是一个整数。这种光栅被称为分布式布拉格反射镜,相应的激光器则叫作 DBR 激光器。

实现单模还有一种方法,通过使用带有周期性空间波纹的波导将光栅直接制作在有源层的相邻层,如图 7-2-10(b) 所示。光栅作为分布式反射镜,代替由法布里-珀罗(Fabry-Perot)激光器中反射镜所提供的集中反射。晶体表面涂上抗反射的薄膜层,使得表面反射最小化。这个结构被称为分布式反馈(DFB)激光器。分布式反馈激光器的光谱线宽只有 10MHz(没有调制),可以提供 GHz 数量级的调制带宽,应用范围包括在 $1.3 \sim 1.55\,\mu m$ 波段的光纤通信。

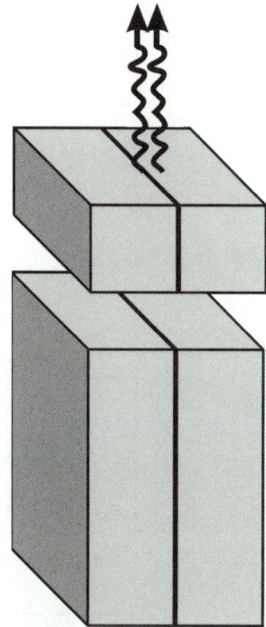

图 7-2-9 解理耦合
共振腔(C^3)激光器

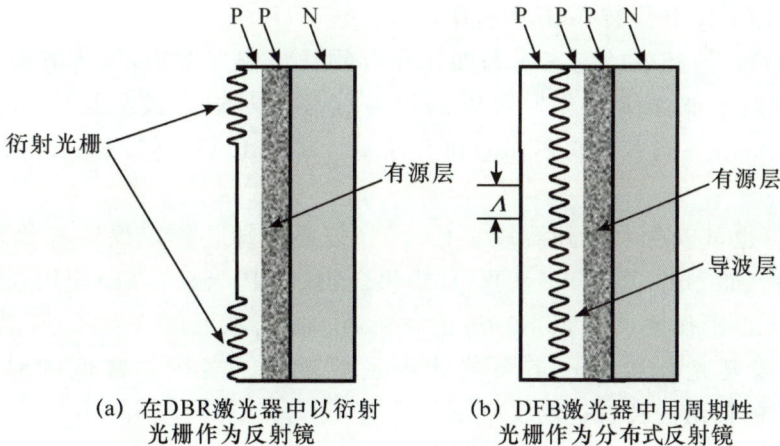

(a) 在DBR激光器中以衍射
光栅作为反射镜

(b) DFB激光器中用周期性
光栅作为分布式反射镜

图 7-2-10 基于光栅的单模激光器结构

7.2.6 典型激光器的特征

如图 7-2-11 所示,半导体激光器工作波长覆盖了从近紫外到远红外的波段,输出功率可达 100mW,激光二极管阵列(有源区紧密排列)可以提供功率超过 10W 的窄带相干光。

工作在可见光波段的激光二极管通常由 $Ga_{0.5}In_{0.5}P$ 制成,产生的光在 $\lambda_0 \approx 670nm$,可以采用增益波导型或介质波导型结构。连续波输出功率在温度 $T = 300K$ 时的典型值约为 5mA。目前供应的器件,可在电压 2.1V、电流 85mA 下工作。通过使用介质波导型侧向限制的方法,功率可以高达 50mW。一个 GaInP 激光器与一个工作在 633nm 的 He-Ne 激光器相比,效率高得多,而体积却小得多。在室温下,工作在波长为 584nm(在黄色段)的连续

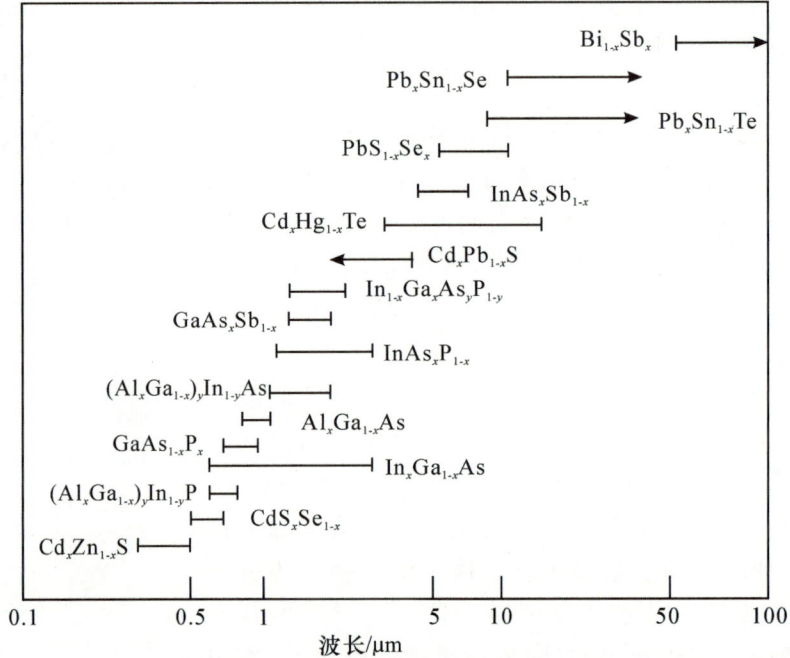

图 7-2-11   用于半导体激光器的化合物材料

波激光器，可以用 AlInP 代替 GaInP 制作。

在近红外波段，直接带隙的三元和四元化合物材料较为常用，因为其波长可通过组分调节，并且在室温下能连续工作。可以利用温度调节对输出波长进行精细调整。对于 LED，$Al_xGa_{1-x}As(\lambda_0=0.75\sim0.87\mu m)$ 和 $In_xGa_{1-x}As_{1-y}P_y(\lambda_0=1.1\sim1.6\mu m)$ 在实际应用中尤为重要。

激光二极管也可以在中红外波段工作，尽管需要冷却装置以保证有效工作。Ⅱ-Ⅵ 族直接带隙化合物（如 $Hg_xCd_{1-x}Te$）和 Ⅳ-Ⅵ 族化合物（如 $Pb_xSn_{1-x}Te$）应用在一个较宽的波带范围 $3\sim35\mu m$。工作波长为 $\lambda_0>3\mu m$ 的材料通常需要在温度 $T=300K$ 以下工作。这当中有许多材料需要光泵或电子束泵浦才能发射激光。当在非常低的温度上工作时，$Bi_{1-x}Sb_x$ 激光器的输出波长长达约 $100\mu m$。

7.3   光电二极管

7.3.1   PN 型光电二极管

半导体光电探测器和半导体光源是功能相反的器件。探测器将输入光子通量转换成输出电流，光源则相反。制作这两种器件经常用到相同的材料。探测器的工作指标与光源也有相对应的部分。

光电二极管探测器的工作依赖于光生电荷载流子。光电二极管是当吸收光子时反向电流会增加的 PN 结（见第 6.1.5 节）。在光照条件下反向偏置的 PN 结如图 7-3-1 所示。

假设光子在每处都以吸收系数 α 得到吸收,每当一个光子被吸收,一个电子-空穴对就会产生。但只有当电场存在时,载流子才会向特定方向输运。由于 PN 结只有在耗尽层建立电场,所以这是产生光生载流子的理想区域。

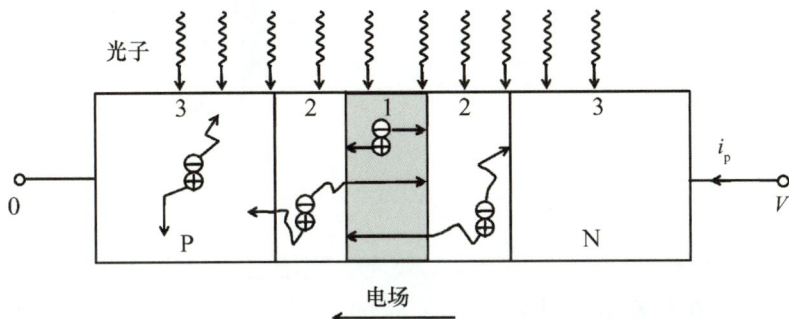

图 7-3-1　光子照射到理想的反向偏置 PN 结光电二极管探测器

然而,电子-空穴对的产生有三个可能区域。

• 在耗尽层(区域 1)产生的电子和空穴在强电场影响下向相反的方向漂移。因为电场总是指向 N-P 方向,电子向 N 侧移动,空穴向 P 侧移动。结果是外电路中的光生电流通常是相反方向(从 N 到 P)。因为在耗尽层不发生复合,每对载流子在外电路产生一个面积为 e 的电流脉冲。

• 远离耗尽层(区域 3)产生的电子和空穴由于缺少电场而不能被输运。它们随机运动直到复合湮灭,对外电路电流没有贡献。

• 在耗尽层外但是在它附近(区域 2)产生的电子-空穴对,因为有随机扩散而进入耗尽层的可能性,从 P 侧扩散来的电子被快速运输并穿过结区,因此对外电路贡献了一个电荷 e。从 N 侧扩散来的空穴有相同的作用。

光电二极管可以由表 6-1-3 所列的多种半导体材料制作出来,也可以由三元和四元化合物半导体(如 InGaAs 和 InGaAsP)制作。光电二极管的主要性质包括量子效率、响应度和响应时间。这些性能参数也适用于其他半导体光电探测器。

1. 量子效率

光电探测器的量子效率 $\eta(0<\eta<1)$ 定义为入射到器件的单个光子产生对探测器电流有贡献的光生载流子对的概率。当入射的光子数很多时,就像大部分实际情况那样,η 是激发出的对探测器电流有贡献的电子-空穴对数目与入射光子数目的比值。如图 7-3-2 所示,不是所有入射光子都会产生电子-空穴对,因为不是所有入射光子都被吸收。首先,吸收过程本身具有一定的概率性,第 6.2.2 节已推导了半导体材料中光子吸收的概率。其次,一些光子可能在探测器的表面被反射,从而降低了量子效率。再次,一些在探测器表面产生的电子-空穴对很快又复合了,它们不能对探测器电流有所贡献。最后,如果光不是正确地聚焦在探测器的有效部分,一些光子会丢失。然而,这个作用没有包含在量子效率的定义中,这是因为它与器件的使用有关,而不是与器件的固有性质有关。

因此量子效率可以写成

$$\eta=(1-\Re)\zeta\left[1-\exp(-\alpha d)\right] \tag{7.3.1}$$

这里 $\Re$ 是表面的光能量反射系数,ζ 是电子-空穴对成功地产生探测器电流的部分,α 是材料吸收系数(cm^{-1}),d 是光电探测器有效吸收区的深度。式(7.3.1)是以下三个因子的乘积。

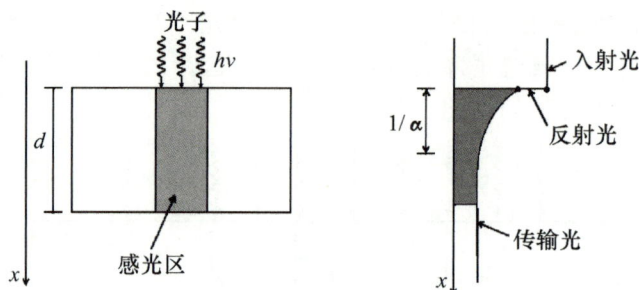

图 7-3-2　量子效率 η 的吸收效果

第一个因子 $1-\Re$ 代表器件表面的反射效应。用增透膜可以降低反射作用。

第二个因子 ζ 是在材料表面成功避免复合的电子–空穴对部分,它们对产生有效光电流有贡献。表面复合可以通过优化的材料生长来降低。

第三个因子 $1-\exp(-\alpha d)$ 代表体材料中吸收的光子通量。器件需要有一个足够大的 d 值,以使这个因子最大化。

应当说明的是,一些量子效率的定义没有包括表面反射的因子,那么这就需要另外单独考虑 η 与波长的关系。

量子效率是波长的函数,主要是因为吸收系数 α 与波长有关(见图 6-2-2)。对于一些光电探测器材料,η 在由材料特性决定的光谱窗内是很大的。对于足够大的 λ_0,η 变小了,这是因为当 $\lambda_0 \geqslant \lambda_g = hc_0/E_g$ 时吸收不会发生(此时光子能量不足以克服带隙能量)。带隙波长 λ_g 是半导体材料的长波长极限。一些本征半导体材料的 E_g 和 λ_g 的代表值在图 6-1-6 和图 6-1-9 中给出(也见表 6-1-3)。当 λ_0 足够小时,η 也会减小,因为大多数光子在器件的表面附近就被吸收了(比如,当 $\alpha = 10^4 \mathrm{cm}^{-1}$ 时,大部分光在 $1/\alpha = 1\mu\mathrm{m}$ 内即被吸收了)。在表面附近,复合寿命时间很短,因此光生载流子在被收集前就复合了。

2. 响应度

响应度将器件内的电流和入射光能量联系起来。如果每个光子能产生一个光电子,光子通量 Φ(每秒的光子数)会产生电子通量 Φ,对应短路电流 $i_\mathrm{p} = e\Phi$。频率为 ν 的光功率 $P = h\nu\Phi$ 将会产生电流 $i_\mathrm{p} = eP/(h\nu)$。因为产生被探测的光电子的光子比例为 η 而不是 1,因此电流为

$$i_\mathrm{p} = \eta e\Phi = \frac{\eta eP}{h\nu} = \Re P \qquad (7.3.2)$$

电流和光能量之间的比例因子 $\Re$,被定义为器件的响应度。$\Re = i_\mathrm{p}/P$ 的单位是 $\mathrm{A/W}$,其表达式为

$$\Re = \frac{\eta e}{h\nu} = \eta \frac{\lambda_0}{1.24} \qquad (7.3.3)$$

$\Re$ 随 λ_0 增加,因为光电探测器对光子通量而不是光能量做出响应。当 λ_0 增加时,一定的光能量所包含的光子数增多,因此产生了更多的电子。然而 $\Re$ 随着 λ_0 增加的区域很有限,因为 η 的波长依赖性在长波长和短波长都会起作用。需要区分这里定义的探测器响应度($\mathrm{A/W}$)和式(7.1.21)定义的发光二极管响应度($\mathrm{W/A}$)。

如果对探测器施加一个过大的光能量,响应度会下降。这种情况称作探测器饱和,限制了探测器的线性工作区。线性工作区是电流响应与入射光能量呈线性关系的区域。

为了获得响应度数量级的概念,可以将式(7.3.3)中的 η 设为 1,于是 λ_0 为 $1.24\mu m$ 时 $\Re=1A/W$,也就是 1nW 对应 1nA。对于给定的 η 值,响应度随波长的线性增加由图 7-3-3 表示。可以看到当 $\eta=1,\lambda_0=1.24\mu m$ 时,$\Re=1A/W$;如果 λ_0 固定,$\Re$ 也是随 η 线性增加的。

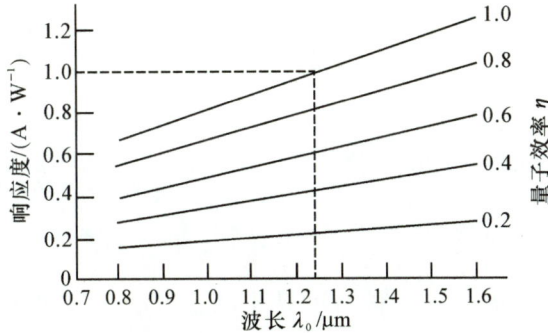

图 7-3-3　量子效率 η 为参数的响应度 $\Re(A/W)$ 与波长 λ_0 的关系

3. 响应时间

有人可能会倾向于认为光子激发光电探测器材料的一个电子-空穴对时外电路中产生的电荷应该是 $2e$,因为有两个电荷载流子。事实上,激发的电荷是 e。此外,光电探测器材料中通过载流子运动输运到外电路的电荷不是立即产生的,而是有一个延迟。材料中载流子的运动,使得电荷从器件一端的导线中被一个一个地拉出来,并把它们一个一个地推进另一端的导线,因此通过外电路的电荷会分布在一段时间内。这种现象称为渡越时间分布,它是很重要的限制半导体光电探测器工作速度的因素。

外加电压为 V 时,宽度为 w 的半导体材料中任意位置 x 通过光子吸收产生的电子-空穴对如图 7-3-4(a)所示。在 x 方向以速度 $v(t)$ 运动的电荷量为 Q(对于空穴电荷 $Q=e$ 或者对于电子电荷 $Q=-e$)的载流子在外电路中产生的电流为

$$i(t)=-\frac{Q}{w}v(t) \tag{7.3.4}$$

这个重要公式叫作拉莫定理,可以从能量观点得以证明。在大小为 $E=V/w$ 的电场影响下,如果在时间 dt 内电荷运动的距离为 dx,做功为 $-QEdx=-Q(V/w)dx$。这个功必须和外部电路提供的能量 $i(t)Vdt$ 相等。因此从 $i(t)Vdt=-Q(V/w)dx$ 可以得出

$$i(t)=-(Q/w)(dxdt)=-(Q/w)v(t) \tag{7.3.5}$$

当用平均电荷密度 ρ 而不是单独的点电荷 Q 来表示时,总的电荷量为 ρAw,这里 A 是横截面积,所以由式(7.3.5)得出 $i(t)=-(\rho Aw/w)v(t)=-\rho Av(t)$,从而得到 x 方向的电流强度为 $J(t)=-i(t)/A=\rho v(t)$。

当存在电场 E 时,半导体中的载流子将会以平均速率

$$v=\mu E \tag{7.3.6}$$

漂移,这里 μ 是载流子的迁移率。因此,$J=\sigma E$,其中 $\sigma=\mu\rho$ 是电导率。

假设空穴以恒定速度 v_h 向左移动,电子以 v_e 向右移动,从式(7.3.4)得到空穴电流 $i_h=-e(-v_h)/w$,电子电流 $i_e=-e(-v_e)/w$,如图 7-3-4(b)所示。只要有移动,每种载流子

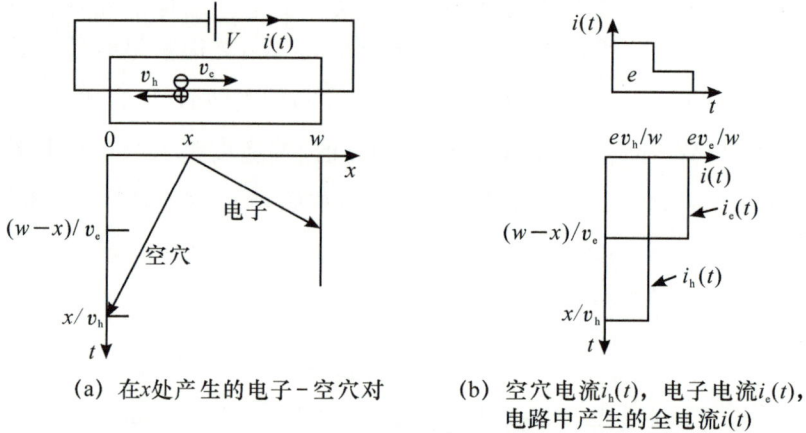

(a) 在 x 处产生的电子-空穴对　　　(b) 空穴电流 $i_h(t)$，电子电流 $i_e(t)$，
电路中产生的全电流 $i(t)$

图 7-3-4　电子-空穴对的产生、运动及对电流的贡献

都会对电流有贡献。如果载流子到材料的边界才停止运动，空穴的运动时间为 x/v_h，电子的运动时间为 $(w-x)/v_h$。在半导体中，v_e 通常比 v_h 大，所以渡越时间分布的总宽度为 x/v_h。

外电路包含的总电荷量 q 是 i_e 和 i_h 面积的总和，即

$$q = e\frac{v_h}{w} \cdot \frac{x}{v_h} + e\frac{v_e}{w} \cdot \frac{w-x}{v_e} = e\left(\frac{x}{w} + \frac{w-x}{w}\right) = e$$

正如所预料的，这和电子-空穴对产生的位置坐标 x 没有关系。

如果电子-空穴对在材料内均匀地产生，渡越时间分布现象会更严重，如图 7-3-5 所示。当 $v_h < v_e$ 时，渡越时间分布的总宽度是 w/v_h，而不是 x/v_h。这种现象的出现是因为均匀照明在各处都产生载流子对，包括在 $x = w$。空穴从这个点运动到 $x = 0$ 然后复合，需要走过的距离最远。

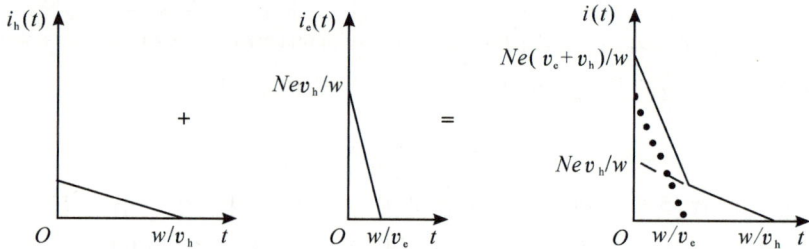

图 7-3-5　均匀分布在 0 到 w 间的 N 个光子激发的电子-空穴对在电路中产生的
空穴电流 $i_h(t)$、电子电流 $i_e(t)$ 和总电流 $i(t)$

半导体探测器的另一个响应时间限制是由光电探测器及电路的电阻 R 和电容 C 形成的 RC 时间常数。电阻和电容联合起到将探测器输出端电流积分的作用，因此延长了脉冲响应函数。由输运时间和 RC 时间常数展宽造成的总脉冲响应函数是由图 7-3-5 的 $i(t)$ 与指数函数 $[1/(RC)]\exp[-t/(RC)]$ 卷积决定的。

在光电二极管中，扩散对响应时间也是有影响的。在耗尽层外但是离它非常近的区域产生的载流子需要一定时间扩散到耗尽区。这和漂移相比是一个相对慢的过程。这个过程所允许的最大时间就是载流子的寿命(P 区电子 τ_P，N 区空穴 τ_N)。用 PIN 二极管可以降

低扩散的影响。

4. 偏置电压

作为一种电子器件,光电二极管的 i-V 关系为 $i = i_s\left[\exp\left(\dfrac{eV}{k_BT}\right) - 1\right] - i_p$,如图 7-3-6 所示。这是 PN 结通用的 i-V 关系,只是增加了与光子通量成正比的光电流 $-i_p$。

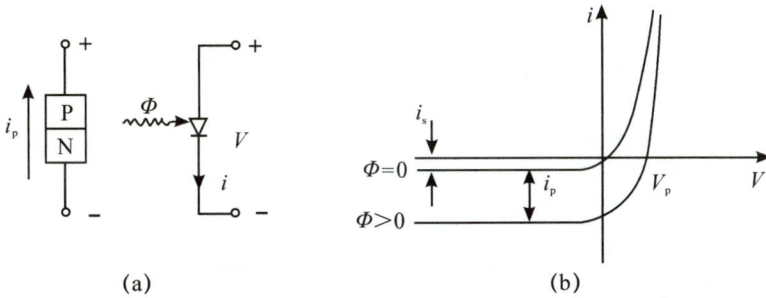

(a)　　　　　　　　　　(b)

图 7-3-6　普通光电二极管和 i-V 关系图

光电二极管有三种经典的工作方式:开路(光伏)、短路和反向偏置(光电导)。在开路方式中(见图 7-3-7),光激发了耗尽层中的电子-空穴对。耗尽层 N 侧的附加自由电子与 P 侧的空穴复合,或 P 侧自由运动的附加空穴与 N 侧的电子复合,净效果使得耗尽区的电场增强,从而在器件中产生了随光子通量增加而增加的光生伏特 V_p。这种工作方式在太阳能电池中得到应用。光生伏特的光电二极管的响应度用 V/W 而不是 A/W 来衡量。图 7-3-8 给出了短路工作方式。短路电流就是光生电流 i_p。最后,光电二极管也可以在反向偏置或光电导模式下工作,如图 7-3-9(a)所示。如果电路中插入一个串联负荷电阻,则工作条件如图 7-3-9(b)所示。

光电二极管通常工作在强反向偏置模式的原因如下:①强的反向偏置在结区产生强的电场,使载流子漂移速率提高,从而减小了渡越时间;②强的反向偏置增加了耗尽层的宽度,降低了结区电容,从而改善了响应时间;③增加的耗尽层的宽度导致光敏区域的增加,使其容易收集到更多的光。

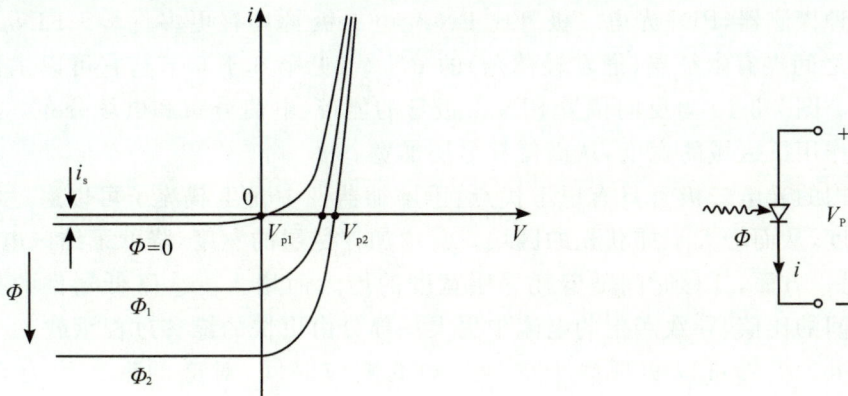

图 7-3-7　光电二极管的光伏工作模式

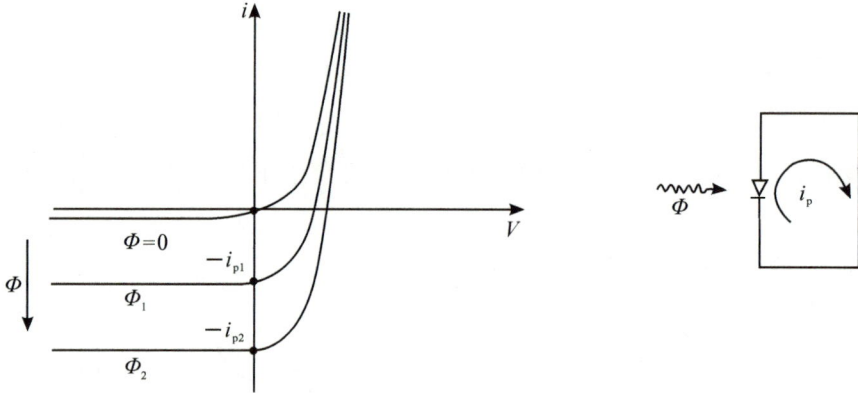

图 7-3-8 光电二极管的短路工作模式

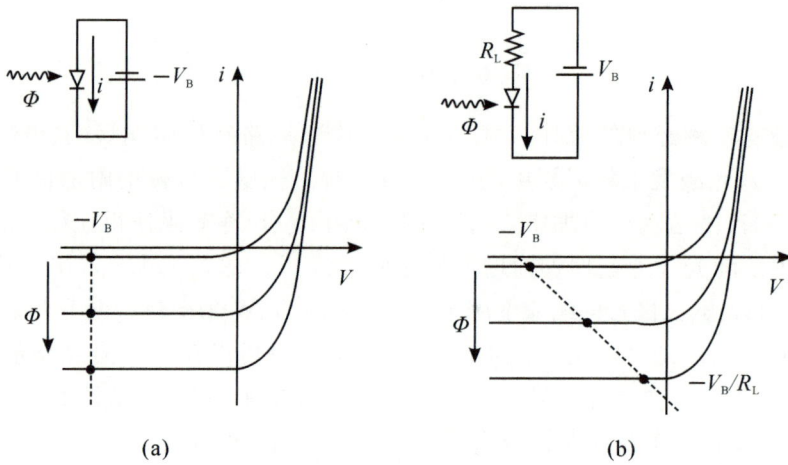

(a)   (b)

图 7-3-9 光电二极管的反向偏置工作模式(工作点在虚线上)

7.3.2 PIN 光电二极管

作为一种探测器,PIN 光电二极管比 PN 光电二极管具有更多优势。PIN 二极管是在 P 侧和 N 侧之间夹有本征层(通常轻掺杂)的 PN 结(见第 6.1.5 节),它可以工作在不同的偏置条件下。图 7-3-10 为反向偏置 PIN 二极管的能带、电荷分布和电场分布。这种结构能扩展高电场作用下区域的宽度,从而使耗尽层加宽。

PIN 结构的光电二极管具有以下优点:①增加器件中光生载流子可以通过漂移输运的耗尽层的宽度,从而增大了捕获光的区域。②增加耗尽层的宽度,降低了结区电容和 RC 时间常数,但另一方面,迁移时间随着耗尽层宽度的增大而增大。③降低器件的扩散长度和漂移长度之间的比值,导致产生的电流中更大一部分由更快的漂移过程承载。

PIN 光电二极管可以实现数十皮秒(ps)的响应时间,对应的带宽约为 50GHz。图 7-3-11给出了两种商品化的硅光电二极管与理想器件的响应度比较。有趣的是,响应度最大值所对应的波长小于带隙波长。这是因为硅是间接带隙材料,光子吸收跃迁通常是从价带到导带,而该导带位置高于导带底端。

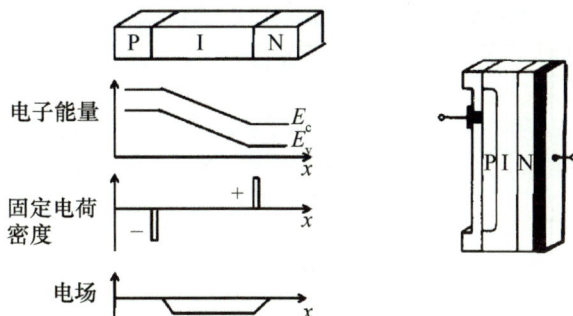

图 7-3-10　PIN 结构的能带、电荷分布和电场分布

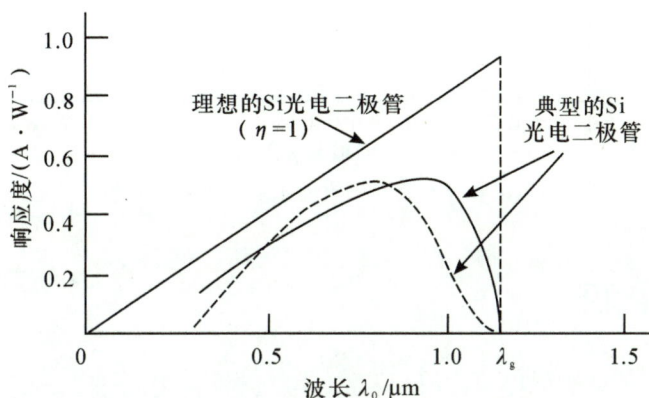

图 7-3-11　理想的和商业化的硅 PIN 光电二极管的光谱响应

7.3.3　异质结光电二极管

异质结光电二极管由两个不同带隙的半导体组成,比单一材料制作的 PN 结有更多优势。例如,异质结包含一个大带隙的材料,利用它的透明度能使耗尽层外的光学吸收达到最小化。这个大带隙的材料就被叫作窗口层。使用不同的材料可以为器件提供很多灵活性。下面这些材料系统有特别的重要性。

(1) $Al_xGa_{1-x}As/GaAs$(AlGaAs 与 GaAs 衬底晶格匹配)对波长在 $0.7 \sim 0.87 \mu m$ 范围内有用。

(2) $In_{0.53}Ga_{0.47}As/InP$ 工作在 $1.65 \mu m$ 的近红外区域($E_g = 0.75 eV$)。由这些材料制作的探测器的响应度和量子效率的典型值是 $\Re \approx 0.7 A/W$ 和 $\eta \approx 0.75$。带隙波长能够通过调节组分覆盖 $1.3 \sim 1.6 \mu m$ 这个光纤通信的波长范围。

(3) $Hg_xCd_{1-x}Te/CdTe$ 在光谱的中红外区域很有用。这是因为 HgTe 和 CdTe 有几乎相同的晶格常数,因此晶格在几乎所有组成都匹配。这种材料提供 $3 \sim 17 \mu m$ 可调的工作波长范围。

(4) 四元化合物材料,如 $In_{1-x}Ga_xAs_{1-y}P_y/InP$ 和 $Ga_{1-x}Al_xAs_ySb_{1-y}/GaSb$,在 $0.92 \sim 1.7 \mu m$ 范围很有用。它们有特殊的重要性,因为第四种元素提供了一个附加的自由度,使得在晶格匹配条件下实现不同的 E_g 值。

图 7-3-12 给出了代表性 PIN 光电二极管探测器的量子效率随波长的变化。对于精心设计的有增透膜的硅器件,η 可以接近 1。三元和四元化合物的 PIN 二极管的最佳响应波

长是可调的。长波长光探测器必须降温以减少热激发。

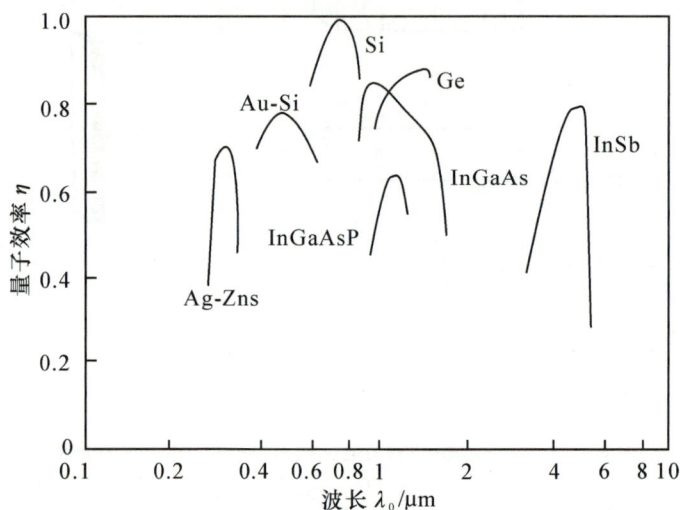

图 7-3-12   各种光电二极管的量子效率与波长的关系

7.4   太阳能电池

7.4.1   太阳能电池概况

太阳能电池是一种以半导体材料为媒介,通过光伏效应(photovoltaic effect)直接将光能(尤其是太阳光)转化为电能的器件。在传统能源逐步枯竭、环境问题逐年加剧之际,可再生能源,特别是太阳能的利用为人类提供了解决危机的途径。

1839 年,法国科学家贝克勒尔(Becquerel)发现了光伏效应,他观察到浸泡在电解液中的电极之间有光致电压。1876 年,在硒的全固态系统中也观察到了类似现象,基于硒和氧化亚铜的光电池也随即产生。当前主流的太阳能电池技术主要是硅太阳能电池。美国贝尔实验室在 1941 年申请了硅太阳能电池的发明专利,并在 1954 年研制出第一个具有实用意义的硅太阳能电池,当时的光电能量转换效率在 6% 左右。在 1958 年,太阳能电池就已经在宇宙飞船上得到应用。到 20 世纪 60 年代,太阳能电池的空间应用已经比较成熟。太阳能电池在此后十多年也主要被用于空间技术。

20 世纪 70 年代初是太阳能电池的一个重要发展阶段,太阳能电池的能量转换效率获得了显著提升。这也引发了人们对太阳能电池地面应用的兴趣。20 世纪 70 年代末,地面用太阳能电池的数量已经超过了空间太阳能电池的数量,其成本也随着产量的扩大而显著下降。20 世纪 80 年代开始的一系列新工艺的发展使硅太阳能电池的大规模量产成为可能。直到 2022 年,实验室硅太阳能电池效率已经突破 26.8%,商用太阳能电池模组的效率也达到 22% 以上。为进一步提升效率,需要理解效率损失的机制,并通过材料与器件设计减少这些损失。

7.4.2　太阳光的基本特性

来自太阳的辐射是地球上生命赖以生存的因素。它决定了地球表面的温度,并且提供了地球表面和大气层中自然过程的全部能量。

太阳实质上是一个由中心发生的核聚变而被持续加热的气体球。据估算,太阳中心温度高达 20000000K,太阳表面的温度相对较低,但仍高达 6000K。太阳向宇宙空间的辐射基本是连续的电磁辐射光谱,与 6000K 的黑体辐射光谱十分相近,光谱的功率分布可以根据普朗克辐射定律来近似。

在地球的大气层外,地球与太阳平均距离处,垂直于太阳光方向的单位面积上的辐射功率基本上为一常数。这个辐射强度称为太阳常数,或称此辐射强度为大气光学质量为零(AM0)的辐射。

目前,在光伏太阳能电池研究中采用的太阳常数数值为 1366.1W/m^2。从图 7-4-1 中最上方的两条曲线可以看出,AM0 的辐射光谱分布与理想黑体有所不同。这是由太阳大气层对于不同波长的辐射有不同透过率等影响造成的。了解太阳光能量的精确分布对太阳能电池的相关研究相当重要,因为不同种类的电池对不同波长具有不同响应。

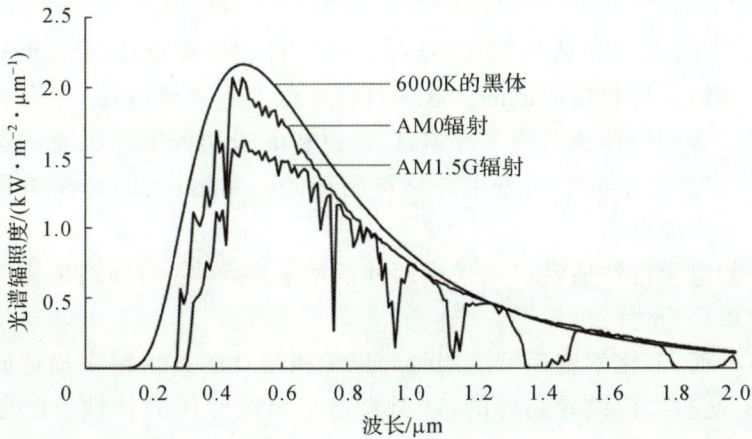

图 7-4-1　阳光的光谱分布

注:表面温度 6000K 的黑体的光谱辐照度(从地球观察,该黑体与太阳具有相同的直径);位于恰好是地球大气层以外位置所观察到的太阳光球层的光谱辐照度(AM0);以及在穿透 1.5 倍于地球大气层垂直厚度的地球大气之后的太阳光球层的光谱辐照度(AM1.5G)。

由于瑞利散射、悬浮颗粒散射和大气中的气体吸收太阳光等因素,阳光穿过地球大气层时至少会衰减 30%。图 7-4-1 中最下方的曲线显示了到达地球表面的阳光的典型光谱分布,它也展示了与大气分子相关的吸收带。

晴天时,决定总入射功率的最重要的参数是太阳光通过大气层的路程。太阳在头顶正上方时,路程最短。阳光通过大气层的实际路程与此最短路程之比称为大气光学质量(AM)。太阳在头顶上方时,大气光学质量为 1,此时对应的太阳辐射被称为大气光学质量为 1(AM1)的辐射。当太阳和头顶上方成一个角度 θ 时,大气光学质量的公式为

$$AM = \frac{1}{\cos\theta} \qquad\qquad (7.4.1)$$

在其他变量不变的情况下,随着大气光学质量的增加,到达地球的能量在所有波段都会发生衰减,到达地面的阳光的强度和光谱成分变化都很大。为了对不同地点测得的太阳能电池的性能进行更加有意义的比较,就需要确定一个太阳光谱地面标准。目前广泛使用的地面标准是 AM1.5 太阳光谱,并将其归一化后的总功率密度设置为 $1000\mathrm{W/m^2}$,即接近地球表面接收到阳光的最大功率密度。

到达地面的太阳光,除了直接来自太阳辐射的分量,还包括由大气层散射引起的相当可观的间接辐射或漫射辐射分量。在晴朗无云的天气,白天漫射辐射的分量也可能占地面所接收的总辐射量的 $10\%\sim20\%$。而在日照比较少的天气或地区,大部分辐射是漫射辐射。漫射辐射的光谱成分与直射阳光的不同。一般而言,漫射阳光中含有更丰富的较短波长的、光谱更蓝的光,这使太阳能电池系统接收到的光谱成分产生进一步的变化。

7.4.3　太阳能电池的光吸收与载流子复合

本小节讲述太阳能电池的基本工作原理,包括半导体与 PN 结二极管的光吸收、载流子疏运、载流子复合等过程。

1839 年,贝克勒尔发现了光伏效应,这是光伏器件或太阳能电池工作的基本原理。太阳能电池是由半导体材料制造而成的。这种材料在低温下是绝缘体,但在有热量影响的情况下就成为导体。硅是一种典型的半导体,这种材料的应用因电子工业的蓬勃发展而变得十分成熟,因此大多数太阳能电池是用硅材料制造的。当然,人们也在积极地研究基于其他半导体材料的太阳能电池。

半导体材料的电学特性通常可以采用两种模型来解释,它们分别是化学键模型和能带模型。下面将简单讨论这两种模型。

对于半导体硅而言,化学键模型运用将硅原子相结合的共价键来描述硅半导体的基本特性。在低温下,这些共价键是完好的,硅材料显示出绝缘体的特性。但遇到高温的情况时,这些共价键就可能被破坏,此时有两种情况可以使硅导电:①电子从被破坏掉的共价键中释放出来,并自由移动。②电子从相邻的共价键中移动到被破坏的共价键所产生的带正电的空位(或"空穴")处,这个过程使相邻的共价键遭到了破坏。由此遭到破坏的共价键或者空穴也得以传播。

空穴运动的概念类似于液体中气泡的运动,气泡的运动实际上可以看作液体的反向流动。对于半导体而言,空穴的移动可以理解为大量电子的反向移动。

能带模型根据价带和导带间的能级来描述半导体的工作特性。电子在共价键中的能量对应其在价带的能量。电子在导带中是自由移动的。带隙的能量差反映了使电子脱离价带跃迁到导带所需的最小能量。只有电子进入导带才能产生电流,同时空穴在价带以与电子相反的方向运动。这个模型被称作能带模型。

可以通过向半导体中掺杂其他杂质原子,来改变电子与空穴在晶格中的数量平衡。如图 7-4-2 所示,掺入比原半导体材料多一个价电子的原子,可以制备 N 型半导体材料;掺入比原半导体少一个价电子的原子,可以制备 P 型半导体材料。

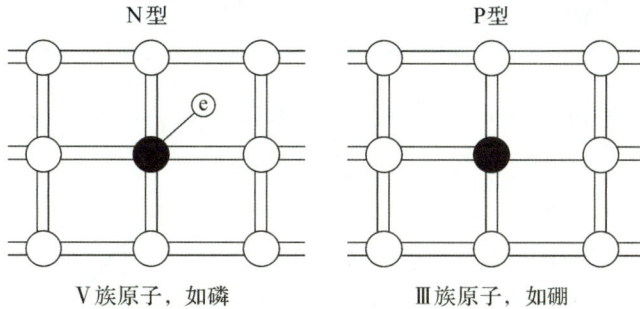

图 7-4-2　通过在硅晶格中掺入不同杂质所产生的 N 型和 P 型半导体

　　当光照射到半导体材料时,能量比带隙宽度(E_g)小的光子与半导体间的相互作用极弱,可以顺利地穿过半导体,半导体对于这些光子是透明的。然而,能量比带隙能量大的光子会与形成共价键的电子互相作用,它们自身所具有的能量足以破坏一小部分共价键,形成可以自由移动的电子-空穴对,如图 7-4-3 所示。

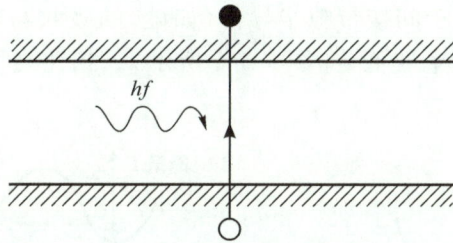

图 7-4-3　光照时电子-空穴对的产生(光子能量 $E_{ph} > E_g$)

　　光子的能量越高,在半导体中被吸收的位置就越接近受光面的表面。较低能量的光子则在距半导体受光表面较深处被吸收,如图 7-4-4 所示。

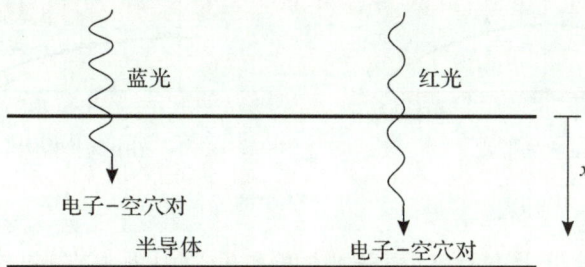

图 7-4-4　光的能量与电子-空穴对产生的位置间的关系

　　单位体积内电子-空穴对的产生率(G)用公式表达为

$$G = \alpha N e^{-\alpha x} \tag{7.4.2}$$

其中 N 是光子通量(每秒流过单位面积的光子数量),α 是吸收系数,x 是到表面的距离。在 300K 时,硅的吸收系数 α 和波长的函数关系如图 7-4-5 所示。

　　能量达到或大于带隙的光照射在半导体上会产生电子-空穴对。因此,光照时的载流子浓度将超过无光照(黑暗)时的值。如果切断光源,载流子浓度将衰减到它们平衡时的值。这种衰减过程称为复合过程。接下来,我们将简单介绍三种复合机制,这些机制可能

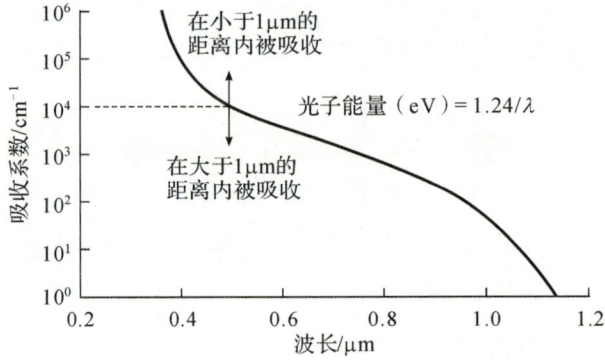

图 7-4-5   硅的吸收系数 α 与波长的函数关系(300K)

同时发生,在这种情况下的复合率是每个过程复合率的总和。

辐射复合是吸收过程的逆过程。具有比热平衡较高能态的电子有可能跃迁到空的较低能态,其全部(或大部分)初末态间能量差以光的方式发射。所有吸收机制理论上都有与之相反的辐射复合过程。由于间接带隙半导体(如硅)的吸收与辐射需要声子的参与,这个额外的步骤使得总体跃迁效率较低(如图 7-4-6 所示)。相比之下,辐射复合在直接带隙半导体中更为有效。

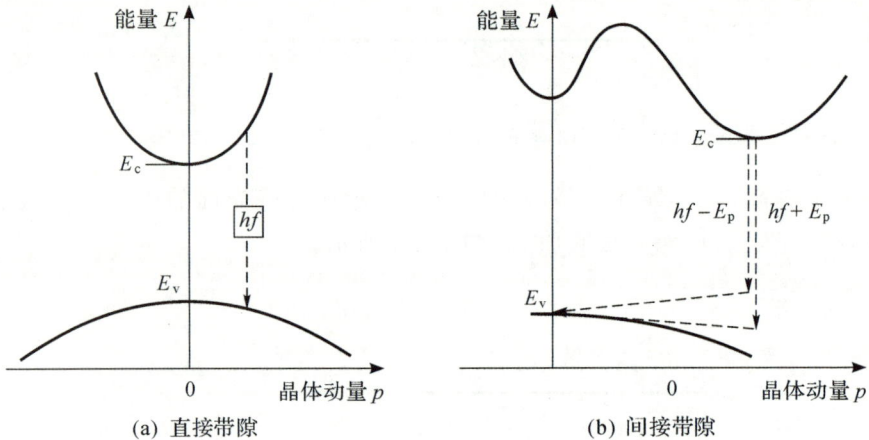

图 7-4-6   半导体中的辐射复合

总辐射率(R_R)与导带中占有态(电子)浓度和价带中未占有态(空穴)浓度的乘积成正比,即

$$R_R = Bnp \tag{7.4.3}$$

其中,B 对于给定的半导体来说是一个常数。由于光吸收和复合过程之间的关系,由半导体的吸收系数能够计算出 B。

热平衡时,即 $np = n^2$ 时,复合率与速率相等且过程相反的产生率相平衡。在外部激励源不产生载流子对的情况下,净复合率等于总的复合率减去热平衡时的产生率,即

$$U_R = B(np - n_i^2) \tag{7.4.4}$$

对于任何复合机制,都可定义电子寿命(τ_e)和空穴寿命(τ_h)两种载流子的寿命,它们分别为

$$\tau_e = \frac{\Delta n}{U_R} \tag{7.4.5}$$

$$\tau_h = \frac{\Delta p}{U_R} \tag{7.4.6}$$

其中，U_R 为净复合率，Δn 和 Δp 为电子与空穴相对于其热平衡值 n_0 和 p_0 的偏离值。

对于 $\Delta n = \Delta p$ 的复合机制而言，根据式(7.4.4)可以确定特征寿命为

$$\tau = \frac{n_0 p_0}{B n_i^2 (n_0 + p_0)} \tag{7.4.7}$$

硅的 B 值约为 $2 \times 10^{-15} \, \mathrm{cm}^3/\mathrm{s}$。

直接带隙半导体的辐射复合寿命比间接带隙半导体小得多。利用 GaAs 及其合金为材料的商用半导体激光器和发光二极管就是以辐射复合过程为基础的，但对于硅这种间接带隙半导体而言，其他复合机制比辐射复合重要得多。

俄歇(Auger)复合是一种非辐射复合过程。在俄歇过程中，电子与空穴复合时，将多余的能量传递给第二个电子(这个电子可以在导带或价带中)，而不发出光子(如图 7-4-7 所示)。然后，第二个电子通过发射声子弛豫回到它最初所在的能级。俄歇复合可以认为是碰撞电离效应的逆过程。在碰撞电离过程中，高能电子与原子碰撞，打开了一个共价键并产生了一个电子-空穴对。对半导体材料中的多数载流子分别为电子与空穴这两种情况而言，与俄歇相关的特征寿命 τ 分别满足

$$\frac{1}{\tau} = C n p + D n^2 \tag{7.4.8}$$

$$\frac{1}{\tau} = C n p + D p^2 \tag{7.4.9}$$

在上述两种情况下，式(7.4.8)和式(7.4.9)右边的第一项描述少数载流子能带的电子激发，第二项描述多数载流子能带的电子激发。由此可以看出，高掺杂材料的俄歇复合尤为显著。对于高品质的硅而言，掺杂浓度大于 $10^{17} \, \mathrm{cm}^{-3}$ 时，俄歇复合处于主导地位。

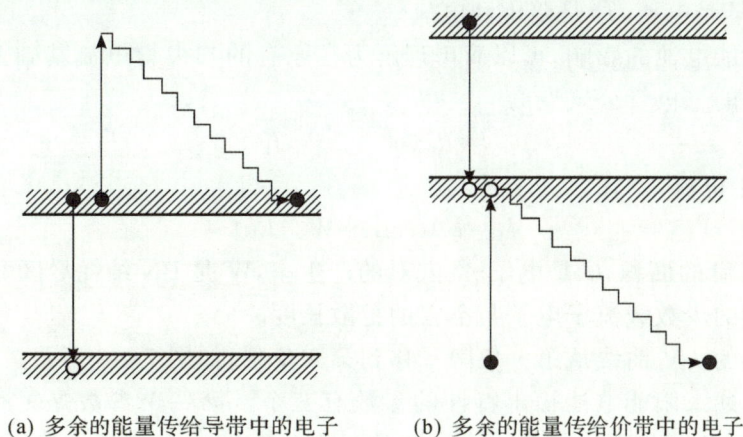

(a) 多余的能量传给导带中的电子　　　(b) 多余的能量传给价带中的电子

图 7-4-7　俄歇复合过程

另一种重要的非辐射复合过程是陷阱辅助的复合。半导体中的杂质和缺陷会在带隙中产生允许能级。这些缺陷能级能够引起一种有效的二级复合过程(如图 7-4-8 所示)。在

此过程中,电子从导带能级弛豫到缺陷能级,再弛豫到价带,结果与一个空穴复合。

陷阱辅助复合的净复合-产生率 U_T 可以写为

$$U_\mathrm{T} = \frac{np - n_\mathrm{i}^2}{\tau_{\mathrm{h}0}(n + n_1) + \tau_{\mathrm{e}0}(p + p_1)} \tag{7.4.10}$$

其中,$\tau_{\mathrm{h}0}$ 和 $\tau_{\mathrm{e}0}$ 是寿命参数,其大小取决于陷阱缺陷的体密度。n_1 和 p_1 是分析过程中引入的参数,有

$$n_1 = N_\mathrm{C} \exp\left(\frac{E_\mathrm{t} - E_\mathrm{c}}{kT}\right) \tag{7.4.11}$$

$$n_1 p_1 = n_\mathrm{i}^2 \tag{7.4.12}$$

如果 $\tau_{\mathrm{h}0}$ 和 $\tau_{\mathrm{e}0}$ 的数量级相同,当 $n_1 \approx p_1$ 时,U_T 达到峰值。当缺陷能级位于带隙中央附近时,会出现这种情况。因此,在带隙中央引入的杂质能级是最为有效的复合中心,会显著影响太阳能电池的性能。

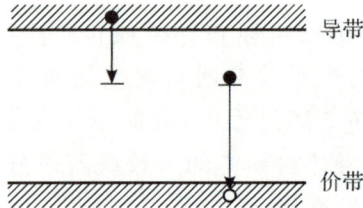

图 7-4-8   半导体禁带中缺陷能级辅助的复合过程

7.4.4   太阳能电池的工作特性

太阳能电池可以被简单看作一种在光照下工作的二极管器件。理想的太阳能电池在暗态下(无光照时)遵守理想二极管定律,即

$$I = I_0 \left(\mathrm{e}^{\frac{qV}{kT}} - 1\right) \tag{7.4.13}$$

其中,I 是电流,V 是电压,I_0 是暗饱和电流。

光照对太阳能电池的影响,可以简单理解为在原有的二极管电流基础上增加一个电流增量。在光照下的二极管公式变为

$$I = I_0 \left(\mathrm{e}^{\frac{qV}{kT}} - 1\right) - I_\mathrm{L} \tag{7.4.14}$$

这里的 I_L 是光生电流,公式为

$$I_\mathrm{L} = qAG(L_\mathrm{e} + W + L_\mathrm{h}) \tag{7.4.15}$$

此处的 A 是二极管的面积,G 是电子-空穴对的产生率,W 是 PN 结耗尽区宽度,L_e 和 L_h 分别为耗尽区两侧的少数载流子电子与空穴的扩散长度。

光照使电池的 I-V 曲线从第一象限平移到第四象限,如图 7-4-9 所示。

通常用来描述太阳能电池输出特性的参数有三个。第一个参数是短路电流 I_SC,在理想情况下,它等于光生电流 I_L。第二个参数是开路电压 V_OC,在理想状态下有

$$V_\mathrm{OC} = \frac{kT}{q} \ln\left(\frac{I_\mathrm{L}}{I_0} + 1\right) \tag{7.4.16}$$

由于 V_OC 与 I_0 有关,因而取决于半导体的性质。第四象限中任一工作点的输出功率对应如图 7-4-9 所示的矩形面积。由此可以发现一个最优的工作点 $(V_\mathrm{mp}, I_\mathrm{mp})$,使输出功率

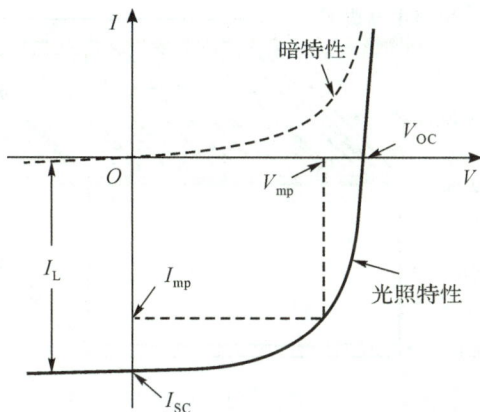

图 7-4-9   无光照和有光照时 PN 结太阳能电池的电流-电压特性

最大。第三个参数是填充因子 FF,定义为

$$FF = \frac{V_{mp} I_{mp}}{V_{OC} I_{SC}} \tag{7.4.17}$$

它是太阳能电池输出特性曲线"方形"程度的量度,对通常的太阳能电池而言,其数值一般为 0.7~0.85。

太阳能电池的能量转换效率 η 为

$$\eta = \frac{V_{mp} I_{mp}}{P_{in}} = \frac{V_{OC} I_{SC} FF}{P_{in}} \tag{7.4.18}$$

其中 P_{in} 是照射到电池的入射光的总功率。商用硅太阳能电池的能量转换效率一般为 20%~25%。

7.4.5   效率极限与效率损失

肖克利(Shockley)和奎伊瑟(Queisser)在 1961 年发表的论文中,阐明了理想单结太阳能电池存在基本效率极限(肖克利-奎伊瑟极限),这个理论极限考虑了太阳能电池无法吸收亚带隙光子,以及高于带隙的光子被吸收后产生的激发态需要弛豫到带边,产生热能造成能量损失等基本因素。这个效率极限对于不同带隙的半导体是不同的,对于硅电池 ($E_g = 1.12\text{eV}$) 而言,在 AM1.5G 标准太阳光谱照射下的极限效率为 32%~33%,而最优的半导体带隙在 1.34 eV 左右,此时的极限效率可以达到 33% 以上。

在实际的太阳能电池中,由于各种额外效率损失机制的存在,实际的器件效率远低于理想极限值,在此我们将对这些额外损失进行简单探讨。

首先是短路电流(I_{SC})损失。例如,在硅太阳能电池中有三种与器件光学设计相关的损失(如图 7-4-10 所示):①硅表面会造成相当大的反射。利用减反膜可以使这种反射损失降到 10% 左右。②为了在太阳能电池的两端制造电极,通常需要在电池受光的一侧制备金属栅线,这会遮挡 5%~15% 的入射光。③如果电池不够厚,进入电池的一部分具有合适能量的光将从电池背面直接逃逸。这就确定了半导体材料所需的最小厚度,因此间接带隙半导体比直接带隙半导体需要更大的厚度,如图 7-4-11 所示。

I_{SC} 损失的另一个原因,是半导体体区以及表面的复合。只有在 PN 结附近产生的

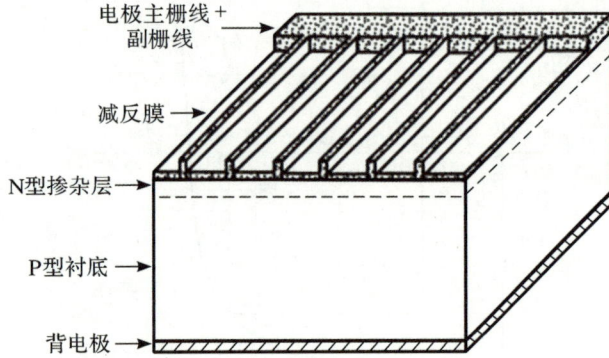

图 7-4-10　硅太阳能电池的典型器件结构

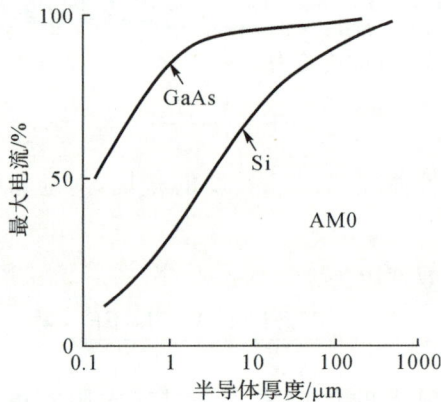

图 7-4-11　电池厚度对理想太阳能电池短路电流的影响
（对比了直接带隙半导体 GaAs 与间接带隙半导体 Si）

电子-空穴对才会对 I_{sc} 做出贡献。在距离结太远处产生的载流子,在它们从产生点移动到器件的电极之前,很有可能已经复合了。

接下来我们讨论开路电压(V_{oc})的损失。决定 V_{oc} 的主要过程是半导体中的复合。半导体中的复合率尤其是非辐射复合速率越低,V_{oc} 越高。半导体体区与表面的复合同样重要。

限制 V_{oc} 的一个重要因素是耗尽区中的陷阱辅助复合。从式(7.4.10)可以看出,当 n_1 和 p_1 很小且 n 和 p 也很小时,此复合率有最大值。当耗尽区的陷阱能级位于带隙中央附近时,这个条件可以成立。

将耗尽区的复合这一因素加入 PN 结在暗态下的电流-电压特性中,得到

$$I = I_0(e^{\frac{qV}{kT}}-1) + I_W(e^{\frac{qV}{2kT}}-1) \tag{7.4.19}$$

其中

$$I_W = \frac{qAn_i\pi}{2\sqrt{\tau_{e0}\tau_{h0}}} \cdot \frac{kT}{q\xi_{\max}} \tag{7.4.20}$$

其中 $\xi_{\max}$ 是 PN 结中最大的电场强度。

式(7.4.19)也可以写成

$$I = I_0'(e^{\frac{qV}{nkT}}-1) - I_L \tag{7.4.21}$$

其中,n 通常被称为理想因子。由式(7.4.19)可以看出,在耗尽区复合影响下,n 值在低电流(电压)时趋近于 2,而在高电流(电压)时趋近于 1。这个额外的耗尽区复合电流的存在,将会导致 V_{OC} 降低。

最后我们讨论填充因子(FF)损失。上述耗尽区的复合也同样会降低填充因子,也就是说,较大的 n 值一般会导致 FF 的降低。

通常,太阳能电池都存在寄生的串联电阻(R_s)和分流电阻(R_{sh}),如图 7-4-12 中太阳能电池等效电路所示。这些电阻是由数个物理机制所产生的。串联电阻 R_s 的主要来源是:制造电池的半导体材料的体电阻、电极和互联金属的电阻,以及电极和半导体之间的接触电阻。分流电阻 R_{sh} 则由 PN 结漏电引起,其中包括绕过电池边缘的漏电以及由结区存在晶体缺陷和外来杂质所引起的内部漏电。如图 7-4-13 所示,这两种寄生电阻都会起到减小填充因子的作用,很高的 R_s 值和很低的 R_{sh} 值还会分别导致 I_{SC} 和 V_{OC} 降低。

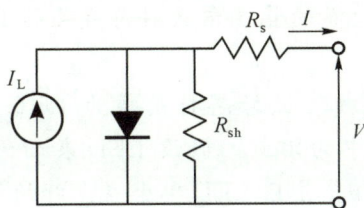

图 7-4-12　太阳能电池的等效电路

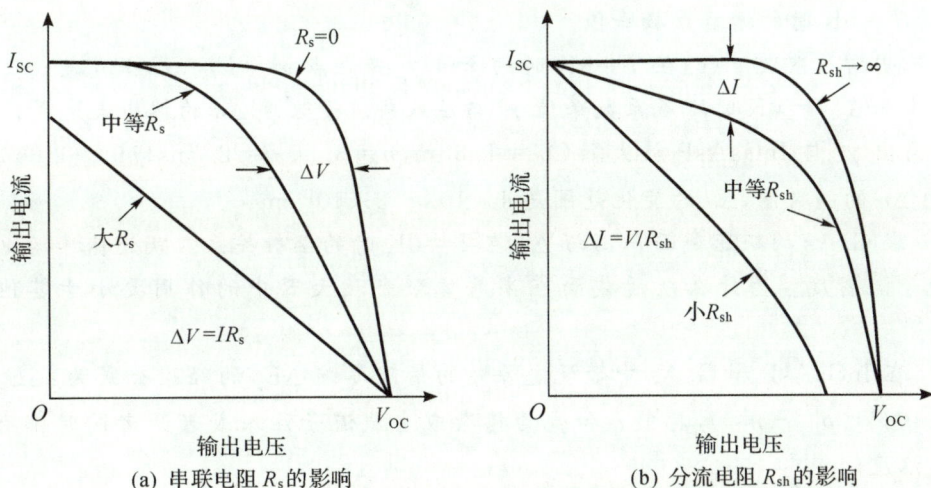

(a) 串联电阻 R_s 的影响　　　　(b) 分流电阻 R_{sh} 的影响

图 7-4-13　寄生电阻对太阳能电池输出特性的影响

7.5　本章小结

本章论述了半导体材料发光的机理,介绍了注入式电致发光的方法及特性。以第 6 章的半导体光电子物理为基础,本章详细介绍了发光二极管(LED)的工作原理、器件结构及发光特性,包括光谱分布、响应时间、空间模式、发光效率等。基于激光振荡的原理,本章介绍了半导体激光器(LD)的谐振腔结构及形成激光振荡的增益条件,理论分析了LD的发光特性,包括输出功率、输出效率、光谱分布、空间分布和模式选择;从工作机理和发光特性等方面比较了LED和LD的差异,阐述了LD的诸多优点。

　　本章还介绍了与半导体光源功能相反的器件——半导体光电探测器的工作原理,主要是基于光电效应;阐述了基于内光电效应的光电二极管的工作原理和主要性质;简单介绍了PIN光电二极管和异质结光电二极管的工作特性;阐述了太阳能电池的工作原理和主要工作特性。

✏️习题

　　7.1 由图7-1-10所给出的光谱,估算用nm、Hz、eV做单位的$In_{0.72}Ga_{0.28}As_{0.6}P_{0.4}$、$GaAs$、$GaAs_{0.6}P_{0.4}$这三种LED光谱宽度,并与式(7.1.8)的计算结果进行比较。

　　7.2 写出与半导体-空气边界的菲涅尔反射角有关的LED内部非极化光的抽取效率η_e的表达式。

　　7.3 有一个数值孔径NA=0.1、纤芯折射率为1.46的阶跃折射率光纤,计算将一LED所发的光耦合入这个光纤中的比例。假设LED表面为平面,折射率$n=3.6$,其光功率分布与角度有关,正比于$\cos^4\theta$。并且LED黏合在光纤的纤芯,发光面积小于纤芯。

　　7.4 画出InGaAs放大器带宽的全宽与注入载流子浓度Δn的函数图。找出带宽与Δn之间的近似线性表达式,并画出放大器增益系数与带宽的函数图。

　　7.5 $T=0K$时的增益系数峰值。

　　(a) 证明增益系数$\gamma_0(\nu)$在$T=0K$时的峰值γ_p是在点$\nu=(E_{fc}-E_{fv})/h$处;

　　(b) 求出在$T=0K$时增益系数峰值γ_p与注入载流子浓度Δn的解析表达式;

　　(c) 画出γ_p与InGaAsP放大器($\lambda_0=1.3\mu m$,$n=3.5$,$\tau_r=2.5ns$,$m_c=0.06m_0$,$m_v=0.4m_0$)的Δn的函数图,Δn的变化范围是$1\times10^{18}\sim2\times10^{18}cm^{-3}$。

　　7.6 求GaAs的跃迁截面$\sigma(\nu)$与Δn在$T=0K$时的函数关系。跃迁概率为$\phi\sigma(\nu)$,其中ϕ为光子流密度。为什么跃迁截面在半导体激光放大器中的作用要小于其他激光放大器?

　　7.7 在InGaAsP和GaAs中带尾态导致的带隙萎缩ΔE_g的经验公式为:$\Delta E_g(eV)\approx(-1.6\times10^{-3})(p^{1/3}+n^{1/3})$,其中$n$和$p$为掺杂或者载流子注入或者两者同时都有时提供的载流子浓度(cm^{-3})。

　　(a) 对P型InGaAs和GaAs,求使得带隙减小约0.02eV的浓度p;

　　(b) 对非掺杂的InGaAs和GaAs,求使得带隙减小约0.02eV需要注入的载流子密度Δn,假设n_1可以忽略;

　　(c) 计算$E_g+\Delta E_g$。

　　7.8 GaAs的本征载流子浓度$n_i=1.8\times10^6cm^{-3}$,复合寿命$\tau=50ns$,带隙能量$E_g=1.42eV$,电子的有效质量$m_c=0.07m_0$,空穴的有效质量$m_v=0.5m_0$。假设$T=0K$。

　　(a) 一个长$d=200\mu m$,宽$w=10\mu m$,厚$l=2\mu m$的GaAs放大器通过1mA电流时,求中心频率、带宽、其带宽内净增益的峰值;

　　(b) 求上述带宽内可以容纳的声音信号频道数,已知每个声音信号频道的带宽

为 4kHz;

（c）求此放大器可以允许通过的比特率，已知每个声音信号频道需要 64kb/s。

7.9　有一个 $1.55\mu m$ 的 InGaAsP 放大器（$n=3.5$），在输入面、输出面都有同样的减反膜。如果要求由两表面形成的法布里-珀罗腔导致的增益线型变化小于 10%，计算两个表面允许的最大反射率。

7.10　将电流注入一个 InGaAsP 二极管，其带隙能量 $E_g=0.91eV$，折射率 $n=3.5$，使得费米能级差为 $E_{fc}-E_{fv}=0.96eV$。如果谐振腔长 $d=250\mu m$，没有损耗，求可以谐振的最大纵模数。

7.11　一个 $500\mu m$ 长的 InGaAsP 晶体工作在某一特定波长下，其折射率 $n=3.5$。忽略散射及其他损耗，求能补偿晶体边界的反射损耗的最小增益系数。

7.12　激光二极管模式的频率分离是由折射率与频率有关导致的 [如 $n=n(\lambda_0)$]。一个长度为 $430\mu m$ 的激光二极管，其中心频率 $\lambda_0=650nm$。在辐射带宽内，可以认为 $n(\lambda_0)$ 与 λ_0 呈线性关系 [如 $n(\lambda_0)=n_0-a(\lambda_0-\lambda_c)$，其中 $n_0=n(\lambda_0)=3.4$，$a=dn/d\lambda_0$]。

（a）在 λ_0 波长附近观察到的激光模间距 $\Delta\lambda\approx0.12nm$，解释为什么与通常模式间距 $\nu_F=c/(2d)$ 不一样；

（b）估算 a 的值；

（c）解释气体激光器的模式牵引现象，与半导体激光器里的现象进行比较。

7.13　一束非极化光分别以 $45°$ 和垂直两种角度从空气入射到 Si、GaAs、InSb，求量子效率表达式中因子 $1-\mathfrak{R}$ 的影响。

7.14　求由（a）Si；（b）GaAs；（c）InSb 制成的理想半导体光子探测器（归一化量子效率和增益）的响应度最大值。

7.15　如图 7-3-4 所示，假设在 $x=w/3$ 处一个光子产生了一个电子-空穴对，$v_e=3v_h$（半导体中 v_e 通常大于 v_h），载流子在两端重新复合。求每个载流子对应的电流大小 i_h 和 i_e，及其持续时间 τ_h 和 τ_e，用 e,w,v_e 表达结果。证明产生的总电流为 e。如果 $v_e=6\times10^7cm/s$，$w=10\mu m$，画出电流随时间变化的示意图。

7.16　一束光子能量为 $h\nu$、光子流密度为 ϕ [光子数/（$cm^2\cdot s$）] 的光束，入射到一个半导体探测器，其带隙满足条件 $h\nu<E_g<2h\nu$，因此一个光子不足以使一个电子从价带跃迁到导带。但是两个光子有时可以同时给一个电子提供能量。假设探测器能产生的电流由 $I_p=\xi\phi^2$ 决定，其中 ξ 为一常数。证明双光子探测器的响应（A/W）为 $\mathfrak{R}=[\xi/(hc_0)^2]\lambda_0^2 P/A$，其中 P 为光功率，A 为探测器接收面的面积。从物理角度解释为什么 $\mathfrak{R}$ 与 λ_0^2 和 P/A 成正比。

7.17　一个本征 Si 样本中的载流子浓度 $n_i=1.5\times10^{10}cm^{-3}$，复合寿命 $\tau=10\mu s$。如果用光照射此材料，材料吸收了波长 $\lambda_0=1\mu m$，光功率密度为 $1mW/cm^3$ 的光，求电导率增加的百分比（量子效率 $\eta=1/2$）。

7.18　一光脉冲波长 $\lambda_0=1.55\mu m$，光子数有 6×10^{12} 个，某种 PIN 光电二极管在其照射下，平均能产生 2×10^{12} 个被终端探测到的电子。求此波长下的量子效率 η 和响应度 $\mathfrak{R}$。

7.19　证明脉冲响应为 $h(t)=(e/\tau)\exp(-t/\tau)$ 的电路带宽为 $B=1/(4\tau)$。RC 电路的带宽为多少？RC 电路中电阻 $R=1k\Omega$，温度 $T=300K$，电容 $C=5pF$，求热噪声电流。

7.20 将一在波长 $\lambda_0 = 1.3\mu m$ 下量子效率 $\eta = 0.8$ 的光电探测器放入一个带宽为 $B = 100MHz$ 的没有噪声的电路(接收器测量电流为 i),求此接收器的灵敏度(比如光功率要求信噪比 SNR $= 10^3$)。

7.21 已知太阳到地球、水星和火星的平均距离分别为 $1.5 \times 10^{11}m$,$5.8 \times 10^{10}m$ 和 $22.8 \times 10^{12}m$,请估算水星和火星的太阳常数。

7.22 硅的吸收系数从入射光波长为 300nm 时的 $1.65 \times 10^6 cm^{-1}$,下降到 600nm 时的 $4400cm^{-1}$ 和 $1.1\mu m$ 时的 $3.5cm^{-1}$。假设电池前后表面没有反射,电池厚度为 $300\mu m$。分别针对上述三种波长,以表面电子-空穴对的产生率为基准,计算距离表面不同深度的电子-空穴对产生率并作图。

7.23 在一个半导体样品中,已知少数载流子辐射复合寿命为 $100\mu s$,俄歇复合寿命为 $50\mu s$,陷阱辅助过程的寿命是 $10\mu s$,假设不存在其他有效复合过程,那么该材料的净寿命是多少?

7.24 (a)波长是 800nm,强度为 $20mW/cm^2$ 的单色光均匀照射在硅太阳能电池(带隙为 1.12eV)上。电池在此波长照射下的外量子效率是 0.8,如果电池的面积是 $4cm^2$,计算其短路电流(I_{SC})的大小。

(b)如果构成上述太阳能电池的半导体带隙是(i)0.7eV,(ii)2.0eV,假设其余条件不变,求此两种带隙电池的短路电流(I_{SC})。

7.25 对于第 7.24 题中提到的硅太阳能电池(带隙为 1.12eV),假设理想因子(n)是 1.2,暗电流密度(J_0)是 $1pA/cm^2$,计算其开路电压(V_{OC})、填充因子(FF)以及效率 η。

第 8 章

光的调制

光是一种极好的信息载体。由于光波的频率较高,能够达到的带宽较大,因此光波所能携带的信息量远远高于常规的无线电波,光波还有抗干扰能力强、保密性强等优点,使得光波作为现代信息传输的主要载体在通信等领域得到广泛应用。此外光也是人类获得信息的主要来源,人的视觉信息占据了所有感知信息的绝大部分,因此光作为信息载体和人类是密切而不可分离的。

如何把所需的信息加载在光波上,其所使用的方法就称为光的调制。就光波的物理参数来看,能够加载信息的主要包括光的振幅、频率、相位、偏振态、传播方向等,而能够调制这些物理参数的技术方法除发光器件的直接调制之外,主要包括电光调制和声光调制等。

8.1 电光调制

8.1.1 电光效应

一些光学材料在电场的作用下,其光学特性会发生变化。变化的原因是构成材料的分子或其他微结构在电场力的作用下,其位置、方向和形状会发生一定的改变。所谓电光调制,就是在某一电光材料上施加外电场,使得光通过该材料后其物理参数发生变化,从而构成光波物理参数和外电场之间的调制关系。在电光调制中,经常用到电光效应。所谓电光效应,就是材料在直流或交流电场的作用下其折射率发生变化的现象。对于各向异性的电光材料,电场影响的是材料在各个方向上的折射率分布。

1. 普克尔效应和克尔效应

电光效应分为普克尔(Pockels)效应和克尔(Kerr)效应。普克尔效应是指折射率的变化和所加电场成正比,这一效应也可称为线性电光效应。克尔效应是指折射率的变化和所加电场的平方成正比,这一效应也称为二次电光效应。

在外电场作用下,电光材料的折射率 $n(E)$ 是外电场振幅 E 的函数,并随着 E 的变化而发生微小变化,如果用泰勒级数将其在 $E=0$ 处展开,则可得到

$$n(E) = n + a_1 E + \frac{1}{2} a_2 E^2 + \cdots \tag{8.1.1}$$

其中,$n = n(0)$,$a_1 = (\mathrm{d}n/\mathrm{d}E)|_{E=0}$,$a_2 = (\mathrm{d}^2 n/\mathrm{d}E^2)|_{E=0}$。式(8.1.1)中,三次项及三次项以上的高次项通常较小,可以忽略不计。定义两个新的参数 $\gamma = -2a_1/n^3$,$\xi = -a_2/n^3$,则式(8.1.1)

可写为

$$n(E) = n - \frac{1}{2}\gamma n^3 E - \frac{1}{2}\xi n^3 E^2 \cdots \tag{8.1.2}$$

其中 γ 和 ξ 称为电光系数。

为了方便起见,式(8.1.2)有时也写成有关反介电常数 η 的表达式,其中 $\eta = \varepsilon_0/\varepsilon = 1/n^2$。由于 η 的变化量为

$$\Delta\eta = (\mathrm{d}\eta/\mathrm{d}n)\Delta n = (-2/n^3)\left(-\frac{1}{2}\gamma n^3 E - \frac{1}{2}\xi n^3 E^2\right) = \gamma E + \xi E^2$$

因此式(8.1.2)也可写为

$$\eta(E) = \eta + \Delta\eta = \eta + \gamma E + \xi E^2 \tag{8.1.3}$$

其中 $\eta = \eta(0)$ 是电场为 0 时的反介电常数,由式(8.1.3)可以看到,反介电常数的变化量和 E 及 E^2 成正比,其比例系数就是电光系数。

在很多材料中,式(8.1.2)中 E 的二次项系数非常小,以至于和 E 的一次项相比可以忽略。因此对于这些材料,公式(8.1.2)可写为

$$n(E) \approx n - \frac{1}{2}\gamma n^3 E \tag{8.1.4}$$

这一效应称为普克尔效应,这些材料称为普克尔媒介或普克尔盒,系数 γ 称为普克尔系数或线性电光系数。γ 值一般为 $10^{-12} \sim 10^{-10}\,\mathrm{m/V}$。如果在 1cm 厚的材料上施加 10kV 的电压,材料内部的电场 E 为 $10^6\,\mathrm{V/m}$,则产生的折射率变化量在 $10^{-6} \sim 10^{-4}$。

对于一些中心对称结构的材料,如气体、液体或某些晶体材料,其折射率对 E 的函数是 E 的二次方函数。因此对于这些材料,式(8.1.2)中的一次项可以忽略,此时 $n(E)$ 可写为

$$n(E) \approx n - \frac{1}{2}\xi n^3 E^2 \tag{8.1.5}$$

这一效应称为克尔效应,具有克尔效应的材料称为克尔媒介或克尔盒,系数 ξ 称为克尔系数。对于晶体材料,克尔系数为 $10^{-18} \sim 10^{-14}\,\mathrm{V^2/m^2}$,当材料内部施加的电场 $E = 10^6\,\mathrm{V/m}$ 时,所产生的折射率变化约为 $10^{-6} \sim 10^{-2}$。对于液体,克尔系数为 $10^{-22} \sim 10^{-19}\,\mathrm{V^2/m^2}$,相同条件下产生的折射率变化约为 $10^{-10} \sim 10^{-7}$。

虽然电光效应中折射率的变化非常小,但是当光波在电光材料中传播的距离足够长(远大于光波波长)时,它对光波的影响还是很大的。比如某材料的折射率变化 10^{-5},那么当光波通过材料的长度超过 10^5 个波长的时候,其相位变化将超过 2π。

2. 晶体中的电光效应

大多数电光材料都是各向异性晶体。在各向异性晶体中,其折射率分布是不均匀的,一般为椭球形分布,可以称为折射率椭球,如图 8-1-1 所示。由于各向异性,材料的介电常数或反介电常数已经不再是一个数,而是一个张量,设反介电张量 $\boldsymbol{\eta}$ 的元素为 $\eta_{ij} = \eta_{ji} = 1/n_{ij}^2$,则晶体中的折射率椭球可以表示为

$$\sum_{ij}\eta_{ij}x_i x_j = 1, \quad i,j = 1,2,3 \tag{8.1.6}$$

在折射率椭球中,沿椭球三个主轴方向的折射率为 n_1、n_2、n_3,分别对应光的电矢量方向在这三个主轴方向时的折射率。对于一个任意传播方向的光,垂直于波矢 $\boldsymbol{k}$ 做一个截面,

可以得到一个椭圆的截面,该椭圆的长短轴 n_a 和 n_b 分别代表两个正交偏振方向的折射率。

在各向异性的电光晶体中,当施加电场 E 时,其各个方向的反介电常数都会发生变化,因此可以把反介电常数写为 $\eta_{ij} = \eta_{ij}(E)$。把反介电常数在 $E = 0$ 处用泰勒级数展开,可以得到

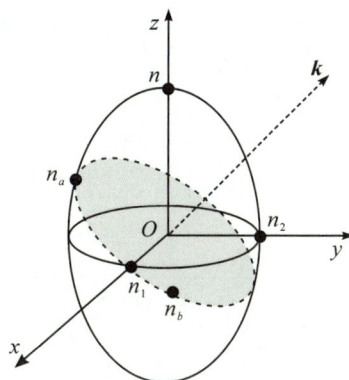
图 8-1-1　晶体中的折射率椭球

$$\eta_{ij}(E) = \eta_{ij} + \sum_k \gamma_{ijk}E_k + \sum_{kl}\xi_{ijkl}E_kE_l, i,j,k,l = 1,2,3$$

$$(8.1.7)$$

其中 $E_k(k = 1,2,3)$ 是电场 E 在椭球三个主轴方向的三个分量,$\eta_{ij} = \eta_{ij}(0)$ 是电场为 0 时的反介电常数,$\gamma_{ijk} = \dfrac{\partial \eta_{ij}}{\partial E_k}$,$\xi_{ijkl} = \dfrac{1}{2}\dfrac{\partial^2 \eta_{ij}}{\partial E_k \partial E_l}$。在式 (8.1.7) 中,$\gamma_{ijk}$ 为线性电光系数或普克尔系数,ξ_{ijkl} 为二次电光系数或克尔系数。在这里普克尔系数和克尔系数不再是一个数,而是一个张量,其中普克尔系数是一个具有 27 个元素的张量,表示为 γ,而克尔系数是一个具有 81 个元素的张量,表示为 ξ。

由于 η 的对称性,$\eta_{ij} = \eta_{ji}$,因此 $\gamma_{ij=}\gamma_{jik}$,i 和 j 从 1 至 3 的变化由原来的 9 个独立变量减少为 6 个独立变量,加上 k 从 1 至 3 的变化,使得 γ_{ijk} 的独立变量数变为 18。同理 $\xi_{ijkl} = \xi_{jikl}$,$\xi_{ijkl} = \xi_{ijlk}$,因此对于克尔系数,其独立元素为 36 个。为了计算方便,可以把 (i,j) 的变化组合用一个变量 I 来替代,其替换的方法如表 8-1-1 所示。这样 γ_{ijk} 就可以表示为 γ_{Ik},$I = 1,2,\cdots,6$,γ_{Ik} 为 6×3 的矩阵。

表 8-1-1　(i,j) 和 I 的对换表

j	i		
	1	2	3
1	1	6	5
2	6	2	4
3	5	4	3

晶体材料按照结构分为许多种类。线性电光效应只存在于 20 种无对称中心的晶体中。在这些晶体中,线性电光系数的很多元素为 0,而且许多元素的值相同。表 8-1-2 给出了各种非中心对称晶体的电光系数矩阵,表 8-1-3 给出了常用晶体的电光系数。二次电光效应可以存在于各种对称类型的晶体中,它可以有对称中心或没有对称中心,但没有对称中心的晶体其线性电光效应往往大于二次电光效应。许多各向同性的材料在电场的作用下也会变为各向异性,因此二次电光效应也存在于各向同性的介质中,各向同性的材料在电场作用下的克尔系数为

$$(\xi_{1m}) = \begin{bmatrix} \xi_{11} & \xi_{12} & \xi_{12} & 0 & 0 & 0 \\ \xi_{12} & \xi_{11} & \xi_{12} & 0 & 0 & 0 \\ \xi_{12} & \xi_{12} & \xi_{11} & 0 & 0 & 0 \\ 0 & 0 & 0 & \xi_{44} & 0 & 0 \\ 0 & 0 & 0 & 0 & \xi_{44} & 0 \\ 0 & 0 & 0 & 0 & 0 & \xi_{44} \end{bmatrix}, \quad \xi_{44} = \frac{\xi_{11} - \xi_{12}}{2} \qquad (8.1.8)$$

表 8-1-2　非中心对称晶体的电光系数矩阵

晶系	对称类	(γ_{lm})	晶系	对称类	(γ_{lm})	晶系	对称类	(γ_{lm})
三斜	1	$\begin{bmatrix} \gamma_{11} & \gamma_{12} & \gamma_{13} \\ \gamma_{21} & \gamma_{22} & \gamma_{23} \\ \gamma_{31} & \gamma_{32} & \gamma_{33} \\ \gamma_{41} & \gamma_{42} & \gamma_{43} \\ \gamma_{51} & \gamma_{52} & \gamma_{53} \\ \gamma_{61} & \gamma_{62} & \gamma_{63} \end{bmatrix}$	六角	$\bar{6}m2$ $(m\perp y)$	$\begin{bmatrix} \gamma_{11} & 0 & 0 \\ -\gamma_{11} & 0 & 0 \\ 0 & 0 & 0 \\ 0 & 0 & 0 \\ 0 & 0 & 0 \\ 0 & \gamma_{11} & 0 \end{bmatrix}$	六角	$\bar{6}$	$\begin{bmatrix} \gamma_{11} & -\gamma_{22} & 0 \\ -\gamma_{11} & \gamma_{22} & 0 \\ 0 & 0 & 0 \\ 0 & 0 & 0 \\ 0 & 0 & 0 \\ -\gamma_{22} & -\gamma_{11} & 0 \end{bmatrix}$
单斜	2 $(2/\!/y)$	$\begin{bmatrix} 0 & \gamma_{12} & 0 \\ 0 & \gamma_{22} & 0 \\ 0 & \gamma_{32} & 0 \\ \gamma_{41} & 0 & \gamma_{43} \\ 0 & \gamma_{52} & 0 \\ \gamma_{61} & 0 & \gamma_{63} \end{bmatrix}$	单斜	m $(m\perp y)$	$\begin{bmatrix} \gamma_{11} & 0 & \gamma_{13} \\ \gamma_{21} & 0 & \gamma_{23} \\ \gamma_{31} & 0 & \gamma_{33} \\ 0 & \gamma_{42} & \gamma_{43} \\ \gamma_{51} & 0 & \gamma_{53} \\ 0 & \gamma_{62} & 0 \end{bmatrix}$	立方	$\bar{4}3m$ 23	$\begin{bmatrix} 0 & 0 & 0 \\ 0 & 0 & 0 \\ 0 & 0 & 0 \\ \gamma_{41} & 0 & 0 \\ 0 & \gamma_{41} & 0 \\ 0 & 0 & \gamma_{41} \end{bmatrix}$
单斜	2 $(2/\!/z)$	$\begin{bmatrix} 0 & 0 & \gamma_{13} \\ 0 & 0 & \gamma_{23} \\ 0 & 0 & \gamma_{33} \\ \gamma_{41} & \gamma_{42} & 0 \\ \gamma_{51} & \gamma_{52} & 0 \\ 0 & 0 & \gamma_{63} \end{bmatrix}$	单斜	m $(m\perp z)$	$\begin{bmatrix} \gamma_{11} & \gamma_{12} & 0 \\ \gamma_{21} & \gamma_{22} & 0 \\ \gamma_{31} & \gamma_{32} & 0 \\ 0 & 0 & \gamma_{43} \\ 0 & 0 & \gamma_{53} \\ \gamma_{61} & \gamma_{62} & 0 \end{bmatrix}$	正方 (斜方)	2mm	$\begin{bmatrix} 0 & 0 & \gamma_{13} \\ 0 & 0 & \gamma_{23} \\ 0 & 0 & \gamma_{33} \\ 0 & \gamma_{42} & 0 \\ \gamma_{51} & 0 & 0 \\ 0 & 0 & 0 \end{bmatrix}$
正方 (四角)	422	$\begin{bmatrix} 0 & 0 & 0 \\ 0 & 0 & 0 \\ 0 & 0 & 0 \\ \gamma_{41} & 0 & 0 \\ 0 & -\gamma_{41} & 0 \\ 0 & 0 & 0 \end{bmatrix}$	正交 (斜方)	222	$\begin{bmatrix} 0 & 0 & 0 \\ 0 & 0 & 0 \\ 0 & 0 & 0 \\ \gamma_{41} & 0 & 0 \\ 0 & \gamma_{52} & 0 \\ 0 & 0 & \gamma_{63} \end{bmatrix}$	正方	4	$\begin{bmatrix} 0 & 0 & \gamma_{13} \\ 0 & 0 & \gamma_{23} \\ 0 & 0 & \gamma_{33} \\ \gamma_{41} & \gamma_{51} & 0 \\ \gamma_{51} & -\gamma_{41} & 0 \\ 0 & 0 & 0 \end{bmatrix}$
三角	3	$\begin{bmatrix} \gamma_{11} & -\gamma_{22} & \gamma_{13} \\ -\gamma_{11} & \gamma_{22} & \gamma_{13} \\ 0 & 0 & \gamma_{33} \\ \gamma_{41} & \gamma_{51} & 0 \\ \gamma_{51} & -\gamma_{41} & 0 \\ -\gamma_{22} & -\gamma_{11} & 0 \end{bmatrix}$	正方 (四角)	4mm	$\begin{bmatrix} 0 & 0 & \gamma_{13} \\ 0 & 0 & \gamma_{23} \\ 0 & 0 & \gamma_{33} \\ 0 & \gamma_{51} & 0 \\ \gamma_{51} & 0 & 0 \\ 0 & 0 & 0 \end{bmatrix}$	正方	$\bar{4}$	$\begin{bmatrix} 0 & 0 & \gamma_{13} \\ 0 & 0 & -\gamma_{13} \\ 0 & 0 & 0 \\ -\gamma_{41} & -\gamma_{51} & 0 \\ \gamma_{51} & \gamma_{41} & 0 \\ 0 & 0 & \gamma_{63} \end{bmatrix}$
三角	3m $(m\perp y)$	$\begin{bmatrix} \gamma_{11} & 0 & \gamma_{13} \\ -\gamma_{11} & 0 & \gamma_{13} \\ 0 & 0 & \gamma_{33} \\ 0 & \gamma_{51} & 0 \\ \gamma_{51} & 0 & 0 \\ 0 & -\gamma_{11} & 0 \end{bmatrix}$	正方 (四角)	4mm	$\begin{bmatrix} \gamma_{11} & 0 & 0 \\ -\gamma_{11} & 0 & 0 \\ 0 & 0 & 0 \\ \gamma_{41} & 0 & 0 \\ 0 & -\gamma_{41} & 0 \\ 0 & -\gamma_{41} & 0 \end{bmatrix}$	正方 (四角)	$\bar{4}2mm$ $(2/\!/x)$	$\begin{bmatrix} 0 & 0 & 0 \\ 0 & 0 & 0 \\ 0 & 0 & 0 \\ \gamma_{41} & 0 & 0 \\ 0 & \gamma_{41} & 0 \\ 0 & 0 & \gamma_{63} \end{bmatrix}$
六角	622	$\begin{bmatrix} 0 & 0 & 0 \\ 0 & 0 & 0 \\ 0 & 0 & 0 \\ \gamma_{41} & 0 & 0 \\ 0 & -\gamma_{41} & 0 \\ 0 & 0 & 0 \end{bmatrix}$	六角	6	$\begin{bmatrix} 0 & 0 & \gamma_{13} \\ 0 & 0 & \gamma_{13} \\ 0 & 0 & \gamma_{33} \\ \gamma_{41} & \gamma_{51} & 0 \\ \gamma_{51} & -\gamma_{41} & 0 \\ 0 & 0 & 0 \end{bmatrix}$	三角	3m $(m\perp x)$	$\begin{bmatrix} 0 & -\gamma_{22} & \gamma_{13} \\ 0 & \gamma_{22} & \gamma_{13} \\ 0 & 0 & \gamma_{33} \\ 0 & \gamma_{51} & 0 \\ \gamma_{51} & 0 & 0 \\ -\gamma_{22} & 0 & 0 \end{bmatrix}$
六角	6mm	$\begin{bmatrix} 0 & 0 & \gamma_{13} \\ 0 & 0 & \gamma_{13} \\ 0 & 0 & \gamma_{33} \\ 0 & \gamma_{51} & 0 \\ \gamma_{51} & 0 & 0 \\ 0 & 0 & 0 \end{bmatrix}$	六角	$\bar{6}m2$ $(m\perp x)$	$\begin{bmatrix} 0 & -\gamma_{22} & 0 \\ 0 & -\gamma_{22} & 0 \\ 0 & 0 & 0 \\ 0 & 0 & 0 \\ 0 & 0 & 0 \\ -\gamma_{22} & 0 & 0 \end{bmatrix}$	立方	432	$\begin{bmatrix} 0 & 0 & 0 \\ 0 & 0 & 0 \\ 0 & 0 & 0 \\ 0 & 0 & 0 \\ 0 & 0 & 0 \\ 0 & 0 & 0 \end{bmatrix}$

表 8-1-3　常用晶体的电光系数

材　料	点群对称性	$\lambda_0/\mu m$	$\gamma_{lm}/(10^{-12}\mathrm{m\cdot V^{-1}})$（室温）	n	$n^3\gamma/(10^{-12}\mathrm{m\cdot V^{-1}})$	$\varepsilon/\varepsilon_0$（室温）
KDP（KH_2PO_4）	$\bar{4}2m$	0.633	$\gamma_{41}=8.0$ $\gamma_{63}=11.0$	$n_o=1.51$ $n_e=1.47$	29 34	$\varepsilon/\!/c=21$ $\varepsilon/\!/c=42$
KDP（KD_2PO_4）	$\bar{4}2m$	0.633	$\gamma_{63}=24.1$	~1.50	80	$\varepsilon/\!/c=50$（24℃）
ADP（$NH_4H_2PO_4$）	$\bar{4}2m$	0.633	$\gamma_{41}=24.41$ $\gamma_{63}=8.5$	$n_o=1.53$ $n_e=1.48$	95 27	$\varepsilon/\!/c=15$
石英（Quartz）	32	0.633	$\gamma_{41}=0.2$ $\gamma_{63}=0.93$	$n_o=1.54$ $n_e=1.55$	0.7 3.4	$\varepsilon/\!/c\sim4.3$ $\varepsilon/\!/c\sim4.3$
β-ZnS	$\bar{4}3m$		$\gamma_{41}=-1.6$	$n_o=2.35$	27	~12.5
GaAs	$\bar{4}3m$	10.6	$\gamma_{41}=1.51$	$n_o=3.3$	59	11.5
ZnTe	$\bar{4}3m$	10.6	$\gamma_{41}=4.04$	$n_o=2.99$	77	7.3
CdTe	$\bar{4}3m$	10.6	$\gamma_{41}=6.8$	$n_o=2.6$	120	7.3
LiNbO$_3$	3m	0.633	$\gamma_{33}=30.8$ $\gamma_{13}=8.6$ $\gamma_{22}=3.4$ $\gamma_{51}=28$	$n_o=2.29$ $n_e=2.30$	$n_e^3\gamma_{33}=328$ $n_o^3\gamma_{22}=87$ $(n_e^3\gamma_{33}-n_o^3\gamma_{22})/2=122$	$\varepsilon\perp c=98$ $\varepsilon/\!/c=50$
GaP	$\bar{4}3m$	0.633	$\gamma_{41}=-0.97$	$n_o=3.32$	29	
LiTaO$_3$（30℃）	3m	0.633	$\gamma_{33}=30.3$ $\gamma_{13}=7.5$	$n_o=2.176$ $n_e=2.180$	$n_e^3\gamma_{33}=314$	$\varepsilon/\!/c=43$
BaTiO$_3$（30℃）	4mm	0.546	$\gamma_{33}=23$ $\gamma_{13}=8.0$ $\gamma_{51}=820$	$n_o=2.437$ $n_e=2.437$	$n_e^3\gamma_{33}=314$	$\varepsilon\perp c=4300$ $\varepsilon/\!/c=106$
Bi$_{12}$GeO$_{20}$	23	0.633	$\gamma_{41}=3.22$	$n_o=2.54$	53	
Bi$_{12}$SiO$_{20}$	23	0.633	$\gamma_{41}=5.0$	$n_o=2.54$	82	

下面介绍线性电光效应的具体计算方法。把折射率椭球方程(8.1.6)改写为

$$\eta_{11}(E)x_1^2+\eta_{22}(E)x_2^2+\eta_{33}(E)x_3^2+2\eta_{23}(E)x_2x_3+2\eta_{13}(E)x_1x_3+2\eta_{12}(E)x_1x_2=1$$

$$(8.1.9)$$

由于只考虑普克尔效应,式(8.1.7)可简化为

$$\eta_{ij}(\boldsymbol{E})=\eta_{ij}+\sum_k\gamma_{ijk}E_k=\eta_{ij}+\Delta\eta_{ij} \qquad (8.1.10)$$

其中 $\Delta\eta_{ij}$ 可表示为矩阵形式,即

$$\begin{bmatrix}\Delta\eta_{11}\\\Delta\eta_{22}\\\Delta\eta_{33}\\\Delta\eta_{23}\\\Delta\eta_{13}\\\Delta\eta_{12}\end{bmatrix}=\begin{bmatrix}\gamma_{11}&\gamma_{12}&\gamma_{13}\\\gamma_{21}&\gamma_{22}&\gamma_{23}\\\gamma_{31}&\gamma_{32}&\gamma_{33}\\\gamma_{41}&\gamma_{42}&\gamma_{43}\\\gamma_{51}&\gamma_{52}&\gamma_{53}\\\gamma_{61}&\gamma_{62}&\gamma_{63}\end{bmatrix}\begin{bmatrix}E_1\\E_2\\E_3\end{bmatrix} \qquad (8.1.11)$$

【例 8.1】 计算表 8-1-2 中的 3m 类晶体加电场后的折射率椭球的变化,设外电场 $\boldsymbol{E}$ 的方向和晶体光轴方向相同。

解: 3m 类晶体为单轴晶体,其折射率椭球中的三个主折射率分别为 $n_1=n_2=n_o$, $n_3=n_e$。假如在晶体光轴方向施加电场,即 $\boldsymbol{E}=(0,0,E)$,如图 8-1-2(a)所示。根据表 8-1-2 的普克尔系数矩阵及电场 $\boldsymbol{E}$,通过式(8.1.11)可以得到

$$[\Delta\eta_{11}\quad \Delta\eta_{22}\quad \Delta\eta_{33}\quad \Delta\eta_{23}\quad \Delta\eta_{13}\quad \Delta\eta_{12}]=[\gamma_{13}E\quad \gamma_{13}E\quad \gamma_{33}E\quad 0\quad 0\quad 0]$$
$$(8.1.12)$$

因此折射率椭球方程(8.1.9)变为

$$(\eta_{11}+\gamma_{13}E)x_1^2+(\eta_{22}+\gamma_{13}E)x_2^2+(\eta_{33}+\gamma_{33}E)x_3^2=1 \qquad (8.1.13)$$

由于 $\eta_{11}=\eta_{22}=1/n_o^2$, $\eta_{33}=1/n_e^2$,因此式(8.1.13)可表示为

$$\left(\frac{1}{n_o^2}+\gamma_{13}E\right)(x_1^2+x_2^2)+\left(\frac{1}{n_e^2}+\gamma_{33}E\right)x_3^2=1 \qquad (8.1.14)$$

由式(8.1.14)可知,在施加电场 E 以后,其折射率椭球的方向不变,而折射率发生变化,有

$$\frac{1}{n_o^2(E)}=\frac{1}{n_o^2}+\gamma_{13}E=\frac{1+n_o^2\gamma_{13}E}{n_o^2} \qquad (8.1.15)$$

$$\frac{1}{n_e^2(E)}=\frac{1}{n_e^2}+\gamma_{33}E=\frac{1+n_e^2\gamma_{33}E}{n_e^2} \qquad (8.1.16)$$

由于通常电光效应的折射率变化相对较小,满足 $n_o^2\gamma_{13}E\ll1$,则由式(8.1.16)可得

$$n_o(E)\approx n_o-\frac{1}{2}n_o^3\gamma_{13}E \qquad (8.1.17)$$

$$n_e(E)\approx n_e-\frac{1}{2}n_e^3\gamma_{33}E \qquad (8.1.18)$$

可见在外电场作用下,折射率椭球缩小,缩小的大小和方向如图-1-2(b)所示。

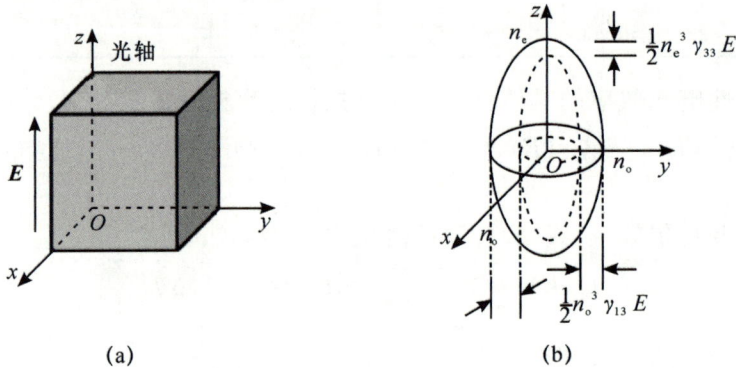

(a)　(b)

图 8-1-2　3m 类晶体外加电场方面及折射率椭球的变化

【例 8.2】 计算 $\overline{4}2m$ 类的单轴晶体加电场后的折射率椭球的变化,设外电场 $\boldsymbol{E}$ 的方向和晶体光轴方向相同。

解: 通过式(8.1.11)得到反介电常数的变化量为

$$[\Delta\eta_{11}\quad \Delta\eta_{22}\quad \Delta\eta_{33}\quad \Delta\eta_{23}\quad \Delta\eta_{13}\quad \Delta\eta_{12}]=[0\quad 0\quad 0\quad 0\quad 0\quad \gamma_{63}E] \quad (8.1.19)$$

由此得到折射率椭球方程为

$$\frac{x_1^2+x_2^2}{n_o^2}+\frac{x_3^2}{n_e^2}+2\gamma_{63}Ex_1x_2=1 \tag{8.1.20}$$

对方程(8.1.20)进行坐标变换,把坐标系沿 z 轴旋转 45 度,建立新的坐标系 $x'y'z'$[见图 8-1-3(a)],则新、老坐标系的变换关系为

$$\begin{cases} x_1=x_1{'}\cos\dfrac{\pi}{4}-x_2{'}\sin\dfrac{\pi}{4} \\[2mm] x_2=x_1{'}\cos\dfrac{\pi}{4}+x_2{'}\sin\dfrac{\pi}{4} \\[2mm] x_3=x_3{'} \end{cases} \tag{8.1.21}$$

代入式(8.1.20)后,可以得到新坐标系下的椭圆方程为

$$\left(\frac{1}{n_o^2}+\gamma_{63}E\right)x_1{'}^2+\left(\frac{1}{n_o^2}-r_{63}E\right)x_2{'}^2+\frac{1}{n_e^2}x_3{'}^2=1 \tag{8.1.22}$$

由此可以得到,在电场作用下,其折射率为

$$n_1(E)\approx n_o-\frac{1}{2}n_o^3\gamma_{63}E \tag{8.1.23}$$

$$n_2(E)\approx n_o+\frac{1}{2}n_o^3\gamma_{63}E \tag{8.1.24}$$

$$n_3(E)=n_e \tag{8.1.25}$$

可见对于 $\overline{4}2m$ 单轴晶体,在光轴方向加电压后,其光轴方向折射率不变,而和光轴垂直的平面内,其折射率分布由原来的圆形变为椭圆,其椭圆方向和原坐标轴方向的夹角为 45 度,如图 8-1-3(b)所示。因此当光束沿着光轴方向传播时,无电压时晶体无双折射,而加电压后,晶体就会产生双折射。

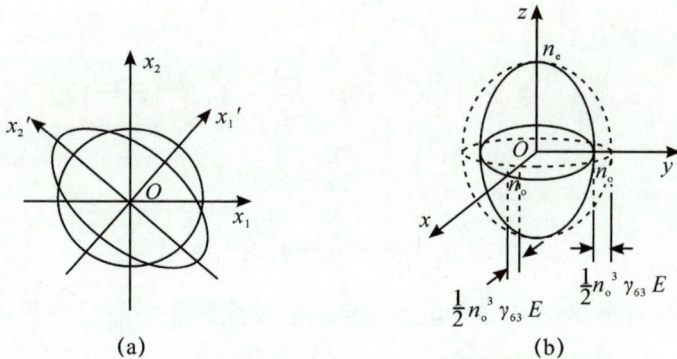

图 8-1-3　$\overline{4}2m$ 晶体加电压后折射率椭球的变化情况

【例 8.3】　计算 $\overline{4}3m$ 类的单轴晶体加电场后的折射率椭球的变化,设外电场 $\boldsymbol{E}$ 的方向为 z 方向。

解:对于 $\overline{4}3m$ 类晶体,该类晶体在无电场作用时为各向同性晶体。如果外加电场方向为 z 方向,则

$$\begin{bmatrix} \Delta\eta_{11} & \Delta\eta_{22} & \Delta\eta_{33} & \Delta\eta_{23} & \Delta\eta_{13} & \Delta\eta_{12} \end{bmatrix}=\begin{bmatrix} 0 & 0 & 0 & 0 & 0 & \gamma_{41}E \end{bmatrix} \tag{8.1.26}$$

由此可以得到电场下晶体的折射率椭球方程为

$$\frac{x_1^2+x_2^2+x_3^2}{n^2}+2\gamma_{41}Ex_1x_2=1 \tag{8.1.27}$$

这一方程和 $\bar{4}2m$ 晶体类似,同样以 z 为转轴旋转坐标系 45 度,可以得到新坐标系下三个主折射率为

$$
\begin{cases}
n_1(E) \approx n - \dfrac{1}{2}n^3\gamma_{41}E \\[2mm]
n_2(E) \approx n + \dfrac{1}{2}n^3\gamma_{41}E \\[2mm]
n_3(E) = n
\end{cases}
\tag{8.1.28}
$$

【例 8.4】 计算各向同性媒质的克尔效应,设外加电场 $\boldsymbol{E}$ 为 z 方向。

解: 对于克尔效应,式(8.1.7)变为

$$
\eta_{ij}(\boldsymbol{E}) = \eta_{ij} + \sum_{kl}\xi_{ijkl}E_kE_l, \quad i,j,k,l = 1,2,3 \tag{8.1.29}
$$

式(8.1.29)中由克尔效应产生的 η_{ij} 的变化量可以写为矩阵形式

$$
\begin{bmatrix}
\Delta\eta_{11} \\
\Delta\eta_{22} \\
\Delta\eta_{33} \\
\Delta\eta_{23} \\
\Delta\eta_{13} \\
\Delta\eta_{12}
\end{bmatrix}
=
\begin{bmatrix}
\xi_{11} & \xi_{12} & \xi_{13} & \xi_{14} & \xi_{15} & \xi_{16} \\
\xi_{21} & \xi_{22} & \xi_{23} & \xi_{24} & \xi_{25} & \xi_{26} \\
\xi_{31} & \xi_{32} & \xi_{33} & \xi_{34} & \xi_{35} & \xi_{36} \\
\xi_{41} & \xi_{42} & \xi_{43} & \xi_{44} & \xi_{45} & \xi_{46} \\
\xi_{51} & \xi_{52} & \xi_{53} & \xi_{54} & \xi_{55} & \xi_{55} \\
\xi_{61} & \xi_{62} & \xi_{63} & \xi_{64} & \xi_{65} & \xi_{66}
\end{bmatrix}
\begin{bmatrix}
E_1^2 \\
E_2^2 \\
E_3^2 \\
E_2E_3 \\
E_1E_3 \\
E_1E_2
\end{bmatrix}
\tag{8.1.30}
$$

对于各向同性的材料,如 $\boldsymbol{E}$ 沿 z 方向,则 $E_1 = E_2 = 0$,把表 8-1-3 中的克尔系数矩阵代入式(8.1.30),可以得到

$$
\begin{bmatrix} \Delta\eta_{11} & \Delta\eta_{22} & \Delta\eta_{33} & \Delta\eta_{23} & \Delta\eta_{13} & \Delta\eta_{12} \end{bmatrix} = \begin{bmatrix} \xi_{12}E^2 & \xi_{12}E^2 & \xi_{11}E^2 & 0 & 0 & 0 \end{bmatrix} \tag{8.1.31}
$$

由此得到折射率椭球方程为

$$
\left(\frac{1}{n^2} + \xi_{12}E^2\right)(x_1^2 + x_2^2) + \left(\frac{1}{n^2} + \xi_{11}E^2\right)x_3^2 = 1 \tag{8.1.32}
$$

则

$$
\frac{1}{n_o^2(E)} = \frac{1}{n^2} + \xi_{12}E^2 \tag{8.1.33}
$$

$$
\frac{1}{n_e^2(E)} = \frac{1}{n^2} + \xi_{11}E^2 \tag{8.1.34}
$$

由于克尔效应产生的折射率变化相对较小,因此可以得到加电场后折射率为

$$
n_o(E) \approx n - \frac{1}{2}n^3\xi_{12}E^2 \tag{8.1.35}
$$

$$
n_e(E) \approx n - \frac{1}{2}n^3\xi_{11}E^2 \tag{8.1.36}
$$

由式(8.1.35)和式(8.1.36)可以得到,当一个各向同性的晶体加电场后产生克尔效应,其折射率分布由球形变为椭球形,其光轴方向为电场的方向,成为一个单轴晶体,其折射率的变化量和电场的平方成正比。

8.1.2 电光调制器

电光调制器是利用电光效应制作的器件。电光调制器可以用块状电光晶体材料制作,

也可以把电光材料制作成波导形式,构成波导调制器。在块状晶体材料上施加外电场可以采用三种方式,如图 8-1-4 所示,它们分别称为纵向电光调制器、横向电光调制器和行波调制器。纵向电光调制器如图 8-1-4(a)所示,其外加电场方向和光的传播方向平行。横向电光调制器如图 8-1-4(b)所示,外加电场方向和光的传播方向垂直。由于纵向调制器电极间距和调制器长度相等,外加电压较大,而横向调制器电极间距可以较小,因此可以降低外加电压。通常对于纵向调制器,其外加电压在几千伏,而横向调制器一般在几百伏。

假设调制器上所加的电压信号频率较低,因此光从调制器的一端到另一端的时间 T 较小,可以认为在此期间其外加电压为一个常数。但是当调制频率较高时,光在调制器内传播中电压不再为一个常数,因此总的调制为 $E(t)$ 变化至 $E(t+T)$ 的平均效应。如图 8-1-4(c)所示的行波调制器可以消除这一平均效应。图 8-1-4(c)中电压加在调制器电极的一侧,电极作为调制信号的传导线路。如果调制信号的传播速度和光波在调制器中的传播速度相同,则光波在传输中所对应的调制电压将始终保持不变。因此该方法其光波的传输时间可以忽略不计。这种调制方式可以大大提高调制频率,一般可以到几 GHz。

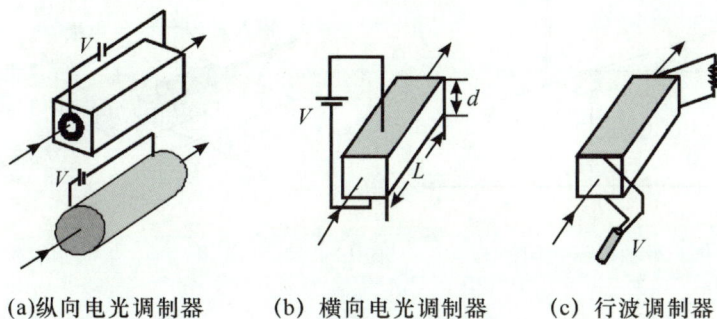

(a)纵向电光调制器　　(b) 横向电光调制器　　(c) 行波调制器

图 8-1-4　电光调制器外加电场的方式

电光调制器根据调制光波的物理参数不同,可以分为相位调制器、偏振调制器、光强调制器、角度扫描调制器等,下面分别详细介绍。

1. 相位调制器

当光通过一长度为 L 的普克尔盒的时候,其产生的相位变化为

$$\varphi = n(E)k_0 L = \frac{2\pi n(E)L}{\lambda_0} \tag{8.1.37}$$

其中 k_0 为波矢,E 为外加电场,λ_0 为光波长。将式(8.1.4)代入式(8.1.37)可得

$$\varphi \approx \varphi_0 - \pi \frac{\gamma n^3 EL}{\lambda_0} \tag{8.1.38}$$

其中,$\varphi_0 = 2\pi nL/\lambda_0$,$\gamma$ 为电光系数。如果普克尔盒上所加电压为 V,间距为 d,则 $E = V/d$,式(8.1.38)可写为

$$\varphi = \varphi_0 - \pi \frac{V}{V_\pi} \tag{8.1.39}$$

其中

$$V_\pi = \frac{d}{L} \cdot \frac{\lambda_0}{\gamma n^3} \tag{8.1.40}$$

称为半波电压,表示当外加电压为 V_π 时,相位的变化为 π。由式(8.1.40)可知,半波电压和

材料的特性以及尺寸、光波长等有关。在普克尔盒中,相位和外加电压呈线性关系,其变化曲线如图 8-1-5 所示。

在式(8.1.40)中,如果相位调制器为纵向调制器,则其电极间距和调制器长度相等,即 $d=L$,其半波电压只和电光系数、波长及折射率有关。由于大多数电光材料为光学晶体,其折射率及电光系数均为各向异性,因此实际的电光系数取决于光的传播方向和外加电压的方向。

电光调制器件也经常应用于集成光学器件中,图8-1-6为集成在波导中的相位调制器,其中光波导是通过在光学晶体基板表面掺杂的方式获得的。在波导两侧镀制金属电极,并施加电压。由于在集成元件中波导的宽度尺寸较小,而波导长度相对较长,因此其所加的半波电压和块状材料所做的器件相比小得多,一般所加半波电压可以小到几伏,而其调制频率可以超过 100GHz。

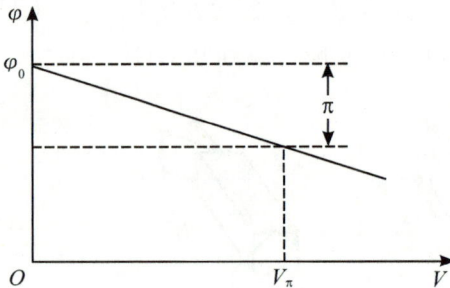

图 8-1-5　相位和外加电压之间的关系

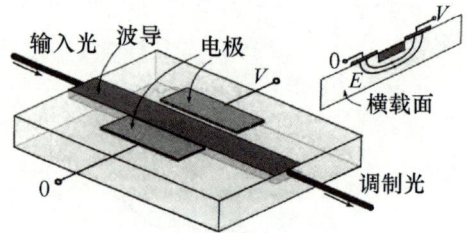

图 8-1-6　集成光学相位调制器

2. 可调相位延迟器

可调相位延迟器就是光的偏振态调制器。任何一个偏振光可以分解成两个正交的偏振分量。在各向异性的介质中,这两个偏振分量一般被分解到折射率椭球的两个主折射率轴上。设两个偏振分量所对应的折射率分别为 n_1 和 n_2,则它们的传播速度分别为 c_0/n_1 和 c_0/n_2,其中 c_0 为真空中的光波速度。由于两个分量传播速度的差异,一个分量传播到器件的另一端时,在时间上会超前或落后于另一个偏振分量,从而构成相位延迟器,相位的延迟改变了出射光的偏振态。

当在各向异性材料上施加外电场 E 时,对于普克尔效应,两个偏振分量对应的折射率分别为

$$n_1(E) \approx n_1 - \frac{1}{2}\gamma_1 n_1^3 E \tag{8.1.41a}$$

$$n_2(E) \approx n_2 - \frac{1}{2}\gamma_2 n_2^3 E \tag{8.1.41b}$$

其中 γ_1 和 γ_2 分别为两个方向上的普克尔系数。普克尔系数的选取应根据晶体材料以及电场和光传播方向确定,可以参照例 8.1～8.3 计算得到折射率变化的结果。假如光通过长度为 L 的调制器,则两个偏振分量产生的相位差为

$$\Gamma = k_0[n_1(E)-n_2(E)]L = k_0(n_1-n_2)L - \frac{1}{2}k_0(\gamma_1 n_1^3 - \gamma_2 n_2^3)EL \tag{8.1.42}$$

对横向调制器其电场 $E=V/d$,其中 V 为所加电压,d 为两个电极之间的距离,则式

(8.1.42)可写为

$$\Gamma = \Gamma_0 - \pi \frac{V}{V_\pi} \tag{8.1.43}$$

其中 $\Gamma_0 = k_0(n_1 - n_2)L$ 为器件自身所具有的相位差,半波电压为

$$V_\pi = \frac{d}{L} \cdot \frac{\lambda_0}{\gamma_1 n_1^3 - \gamma_2 n_2^3} \tag{8.1.44}$$

式(8.1.43)表明相位延迟量和所加电压呈线性关系。当电压为 V_π 时,相位延迟量为 π。

3. 光强调制器

由于电光效应只是改变材料的折射率,因此它只能对光的相位、偏振态、折射角等产生影响,而不会直接对光强产生调制。光强调制器需要通过相位或相位延迟的调制,来间接实现光强的调制。

实现光强调制的第一种方法是干涉法。图 8-1-7(a)为典型的马赫-曾德(Mach-Zehnder)干涉仪,在干涉仪的一个臂中加入一个相位调制器,则由干涉原理可知,其出射端的干涉光强为

$$I_o = \frac{1}{2}I_i + \frac{1}{2}I_i \cos\varphi = I_i \cos^2\frac{\varphi}{2} \tag{8.1.45}$$

其中 φ 为光通过干涉仪两个臂后产生的相位差。如果把整个干涉仪看成一个元部件,则该器件的透过率为

$$T = \frac{I_o}{I_i} = \cos^2\frac{\varphi}{2} \tag{8.1.46}$$

其中 $\varphi = \varphi_1 - \varphi_2$,$\varphi_1$ 和 φ_2 分别为光通过臂 1 和臂 2 的相位。对于臂 1,有

$$\varphi_1 = \varphi_{10} - \pi \frac{V}{V_\pi} \tag{8.1.47}$$

则

$$\varphi = \varphi_1 - \varphi_2 = \varphi_0 - \pi \frac{V}{V_\pi} \tag{8.1.48}$$

其中 $\varphi_0 = \varphi_{10} - \varphi_2$,则系统的透过率为

$$T(V) = \cos^2\left(\frac{\varphi_0}{2} - \frac{\pi}{2} \cdot \frac{V}{V_\pi}\right) \tag{8.1.49}$$

式(8.1.49)画成曲线如图 8-1-7(b)所示,可以通过调节臂 1 和臂 2 之间的光程差,使得 $\varphi_0 = \pi/2$,此时工作点为图 8-1-7(b)中 B 点,其透过率为 0.5。当调制幅度不大时,其光强调制为线性调制。当然也可以调整使得 $\varphi_0 = 2\pi$,则 $V = 0$ 时光强为 1,$V = V_\pi$ 时光强为 0,这样就可以实现光强 0 和 1 之间的切换。

马赫-曾德干涉仪也可以制作在集成光学器件中,如图 8-1-8 所示,其中干涉仪的两个臂由两个波导实现,分光和合光由"Y"形的波导结构完成,在波导的输出端产生干涉光强。器件中一个臂通过电光效应实现相位的调制,因此可以通过干涉在输出端产生光强的调制。调制频率一般可以达到几个 GHz。

另一种光强调制是采用偏振调制的方法。把一个可调制的相位延迟器放置在一对正交的偏振片之间,就可以实现光强调制,其原理如图 8-1-9 所示。根据光学双折射原理,一个相位延迟量为 Γ 的相位板放置在一正交偏振片中,其光强透过率为

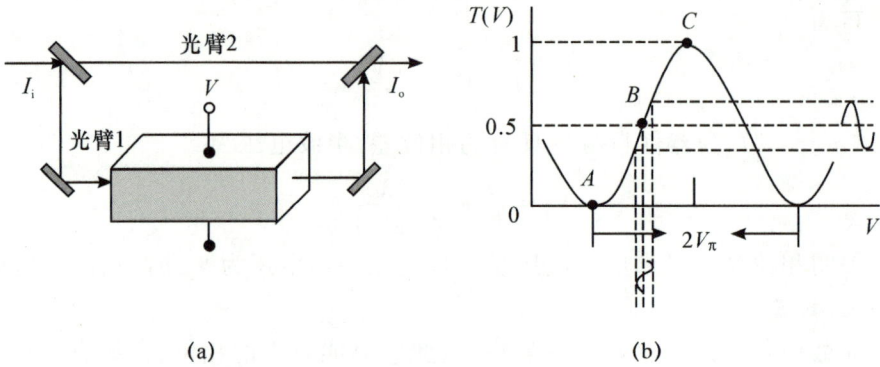

(a)   (b)

图 8-1-7　利用干涉方法实现光强的调制

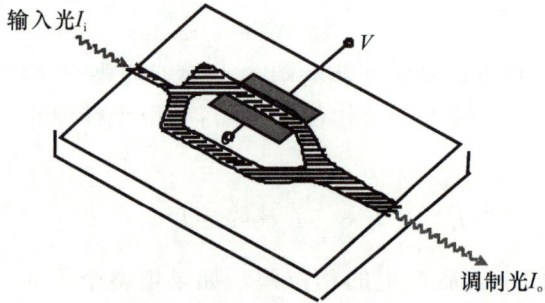

图 8-1-8　集成光学器件中利用干涉实现光强调制

$$T = \sin^2 (\Gamma/2) \qquad\qquad (8.1.50)$$

其中 Γ 为相位延迟量。如果其中的相位板为普克尔盒,其相位延迟量和外加电压 V 有关,根据式(8.1.43),其透过率可表示为

$$T(V) = \sin^2 \left(\frac{\Gamma_0}{2} - \frac{\pi}{2} \cdot \frac{V}{V_\pi} \right) \qquad\qquad (8.1.51)$$

其中 Γ_0 是外加电压为 0 时的初始相位差。这里假设 Γ_0 为 $\pi/2$,并且施加的调制电压远小于半波电压 V_π,则式(8.1.51)可简化为

$$T(V) = \sin^2 \left(\frac{\pi}{4} - \frac{\pi}{2} \cdot \frac{V}{V_\pi} \right) \approx T(0) + \frac{\mathrm{d}T}{\mathrm{d}V}\bigg|_{V=0} V = \frac{1}{2} - \frac{\pi}{2} \cdot \frac{V}{V_\pi} \qquad (8.1.52)$$

由式(8.1.52)可知,当透过率调制在 1/2 附近,且调制幅度较小的情况下,透过率 T 和调制电压之间为线性调制关系。其中 $\Gamma_0 = \pi/2$ 可以通过添加额外的相位板或通过在普克尔盒上施加恒定的直流电压实现。

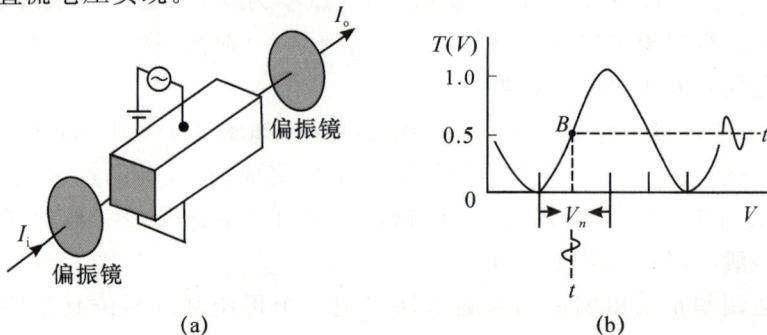

(a)   (b)

图 8-1-9　利用相位延迟器实现的光强调制原理

4. 角度扫描器

光通过一个三角形的光学三棱镜时会发生偏折现象,其偏折角和棱镜的折射率 n 及三棱镜的顶角 α 有关。当 α 较小时,光线的偏折角度为

$$\theta \approx (n-1)\alpha \tag{8.1.53}$$

如果棱镜由电光材料制作,棱镜折射率在外电场的作用下会发生变化,则式(8.1.53)中的偏折角度就可以进行调制,从而实现角度的扫描。如图 8-1-10(a)所示的棱镜,在两侧施加电压 V,则其偏折角的变化量为

$$\Delta\theta = \alpha\Delta n = -\frac{1}{2}\alpha\gamma n^3 E = -\frac{1}{2}\alpha\gamma n^3 \frac{V}{d} \tag{8.1.54}$$

其中 γ 为电光系数,d 为棱镜的厚度。可见偏折角度的变化量和外加电压 V 成正比。

角度扫描器也可以采用方形的电光晶体,在侧面分别制作两个三角形的电极,如图 8-1-10(b)所示。图 8-1-10(b)中晶体侧面为两个方向相对的三角形电极,在两个电极上分别施加正向和负向电压,使在两个电极区域所对应的晶体内产生折射率差,从而实现出射角度的调制。

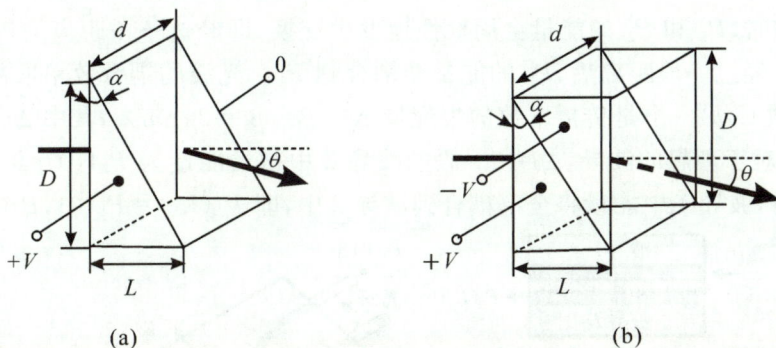

(a)   (b)

图 8-1-10 角度扫描器原理

在扫描器中一个重要的参数是扫描分辨率,即扫描器最大扫描角度和光束自身发散角之比,它表示在最大扫描范围内可以形成多少个独立的扫描点。设扫描光束为激光,其发散角为 $\delta\theta \approx \lambda_0/D$,其中 λ_0 为光波长,D 为光束直径,则分辨率为

$$N \approx \frac{|\Delta\theta|}{\delta\theta} = \frac{\frac{1}{2}\alpha\gamma n^3 V/d}{(\lambda_0/D)} \tag{8.1.55}$$

当 α 较小时,$\alpha \approx L/D$,半波电压 $V_\pi = (d/L)[\lambda_0/(\gamma n^3)]$,则

$$N \approx \frac{V}{2V_\pi} \tag{8.1.56}$$

由式(8.1.56)可得 $V = 2NV_\pi$,即要获得一定数量的分辨率,外加电压必须是半波电压的数倍。而对于一般的电光材料,其半波电压较高,如果要实现 $N > 1$ 的扫描,其外加电压将非常高,因此利用电光调制实现大角度的扫描是比较困难的,一般可利用声光调制或机械扫描。

在电光调制器件中经常利用电光晶体的折射率变化进行光束切换,其原理如图 8-1-11 所示。图 8-1-11 中光首先通过相位延迟调制器,实现线偏振的 90 度扭转。后面放置一个双折射晶体,实现入射光 o 光和 e 光的横向位移。这一原理可被应用于诸如光通信的信道切换中。

5. 定向耦合器

在集成光学中,经常利用电光效应来控制两个平行波导之间的光耦合效率,这称为定向

(a)

(b)

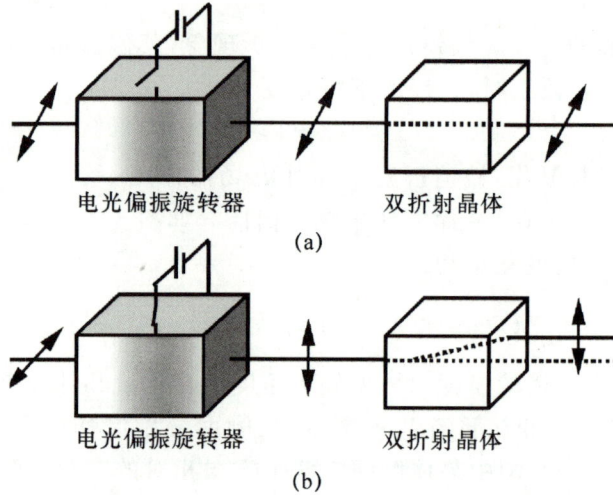

图 8-1-11　利用电光效应实现光束切换

耦合器,如图 8-1-12 所示。由波导理论可以知道,当两个平行波导中分别传输能量为 $P_1(z)$ 和 $P_2(z)$ 的光波时,P_1 和 P_2 的能量会周期性地发生交换,即经过一段距离的传播,P_1 的能量会耦合到 P_2,再经过一段距离后,P_2 的能量会耦合到 P_1。光波的耦合效率取决于两个因素,第一是耦合系数 C,另一个是传播常数的失配量 $\Delta\beta=\beta_1-\beta_2=2\pi\Delta n/\lambda_0$,其中 Δn 为两个波导之间的折射率差,对于理想的波导,$\Delta\beta=0$。假如波导 2 中初始能量为 $P_2(0)=0$,则当传播距离 $z=L_0=\pi/2C$ 时,波导 1 中能量将全部耦合到波导 2 中,即 $P_2(L_0)=P_1(0)$,$P_1(L_0)=0$。

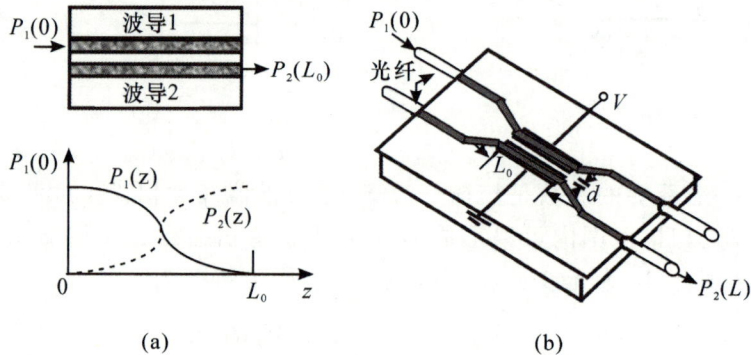

(a)

(b)

图 8-1-12　定向耦合器原理

定义波导的功率转换效率 $T=P_2(L_0)/P_1(0)$,则对于 $\Delta\beta\neq0$,有

$$T=\left(\frac{\pi}{2}\right)^2\mathrm{sinc}^2\left\{\frac{1}{2}\left[1+\left(\frac{\Delta\beta L_0}{\pi}\right)^2\right]^{1/2}\right\} \tag{8.1.57}$$

其中 $\mathrm{sinc}(x)=\sin(\pi x)/(\pi x)$。式(8.1.57)中 T 和 $\Delta\beta L_0$ 之间的关系如图 8-1-13 所示,其中当 $\Delta\beta L_0=0$ 时有最大的转换效率。当 $\Delta\beta L_0=\sqrt{3}\pi$ 时,$T=0$,即光波完全不能耦合到波导 2 中。

因此在定向耦合器中,可以通过控制 $\Delta\beta L_0$ 来控制从波导 2 中输出的光能量。$\Delta\beta L_0$ 的调制可以通过在其中一个波导施加电压从而改变其折射率的方法实现,也可以采用如图8-1-12所示的在两个波导上方各制作一个电极,在两个电极之间施加电压 V。其中一个波导的电场方向朝下,另一个波导的电场方向朝上,从而产生相反的折射率变化,其总的折射率变化为

$$2\Delta n=-n^3\gamma(V/d) \tag{8.1.58}$$

则

$$\Delta\beta L_0 = \frac{2\pi}{\lambda_0} \cdot \frac{L_0}{d} n^3 \gamma V \qquad (8.1.59)$$

当耦合效率为 0 时,可以得到此时的电压为

$$V_0 = \sqrt{3}\frac{d}{L_0} \cdot \frac{\lambda_0}{2\gamma n^3} = \frac{\sqrt{3}}{\pi} \cdot \frac{C\lambda_0 d}{\gamma n^3} \qquad (8.1.60)$$

其中 C 为耦合系数,电压 V_0 称为开关电压。因此转换效率 T 也可以表示为

$$T = \left(\frac{\pi}{2}\right)^2 \text{sinc}^2 \left\{ \frac{1}{2} \left[1 + 3\left(\frac{V}{V_0}\right)^2 \right]^{1/2} \right\} \qquad (8.1.61)$$

其中 V 为外加电压。

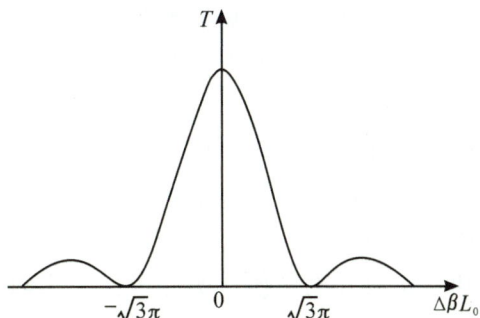

图 8-1-13 T 和 $\Delta\beta L_0$ 之间的关系曲线

6. 空间光调制器

空间光调制器是一种二维的光调制器,可以调制不同位置的光的参数,如图 8-1-14 所示。如果空间光调制器为光强调制器,则其透过率可以写为 $T(x,y)$,其中 x、y 为空间光的位置坐标。设入射光为 $I_i(x,y)$,则出射光为 $I_o(x,y) = T(x,y) I_i(x,y)$。

为了实现二维的空间光调制,需要在电光材料上形成一个二维的电场分布。实现这一电场分布的方法主要有两种。一种是在电光材料两侧表面

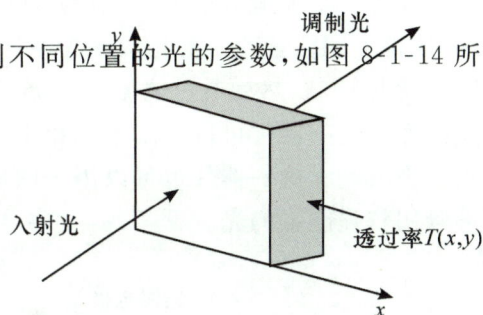

图 8-1-14 空间光调制器原理

制作电极阵列,每个电极上可以单独施加电压,从而构成电场的分布,这一方法称为电寻址,其结构原理如图 8-1-15(a)所示。目前在日常生活中经常用到的如液晶显示器等都是采用电寻址方法。另一种为光寻址,其结构原理图如图8-1-15(b)所示。这种器件一般采用类似"三明治"结构,在电光材料的一侧制作一层光电导层,然后在光电导层和电光材料外侧制作透明电极,在透明电极之间加一个电压。工作时,调制信号为二维分布的光强信号,比如图像,并成像在光电导层上。光电导层的特性是在无光照时,其电导率较低,而有光照时,其电导率较高。因此在图像光强的作用下,明亮处的光电导层电导率高,从而使加在透明电极间的电压大部分落在电光材料上;而暗处的电导率较低,使得电压大部分落在光电导层上,由此在电光材料上形成了和外界图像相对应的电场分布。电场分布通过电光材料转换为对读出光的调制,这种空间光调制器就称为光寻址空间光调制器。

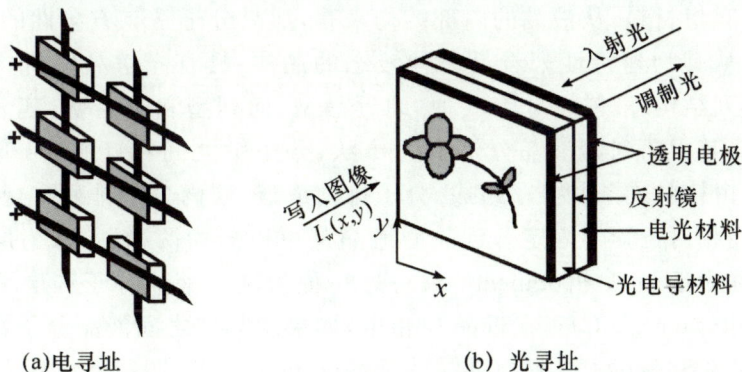

(a)电寻址   (b) 光寻址

图 8-1-15 电寻址和光寻址空间光调制器原理

典型的空间光调制器有普克尔读出光调制器(PROM)和液晶光阀(LCLV)等,图 8-1-16 给出了一种典型的普克尔读出光调制器的结构和工作原理,其中 PROM 的主要工作物质为 BSO(铋硅氧化物)晶体。BSO 有一些特殊的光电和电光特性,它是一种电光晶体,可以作为普克尔盒使用。但它对蓝光敏感,是一种好的光电导材料。在无光照下 BSO 的电导率较低,BSO 是良好的绝缘体,当蓝光照射时其电导率将上升,但 BSO 对红光不敏感。PROM 在 BSO 晶体一侧制作一个介质二向色镜,容许蓝光通过而反射红光。在 BSO 晶体和介质镜外侧制作透明电极。工作时蓝光图像穿过二向色镜在 BSO 晶体上成像,从而使 BSO 晶体的电导率上升。外加电压在介质镜和 BSO 之间进行分配,光强大的地方介质镜分压高,而 BSO 上分压低,由此在 BSO 上形成和写入图像相对应的电压分布。在 PROM 右侧放置一个偏振分束镜,入射的红光通过偏振分束镜后形成线偏光,通过 BSO 的偏振调制,使得不同位置的入射光调制为不同的偏振态。红光被介质二向色镜反射后,再次通过 BSO 晶体调制,然后通过偏振分束器(PBS)的检偏,就形成了和写入蓝光图像相对应的调制图像。这一器件可以应用于非相干光和相干光之间的转换,如写入图像为自然光,而读出光为激光。这一器件也可以用于图像能量的放大,比如输入图像的能量较低,而读出光可以用较强能量的光。

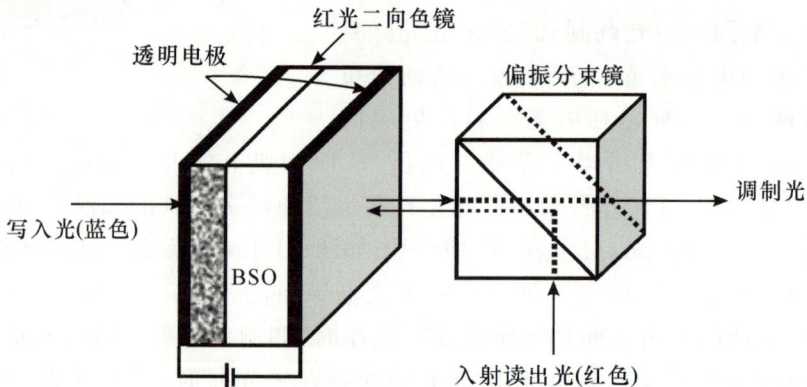

图 8-1-16   普克尔读出光调制器的结构原理

8.1.3   液晶的电光调制

1. 液晶的物理特性

液晶是一种有机材料,从液晶的内部结构来看,液晶分子是有方向性的分子,一般为棒状或盘状。液晶从其物理特性来看是一种液态的晶体,具有光学晶体所共有的双折射特性。根据分子排列结构,液晶可分为三种,即近晶型、向列型和胆甾型,其分子排列结构如图 8-1-17 所示。其中向列型液晶分子常为棒状,分子轴之间相互平行,但分子位置不规则。近晶型液晶由棒状或条状分子组成,分子排列成层,层内分子排列有规则,分子轴相互平行,层与层之间相对位置不固定。近晶型液晶又可以分为两种:一种为层中的液晶分子和层平面垂直,称为近晶 A 相(Smectic A);另一种为层内液晶分子和层平面法线成一夹角,称为近晶 C 相(Smectic C)。在近晶 C 相中,如果层与层之间液晶分子在层面的法线方向呈螺旋形,则称为 Smectic C*,铁电液晶就是 Smectic C* 相。胆甾型液晶为层状结构,层内分子方向相同,位置不规则,类似于向列型,但层与层之间分子方向旋转一个角度,呈螺旋状。

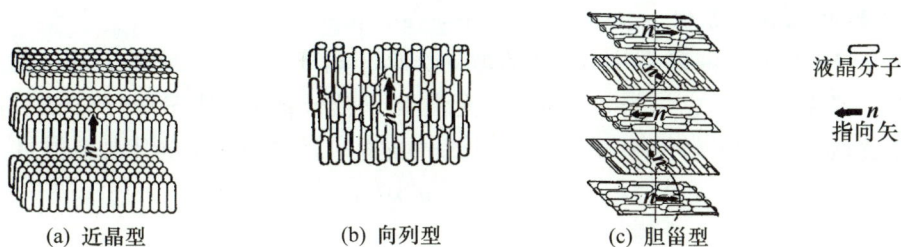

(a) 近晶型　　　　　　(b) 向列型　　　　　　(c) 胆甾型

图 8-1-17　液晶的分子排列

液晶的介电常数是各向异性的。一般把与液晶分子轴平行和垂直的介电常数分别定义为 $\varepsilon_{\parallel}$ 和 $\varepsilon_{\perp}$，其差为 $\Delta\varepsilon$，不同的液晶其 $\Delta\varepsilon$ 有正负之分，其中 $\Delta\varepsilon > 0$ 的称为正性液晶，$\Delta\varepsilon < 0$ 的为负性液晶。

液晶一般为单轴晶体，其折射率为寻常光折射率和非寻常光折射率，设为 n_{e} 和 n_{o}，有时也写为 $n_{\parallel}$ 和 $n_{\perp}$，分别代表与分子轴平行和垂直的折射率。因此对于液晶分子方向趋于某一方向的液晶来说，可以把它看作一种光学晶体，其晶轴方向就是液晶的分子轴方向，其折射率的分布满足晶体的折射率椭球方程。

液晶分子在电场的作用下会发生极化，从而和电场作用产生力矩。液晶和电场 E 的相互作用自由能为 $-(1/2)E \cdot D$，设液晶分子的方向矢量为 n，则液晶由电场产生的自由能为

$$f_{\mathrm{die}} = -\frac{1}{2}\varepsilon_{\perp}E^2 - \frac{1}{2}\Delta\varepsilon(n \cdot E)^2 \tag{8.1.62}$$

由式（8.1.62）可知，由于液晶的自由能总是趋向于最小值，因此液晶分子在电场作用下会发生转动，如图 8-1-18 所示。当 $\Delta\varepsilon > 0$ 时（正性液晶），n 趋向于和 E 平行；当 $\Delta\varepsilon < 0$ 时（负性液晶），n 趋向于和 E 垂直。液晶分子的转动意味着晶体光轴的转动，因此液晶的电光效应是通过外电场控制液晶光轴的方向，来达到调制光波相位或偏振态的目的。

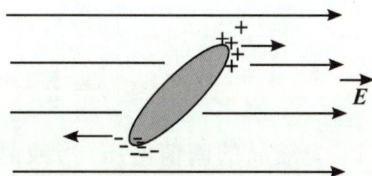

图 8-1-18　液晶在电场作用下的转动

液晶材料为一种理想的绝缘体，它的电阻值很大，在加电场后几乎不会有电流流过液晶材料，因此液晶是纯粹靠电场工作的材料。但如果液晶材料纯度不高，液晶中混有其他杂质离子，则液晶的绝缘性就会下降。离子的定向移动也会使得液晶分子分解，从而使绝缘性能越来越差，因此液晶上施加的电场往往是几 kHz 的交流电场。

在图 8-1-17 介绍的三类液晶材料中，经常用到的是向列型液晶。向列型液晶具有取向方便、液晶分子方向连续可调等优点，经常用在液晶光调制器件及显示器件中。液晶光调制器最简单的结构就是在两个镀有透明导电电极的玻璃之间填充一定厚度的液晶材料，其厚度大小由间隔层控制。所谓间隔层就是在两个玻璃之间撒上一定数量的玻璃微珠，微珠的直径就是液晶的厚度，这样构成的液晶器件称为液晶盒。为了使得液晶盒内的液晶分子向一个方向排列，需要在透明电极表面进行取向处理，一般可以在透明电极表面涂覆一层有机薄膜，然后通过一定方向的摩擦处理，就可以实现液晶的取向，液晶分子的方向将和摩擦方向一致。

2. 液晶的电光调制原理

如图 8-1-19 所示的液晶盒中,液晶的取向方向平行于基板,前后两个基板的取向方向一致。此时液晶盒可以看成一个相位板,当光沿着 z 轴传播时,其偏振分量在液晶光轴方向和垂直于光轴方向的折射率为 n_e 和 n_o,因此光波通过液晶盒后,会引入相位差

$$\Gamma = 2\pi(n_e - n_o)d/\lambda_0 \qquad (8.1.63)$$

其中 d 为液晶的厚度,λ_0 为光波波长。

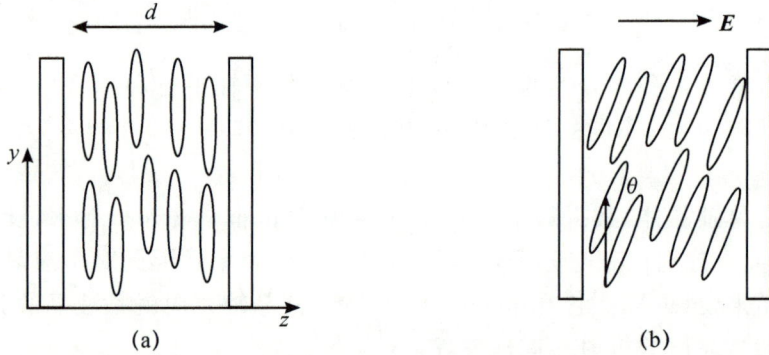

图 8-1-19   液晶盒的相位调制

在液晶盒两侧基板的透明电极上加一电压 V,就可以获得 z 方向的电场 E。液晶分子在电场作用下发生旋转,当电场的作用力和基板表面对液晶分子的作用力平衡时,液晶分子就处于一个稳定的平衡状态,此时液晶分子和基板表面的夹角为 θ。θ 和 V 的关系可近似表示为

$$\begin{cases} \theta = 0, & V \leqslant V_c \\ \theta = \dfrac{\pi}{2} - 2\tan^{-1}\exp\left(-\dfrac{V-V_c}{V_0}\right), & V > V_c \end{cases} \qquad (8.1.64)$$

其中 V_c 为液晶的阈值电压,当液晶所加电压小于阈值电压时,液晶分子不会发生旋转,只有当电压超过阈值电压时,液晶分子才开始转动。V_0 为常数,当 $V - V_c = V_0$ 时,θ 约为 50 度。式(8.1.64)中的电压值均为有效电压值,因为液晶两侧所加的电压均为交流电压。液晶的倾角 θ 和所加电压 V 之间的关系曲线如图 8-1-20 所示。

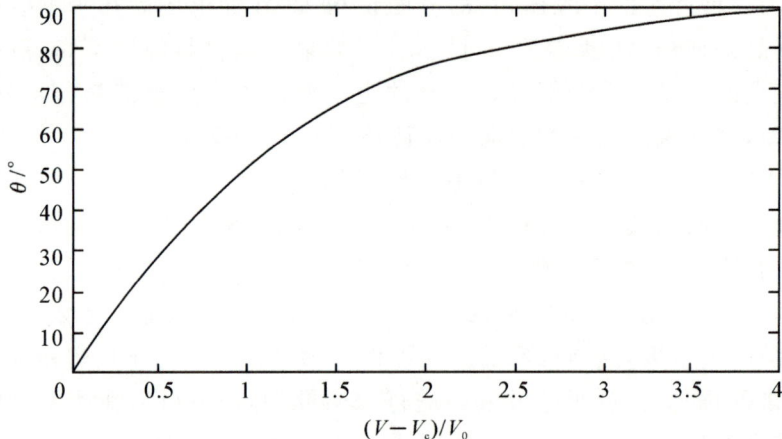

图 8-1-20   液晶的倾角和所加电压之间的关系

液晶分子的倾斜标志着液晶光轴的倾斜,此时液晶在 xy 平面内的异常光折射率就变为 $n(\theta)$,$n(\theta)$ 应满足

$$\frac{1}{n^2(\theta)}=\frac{\cos^2\theta}{n_e^2}+\frac{\sin^2\theta}{n_o^2} \tag{8.1.65}$$

光波通过液晶盒后的相位差则变为

$$\Gamma=2\pi[n(\theta)-n_o]d/\lambda_0 \tag{8.1.66}$$

由此可见,液晶盒在没有电压时,其相位差最大,加电压后,其相位差变小。令无电压时的相位差为 Γ_{max},则相位差 Γ 随电压的变化曲线如图 8-1-21 所示。假设液晶盒中所有分子的倾角均为 θ,这只是一种近似的计算方法。实际情况是液晶盒内不同位置的液晶分子其倾角是不同的。在基板表面,液晶分子被基板表面的作用力束缚,所以其倾角为 0,而在液晶层厚度 1/2 处的表面对液晶分子所传递的作用力最小,因此其倾角最大。这一结果无法直接用函数表达式来表示,只能通过数值解法来求取。

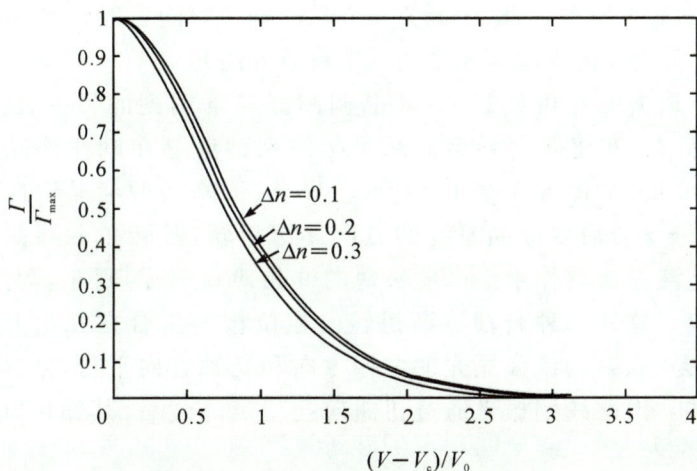

图 8-1-21　相位差 Γ 随电压的变化曲线

液晶盒可以直接作为一种电压控制的可调制的相位调制器或相位延迟器。当入射光为一线偏振光时,其偏振方向和图 8-1-19 中的 y 方向平行,则光波的偏振态将不会改变,但光波通过液晶盒所产生的相位为 $2\pi n(\theta)d/\lambda_0$,是一个可以控制的量,这一调制可以作为一种纯相位调制方法。假如入射的光波为和 y 轴的夹角为 45 度的线偏振光,则液晶盒就成为一个相位延迟板,线偏振光按 x、y 方向分解为两个正交分量,两个分量之间的相位差满足式(8.1.66),此时通过液晶盒后的光偏振态和相位差有关,通过控制电压,可以控制出射偏振光,使其在线偏振光、椭圆偏振光和圆偏振光之间转换。

液晶相位调制器也可以采用反射方式,如图 8-1-22 所示,在液晶层的后面放置一个反射镜,光通过液晶层后被反射镜反射,并再次通过液晶层,因此反射式调制器的相位调制量是透射式的两倍。进行纯相位调制时,入射端放置一偏振镜,其偏振方向应和液晶光轴的取向平行。

液晶调制器和电光晶体相比,其响应速度较慢。液晶的响应时间一般在毫秒量级,主要取决于液晶的黏滞系数、厚度、温度及电压。液晶的响应时间分为上升时间和下降时间,上升时间是指液晶加电压后的响应时间,而下降时间是指去掉电压后液晶的自然恢复时

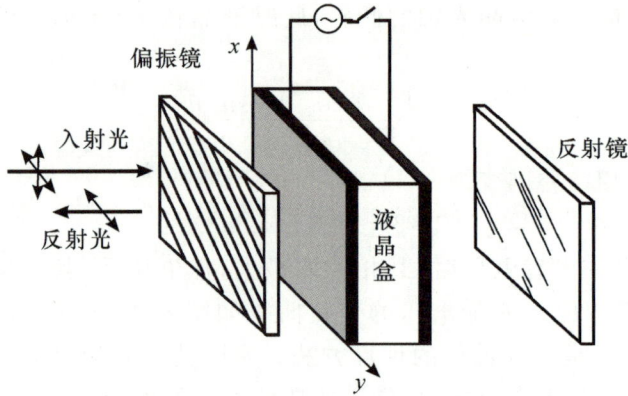

图 8-1-22　反射式液晶光调制器的结构原理

间。液晶的上升时间和电压大小有关系,电压越大,响应越快。而液晶的下降时间则只取决于液晶的厚度、黏滞系数等,与电压无关。液晶的响应时间一般与厚度的平方成反比,因此减小液晶的厚度是提高液晶响应速度的一个有效方法。

除了液晶平行取向的相位调制器,液晶调制器经常用到的另一种工作模式称为 90 度扭曲向列型液晶,90 度扭曲向列型液晶是指向列型液晶在制作液晶盒时,上、下基板的液晶取向扭转 90 度,如图 8-1-23(a)所示。当上、下基板的液晶取向之间有一个夹角时,液晶层内部的分子会沿着液晶厚度的方向逐渐扭转,其转角和液晶离基板的距离成正比。因此可以把液晶盒看作由许多层极薄的液晶薄片构成,每个薄片之间的液晶光轴有一个较小的转角。这样一种光轴逐渐扭转的相位板的集合在光学上就称为偏振旋转器件,其光学特性是:入射的线偏振光的偏振方向和光轴方向平行,则其偏振方向会随着光轴的旋转而旋转。因此线偏振光通过扭曲向列型液晶盒后,其偏振方向旋转 90 度,此效应和光波长无关。

当在液晶盒上施加外电压后,液晶分子在电场力的作用下垂直于基板表面,此时液晶的扭曲效应消失,如图 8-1-23(b)所示,线偏振光通过液晶盒后其偏振方向保持不变,因此扭曲向列型液晶盒可以通过加电压的方式控制线偏振光旋转 90 度或保持不变。

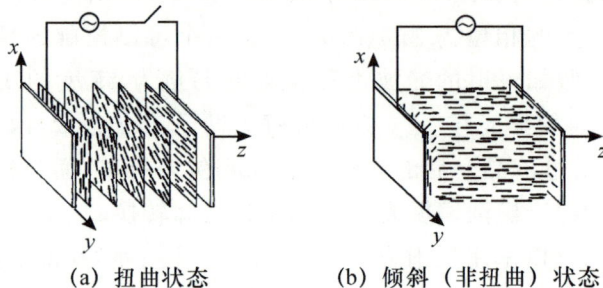

(a) 扭曲状态　　　　(b) 倾斜(非扭曲)状态

图 8-1-23　90 度扭曲向列型液晶盒在加电压和不加电压情况下的液晶分布

把扭曲向列型液晶盒放置在一对正交的偏振片中间,如图 8-1-24 所示,就可以控制透光或不透光。当无电压时,通过起偏镜后的线偏光经液晶盒调制后偏振方向旋转 90 度,因此可以通过后面的检偏镜,使器件呈现透明状态。加一较高的电压后,光的偏振方向不变,因此被检偏镜吸收,器件呈不透明状态。

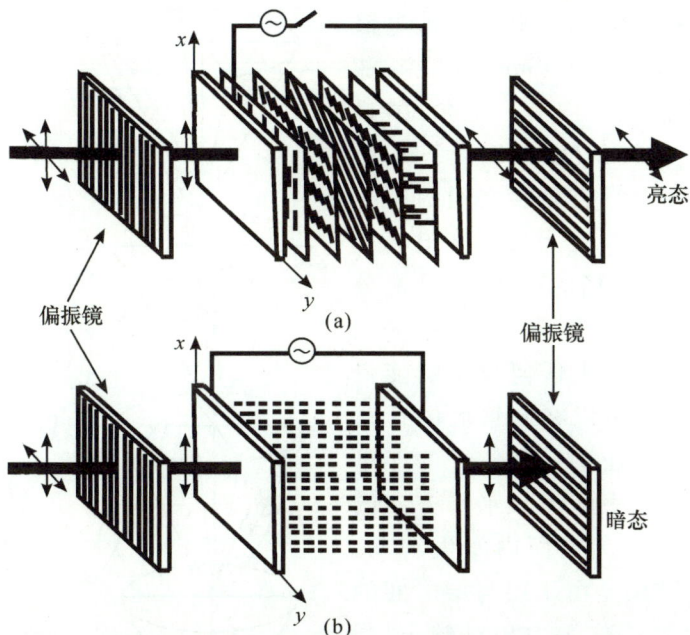

图 8-1-24 扭曲向列型液晶盒光强调制原理

如果液晶器件用于反射式模式(见图 8-1-22),90 度扭曲向列型液晶就不再适用。主要原因为反射式液晶光波来回通过液晶层两次,在没有外加电压时,线偏振光沿着液晶的扭曲方向旋转,出射时其偏振方向不变,当外加电压时,液晶分子垂直于基板表面,液晶的旋光效应消失,线偏振方向也保持不变。因此要使出射的偏振方向发生旋转,只有利用液晶处于部分倾斜时的双折射效应。当液晶加电压后,液晶分子的扭曲角不再线性变化,而会产生如图8-1-25所示的分布,其在 $d/2$ 厚度附近的液晶扭曲角发生突变,此时可以将液晶盒分成前、后两层,前一半的液晶扭曲角为 0,后一半的液晶扭曲角为液晶盒的扭曲角。对于90 度扭曲,前一半的液晶分子扭曲角为 0,后一半的扭曲角为 90 度,因此没有足够大的双折射效应。

45 度扭曲液晶模式又称为混合场效应模式,该模式能较好地应用于反射式器件。在无电压情况下,线偏振光通过液晶后其偏振方向旋转 45 度,被反射镜反射后再次通过液晶层,使偏振方向反向旋转 45 度,出射的线偏振方向不变。当加一定的电压之后,根据液晶的扭曲角的分布(见图8-1-25),前一半由于光轴和偏振方向相同,偏振态不发生变化,而后一半由于光轴为 45 度,因此具有最大的双折射。当偏振光来回通过后一半液晶层后,可以实现偏振态的变化。如果来回通过的双折射相位差为 π,则线偏振光旋转 90 度,偏振光将通过检偏镜,成为亮态。因此 45 度扭曲液晶有较高的亮态反射率。

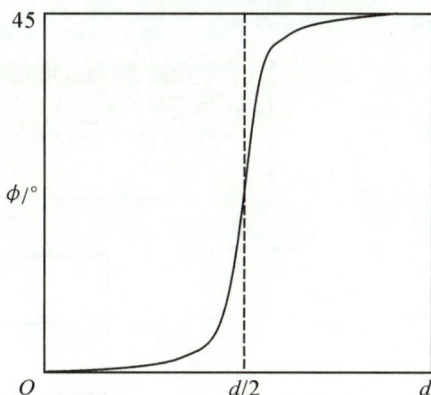

图 8-1-25 混合场效应模式液晶的扭曲角

在快速液晶调制器中,通常用到铁电液晶。铁电液晶是近晶相中的 Smectic* 相,液晶分子和液晶层的法线方向有一定角度,且层与层之间有一个旋转角度,如图 8-1-26 所示,液晶分子旋转一周时液晶层之间的距离为节距 P_0。图 8-1-26 中,P_s 为液晶在电场作用下产生的偶极距,在电场的作用下,液晶分子会产生旋转,使 P_s 指向电场方向。在铁电液晶中,液晶分子在圆锥中任何位置的能量是简并的,即液晶分子可以在圆锥面的任意一个位置上运动,其在任意一个位置的能量是相同的,当图 8-1-26 中施加一水平方向的电场时,液晶分子会在圆锥面内发生转动。液晶所呈现的螺旋结构是由于层与层之间的作用力所产生的。这一作用力相对较小,当外界作用力较强时,这一螺旋结构会被破坏。由于液晶分子在圆锥面上的运动不需要过多的额外能量,其运动速度相对较快。

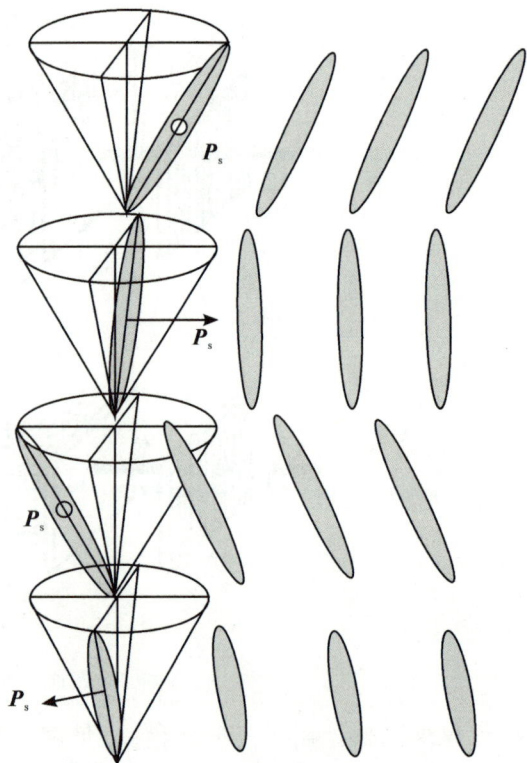

图 8-1-26   铁电液晶的分子排列

在铁电液晶器件中,常用的一种工作模式为表面稳定型铁电液晶(SSFLC),其液晶盒的内部结构如图 8-1-27 所示。当液晶盒的厚度远小于铁电液晶的螺距 P_0 时,液晶的螺旋结构将被破坏,形成如图 8-1-27 所示的平行取向的液晶盒。其中平行取向的方向为铁电液晶圆锥面和基板表面的交线。由于圆锥和表面的交线有两条,因此液晶分子在这两条交线上的位置都是稳定的,当在液晶盒上施加某一方向的电场时,液晶分子处于圆锥的一个边。当施加另一方向的电场时,液晶分子会运动到圆锥的另一个边上,由此形成液晶分子光轴在基板表面内的转动。由于表面内液晶分子在两个方向上均为稳定态,因此称为表面稳定型。当表面稳定型液晶盒放置在两个正交的偏振片内,就可以利用液晶的双折射效应实现光强调制。制作液晶器件时,可以选择锥角为 45 度的铁电液晶。如图 8-1-27 所示,当液晶处于关态时,液晶分子和起偏镜的透光轴

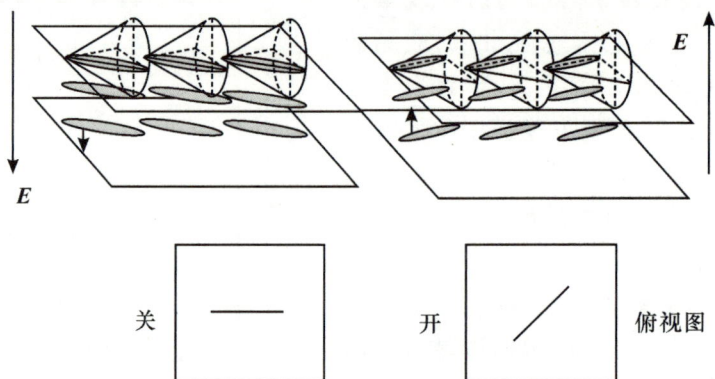

图 8-1-27   表面稳定型铁电液晶的工作原理

平行;当液晶处于开态时,液晶分子旋转 45 度,这样液晶盒可以有最大双折射率,其相位延迟量为 $\Gamma = 2\pi(n_{\mathrm{e}} - n_{\mathrm{o}})d/\lambda_0$,其中 d 为液晶盒的厚度。如选择特定的折射率差及厚度,使 Γ 为 π,则可使线偏振方向旋转 90 度。

表面稳定型铁电液晶具有记忆效应,即当液晶盒两端施加某一方向的电场后,由于液晶处于稳定态,去掉电场后,液晶的方向将保持在原来的位置而不发生变化。同样,当施加反向电压后,液晶分子的方向将发生旋转而处在新的方向上,当去掉电压后,液晶将保留在这一新的方向上。

液晶的工作电压一般都较低,其中向列型液晶的工作电压一般在 5V 以下,而铁电液晶的工作电压通常在 ±10V。

3. 液晶空间光调制器

液晶空间光调制器分为电寻址空间光调制器和光寻址空间光调制器。电寻址空间光调制器是指通过电极阵列,分别控制二维平面内某些点的液晶的开关,从而达到空间光调制的目的。图 8-1-28(a)是一种典型的电寻址液晶空间光调制器,它由上、下两个基板构成,两个基板上分别制作横向和纵向电极光栅,基板中间加上间隔层,并充以液晶。当横向和纵向电极上施加电压时,其电极相交点处的液晶就会发生变化,从而该点的光发生调制。但由于不能通过横向、纵向电极同时控制调制器上的所有点,因此二维平面的控制需要通过行或列的分时扫描实现,即各行或列之间的点并不是同时被调制的。

如果需要同时对二维平面上的点进行调制,就可以在二维电极阵列中的每个开关点上加上非线性元件。非线性元件对电流的截止特性可以用来保持驱动电压,即当驱动电压不再施加时,电极交叉点之间的电压仍能保持,这样虽然扫描依然存在,但扫描以后每个点上的电压将同时存在。这种电极矩阵就是有源矩阵。在有些特殊的应用场合,可以把电极刻成特殊的形状,每个电极都可以单独施加电压,这样也可以不使用有源矩阵,做成具有特殊应用的空间光调制器,如图 8-1-28(b)所示的多边形结构的空间光调制器。这种调制器由于每个点都需要引出电极控制,因此点阵格数不能太多。

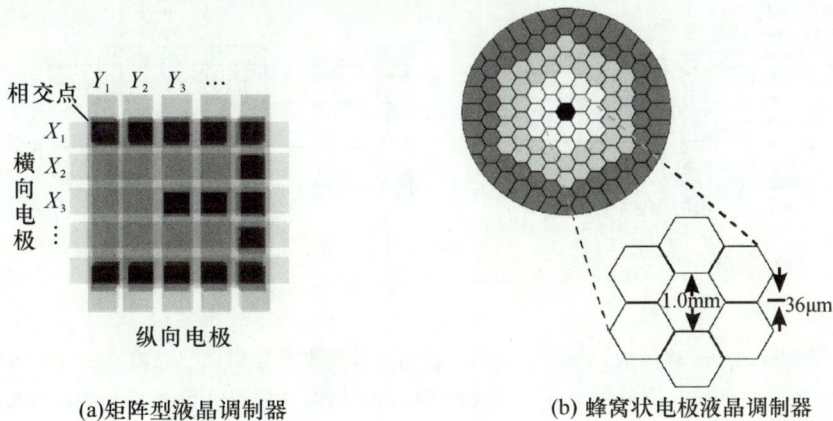

(a)矩阵型液晶调制器　　　　(b) 蜂窝状电极液晶调制器

图 8-1-28　电寻址液晶调制器

光寻址液晶空间光调制器和电寻址液晶调制器不同,它利用一写入光来控制读出光。光寻址液晶空间光调制器和利用电光晶体制作的光寻址空间光调制器一样,都是利用调制器中光敏材料的作用,在调制器内部产生一个和图像 $I(x, y)$ 相关的电场分布 E

(x,y),电场分布 $E(x,y)$ 作用在液晶上,从而使液晶调制读出光,使之产生相应的光强分布 $I'(x,y)$。在这里,写入光和读出光可以是不同的波长,或者读出光的能量可以远大于写入光的能量,因此光寻址液晶空间光调制器可以用于非相干光到相干光的转换,也可以用于图像的能量放大。

光强分布转换为电场分布可以采用不同的方法。比如在光调制器两个电极间夹上一个光电导层,在光强 $I(x,y)$ 的照射下,其电导率 $G(x,y)$ 会产生一个相应的变化,电导率的增加使得光电导层构成的电容放电,从而使光电导上的电场降低,其电场强度和光强成反比。此外,光敏材料也可以利用光电二极管薄膜,比如在非晶硅薄膜上制备的 PIN 结,在光照下这些 PIN 结在反向偏置电压下会导电,因此可以改变光照处的电压大小。

典型的液晶空间光调制器如图 8-1-29 所示。该器件是由美国休斯公司发明的,又称为液晶光阀(LCLV)。器件采用三明治结构,其中主要的是光电导层和液晶层。在液晶层和光电导层之间还制作了介质反射镜和光阻隔层。器件两侧的透明电极上加交流电压。工作时写入光把二维分布的光强写入光电导层上,使其电导率增加。外加电压通过分压使得光照处液晶上的分压提高,从而在液晶上产生相应的调制图像。液晶光阀采用反射式,读出光通过液晶层后到达介质反射镜,被反射镜反射后再次通过液晶,实现偏振调制。液晶光阀通常采用 45 度扭曲向列型液晶工作模式。由于读出光入射和被反射后输出均在同一个光路,因此器件的起偏和检偏采用了偏振分束镜。液晶光阀的光电导层一般采用电阻率较大的光敏材料,如 CdS、CdS-CdSe、a-Si 等。光阻隔层是黑色的绝缘材料,其主要作用是吸收漏过介质反射镜的剩余的读出光能量,使它不影响光敏层,一般采用 CdTe 来制作。由于向列型液晶和 CdS 的响应速度都不是很快,因此为了提高响应速度,可以利用非晶硅作为光电导层,利用铁电液晶作为光调制材料。

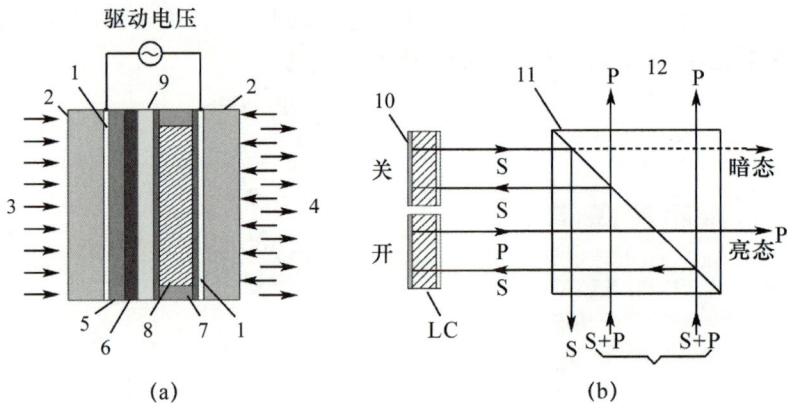

(a)　　　　　　　　　　(b)

1—透明电板,2—玻璃基板,3—写入光,4—读出光,5—光电导层,6—光阻隔层,7—间隔层,
8—液晶层,9—介质反射镜,10—反射电极,11—偏振分束器(PBS),12—损失的光。

图 8-1-29　光寻址液晶空间光调制器

8.1.4　光折变

光折变材料是一种既具有光电导特性,又具有电光效应的光学材料。在光照下,光折变材料的折射率会发生变化,并具有一定的记忆效应,即在较长的一段时间内,折射率的变化会存储在材料中。光折变材料一般在黑暗的环境下具有较好的绝缘性。在光照下,处于材料中的杂质能级上的电子被激发到导带,从而形成电子-空穴对。这些载流子会从密度较高区域向密度较低区域扩散。当电子从亮区域往暗区域扩散时,就会在亮区域留下正电荷,而在暗区域产生负电荷的堆积,从而在亮暗之间形成电场。自由载流子在其他区域也会被离子化的杂质所束缚,形成固定的空间电荷分布。这些固定的空间电荷分布在一段较长的时间内被保持下来。如果要去除它,可以通过均匀的光照或加热,使得空间电荷重新均匀分布。空间电荷的分布会产生空间的电场分布,如果该材料具有电光效应(如普克尔效应),就会在材料内部形成空间的折射率分布。因此光折变晶体可以像照片那样记录图像,只不过它是按照折射率的变化来记录图像的。

目前常用的光折变晶体包括钛酸钡($BaTiO_3$)、硅酸铋($Bi_{12}SiO_{20}$)、铌酸锂($LiNbO_3$)、铌酸钾($KNbO_3$)、砷化镓($GaAs$)和铌酸锶钡(SBN)等。图 8-1-30 为铌酸锂晶体在光照下的折射率变化过程,图中在晶体的某一部分施加光照,而其他部分没有光照,处于光照下的 Fe^{2+} 能级释放出一个自由电子进入导带,从而使光照处带正电荷。自由电子扩散后,被处于无光照处的 Fe^{3+} 所俘获,从而在无光照处形成负电荷堆积。在正负电荷之间就形成了静电场,电场的方向由光照处指向无光照处,其中两个电荷区之间的电场强度最大,因此其折射率的变化也最大。

如图 8-1-30 所示,假设入射光照为光强随 x 坐标变化的 $I(x)$,光照产生电子跃迁和扩散,使得光照处的材料离子化,其离子化的速率可表示为

$$G(x) = s(N_D - N_D^+)I(x) \tag{8.1.67}$$

其中 N_D 为施主的密度,N_D^+ 为电离化的施主的密度,s 为一常数,称为光离子化截面。

光照 $I(x)$ 随 x 变化,使得产生的电子密度 $n_e(x)$ 随 x 坐标变化,导致电子的横向扩散。同时产生的处于激发态的电子也可以和被电离的施主重新复合,其复合的速率和被电离的施主以及被激发的电子密度成正比,即

$$R(x) = \gamma_R n_e(x) N_D^+ \tag{8.1.68}$$

图 8-1-30　铌酸锂晶体在光照下的折射率变化过程

其中 γ_R 为常数。到达平衡态时,产生的电子速率和复合的电子速率相等,即

$$sI(x)(N_D - N_D^+) = \gamma_R n_e(x) N_D^+ \tag{8.1.69}$$

由此可得,到达平衡后,产生的激发态电子的密度为

$$n_e(x) = \frac{s}{\gamma_R}\left(\frac{N_D}{N_D^+} - 1\right)I(x) \tag{8.1.70}$$

电子的扩散使得每个扩散的电子在其产生的地方留下一个正的离子,空间正负电荷随坐标的变化就形成了电场的横向分布。由于产生的横向电场会反过来阻止电荷的进一步扩散,因此当扩散达到一定程度后,横向扩散电流和电子在静电场下产生的反向电流抵消,即

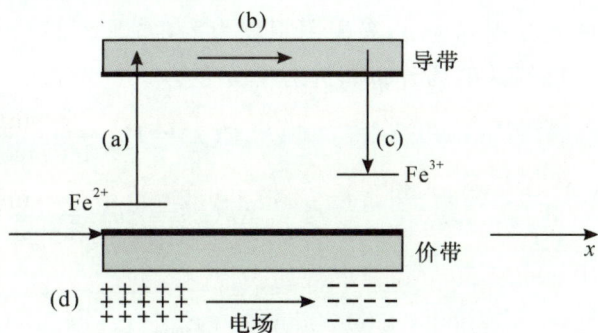

$$J = e\mu_e n_e(x)E(x) - k_B T\mu_e \frac{\mathrm{d}n_e}{\mathrm{d}x} = 0 \tag{8.1.71}$$

其中 μ_e 为电子迁移率, k_B 为玻尔兹曼常数, T 是温度。因此电场 $E(x)$ 可表示为

$$E(x) = \frac{k_B T}{e} \cdot \frac{1}{n_e(x)} \cdot \frac{\mathrm{d}n}{\mathrm{d}x} \tag{8.1.72}$$

对于普克尔效应,折射率在电场作用下的变化量为

$$\Delta n(x) = -\frac{1}{2}n^3 \gamma E(x) \tag{8.1.73}$$

设 $\frac{N_D}{N_D^+} - 1$ 为常数,把式(8.1.70)代入式(8.1.72),可得

$$E(x) = \frac{k_B T}{e} \cdot \frac{1}{I(x)} \cdot \frac{\mathrm{d}I}{\mathrm{d}x} \tag{8.1.74}$$

代入式(8.1.74)可得

$$\Delta n(x) = -\frac{1}{2}n^3 \gamma \frac{k_B T}{e} \cdot \frac{1}{I(x)} \cdot \frac{\mathrm{d}I}{\mathrm{d}x} \tag{8.1.75}$$

上面的理论计算是在简化的模型下得到的,并没有考虑材料的暗电导以及光伏效应等。此外计算结果也仅仅是光折变晶体在光照下处于平衡态以后的结果。

下面计算在光强为余弦分布情况下光折变晶体中折射率的变化情况。设入射光强为

$$I(x) = I_0 \left(1 + m\cos\frac{2\pi x}{\Lambda}\right) \tag{8.1.76}$$

其中光栅周期为 Λ,光栅调制度为 m,如图 8-1-31 所示。代入式(8.1.74)和式(8.1.75)后,可以得到其电场分布和折射率分布为

$$E(x) = E_{max} \frac{-\sin(2\pi x/\Lambda)}{1 + m\cos(2\pi x/\Lambda)} \tag{8.1.77a}$$

$$\Delta n(x) = \Delta n_{max} \frac{\sin(2\pi x/\Lambda)}{1 + m\cos(2\pi x/\Lambda)} \tag{8.1.77b}$$

其中

$$E_{max} = 2\pi[k_B T/(e\Lambda)]m$$

$$\Delta n_{max} = -\frac{1}{2}n^3 \gamma E_{max}$$

为最大的电场强度和最大折射率变化量。

如果入射光强的横向调制度 m 较小,则其折射率的变化量可简化为

$$\Delta n(x) \approx \Delta n_{max} \sin\frac{2\pi x}{\Lambda} \tag{8.1.78}$$

即折射率的变化为正弦函数。可见由光折变产生的折射率光栅和入射光栅相比相位变化了 90 度,这是由于电场最大的地方是亮暗交替的地方。

光折变晶体可以用于图像的存储,存储方式类似于全息图的记录。把要记录的图像光和一均匀的平面波作为参考光相干涉,构成一干涉条纹图像,把光折变晶体放置到干涉光路中,把干涉条纹转换成晶体中的折射率条纹。再现时把原先记录的平面波照射到晶体上,就可以还原出原先的图像,如图 8-1-32 所示。

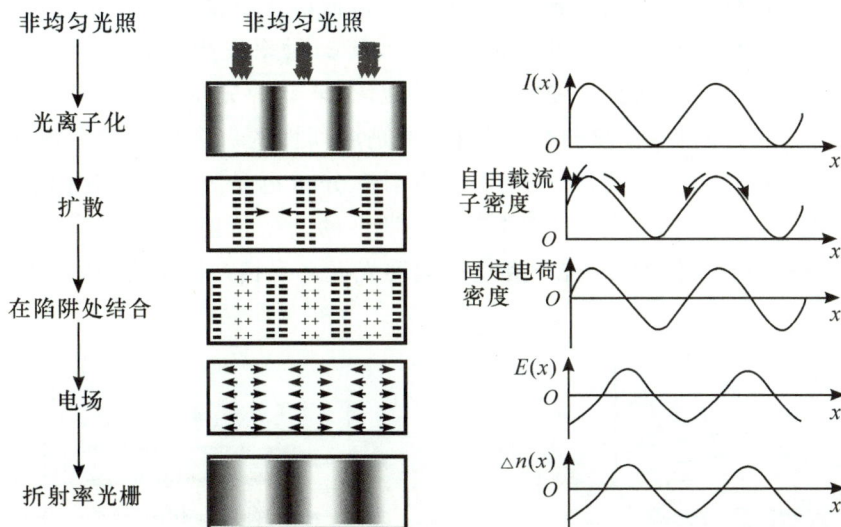

图 8-1-31　光强在余弦分布下的光折变晶体折射率变化

由于光折变晶体在记录时的速度很快,因此可以实现实时的记录和再现。如图 8-1-32 中光波 1 和光波 2 在晶体中形成体光栅,同时光波 1 在体光栅的作用下形成光波 2,同样光波 2 在体光栅的作用下形成光波 1,因此在光折变晶体的作用下,光波 1 和光波 2 之间的能量可以相互转换,也就是说光波 1 在晶体中的透过率受到光波 2 的控制,同样光波 2 的透过率受到光波 1 的控制。这一效应称为双波混合,该效应通常也可以在非线性晶体中得到。

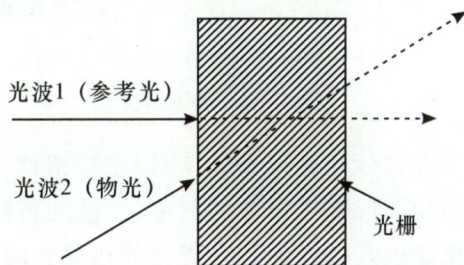

图 8-1-32　利用光折变晶体实现全息条纹的记录及再现

8.2　声光调制

8.2.1　声光效应

声波在光学材料中的传播导致材料折射率分布的变化,折射率变化又导致光波通过材料时的传输特性的变化,从而实现声波对光的控制,这一效应就称为声光效应。如图 8-2-1 所示,声波在媒介中传播时会产生体光栅,光波通过光栅时产生衍射,从而改变了光的透过特性。

声波是一种机械波,声波在媒介中传播时,会使媒介中的分子产生振动。比如声波在空气中传播,会导致空气中某个瞬间某些位置的空气密度变大,而某些位置的空气密度变小。而密度大的地方空气的折射率变高,密度小的地方折射率变低。如果传播的为余弦波,则会在空气中形成折射率余弦分布的光栅。图 8-2-2 为空气中简谐振动声波传播形成的折射率分布的图像,其中 Λ 为声波的波长,也是生成的光栅的周期。在固体中,声波导致分子在其平衡态附近振动,从而改变它的极化率,使折射率发生变化。因此声波在媒介中的传播会产生媒介的折射率变化,使媒介变为折射率渐变的光学材料。由于声波往往是周期性的振动,由此产生的折射率变化在空间上也是周期性的。此外声波在媒介中传播并不是静止不动的,它随时间变化,因此媒介中的折射率分布也是随时间变化的。由上述可知,声波在媒介中的传播,使媒介成为一种动态的周期性的渐变折射率材料,有时也可以把它看成一种运动的光栅,声光效应就是光波和这一运动光栅之间相互作用所产生的物理现象。

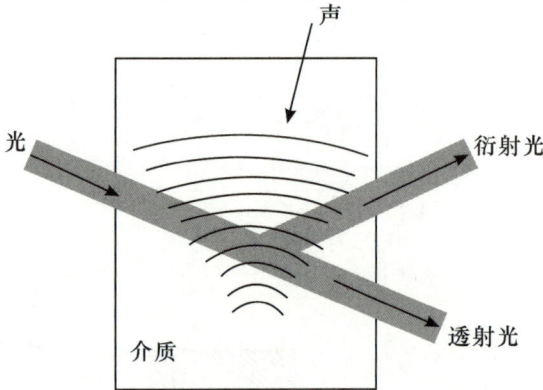

图 8-2-1　声光效应

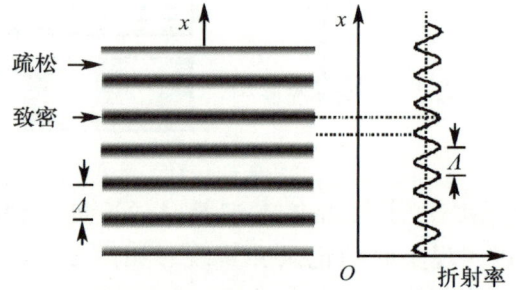

图 8-2-2　空气中简谐声波的传播形成折射率光栅

在实际计算声光效应时,往往把这一动态的折射率变化当作静态来处理,这是因为光波的频率远大于声波的频率,光波的传播速度也远大于声波的速度,对于光波来说,声波的变化是极其缓慢的。在光波通过媒介时,声波的变化几乎可以忽略。因此声光效应的计算可以简化成光波通过一个静态光栅的计算。

光波通过由声波产生的折射率光栅时会产生衍射,根据光栅的厚度、周期和入射光角度等,可以把衍射分为两种。一种是布拉格衍射,对应较厚的光栅(厚度相对于光栅周期较大),光波倾斜入射,光波穿过光栅时会通过两个以上光栅周期。另一种是对应光栅厚度较小的衍射,称为拉曼-奈斯衍射。

8.2.2　光和声的相互作用

1. 布拉格衍射

设一声波沿 x 方向传播,其传播速率为 v_s,声波频率为 f,声波波长为 $\Lambda = v_s / f$,声波的振动方程为

$$s(x,t) = S_0 \cos(\Omega t - qx) \tag{8.2.1}$$

其中 $\Omega = 2\pi f$ 为振动的圆频率,$q = 2\pi / \Lambda$ 为波数,S_0 为振幅。则声波的强度(W/m²)为

$$I_s = \frac{1}{2} \rho v_s^3 S_0^2 \tag{8.2.2}$$

其中 ρ 为传播媒介的密度。

假设声波产生的媒介折射率的变化和声波的振动量呈线性关系,参照电光效应中的普克尔效应,折射率的变化量可写为

$$\Delta n(x,t) = -\frac{1}{2}pn^3 s(x,t) \tag{8.2.3}$$

其中 n 为无声波时的材料折射率，p 为光弹常数，负号表示声波振动的正方向为折射率减小的方向。由此得到声波传输时其折射率分布为

$$n(x,t) = n - \Delta n_0 \cos(\Omega t - qx) \tag{8.2.4}$$

其中

$$\Delta n_0 = \frac{1}{2}pn^3 S_0 \tag{8.2.5}$$

为折射率的最大变化量。根据式(8.2.2)，式(8.2.5)也可以写为

$$\Delta n_0 = \left(\frac{1}{2}MI_s\right)^{1/2} \tag{8.2.6}$$

其中

$$M = \frac{p^2 n^6}{\rho v_s^3} \tag{8.2.7}$$

称为声光品质因子，它表示这一材料在声波作用下其折射率变化的大小。

如图 8-2-3 所示，当光波入射到声光调制材料中，光波会发生衍射。设入射光波的入射角为 θ，声波波长为 Λ，光波波长为 λ_0，可以把材料沿 x 方向分成无穷多个薄层，由于材料折射率沿 x 方向有梯度变化，因此相邻两个薄层之间的界面由于折射率的不同会产生反射。由于折射率梯度较小，每个界面的反射系数都非常小，因此假如每个薄层的反射系数为 $\Delta r = (\mathrm{d}r/\mathrm{d}x)\Delta x$，则总的反射系数为

$$r = \int_{-L/2}^{L/2} e^{i2kx\sin\theta} \frac{\mathrm{d}r}{\mathrm{d}x}\mathrm{d}x \tag{8.2.8}$$

其中 L 为光波在光栅中的作用距离（见图 8-2-3），$e^{i2kx\sin\theta}$ 为光波在 x 位置时其反射光和 $x=0$ 位置的入射光相比的相位差。

根据界面反射的菲涅耳公式，对于 TE 波有

$$r = \frac{n_1\cos\theta_1 - n_2\cos\theta_2}{n_1\cos\theta_1 + n_2\cos\theta_2} \tag{8.2.9}$$

对于 TM 波有

$$r = \frac{n_2\cos\theta_1 - n_1\cos\theta_2}{n_2\cos\theta_1 + n_1\cos\theta_2} \tag{8.2.10}$$

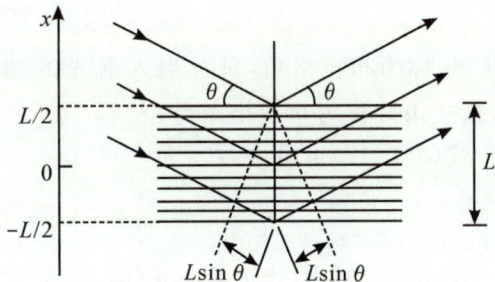

图 8-2-3　布拉格衍射

在这里设 $n_2=n$，$n_1=n+\Delta n$，$\theta_1=90°-\theta$，且有折射率公式 $n_1\sin\theta_1 = n_2\sin\theta_2$，代入菲涅耳公式后，可以得到，对于 TE 波有

$$\Delta r = \frac{-1}{2n\sin^2\theta}\Delta n \tag{8.2.11}$$

对于 TM 波有

$$\Delta r = \frac{-\cos 2\theta}{2n\sin^2\theta}\Delta n \tag{8.2.12}$$

假如入射光接近于垂直光栅，则 TM 波和 TE 波的表达式近似一致。由式(8.2.12)可

以得到

$$\frac{\mathrm{d}r}{\mathrm{d}x}=\frac{\mathrm{d}r}{\mathrm{d}n}\cdot\frac{\mathrm{d}n}{\mathrm{d}x}=\frac{-1}{2n\sin^2\theta}\big[q\Delta n_0\sin(qx-\varphi)\big]=r'\sin(qx-\varphi) \tag{8.2.13}$$

其中

$$r'=\frac{-q}{2n\sin^2\theta}\Delta n_0 \tag{8.2.14}$$

把式(8.2.13)代入式(8.2.8)中,可以得到总的反射系数为

$$r=\frac{1}{2}\mathrm{i}r'\mathrm{e}^{\mathrm{i}\varphi}\int_{-L/2}^{L/2}\mathrm{e}^{\mathrm{i}(2k\sin\theta-q)x}\mathrm{d}x-\frac{1}{2}\mathrm{i}r'\mathrm{e}^{-\mathrm{i}\varphi}\int_{-L/2}^{L/2}\mathrm{e}^{\mathrm{i}(2k\sin\theta+q)x}\mathrm{d}x \tag{8.2.15}$$

可以看到反射系数包含两项积分,前一项积分当 $2k\sin\theta-q=0$ 时有最大值,而第二项积分当 $2k\sin\theta+q=0$ 时有最大值,即

$$\theta=\pm\arcsin\Big(\frac{q}{2k}\Big) \tag{8.2.16}$$

当 L 较大时,若 θ 不满足式(8.2.16),其积分值下降得很快,因此布拉格衍射中反射系数相对于入射角是一个很陡的峰,偏离这个角度后衍射光将消失。式(8.2.15)中第一项称为上频移反射,第二项称为下频移反射,上、下频移反射同时只能有一个存在,因为一个满足最大值时,另一个就不满足。

下面先分析上频移反射。对于上频移反射,式(8.2.15)积分以后可以得到

$$r=\frac{1}{2}\mathrm{i}r'L\,\mathrm{sinc}\Big[(q-2k\sin\theta)\frac{L}{2\pi}\Big]\mathrm{e}^{\mathrm{i}\Omega t} \tag{8.2.17}$$

其中 $\Omega t=\varphi$,$\mathrm{sinc}(x)=\sin(\pi x)/(\pi x)$,在这里定义

$$\sin\theta_{\mathrm{B}}=\frac{\lambda}{2\Lambda} \tag{8.2.18}$$

其中 θ_{B} 称为布拉格角,只有当入射光的角度为布拉格角,即 $\theta=\theta_{\mathrm{B}}$ 时,才会产生较强的衍射,这一条件称为布拉格条件。

式(8.2.17)也可以改写为

$$r=\frac{1}{2}\mathrm{i}r'L\,\mathrm{sinc}\Big[(\sin\theta-\sin\theta_{\mathrm{B}})\frac{2L}{\lambda}\Big]\mathrm{e}^{\mathrm{i}\Omega t} \tag{8.2.19}$$

式(8.2.19)中,当 θ 偏离 θ_{B} 时,反射系数的幅度将快速下降,其相对反射率随 θ 的变化如图8-2-4所示。当 $\sin\theta-\sin\theta_{\mathrm{B}}=\frac{\lambda}{2L}$ 时,其反射率达到极小值 0。在布拉格衍射中,通常 $L\gg\lambda$,入射角较小,因此第一个极小值位置也可以表示为

$$\theta-\theta_{\mathrm{B}}\approx\frac{\lambda}{2L} \tag{8.2.20}$$

这就是布拉格衍射中衍射光强为 0 时的角度偏移量,可见这是一个非常小的值。因此要满足布拉格条件,入射角度的精度要求是较高的。

布拉格衍射也可以用波矢量合成的方法表示,如图 8-2-5 所示。图 8-2-5 中 $\boldsymbol{k}$ 为入射光波,$\boldsymbol{k}_{\mathrm{r}}$ 为衍射光,$\boldsymbol{q}$ 为声波,当满足布拉格条件时有 $2k\sin\theta=q$,则图 8-2-5 可用矢量公式表示为

$$\boldsymbol{k}_{\mathrm{r}}=\boldsymbol{k}+\boldsymbol{q} \tag{8.2.21}$$

在布拉格衍射中存在多普勒频移现象。根据布拉格衍射的反射系数 r,设入射光波电场

幅值为 E,则可以得到反射光波为 $E' = rE$。由式(8.2.19)可知,r 中含有相位因子 $e^{i\Omega t}$,在光波 E 中含相位因子 $e^{i\omega t}$,其中 ω 为光波频率,由此可以得到在衍射光中其振动的相位因子为 $e^{i(\Omega+\omega)t}$,衍射光的圆频率变为

$$\omega_r = \omega + \Omega \qquad (8.2.22)$$

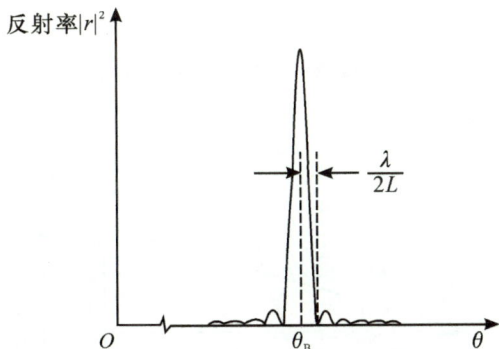

图 8-2-4　布拉格衍射的反射率和角度的关系　　　图 8-2-5　上频移时布拉格衍射的矢量合成

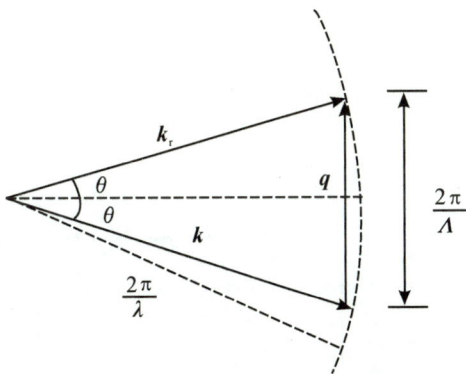

因此反射光和入射光相比,其光波频率发生了变化。这一现象也可以用多普勒频移来解释,可以认为光栅以声速 v_s 运动,光波从一个运动物体表面反射时,会产生多普勒频移,其频率为

$$\omega_r = \omega(1 + 2v_s\sin\theta/c) \qquad (8.2.23)$$

其中 $v_s\sin\theta$ 为声波速率在反射光方向的分量。由布拉格条件(8.2.18)和式(8.2.23)可以得到式(8.2.22)的频移公式。

由布拉格衍射的反射系数 r 可以得到,当满足布拉格条件时,反射率为

$$R = |r|^2 = \frac{\pi^2}{\lambda_0^2}\left(\frac{L}{\sin\theta}\right)^2 \Delta n_0^2 \qquad (8.2.24)$$

折射率的变化和声波的强度有关,把式(8.2.6)代入式(8.2.24),可得到

$$R = \frac{\pi^2}{2\lambda_0^2}\left(\frac{L}{\sin\theta}\right)^2 MI_s \qquad (8.2.25)$$

当满足布拉格条件时,反射率为

$$R = 2\pi^2 n^2 \frac{L^2\Lambda^2}{\lambda_0^4} MI_s \qquad (8.2.26)$$

由式(8.2.26)可知,布拉格衍射的反射率和声波的强度成正比,因此可以通过控制声波强度达到控制衍射光强度的目的。但是当 I_s 不断增大时,衍射光强并不会无限制增大,即式(8.2.26)中 R 不可能大于1,因此当声波强度很大时,式(8.2.26)不再成立,其原因是在公式推导中假设声波产生的折射率变化较小,光波透过其中的一个折射率变化层后其强度变化很小。而对于声波强度较高的场合,这一假设不再成立。更精确的模型推导的反射率公式为

$$R_e = \sin^2\sqrt{R} \qquad (8.2.27)$$

其曲线如图 8-2-6 所示,当 I_s 较小时,反射率和 I_s 呈线性关系,即 $R_e \approx R$;当 I_s 较大时,反射率上升曲线趋向于饱和,呈非线性关系。

上面讨论的是上频移布拉格衍射的情况，对于下频移，可以通过同样方法得到它的反射系数。由式(8.2.15)可得，对于下频移，当满足布拉格条件时，反射系数为

$$r = -\frac{1}{2}ir'L\,\mathrm{e}^{-\mathrm{i}\Omega t} \tag{8.2.28}$$

由于式(8.2.28)中振动相位为负数，所以可以得到下频移时，衍射光的频率为

$$\omega_s = \omega - \Omega \tag{8.2.29}$$

因此下频移时其光波频率变小。对于下频移，其矢量合成如图 8-2-7 所示，用公式表达为

$$\boldsymbol{k}_s = \boldsymbol{k} - \boldsymbol{q} \tag{8.2.30}$$

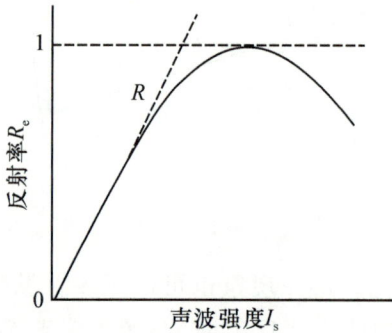

图 8-2-6　布拉格衍射中声波强度
和反射率之间的关系

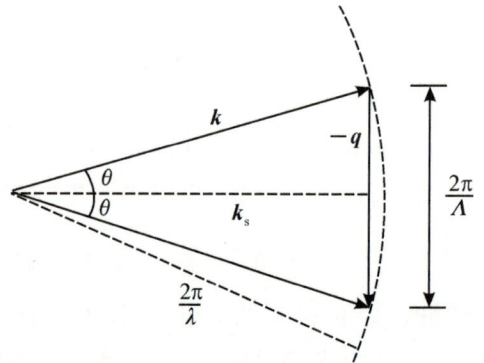

图 8-2-7　下频移时布拉格衍射
的矢量合成

频率漂移和矢量合成也可以用量子力学的理论来解释。量子理论把光波称为光子，其能量为 $\hbar\omega$，动量为 $\hbar k$；把声波称为声子，其能量为 $\hbar\Omega$，动量为 $\hbar q$。布拉格衍射实际上就是光子和声子的作用，即光子吸收或释放一个声子，生成另一个光子。光子和声子的相互作用应满足力学中的能量守恒和动量守恒定律，即

$$\hbar\omega \pm \hbar\Omega = \hbar\omega_r \tag{8.2.31}$$

$$\hbar\boldsymbol{k} \pm \hbar\boldsymbol{q} = \hbar\boldsymbol{k}_r \tag{8.2.32}$$

去掉常数 $\hbar$ 后，可以得到频移公式和矢量合成公式。

2. 拉曼-奈斯衍射

当声波的厚度较小时，光波通过声波产生光栅时每根光线只跨越小于一个周期的区域，此时的衍射就称为拉曼-奈斯衍射。和布拉格衍射不同，如图 8-2-8 所示，拉曼-奈斯衍射存在多级衍射。在布拉格衍射中，入射光和衍射光之间的夹角为 2θ，如果参照布拉格条件，在拉曼-奈斯衍射中有

$$\sin\frac{\theta}{2} = \frac{\lambda}{2\Lambda} \tag{8.2.33}$$

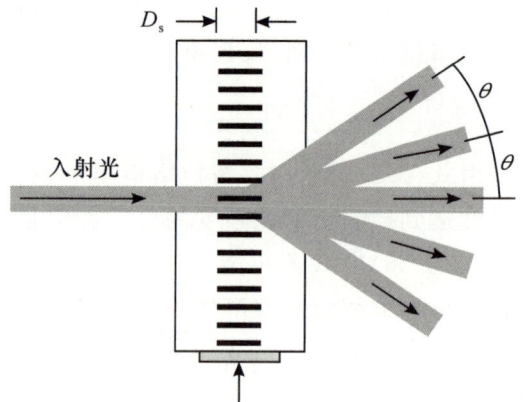

图 8-2-8　拉曼-奈斯衍射

由于入射光垂直于光栅，因此 $\pm\theta$ 的衍射光均满足上述条件。当衍射角较小时，式(8.2.33)也可以表示为

$$\theta \approx \frac{\lambda}{\Lambda} \qquad (8.2.34)$$

拉曼-奈斯衍射其实就是一个薄的相位光栅的衍射,它存在多级衍射,高级衍射的衍射角是 θ 的整数倍,如二级衍射的衍射角为 $\pm 2\theta$。这一现象也可以用量子理论解释,当一个光子和两个声子作用时,就产生一个二级衍射的光子,即

$$\boldsymbol{k}_r = \boldsymbol{k} \pm 2\boldsymbol{q} \qquad (8.2.35)$$

矢量合成如图 8-2-9 所示。根据量子理论,拉曼-奈斯衍射同样存在频率漂移,对于二级衍射,由能量守恒定律可以得到其衍射光频率为

$$\omega_r = \omega \pm 2\Omega \qquad (8.2.36)$$

对于不同级次的衍射光,其频率漂移的大小不一样,漂移量根据衍射的级次为声波频率的整数倍。

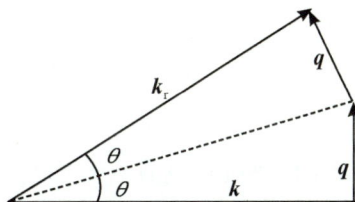

图 8-2-9　拉曼-奈斯衍射的矢量合成

8.2.3　声光器件

1. 声光调制器

在布拉格衍射中,衍射光的强度和声波的强度成正比,因此可以通过控制声波强度,来达到调制光强的目的。当声波强度较强时,布拉格衍射可以使衍射光的反射率趋向于 1,即可以反射所有光线,因此可以通过加声波或不加声波,实现光的开关。图 8-2-10 给出了光强调制器和光开关的声光调制器原理,其中图 8-2-10(a)把调制信号加载在声波强度上,入射一个光强恒定的光束,其出射的光强就实现了调制。图 8-2-10(b)为声波功率较强的调制,当声波强度为 0 时,由于没有光栅形成,光束直接透过,当加声波时,光线被全部反射,因此可以通过声波的开关实现光束的通断,成为光开关。

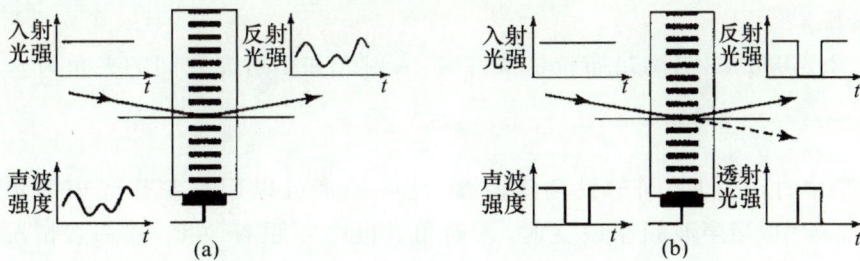

图 8-2-10　光强调制器和光开关的声光调制器原理

声光调制器的带宽是指调制器对光的最高调制频率的大小。入射光波为单一频率的平面波,声波也为单一频率的平面波,其频率为 f_0。当声波被带宽为 B 的信号调制后,其声波不再是简谐波,根据傅里叶变换,其频率为 $f_0 \pm B$ 的频带。根据布拉格条件,入射角和声波之间应该满足

$$\theta = \arcsin \frac{\lambda}{2\Lambda} = \arcsin \frac{f\lambda}{2v_s} \approx \frac{\lambda}{2v_s} f \qquad (8.2.37)$$

其中 f 为声波频率,v_s 为声波速度,λ 为光波长。当入射光的角度确定后,式(8.2.37)中只有一个频率满足布拉格条件。图 8-2-11 通过矢量合成法也给出了同样的结论,只有正好满

足矢量合成高度的声波矢量才能衍射,因此衍射光中不存在调制带宽,即其带宽为 0。

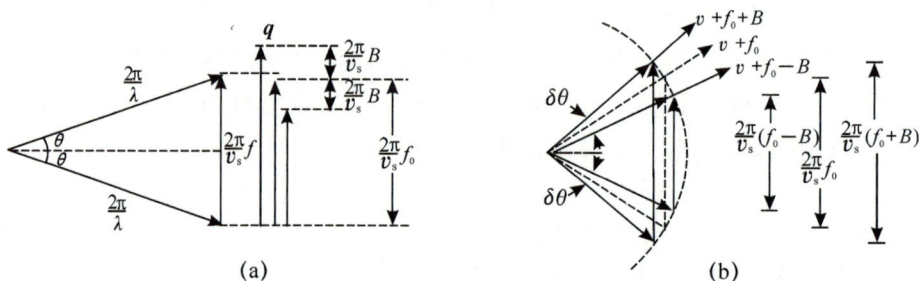

图 8-2-11   光束入射角和调制带宽之间的关系

为了使光强调制具有和调制信号相同的带宽,必须要求不同的声波频率有相应的入射光满足布拉格衍射条件。根据式(8.2.37),对于不同的声波频率,在入射光频率相同的情况下,要求入射光有不同的入射角,也就是说入射光不能为一个平面波,必须有一定的发散角,如图 8-2-11 所示。设入射光为一个激光束,根据高斯光束理论,激光束的发散角近似为

$$\delta\theta = \frac{\lambda}{D} \qquad (8.2.38)$$

其中 D 为激光束的宽度,由式(8.2.37)可知带宽

$$B = \frac{1}{2}\Delta f = \frac{v_s}{\lambda}\Delta\theta = \frac{v_s}{D} \qquad (8.2.39)$$

或

$$B = \frac{1}{T} \qquad (8.2.40)$$

其中 $T = D/v_s$ 为声波通过激光光斑所需的时间。为了提高调制器的调制带宽,必须减小激光束的束腰半径,把激光束汇聚成一个较小的光斑。

2. 扫描器

由式(8.2.37)可知,当满足布拉格条件时,入射光和衍射光之间的夹角为

$$2\theta \approx \frac{\lambda}{v_s}f \qquad (8.2.41)$$

当改变声波频率时,它们之间的夹角将改变,这一原理可以用来制作光束的角度扫描器。但在布拉格衍射中,当声波频率改变时,入射角 θ 也必须跟着改变,在一般情况下,光束的入射光调节是比较困难的,因此在光束扫描器中,通常改变声波的传播方向。图 8-2-12 给出了光束扫描器的原理,图中声波发生器采用了声波阵列,每个声波源之间有一定相位差,通过调节相位差就可以控制合成后声波的传播方向,达到调节入射角的目的。设声波的频率变化为 B,则光束的角度扫描范围为

$$\Delta\theta = \frac{\lambda}{v_s}B \qquad (8.2.42)$$

在这里引入一个可分辨扫描光点数的概念,如图 8-2-13 所示,设扫描器的角度扫描范围为 $\delta\theta$,入射光束的发散角为 $\mathrm{d}\theta$,则可分辨的扫描光点数为

$$N = \frac{\Delta\theta}{\delta\theta} = \frac{(\lambda/v_s)B}{\lambda/D} = \frac{D}{v_s}B \qquad (8.2.43)$$

或

$$N = TB \tag{8.2.44}$$

其中 B 为声波调频的带宽，D 为激光光斑直径，T 为声波通过光斑所需要的时间。由式 (8.2.44)可知，要增大 N 值，可选择 T 较大的材料，即声波传播速度较小的材料。

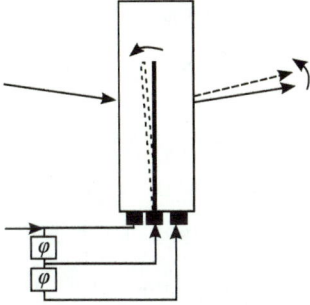

图 8-2-12　声波角度扫描器

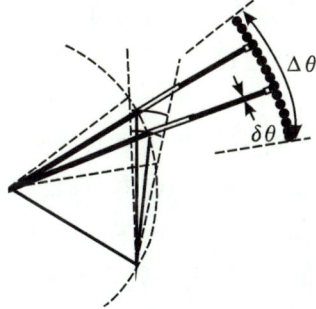

图 8-2-13　可分辨扫描光点数

3. 光互联

由声光扫描器原理可以知道，当声波频率发生变化时，衍射光的角度会发生变化，由此可以通过频率的切换制作光互联器件。如图 8-2-14(a)所示，可以通过切换声波频率，将出射光切换到 N 个方向上。如果声波为两个频率声波的合成，则可以将一束入射光，同时切换到两个方向，如图 8-2-14(b)所示。图 8-2-14(c)为分时产生不同频率对多光束进行控制的原理，其中声波信号按时间顺序分别产生 f_1 和 f_2 信号，信号持续的时间为声波传输整个声光材料所需要时间 T 的一半，当第一个声波传输到器件顶端时，器件中上部分和下部分分别被不同频率的声波调制，使得上部分的光线往一个方向传输，下部分的光线往另一个方向传输。这一方法也可以用来调制多个光束的光强，如图 8-2-14(d)所示，在声光器件中输入同一频率但不同幅度的声波，这样每个光束对应一个声波强度，构成一个空间光调制器。

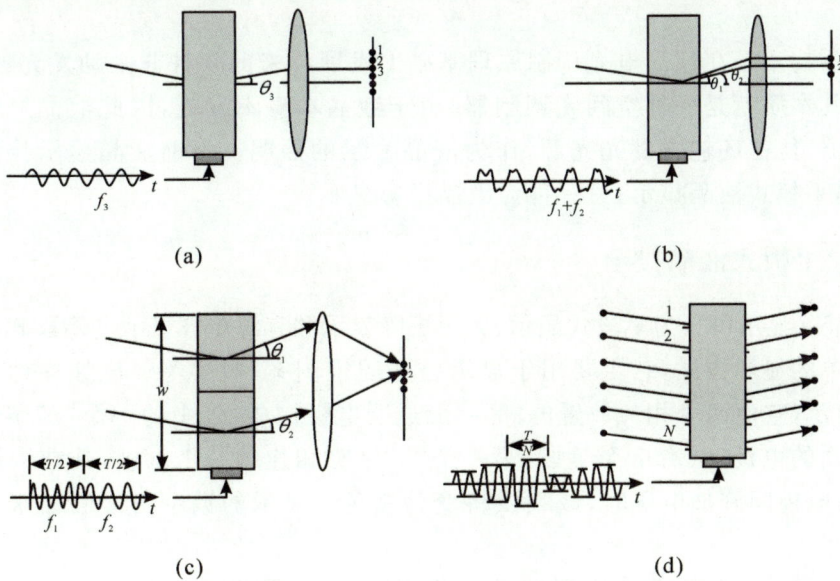

(a)

(b)

(c)

(d)

图 8-2-14　光互联器件原理

4. 其他应用

声光器件还可以应用于其他许多场合,其中一个应用为可调谐的滤波器。由布拉格衍射条件决定,衍射光满足

$$\lambda = 2\Lambda \sin\theta \tag{8.2.45}$$

因此如果入射光为一个宽光谱光,通过布拉格衍射后其反射光只能是符合式(8.2.45)的其中一个波长,通过调节入射光 θ 角,或者声波频率,就可以选择通过的光波长,实现可调谐的滤波。

声光器件还可以作为变频器件,由于光波通过布拉格衍射后其光波频率会发生漂移,并且其漂移量为声波的频率,因此可以通过控制声波频率,控制光波的频移,变成一个可控制的光变频器。光波的频率变化还可以应用于光隔离器中。图 8-2-15 为光隔离器的示意图,图中光源出射的某一频率的光通过一个布拉格衍射的声光器件后,其频率往上漂移 Ω,通过镜面反射再次通过声光器件时,其频率再往上漂移 Ω,由于光源发出的光和返回的光发生了频率的变化,因此可以用一个滤波器将返回的光隔离,避免反射光对光源的影响。

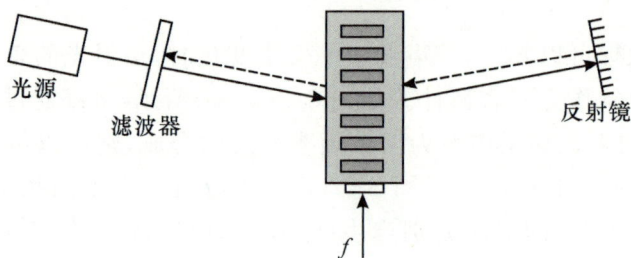

图 8-2-15　利用布拉格衍射制作的光隔离器

8.3　液晶显示技术

液晶显示技术是在液晶电光调制原理基础上发展起来的一种非主动发光的显示技术。液晶显示器其本质就是一种空间光调制器,由于液晶本身不发光,因此液晶显示除了液晶空间光调制器,往往还包含发光光源,作为液晶显示的照明。目前液晶显示技术主要分为两种:一种是平板式液晶显示;另一种为液晶投影显示。

8.3.1　平板式液晶显示

平板式液晶显示可分为笔段式显示、无源矩阵显示和有源矩阵显示。笔段式显示是液晶显示中最简单的显示方式,它主要用于显示一些固定图案、数字等。比如在计算器中常用的"8"字形显示,它由两个相对放置的"8"字形透明电极构成,其中的一个"8"字的每个笔画各为一个独立的电极,共有 7 个笔段,另一个"8"字为相连的一个电极,其结构如图8-3-1所示。当上、下电极间施加电压时,该笔段将变为黑色。显示的数字由译码器来选择显示的笔画。

笔段式显示只能显示预先设置好的一些图案,如果要显示不确定的复杂的图案或图像,需要矩阵式显示。所谓矩阵式显示,就是把需要显示的图像或文字分解为一个二维分

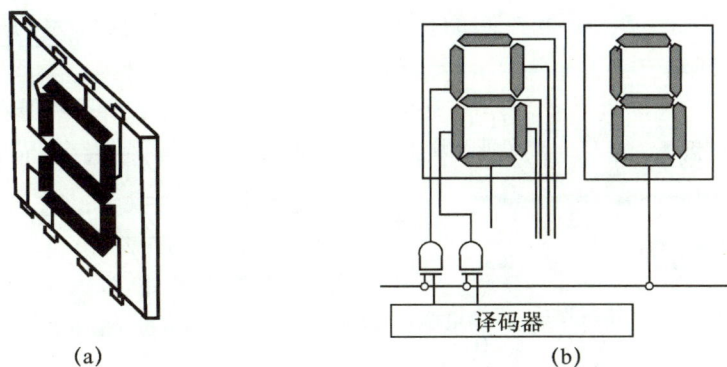

图 8-3-1 笔段式显示原理

布的点阵阵列,当显示器件控制点阵中每一点的透过率时,就可以形成一幅图像。最早的矩阵式显示是无源矩阵,无源矩阵是指该矩阵由上、下两个正交的线状电极构成,其上、下电极相交叉的点构成一个二维的点阵,如图 8-3-2(a)所示。像点的控制通过上、下电极间的电压控制,比如要使得 Y_1X_1 交叉点像素点亮,就在 X_1 和 Y_1 上施加电压。但是矩阵驱动时无法使得图像同时显示,如图 8-3-2(b)中所显示的"3",X_1 和 $Y_1 \sim Y_5$ 上施加电压,同时第二行 X_2 和 Y_5 也需要施加电压,这样就无法做到 X_2 和 $Y_1 \sim Y_4$ 之间没有电压差。因此矩阵显示必须通过逐行扫描来实现。

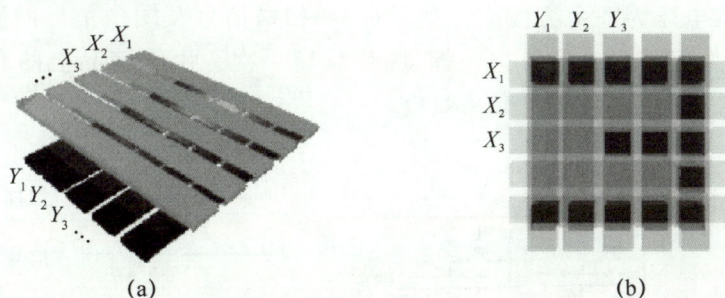

图 8-3-2 无源矩阵驱动原理

在无源驱动显示器件中,显示的扫描行数不能很高,否则必须加大扫描脉冲电压,并产生交叉效应。所谓交叉效应,就是由于在无源矩阵中不被点亮的像素点受到相邻点电压的影响,从而使其处于半关闭状态。从人眼的视觉效果来看,就是在显示图像的边缘形成一个影子一样的图像。为了使无源矩阵的交叉效应尽量小,一般选择电光曲线变化较陡的超扭曲向列液为"超扭曲向列屏"(STN)。

为了克服无源矩阵的上述缺点,人们设计了有源矩阵驱动的液晶显示器,目前普遍使用的薄膜晶体管液晶显示器就是有源矩阵驱动的液晶显示器。所谓有源矩阵,就是在矩阵驱动的每个像素上连接一个非线性有源元件,以排除相邻点的电压干扰。其中所连接的有源元件可以是二极管,也可以是三极管。目前在液晶显示中最常用的有源矩阵驱动元件为薄膜晶体管(thin film transistor,TFT)。采用薄膜晶体管驱动的液晶显示器称为 TFT-LCD,其剖面如图 8-3-3(a)所示。彩色液晶显示器液晶面板的内部结构如图 8-3-3(b)所示,TFT 被集成在下玻璃基板上,其上有扫描电极和数据电极。三极管的漏电极连接一个面积较大的透明导电薄膜,此为液晶的工作区域。上基板镀有透明的公用电极,并制作彩色滤光片,每个滤光片对应一个可控制的像元,因此三个 TFT 可控像元构成一个彩色的像素。上、下基板之间填充液晶。

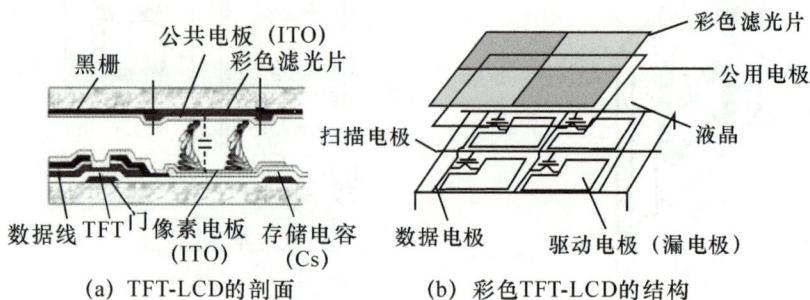

图 8-3-3　TFT-LCD 液晶显示器的结构原理

TFT-LCD 的电路结构可以等效为如图 8-3-4(a)所示的电路,由于液晶是一种绝缘性能较好的绝缘材料,因此 TFT 的漏电极和公用电极之间可以等效为一个电容。当扫描电压提供一个高电平时,同一扫描行内的所有三极管导通,使得数据信号通过晶体管而进入漏电极和公用电极所构成的电容器中,此时液晶的电压就是信号电压。到扫描信号为低电平时,晶体管处于截止状态,电容器内储存的电压无法通过三极管泄漏,因此信号电压始终被保持在液晶上,直到新的扫描重新开始,写入的图像信号发生变化时。因此图 8-3-4(b)中显示的液晶上的电压为一个方波交流信号,而和扫描信号及图像信号的脉宽无关。为了实现交流驱动,图像信号的电平每扫一帧,图像反转一次。由于液晶上的有效电压与扫描信号的占空比无关,因此不会产生交叉效应。

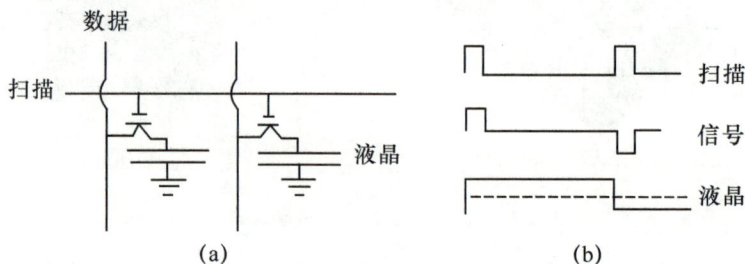

图 8-3-4　TFT-LCD 等效电路及驱动波形

液晶显示器除了液晶调制器,还包括背光源。液晶显示器的内部结构原理如图 8-3-5 所示,背光源由荧光灯管、导光板、散射板等构成。荧光灯发出的光通过导光板沿液晶板的平面方向传播,同时部分光被反射或散射出导光板,通过导光板出射的光再次通过散射板的散射,形成亮度均匀分布的面光源。液晶面板放置于亮度均匀的背光源之上,从而对通过液晶的光进行光强调制,形成眼睛可以直接观察的图像。

液晶平板显示和其他显示相比有许多优点,主要表现在液晶显示的驱动电压较低,一般有效值在 5V 左右。液晶靠电场驱动,因此自身的功耗较小。液晶显示可以制作成大面积的屏幕显示,而且目前成本相对较低。液晶显示的缺点在于液晶并不是一种发光型显示,它是一种被动式显示,虽然液晶自身的功耗很小,但需要背光源。由于液晶需要偏振光才能工作,光源中发出的自然光往往要损失一半以上的光能量。此外,液晶还有视角效应,当视角增大时,液晶的对比度就降低。

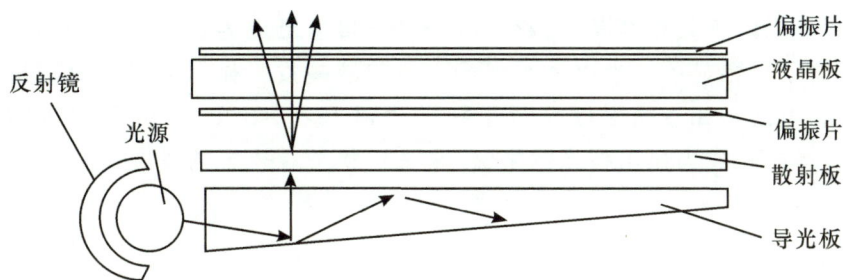

图 8-3-5　液晶显示器的内部结构

8.3.2　液晶投影显示

液晶投影显示是液晶在显示中的另一种应用。液晶投影机包括以下几个部分:投影光源、照明系统、投影用 TFT-LCD 板、分色合色系统、投影物镜等,其中图像显示由投影用 TFT-LCD 板完成。和直视型液晶显示器不同,投影用 TFT-LCD 板一般尺寸较小,且通常为单色的,液晶板上无集成的彩色滤光片。此外液晶板集成了行场扫描驱动电路,液晶板和外部驱动器之间仅用 32 芯左右的软线相连,使得 LCD 板在实际装配时比较方便。由于液晶板本身并无颜色,因此要实现彩色显示,需要采用三个单色液晶板,用光学系统把光源发出的白光分解成红、绿、蓝三基色,并分别照明这三个液晶板,通过合色系统把三个单色图像合成彩色。典型的 LCD 投影机光学系统如图 8-3-6 所示,由灯源发出的光首先通过两个复眼透镜,对照明光斑进行均匀化,形成照度分布均匀的矩形光斑。光束通过复眼透镜后,再进入偏振分束器(PBS)阵列,进行 P 偏振光和 S 偏振光的转换。偏振分束器中有 45度放置的偏振光学薄膜,可以反射 S 光而透射 P 光。对于反射的 S 光可以在后面加上一个相位延迟片,使它的偏振方向旋转 90 度,转换成 P 偏振光,这样就可以把自然光全部转换为一个方向的偏振光来照明液晶板,提高了灯源光能的利用率。然后照明光通过分色镜 1和分色镜 2 两个二向色镜进行分色。其中分色镜 1 反射红光,透射蓝绿光,分色镜 2 反射绿光,透射蓝光,从而使红、绿、蓝光分别照明在三个 LCD 板上。由 LCD 板调制的图像通过X-棱镜(X-cube)进行颜色合成。X-棱镜由四块直角棱镜粘接而成,其粘接面呈"X"形。在粘接面上镀制有二向色镜,分别为反红透蓝绿和反蓝透红绿,这样在 X-棱镜左右两侧的红、蓝 LCD 图像被反射出 X-棱镜,前端的绿色 LCD 图像直接透过 X-棱镜,从而在棱镜的出射端合成彩色图像,再通过投影镜头投影到屏幕。

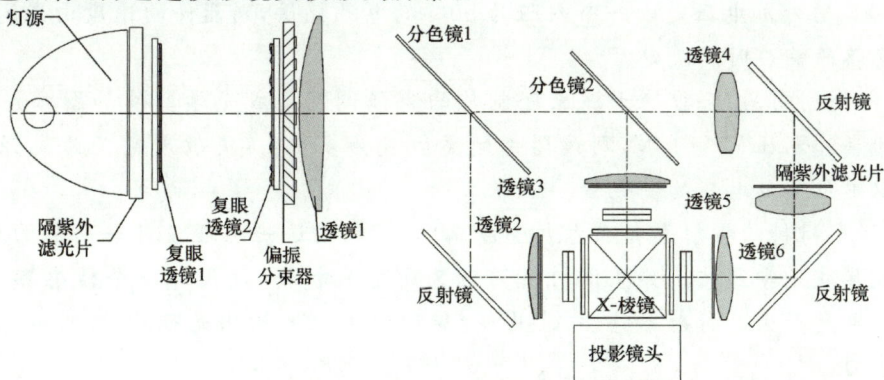

图 8-3-6　液晶投影系统的光学原理

液晶投影显示由于其亮度高、色彩好、成本低,目前已成为投影显示中的主要投影显示技术之一,占据了投影显示一半以上的市场。目前液晶投影显示的光能量输出可以达到几千流明,分辨率也已经和液晶平板显示器一样达到 1920×1080 的高清电视的分辨率。液晶显示技术目前已经成为显示技术的主流,未来仍将会有较大的发展。

8.4   本章小结

光的调制方式主要有两种,即电光调制和声光调制。电光调制的主要原理就是电光效应,电光效应又可分为普克尔效应和克尔效应。由于产生电光效应的材料通常为各向异性的电光晶体,因此本章着重介绍了晶体的电光系数、晶体在电场作用下折射率的变化情况以及折射率的计算方法。针对电光效应的具体应用,本章介绍了相位调制器、可调相位延迟器、光强调制器以及空间光调制器等电光调制器件的基本工作原理,并且给出了调制器的一个重要参数——半波电压。

液晶是电光调制中的一种特殊材料,本章对液晶的物理特性及光调制原理进行了阐述。在液晶的工作模式中,扭曲向列型液晶工作模式是目前液晶调制器和液晶显示器普遍采用的工作模式。在具体应用方面,液晶光阀和液晶显示器是两种主要的液晶器件,本章对它们的结构和工作原理进行了详细介绍。

声光调制是另一种光调制方法。声和光在光学材料中的相互作用,产生声光效应。声光效应产生两种衍射,即布拉格衍射和拉曼-奈斯衍射,两种衍射具有不同的衍射现象。我们对布拉格衍射中的布拉格衍射条件以及光波频移现象进行了理论推导和分析。在声光器件中,本章介绍了几种声光调制器件,并对调制器中带宽与光束发散角之间的关系进行了详细阐述。

✎ 习题

8.1   一纵向电光调制的 GaAs 相位调制器对波长 $\lambda_0 = 1.3\mu m$ 的光波进行相位调制,GaAs 晶体的折射率 $n = 3.6$,电光系数 $\gamma = 1.6 pm/V$,晶体的长度为 3cm,截面积为 $1cm^2$,试求该调制器的半波电压 V_π、光通过该晶体的时间以及器件的电容(GaAs 的介电常数为 $\varepsilon/\varepsilon_0 = 13.5$)。若外加电压是由一个内阻为 50Ω 的电源提供,则器件的速度由光通过晶体的时间还是电路的响应时间决定?

8.2   一个利用马赫-曾德干涉原理制作的光强调制集成光学器件如图 8-1-8 所示,如果该器件的半波电压 $V_\pi = 10V$,则该器件的灵敏度为多少?(灵敏度定义为光强透过率的变化量除以单位外加电压的变化量。)

8.3   弹光材料的折射率和应力大小成正比,试利用这一原理设计一个应力传感器,可考虑设计成集成光学器件。如果该材料同时又是电光材料,试设计一个传感器,该器件可利用弹光和电光产生的折射率补偿,使马赫-曾德干涉仪的输出光强为 0,然后测量外加电场来计算应力。

8.4   用 KDP 晶体制作的纵向相位调制器,其光轴方向和外加电场方向一致,试求波

长 $\lambda_0 = 633\text{nm}$ 的光束的半波电压。

8.5　一个电光相位调制器由 9 个 KDP 晶体构成,晶体之间用电极隔开并施加一定的偏置电压,如题 8.5 图所示。每个晶体之间如何相对转动才能使得总的相位调制最大?试计算这一复合器件的半波电压 V_π。

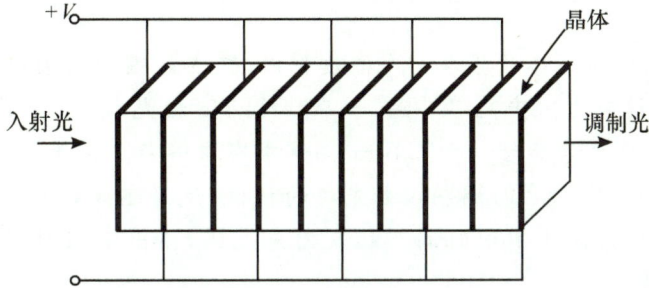

题 8.5 图

8.6　一光强调制器由两个电光相位调制器和一个 3-dB 的定向耦合器构成,如题 8.6 图所示,入射光波被分成两路振幅相同的光,每路光通过相位调制后,被反射镜反射,再次通过相位调制,然后由定向耦合器产生两路光的叠加,形成光输出。试推导器件的光强透射率和外加电压、波长、尺寸以及相位调制器物理参数之间的关系式。

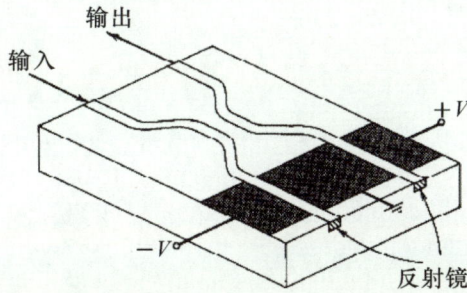

题 8.6 图

8.7　利用如图 8-1-8 所示的马赫-曾德干涉仪设计一个 $LiNbO_3$ 集成光强调制器件,确定晶体的方向和入射光的偏振态,以及器件的最小半波电压 V_π,设调制区域的长度 $L = 1\text{mm}$,宽度 $d = 5\ \mu m$,波长 $\lambda_0 = 0.85\mu m$,折射率为 $n_o = 2.29$,$n_e = 2.17$,电光系数为 $\gamma_{33} = 30.9\text{pm/V}$,$\gamma_{13} = 8.6\text{pm/V}$,$\gamma_{22} = 3.4\text{pm/V}$,$\gamma_{42} = 28\text{pm/V}$。

8.8　一非偏振的 He-Ne 激光束($\lambda_0 = 633\text{nm}$)通过一厚度为 1cm 的 $LiNbO_3$ 晶体($n_o = 2.29$,$n_e = 2.17$,$\gamma_{33} = 30.9\text{pm/V}$,$\gamma_{13} = 8.6\text{pm/V}$)。激光束和晶体垂直,光轴在光束的入射平面内且与光束的夹角为 45 度。

(a)试计算 o 光和 e 光通过晶体后的侧向位移;

(b)如果沿着光轴方向施加 $E = 30\ \text{V/m}$ 的外电场,透射光将如何变化?这样的器件有何用途?

8.9　讨论波长为 λ 的平面光波通过下列周期结构后的衍射情况,指出衍射光的几何分布和频率变化:

(a) 波长为 Λ 的声波行波;

（b）波长为 Λ 的声波驻波；

（c）折射率随位置正弦（周期为 Λ）变化的透明介质；

（d）由两种不同折射率的层状材料交替构成的周期性结构的材料，周期为 Λ。

8.10 试推导拉曼-奈斯衍射时声波的最大宽度 D_s，设声波波长为 Λ，光波长为 λ（见图 8-2-8）。

8.11 一 $LiNbO_3$ 的一端放置在一个微波腔内，微波电磁场的频率为 $3GHz$，由于压电效应（电场导致的材料应力），产生了声波。一束 He-Ne 激光（$\lambda=633nm$）被声波反射。晶体折射率为 $n=2.3$，声波速率为 $v_s=7.4km/s$，试求布拉格角。由于 $LiNbO_3$ 又是一种电光材料，外加电场调制折射率，从而调制入射光波的相位，试简述此时反射光的光谱。如果微波电场是一个短脉冲，试简述不同时间下的反射光光谱，指出不同时间下对应的电光和声光效应对光谱的贡献。

8.12 用声光调制器设计一个转换系统，把波函数为 $u(t)=A\exp(i\omega t)$ 的单色光波转换成波函数为 $u(t)=A\cos(\Omega t)\exp(i\omega t)$ 的光波，设声波的波函数为 $s(x,t)=S_0\cos(\Omega t-qx)$。（提示：考虑布拉格衍射的频率上移和下移。）

8.13 设计一个不产生频率变化的声光偏转系统。（提示：利用两个布拉格盒。）

第 9 章

非线性光学

纵观光学历史的长河,人们曾经认为所有光学介质均为线性介质,并基于这个假设得出了一系列推论。

- 介质的主要光学参数,如折射率、吸收系数等,都与入射光的强度无关。
- 光在介质中的传播满足线性叠加原理,这是传统光学的一个基本原则。
- 光的频率不会在传播过程中改变。
- 光在介质中的传播满足独立传播原理,即光束之间不能相互作用。例如当两束光同时传播到一个线性介质的某一个区域时,这两束光可以通过光束的交叉区域继续独立传播而不受干扰。

这是传统的线性光学,人们可以用它来解释所观察到的大量光学现象,似乎这就是光在介质中传播及光与物质相互作用的基本规律。

然而自 1960 年激光器诞生以后,人们对于光学的认识发生了重要的变化,线性光学的基本观点已无法解释人们所发现的大量新现象。于是人们开始探索高光强条件下光束在介质中的传播特性。许多实验证实,在某些情况下,光学介质确实会表现出非线性的特征,观察到的具体现象如下。

- 介质的折射率,或者说光学介质中的光速,会随着光强而改变。
- 线性叠加理论不再适用。
- 当光通过一个非线性光学介质时,可以改变自身的频率或者波长(比如从红色变为蓝色)。当一束激光入射到介质以后,会从介质中出射另一束或几束新频率的光束。
- 一个光束可以控制另一个光束,光子间有相互作用。两个光束在传播中经过交叉区域后,其强度会相互传递,其中一个光束的强度得到增强,而另一个光束的强度会因此而减弱。
- 介质的吸收系数也不再是恒值,它会随着光束强度的增加而变大或者变小。

这些现象就称为光学介质的非线性。应该指出,所谓线性和非线性是指光传输介质的特性,而不是光本身的特性。当光束在自由空间传播时,并不会表现出非线性的特点。光场之间的相互作用是通过介质来实现的。介质在光场的作用下会改变特性,进而改变另一个光场。

研究、讨论光学介质非线性特性的理论称为非线性光学。本章阐述非线性光学的有关理论和应用。第 9.1～9.3 节介绍了几种典型的非线性效应。第 9.4 和 9.5 节运用耦合波理论对这几种典型非线性效应进行详细的阐述和分析。第 9.6 节简单介绍各向异性非线性介质的有关特性。

9.1 非线性光学介质

众所周知，线性介质的极化强度和入射光波的电场之间的关系是线性的，$P=\varepsilon_0\chi E$，其中 ε_0 是自由空间介电常数，χ 是介质的线性极化率。非线性光学介质的极化强度 P 和外加光波电场 E 之间的关系是非线性的，如图 9-1-1 所示。

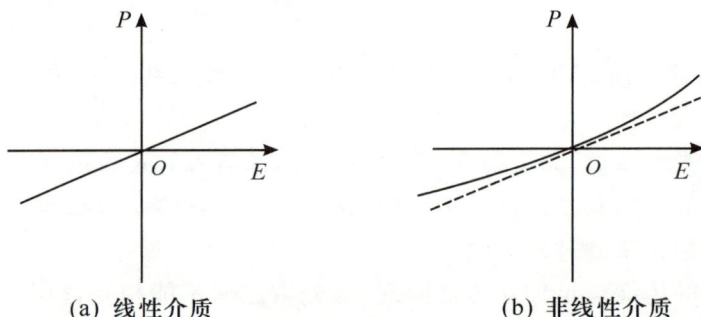

(a) 线性介质   (b) 非线性介质

图 9-1-1 P-E 关系

介质的非线性特性也可以用微观量或宏观量来解释。作为宏观量的极化强度 P 由数个单个偶极矩组合而成，$P=Np$，p 是单个偶极矩，由光波电场 E 感生，N 是介质内偶极矩的数密度。由此可知，介质的非线性现象既与 p 有关，也与 N 有关。

当外加光波电场 E 的振幅较小的时候，p 与 E 之间的关系是线性的。但是当光波电场（此后简称光电场）E 的振幅大到可与晶格场比拟（比如 $10^5\sim10^8\,\mathrm{V/m}$ 时），它们之间的关系是非线性的。这可以用简单的洛伦兹模型来解释，单个偶极矩 $p=-ex$，其中 x 为正负电荷中心受电场力 $-eE$ 作用后的偏移量。如果弹性约束力正比于偏移量 x（假定胡克定律成立），而偏移量 x 正比于光电场 E，则极化强度 P 正比于光电场 E，此时介质是线性的。但是，如果弹性约束力和偏移量之间是非线性的关系，则偏移量 x 和极化强度 P 即为光电场 E 的非线性函数，从而介质也具有非线性特性。

光学介质对光电场的非线性响应还可能源于偶极子数密度 N 对光电场的依赖关系。例如，在激光器中，能级上的原子数密度（决定了激光的吸收和辐射）与激光本身的强度存在依赖关系。

通常外加光电场的振幅与晶格场比起来很小，所以即使使用会聚的激光束，非线性效应依然很弱。当光电场很小的时候，极化强度 P 和光电场振幅 E 的关系几乎是线性的。只有当光电场振幅 E 增大的时候，它们之间才略微呈现出非线性的特征。在这种情况下，可以把极化强度 P 按泰勒级数对 E 展开[①]

$$P=a_1E+\frac{1}{2}a_2E^2+\frac{1}{6}a_3E^3+\cdots \tag{9.1.1}$$

其中，$a_1,a_2,a_3,\cdots$ 是 P 在 $E=0$ 点对 E 的一阶、二阶、三阶……导数。这些系数均是介质的

① 极化强度 P 和光电场 E 都是矢量，为简单起见，本段及以下内容主要对极化强度的大小 P 和光电场的振幅 E 进行标量分析。

特征系数。第一项为线性项,只适用于小 E,$a_1 = \varepsilon_0 \chi$,其中线性极化率 χ 与介电常数 ε 和折射率 n 有关,$n^2 = \varepsilon / \varepsilon_0 = 1 + \chi$。第二项为二阶非线性项,第三项为三阶非线性项,以此类推。

可以把式(9.1.1)按常规写成

$$P = \varepsilon_0 \chi E + 2d E^2 + 4\chi^{(3)} E^3 + \cdots \qquad (9.1.2)$$

其中,$d = \dfrac{1}{4} a_2$,$\chi^{(3)} = \dfrac{1}{24} a_3$,分别为二阶和三阶非线性效应的系数。

方程(9.1.2)描述了非线性光学介质的基本数学特性,为简单起见,此方程式没有考虑材料的各向异性、非均匀和色散等效应。

对于中心对称的介质而言,由于这类介质具有反演中心,因此介质的性质不会因为空间坐标 $r \to -r$ 的变化而改变,所以 P-E 函数一定是偶函数,即 E 的反转不会对 P 有任何影响,因此这类介质的二阶非线性系数一定为零,从而三阶非线性系数一定为最低阶的非线性系数。

对于光子学领域涉及的介电晶体玻璃、半导体和有机材料,它们的二阶非线性系数的典型值为 $d = 10^{-24} \sim 10^{-21}$(C/V^2,MKS 单位),它们的三阶非线性系数的典型值为 $\chi^{(3)} = 10^{-34} \sim 10^{-29}$(Cm/V^3,MKS 单位)。

【例 9.1】　对于 ADP(NH$_4$H$_2$PO$_4$)晶体,要使得极化强度表达式(9.1.2)中的第二项达到第一项的 1%,需要的光强为多少?波长 $\lambda_0 = 1.06 \mu m$ 时,ADP 晶体折射率 $n = 1.5$,$d = 6.8 \times 10^{-24}$(C/V^2,MKS 单位)。对于 CS$_2$ 晶体,要使得极化强度表达式(9.1.2)中的第三项达到第一项的 1%,所需要的光强又是多少?波长 $\lambda_0 = 694 \mu m$ 时,CS$_2$ 晶体折射率 $n = 1.6$,$d = 0$(C/V^2,MKS 单位),$\chi^{(3)} = 4.4 \times 10^{-32}$(Cm/V^3,MKS 单位)。(提示:光强表达式为 $I = |E|^2 / (2\eta) = \langle E^2 \rangle / \eta$,其中 $\eta = \eta_0 / n$,表示介质中的波阻抗,$\eta_0 = (\mu_0 / \varepsilon_0)^{1/2} = 377 \Omega$ 为真空的波阻抗。)

解:ADP 晶体中,有

$$\frac{2d E^2}{\varepsilon_0 \chi E} = 0.01$$

解得

$$E = \frac{\varepsilon_0 \chi}{200 d} = \frac{\varepsilon_0 (n^2 - 1)}{200 d} = 8.12 \times 10^9 \, \text{V/m}$$

对应的光强为

$$I = \frac{\langle E^2 \rangle}{\eta} = 2.62 \times 10^{17} \, \text{W/m}^2$$

CS$_2$ 晶体中,有

$$\frac{4 \chi^{(3)} E^3}{\varepsilon_0 \chi E} = 0.01$$

解得

$$E^2 = \frac{\varepsilon_0 \chi}{400 \chi^{(3)}} = \frac{\varepsilon_0 (n^2 - 1)}{400 \chi^{(3)}}$$

$$E = 8.87 \times 10^3 \, \text{V/m}$$

对应的光强为

$$I = \frac{\langle E^2 \rangle}{\eta} = 3.26 \times 10^{15} \, \text{W/m}^2$$

9.1.1　非线性波动方程

光在非线性介质中的传播同样服从于均匀介质中由麦克斯韦方程推出的波动方程

$$\nabla^2 E - \frac{1}{c_0^2} \cdot \frac{\partial^2 E}{\partial t^2} = \mu_0 \frac{\partial^2 P}{\partial t^2} \tag{9.1.3}$$

简单起见,可以把极化强度 P 写成线性和非线性两部分的和,即

$$P = \varepsilon_0 \chi E + P_{NL} \tag{9.1.4}$$

$$P_{NL} = 2d E^2 + 4 \chi^{(3)} E^3 + \cdots \tag{9.1.5}$$

利用式(9.1.4),以及关系式 $n^2 = 1 + \chi$, $c_0 = 1/(\mu_0 \varepsilon_0)^{1/2}$ 和 $c = c_0/n$,式(9.1.3)可以写为

$$\nabla^2 E - \frac{1}{c^2} \cdot \frac{\partial^2 E}{\partial t^2} = -J \tag{9.1.6}$$

$$J = -\mu_0 \frac{\partial^2 P_{NL}}{\partial t^2} \tag{9.1.7}$$

式(9.1.6)为非线性光学波动方程,其中 $J = -\mu_0 \partial^2 P_{NL}/\partial t^2$ 是介质非线性效应的辐射源。因为 P_{NL} 是光电场 E 的非线性函数,所以式(9.1.6)是 E 的非线性偏微分方程,它是非线性光学理论的基本方程。

有两种近似方法可以求解非线性波动方程(9.1.6)。第一种方法为玻恩近似的迭代法,也称玻恩一阶近似法,适合讨论二阶和三阶非线性光学现象,将在第 9.2 和 9.3 节中进行简单介绍。第二种方法应用耦合波理论,从非线性波动方程(9.1.6)推导出介质中相互作用的光波均服从的线性耦合偏微分方程组,这是深入研究非线性光学介质中光波相互作用的基础,该方法将在第 9.4 和 9.5 节中进行介绍。

9.1.2　非线性光学的散射理论:玻恩近似

辐射源 J 是光电场 E 的函数,为了强调这一点,可以把辐射源写成 $J = J(E)$,并且用一个简单的框图表示(见图 9-1-2)。

假设一个光电场 E_0 入射到非线性介质的某个区域(见图 9-1-3),此时这个光电场会产生一个新的辐射源 $J(E_0)$,然后这个辐射源辐射出光电场 E_1, E_1 又产生新的辐射源 $J(E_1)$, $J(E_1)$ 又辐射出光电场 E_2,以此类推。这是一个迭代求解的过程,过程的第一步称为玻恩一阶近似,过程第二步的二次迭代称为二阶玻恩近似,以此类推。

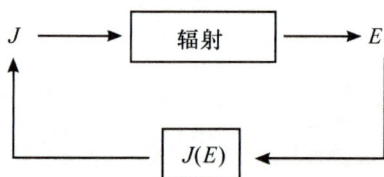

图 9-1-2　辐射源与光电场的关系

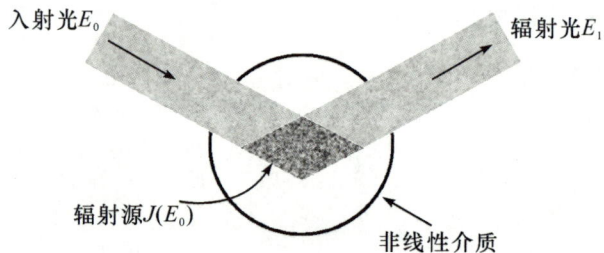

图 9-1-3　一阶玻恩近似

在光强很弱、非线性效应很小的时候，一阶玻恩近似法比较适用。在这个近似中，光电场传播通过非线性介质的过程被认为是一个散射过程，入射光电场被非线性介质散射。通过以下两个步骤，可以从入射光场求得散射光场：①用入射光场 E_0 求得非线性极化强度 P_{NL}，进而求得辐射源 $J(E_0)$；②将与各个源点有关的球面波相加，从辐射源求出辐射场 E_1。

在大多数情况下，散射光场的总量很小，所以它对入射光场造成的损失可忽略不计，因此可以采用玻恩近似法，第 9.2 和 9.3 节的推导就是基于玻恩近似理论。

假定一个初始的光电场 E_0 包含一个或多个不同频率的单色波，则相应的非线性极化强度 P_{NL} 可以用式(9.1.5)求出，并且源函数 $J(E_0)$ 也可由式(9.1.7)来估算。由于 $J(E_0)$ 是非线性函数，所以会产生新的频率分量，也就是辐射源可以辐射出一个频率与原光场 E_0 不同的新的光场 E_1。由此出现了一系列有趣的现象，人们利用这些现象制作了很多有用的非线性光学器件。

9.2 二阶非线性光学

本节仅讨论二阶非线性光学介质的光学特性，高于二阶的非线性项忽略不计，因此可得

$$P_{NL}=2dE^2 \tag{9.2.1}$$

可以认为一个由数个谐波分量构成的光电场 E 决定了极化强度 P_{NL} 的频谱分量。按照玻恩一阶近似，辐射源 J 包含与 P_{NL} 相同的频谱分量，因此 J 起着辐射(散射)场的作用。

9.2.1 二次谐波感生和校正

当一个角频率为 ω(波长为 $\lambda_0=2\pi c_0/\omega$)、复振幅为 $E(\omega)$ 的谐波场入射至非线性介质时，会产生非线性效应，用公式表达为

$$E(t)=\text{Re}[E(\omega)\exp(i\omega t)]=\frac{1}{2}[E(\omega)\exp(i\omega t)+E^*(\omega)\exp(-i\omega t)] \tag{9.2.2}$$

相应的非线性极化强度 P_{NL} 可以通过把式(9.2.2)代入式(9.2.1)计算得到，有

$$P_{NL}(t)=P_{NL}(0)+\text{Re}[P_{NL}(2\omega)\exp(i2\omega t)] \tag{9.2.3}$$

其中

$$P_{NL}(0)=dE(\omega)E^*(\omega) \tag{9.2.4}$$
$$P_{NL}(2\omega)=dE^2(\omega) \tag{9.2.5}$$

这些过程如图 9-2-1 所示。

1. 二次谐波感生

相应于式(9.2.3)的辐射源 $J(t)=-\mu_0\partial^2 P_{NL}/\partial t^2$ 会辐射出一个频率为 2ω(波长为 $\lambda_0/2$)、复振幅为 $S(2\omega)=4\mu_0\omega^2 dE^2(\omega)$ 的光场，于是这个散射光场有一个入射光场的二次谐波分量。由于这个二次谐波光场的振幅正比于 $S(2\omega)$，因此它的光强正比于 $|S(2\omega)|^2$，即正比于 $\omega^4 d^2 I^2$，其中 $I=|E(\omega)|^2/(2\eta)$ 是入射波光强，所以二次谐波的光强正比于 d^2，$1/\lambda_0^4$ 和 I^2。感生二次谐波的效率正比于 $I=P/A$，其中 P 是入射光功率，A 是光束截面积。因此

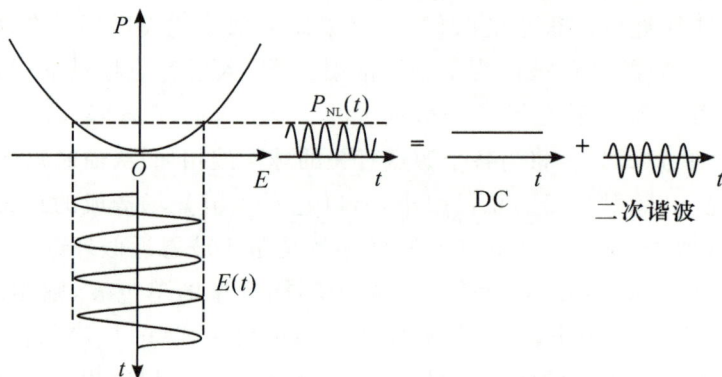

图 9-2-1　二次谐波感生

为了获得强的二次谐波辐射,入射波必须要有尽可能大的功率和尽可能小的光束面积。脉冲激光由于有很高的峰值功率而在这方面具有很大的优势。

为了提高感生二次谐波的效率,作用区应该尽可能长。由于衍射效应限制了光被约束的距离,因此可以把光约束在较长距离内的波导结构在感生二次谐波应用方面具有明显的优势。玻璃光纤由于是中心对称物质($d=0$),一开始被认为无法产生二次谐波,而被排除在外。但是之后,人们在掺锗和掺磷的二氧化硅玻璃光纤内观察到了有效的感生二次谐波。这是由于玻璃内的缺陷产生了非中心对称的纤芯,从而获得足够大的 d 值,导致二次谐波的产生。

图 9-2-2 表示几种分别在晶体和波导中感生光学二次谐波的结构,并由此把红外光转换成可见光,可见光转换成紫外光。

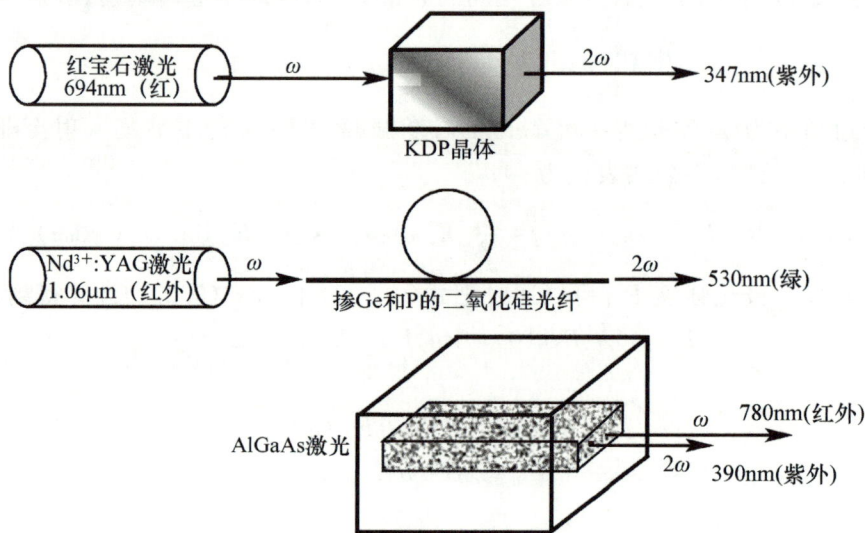

图 9-2-2　光学二次谐波的产生

2. 光学整流

如图 9-2-3 所示,$P_{NL}(0)$ 分量是不随时间变化(稳态)的极化强度,它可在内填非线性材料的电容器极板上产生一个直流电位差,这种强光场产生直流电压的过程称为光学整流(类似普通电子整流器能将正弦交流电压变换成直流电压)。例如,利用光学整流效应,峰值功率为 MW 量级的光脉冲照射非线性晶体,可在晶体两侧产生几百 μV 的直流电压。

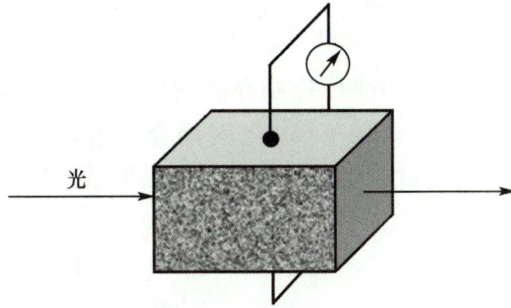

图 9-2-3　光学整流

9.2.2　电光效应

设光电场 $E(t)$ 由光频 ω 的谐波分量和稳态分量（$\omega=0$）组成，用公式表达为

$$E(t)=E(0)+\mathrm{Re}[E(\omega)\exp(\mathrm{i}\omega t)] \tag{9.2.6}$$

一般称 $E(0)$ 是电场，$E(\omega)$ 是光场，以区分这两个分量，实际上它们都是电场。

把式（9.2.6）代入式（9.2.1），可得

$$P_{\mathrm{NL}}(t)=P_{\mathrm{NL}}(0)+\mathrm{Re}[P_{\mathrm{NL}}(\omega)\exp(\mathrm{i}\omega t)]+\mathrm{Re}[P_{\mathrm{NL}}(2\omega)\exp(\mathrm{i}2\omega t)] \tag{9.2.7}$$

其中

$$P_{\mathrm{NL}}(0)=d[2E^2(0)+|E(\omega)|^2] \tag{9.2.8a}$$

$$P_{\mathrm{NL}}(\omega)=4dE(0)E(\omega) \tag{9.2.8b}$$

$$P_{\mathrm{NL}}(2\omega)=dE^2(\omega) \tag{9.2.8c}$$

所以极化强度包含角频率为 0，ω 和 2ω 的三个分量。

如果光场比电场在量级上小很多，即 $|E(\omega)|^2\ll|E(0)|^2$，则二次谐波极化分量 $P_{\mathrm{NL}}(2\omega)$ 与分量 $P_{\mathrm{NL}}(0)$ 和 $P_{\mathrm{NL}}(\omega)$ 相比，可以忽略不计。这等效于 P_{NL} 的线性部分是 E 的一个函数，如图 9-2-4(a)所示，它可以近似为斜率等于 $E=E(0)$ 处导数的一根直线，所得到的电压信号可用如图 9-2-4(b)所示的装置测量。

方程（9.2.8b）表示了 $P_{\mathrm{NL}}(\omega)$ 和 $E(\omega)$ 之间的线性关系，通常写成 $P_{\mathrm{NL}}(\omega)=\varepsilon_0\Delta\chi E(\omega)$，其中 $\Delta\chi=(4d/\varepsilon_0)E(0)$ 代表线性极化率正比于电场 $E(0)$ 的变化量。对式 $n^2=1+\chi$ 求微分，可得 $2n\Delta n=\Delta\chi$，从而求得折射率的变化量

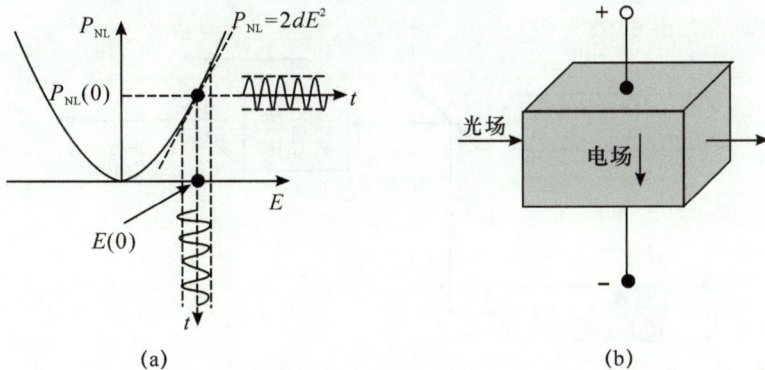

(a)　　　　　　　　　　　　(b)

图 9-2-4　二阶非线性极化强度

$$\Delta n = \frac{2d}{n\varepsilon_0}E(0) \tag{9.2.9}$$

由此可见,介质是线性的,电场 $E(0)$ 线性控制介质的折射率 $n+\Delta n$。

介质的非线性使电场 $E(0)$ 和光场 $E(\omega)$ 之间耦合起来,并且相互影响,非线性介质也因此呈现出晶体光学中讨论过的线性电光效应(泡克尔斯效应)。这种效应的特征是

$$\Delta n = -(1/2)n^3\gamma E(0) \tag{9.2.10}$$

其中 γ 是泡克尔斯系数。比较式(9.2.10)和式(9.2.9),可以得知泡克尔斯系数 γ 和二阶非线性系数 d 之间的关系为

$$\gamma \approx -\frac{4}{\varepsilon_0 n^4}d \tag{9.2.11}$$

虽然式(9.2.11)揭示了泡克尔斯效应和介质非线性的起因是一致的,但由实验求得的 γ 和 d 不满足式(9.2.11),原因在于假定介质是非色散介质(即介质的非线性响应对频率不敏感),而这种假设对于场的一个分量是光学频率 ω,另一个分量是零频率的稳态场显然是行不通的。

9.2.3 三波混频

1. 频率转换

假定光电场 $E(t)$ 包含两个谐波分量,分别是光频 ω_1 和 ω_2,即

$$E(t) = \text{Re}[E(\omega_1)\exp(i\omega_1 t) + E(\omega_2)\exp(i\omega_2 t)]$$

则极化强度的非线性分量 $P_{NL} = 2dE^2$ 包含五个频率分量:$0, 2\omega_1, 2\omega_2, \omega_+ = \omega_1 + \omega_2$ 和 $\omega_- = \omega_1 - \omega_2$,并且各分量的振幅分别为

$$P_{NL}(0) = d[\,|E(\omega_1)|^2 + |E(\omega_2)|^2\,] \tag{9.2.12a}$$

$$P_{NL}(2\omega_1) = dE^2(\omega_1) \tag{9.2.12b}$$

$$P_{NL}(2\omega_2) = dE^2(\omega_2) \tag{9.2.12c}$$

$$P_{NL}(\omega_+) = 2dE(\omega_1)E(\omega_2) \tag{9.2.12d}$$

$$P_{NL}(\omega_-) = 2dE(\omega_1)E^*(\omega_2) \tag{9.2.12e}$$

这样二阶非线性介质能将两种不同频率的光波进行混频,并且以差频(下转换)或者和频(上转换)的方式产生第三种频率的光波。图 9-2-5 为一个频率上转换的例子,采用淡红银矿(proustite)晶体,可将波长分别为 $\lambda_1 = 1.06\mu m$ 和 $\lambda_2 = 10.6\mu m$ 的两种激光混频,产生一个波长为 $\lambda_3 = 0.96\mu m$ 的激光($\lambda_3^{-1} = \lambda_1^{-1} + \lambda_2^{-1}$)。

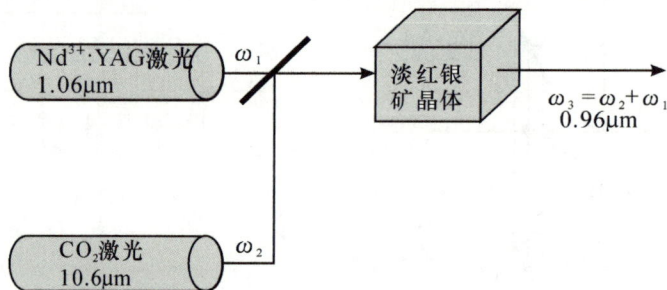

图 9-2-5 频率上转换实例

虽然一对频率为 ω_1 和 ω_2 的光波入射至二阶非线性介质,可以产生频率为 $0,2\omega_1,2\omega_2$,
$\omega_1+\omega_2$ 和 $\omega_1-\omega_2$ 的极化波分量,但是可以通过附加一些条件(比如相位匹配)来抑制其中
一些分量,保留所需要的分量。

2. 相位匹配

如果波 1 和波 2 是平面波,它们的波矢分别为 k_1 和 k_2,于是 $E(\omega_1)=A_1\exp(-\mathrm{i}k_1\cdot r)$,
$E(\omega_2)=A_2\exp(-\mathrm{i}k_2\cdot r)$,根据式(9.2.12d),可得

$$P_{\mathrm{NL}}(\omega_3)=2dE(\omega_1)E(\omega_2)=2dA_1A_2\exp(-\mathrm{i}k_3\cdot r)$$

其中

$$\omega_3=\omega_1+\omega_2 \tag{9.2.13}$$
$$k_3=k_1+k_2 \tag{9.2.14}$$

此时介质类似一个光源,辐射频率为 $\omega_3=\omega_1+\omega_2$ 的光场,该光场的复振幅正比于
$\exp(-\mathrm{i}k_3\cdot r)$,波矢为 $k_3=k_1+k_2$,如图 9-2-6 所示。方程(9.2.14)是这三个波的相位匹
配条件,类似于频率匹配条件 $\omega_3=\omega_1+\omega_2$。由于复波函数的幅值为 $\omega t-k\cdot r$,这两个条件
确保了三个光波在空间和时间上的相位匹配,是三个波在无限扩展的空间和时间区域内维
持相互作用的必要条件。

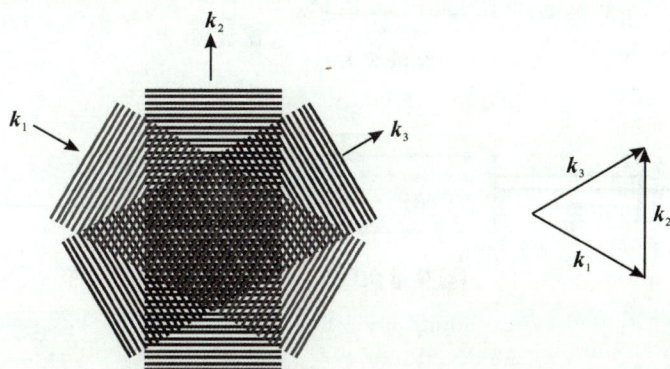

图 9-2-6　相位匹配条件

如果这三个光波同方向传播,相位匹配条件可由标量方程式表示为 $n\omega_3/c_0=n\omega_1/c_0+$
$n\omega_2/c_0$,因此只要满足频率匹配条件 $\omega_3=\omega_1+\omega_2$,相位匹配条件自然满足,即频率匹配的同
时保证了相位匹配。当然,由于所有材料都是色散材料,所以三个光波有不同的折射率 n_1,
n_2,n_3 和不同的传播速度。因此,相位匹配条件为 $n_3\omega_3/c_0=n_1\omega_1/c_0+n_2\omega_2/c_0$,由此可以得
到 $n_3\omega_3=n_1\omega_1+n_2\omega_2$。

此时相位匹配条件和频率匹配条件 $\omega_3=\omega_1+\omega_2$ 无关,即两个条件都要符合来满足完
整的匹配条件。通常可以通过合理选择波矢方向或者控制温度来精确控制折射率使其满
足以上条件。

3. 三波混频结果

当两个角频率分别为 ω_1 和 ω_2 的光波入射至二阶非线性光学介质时,这两个光波由混
频产生一个包含多个不同频率分量的极化强度。假定其中只有和频分量 $\omega_3=\omega_1+\omega_2$ 满足
相位匹配条件,而其他频率分量不满足相位匹配条件。

一旦光波 3 产生,它会和光波 1 相互作用,产生差频 $\omega_2=\omega_3-\omega_1$ 的光波,并且这种相互

作用一定满足相位匹配条件。光波 3 和光波 2 也可以进行类似混频,并辐射出角频率为 ω_1 的光波。因此,当三个光波相互耦合时,任何两个光波相互作用会产生第三个光波,这个过程称为三波混频。

二波混频通常很难发生,两个角频率分别为 ω_1 和 ω_2 的光波在没有第三个光波的参与下,一般不可能发生耦合。二波混频只有在简并的情况下,即 $\omega_2 = 2\omega_1$ 时才可能发生。此时,光波 1 的二次谐波变成光波 2,或者光波 2 的二次谐波 $\omega_2/2$(其频率为 $\omega_2 - \omega_1$)变成光波 1。

三波混频也称参量相互作用,包括多种形式,其作用方式取决于三个光波如何入射和出射非线性介质,如图 9-2-7 所示。

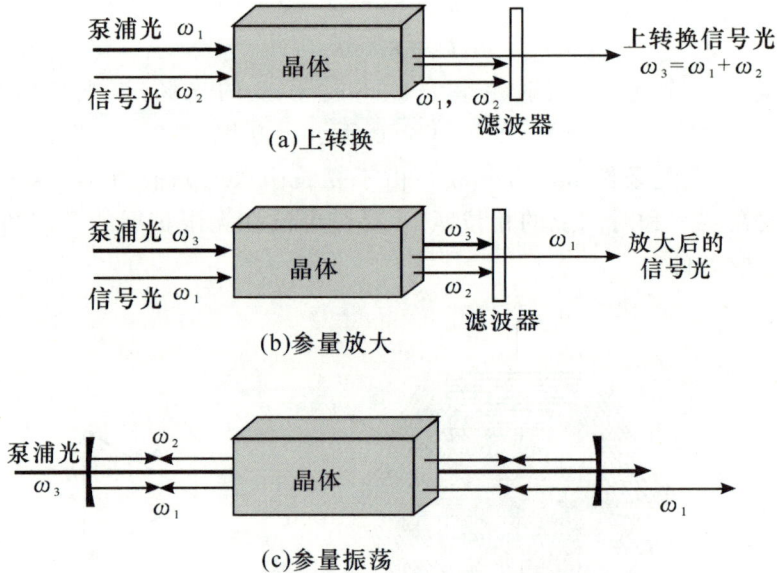

图 9-2-7 光参量器件

光波 1 和光波 2 进行频率上转换混频,产生一个更高频率的光波 $\omega_3 = \omega_1 + \omega_2$,如图 9-2-5所示。频率下转换是通过光波 3 和光波 1 相互作用产生光波 2,光波 2 的频率为 $\omega_2 = \omega_3 - \omega_1$。

光波 1、光波 2 和光波 3 相互作用,使光波 1 得到加强,此时这个器件为频率 ω_1 的光波的放大器,称为参量放大。在这个系统中,光波 3 为泵浦波,提供放大所需能量,光波 2 为辅助波,也称空闲波,被放大的光波为信号波。显然,放大器的增益由泵浦功率来决定。如果有合适的反馈,参量放大可以运行成为参量振荡器,在这个系统中,泵浦波是唯一的输入波。

参量器件可用于相干光的放大,还可以用于产生目前激光器不能产生的某些频率(例如紫外波段),以及用于某些波长的微弱光探测,目前对于这些波长还没有灵敏的探测器。有关参量器件的工作原理,将在第 9.4 节中进一步讨论。

4. 光子的相互作用过程

从光子学角度来看,三波混频过程可以看成三个光子的相互作用过程。频率为 ω_1、波矢为 $\boldsymbol{k}_1$ 的光子和频率为 ω_2、波矢为 $\boldsymbol{k}_2$ 的光子按图 9-2-8(a)所示的方式结合成频率为 ω_3、波矢为 $\boldsymbol{k}_3$ 的光子。因为 $\hbar\omega$ 和 $\hbar\boldsymbol{k}$ 分别为光子的能量和动量,所以混频过程中能量和动量的转化需满足

$$\hbar\omega_3 = \hbar\omega_1 + \hbar\omega_2 \tag{9.2.15}$$

$$\hbar\boldsymbol{k}_3 = \hbar\boldsymbol{k}_1 + \hbar\boldsymbol{k}_2 \tag{9.2.16}$$

式(9.2.15)及式(9.2.16)和式(9.2.13)及式(9.2.14)表示的频率和相位匹配条件是一致的。三个光子混频也可以是频率为 ω_3 的光子分裂成两个光子，一个频率为 ω_1，另一个频率为 ω_2，如图 9-2-8(b)所示，这种情况也能满足能量守恒和动量守恒。

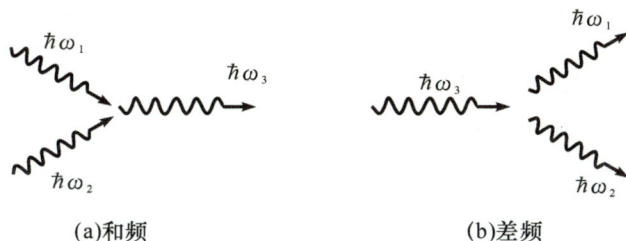

(a)和频　　　　　　　　　(b)差频

图 9-2-8　三个光子在二阶非线性介质中的混频

光波的混频过程存在能量转换。显然，能量必须守恒，这可以由频率匹配的条件 $\omega_3 = \omega_1 + \omega_2$ 保证。光子数也要守恒，这是光子相互作用的条件。在如图 9-2-8(b)所示的光子分裂过程中，设 $\Delta\Phi_1$，$\Delta\Phi_2$，$\Delta\Phi_3$ 是光子相互作用过程中与频率 $\omega_1,\omega_2,\omega_3$ 对应的光通量（每秒光子数）的净变化量（出射的光子数减去入射的光子数），则 $\Delta\Phi_1 = \Delta\Phi_2 = -\Delta\Phi_3$，也就是每消耗一个频率为 ω_3 的光子，增加一个频率为 ω_1 的光子和一个频率为 ω_2 的光子。

如果三个光波的传播方向一致，假如都是 z 方向，并取单位面积和长度 $\Delta z \to 0$ 的圆筒作为三个光波的相互作用体积，则可认为三个光波的光子通量密度 ϕ_1,ϕ_2,ϕ_3［光子数/$(\text{s}\cdot\text{m}^2)$］必须满足光子守恒条件，得

$$\frac{\mathrm{d}\phi_1}{\mathrm{d}z} = \frac{\mathrm{d}\phi_2}{\mathrm{d}z} = -\frac{\mathrm{d}\phi_3}{\mathrm{d}z} \tag{9.2.17}$$

因为波强度(W/m^2)是 $I_1 = \hbar\omega_1\phi_1$，$I_2 = \hbar\omega_2\phi_2$ 和 $I_3 = \hbar\omega_3\phi_3$，所以

$$\frac{\mathrm{d}}{\mathrm{d}z}\left(\frac{I_1}{\omega_1}\right) = \frac{\mathrm{d}}{\mathrm{d}z}\left(\frac{I_2}{\omega_2}\right) = -\frac{\mathrm{d}}{\mathrm{d}z}\left(\frac{I_3}{\omega_3}\right) \tag{9.2.18}$$

式(9.2.18)称为曼莱-罗威(Manley-Rowe)关系式，它是从非线性电子学系统中波相互作用的内容中推导出来的。该关系式也可用波动光学的概念推导得到。

9.3　三阶非线性光学

在具有中心对称的非线性介质里，极化强度随电场反转而反转，所以二阶非线性项为零，即不存在二阶非线性项。因此在这种介质内，主要的非线性项是三阶项，即

$$P_{\text{NL}} = 4\chi^{(3)} E^3 \tag{9.3.1}$$

这样的介质称为克尔介质(Kerr medium)，克尔介质在光场的作用下会产生三次谐波的三重和频或三重差频。三阶非线性光学介质的极化强度 P_{NL} 和外加光波电场 E 之间的关系如图 9-3-1 所示。

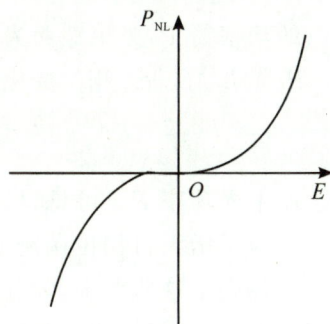

图 9-3-1　三阶非线性效应

9.3.1 三次谐波感生和自相位调制

1. 三次谐波感生

根据式(9.3.1),三阶非线性介质在单频光场 $E(t)=\mathrm{Re}[E(\omega)\exp(\mathrm{i}\omega t)]$ 的作用下产生一个包含 ω 频率分量和 3ω 频率分量的非线性极化强度 $P_{\mathrm{NL}}(t)$,用公式表达为

$$P_{\mathrm{NL}}(\omega)=3\,\chi^{(3)}\,|\,E(\omega_1)\,|^2\,E(\omega) \tag{9.3.2a}$$

$$P_{\mathrm{NL}}(3\omega)=\chi^{(3)}\,E^3(\omega) \tag{9.3.2b}$$

频率为 3ω 的极化分量的出现表明三次谐波的产生。当然,在大多数情况下,三倍频的能量转换效率很低。

2. 光学克尔效应

式(9.3.2a)中频率为 ω 的极化率变化量 $\Delta\chi$ 满足

$$\varepsilon_0\Delta\chi=\frac{P_{\mathrm{NL}}(\omega)}{E(\omega)}=3\,\chi^{(3)}\,|\,E(\omega)\,|^2=6\,\chi^{(3)}\,\eta I \tag{9.3.3}$$

其中,$I=|\,E(\omega)\,|^2/(2\eta)$ 是入射波的光强。由于 $n^2=1+\chi$,所以折射率的变化量为 $\Delta n=(\partial n/\partial\chi)\Delta\chi=\Delta\chi/(2n)$,所以

$$\Delta n=\frac{3\eta}{\varepsilon_0 n}\chi^{(3)}I=n_2 I \tag{9.3.4}$$

因此折射率的变化量正比于光学强度,介质的折射率是光学强度 I 的线性函数,用公式表达为

$$n(I)=n+n_2 I \tag{9.3.5}$$

其中

$$n_2=\frac{3\eta_0}{\varepsilon_0 n^2}\chi^{(3)} \tag{9.3.6}$$

这个效应即为光学克尔效应,类似于电光克尔效应(Δn 正比于稳态电场的平方)。光学克尔效应是自感效应,因为光波的相速度取决于光波的强度。系数 n_2(单位 cm^2/W)的数量级在玻璃中是 $10^{-16}\sim10^{-14}$,在掺杂玻璃中是 $10^{-14}\sim10^{-7}$,在有机材料中是 $10^{-10}\sim10^{-8}$,在半导体中是 $10^{-10}\sim10^{-2}$。它对工作波长十分敏感,也与极化强度有关。

3. 自相位调制

由于光学克尔效应,当一个光波入射至三阶非线性介质时会发生自相位调制。如果光束的功率为 P,光束截面为 A,介质中的传输距离为 L,则相位延迟 $\varphi=2\pi n(I)L/\lambda_0=2\pi(n+n_2 P/A)L/\lambda_0$,所以相位变化值为

$$\Delta\varphi=2\pi n_2\frac{L}{\lambda_0 A}P \tag{9.3.7}$$

正比于光功率 P。可见,自相位调制在光调制等应用中很有用。

为了增大自相位调制的效应,传输距离 L 必须大,光束截面 A 要小。光波导结构可以很好地满足这些要求。当 $\Delta\varphi=\pi$ 时,可得光功率 $P_\pi=\lambda_0 A/(2Ln_2)$。例如,长 $L=1\mathrm{m}$,截面积 $A=10^{-2}\mathrm{mm}^2$,$n_2=10^{-10}\mathrm{cm}^2/\mathrm{W}$ 的掺杂玻璃光纤,对于 $\lambda_0=1\mu\mathrm{m}$ 的光波,在光功率 $P_\pi=0.5\mathrm{W}$ 时,相位变化为 π。可见,对于具有大的 n_2 的材料,在厘米长的波导及数毫瓦的

功率下可获得 π 的相移。

通过以下几种方法,自相位调制可以转换为强度调制:①使用马赫-曾德干涉仪;②使用两个调制偏振分量相位差(双折射)作为光波延迟器;③使用集成光学定向耦合器,这可以制成全光调制器。

4. 自聚焦

自相位调制的另一个有趣的现象是自聚焦。当一个强光束通过一个具有光学克尔效应的非线性薄片材料时,折射率变化使得光束强度在横向平面内如图 9-3-2 所示分布。

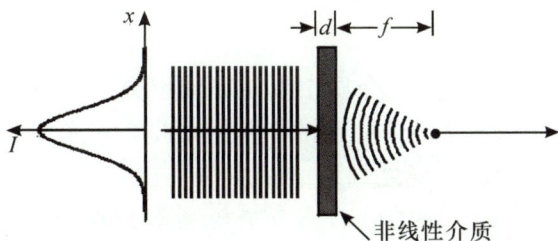

图 9-3-2　三阶非线性介质的自聚焦效应

如果光束在中心有最大强度,那么折射率的最大变化量也在中心。因此,这个材料成为渐变折射率光学介质,它对光波产生非均匀相移,引起波阵面弯曲。在特定的条件下,该介质可以起到透镜的作用,透镜的焦距由入射光功率决定。

【例 9.2】　一束沿 z 轴传播的光束穿过一个有光克尔效应的非线性薄片材料,光克尔效应表现为 $n(I)=n+n_2 I$。该薄片材料位于 xy 平面,厚度为 d,因此其透过率复振幅为 $\exp(-ink_0 d)$。该光束波前近似平面,近光轴 $(x,y\ll W)$ 部分光强分布为 $I\approx I_0[1-(x^2+y^2)/W^2]$,其中 I_0 为峰值光强,W 为束宽。证明该薄片等材料效于一个薄透镜,焦距反比于 I_0。提示:焦距为 f 的透镜的透过率复振幅正比于 $\exp[ik_0(x^2-y^2)/f]$。

解: 光强 $I\approx I_0[1-(x^2+y^2)/W^2]$ 的透过率与折射率相关,有

$$n(I)=n+n_2 I=n+n_2 I_0[1-(x^2+y^2)/W^2]$$

因此透过率复振幅分布为

$$\exp[-in(I)k_0 d]=\exp(-ink_0 d)\exp\left\{-in_2 k_0 I_0\left[1-\frac{(x^2+y^2)}{W^2}\right]d\right\}$$

$$=h_0\exp[ik_0(x^2+y^2)/(2f)]$$

其中

$$h_0=\exp[-i(n+n_2 I_0)k_0 d]$$
$$f=W^2/(2n_2 I_0)$$

因此该薄片材料等效于一个薄透镜,并且透镜的焦距与 I_0 成反比。

5. Raman 增益

三阶非线性系数 $\chi^{(3)}$ 一般是复数,$\chi^{(3)}=\chi_R^{(3)}+i\chi_I^{(3)}$。因此式(9.3.7)中自相位调制的变化量

$$\Delta\varphi=2\pi n_2\frac{L}{\lambda_0 A}P=\frac{6\pi\eta_0}{\varepsilon_0}\cdot\frac{\chi^{(3)}}{n^2}\cdot\frac{L}{\lambda_{0A}}P \tag{9.3.8}$$

也是复数。所以传播相位因子 $\exp(-i\varphi)$ 是相移 $\Delta\varphi=(6\pi\eta_0/\varepsilon_0)(\chi_R^{(3)}/n^2)[L/(\lambda_0 A)]P$ 和增

益因子 $\exp\left(\frac{1}{2}\gamma L\right)$ 之和。其中增益系数

$$\gamma = \frac{12\pi\eta_0}{\varepsilon_0} \cdot \frac{\chi_1^{(3)}}{n^2} \cdot \frac{1}{\lambda_0 A} P \tag{9.3.9}$$

与光功率成正比,称为 Raman 增益效应,由光与介质的高频振荡模的耦合作用而产生。对于低损介质,Raman 增益可以超过损耗,此时介质成为光学放大器。加上合适的反馈,这个放大器可以制成激光器。这种效应在低损光纤中容易出现,目前已制成光纤 Raman 激光器。

9.3.2 四波混频

三波混频通常不会在三阶非线性介质中发生。频率分别为 ω_1,ω_2 和 ω_3 的三个光波,若没有第四个光波的辅助,是无法耦合的。例如,通常光波 2 和光波 3 对极化分量 $P_{NL}(\omega_1)$ 没有贡献,除了简并情况 $\omega_1 = 2\omega_3 - \omega_2$ 之外。

考虑三阶非线性介质中的四波混频。当三个角频率分别为 ω_1,ω_2 和 ω_3 的光波入射介质时,其叠加场为

$$E(t) = \text{Re}[E(\omega_1)\exp(i\omega_1 t)] + \text{Re}[E(\omega_2)\exp(i\omega_2 t)] + \text{Re}[E(\omega_3)\exp(i\omega_3 t)] \tag{9.3.10}$$

为计算方便,把式(9.3.10)写成六项之和,有

$$E(t) = \sum_{q=\pm 1, \pm 2, \pm 3} \frac{1}{2} E(\omega_q)\exp(i\omega_q t) \tag{9.3.11}$$

其中,$\omega_{-q} = -\omega_q$,$E(-\omega_q) = E^*(\omega_q)$。把式(9.3.11)代入式(9.3.1),并且把 P_{NL} 写成 $6^3 = 216$ 项之和,可得

$$P_{NL}(t) = \frac{1}{2}\chi^{(3)} \sum_{q,r,l=\pm 1, \pm 2, \pm 3} \frac{1}{2} E(\omega_q)E(\omega_r)E(\omega_l)\exp[i(\omega_q + \omega_r + \omega_l)t] \tag{9.3.12}$$

这样 P_{NL} 是频率为 $\omega_1, \cdots, 3\omega_1, \cdots, 2\omega_1 \pm \omega_2, \cdots, \pm\omega_1 \pm \omega_2 \pm \omega_3$ 等谐波分量的总和。频率 $\omega_q + \omega_r + \omega_l$ 的谐波分量的振幅 $P_{NL}(\omega_q + \omega_r + \omega_l)$ 可由式(9.3.12)的 q, r, l 适当组合相加而求得。例如,$P_{NL}(\omega_3 + \omega_4 - \omega_1)$ 包含六个组合,用公式表达为

$$P_{NL}(\omega_3 + \omega_4 - \omega_1) = 6\chi^{(3)} E(\omega_3)E(\omega_4)E^*(\omega_1) \tag{9.3.13}$$

方程(9.3.13)表明频率为 ω_1,ω_2,ω_3 和 ω_4 的四个光波,在介质中实现四波混频的频率匹配条件为

$$\omega_3 + \omega_4 = \omega_1 + \omega_2 \tag{9.3.14}$$

假定光波 1,3 和 4 是平面波,它们的波矢分别为 k_1,k_3 和 k_4,则 $E(\omega_q) \propto \exp(-ik_q \cdot r)$,其中 $q = 1, 3, 4$,于是由式(9.3.13)可得

$$P_{NL}(\omega_2) \propto \exp(-ik_3 \cdot r)\exp(-ik_4 \cdot r)\exp(ik_1 \cdot r) = \exp\{[-i(k_3 + k_4 - k_1)] \cdot r\} \tag{9.3.15}$$

因此波 2 也是平面波,并且波矢为 $k_2 = k_3 + k_4 - k_1$,由此可得

$$k_3 + k_4 = k_1 + k_2 \tag{9.3.16}$$

方程(9.3.16)是四波混频的相位匹配条件。

四波混频过程也可以解释为四个光子的相互作用。频率为 ω_3 的光子和频率为 ω_4 的光子混合从而产生频率为 ω_1 的光子和频率为 ω_2 的光子,如图 9-3-3 所示。式(9.3.14)和式(9.3.16)表示光子间能量和动量转换的过程。

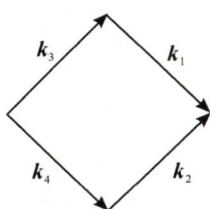

(a) 相位匹配条件　　　　　　　　(b) 四个光子间的相互作用

图 9-3-3　四波混频相位匹配条件

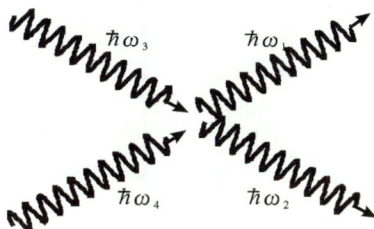

9.3.3　光学相位共轭

1. 相位共轭

如果四波混频过程中的四个光波频率相同,即

$$\omega_1 = \omega_2 = \omega_3 = \omega_4 = \omega \tag{9.3.17}$$

则频率匹配条件式(9.3.14)自然满足,此时称为简并四波混频。假定四个光波中的两个光波,比如光波 3 和光波 4,是反方向传播的均匀平面波,即

$$E_3(\mathbf{r}) = A_3 \exp(-\mathrm{i}\mathbf{k}_3 \cdot \mathbf{r}) \tag{9.3.18a}$$

$$E_4(\mathbf{r}) = A_4 \exp(-\mathrm{i}\mathbf{k}_4 \cdot \mathbf{r}) \tag{9.3.18b}$$

并有

$$\mathbf{k}_4 = -\mathbf{k}_3 \tag{9.3.19}$$

把式(9.3.18a)、式(9.3.18b)和式(9.3.18)代入式(9.3.13),可得光波 2 的极化强度为 $6\chi^{(3)} A_3 A_4 E_1^*(\mathbf{r})$。这一项相当于辐射复振幅为

$$E_2(\mathbf{r}) \propto A_3 A_4 E_1^*(\mathbf{r}) \tag{9.3.20}$$

的光波的辐射源。由于 A_3 和 A_4 是常数,光波 2 正比于光波 1 的共轭项,此时这个器件为相位共轭镜。通常光波 3 和光波 4 称为泵浦波,光波 1 和光波 2 称为信号波和共轭波。除了传播方向,共轭波和信号波完全相同。相位共轭镜是一种特殊的反射镜,它能够在不改变波前的情况下对波进行反射。

为了理解相位共轭的过程,可以看下面两个简单的例子。

(1) 平面波相位共轭。如果光波 1 是均匀平面波,$E_1(\mathbf{r}) = A_1 \exp(-\mathrm{i}\mathbf{k}_1 \cdot \mathbf{r})$,传播方向为 $\mathbf{k}_1$,而 $E_2(\mathbf{r}) = A_1^* \exp(\mathrm{i}\mathbf{k}_1 \cdot \mathbf{r})$ 是反方向传播的均匀平面波,$\mathbf{k}_2 = -\mathbf{k}_1$,如图 9-3-4 所示。这样式(9.3.16)描述的相位匹配方程自然满足,此时介质起到一个特殊的反射镜的作用,无论光波以何角度入射,都会被该介质原路反射回去。

(2) 球面波相位共轭。如果光波 1 是一个中心在原点 $r = 0$ 的球面波,$E_1(\mathbf{r}) \propto (1/r) \exp(+\mathrm{i}kr)$,可得光波 1 的相位共轭波的复振幅为 $E_2(\mathbf{r}) \propto (1/r) \exp(+\mathrm{i}kr)$,这是一个反向传播并向原点会聚的球面波,如图 9-3-5 所示。

既然入射的信号波可以看作多个平面波的叠加,而每一个平面波均会被共轭镜反射并按原路返回。所以共轭波与信号波除了传播方向相反,其他完全一致。共轭波沿原路返回,波前也没有任何改变。

相位共轭类似时间逆转。若仔细研究共轭波的场 $E_2(\mathbf{r}, t) = \mathrm{Re}[E_2(\mathbf{r}) \exp(\mathrm{i}\omega t)] \propto$

(a) 普通反射镜   (b) 相位共轭镜

图 9-3-4   普通平面镜和相位共轭镜对平面波的反射

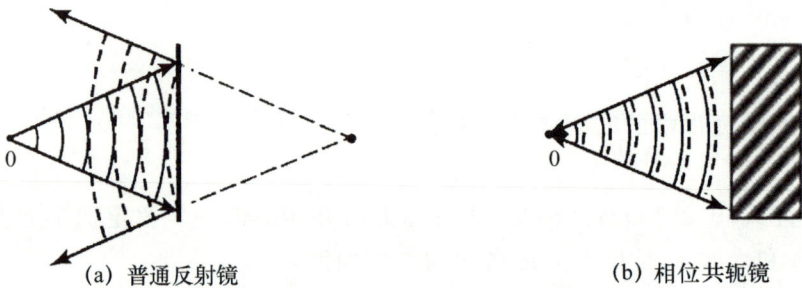

(a) 普通反射镜   (b) 相位共轭镜

图 9-3-5   普通平面镜和相位共轭镜对球面波的反射

$\mathrm{Re}[E_1^*(\boldsymbol{r})\exp(\mathrm{i}\omega t)]$ 就可以理解。由于虚数的实数部分等于它的复共轭的实部，$E_2(\boldsymbol{r},t)\propto$ $\mathrm{Re}[E_1(\boldsymbol{r})\exp(-\mathrm{i}\omega t)]$。把共轭波的场和信号波的场 $E_1(\boldsymbol{r},t)=\mathrm{Re}[E_1(\boldsymbol{r})\exp(\mathrm{i}\omega t)]$ 比较，不难发现用 $t\rightarrow-t$，就可以从一个场得到另一个场。所以也可以认为共轭波是信号波的时间逆转的产物。

共轭波可能比信号波拥有更高的能量。从式(9.3.20)得知，共轭波(波2)的强度正比于泵浦波3和泵浦波4的强度之积。随着泵浦波功率的增加，共轭波可以拥有更多的能量，甚至大于信号波，此时非线性介质类似于放大镜。利用非线性晶体产生简并四波混频的光学装置如图 9-3-6 所示。

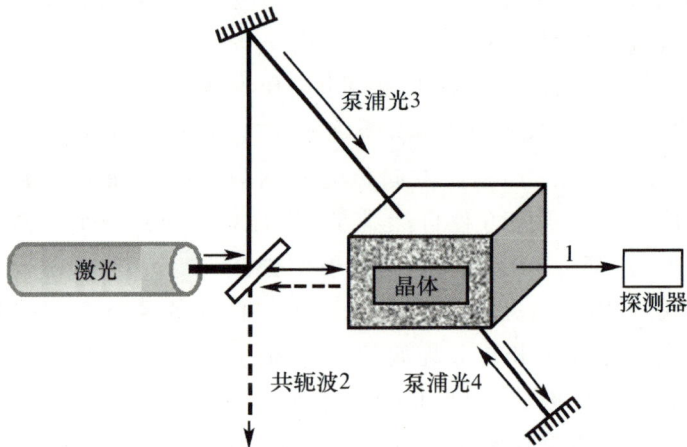

图 9-3-6   利用非线性晶体产生简并四波混频的光学装置

2. 简并四波混频用于实时全息照相

简并四波混频过程类似于体积全息照相。全息照相的过程分两个步骤：①物波 E_1 和参考波 E_3 干涉形成的图样被照相感光胶记录下来；②另一个参考波 E_4 透过感光胶或者从感光胶反射，产生共轭波 $E_2 \propto E_4 E_3 E_1^*$ 或者它的复制像 $E_2 \propto E_4 E_1 E_3^*$，这取决于它的几何结构。利用非线性介质可以实现全息照相的记录和重构过程，这一过程可以在克尔介质或者光折变材料中实现。

在非线性介质中进行四波混频时，任何一对光波干涉都会产生光栅，第三个光波经该光栅反射产生第四个光波。若把四个光波中参考波和物波的角色互换一下，即可得如图 9-3-7 所示的两种类型的光栅。

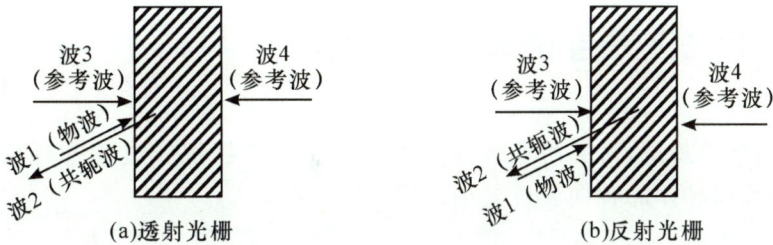

图 9-3-7 非线性介质中的四波混频

如图 9-3-7(a) 所示，假定两个参考波（用光波 3 和光波 4 来表示）是反向传播的平面波，则全息照相的两个步骤为：①物波 1 与参考波 3 相加，强度和以体光栅（全息照片）的形式记录在非线性介质内。②重构参考波 4 受光栅的布拉格反射产生共轭波（光波 2）。这种光栅叫作透射光栅。

第二种可能性是参考波 4 和物波 1 干涉产生光栅，如图 9-3-7(b) 所示，称为反射光栅，另一个参考波 3 被该光栅反射产生共轭波 2。这两种光栅可以同时存在，但是通常效率不同。

总之，四波混频可以实时全息照相和相位共轭，在光信息处理领域中有很多应用。

3. 利用相位共轭修复波阵面

相位共轭使光波具有按原路反向传播的特点，由此产生了很多应用，包括消除波前像差等。这个想法基于光学中的可逆原理，如图 9-3-8 所示。光线从左到右穿过一个线性光学介质，当光线反向，从右到左穿过线性介质时，按原路传播。这个原理同样适用于光波。

图 9-3-8 光路可逆原理

如果一个光束的波前因介质的畸变而产生失真，可以通过相位共轭，让失真的光波按原路返回再一次通过畸变的介质，从而修复失真的波前，如图 9-3-9 所示。

另一个重要应用即为光学谐振腔。如果谐振腔内包含畸变介质，把其中一个反射镜用相位共轭镜来替代，可以确保波前的失真通过一次腔内往返即可消除，使谐振腔输出不失真的腔模,如图 9-3-10 所示。

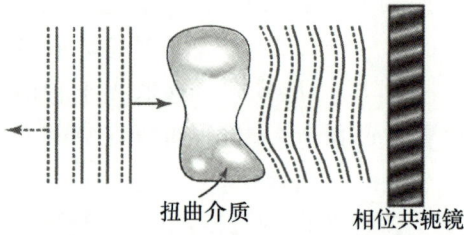

图 9-3-9 相位共轭的波前复原   图 9-3-10 带相位共轭镜的谐振腔

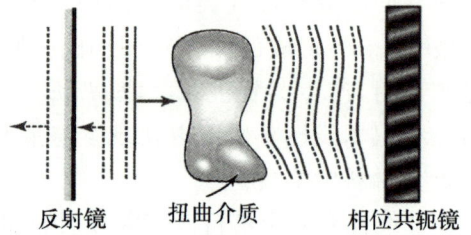

9.4 二阶非线性光学的耦合波理论

可以运用耦合波理论,对二阶非线性光学介质中的三波混频过程进行定量分析。为简化分析,忽略色散和晶体的各向异性效应。

9.4.1 耦合波方程

在二阶非线性介质中传输的光波的波动方程为

$$\nabla^2 E - \frac{1}{c^2} \cdot \frac{\partial^2 E}{\partial t^2} = -J \tag{9.4.1}$$

其中

$$J = -\mu_0 \frac{\partial^2 P_{\mathrm{NL}}}{\partial t^2} \tag{9.4.2}$$

为辐射源,

$$P_{\mathrm{NL}} = 2dE^2 \tag{9.4.3}$$

为极化强度的非线性分量。

场 $E(t)$ 是三个角频率分别为 $\omega_1, \omega_2, \omega_3$,复振幅分别为 E_1, E_2, E_3 的光波的叠加,即

$$
\begin{aligned}
E(t) &= \sum_{q=1,2,3} \mathrm{Re}[E_q \exp(\mathrm{i}\omega_q t)] \\
&= \sum_{q=1,2,3} \frac{1}{2} [E_q \exp(\mathrm{i}\omega_q t) + E_q^* \exp(-\mathrm{i}\omega_q t)]
\end{aligned} \tag{9.4.4}
$$

式(9.4.4)可以改写为更加简洁的形式

$$E(t) = \sum_{q=\pm1,\pm2,\pm3} \frac{1}{2} E_q \exp(\mathrm{i}\omega_q t) \tag{9.4.5}$$

其中,$\omega_{-q} = -\omega_q$,$E_{-q} = E_q^*$。将式(9.4.5)代入式(9.4.3),可得相应的非线性极化强度,为 36 项之和,即

$$P_{\mathrm{NL}}(t) = \frac{1}{2} d \sum_{q,r=\pm1,\pm2,\pm3} E_q E_r \exp[\mathrm{i}(\omega_q + \omega_r)t] \tag{9.4.6}$$

相应的辐射源 J 为频率 $\omega_1, \omega_2, \omega_3$ 的和频、差频的谐波分量之和,即

$$J = \frac{1}{2} \mu_0 d \sum_{q,r=\pm1,\pm2,\pm3} (\omega_q + \omega_r)^2 E_q E_r \exp[\mathrm{i}(\omega_q + \omega_r)t] \tag{9.4.7}$$

将式(9.4.5)和式(9.4.7)代入波动方程(9.4.1),可得一个包含多项的微分方程,其中每一项均为某一频率的谐波函数。如果频率 $\omega_1,\omega_2,\omega_3$ 都不相同,并且令方程(9.4.1)对每一个频率都成立,那么可将其分解为三个不同的微分方程。最后可得三个有源亥姆霍兹方程

$$(\nabla^2+k_1^2)E_1=-S_1 \tag{9.4.8a}$$

$$(\nabla^2+k_2^2)E_2=-S_2 \tag{9.4.8b}$$

$$(\nabla^2+k_3^2)E_3=-S_3 \tag{9.4.8c}$$

其中,S_q 是频率为 ω_q、波数为 $k_q=n\omega_q/c_0$ 时的 J 分量的振幅($q=1,2,3$)。当辐射源等于相应频率的 J 分量时,每一个光波的复振幅都满足亥姆霍兹方程。在特定的情况下,一个光波的辐射源取决于另外两个光波的电场分布,因此三个光波之间是耦合的。

如果没有非线性效应存在,那么 $d=0$,辐射源项 J 也将趋向于零,在这种情况下,每个光波都满足亥姆霍兹方程并且与另外两个光波相互独立,正如线性光学中的特性。

如果频率 $\omega_1,\omega_2,\omega_3$ 之间不存在倍频、和频或者差频的关系,那么辐射源 J 就不会含有任何 $\omega_1,\omega_2,\omega_3$ 的分量。三个分量 S_1、S_2 和 S_3 就会趋向于零,三个光波便不会发生相互作用。

为了使得三个光波能被非线性介质耦合,它们的频率必须满足倍频、和频或者差频的关系。例如,假设一个频率是另外两个频率之和,即

$$\omega_3=\omega_1+\omega_2 \tag{9.4.9}$$

辐射源 J 就会含有 $\omega_1,\omega_2,\omega_3$ 的频率分量,计算包含 36 项的方程式(9.4.7)可得

$$S_1=2\mu_0\omega_1^2dE_3E_2^* \tag{9.4.10a}$$

$$S_2=2\mu_0\omega_2^2dE_3E_1^* \tag{9.4.10b}$$

$$S_3=2\mu_0\omega_3^2dE_1E_2^* \tag{9.4.10c}$$

光波 1 的辐射源正比于 $E_3E_2^*$(因为 $\omega_1=\omega_3-\omega_2$),因此光波 1 和光波 3 会共同作用于光波 1。同样,光波 3 的辐射源正比于 $E_1E_2^*$(因为 $\omega_3=\omega_1+\omega_2$),因此光波 2 和光波 3 会共同放大光波 3,以此类推。三个光波通过非线性介质发生了耦合或者"混合",并且这个过程可以由描述 E_1,E_2,E_3 的三个耦合微分方程描述,有

$$(\nabla^2+k_1^2)E_1=-2\mu_0\omega_1^2dE_3E_2^* \tag{9.4.11a}$$

$$(\nabla^2+k_2^2)E_2=-2\mu_0\omega_2^2dE_3E_1^* \tag{9.4.11b}$$

$$(\nabla^2+k_3^2)E_3=-2\mu_0\omega_3^2dE_1E_2 \tag{9.4.11c}$$

方程组(9.4.11)即为三波混频的耦合方程组。

【例 9.3】 在公式(9.4.10)中,若 $\omega_1=\omega_2=\omega$,$\omega_3=2\omega$,此时仅包含复振幅分别为 E_1 和 E_2 的两个光波,证明耦合波方程为

$$(\nabla^2+k_1^2)E_1=-2\mu_0\omega_1^2dE_3E_1^*$$

$$(\nabla^2+k_3^2)E_3=-\mu_0\omega_3^2dE_1^2$$

解: 当只有两个频率时

$$E=\frac{1}{2}[E_1\exp(\mathrm{i}\omega t)+E_1^*\exp(-\mathrm{i}\omega t)+E_3\exp(\mathrm{i}2\omega t)+E_3^*\exp(-\mathrm{i}2\omega t)]$$

代入式(9.4.3)可得

$$P_{\mathrm{NL}}=\frac{1}{2}[P_1\exp(\mathrm{i}\omega t)+P_1^*\exp(-\mathrm{i}\omega t)+P_3\exp(\mathrm{i}2\omega t)+P_3^*\exp(-\mathrm{i}2\omega t)]$$

其中 $P_1 = 2dE_3E_1^*$，$P_3 = dE_1^2$。

代入式(9.4.2)可得

$$S_{NL} = \frac{1}{2}[S_1 \exp(i\omega t) + S_1^* \exp(-i\omega t) + S_3 \exp(i2\omega t) + S_3^* \exp(-i2\omega t)]$$

其中 $S_1 = \mu_0 \omega^2 P_1 = 2\mu_0 \omega_1^2 dE_3 E_1^*$，$S_3 = \mu_0 (2\omega)^2 P_3 = \mu_0 \omega_3^2 dE_1^2$。

再将其代入式(9.4.1)，分别计算各频率分量可以得到

$$(\nabla^2 + k_1^2)E_1 = -2\mu_0 \omega_1^2 dE_3 E_1^*$$
$$(\nabla^2 + k_3^2)E_3 = -\mu_0 \omega_3^2 dE_1^2$$

9.4.2 均匀平面波的三波混频

假设三个光波是沿着 z 方向传播的平面波，其复振幅为 $E_q = A_q \exp(-ik_q z)$，A_q 为复包络，$k_q = \omega_q/c$ 为波数，$q = 1, 2, 3$。通过定义变量 $a_q = A_q/(2\eta\hbar\omega_q)^{1/2}$（其中 $\eta = \eta_0/n$ 为介质的阻抗，η_0 为自由空间的阻抗，$\hbar\omega_q$ 是角频率为 ω_q 的光子能量），可以方便地将复包络进行归一化。这样

$$E_q = (2\eta\hbar\omega_q)^{1/2} a_q \exp(-ik_q z), \quad q = 1, 2, 3 \tag{9.4.12}$$

同时三个光波的强度为 $I_q = |E_q|^2/2\eta = \hbar\omega_q |a_q|^2$，与其相关的光通量密度[光子数/(s·m²)]为

$$\phi_q = \frac{I_q}{\hbar\omega_q} = |a_q|^2 \tag{9.4.13}$$

其中变量 a_q 代表光波 q 的复包络，$|a_q|^2$ 代表光通量密度。这种标定很方便，因为光波混频过程必须遵循光子数守恒法则。

由于三个光波的相互作用，复包络 a_q 将随 z 的变化而变化，即 $a_q = a_q(z)$。如果它们之间的相互作用很弱，$a_q(z)$ 则随 z 缓慢变化，因此可以假设它在波长量级的距离内近似为常数。这就可以使用慢变包络近似[$d^2 a_q/dz^2$ 相对于 $k_q da_q/dz = (2\pi/\lambda_q) da_q/dz$ 可以忽略]，即

$$(\nabla^2 + k_q^2)[a_q \exp(-ik_q z)] \approx -i2k_q \frac{da_q}{dz} \exp(-ik_q z) \tag{9.4.14}$$

通过这个近似，式(9.4.11)可以简化为

$$\frac{da_1}{dz} = -iga_3 a_2^* \exp(-i\Delta k z) \tag{9.4.15a}$$

$$\frac{da_2}{dz} = -iga_3 a_1^* \exp(-i\Delta k z) \tag{9.4.15b}$$

$$\frac{da_3}{dz} = -iga_1 a_2 \exp(i\Delta k z) \tag{9.4.15c}$$

其中

$$g^2 = 2\hbar\omega_1\omega_2\omega_3 \eta^3 d^2 \tag{9.4.16}$$

$$\Delta k = k_3 - k_2 - k_1 \tag{9.4.17}$$

Δk 表示相位匹配条件的误差。a_1, a_2, a_3 随 z 的变化量由三个耦合的一阶微分方程(9.4.15)来描述，对于不同的应用场合采用不同的边界条件方程组即可求得。利用方程组(9.4.15)还可得出混频过程中的某些不变量，这些不变量是与 z 无关的 a_1, a_2, a_3 的函数，通过求解这些不变量可以减少独立变量的数目。

9.4.3 简并三波混频

1. 二次谐波的耦合波方程

二次谐波感生是三波混频的一种简并情况，其中

$$\omega_1 = \omega_2 = \omega \tag{9.4.18a}$$

$$\omega_3 = 2\omega \tag{9.4.18b}$$

两个光波的相互作用存在两种形式：①两个频率为 ω 的光子结合形成一个频率为 2ω 的光子(倍频)；②一个频率为 2ω 的光子分裂成两个频率为 ω 的光子。

两个光波的相互作用可以由有源的亥姆霍兹方程描述，其中动量守恒要求

$$\boldsymbol{k}_3 = 2\boldsymbol{k}_1 \tag{9.4.19}$$

把慢变包络近似式(9.4.14)代入亥姆霍兹方程(9.4.15)，则两个共线传播的光波的二次谐波耦合波方程可写为

$$\frac{\mathrm{d}a_1}{\mathrm{d}z} = -\mathrm{i}ga_3a_1^* \exp(-\mathrm{i}\Delta kz) \tag{9.4.20a}$$

$$\frac{\mathrm{d}a_3}{\mathrm{d}z} = -\mathrm{i}\frac{g}{2}a_1a_1 \exp(\mathrm{i}\Delta kz) \tag{9.4.20b}$$

其中，$\Delta k = k_3 - 2k_1$，并且

$$g^2 = 4\hbar\omega^3\eta^3d^2 \tag{9.4.21}$$

假设两个共线传播的光波满足相位匹配条件($\Delta k = 0$)，那么方程(9.4.20)可简化为

$$\frac{\mathrm{d}a_1}{\mathrm{d}z} = -\mathrm{i}ga_3a_1^* \tag{9.4.22a}$$

$$\frac{\mathrm{d}a_3}{\mathrm{d}z} = -\mathrm{i}\frac{g}{2}a_1a_2 \tag{9.4.22b}$$

假设在器件的输入面($z=0$)处二次谐波的振幅为零，即 $a_3(0)=0$，基频波的振幅 $a_1(0)$ 为实数，利用该边界条件和光子数守恒法则 $|a_1(z)|^2 + 2|a_3(z)|^2 = $ 常数，可得式(9.4.22)的解为

$$a_1(z) = a_1(0)\operatorname{sech}\frac{ga_1(0)z}{\sqrt{2}} \tag{9.4.23a}$$

$$a_3(z) = -\frac{\mathrm{i}}{\sqrt{2}}a_1(0)\tanh\frac{ga_1(0)z}{\sqrt{2}} \tag{9.4.23b}$$

因此，光通量密度 $\phi_1 = |a_1(z)|^2$ 和 $\phi_3 = |a_3(z)|^2$ 的计算公式为

$$\phi_1(z) = \phi_1(0)\operatorname{sech}^2\frac{\gamma z}{2} \tag{9.4.24a}$$

$$\phi_3(z) = \frac{1}{2}\phi_1(0)\tanh^2\frac{\gamma z}{2} \tag{9.4.24b}$$

其中，$\gamma/2 = ga_1(0)/\sqrt{2}$，即

$$\gamma^2 = 2g^2a_1^2(0) = 2g^2\phi_1(0) = 8d^2\eta^3\hbar\omega^3\phi_1(0) = 8d^2\eta^3\omega^2I_1(0) \tag{9.4.25}$$

因为 $\operatorname{sech}^2 x + \tanh^2 x = 1$，$\phi_1(z) + 2\phi_3(z) = \phi_1(0)$ 为常数，表明在每一个位置 z 处，光波 1 的光子都被转换为半数的光波 3 的光子。二次谐波产生过程如图 9-4-1 所示。

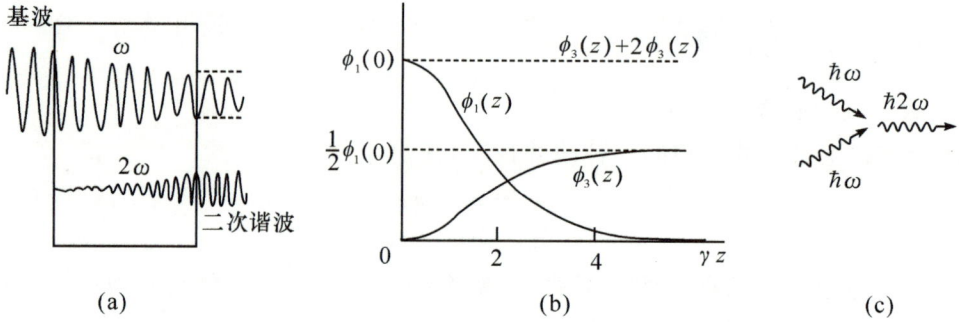

图 9-4-1　二次谐波产生过程

相互作用长度为 L 时，二次谐波产生的效率为

$$\frac{I_3(L)}{I_1(0)} = \frac{\hbar\omega_3\phi_3(L)}{\hbar\omega_1\phi_1(L)} = \frac{2\phi_3(L)}{\phi_1(0)} = \tanh^2\frac{\gamma z}{2} \qquad (9.4.26)$$

对于大的 γL（比如长池，大的输入强度或者大的非线性参量），二次谐波效率接近 1。这意味着几乎所有入射基频功率转换为频率为 2ω 的谐波功率，即入射的几乎所有频率为 ω 的光子都转换为半数频率为 2ω 的光子。

对于小的 γL［比如短的器件长度 L，小的非线性参量 d，或者小的输入光通量密度 $\phi_1(0)$］，tanh 方程的自变量将会很小，$\tanh x \approx x$ 近似成立。所以二次谐波转换效率为

$$\frac{I_3(L)}{I_1(0)} = 2\eta_0^3\omega^2\frac{d^2}{n^3} \cdot \frac{L^2}{A}P \qquad (9.4.27)$$

其中，$P = I_1(0)A$ 为入射光功率，A 为光束横截面积。显然，谐波转换效率正比于输入光功率 P 和因子 d^2/n^3（非线性材料的性能指数）。对于某一固定的输入光功率 P，谐波转换效率正比于几何因子 L^2/A。为使效率最大化，必须保证光束有最小的横截面积 A 和最大的相互作用长度 L，光波导就是这样的器件，比如平面波导或光纤。

2. 相位失配效应

为了研究相位（或动量）失配效应，考察方程(9.4.20)在 $\Delta k \neq 0$ 时的情况。为简单起见，仅讨论 $\gamma L \ll 1$ 的弱耦合情况。在这种情况下，基频波的振幅 $a_1(z)$ 随 z 发生慢变化，如图9-4-1(b)所示，因此可以假设近似为常数。将 $a_1(z) = a_1(0)$ 代入式(9.4.20b)当中，积分可得

$$a_3(L) = -\mathrm{i}\frac{g}{2}a_1^2(0)\int_0^L \exp(-\mathrm{i}\Delta kz')\mathrm{d}z' = -\left(\frac{g}{2\Delta k}\right)a_1^2(0)[\exp(\mathrm{i}\Delta kL)-1]$$

$$(9.4.28)$$

从而，$\phi_3(L) = |a_3(L)|^2 = (g/\Delta k)^2\phi_1^2(0)\sin^2(\Delta kL/2)$，并且假定 $a_1(0)$ 为实数。所以二次谐波转换效率可以写成

$$\frac{I_3(L)}{I_1(0)} = \frac{2\phi_3(L)}{\phi_1(0)} = \frac{1}{2}g^2L^2\phi_1(0)\mathrm{sinc}^2\frac{\Delta kL}{2\pi} \qquad (9.4.29)$$

其中，$\mathrm{sinc}(x) = \sin(\pi x)/(\pi x)$。

因此，相位失配效应将导致二次谐波效率以因子 $\mathrm{sinc}^2(\Delta kL/2)$ 下降。当 $\Delta k = 0$ 时，这个因子的数值为 1；当 $\Delta k \neq 0$ 时，转换效率将随着 Δk 的增大而降低；当 $|\Delta k| = \pi/L$ 时，转换效率只有 0.4；当 $|\Delta k| = 2\pi/L$ 时，转换效率降为 0。对于给定的相互作用长度 L，相位失配

Δk 与谐波效率成反比,因此随着 L 增加,相位匹配要求变得更为严格。对于给定的相位失配 Δk,$L_c = 2\pi/|\Delta k|$ 是能够有效发生谐波转换的最大长度,因此 L_c 一般称为相干长度。由于 $|\Delta k| = 2(2\pi/\lambda_0)|n_3 - n_1|$,其中 λ_0 为基频波在自由空间的波长,n_1 和 n_3 分别为基频波和二次谐波的折射率,所以 $L_c = \lambda_0/2|n_3 - n_1|$ 反比于 $|n_3 - n_1|$,这由材料的色散特性决定。

相互作用过程对相位失配的容许量可以看作波矢的不确定性 $\Delta k \propto 1/L$ 和光波被限制在长度为 L 的区间内共同作用的结果。相应的动量不确定性 $\Delta p = \hbar \Delta k \propto 1/L$,可以解释三波混频过程中明显的动量守恒偏差。

9.4.4　频率转换

如图 9-4-2 所示,频率上转换是指通过频率为 ω_2 的辅助波,将频率为 ω_1 的光波转换为更高频率 ω_3 的光波的过程,也称为泵浦。一个来自泵浦光的 $\hbar\omega_2$ 光子与来自输入光的 $\hbar\omega_1$ 光子相叠加,形成一个能量为 $\hbar\omega_3$ 的输出光子,并且实现频率上转换 $\omega_3 = \omega_2 + \omega_1$。

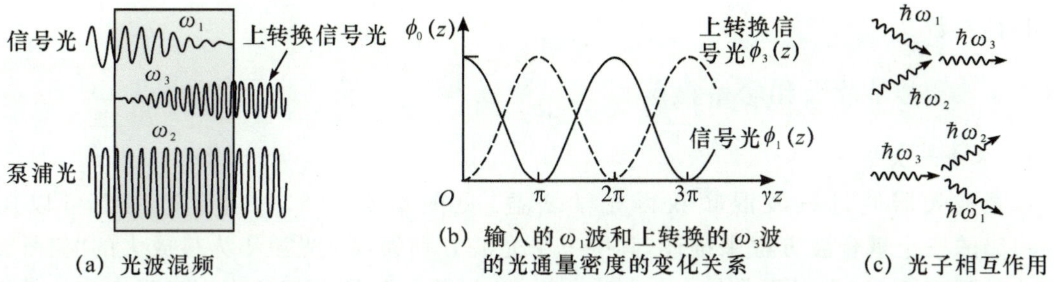

(a) 光波混频　　(b) 输入的 ω_1 波和上转换的 ω_3 波的光通量密度的变化关系　　(c) 光子相互作用

图 9-4-2　频率上转换

转换过程同样由式(9.4.15)的三个耦合方程决定。为简单起见,假设三个光波相位完全匹配($\Delta k = 0$),并且泵浦光足够强,其振幅在作用区间内的变化很小,即对于 0 和 L 之间所有的位置 z 有:$a_2(z) \approx a_2(0)$,这样,方程组(9.4.15)可改为

$$\frac{\mathrm{d}a_1}{\mathrm{d}z} = -\mathrm{i}\frac{\gamma}{2}a_3 \tag{9.4.30a}$$

$$\frac{\mathrm{d}a_3}{\mathrm{d}z} = -\mathrm{i}\frac{\gamma}{2}a_1 \tag{9.4.30b}$$

其中,$\gamma = 2ga_2(0)$,并且 $a_2(0)$ 已假定为实数。微分方程(9.4.30)的谐波解为

$$a_1(z) = a_1(0)\cos\frac{\gamma z}{2} \tag{9.4.31a}$$

$$a_3(z) = -\mathrm{i}a_1(0)\sin\frac{\gamma z}{2} \tag{9.4.31b}$$

相应的光通量密度为

$$\phi_1(z) = \phi_1(0)\cos^2\frac{\gamma z}{2} \tag{9.4.32a}$$

$$\phi_3(z) = \phi_1(0)\sin^2\frac{\gamma z}{2} \tag{9.4.32b}$$

光通量密度 ϕ_1 和 ϕ_3 对 z 的依赖关系如图 9-4-2(b)所示。光子在两个光波之间周期性地交换。在区间 $z = 0$ 和 $z = \pi/\gamma$ 之间,输入的频率为 ω_1 的光子与泵浦的频率为 ω_2 的光

子结合,产生了上转换的频率为 ω_3 的光子。因此,光波 ω_1 被衰减,而光波 ω_3 被放大。而在区间 $\gamma z = \pi$ 和 $\gamma z = 2\pi$ 之间,频率为 ω_3 的光子由于非常充足而分解为频率为 ω_1 的光子和频率为 ω_2 的光子,因此光波 ω_3 被衰减而光波 ω_1 被放大。这个过程将在光波通过介质的过程中周期性地重复。

对于长度为 L 的器件,其上转换效率为

$$\frac{I_3(L)}{I_1(0)} = \frac{\omega_3}{\omega_1} \sin^2 \frac{\gamma z}{2} \tag{9.4.33}$$

对于 $\gamma L \ll 1$,利用式(9.4.16),并通过近似式

$$I_3(L)/I_1(0) \approx (\omega_3/\omega_1)(\gamma L/2)^2 = (\omega_3/\omega_1) g^2 L^2 \phi_2(0) = 2\omega_3^2 L^2 d^2 \eta^3 I_2(0)$$

可以将转换效率改写成

$$\frac{I_3(L)}{I_1(0)} = 2\eta_0^3 \omega_3^2 \frac{d^2}{n^3} \cdot \frac{L^2}{A} P_2 \tag{9.4.34}$$

其中,A 是横截面积,$P_2 = I_2(0)A$ 是泵浦功率。上转换效率正比于泵浦功率、比值 L^2/A 和材料特性参数 d^2/n^3。

9.4.5 参量放大和参量振荡

1. 参量放大器

参量放大器通过三波混频获得光学增益[见图 9-4-3(a)],这个过程也可以用式(9.4.15)的三个耦合波方程来描述,其中三个光波分别为:① 光波 1 为待放大的"信号光",以较小的强度 $I_1(0)$ 入射至晶体;② 光波 2 叫作"闲散光",是由相互作用过程产生的辅助波;③光波 3 为"泵浦光",功率较高,用于给放大器提供增益。

信号光和闲散光的光通量密度如图 9-4-3(b)所示。光学参量放大器的基本思想是泵浦光提供的一个能量为 $\hbar\omega_3$ 的光子分裂为一个用于放大信号光的能量为 $\hbar\omega_1$ 的光子和一个闲散的能量为 $\hbar\omega_2$ 的光子[见图 9-4-3(c)]。

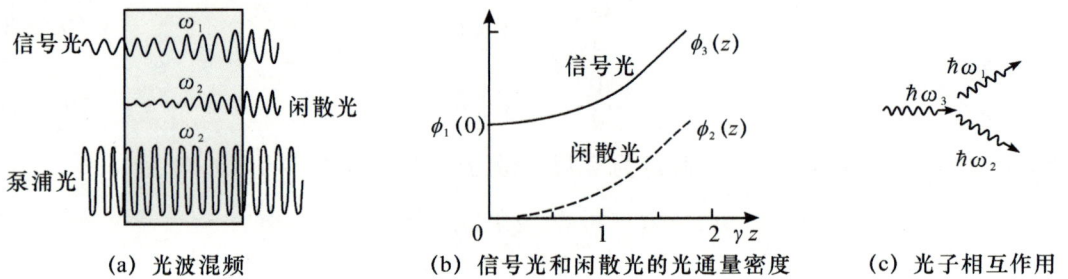

(a) 光波混频 (b) 信号光和闲散光的光通量密度 (c) 光子相互作用

图 9-4-3 光学参量放大器

假设完全相位匹配($\Delta k = 0$),且没有泵浦抽空,即:$a_3(z) \approx a_3(0)$,式(9.4.15)的三个耦合波方程变为

$$\frac{\mathrm{d}a_1}{\mathrm{d}z} = -\mathrm{i}\frac{\gamma}{2}a_2^* \tag{9.4.35a}$$

$$\frac{\mathrm{d}a_2}{\mathrm{d}z} = -\mathrm{i}\frac{\gamma}{2}a_1^* \tag{9.4.35b}$$

其中,$\gamma = 2ga_3(0)$,并且 $a_3(0)$ 假定为实数,则微分方程的解为

$$a_1(z) = a_1(0)\cosh\frac{\gamma z}{2} \tag{9.4.36a}$$

$$a_2(z) = -\mathrm{i}a_1(0)\sinh\frac{\gamma z}{2} \tag{9.4.36b}$$

相应的光通量密度为

$$\phi_1(z) = \phi_1(0)\cosh^2\frac{\gamma z}{2} \tag{9.4.37a}$$

$$\phi_2(z) = \phi_1(0)\sinh^2\frac{\gamma z}{2} \tag{9.4.37b}$$

$\phi_1(z)$ 和 $\phi_2(z)$ 都随着 z 的变化单调增加,如图 9-4-3(b)所示。当从泵浦光提取足够多的能量之后,增长开始饱和,在这种情况下,泵浦抽空的假设不再成立。

长度为 L 的放大器的总增益为 $G = \phi_1(L)/\phi_1(0) = \cosh^2(\gamma L/2)$。在极限情况 $\gamma L \gg 1$ 下, $G = (\mathrm{e}^{\gamma L/2} + \mathrm{e}^{-\gamma L/2})/4 \approx \mathrm{e}^{\gamma L}/4$,所以增益将随着指数 γL 增加。参量放大的增益系数为

$$\gamma = \left(8\eta_0^3\omega_1\omega_2\frac{d^2}{n^3}\cdot\frac{P_3}{A}\right)^{1/2} \tag{9.4.38}$$

其中, A 是横截面积, $P_3 = I_3(0)A$ 是泵浦功率。

2. 参量振荡器

通过对参量放大器的信号光和闲散光提供合适的反馈,就构成了参量振荡器,如图9-4-4所示,振荡器所需的能量由泵浦光提供。

为确定振荡的阈值条件,放大器的增益需要与损耗相等。在推导耦合波方程(9.4.35)时并没有考虑损耗,因此增加损耗项的方程组为

$$\frac{\mathrm{d}a_1}{\mathrm{d}z} = -\frac{\alpha_1}{2}a_1 - \mathrm{i}\frac{\gamma}{2}a_2^* \tag{9.4.39a}$$

$$\frac{\mathrm{d}a_2}{\mathrm{d}z} = -\frac{\alpha_2}{2}a_2 - \mathrm{i}\frac{\gamma}{2}a_1^* \tag{9.4.39b}$$

图 9-4-4 参量振荡器产生频率为 ω_1 和 ω_2 的光

其中, α_1 和 α_2 分别为信号光和闲散光的功率衰减系数。这些项代表介质中的散射损耗、吸收损耗以及在谐振腔镜上的损耗。当没有耦合作用的时候,即 $\gamma = 0$,方程(9.4.39a)给出了 $a_1(z) = \exp(-\alpha_1 z/2)a_1(0)$ 和 $\phi_1(z) = \exp(-\alpha_1 z/2)\phi_1(0)$,所以光通量以速率 α_1 衰减。方程(9.4.39b)给出了类似的结果。

令方程组(9.4.39)中的微分项为零,可得该方程组的稳态解,有

$$\alpha_1 a_1 + \mathrm{i}\gamma a_2^* = 0 \tag{9.4.40a}$$

$$\alpha_2 a_2 + \mathrm{i}\gamma a_1^* = 0 \tag{9.4.40b}$$

由方程(9.4.40a)可得 $a_1/a_2^* = -\mathrm{i}\gamma/\alpha_1$,由方程(9.4.40b)的共轭可得 $a_1/a_2^* = \alpha_2/(\mathrm{i}\gamma)$,所以对于一个非平凡解, $-\mathrm{i}\gamma/\alpha_1 = \alpha_2/(\mathrm{i}\gamma)$,从中可得

$$\gamma^2 = \alpha_1\alpha_2 \tag{9.4.41}$$

如果 $\alpha_1 = \alpha_2 = \alpha$,那么振荡条件变为 $\gamma = \alpha$,意味着放大器的增益系数等于损耗系数。因为 $\gamma = 2ga_3(0)$,所以泵浦光的振幅必须满足 $a_3(0) \geq \alpha/(2g)$,并且相应的光通量密度满足 $\phi_3(0) \geq \alpha^2/(4g^2)$,取代方程(9.4.16)中的 g,可得 $\phi_3(0) \geq \alpha^2/(8\hbar\omega_1\omega_2\omega_3\eta^3 d^2)$。所以参量振

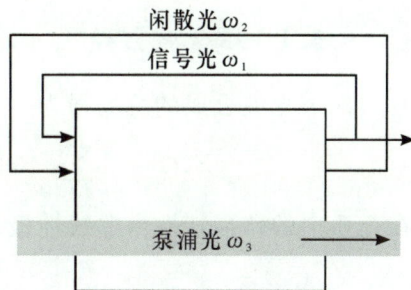

荡的阈值泵浦强度 $\hbar\omega_3\phi_3(0)$ 为

$$I_{3,\text{threshold}} = \frac{\alpha^2 n^3}{8\omega_1\omega_2\eta_0^3 d^2} \tag{9.4.42}$$

参量振荡器的振荡频率 ω_1 和 ω_2 是由频率和相位匹配条件决定的,即

$$\omega_1 + \omega_2 = \omega_3 \tag{9.4.43a}$$

$$n_1\omega_1 + n_2\omega_2 = n_3\omega_3 \tag{9.4.43b}$$

由方程组(9.4.43)可得 ω_1 和 ω_2。因为介质都是色散材料,所以相应的折射率也与频率有关(即:n_1 是 ω_1 的函数,n_2 是 ω_2 的函数,n_3 是 ω_3 的函数)。通过改变折射率,例如温度控制,可以调谐参量振荡器的振荡频率。

9.5   三阶非线性光学的耦合波理论

类似于三波混频,下面推导三阶非线性介质中四波混频的耦合微分方程。

9.5.1   耦合波方程

四个光波合成的总场强为

$$E(t) = \sum_{q=1,2,3,4} \text{Re}[E_q\exp(\text{i}\omega_q t)] = \sum_{q=\pm1,\pm2,\pm3,\pm4} \frac{1}{2}E_q\exp(\text{i}\omega_q t) \tag{9.5.1}$$

在介质中的传播特性由非线性极化强度表征为

$$P_{\text{NL}} = 4\chi^{(3)}E^3 \tag{9.5.2}$$

相应的辐射源 $J = -\mu_0\partial^2 P_{\text{NL}}/\partial t^2$ 总共有 $8^3 = 512$ 项,即

$$J = \frac{1}{2}\mu_0\chi^{(3)}\sum_{q,p,r=\pm1,\pm2,\pm3,\pm4}(\omega_q+\omega_p+\omega_r)^2 E_q E_p E_r\exp[\text{i}(\omega_q+\omega_p+\omega_r)t] \tag{9.5.3}$$

将式(9.5.1)与式(9.5.3)代入波动方程(9.4.1),提取包含各频率分量的项,可得四个有源亥姆霍兹方程,有

$$(\nabla^2 + k_q^2)E_q = -S_q, \quad q = 1,2,3,4 \tag{9.5.4}$$

这里 S_q 是辐射源 J 中频率为 ω_q 的分量的振幅。

对于要耦合的四个光波,它们的频率必须相当。例如,两个光波的频率之和等于另外两个光波的频率之和,即

$$\omega_3 + \omega_4 = \omega_1 + \omega_2 \tag{9.5.5}$$

此时三个光波相互作用就会产生第四个光波。利用式(9.5.5)中的关系,式(9.5.3)中每个频率分量为

$$S_1 = \mu_0\omega_1^2\chi^{(3)}[6E_3 E_4 E_2^* + 3E_1(|E_1|^2 + 2|E_2|^2 + 2|E_3|^2 + 2|E_4|^2)] \tag{9.5.6a}$$

$$S_2 = \mu_0\omega_2^2\chi^{(3)}[6E_3 E_4 E_1^* + 3E_2(|E_2|^2 + 2|E_1|^2 + 2|E_3|^2 + 2|E_4|^2)] \tag{9.5.6b}$$

$$S_3 = \mu_0\omega_3^2\chi^{(3)}[6E_1 E_2 E_4^* + 3E_3(|E_3|^2 + 2|E_2|^2 + 2|E_1|^2 + 2|E_4|^2)] \tag{9.5.6c}$$

$$S_4 = \mu_0\omega_4^2\chi^{(3)}[6E_1 E_2 E_3^* + 3E_4(|E_4|^2 + 2|E_1|^2 + 2|E_2|^2 + 2|E_3|^2)] \tag{9.5.6d}$$

这样每个光波的源由两个分量组成。第一个分量由另外三个光波相互作用引起。比如

S_1 中的第一项正比于 $E_3 E_4 E_2^*$，表示光波 2、3、4 相互作用产生光波 1。第二个分量正比于光波自身的复振幅。比如 S_1 中的第二项正比于 E_1，起到折射率调制的作用，即光学克尔效应。

可以方便地将两个分量分成以下这些源

$$S_q = \overline{S_q} + (\omega_q/c_0)^2 \Delta \chi_q E_q, \quad q = 1, 2, 3, 4 \tag{9.5.7}$$

其中

$$\overline{S}_1 = 6\mu_0 \omega_1^2 \chi^{(3)} E_3 E_4 E_2^* \tag{9.5.8a}$$

$$\overline{S}_2 = 6\mu_0 \omega_2^2 \chi^{(3)} E_3 E_4 E_1^* \tag{9.5.8b}$$

$$\overline{S}_3 = 6\mu_0 \omega_3^2 \chi^{(3)} E_1 E_2 E_4^* \tag{9.5.8c}$$

$$\overline{S}_4 = 6\mu_0 \omega_4^2 \chi^{(3)} E_1 E_2 E_3^* \tag{9.5.8d}$$

并且

$$\Delta \chi_q = 6 \frac{\eta}{\varepsilon_0} \chi^{(3)} (2I - I_q), \quad q = 1, 2, 3, 4 \tag{9.5.9}$$

其中 $I_q = |E_q|^2/(2\eta)$ 是光波强度，$I = I_1 + I_2 + I_3 + I_4$ 是总的光强，η 是介质的材料阻抗。

将亥姆霍兹方程 (9.5.4) 改写为

$$(\nabla^2 + \overline{k_q}^2) E_q = -\overline{S_q}, \quad q = 1, 2, 3, 4 \tag{9.5.10}$$

其中

$$\overline{k_q} = \overline{n_q} \frac{\omega_q}{c_0}$$

并且

$$\overline{n_q} = \left[n^2 + \frac{6\eta}{\varepsilon_0} \chi^{(3)} (2I - I_q) \right]^{1/2} = n \left[1 + \frac{6\eta}{\varepsilon_0 n^2} \chi^{(3)} (2I - I_q) \right]^{1/2} \approx n \left[1 + \frac{3\eta}{\varepsilon_0 n^2} \chi^{(3)} (2I - I_q) \right] \tag{9.5.11}$$

由式 (9.5.11) 可得

$$\overline{n_q} = n + n_2 (2I - I_q) \tag{9.5.12a}$$

其中

$$n_2 = \frac{3\eta_0}{\varepsilon_0 n^2} \chi^{(3)} \tag{9.5.12b}$$

每个光波的亥姆霍兹方程进行了以下两个修正：①方程中引入表征另外三个光波相互作用效应的源，这将导致已有光波的放大，或者辐射出新频率的光波；②对于每个光波而言，介质的折射率都发生了改变，折射率成为光强的函数。

式 (9.5.8) 与式 (9.5.10) 给出了四个耦合微分方程，在合适的边界条件下可以求解。

9.5.2 简并四波混频

现推导并求解简并情况下的耦合波方程，即四个光波具有相同的频率，$\omega_1 = \omega_2 = \omega_3 = \omega_4 = \omega$。如第 9.3.3 节中所进行的假定，两个泵浦光（光波 3 和光波 4）是沿相反方向传播的平面波，复振幅为 $E_3(\boldsymbol{r}) = A_3 \exp(-i\boldsymbol{k}_3 \cdot \boldsymbol{r})$ 和 $E_4(\boldsymbol{r}) = A_4 \exp(-i\boldsymbol{k}_4 \cdot \boldsymbol{r})$，两者的波矢为 $\boldsymbol{k}_4 = -\boldsymbol{k}_3$。假定它们的光强比光波 1 和光波 2 的强得多，这样在相互作用的过程中可以近

似认为光波 3 和光波 4 不衰减,即它们的复包络函数 A_3 和 A_4 为常数。四个光波的总光强也近似为常数 $I=(|A_3|^2+|A_4|^2)/(2\eta)$。式(9.5.12)中的 q 可取 1 和 2,$2I-I_1$ 与 $2I-I_2$ 两项决定了光波 1 和光波 2 的有效折射率 $\bar{n}$ 为近似等于 $2I$ 的常数,所以光学克尔效应的总和使得折射率恒定,其改变可以忽略。

通过以上假定,问题被简化为光波 1 和光波 2 的耦合问题。由式(9.5.8)与式(9.5.10)得

$$(\nabla^2+k^2)E_1=-\xi E_2^* \tag{9.5.13a}$$

$$(\nabla^2+k^2)E_2=-\xi E_1^* \tag{9.5.13b}$$

其中

$$\xi=6\mu_0\omega^2\chi^{(3)}E_3E_4=6\mu_0\omega^2\chi^{(3)}A_3A_4 \tag{9.5.14}$$

并且 $k=\bar{n}\omega/c_0$,$\bar{n}\approx n+2n_2 I$ 是常数。

四个非线性耦合微分方程减少到两个线性耦合方程,每一项为有源亥姆霍兹方程。光波 1 的源正比于光波 2 复振幅的共轭,相应的光波 2 也类似。

9.5.3　相位共轭

假定光波 1 和光波 2 是沿 z 轴反向传播的两个平面波,如图 9-5-1 所示,则

$$E_1=A_1\exp(-ikz) \tag{9.5.15a}$$

$$E_2=A_2\exp(ikz) \tag{9.5.15b}$$

这个假定与相位匹配条件一致,因为 $k_1+k_2=k_3+k_4$。

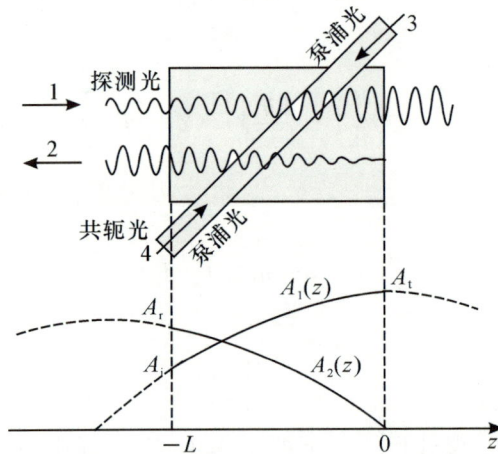

图 9-5-1　简并四波混频

将式(9.5.15)代入式(9.5.13),并利用缓变包络近似式(9.4.14)和式(9.5.13)简化为两个一阶微分方程

$$\frac{\mathrm{d}A_1}{\mathrm{d}z}=-i\gamma A_2^* \tag{9.5.16a}$$

$$\frac{\mathrm{d}A_2}{\mathrm{d}z}=i\gamma A_1^* \tag{9.5.16b}$$

其中

$$\gamma=\frac{\xi}{2k}=\frac{3\omega\eta_0}{\bar{n}}\chi^{(3)}A_3A_4 \tag{9.5.17}$$

是耦合系数。

为简单起见,假定 $A_3 A_4$ 是实数,则 γ 也为实数。方程(9.5.16)的解是两个简谐函数 $A_1(z)$ 与 $A_2(z)$,且两者之间有 90° 相移。如果在平面 $z=-L$ 和 $z=0$ 之间充斥着非线性介质,如图 9-5-1 所示,并且在入射面有光波 1 的振幅 $A_1(-L)=A_i$,在出射面有光波 2 的振幅 $A_2(0)=0$。在以上边界条件下,式(9.5.16)的解为

$$A_1(z) = \frac{A_i}{\cos(\gamma L)} \cos(\gamma z) \tag{9.5.18}$$

$$A_2(z) = i\, \frac{A_i^*}{\cos(\gamma L)} \sin(\gamma z) \tag{9.5.19}$$

在入射面,反射波的振幅 $A_r = A_2(-L)$ 为

$$A_r = -iA_i^* \tan(\gamma L) \tag{9.5.20}$$

而透射波的振幅 $A_t = A_1(0)$ 为

$$A_t = \frac{A_i}{\cos(\gamma L)} \tag{9.5.21}$$

由式(9.5.20)与式(9.5.21)可得到下列应用:①反射波为入射波的共轭,可作为相位共轭镜。②强度反射比 $|A_r|^2/|A_i|^2 = \tan^2(\gamma L)$ 小于或大于 1,分别对应衰减或增益,此时介质可作反射放大器(放大镜)。③透过比 $|A_t|^2/|A_i|^2 = 1/\cos^2(\gamma L)$ 总是大于 1,此时介质可作为透射放大器。④当 $\gamma L = \pi/2$ 或其奇数倍时,反射比与透射比为无穷,表现出非稳定性,可作为振荡器。

9.6　各向异性非线性介质

在各向异性介质中,极化强度矢量 $\boldsymbol{P}=(P_1,P_2,P_3)$ 的三个分量是场强矢量 $\boldsymbol{E}=(E_1,E_2,E_3)$ 三个分量的函数。当场强 E 较小时,这些函数是线性的。但是当 E 增加时,这些函数就是非线性的。三个非线性函数都可以展开为包含三个分量 E_1,E_2,E_3 的泰勒级数,如同式(9.1.2)中的标量分析。这样

$$P_i = \varepsilon_0 \sum_j \chi_{ij} E_j + 2 \sum_{jk} d_{ijk} E_j E_k + 4 \sum_{jkl} \chi^{(3)}_{ijkl} E_j E_k E_l, \quad i,j,k,l=1,2,3 \tag{9.6.1}$$

系数 $\chi_{ij}, d_{ijk}, \chi^{(3)}_{ijkl}$ 是对应标量系数 $\chi, d, \chi^{(3)}$ 的张量的元素,式(9.6.1)是式(9.1.2)推广到各向异性介质中的一般形式。

9.6.1　对称性

因为系数 d_{ijk} 是 $E_j E_k$ 乘积的因子,d_{ijk} 对 j,k 有互换不变性。同样,$\chi^{(3)}_{ijkl}$ 对 j,k,l 有互换不变性。式(9.6.1)可以写成形式 $P_i = \varepsilon_0 \sum_j \chi^e_{ij} E_j$,其中 χ^e_{ij} 是有效张量。类似于线性无损介质中的观点,χ^e_{ij} 对 i,j 有互换不变性,这样张量 $\chi_{ij}, d_{ijk}, \chi^{(3)}_{ijkl}$ 对 i,j 有互换不变性,因此三个张量对所有下标有互换不变性。

张量 $d_{ijk}, \chi^{(3)}_{ijkl}$ 的元素通常被列为 6×3 与 6×6 的矩阵 $d_{Ik} - d_{iK}$ 与 $\chi^{(3)}_{IK}, I=1,\cdots,6$ 替代

下标 (i,j)，$i,j=1,2,3$，$K=1,\cdots,6$ 替代 (k,l)。张量 d_{ijk}，$\chi_{ijkl}^{(3)}$ 分别与普克尔以及克尔张量 γ_{ijk}，ξ_{ijkl} 相关，并且它们有相同的对称性。表 9-6-1 提供了一些晶体的 d_{Ik} 系数的数值。

表 9-6-1　不同光学材料的二阶非线性系数的代表值[*]

晶体	d_{Ik}（MKS 单位）[#]
Te	$d_{11}=5.7\times10^{-21}$
GaAs	$d_{14}=1.2\times10^{-21}$
Ag$_3$AsS$_3$（淡红银矿）	$d_{31}=1.5\times10^{-22}$
	$d_{22}=2.4\times10^{-22}$
	$d_{33}=3.0\times10^{-22}$
KNbO$_3$	$d_{31}=1.4\times10^{-22}$
	$d_{32}=1.8\times10^{-22}$
Ba$_2$NaNb$_5$O$_{15}$	$d_{33}=1.2\times10^{-22}$
	$d_{32}=8.2\times10^{-23}$
LiIO$_3$	$d_{31}=1.1\times10^{-22}$
	$d_{33}=3.2\times10^{-22}$
KTiOPO$_4$（KTP）	$d_{33}=1.2\times10^{-22}$
	$d_{31}=5.8\times10^{-23}$
	$d_{32}=4.4\times10^{-23}$
LiNbO$_3$	$d_{31}=4.3\times10^{-23}$
	$d_{22}=2.3\times10^{-23}$
	$d_{33}=3.9\times10^{-22}$
β-BaB$_2$O$_4$（BBO）	$d_{22}=1.4\times10^{-23}$
	$d_{31}=7.1\times10^{-25}$
LiB$_3$O$_5$（LBO）	$d_{32}=1.1\times10^{-23}$
	$d_{31}=1.0\times10^{-23}$
	$d_{33}=5.6\times10^{-25}$
NH$_4$H$_2$PO$_4$（ADP）	$d_{36}=6.8\times10^{-24}$
KH$_2$PO$_4$（KDP）	$d_{36}=4.1\times10^{-24}$
	$d_{14}=3.8\times10^{-24}$
Quartz	$d_{11}=3.0\times10^{-24}$
	$d_{14}=2.6\times10^{-26}$

[*] 实际值与波长相关。

[#] 文献中常用的系数是 d/c_0（通常单位是 pm/V）。此表中的系数除以 $10^{-12}\varepsilon_0$（8.85×10^{-24}）可转换为以 pm/V 为单位。

9.6.2　各向异性二阶非线性介质中的三波混频

由角频率为 ω_1，ω_2，复振幅为 $E(\omega_1)$，$E(\omega_2)$ 的两个线性偏振光波组成的光电场 $E(t)$ 作用于二阶非线性晶体。频率为 $\omega_3=\omega_1+\omega_2$ 的极化强度矢量的分量为

$$P_i(\omega_3)=2\sum_{jk}d_{ijk}E_j(\omega_1)E_k(\omega_2),\quad j,k=1,2,3 \tag{9.6.2}$$

其中 $E_j(\omega_1),E_k(\omega_2),P_i(\omega_3)$ 是这些矢量在晶体基轴方向的分量。式(9.6.2)是式(9.2.12d)的一般形式。

如果 $E_j(\omega_1)=E(\omega_1)\cos\theta_{1j}$，$E_k(\omega_2)=E(\omega_2)\cos\theta_{2k}$，式中 θ_{1j}，θ_{2k} 是矢量 $\boldsymbol{E}(\omega_1)$，$\boldsymbol{E}(\omega_2)$ 与基轴的夹角，那么式(9.6.2)也可以写成

$$P_i(\omega_3)=2d_{\text{eff}}E(\omega_1)E(\omega_2) \tag{9.6.3}$$

其中

$$d_{\text{eff}}=\sum_{jk}d_{ijk}\cos\theta_{1j}\cos\theta_{2k},\quad i,j,k=1,2,3 \tag{9.6.4}$$

d_{eff} 对应 d 系数。

9.6.3　三波混频中的相位匹配

相位匹配条件 $\boldsymbol{k}_3=\boldsymbol{k}_1+\boldsymbol{k}_2$ 是高效率混频的必要条件。这个条件等效于 $\omega_3 n_3\hat{\boldsymbol{u}}_3=\omega_1 n_1\hat{\boldsymbol{u}}_1+\omega_2 n_2\hat{\boldsymbol{u}}_2$，其中 $\hat{\boldsymbol{u}}_1,\hat{\boldsymbol{u}}_2,\hat{\boldsymbol{u}}_3$ 是光波传播方向的单位矢量。假定这三个光波是晶体的简正模，相速度分别为 c_0/n_a，c_0/n_b，c_0/n_c，注意 n_a,n_b,n_c 与传播方向、偏振态、频率有关。在单轴晶体中，n_a,n_b,n_c 为 o 光折射率或 e 光折射率。

现以单轴晶体中光波沿相同方向传播的倍频为例。假定光波 1 与光波 2 是相同的，$\omega_1=\omega_2=\omega,\omega_3=2\omega$，相位匹配条件则为 $n_a=n_c$，即要找出合适的这两个光波的传播方向和偏振态，使得频率为 ω 的光波与频率为 2ω 的光波的折射率相同。

在单轴晶体中传播的折射率为 n_o，n_e 的简正模分别为 o 光、e 光。o 光的折射率为 n_o，e 光的折射率为 n_e，$n(\theta)$ 满足 $1/n^2(\theta)=\cos^2\theta/n_\text{o}^2+\sin^2\theta/n_\text{e}^2$，$\theta$ 为光波传播方向与光轴的夹角。两个折射率与 θ 的关系在图 9-6-1 上表现为椭圆和圆。既然 n_o，n_e 与频率有关，可将其表示为 $n_\text{o}^\omega,n_\text{o}^{2\omega},n_\text{e}^\omega,n_\text{e}^{2\omega}$。图 9-6-1 中基频 ω 用实线表示，倍频 2ω 用虚线表示。为了使条件 $n_a=n^\omega(\theta)$ 与 $n_b=n_\text{o}^{2\omega}$ 匹配，可以取 2ω 圆与 ω 椭圆的交点与原点的连线为光传播方向，也可以选取 θ 角来满足条件，其公式为

$$\frac{1}{n_\text{o}^{2\omega}}=\frac{\cos^2\theta}{(n_\text{o}^\omega)^2}+\frac{\sin^2\theta}{(n_\text{e}^\omega)^2} \tag{9.6.5}$$

这样基频光波为非常光，倍频光波为寻常光。

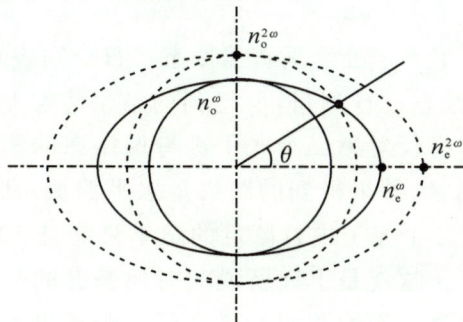

图 9-6-1　基频波非常光与二次谐波寻常光的折射率匹配

9.7 非线性光学在量子信息中的应用

随着现代科学技术的发展,特别是量子力学理论支持下的半导体技术的发展,经典的信息技术在 20 世纪得到迅速的发展。到 20 世纪末,一个新的名词逐渐出现在大家的视野,就是量子信息技术。它并不是量子电子器件跟经典信息技术的简单结合(如用基于半导体量子点的激光器来实现经典的光纤通信),而是一个全新的、建立在量子力学基础上的信息处理体系。具体地讲,是利用海森堡测不准原理、量子态的干涉及量子纠缠等独特的量子效应来实现信息的编码(量子密码)、存储和传输(量子通信),以及运算(量子计算)。量子信息技术所带来的不仅是概念上的革新,相对于经典信息技术来说,它具有量子力学基本原理所保证的高度保密性和超强的运算能力等优点。

量子信息理论需要用到几个非常重要的不能用经典的电动力学理论描述的概念,如量子纠缠、单光子态等。这里不展开讨论上述概念如何在量子信息技术中实现应用,而重点讨论怎样利用非线性光学这种经典的方法来制备这些非经典光场。

9.7.1 偏振纠缠光子对的制备

量子纠缠是量子理论中一个神奇的现象,最先的思想源于爱因斯坦(A. Einstein)、波多尔斯基(B. Podolsky)和罗森(N. Rosen)三人于 1935 年共同提出的 EPR 佯谬。量子纠缠所反映的是一个量子系统中各子系统间的相互纠缠的非定域关联。即使存在空间上的分离,对一个子系统的测量势必影响其他子系统的测量结果。而正是由于这种奇妙的非定域的"超距作用",量子纠缠在量子信息技术中具有广泛的应用,如量子隐形传态(quantum teleportation)、基于纠缠态的量子密钥分配(quantum key distribution)等。这里主要讨论在量子通信领域较容易实现应用的一种特殊的纠缠态:偏振纠缠光子对。

偏振纠缠光子对是指一对在偏振态上存在量子纠缠的光子对,其表达式为

$$|\Psi\rangle=\frac{1}{\sqrt{2}}(|V\rangle_1|H\rangle_2+|H\rangle_1|V\rangle_2) \tag{9.7.1}$$

其中 $|V\rangle_i$ 表示第 $i(i=1,2)$ 个光子处于垂直偏振态,$|H\rangle_i$ 则表示该光子处于水平偏振态。如果仅对第一个光子的偏振态进行测量,所得到的结果将会是 50% 的概率为水平偏振,50% 的概率为垂直偏振。同样仅对第二个光子进行偏振态的测量,也能得到类似的结果。然而先对第一个光子进行测量,如果得到的结果是水平偏振,那么量子态 $|\Psi\rangle$ 就会塌缩到 $|H\rangle_1|V\rangle_2$ 态上,因此再对第二个光子进行测量的结果只能是 100% 的垂直偏振,而不再有 50% 的可能性为水平偏振了。这就是上面所说的对纠缠态的一个子系统的测量会影响其他子系统的测量结果。而且这种影响跟双光子之间的距离没有关系,即使相距很远,影响也能即时到达。

虽然量子纠缠找不到对应的经典理论,但偏振纠缠光子对还是可以通过经典的非线性光学的方法实现制备。

制备的方法之一是利用晶体的二阶非线性效应——自发参量下转换来实现的。正如

第 9.2.3 节所讲,在光子的层次上看,自发参量下的转换过程是在满足能量守恒和动量守恒的基础上,一个高频光子分裂为两个低频光子的过程。如果在某个方向上探测到所产生的其中一个光子,在不考虑损耗的情况下,可以肯定在另一个出射方向上存在其孪生的低频光子,因为它们是相互关联的(但还不是纠缠)。在一些特殊的情况下,如图 9-7-1 所示,Ⅱ型非共线匹配 BBO 晶体中参量下转换所产生相关的双光子分别分布在 o 光的圈和 e 光的圈上,且它们的偏振方向相互垂直。由于需要满足参量下转换的相位匹配条件,即 $\boldsymbol{k}_{\text{pump}}=\boldsymbol{k}_{\text{e}}+\boldsymbol{k}_{\text{o}}$,对于能量简并的双光子产生情况,双光子的两个出射方向是以 $\boldsymbol{k}_{\text{pump}}$ 方向中心对称的。因此在两个圈所交叉的两点的方向上,可以获得偏振纠缠的光子对:在这两个方向上测得某种偏振态的光子的概率均为 50%。如果在一个方向上测得某个偏振的光子,那么在另一个方向上就能获得另一个偏振方向的光子。

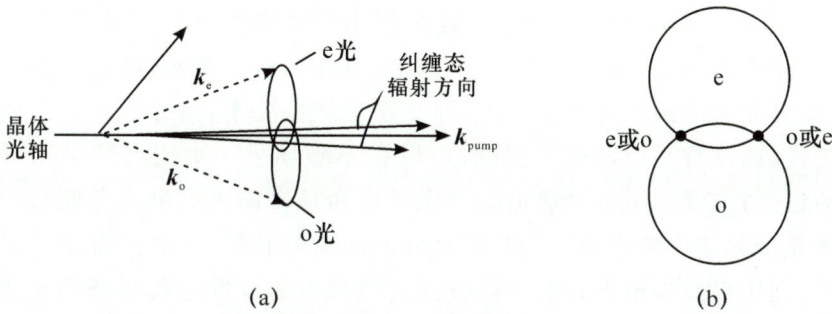

(a)　　　　　　　　(b)

图 9-7-1　Ⅱ型自发参量下的转换[①]

利用非线性晶体的自发参量下转换来制备偏振纠缠光子是比较常用的方法,但在实际应用中也存在一些缺点,如纠缠光子耦合到光纤中时的模式匹配等问题。解决这些问题的一个方案就是,在光纤中直接产生纠缠光子。然而一般的光纤材料是各向同性的,二阶非线性系数接近零,因此不能使用参量下转换的方法来实现。所幸光纤的三阶非线性系数不为零,因此可以利用自发四波混频来实现在光纤中的偏振纠缠光子对的制备。

为了有效产生自发四波混频,能量守恒和相位匹配条件需要得到满足

$$2\omega_{\text{pump}}=\omega_{\text{signal}}+\omega_{\text{idler}} \tag{9.7.2}$$

$$2\beta_{\text{pump}}=\beta_{\text{signal}}+\beta_{\text{idler}} \tag{9.7.3}$$

其中 β 是相应频率的光在光纤中的传播常数。由于一般的光纤在 1550nm 附近的通信波段色散不为零,因此在实验中需要使用色散位移光纤(dispersion shifted fiber)使得该波段的色散接近零,从而让相位匹配条件得到较好的满足。

除了色散位移光纤,光子晶体光纤也引起了人们的极大兴趣。相对而言,光子晶体光纤具备很小的有效传播模面积,因此非线性系数较普通光纤或色散位移光纤要大一到两个数量级;同时光子晶体光纤可以通过结构设计来灵活调节零色散点,因此利用光子晶体光纤的自发四波混频能够更有效地产生偏振纠缠光子对。

---

①　KWIAT P G, et al. New high-intensity source of polarization-entangled photon pairs[J]. Physical review letters, 1995,75(24):4337-4341.

9.7.2　单光子态的制备

单光子态是量子信息科学中另一种非常重要的非经典光场。如班尼特(C. Bennett)和布拉萨德(G. Brassard)在 1984 年提出的 BB84 协议,就是利用单光子态来实现量子密钥分配协议。其中存在多光子态的情况会破坏信息传输的安全性,因为在这种情况下,即使线路中存在第三者窃听也难以被察觉。

理想的单光子态可以从二能级系统中的电子的量子跃迁来获得。如此得到的光场在光子数统计上是反群聚的(anti-bunched)。而较廉价的也是较常用的做法是将相干光源(通常是激光)进行极大衰减,使得在单个脉冲中光子数目远小于 1。这样做并不能改变光子数统计上的泊松分布规律,但多光子出现的概率非常小,可以近似为单光子源。

从第 9.7.1 节的分析中可以看到,不管是利用自发参量下转换或是自发四波混频过程,总是有两个相关联的光子同时在空间中产生。如图 9-7-2 所示,在自发参量下转换的装置中,如果在闲置光通道探测到单个光子,那么在理想情况下,信号光通道中就有一个单光子态存在。这样,通过对一个通道的探测,可以在不破坏另一个通道的单光子态的情况下获得该通道的信息;或者利用一个通道的单光子作为触发源来操纵或存储另一通道的单光子。这样的单光子源往往被称为"预报"(heralded)单光子源,在某些情况下很有用处。当然也应该注意,利用自发参量下转换或自发四波混频等非线性过程制备的光源并非理想的单光子源,在统计意义上跟自然光类似是群聚的光源,因此只有在抽运光功率很弱,即单脉冲过程中所产生的信号/闲置光子数远小于 1 的情况下才可以近似认为是单光子源。

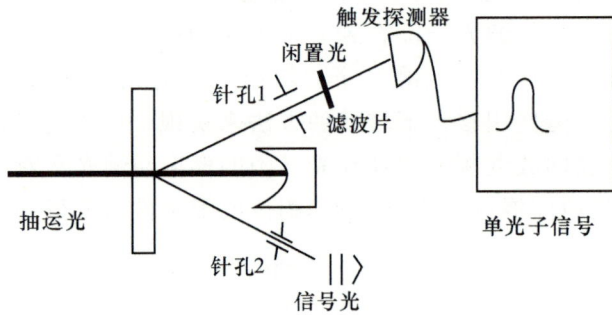

图 9-7-2　自发参量下转换制备单光子态[①]

9.8　本章小结

本章阐述了非线性光学的基本原理和基本概念,讨论了几种当前典型的非线性效应的应用。本章首先介绍了极化强度的概念,导出了光在非线性介质中传播服从的非线性波动方程,并介绍了两个求解非线性波动方程的方法——玻恩近似的迭代法和耦合波理论。

[①] HONG C K, MANDEL L. Experimental realization of a localized one-photon state. Physical review letters, 1986,56(1):58-60.

　　然后本章描述了光在非线性介质中传播时极化强度和光电场之间的二阶非线性关系及三阶非线性关系,着重介绍了二阶非线性和三阶非线性光学的典型非线性效应,包括三波混频、二次谐波产生(倍频)、自相位调制、自聚焦、四波混频、相位共轭、参量振荡及放大等,并利用耦合波理论对这些典型非线性效应进行了理论分析,计算了相位失配对非线性转化效率的影响。

　　本章还简单论述了各向异性非线性介质的特性,介绍了各向异性二阶非线性介质中的三波混频及其相位匹配的条件。

✏️ 习题

9.1　折射率 $n=2.2$ 的 $LiNbO_3$ 晶体可以通过三波混频将自由空间中波长为 $1.3\mu m$ 的光转换为自由空间中波长为 $0.5\mu m$ 的光。这三个光波是沿 z 方向传播的共线平面波。求第三个光波(泵浦光)的波长。如果波长为 $1.3\mu m$ 的光波在传播距离增加后功率下降 $1mW$,那么在这段距离内上转换频率的光波获得多少功率增益? 泵浦光会有多少增益或者损耗?

9.2　非线性介质中的折射率随波长变化的函数可以近似写为 $n(\lambda_0)\approx n_0-\xi\lambda_0$,其中 λ_0 是自由空间波长,n_0 和 ξ 为常数。证明同向传播的三个波长分别为 $\lambda_{01},\lambda_{02},\lambda_{03}$ 的光波不能有效地进行二阶非线性效应的耦合。如果其中一个光波反向传播,是否能有效耦合?

9.3　推导四波混频时的能量守恒和光子守恒方程(Manley-Rowe 关系)。

9.4　设计一个系统,用 $L=10cm$ 长的 CS_2 克尔盒调制一个波长为 $546nm$、束宽 $W=0.1mm$ 的光束的相位。调制器用一个波长为 $694nm$ 的脉冲激光来控制。CS_2 的折射率 $n=1.6$,三阶非线性系数 $\chi^{(3)}=4.4\times10^{-32}$(MKS 单位)。计算要将被调制光调节 π 相位需要的调制光的功率。

9.5　一个使用 $4cm$ 长的 KDP 晶体($n\approx1.49,d=8.3\times10^{-24}$ MKS 单位)的参量放大器,要放大一个波长为 $550nm$ 的光。泵浦光波长为 $335nm$,功率密度为 $10^6 W/cm^2$。假设信号光、闲频光、泵浦光共线,求放大器增益系数和总增益。

9.6　一个参量下转换混频过程中,泵浦光频率 $\omega_3=2\omega$,信号光频率 $\omega_1=\omega_2=\omega$,写出并求解此参量过程的耦合波方程。所有光波沿 z 轴传播,推导相互作用长度为 L 时 2ω 和 ω 频率下的光子流密度表达式。证明能量守恒及光子守恒。

9.7　一个参量振荡器使用 $5cm$ 长的 $LiNbO_3$ 晶体,晶体的二阶非线性系数 $d=4\times10^{-23}$(MKS 单位),折射率 $n=2.2$(假设各频率下的折射率都近似相同)。泵浦光由一个波长为 $1.06\mu m$ 的 Nd^{3+}:YAG 激光器提供,通过二次谐波发生器倍频。晶体放置在谐振腔内,谐振腔两腔镜的反射率均为 0.98。当信号光和闲频光同频率时满足相位匹配条件,求参量振荡所需的最小泵浦光强。

9.8　三个光波沿偏离单轴晶体中光轴(z 轴)θ 角度、偏离 x 轴 ϕ 角度的方向传播,如题 9.8 图所示。光波 1 和光波 2 为寻常光,光波 3 为非常光。证明当 $\theta=90°,\phi=45°$ 时,由光波 1 和光波 2 的电场引起的极化强度 $P_{NL}(\omega_3)$ 最强。

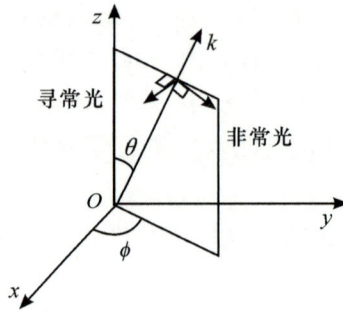

题 9.8 图 单轴晶体中的三波混频

9.9 使用 KDP 晶体进行简并参量下转换,使得波长为 $0.6\mu m$ 的光转换为波长为 $1.2\mu m$ 的光。如果两光波共线,那么应该沿什么方向传播(与晶体光轴的关系)?它们应该如何极化来满足相位匹配条件?KDP 晶体为单轴晶体,折射率参数如下:波长 $\lambda_0 = 0.6\mu m$ 时,$n_o = 1.509, n_e = 1.468$;波长 $\lambda_0 = 1.2\mu m$ 时,$n_o = 1.490, n_e = 1.459$。

附 录
中英文词汇对照

A

absorption coefficient　吸收系数

acousto-optic effect　声光效应

adjacent resonance frequencies　相邻谐振频率

AM　振幅调制

amplitude　振幅

angular divergence　角发散

anisotropic media　各向异性介质

annihilated　湮灭

attenuation factor　衰减因子

avalanche photodiode，APD　雪崩光电二极管

axial distance　轴向距离

axial modes　轴向模式

B

balanced mixer　平衡混频器

band tail　带尾

bandgap wavelength　带隙波长

beam divergence　光束发散

beam waist　束腰

beamsplitter　分光器

bessel beam　贝塞尔光束

biased junction　偏置结

binary semiconductor　二元化合物半导体

bit error rate，BER　误码率

blackbody radiation　黑体辐射

Boltzmann probability distribution　玻尔兹曼概率分布

Boltzmann's constant　玻尔兹曼常数

Born approximation　玻恩近似

Bose-Einstein probability distribution　玻色-爱因斯坦概率分布

boundary conditions　边界条件

Bragg angle　布拉格角

Bragg cell　布拉格盒

Bragg condition　布拉格条件

Bragg diffraction　布拉格衍射

broad-area　大面积

built-in field　内建电场

C

carrier concentration　载流子浓度

carrier injection　载流子注入

cathodoluminescence　阴极发光

centrosymmetric media　中心对称介质

characteristic equation　特征方程

charge carrier　电荷载流

cladding　包层

cleaved-coupled-cavity laser　解理耦合腔激光器

coaxial cables　同轴电缆

coherent optical detection　光相干探测

coherent-state of light　光的相干态

collimating　准直

collision broadening　碰撞展宽

combined material and waveguide dispersion　物质-波导复合色散

complex amplitude　复振幅

complex envelope　复包络

concentric resonators　共心腔

conduct band　导带

confinement factor　限制因子

confocal resonators　共焦腔

core　芯

coupled-wave theory　耦合波理论

coupling　耦合

crosstalk　串扰

crystal lattice　晶格

cubic crystal　立方晶系

D

DC voltage　直流电压

degenerate four-wave mixing　简并四波混频

degenerate semiconductor　简并半导体

density of states　态密度

depletion layer　耗尽层

depth of focus　焦深

detector saturation　探测器饱和

diatomic molecule　双原子分子

dielectric medium　电介质

dielectric waveguide　介质波导

differential responsivity　微分响应率

digital communication system　数字通信系统

direct-gap semiconductor　直接带隙半导体

directional coupler　定向耦合器

dispersion power penalty　色散功率损耗

dispersion-flattened　色散平坦化

dispersion relation　色散关系

dispersion-shifted fibers　色散移位光纤

distributed Bragg reflector，DBR　分布式布拉格反射镜

distributed Bragg-reflector lasers　分布式布拉格反射激光器

distributed feedback(DFB) lasers　分布式反馈激光器

doped semiconductor　掺杂半导体

Doppler broadening　多普勒展宽

Doppler effect　多普勒效应

Doppler shift　多普勒频移

dye molecules　染料分子

E

effective mass　有效质量

electric charges　电荷

electric dipoles　电偶极子

electro-optic effect　电光效应

electro-optic Kerr effect　电光克尔效应

electro-optic modulator　电光调制器

electromagnetic waves　电磁波

electron energy levels　电子能级

electron-hole injection　电子-空穴注入

electron-hole pair　电子-空穴对

electron-hole recombination　电子-空穴复合

electronic circuitry　电子电路

elemental semiconductors　单元素半导体

energy band　能带

expanding　扩束

external differential quantum efficiency　外部微分量子效率

external quantum efficiency　外部量子效率

extrinsic material　非本征材料

F

Fabry-Perot etalon　法布里-珀罗标准具

far-field radiation pattern　远场辐射模式

feedback　反馈

Fermi-Dirac distribution　费米狄拉克分布

Fermi function　费米函数

ferroelectric liquid crystal　铁电液晶

fiber amplifiers　光纤放大器

filter　滤波器

finesse　锐度

FM　频率调制

focusing　聚焦

four-wave mixing　四波混频

Fourier optics　傅里叶光学

fractional refractive-index change　微小的折射率变化

free spectral range　自由光谱范围

frequency conversion　频率转换

frequency difference　频差

frequency upconversion　频率上转换

frequency-division multiplexing，FDM　频分复用

frequency-shift keying,FSK　频移键控

FWHM　半高宽

G

gain coefficient　增益系数

gain-guided　增益波导型

Gaussian beam　高斯光束

graded-index fiber　折射率梯度分布光纤

group velocities　群速度

H

half-wave voltage　半波电压

Helmholtz equation　亥姆霍兹方程

Hermite-Gaussian beams　厄米-高斯光束

heterodyne detection　外差检测

heterojunction　异质结

homodyne detection　零差探测器

homogeneous broadening　均匀展宽

homojunction　同质结

I

idler wave　杂散波

imaginary number　虚数

index ellipsoid　折射率椭球

index-guided　折射率波导型

indirect gap semiconductor　间接带隙半导体

inhomogeneous broadening　非均匀展宽

injection electroluminescence　注入式电致发光

intensity distribution　光强分布

internal photon flux　内部光子通量

internal quantum efficiency　内量子效率

intrinsic material　本征材料

isolated atoms　孤立原子

isotropic medium　各向同性介质

K

Kerr coefficient　克尔系数

Kerr effect　克尔效应

Kerr medium　克尔介质

Kramers-Kronig relation　克拉默斯－克勒尼希关系

L

Laguerre-Gaussian beam　拉盖尔-高斯光束

Laplacian operator　拉普拉斯算子

laser amplification　激光放大

laser diode　激光二极管

laser threshold　激光阈值

lateral modes　侧模

law of mass action　质量作用定律

light beating　光拍频

light-current wave　光电流波形

light-emitting diode,LED　发光二极管

line broadening　线性展宽

linear dynamic range　线性动态范围

lineshape function　线形函数

liquid crystal　液晶

liquid-crystal cell　液晶盒

liquid-crystal display,LCD　液晶显示

liquid-crystal light valve　液晶光阀

local-area network　本地网络

long-haul communication　远距离通信

photorefractive material 光折变材料

piano-concave resonator 平–凹腔

planar-mirror resonator 平–平腔

Planck's constant 普朗克常数

plane wave 平面波

PM 功率调制

Pockels cell 普克尔盒

Pockels coefficient 普克尔系数

Pockels effect 普克尔效应

Poisson distribution 泊松分布

polarization density 极化密度

polarization-maintaining fibers 保偏光纤

population inversion 粒子数反转

position-momentum uncertainty relation 位置–动量测不准关系

probability of occupancy 占据概率

probe wave 探测波

propagation constants 传播常数

pulse code modulation，PCM 脉冲编码调制

Q

quadrature squeezed 正交压缩

quality factor Q 品质因子 Q

quantum efficiencies 量子效率

quantum electrodynamics，QED 量子电动力学

quantum optics 量子光学

quantum-well lasers 量子阱激光器

quasi-Fermi levels 准费米能级

quasi-plane waves 准平面波

quaternary semiconductors 四元化合物半导体

R

radial distances 径向距离

radiation pressure 辐射压

radiative recombination 辐射复合

Raman gain 拉曼增益

Raman-Nath diffraction 拉曼-奈斯衍射

rate of recombination 复合速率

ray optic 光线光学

Rayleigh range 瑞利距离

Rayleigh scattering 瑞利散射

real number 实数

recombination 复合

recombination lifetime 复合寿命

refractive index 折射率

regenerator 再生器

relaxation time 弛豫时间

relaying 中继

repeater 中继器

resonator losses 谐振腔损耗

resonator modes 谐振模式

response time 响应时间

responsivity 响应度

ring resonator 环形腔

S

scattering theory 散射理论

Schrodinger equation 薛定谔方程

second-harmonic generation 二次谐波的产生

self-focusing 自聚焦

self-phase modulation 自相位调制

self-reproducing wave 自再现波

shaping of Gaussian beam 高斯光束的整形

signal-to-noise ratio，SNR 信噪比

single round trip 单次往返

single-frequency operation 单频工作

single-mode fiber 单模光纤

skewed rays 斜射光

smectic liquid crystal 近晶型液晶

Snells law 斯涅尔定律

spatial light modulator 空间光调制器

spatial pattern　空间模式

spatial solitons　空间孤子

speckle　散斑

spectral density　光谱密度

spectral distribution　光谱分布

spectral width　谱宽

spectrum analyzer　频谱分析仪

spherical mirror　球面镜

spherical wave　球面波

spherical-mirror resonator　球面镜谐振腔

spontaneous emission　自发辐射

spot size　光斑尺寸

squeezed-state of light　光的压缩态

standing wave　驻波

step-index fibers　阶跃折射率光纤

stimulated emission　受激发射

stimulated radiation　受激辐射

superluminescent LED　超辐射 LED

symmetrical resonators　对称腔

T

ternary semiconductors　三元化合物半导体

tetragonal crystal　四方晶系

the number of modes　模式数

thermal equilibrium　热平衡

thermal excitations　热激发

thin lens　薄透镜

third-harmonic generation　三倍频

three-wave mixing　三波混频

time-division multiplexing，TDM　时分复用

time-energy uncertainty relation　时间–能量测不准关系

time-independent Schrodinger equation　定态薛定谔方程

time-varying electric field　时变电场

time-varying light　时变光

transfer function　传递函数

transverse modes　横模

transit time spread　渡越时间分布

transition　跃迁

transition cross section　跃迁截面

transition probabilities　跃迁概率

transverse modulator　横向调制器

transverse plane　横截面

traveling wave modulator　行波调制器

traveling waves　行波

trigonal crystal　三角晶系

twisted nematic liquid-crystal　扭曲向列液晶

U

up-conversion　上转换

V

V parameter　V 参量

W

wave optics　波动光学

wave packet　波包

wave retarder　波延迟器

wave vector　波矢

wave-particle duality　波粒二象性

wavefront　波前

waveguide dispersion　波导色散

wavelength-division multiplexing，WDM　波分复用

Y

Young's double-slit interference experiment　杨氏双缝干涉实验

参考文献

[1] BRIGNON A，HUIGNARD J P. Phase conjugate laser optics[M]. Hoboken：Wiley，2004.

[2] SIEGMAN A E. Lasers[M]. Mill Valley，California：University Science Books，1990.

[3] NEWELL A，MOLONEY J. Nonlinear optics[M]. New York：Westview Press，2003.

[4] YARIV A. Quantum electronics[M]. 3rd ed. New York：Wiley，1989.

[5] YARIV A，YEH P. Photonics：optical electronics in modern communication[M]. 6th ed. New York：Oxford University Press Inc，2007.

[6] SALEH B E A，TEICH M C. Fundamentals of photonics[M]. 2nd ed. Hoboken：John Wiley & Sons，2007.

[7] TANG C W，VANSLYKE S A. Organic electroluminescent diodes[J]. Applied physics letters,1987, 51(12)：913-915.

[8] NIKOGOSYAN D N. Nonlinear optical crystals：a complete survey[M]. New York：Springer，2005.

[9] YABLONOVITCH E. Inhibited spontaneous emission in solid-state physics and electronics[J]. Physical review letters,1987,58(20)：2059-2062.

[10] AGRAWAL G P. Nonlinear fiber optics[M]. 5th ed. New York：Academic Press，2012.

[11] GORDON G R. The laser，light amplification by stimulated emission of radiation [M]//FRANKEN P A，SANDS R H(eds.). The ann arbor conference on optical pumping. Ann Arbor：The University of Michigan，1959：128.

[12] GRINBERG J，JACOBSON A，BLEHA W,et al. A new real-time non-coherent to coherent light image converter：the hybrid field effect liquid crystal light valve[J]. Optical engineering，1975,14(3)：217-225.

[13] VAHALA K J. Optical microcavities[J]. Nature，2003，424：839-846.

[14] KAO K C，HOCKHAM G A. Dielectric-fibre surface waveguides for optical frequencies (Awarded electronic division premium)[C]. Proceedings of the IEEE,1966,113(7)：1151-1158.

[15] WEGENER M. Extreme nonlinear optics：an introduction[M]. New York：Springer，2005.

［16］HODGSON N，WEBER H. Laser resonators and beam propagation：fundamentals，advanced concepts，applications［M］.2nd ed. New York：Springer，2005.

［17］SVELTO O. Principles of lasers［M］.5th ed. New York：Springer 2010.

［18］SUTHERLAND R L. Handbook of nonlinear optics［M］.2nd ed. New York：Marcel Dekker Inc，2003.

［19］BOYD R W. Nonlinear optics［M］.3rd ed. New York：Academic Press，2008.

［20］JOHN S. Strong localization of photons in certain disordered dielectric superlattices ［J］. Physical review letters，1987，58(23)：2486-2489.

［21］KOECHNER W. Solid-state laser engineering［M］.6th ed. New York：Springer，2006.

［22］SHEN Y R. The principles of nonlinear optics［M］. Hoboken：Wiley，2002.

［23］WOLF W. Historical development of solar cells［M］//BACKUS C E. Solar cells. New York：IEEE Press，1976.

［24］SHOCKLEY W，QUEISSER H J. Detailed balance limit of efficiency of p-n junction solar cells［J］. Journal of applied physics，1961(32)：510-519 .

［25］郝光生,刘颂豪.强光光学［M］.北京:科学出版社,2011.

［26］蓝信钜等.激光技术［M］.第 3 版.北京:科学出版社,2009.

［27］刘旭,李海峰.现代投影显示技术［M］.杭州:浙江大学出版社,2009.

［28］刘旭,王珏人,张晓洁.东亚地区光学教育与产业发展［M］.杭州:浙江大学出版社,2009.

［29］马声全,陈贻汉.光电子理论与技术［M］.北京:电子工业出版社,2005.

［30］马养武,王静环,包成芳,等.光电子学［M］.杭州:浙江大学出版社,1999.

［31］钱士雄,王恭明.非线性光学原理与进展［M］.上海:复旦大学出版社,2001.

［32］石顺祥,陈国夫,赵卫,等.非线性光学［M］.西安:西安电子科技大学出版社,2003.

［33］谢毓章.液晶物理学［M］.北京:科学出版社,1988.

［34］张克从,王希敏.非线性光学晶体材料科学［M］.第 2 版.北京:科学出版社,2005.

［35］周炳琨,高以智,陈倜嵘,等.激光原理［M］.第 6 版.北京:国防科技出版社,2009.

［36］朱京平.光电子技术基础［M］.北京:科学出版社,2003.

［37］格林.太阳能电池:工作原理、技术和系统应用［M］.狄大卫,曹昭阳,李秀文,等译.上海:上海交通大学出版社,2010.

［38］伟纳姆,格林,瓦特,等.应用光伏学［M］.狄大卫,高兆利,韩见殊,等译.上海:上海交通大学出版社,2008.

［39］格林.硅太阳能电池:高级原理与实践［M］.狄大卫,欧贝子,韩见殊,等译.上海:上海交通大学出版社,2011.